W0289266

MATEMÀTIQUES

1

Jordi Besora i Torradeflot
Josep Maria Guiteras i Piella
Àngela Jané i Sanahuja

Revisió tècnica
Alícia Almonacid Goberna

McGraw Hill Education

MADRID – BARCELONA – BOGOTÀ – BUENOS AIRES – CARACAS – GUATEMALA
MÈXIC – NOVA YORK – PANAMÀ – SAN JUAN – SANTIAGO – SÃO PAULO
AUCKLAND – HAMBURG – LONDRES – MILÀ – MONTREAL – NOVA DELHI – PARÍS
SAN FRANCISCO – SYDNEY – SINGAPUR – SAINT LOUIS – TÒQUIO – TORONTO

ÍNDEX

Com s'usa aquest projecte

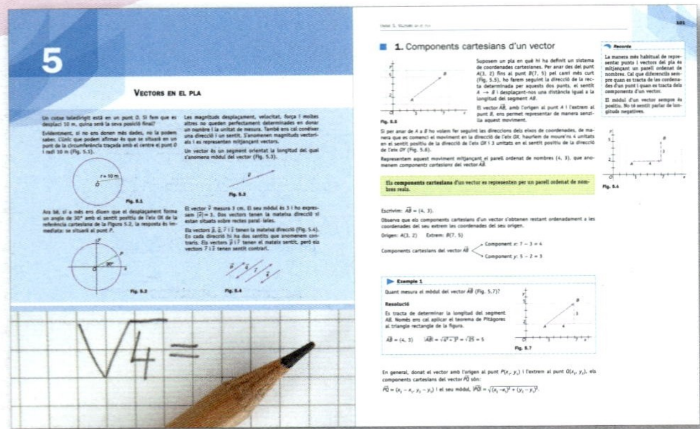

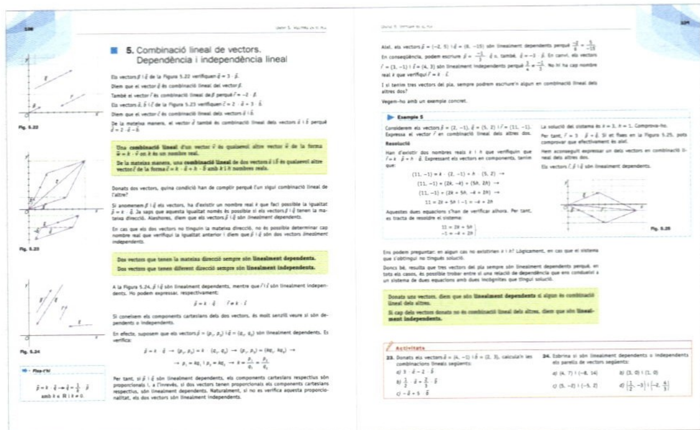

Comencem

Cada unitat s'enceta amb una pàgina que té la finalitat d'introduir els continguts que s'hi desenvoluparan i que fan referència als coneixements previs necessaris per comprendre més bé el que es treballarà tot seguit.

Desenvolupament de la unitat

Diferents apartats en els quals s'inclouen els continguts conceptuals i procedimentals, exemples resolts i, al final de cada apartat, activitats d'aprenentatge.

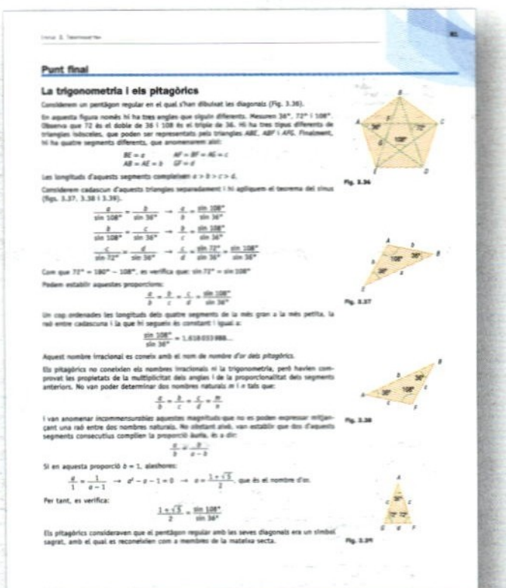

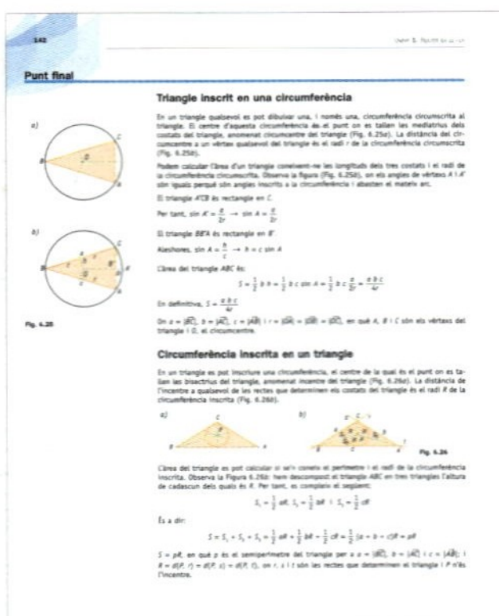

Punt final

Curiositats, exemples, resolució de situacions reals o nocions breus d'història de les matemàtiques que tenen relació amb els continguts treballats a la unitat.

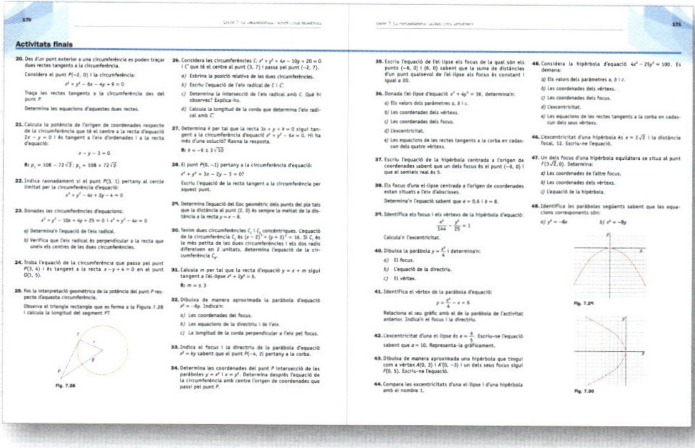

Activitats finals

Recull d'exercicis i de problemes proposats amb la finalitat que l'alumnat sedimenti i apliqui els coneixements adquirits.

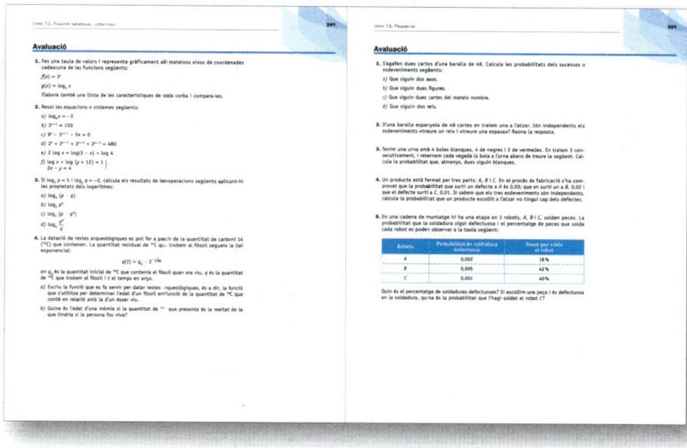

Avaluació

Al final de cada unitat es proposen un seguit d'activitats per tal que els alumnes i les alumnes disposin d'una eina que els permeti avaluar el seu nivell d'aprenentatge.

Annex

Per acabar, l'Annex que clou el llibre presenta una sèrie d'activitats competencials, *Desenvolupa les teves habilitats*.

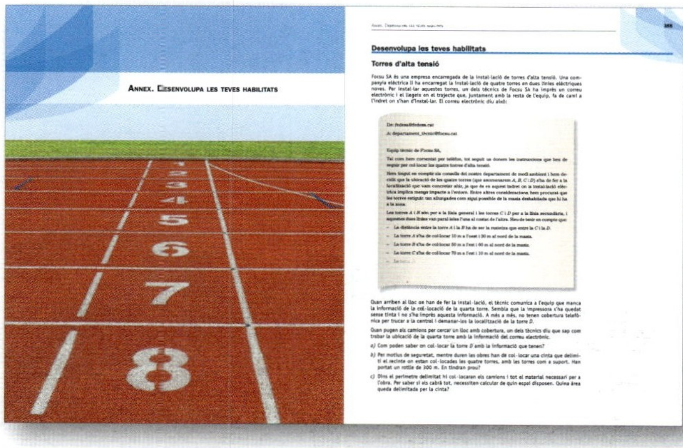

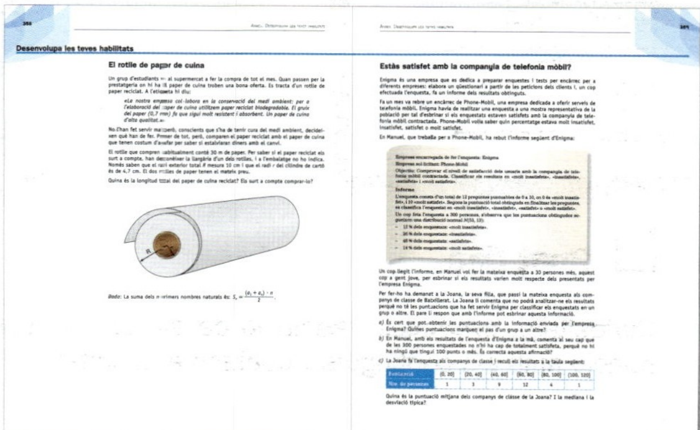

1

Nombres reals

Recordes la tècnica d'arrodoniment de nombres decimals?

Aquests són els nombres decimals successius que resulten d'arrodonir el nombre decimal 7,457 636 82 fins a les centèsimes:

$$7{,}457\,636\,8;\ 7{,}457\,637;\ 7{,}457\,64;\ 7{,}457\,6;\ 7{,}458;\ 7{,}46$$

Quan arrodonim un nombre decimal no fem més que donar-ne un valor aproximat i, quan operem amb nombres aproximats, obtenim resultats que també ho són. Malgrat que la majoria de vegades aquesta aproximació sol ser suficient, és important conèixer-ne l'error.

Suposem dos nombres decimals aproximats amb arrodoniment a les centèsimes:

$$a \simeq 2{,}34 \quad b \simeq 1{,}42$$

El resultat que obtenim quan els sumem, $2{,}34 + 1{,}42 = 3{,}76$, també és una aproximació al valor de $a + b$.

És convenient que ens plantegem les qüestions següents:

- L'aproximació de la suma és millor o pitjor que la dels sumands?
- Podem assegurar que la xifra de les centèsimes és 6?

Vegem-ho:

El procés que hem seguit en l'arrodoniment de a i de b ens permet afirmar que es verifiquen les desigualtats següents:

$$2{,}335 \le a < 2{,}345 \text{ i } 1{,}415 \le b < 1{,}425$$

Observa que en ambdós casos l'error comès és inferior a una centèsima.

Si sumem de manera ordenada les dues desigualtats anteriors, obtenim una altra desigualtat:

$$\begin{array}{rcl} 2{,}335 \le & a & < 2{,}345 \\ 1{,}415 \le & b & < 1{,}425 \\ \hline 3{,}750 \le & a + b & < 3{,}770 \end{array}$$

Com podem veure, de les xifres decimals de la suma de a i b només podem assegurar la de les dècimes, que és 7. La de les centèsimes pot ser 5 o 6. Per tant, per poder arrodonir la suma a les centèsimes caldria treballar amb decimals arrodonits fins a les mil·lèsimes, ja que quan augmentem el marge d'error, inferior ara a dues centèsimes, perdem precisió.

Aquesta pèrdua de precisió no és exclusiva de la suma, també succeeix amb les altres operacions. El que acabem de veure s'ha de tenir en compte sempre que es treballi amb nombres decimals aproximats.

1. Nombres que no són racionals

Qualsevol nombre racional es pot expressar mitjançant un nombre decimal exacte o un nombre decimal periòdic.

Recíprocament, també es verifica que tot nombre decimal exacte o periòdic es pot expressar com un nombre racional.

> Tot **nombre racional** s'expressa de manera única per un nombre decimal que és exacte o periòdic.

Recorda

Tot nombre enter és fracció generatriu d'un nombre decimal periòdic pur de període 9.

Així:

$1,\widehat{9} = 2;\ 7,\widehat{9} = 8;\ -0,\widehat{9} = -1$

Ara bé, tots els nombres decimals han de ser necessàriament exactes o periòdics?

Per més que fraccionem la unitat, de segur que podem trobar longituds la mesura de les quals no es podrà expressar mitjançant un nombre racional. Dit d'una altra manera, no tots els nombres decimals són exactes o periòdics i, en conseqüència, no tots els nombres decimals són racionals.

Fa molts anys que es té coneixement d'aquest tipus de nombres. Per als grecs de l'escola pitagòrica només existien els nombres naturals i les fraccions com una raó entre dos nombres naturals. És per aquest motiu que es van sorprendre en observar l'existència de segments les longituds dels quals, expressades en forma de quocient, no eren una fracció. Aquesta observació, que per a ells no tenia cap sentit, va fer que anomenessin *nombres irracionals* aquests quocients no fraccionaris.

Tot seguit recordarem alguns d'aquests nombres.

Relació entre la longitud d'una circumferència i la longitud del seu diàmetre

Sabem que $L = \pi\, d$ (Fig. 1.1). Per tant, podem escriure:

$$\frac{\text{Longitud de la circumferència}}{\text{Longitud del diàmetre}} = \frac{L}{d} = \pi$$

La longitud de qualsevol circumferència és igual a π multiplicat per la longitud del seu diàmetre.

Quin és el valor de π? El que tu coneixes o el que pots obtenir de la calculadora no són més que aproximacions al valor real de π.

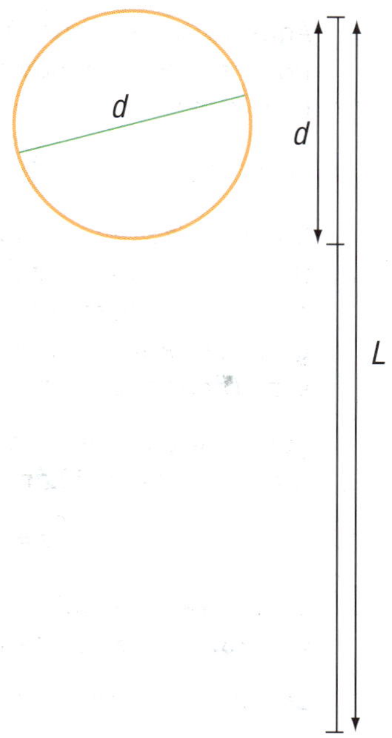

Fig. 1.1

Recorda

La calculadora arrodoneix l'última de les xifres decimals que es mostren a la pantalla.

Relació entre la longitud de la diagonal d'un quadrat i la longitud del costat d'aquest mateix quadrat

Considerem un quadrat de costat c (Fig. 1.2). Quan hi tracem una de les diagonals, el quadrat queda descompost en dos triangles rectangles iguals.

Apliquem el teorema de Pitàgores a un d'aquests triangles rectangles:

$$d^2 = c^2 + c^2 = 2c^2 \rightarrow d = \sqrt{2c^2} = \sqrt{2}\,\sqrt{c^2} = \sqrt{2}\,c$$

Es verifica: $$\frac{\text{Longitud de la diagonal}}{\text{Longitud del costat}} = \frac{\sqrt{2}\,c}{c} = \sqrt{2}$$

És a dir, la longitud de la diagonal de qualsevol quadrat és igual a $\sqrt{2}$ multiplicada per la longitud del seu costat.

Quin valor obtens amb la calculadora per a $\sqrt{2}$?

També en aquest cas es tracta d'un valor aproximat.

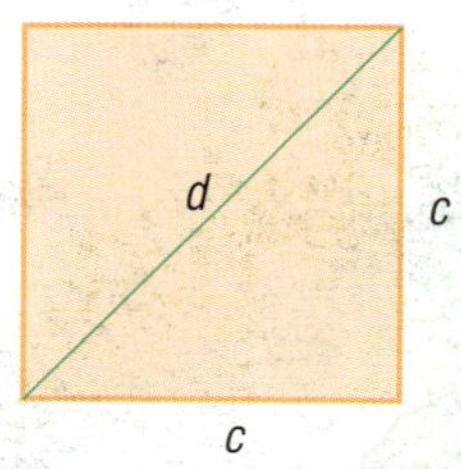

Fig. 1.2

Relació entre les longituds dels costats dels rectangles auris

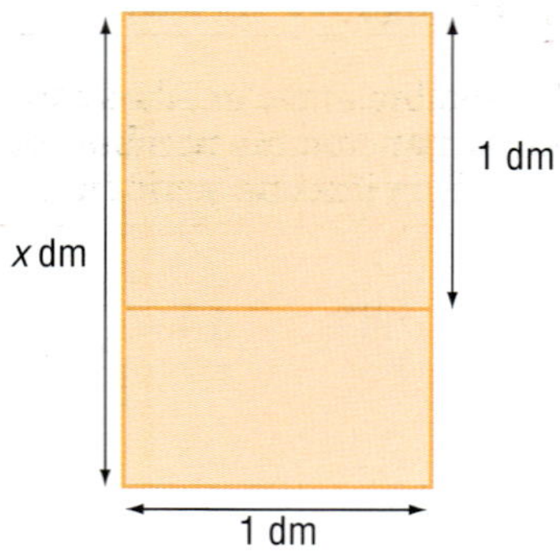

Fig. 1.3

Quina ha de ser la longitud expressada per x per tal que els dos rectangles (Fig. 1.3) siguin semblants?

Els rectangles són semblants si els costats corresponents són proporcionals. Per tant, s'ha de verificar:

$$\frac{1}{x} = \frac{x-1}{1} \rightarrow x^2 - x = 1 \rightarrow x^2 - x - 1 = 0$$

Resolem aquesta equació de segon grau:

$$x = \frac{1 \pm \sqrt{1+4}}{2} = \frac{1 \pm \sqrt{5}}{2} \begin{cases} x_1 = \dfrac{1+\sqrt{5}}{2} \\ x_2 = \dfrac{1-\sqrt{5}}{2} \end{cases}$$

Com que $x_2 < 0$ i tenint en compte que la longitud d'un segment sempre ha de ser positiva, la solució vàlida és x_1.

La resposta és $x = \dfrac{1+\sqrt{5}}{2}$ dm

Fixa't que es verifica la igualtat següent (Fig. 1.4):

$$\frac{\text{Longitud del costat gran}}{\text{Longitud del costat petit}} = \frac{\frac{1+\sqrt{5}}{2}}{1} = \frac{1+\sqrt{5}}{2}$$

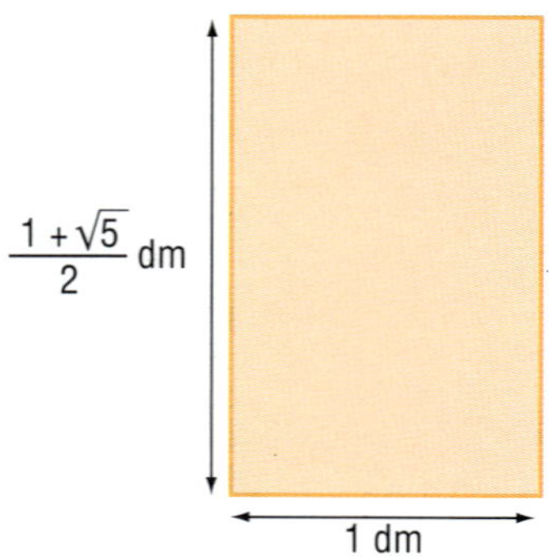

Fig. 1.4

Els rectangles que compleixen aquesta condició s'anomenen *rectangles auris* i el quocient entre les longituds dels seus costats, **relació àuria** o **nombre d'or**. Habitualment, es representa mitjançant la lletra grega ϕ:

$$\phi = \frac{1+\sqrt{5}}{2}$$

Les mesures que tenien aquesta proporció van ser molt utilitzades en l'art clàssic, ja que es considerava que proporcionaven formes particularment harmonioses als objectes.

Utilitza la calculadora per esbrinar un valor aproximat de ϕ.

Activitats

1. Calcula la longitud dels segments indicats a continuació. Expressa'n el resultat de manera exacta i utilitza la calculadora per obtenir-ne una aproximació arrodonida a les centèsimes:

a) La diagonal d d'un rectangle de costats 3 i 5 cm.

b) El diàmetre d' d'una circumferència de 10 cm de longitud.

c) L'altura h d'un triangle equilàter de 4 cm de costat.

d) L'altura h' d'un con que mesura 6 cm de radi i 9 cm de generatriu.

R: *a)* $d = \sqrt{34}$ cm $\simeq$ 5,83 cm; *b)* $d' = \dfrac{10}{\pi}$ cm $\simeq$ 3,18 cm; *c)* $h = 2\sqrt{3}$ cm $\simeq$ 3,46 cm; *d)* $h' = 3\sqrt{5}$ cm $\simeq$ 6,71 cm

2. El costat més petit d'un rectangle auri mesura 2 cm. Quant mesura l'altre costat? Expressa'n el resultat de manera exacta i amb una aproximació arrodonida a les dècimes.

R: 3,2 cm

3. Sabent que $PQ = PS = 1$ dm, demostra que el segment QR mesura $\dfrac{1+\sqrt{5}}{2}$ dm (Fig. 1.5).

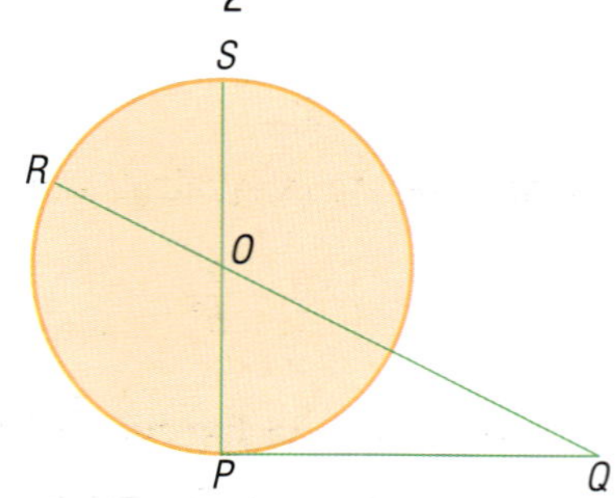

Fig. 1.5

2. Nombres irracionals

Si els nombres racionals s'expressen mitjançant els nombres decimals exactes o periòdics, hauríem de plantejar-nos com s'expressen els nombres irracionals. Sembla lògic pensar en els nombres decimals il·limitats no periòdics.

Efectivament, podem considerar els nombres irracionals com els nombres decimals il·limitats les xifres dels quals no formen cap període. Per exemple:

$$1{,}040\,040\,004\,000\,04\ldots$$

$$-5{,}762\,576\,255\,762\,555\ldots$$

Vegem, tot seguit, alguns nombres irracionals que es fan servir sovint.

> **! Important**
>
> Els nombres irracionals s'expressen mitjançant els nombres decimals il·limitats no periòdics.

2.1 L'arrel quadrada de 2: $\sqrt{2}$

A la calculadora es mostra $\sqrt{2} = 1{,}414\,213\,562$.

Tenint en compte que l'última xifra decimal 2 és poc fiable perquè podria estar arrodonida, si el valor de $\sqrt{2}$ fos aquest, seríem davant d'un nombre racional, ja que es tracta d'un decimal exacte.

Si $\sqrt{2}$ no és racional, significa que darrere de l'última xifra decimal que ens proporciona la calculadora hi ha un nombre il·limitat de més xifres que en cap moment formen període. De fet, si disposéssim d'un ordinador amb un programa adient, podríem conèixer força més xifres decimals de $\sqrt{2}$ i comprovar que no són periòdiques.

De tota manera, un ordinador tampoc no ens podria proporcionar totes aquestes xifres decimals i és lícit que ens plantegem el dubte de si en algun moment les xifres decimals de $\sqrt{2}$ acaben repetint-se.

Els grecs ja sabien que $\sqrt{2}$ no era racional i, com et pots imaginar, no disposaven de calculadores ni d'ordinadors. Com ho van demostrar?

Van utilitzar un raonament indirecte que es coneix amb el nom de *demostració per reducció a l'absurd*.

L'objectiu és demostrar que $\sqrt{2}$ no és un nombre racional.

Suposem el contrari, és a dir, que $\sqrt{2}$ és racional. Si això és cert, significa que es pot expressar en forma de fracció.

Si representem per $\frac{a}{b}$ la seva fracció generatriu irreductible, podem escriure la igualtat següent:

$$\sqrt{2} = \frac{a}{b}$$

en què a i b són nombres primers entre ells.

Si elevem al quadrat els dos membres de la igualtat, obtenim:

$$2 = \frac{a^2}{b^2}$$

Això significa que hem pogut simplificar la fracció $\frac{a^2}{b^2}$ i hem obtingut com a resultat 2, cosa que és incompatible amb la definició de $\frac{a}{b}$ com a fracció generatriu irreductible.

> **! Important**
>
> ***Reducció a l'absurd***
>
> En les demostracions per reducció a l'absurd es comença suposant tot el contrari del que es vol demostrar. Si això condueix a conclusions contradictòries, significa que la suposició inicial és errònia.

Si reflexiones un moment, t'adonaràs que aquesta simplificació no hauria de ser possible, ja que si $\frac{a}{b}$ és una fracció irreductible, també ha de ser irreductible la fracció $\frac{a^2}{b^2}$. Arribem, doncs, a una contradicció l'origen de la qual rau en la suposició de partida.

$\sqrt{2}$ no es pot expressar en forma de fracció i, per tant, no és un nombre racional. En conseqüència, podem afirmar que $\sqrt{2}$ té un nombre il·limitat de xifres decimals no periòdiques. És un nombre irracional.

Ja saps que, quan operes amb nombres racionals, les sumes, les restes, les multiplicacions, les divisions i, fins i tot, les potències d'exponent enter donen sempre com a resultat un altre nombre racional. No succeeix el mateix amb les arrels; de fet, les arrels de nombres racionals poques vegades donen com a resultat un altre nombre racional.

Si només ens fixem en les arrels quadrades de nombres naturals, podem afirmar que, si el resultat no és un nombre enter, de segur que és un nombre irracional. Així, $\sqrt{2}$, $\sqrt{3}$, $\sqrt{5}$, $\sqrt{6}$, $\sqrt{7}$, $\sqrt{8}$, $\sqrt{10}$, $\sqrt{11}$, $\sqrt{12}$ ... són nombres irracionals. Es pot demostrar de manera anàloga a la que hem fet amb $\sqrt{2}$.

D'altra banda, si sumem, restem, multipliquem o dividim un nombre racional amb nombres irracionals obtenim nombres irracionals nous. Per exemple:

$$3+\sqrt{2} \qquad 8-\sqrt{5}$$

$$\frac{1+\sqrt{3}}{10}$$

$$7\sqrt{13} \qquad \frac{2}{\sqrt{6}}$$

Tots aquests nombres també són nombres irracionals. Es pot demostrar per reducció a l'absurd. Intenta-ho, per exemple, amb el primer.

2.2 El nombre pi (π)

És el nombre irracional que has utilitzat més. És necessari per calcular la longitud d'una circumferència, l'àrea d'un cercle o els volums dels cossos de revolució.

Malgrat que a la pràctica considerem normalment $\pi = 3{,}14$, aquest valor no és més que una aproximació, que sol ser prou vàlida per als càlculs que efectuem de manera habitual. Ara bé, pensa que si π fos 3,14, seria un nombre racional i no és així.

Demostrar que pi és irracional no és senzill. Tot i que els grecs ja en sospitaven la irracionalitat, no va ser fins al segle XVII que se'n va fer la demostració.

La calculadora et proporciona una aproximació molt millor al valor del nombre π:

$$\pi = 3{,}141\,592\,654$$

2.3 El nombre e

Possiblement és un dels nombres més importants en el món de les ciències. Tindràs ocasió de comprovar-ho a mesura que avancis en els estudis.

En aquest mateix curs l'analitzarem amb detall, però pots obtenir-ne una aproximació prement les tecles e^x i 1 de la calculadora.

A la pantalla es mostra escrit el següent:

$$e = 2{,}718\,281\,828$$

Activitats

4. Classifica els nombres següents, segons si són racionals o irracionals:

a) $2{,}04\widehat{5}$ *b)* $-3{,}880\,800\,800\,08\ldots$ *c)* $1{,}\widehat{9}$

d) $\dfrac{113}{114}$ *e)* $4{,}313\,113\,111\,3\ldots$ *f)* $0{,}\widehat{58421}$

5. Indica quins d'aquests nombres són irracionals:

a) $\sqrt{25}$ *b)* $1 + \pi$ *c)* $\sqrt{5} + 3$

d) $5e$ *e)* $3 + 2\sqrt{49}$ *f)* $7\sqrt{5}$

g) $\sqrt{16 + 9}$ *h)* $\sqrt{25 + 36}$ *i)* $\sqrt{2(16 + 9)}$

6. Per què el nombre $\dfrac{1{,}\widehat{2} + 0{,}25}{0{,}1\widehat{6}}$ no pot ser irracional?

7. Calcula l'àrea d'un cercle de 4 cm de radi prenent els valors següents de π:

a) L'aproximació per defecte 3,141 5.
b) L'aproximació per excés 3,141 6.

En quin dels dos casos has obtingut una aproximació millor a la mesura real de la superfície d'aquest cercle? Per què?

8. Expressa de manera exacta:

a) La longitud d'una circumferència de 6 cm de diàmetre.
b) L'àrea lateral d'un cilindre de 2 cm de radi i 5 cm de generatriu.
c) El volum d'un con de 5 cm de radi i 13 cm de generatriu.

9. S'ha aconseguit determinar que el radi d'una circumferència mesura $\dfrac{4}{\pi}$ cm. Se'n pot conèixer amb exactitud la longitud? I l'àrea del cercle que limita? Justifica la resposta fent els càlculs corresponents.

R: $L = 8$ cm; $A \simeq 5{,}09$ cm^2

10. Quant mesura la diagonal d'un cub de 2 cm d'aresta? Expressa'n el resultat de manera exacta i aproxima'l a les centèsimes.

R: $D = 2\sqrt{3}$ cm $= 3{,}46$ cm

11. La longitud d'una circumferència mesura $10\,\pi$ cm.

a) Expressa'n el resultat aproximat a les centèsimes.
b) Quant mesura el radi d'aquesta circumferència?
c) Calcula l'àrea del cercle que limita i expressa-la de manera exacta.

R: *a)* $L \simeq 31{,}42$ cm; *b)* $r = 5$ cm; *c)* $A = 25\,\pi$ cm^2

3. Representació gràfica dels nombres irracionals

Ja saps com es representen els nombres racionals a la recta numèrica (Fig. 1.6).

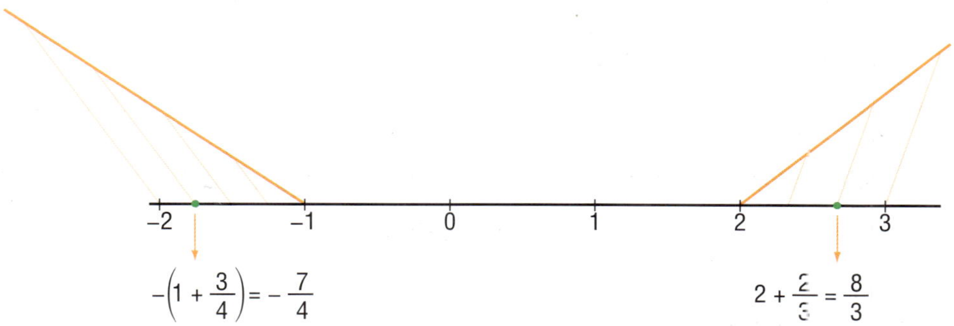

Fig. 1.6

! Important

Entre dos nombres racionals qualssevol hi ha un nombre il·limitat d'altres nombres racionals. Considera, per exemple, el nombre racional que resulta d'efectuar-ne la semisuma i repeteix el procés amb aquest i amb un dels altres dos. No acabaries mai!

A cada nombre racional hi correspon un punt de la recta. Però també és cert que a cada punt de la recta hi correspon un nombre racional? Si fos així, la recta estaria completa i no podríem representar-hi cap nombre irracional.

En realitat, els nombres racionals no completen la recta. És més, si poguéssim representar-los tots, quedarien encara molts punts als quals no correspondria cap racional. En principi, podríem pensar que aquests punts estan reservats per als nombres irracionals.

! Important

Els nombres racionals i els irracionals aconsegueixen omplir tots els punts de la recta numèrica.

Imaginar tot això és complicat, però si aconseguim representar amb exactitud sobre la recta algun nombre irracional, tindrem una prova evident que el que intuïm és correcte.

En general, representar un nombre amb infinites xifres decimals no periòdiques és impossible i, per tant, ens haurem de conformar amb una representació aproximada. De tota manera, hi ha mètodes geomètrics que permeten representar a la recta numèrica alguns nombres irracionals.

Exemple 1

Representa $\sqrt{2}$, $\sqrt{5}$ i $-\sqrt{10}$.

Resolució

Cal tenir clar que $\sqrt{2} = 1{,}414...$, és a dir, $1 < \sqrt{2} < 2$.

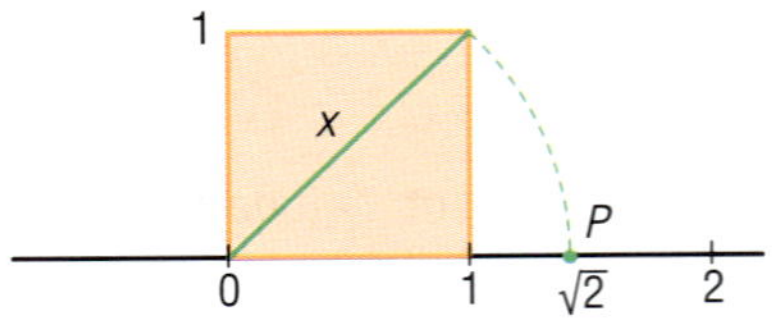

Fig. 1.7

Observa el quadrat (Fig. 1.7). Quant mesura la seva diagonal?

Si apliquem el teorema de Pitàgores:

$$x^2 = 1^2 + 1^2 = 2 \rightarrow x = \sqrt{2}$$

Amb l'ajuda d'un compàs podem representar exactament $\sqrt{2}$ a la recta numèrica. Sabem que $\sqrt{2}$ és un nombre irracional, per tant, el punt *P* de la recta no pot estar ocupat per cap nombre racional.

Observa com hi hem representat (Fig. 1.8) els nombres irracionals $\sqrt{5}$ i $-\sqrt{10}$.

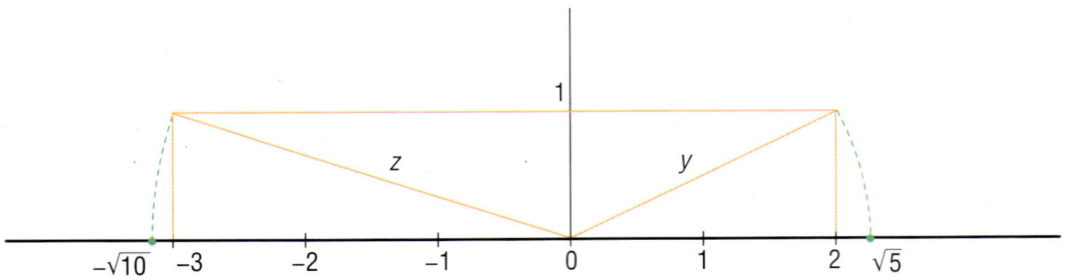

Fig. 1.8

$z^2 = 3^2 + 1^2 = 10$
$z = \sqrt{10}$
$-4 < -\sqrt{10} < -3$

$y^2 = 2^2 + 1^2 = 5$
$y = \sqrt{5}$
$2 < \sqrt{5} < 3$

Activitats

12. Determina cinc nombres racionals compresos entre $\frac{1}{2}$ i $\frac{2}{3}$, i ordena'ls de més petit a més gran.

13. Entre quins nombres enters consecutius se situa cadascun d'aquests nombres irracionals?

a) $\sqrt{21}$ *b)* $-\sqrt{54}$ *c)* $3-\sqrt{2}$

d) $1 + 2\pi$ *e)* $3\sqrt{2}$ *f)* $\frac{1}{2} + \frac{\sqrt{5}}{2}$

g) $\sqrt{226}$ *h)* $-\sqrt{123}$ *i)* $3e$

14. Representa a la recta numèrica els nombres irracionals següents:

a) $\sqrt{17}$ *b)* $\sqrt{13}$

c) $-\sqrt{29}$ *d)* $\sqrt{8}$

e) $1 + \sqrt{2}$ *f)* $3 + \sqrt{5}$

g) $2\sqrt{2}$ *h)* $\sqrt{3}$

i) $-\sqrt{20}$ *j)* $\frac{\sqrt{5}}{2}$

k) $-\sqrt{18}$ *l)* $-\sqrt{17} + 3$

4. Nombres reals

El conjunt format pels nombres racionals i els irracionals s'anomena **conjunt dels nombres reals** i es representa per $\mathbb{R}$.

Tant els nombres racionals com els irracionals són, doncs, nombres reals.

Els nombres reals omplen per complet la recta numèrica. És per aquest motiu que se l'anomena **recta real**.

Fixat un origen i definida la unitat, a cada nombre real hi correspon un únic punt de la recta, i a cada punt de la recta hi correspon un únic nombre real.

L'esquema següent t'ajudarà a recordar els diferents conjunts numèrics que coneixes:

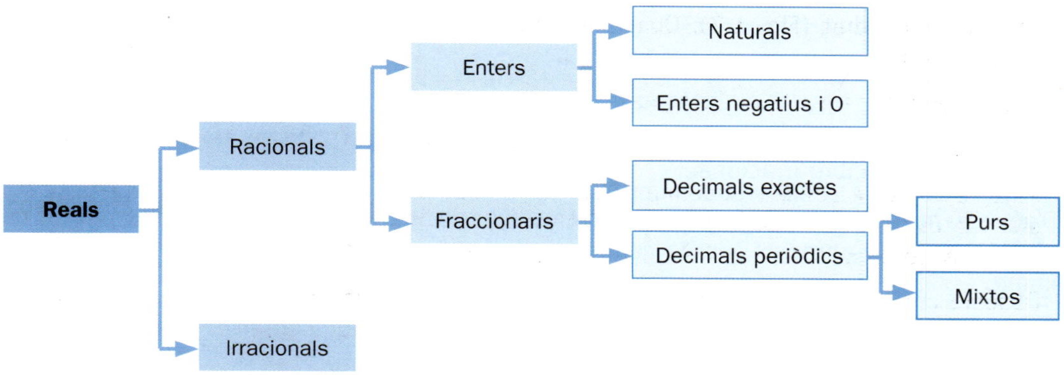

! Important

Naturals $\rightarrow \mathbb{N}$

Enters $\rightarrow \mathbb{Z}$

Racionals $\rightarrow \mathbb{Q}$

Reals $\rightarrow \mathbb{R}$

El conjunt dels nombres reals és un conjunt ordenat, és a dir, donats dos nombres reals sempre podem saber quin és el més petit. Els nombres reals segueixen el mateix ordre que ja coneixes per als racionals. Hem fet ús d'aquesta propietat quan hem representat a l'apartat anterior alguns nombres irracionals a la recta.

Si a i b representen dos nombres reals tals que $a < b$, es compleix que $b - a > 0$.

En representar-los a la recta numèrica (Fig. 1.9), b queda situat a la dreta de a:

Fig. 1.9

! Important

Cal que tinguis en compte que:

Si $a < b$ i $b < c \rightarrow a < c$

Aquesta propietat es coneix amb el nom de **propietat transitiva** i ens permet ordenar sèries de nombres reals.

Activitats

15. Compara aquests parells de nombres reals:

a) $\frac{7}{5}$ i $\sqrt{2}$ *b)* $1 - \sqrt{3}$ i $-0{,}73$

c) π i $\sqrt{10}$ *d)* $-1{,}9$ i -2

e) $-\sqrt{6}$ i $-\sqrt{7}$ *f)* $4{,}9$ i 5

g) $\frac{\sqrt{10}}{8}$ i $\frac{\sqrt{10}}{9}$ *h)* $-1{,}3\widehat{9}$ i $-1{,}4$

16. Ordena del més petit al més gran els nombres reals següents i col·loca el signe de desigualtat que correspongui: $2{,}\widehat{45}$; $2{,}99$; $2{,}\widehat{9}$; $-\sqrt{2}$; $-1{,}42$; 0; $\frac{5}{2}$.

17. Escriu dos nombres racionals compresos entre:

a) $\sqrt{5}$ i $\sqrt{6}$ *b)* $-\sqrt{2}$ i $-\sqrt{3}$

c) 4 i $\sqrt{17}$ *d)* e i π

5. Operacions amb nombres reals

Ja saps com es fan les operacions amb els nombres reals que són alhora racionals.

En cas que hi hagi algun nombre irracional, hauríem de treballar amb una quantitat il·limitada de xifres decimals i això és impossible.

A la pràctica, llevat d'algunes situacions particulars que comentarem més endavant, les operacions en què intervenen nombres irracionals cal deixar-les indicades. És l'única manera d'expressar-ne exactament el resultat, que la majoria de vegades és un altre nombre irracional.

> **! Important**
>
> Utilitza de manera correcta la calculadora per obtenir aproximacions. Treballa amb totes les xifres decimals que et permeti la pantalla i arrodoneix tu mateix el resultat final. N'obtindràs una aproximació millor.

Així, la longitud d'una circumferència de 3 cm de radi és:

$$L = 2\pi r = 2 \cdot \pi \cdot 3 \text{ cm} = 6\pi \text{ cm}$$

I l'àrea del cercle corresponent:

$$A = \pi r^2 = \pi \cdot (3 \text{ cm})^2 = 9\pi \text{ cm}^2$$

Ara bé, si el que necessitem és un resultat aproximat, hem d'utilitzar aproximacions decimals de cada nombre irracional.

D'aquesta manera, el que fem en realitat és substituir cada nombre irracional per un de racional que s'hi aproximi, per la qual cosa el resultat que n'obtindrem també serà aproximat.

Si es vol, aquesta aproximació es pot millorar: només cal augmentar el nombre de xifres decimals de cada nombre irracional.

Per a l'exemple anterior i amb una aproximació fins a les centèsimes, obtenim els resultats següents:

$$L = 6\pi \text{ cm} \simeq 18{,}85 \text{ cm}$$

$$A = 9\pi \text{ cm}^2 \simeq 28{,}27 \text{ cm}^2$$

Curiosament, algunes operacions amb arrels donen com a resultat un nombre racional. Això succeeix poques vegades, però és important adonar-se'n.

Exemple 2

Efectua les operacions següents i comprova que el resultat és un nombre racional.

a) $(\sqrt{7})^2$

b) $6 + \sqrt{5} - (\sqrt{5} - 6)$

c) $(4 + \sqrt{3})\,(4 - \sqrt{3})$

d) $(5\sqrt{2})^2$

Resolució

a) $(\sqrt{7})^2 = \sqrt{7} \cdot \sqrt{7} = 7$

b) $6 + \sqrt{5} - (\sqrt{5} - 6) = 6 + \sqrt{5} - \sqrt{5} + 6 = 12$

c) $(4 + \sqrt{3})\,(4 - \sqrt{3}) = 4^2 - (\sqrt{3})^2 = 16 - 3 = 13$

d) $(5\sqrt{2})^2 = 5^2\,(\sqrt{2})^2 = 25 \cdot 2 = 50$

5.1 Propietats

Els nombres racionals també són nombres reals. Per tant, no tindria cap sentit que les operacions amb racionals verifiquessin unes propietats i, en canvi, les mateixes operacions amb reals en verifiquessin unes altres de diferents. Per tant, admetrem que les propietats de les operacions amb nombres reals són les mateixes que en el cas dels racionals.

Recordem-les:

Suma

Si $a, b \in \mathbb{R}$, $a + b \in \mathbb{R}$

- *Associativa:* $a, b, c \in \mathbb{R}$
  $(a + b) + c = a + (b + c)$
- *Commutativa:* $a, b \in \mathbb{R}$
  $a + b = b + a$
- *Existència d'element neutre:* 0
  $a \in \mathbb{R}$, $a + 0 = a$
- *Existència d'element simètric* $-a$ oposat de a:
  $a \in \mathbb{R}$, $-a \in \mathbb{R}$, $a + (-a) = 0$

Multiplicació

Si $a, b \in \mathbb{R}$, $a\,b \in \mathbb{R}$

- *Associativa:* $a, b, c \in \mathbb{R}$
  $(a\,b)\,c = a\,(b\,c)$
- *Commutativa:* $a, b \in \mathbb{R}$
  $a\,b = b\,a$
- *Existència d'element neutre:* 1
  $a \in \mathbb{R}$, $a\,1 = a$
- *Existència d'element simètric* $\frac{1}{a}$ *invers de* a si $a \neq 0$:
  $a \in \mathbb{R}$, $a \neq 0$, $\frac{1}{a} \in \mathbb{R}$, $a\,\frac{1}{a} = 1$

- *Distributiva de la multiplicació respecte de la suma:*

$$a, b, c \in \mathbb{R},\ a\,(b + c) = a\,b + a\,c$$

Quan apliquem aquesta propietat de dreta a esquerra, diem que *extraiem factor comú.*

! Important

Per indicar que a pertany al conjunt dels nombres reals utilitzem la notació $a \in \mathbb{R}$.

Recorda

Resta: suma amb l'oposat.

$a, b \in \mathbb{R}$, $a - b = a + (-b)$

Divisió: multiplicació per l'invers.

$a, b \in \mathbb{R}$ i $b \neq 0$, $\frac{a}{b} = a\,\frac{1}{b}$

Activitats

18. Expressa de manera exacta:

a) L'àrea d'un triangle equilàter de 4 cm de costat.

b) La longitud de la diagonal d'un rectangle els costats del qual mesuren 4 i 6 cm.

c) El volum d'un cilindre de 2 cm de radi i 3 cm d'altura.

d) L'àrea d'un hexàgon regular inscrit en una circumferència de 8 cm de diàmetre.

19. Aproxima per defecte i per excés fins a les mil·lèsimes cadascun dels nombres irracionals següents:

a) $\sqrt{17}$ *b)* e *c)* π

20. Extreu factor comú de:

a) $3\sqrt{2} + 5\sqrt{2}$ *b)* $7\pi - 3\pi + \pi$

c) $4\sqrt{a} + 5\sqrt{a} - 2\sqrt{a}$ *d)* $\sqrt{5}\,a + \sqrt{5}\,b - \sqrt{5}\,c$

21. Les operacions amb nombres irracionals que s'indiquen a continuació donen com a resultat un nombre racional. Calcula'l en cada cas.

a) $(\sqrt{10})^2$ *b)* $(15 + 2\sqrt{3})(15 - 2\sqrt{3})$

c) $(3\sqrt{7})^2$ *d)* $(7\pi - 2\pi) : 3\pi$

e) $(\sqrt{6})^2 - \frac{2}{3}$ *f)* $\sqrt{(7 - \sqrt{2})(7 + \sqrt{2}) - 11}$

R: *a)* 10; *b)* 213; *c)* 63; *d)* $\frac{5}{3}$; *e)* $\frac{16}{3}$; *f)* ± 6

22. Si x, y, z i t representen quatre nombres reals, escriu cadascuna d'aquestes expressions com un producte de dos factors:

a) $x^2y + xy^2$ *b)* $x(y + z) + t(y + z)$

c) $z^3 + z^2 + z$ *d)* $x^2 + 2xy + y^2 + t(x + y)$

e) $z(x - t) - x^2 + 2xt - t^2$

6. Arrels i potències

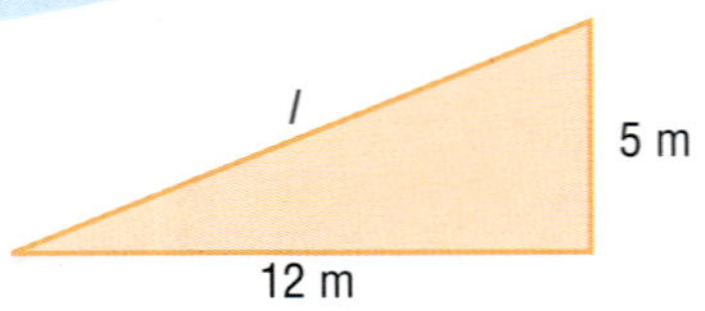

Fig. 1.10

La rampa de la Figura 1.10 supera un desnivell de 5 m. Quina longitud té?

Apliquem el teorema de Pitàgores:

$$l^2 = 5^2 + 12^2 = 25 + 144 = 169$$

Per tant, $l = \sqrt{169} = \pm 13$.

$$\sqrt{169} = \pm 13 \text{ perquè } 13^2 = 169 \text{ i } (-13)^2 = 169$$

Com que l representa una longitud, només té sentit la solució positiva. Així doncs, la longitud de la rampa és de 13 m.

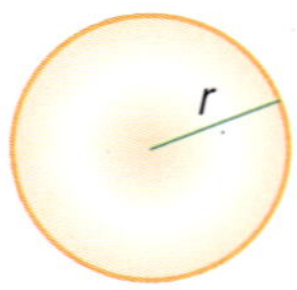

Fig. 1.11

El volum d'una esfera (Fig. 1.11) és de 36 π cm^3. Quant en mesura el radi?

Per calcular el volum d'una esfera utilitzem l'expressió $V = \frac{4}{3}\pi r^3$. Substituint, obtenim:

$$36\pi = \frac{4}{3}\pi r^3 \rightarrow 108\pi = 4\pi r^3 \rightarrow r^3 = \frac{108\pi}{4\pi} = 27$$

Cal que esbrinem un nombre que elevat al cub doni com a resultat 27. Escrivim $r = \sqrt[3]{27}$ i ho llegim com l'arrel cúbica de 27.

$$\sqrt[3]{27} = 3 \text{ perquè } 3^3 = 27$$

El radi de l'esfera mesura 3 cm.

D'acord amb el que acabem de veure als exemples, podem afirmar que:

$$\sqrt[3]{-8} = -2 \text{ perquè } (-2)^3 = -8$$

$$\sqrt[4]{81} = \pm 3 \text{ perquè } 3^4 = 81 \text{ i } (-3)^4 = 81$$

$$\sqrt[5]{32} = 2 \text{ perquè } 2^5 = 32$$

$$\sqrt{\frac{4}{9}} = \pm\frac{2}{3} \text{ perquè } \left(\frac{2}{3}\right)^2 = \frac{4}{9} \text{ i } \left(-\frac{2}{3}\right)^2 = \frac{4}{9}$$

$\sqrt[6]{-64}$: no hi ha cap nombre real que elevat a una potència d'exponent parell doni com a resultat un nombre negatiu. Per tant $\sqrt[6]{-64}$ no és un nombre real.

$$\sqrt[n]{a} = b \text{ si i només si } b^n = a$$

$\sqrt[n]{a}$ es llegeix l'**arrel enèsima** de a.

n és un nombre natural i s'anomena **índex** de l'arrel.

a és el **radicand**.

Observa que:

- Si n és parell, a ha de ser necessàriament un nombre positiu per tal que l'arrel b sigui un nombre real. En aquest cas, hi ha dos resultats possibles que són sempre dos nombres reals oposats.
- Si n és senar, sempre existeix el nombre real b i és únic.

Als exemples anteriors, les arrels que hem calculat han donat com a resultat nombres racionals. Generalment, això no succeeix en les arrels quadrades o d'índex 2, ni tampoc en el cas de les arrels d'altres índexs.

$\sqrt[3]{5}$, $\sqrt[4]{10}$, $\sqrt[5]{-43}$ ... són, com $\sqrt{2}$, nombres irracionals.

Tal com es defineix la radicació, és possible escriure una arrel en forma de potència i a l'inrevés. Aquestes noves potències han de verificar les mateixes propietats que les potències d'exponent enter, que ja coneixes de cursos anteriors.

D'acord amb el que acabem de dir, podem escriure:

$$\sqrt{2} = 2^{\frac{1}{2}} \text{ perquè } \left(2^{\frac{1}{2}}\right)^2 = 2^{\frac{1}{2}\cdot 2} = 2$$

$$\sqrt[3]{5} = 5^{\frac{1}{3}} \text{ perquè } \left(5^{\frac{1}{3}}\right)^3 = 5^{\frac{1}{3}\cdot 3} = 5$$

$$\sqrt[5]{6} = 6^{\frac{1}{5}} \text{ perquè } \left(6^{\frac{1}{5}}\right)^5 = 6^{\frac{1}{5}\cdot 5} = 6$$

En general,

$$\sqrt[n]{a} = a^{\frac{1}{n}} \text{ perquè } \left(a^{\frac{1}{n}}\right)^n = a^{\frac{1}{n}\cdot n} = a$$

Si el radicand a està elevat a un exponent m enter, tindrem:

$$\sqrt[n]{a^m} = a^{\frac{m}{n}} \text{ perquè } \left(a^{\frac{m}{n}}\right)^n = a^{\frac{m}{n}\cdot n} = a^m$$

! Important

$a^{\frac{m}{n}} = \sqrt[n]{a^m}$ i si $m = 1$, $a^{\frac{1}{n}} = \sqrt[n]{a}$

Les potències del tipus $a^{\frac{m}{n}}$ s'anomenen **potències d'exponent fraccionari.** En definitiva, tota arrel es pot expressar com una potència d'exponent fraccionari i a l'inrevés.

Exemple 3

Expressa aquestes arrels en forma de potències d'exponent fraccionari positiu:

a) $\sqrt[3]{5}$ *b)* $\sqrt[4]{3}$ *c)* $\sqrt[7]{5^3}$ *d)* $\sqrt[5]{\left(\frac{2}{3}\right)^2}$

e) $\sqrt{2^{-3}}$ *f)* $\sqrt[7]{16}$ *g)* $\sqrt[3]{-6}$ *h)* $\sqrt{ab}$

Resolució

a) $\sqrt[3]{5} = 5^{\frac{1}{3}}$ *b)* $\sqrt[4]{3} = 3^{\frac{1}{4}}$ *c)* $\sqrt[7]{5^3} = 5^{\frac{3}{7}}$

d) $\sqrt[5]{\left(\frac{2}{3}\right)^2} = \left(\frac{2}{3}\right)^{\frac{2}{5}}$ *e)* $\sqrt{2^{-3}} = \sqrt{\left(\frac{1}{2}\right)^3} = \left(\frac{1}{2}\right)^{\frac{3}{2}}$ *f)* $\sqrt[7]{16} = \sqrt[7]{2^4} = 2^{\frac{4}{7}}$

g) $\sqrt[3]{-6} = (-6)^{\frac{1}{3}}$ *h)* $\sqrt{ab} = (ab)^{\frac{1}{2}}$

Exemple 4

Transforma les potències d'exponent fraccionari següents en arrels:

a) $(-2)^{\frac{1}{3}}$ *b)* $7^{\frac{1}{5}}$ *c)* $10^{\frac{3}{4}}$ *d)* $\left(\frac{1}{3}\right)^{\frac{1}{4}}$

e) $\pi^{\frac{1}{5}}$ *f)* $7^{\frac{2}{5}}$ *g)* $3^{-\frac{1}{2}}$ *h)* $\left(\frac{5}{13}\right)^{-\frac{1}{4}}$

Resolució

a) $(-2)^{\frac{1}{3}} = \sqrt[3]{-2}$ *b)* $7^{\frac{1}{5}} = \sqrt[5]{7}$ *c)* $10^{\frac{3}{4}} = \sqrt[4]{10^3}$ *d)* $\left(\frac{1}{3}\right)^{\frac{1}{4}} = \sqrt[4]{\frac{1}{3}}$

e) $\pi^{\frac{1}{5}} = \sqrt[5]{\pi}$ *f)* $7^{\frac{2}{5}} = \sqrt[5]{7^2}$ *g)* $3^{-\frac{1}{2}} = \left(\frac{1}{3}\right)^{\frac{1}{2}} = \sqrt{\frac{1}{3}}$ *h)* $\left(\frac{5}{13}\right)^{-\frac{1}{4}} = \left(\frac{13}{5}\right)^{\frac{1}{4}} = \sqrt[4]{\frac{13}{5}}$

! Important

Per a les arrels d'índex 2, utilitza la tecla [√] de la calculadora.

La calculadora ens permet esbrinar les arrels d'índex diferent de 2 utilitzant-ne l'expressió en forma de potència. Com sempre, si el resultat és irracional, només obtindrem un valor aproximat.

Imagina que hem de calcular, per exemple, $\sqrt[3]{6{,}74}$.

- Si la nostra calculadora té la tecla [$x^{1/y}$], com que $\sqrt[3]{6{,}74} = 6{,}74^{\frac{1}{3}}$, hem de prémer les tecles següents:

  6,74 [$x^{1/y}$] 3 [=] 1,888 947 839

  Aquest resultat que ens dóna la calculadora només és una aproximació racional al veritable valor de $\sqrt[3]{6{,}74}$, però per a les nostres necessitats de càlcul és una aproximació més que suficient.

- Si la calculadora que utilitzem no té la tecla [$x^{1/y}$], però sí que té la tecla [x^y], el procediment que cal seguir és el següent:

  6,74 [x^y] 3 [1/x] = 1,888 947 839

  (3 [1/x]: calcula $\frac{1}{3}$)

! Important

Amb la tecla [$\sqrt[x]{\ }$] el càlcul és directe.

Activitats

23. Calcula sense utilitzar la calculadora:

a) $\sqrt[3]{1000}$ *b)* $\sqrt[4]{1296}$ *c)* $\sqrt{\frac{25}{81}}$

d) $\sqrt[5]{-1}$ *e)* $\sqrt[3]{0{,}001}$ *f)* $\sqrt[5]{\frac{1}{32}}$

24. Tot i que a primer cop d'ull no ho sembli, els resultats de les arrels següents són tots racionals. Calcula'ls.

a) $\sqrt{\frac{8}{18}}$ *b)* $\sqrt[3]{\frac{2}{16}}$ *c)* $\sqrt{\frac{50}{98}}$ *d)* $\sqrt[3]{\frac{3}{81}}$

25. Expressa en forma de potència:

a) $\sqrt[3]{7}$ *b)* $\sqrt[4]{a^3}$ *c)* $\sqrt{10}$

d) $\sqrt[5]{(a+2)^2}$ *e)* $\sqrt[6]{6^5}$ *f)* $\sqrt{\frac{1}{5}}$

26. Expressa en forma d'arrel:

a) $25^{\frac{1}{3}}$ *b)* $12^{\frac{1}{4}}$ *c)* $a^{\frac{3}{5}}$ *d)* $\left(\frac{1}{2}\right)^{\frac{-2}{3}}$ *e)* $b^{\frac{2}{7}}$

27. Les potències d'exponent fraccionari verifiquen totes i cadascuna de les propietats de les potències d'exponent enter. Aplica aquestes propietats per expressar en funció d'una sola potència:

a) $2^{\frac{1}{2}} \cdot 2^{\frac{1}{3}}$ *b)* $3^{\frac{2}{3}} : 3^{\frac{1}{4}}$

c) $\left(5^{\frac{1}{3}}\right)^2$ *d)* $\frac{2 \cdot \sqrt[3]{4}}{\sqrt[5]{8}}$

28. Utilitza la calculadora i aproxima fins a les centèsimes aquests nombres irracionals:

a) $\sqrt[3]{10}$ *b)* $\sqrt[5]{2{,}76}$ *c)* $\pi^{\frac{1}{4}}$

d) $\sqrt[3]{-50}$ *e)* $5^{\frac{2}{3}}$ *f)* $\sqrt[7]{2^4}$

7. Propietats de les arrels

A continuació estudiarem un seguit de propietats de les arrels que es basen en:

a) La possibilitat d'expressar una arrel en forma de potència d'exponent fraccionari.

b) Les propietats de les potències d'exponent enter que hem fet extensives a les potències d'exponent fraccionari.

Propietat fonamental

Observa la seqüència d'igualtats següent:

$$\sqrt[3]{a^2} = a^{\frac{2}{3}} = a^{\frac{4}{6}} = \sqrt[6]{a^4}$$

En general,

$$\sqrt[n]{a^m} = a^{\frac{m}{n}} = a^{\frac{mr}{nr}} = \sqrt[nr]{a^{mr}} \text{ amb } r \neq 0$$

És a dir, el resultat d'una arrel no varia si multipliquem o dividim l'índex i l'exponent del radicand per un mateix nombre diferent de zero.

Així:

$$\sqrt{a} = \sqrt[4]{a^2} = \sqrt[6]{a^3} = \sqrt[10]{a^5} \ldots$$

Arrel d'una multiplicació

$$\sqrt{6} = 6^{\frac{1}{2}} = (2 \cdot 3)^{\frac{1}{2}} = 2^{\frac{1}{2}} \cdot 3^{\frac{1}{2}} = \sqrt{2} \cdot \sqrt{3}$$

En general,

$$\sqrt[n]{a\,b} = (a\,b)^{\frac{1}{n}} = a^{\frac{1}{n}}\, b^{\frac{1}{n}} = \sqrt[n]{a}\,\sqrt[n]{b}$$

L'arrel d'una multiplicació és igual al producte de les arrels dels factors.

Arrel d'una divisió

$$\sqrt[3]{\frac{2}{5}} = \left(\frac{2}{5}\right)^{\frac{1}{3}} = \frac{2^{\frac{1}{3}}}{5^{\frac{1}{3}}} = \frac{\sqrt[3]{2}}{\sqrt[3]{5}}$$

En general,

$$\sqrt[n]{\frac{a}{b}} = \left(\frac{a}{b}\right)^{\frac{1}{n}} = \frac{a^{\frac{1}{n}}}{b^{\frac{1}{n}}} = \frac{\sqrt[n]{a}}{\sqrt[n]{b}}$$

L'arrel d'una divisió és igual al quocient de les arrels del dividend i del divisor.

! Important

$$\sqrt[4]{64} = \sqrt[4]{2^6} = 2^{\frac{6}{4}} = 2^{\frac{3}{2}} = \sqrt{2^3} = \sqrt{8}$$

! Important

Cadascuna d'aquestes propietats es pot llegir i aplicar en ambdós sentits, segons convingui.

Potència d'una arrel

$$(\sqrt[3]{2})^4 = \left(2^{\frac{1}{3}}\right)^4 = 2^{\frac{4}{3}} = \sqrt[3]{2^4}$$

! Important

$\sqrt[n]{a+b} \neq \sqrt[n]{a} + \sqrt[n]{b}$

$\sqrt[n]{a^n + b^n} \neq a + b$

En general,

$$(\sqrt[n]{a})^m = \left(a^{\frac{1}{n}}\right)^m = a^{\frac{m}{n}} = \sqrt[n]{a^m}$$

Per elevar una arrel a una potència, s'eleva el radicand a aquesta potència.

Arrel d'una arrel

$$\sqrt[3]{\sqrt{5}} = \sqrt[3]{5^{\frac{1}{2}}} = \left(5^{\frac{1}{2}}\right)^{\frac{1}{3}} = 5^{\frac{1}{6}} = \sqrt[6]{5}$$

En general,

$$\sqrt[m]{\sqrt[n]{a}} = \sqrt[m]{a^{\frac{1}{n}}} = \left(a^{\frac{1}{n}}\right)^{\frac{1}{m}} = a^{\frac{1}{nm}} = \sqrt[nm]{a}$$

L'arrel d'una arrel dóna com a resultat una altra arrel amb el mateix radicand i d'índex igual al producte dels dos índexs.

En resum:

- $\sqrt[n]{a^m} = \sqrt[nr]{a^{mr}}$ amb $r \neq 0$
- $\sqrt[n]{a\,b} = \sqrt[n]{a}\,\sqrt[n]{b}$
- $\sqrt[n]{\dfrac{a}{b}} = \dfrac{\sqrt[n]{a}}{\sqrt[n]{b}}$
- $(\sqrt[n]{a})^m = \sqrt[n]{a^m}$
- $\sqrt[m]{\sqrt[n]{a}} = \sqrt[mn]{a}$

Activitats

29. Per simplificar una arrel del tipus $\sqrt[n]{a^m}$, cal aconseguir que m i n siguin nombres primers entre ells. Simplifica:

a) $\sqrt[12]{a^{10}}$ *b)* $\sqrt[3]{a^{12}}$ *c)* $\sqrt[15]{3^{10}}$ *d)* $\sqrt[4]{64}$

30. Quina de les igualtats següents és incorrecta?

a) $\sqrt{(a+b)^2} = a + b$

b) $\sqrt[3]{a^3 + b^3} = a + b$

c) $\sqrt{a^2 - 2ab + b^2} = a - b$

31. Expressa en forma d'una sola arrel:

a) $\sqrt[3]{3} \cdot \sqrt[3]{5}$ *b)* $2^{\frac{1}{2}} \cdot \sqrt{5}$ *c)* $\dfrac{\sqrt[3]{12}}{\sqrt[3]{4}}$

d) $\dfrac{3^{\frac{1}{2}} \cdot 6^{\frac{1}{2}}}{\sqrt{15}}$ *e)* $(\sqrt[7]{2^3})^4$ *f)* $3^{\frac{1}{6}} \cdot \sqrt[3]{3} \cdot \sqrt[6]{2}$

g) $(a+b)^{\frac{1}{2}} \cdot \sqrt{a-b}$ *h)* $2\sqrt{5}$ *i)* $\sqrt{\sqrt{13}}$

j) $\sqrt{a\sqrt[3]{a^2}}$

8. Operacions amb arrels

Malgrat que la majoria d'operacions amb arrels donen com a resultat una altra arrel que gairebé sempre és un nombre irracional i, per tant, només el podem expressar de manera exacta si el deixem indicat, hi ha alguns casos en què cal anar una mica més lluny per tal d'expressar-ne el resultat d'una manera més senzilla. Vegem-los tot seguit.

8.1 Sumes i restes

Si el resultat és $\sqrt{2} + \sqrt{6}$, no hi podem fer res més. Ja saps que, com a molt, podem donar-ne una aproximació.

Ara bé, si el resultat és $3\sqrt{3} - \sqrt{3} + 2\sqrt{3}$, sí que es pot expressar de manera més senzilla. Només cal extreure el factor comú $\sqrt{3}$:

$$3\sqrt{3} - \sqrt{3} + 2\sqrt{3} = (3 - 1 + 2)\sqrt{3} = 4\sqrt{3}$$

És possible que el factor comú que necessitem no sempre sigui tan evident com en el cas anterior.

Si descomponem el radicand en factors i apliquem les propietats que ja coneixes, el podrem localitzar. Fixa't en l'exemple:

$$2\sqrt{5} + 3\sqrt{20} - \sqrt{125} = 2\sqrt{5} + 3\sqrt{2^2 \cdot 5} - \sqrt{5^2 \cdot 5} =$$

$$= 2\sqrt{5} + 3\sqrt{2^2} \cdot \sqrt{5} - \sqrt{5^2} \cdot \sqrt{5} = 2\sqrt{5} + 3 \cdot 2\sqrt{5} - 5\sqrt{5} =$$

$$= 2\sqrt{5} + 6\sqrt{5} - 5\sqrt{5} = (2 + 6 - 5)\sqrt{5} = 3\sqrt{5}$$

! Important

$$125 = 5^3 = 5^2 \cdot 5$$

Ho expressem d'aquesta manera perquè ens convé. Raona-ho.

8.2 Multiplicacions i divisions

Podem multiplicar i dividir arrels que tenen el mateix índex. És possible fer-ho si els índexs són diferents?

Imagina que el resultat d'una operació sigui $\sqrt[3]{2} \cdot \sqrt{3}$. Vegem com es pot expressar de manera molt més senzilla utilitzant una única arrel.

Cal aconseguir que les arrels que s'han de multiplicar tinguin el mateix índex. Si les expressem en forma de potència i busquem fraccions equivalents d'igual denominador per als exponents, tindrem el problema resolt. Aplicant-hi directament la propietat fonamental dels radicals, ens estalviem el pas previ a potències:

$$\sqrt[3]{2} \cdot \sqrt{3} = 2^{\frac{1}{3}} \cdot 3^{\frac{1}{2}} = 2^{\frac{2}{6}} \cdot 3^{\frac{3}{6}} = \sqrt[6]{2^2} \cdot \sqrt[6]{3^3} = \sqrt[6]{2^2 \cdot 3^3} = \sqrt[6]{4 \cdot 27} = \sqrt[6]{108}$$

Si es tracta d'una divisió, el procés que hem de seguir és semblant:

$$\frac{\sqrt[4]{2}}{\sqrt[3]{5}} = \frac{2^{\frac{1}{4}}}{5^{\frac{1}{3}}} = \frac{2^{\frac{3}{12}}}{5^{\frac{4}{12}}} = \frac{\sqrt[12]{2^3}}{\sqrt[12]{5^4}} = \sqrt[12]{\frac{8}{625}}$$

! Important

Fixa't que:
$6 = \text{m. c. m.}\ (2, 3)$ i
$12 = \text{m. c. m.}\ (4, 3)$

Activitats

32. Expressa de la manera més senzilla possible:

a) $\sqrt{10} + 2\sqrt{10} - \frac{1}{2}\sqrt{10}$

b) $3\sqrt{12} - 2\sqrt{75} + 7\sqrt{3}$

c) $\sqrt[4]{5} \cdot \sqrt[3]{2}$

d) $\dfrac{\sqrt{7} \cdot \sqrt[3]{5}}{\sqrt[12]{10}}$

9. Racionalització de denominadors

És possible que alguna vegada trobis expressions fraccionàries que tenen arrels en el denominador. Aquí en tens dos exemples:

$$\frac{3}{\sqrt{3}} \text{ i } \frac{1}{3-\sqrt{2}}$$

Com pots veure, són dos nombres irracionals i, per tant, no en podem conèixer el valor exacte. De tota manera, si el que volem és fer-hi operacions, seria molt més senzill si per a cada expressió fraccionària poguéssim esbrinar-ne una d'equivalent sense arrels en el denominador. A més, per sumar i restar fraccions, és necessari que els denominadors siguin nombres naturals per poder-ne calcular el mínim comú múltiple.

Ja saps com obtenir fraccions equivalents a una fracció donada: multiplicant-ne el numerador i el denominador per un mateix nombre diferent de zero. El problema és esbrinar en cada situació quin és aquest nombre que ens permet eliminar les arrels del denominador.

El procés que se segueix per eliminar les arrels dels denominadors de les expressions fraccionàries es coneix amb el nom de **racionalització de denominadors.**

Els dos exemples que acabem d'esmentar pertanyen als tipus d'expressions fraccionàries que trobaràs més sovint. Observa com procedim en cada cas.

Recorda

$(\sqrt{a}+\sqrt{b})(\sqrt{a}-\sqrt{b}) = a - b$

$(\sqrt{a}+b)(\sqrt{a}-b) = a - b^2$

$(a+\sqrt{b})(a-\sqrt{b}) = a^2 - b$

Exemple 5

Racionalitza l'expressió fraccionària: $\frac{3}{\sqrt{3}}$

Resolució

Multipliquem el numerador i el denominador per $\sqrt{3}$.

$$\frac{3}{\sqrt{3}} = \frac{3}{\sqrt{3}} \cdot \frac{\sqrt{3}}{\sqrt{3}} = \frac{3 \cdot \sqrt{3}}{3} = \sqrt{3} \rightarrow \frac{3}{\sqrt{3}} = \sqrt{3}$$

Exemple 6

Racionalitza l'expressió fraccionària: $\frac{1}{3-\sqrt{2}}$

Resolució

Multipliquem el numerador i el denominador per $3+\sqrt{2}$, expressió que s'anomena *conjugada* de $3-\sqrt{2}$.

$$\frac{1}{3-\sqrt{2}} = \frac{1}{3-\sqrt{2}} \cdot \frac{3+\sqrt{2}}{3+\sqrt{2}} = \frac{3+\sqrt{2}}{(3-\sqrt{2})(3+\sqrt{2})} = \frac{3+\sqrt{2}}{9-2} = \frac{3+\sqrt{2}}{7}$$

Per tant,

$$\frac{1}{3-\sqrt{2}} = \frac{3+\sqrt{2}}{7}$$

Activitats

33. Racionalitza les expressions fraccionàries que figuren a continuació:

a) $\dfrac{1}{\sqrt{5}}$ *b)* $\dfrac{1}{2+\sqrt{3}}$

c) $\dfrac{12}{\sqrt{2}}$ *d)* $\dfrac{22}{4-\sqrt{5}}$

34. Efectua les operacions indicades racionalitzant prèviament cada expressió fraccionària:

a) $\dfrac{1}{5+\sqrt{3}}+\dfrac{2}{5-\sqrt{3}}$

b) $\dfrac{7}{4+\sqrt{2}}-\dfrac{6}{4-\sqrt{2}}$

10. Solucions d'inequacions i recta real

Quines són les solucions de la inequació $2x + 3 > 5$?

$$2x + 3 > 5 \rightarrow 2x > 5 - 3 \rightarrow 2x > 2 \rightarrow x > 1$$

La resposta és: tots els nombres reals més grans que 1.

Els nombres reals més grans que 1 –l'1 no hi és inclòs– determinen un conjunt de punts que s'anomena **semirecta oberta** (Fig. 1.12) i que es designa per $(1, +\infty)$.

Fig. 1.12

La inequació $2x + 3 \geq 5$ té per solucions $x \geq 1$.

Els nombres reals més grans o iguals que 1 determinen un conjunt de punts anomenat **semirecta tancada** (Fig. 1.13) i que es designa per $[1, +\infty)$.

Fig. 1.13

Anàlogament:

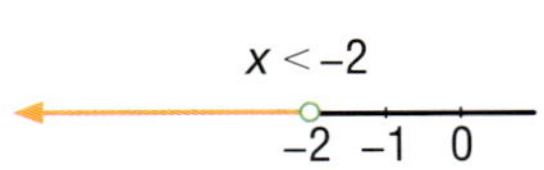

Semirecta oberta $(-\infty, -2)$ **Fig. 1.14**

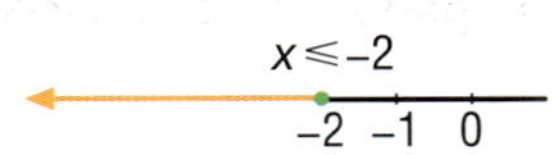

Semirecta tancada $(-\infty, -2]$ **Fig. 1.15**

Les inequacions $x > -1$ i $x < 2$ tenen solucions comunes. Si observes la figura 1.16, comprovaràs que són tots els nombres reals compresos entre -1 i 2, ni el -1 ni el 2 hi són inclosos. Aquests nombres determinen un conjunt de punts que es coneix amb el nom de **segment** o **interval obert** i que es designa per $(-1, 2)$.

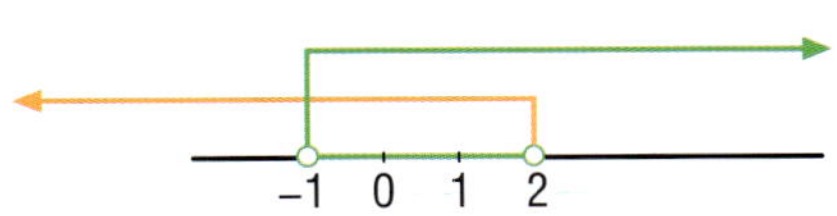

$-1 < x < 2$ s'expressa $(-1, 2)$ **Fig. 1.16**

Les solucions comunes a les inequacions $x \geq -1$ i $x \leq 2$ són tots els nombres reals compresos entre -1 i 2, ambdós inclosos. Determinen sobre la recta un conjunt de punts que rep el nom de **segment** o **interval tancat** (Fig. 1.17) i que s'expressa per $[-1, 2]$.

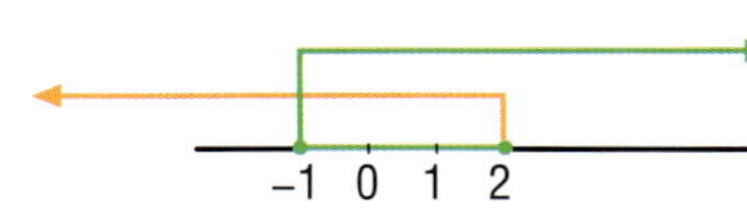

Fig. 1.17

Fixa't en els conjunts de nombres reals representats a la recta i en la notació utilitzada per designar-los.

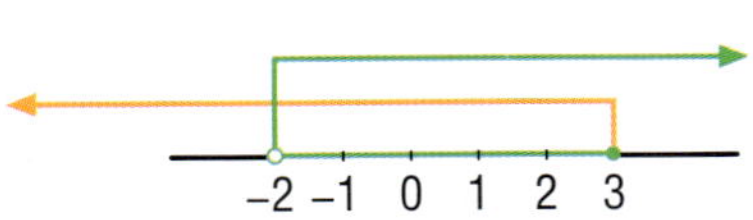

$-2 < x \leq 3$ s'expressa $(-2, 3]$.

No inclou el -2, però sí el 3. **Fig. 1.18**

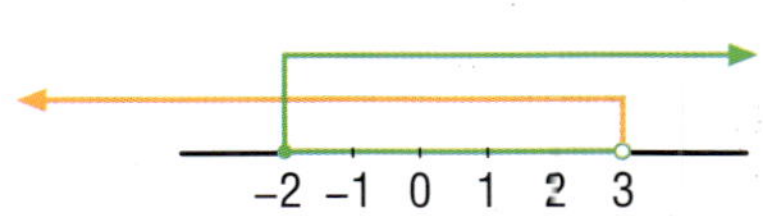

$-2 \leq x < 3$ s'expressa $[-2, 3)$.

Inclou el -2, però no el 3. **Fig. 1.19**

Activitats

35. Representa a la recta real els conjunts de nombres següents. Després, defineix-los mitjançant desigualtats:

a) $[4, +\infty)$ *b)* $(-\infty, -2)$

c) $[1, 3]$ *d)* $(2, 5)$

e) $[-3, 0)$ *f)* $(0, 3]$

g) $(5, +\infty)$ *h)* $[-2, 2)$

i) $(-4, 2]$ *j)* $(-\infty, 0)$

k) $(-3, 4)$ *l)* $\left(-1, \frac{3}{2}\right]$

36. Expressa, utilitzant la nova notació, els conjunts de nombres reals que verifiquen:

a) $x \geq -3$ *b)* $x < 4$

c) $-2 \leq x \leq 3$ *d)* $-5 < x < -1$

e) $-4 < x \leq 6$ *f)* $x > 7$

37. Les inequacions $-1 \leq 3x + 5$ i $3x + 5 < 2$ tenen solucions comunes. Esbrina-les, representa-les gràficament i expressa-les de dues maneres diferents.

! Important

Si $a < b \rightarrow -a > -b$

11. Notació científica

! Important

Si $x < 0$, $a < 0$ i $1 \leq |a| < 10$

El treball científic obliga a utilitzar amb freqüència nombres que són molt grans o molt petits. L'escriptura d'aquests nombres és feixuga i pot provocar nombroses errades.

La notació científica permet expressar-los de manera més senzilla i facilita al mateix temps les operacions que s'hi efectuen. Aquesta notació consisteix a escriure tot nombre x no nul en la forma següent:

$$x = a \cdot 10^n \text{ amb } n \in \mathbb{Z} \text{ i } 1 \leq a < 10$$

Exemple 7

Escriu en notació científica els nombres següents:

a) 0,000 000 008 7

b) 6 250 000 000 000

c) 345 500 000 000 000 000

d) 0,000 000 000 000 05

Resolució

a) $0{,}0000000087 = 8{,}7 \cdot 10^{-9}$

b) $6\,250\,000\,000\,000 = 6{,}25 \cdot 10^{12}$

c) $345\,500\,000\,000\,000\,000 = 3{,}455 \cdot 10^{17}$

d) $0{,}00000000000005 = 5 \cdot 10^{-14}$

Les calculadores científiques utilitzen aquesta notació quan el resultat d'una operació té un nombre de xifres superior al de la capacitat de la pantalla.

Així, per exemple, expressen el resultat de la potència 3^{25}, que evidentment és un nombre enter, com a $8{,}472\,886 \cdot 10^{11}$. Malgrat que el resultat no sigui l'exacte, permet saber que es tracta d'un nombre enter de dotze xifres.

Si hem d'efectuar operacions amb nombres expressats en notació científica, hem de fer servir la tecla EXP per introduir-los a la calculadora. Cal que tinguem en compte que aquesta tecla introdueix el factor 10^n, per això hem de teclejar prèviament el factor a.

$2{,}25 \cdot 10^{15} \longrightarrow$ 2,25 EXP 15

$1{,}9 \cdot 10^{-16} \longrightarrow$ 1,9 EXP 16 ±

$10^{10} = 1 \cdot 10^{10} \longrightarrow$ 1 EXP 10

! Important

Hi ha calculadores en què la tecla EXP es mostra com a EE.

Activitats

38. Escriu en notació científica:

a) $0{,}003\,45 \cdot 10^8$

b) $126{,}78 \cdot 10^{-5}$

c) $\dfrac{13}{5\,789\,680}$

d) 756 423 987

e) 0,000 000 028 54

39. Efectua aquestes operacions amb l'ajut de la calculadora. Expressa'n els resultats utilitzant la notació científica:

a) $2{,}5 \cdot 10^4 + 10^5 - 6{,}25 \cdot 10^3$

b) $(10^6 : 4 \cdot 10^{-3}) : 5 \cdot 10^7$

c) $\dfrac{1{,}25 \cdot 10^{12} - 10^{12}}{10^{10} + 5 \cdot 10^9}$

d) $(10^4 - 10^7)^2$

40. Una estrella està situada a 4 anys llum de la Terra. Quina és la distància en quilòmetres que la separa del nostre planeta? Un any llum és la distància que recorre la llum en un any a una velocitat de 300 000 km/s.

R: $3{,}784\,32 \cdot 10^{13}$ km

41. Sabent que un mol d'àtoms de ferro conté $6{,}02 \cdot 10^{23}$ àtoms d'aquest metall i que té una massa de 55,8 g, esbrina:

a) La massa en grams d'un àtom de ferro.

b) El nombre d'àtoms continguts en 1 g de ferro.

R: *a)* $9{,}27 \cdot 10^{-23}$ g Fe; *b)* $1{,}08 \cdot 10^{22}$ àtoms Fe

42. Expressa en notació científica la longitud en metres del radi de la Terra, sabent que un quadrant d'un meridià terrestre mesura 10^4 km.

R: $6{,}366\,2 \cdot 10^6$ m

Punt final

La quadratura del cercle

És possible construir amb regle i compàs un quadrat que tingui la mateixa àrea que un cercle de radi 1?

Com pots comprovar a la Figura 1.20, la resposta serà afirmativa si som capaços de dibuixar un segment la longitud del qual sigui $\sqrt{\pi}$.

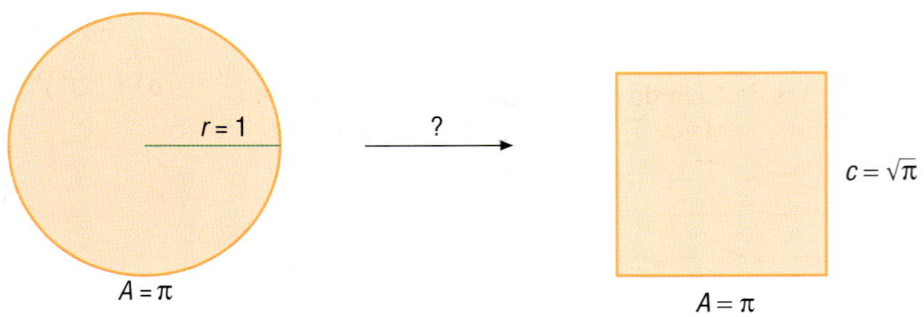

Fig. 1.20

Aquest problema, conegut amb el nom de *quadratura del cercle*, ha estat discutit diverses vegades al llarg de la història de les matemàtiques i va estar molts anys sense ser resolt. És per aquest motiu que en sentit figurat parlem de la «quadratura del cercle» quan fem referència a un problema molt difícil o impossible de resoldre.

La solució definitiva la va donar Ferdinand Lindemann l'any 1882. Aquest matemàtic alemany va demostrar que, donat un segment de longitud 1, no és possible construir amb regle i compàs un segment de longitud $\sqrt{\pi}$; és a dir, es tracta d'un problema irresoluble en geometria.

Lindemann va arribar a aquesta conclusió mentre duia a terme un treball que demostrava que el nombre pi (π) és un nombre irracional i alhora transcendent. π és *irracional* en el sentit que el seu valor és impossible d'expressar exactament amb un nombre decimal (només podem treballar amb aproximacions com 3,14 o 3,1416, que són les més habituals) i π és *transcendent* perquè no es pot obtenir com a solució d'una equació polinòmica de coeficients enters.

Quan Lindemann va establir que π és un nombre transcendent, va demostrar com a conseqüència que el problema de la quadratura del cercle no tenia solució.

Una passejada amb el cavall

No sembla gens senzill aconseguir desplaçar un cavall d'escacs per tots els quadrats del tauler en 64 moviments sense repetir-ne cap. Malgrat la dificultat, es coneixen diferents solucions del problema des de fa segles. La solució que et proposem a continuació és del matemàtic De Moivre. Només cal que segueixis la successió dels nombres naturals, de l'1 al 64 (Fig. 1.21).

34	49	22	11	36	39	24	1
21	10	35	50	23	12	37	40
48	33	62	57	38	25	2	13
9	20	51	54	63	60	41	26
32	47	58	61	56	53	14	3
19	8	55	52	59	64	27	42
46	31	6	17	44	29	4	15
7	18	45	30	5	16	43	28

Fig. 1.21

Activitats finals

1. Demostra, sense utilitzar la calculadora, que el nombre $\sqrt{1764}$ és racional. Fes prèviament la descomposició en factors primers de 1764.

2. Calcula el costat, el perímetre i l'àrea d'un quadrat inscrit en una circumferència de 2 cm de radi. Quina de les tres mesures s'expressa mitjançant un nombre racional? Expressa les altres dues de manera exacta i amb una aproximació fins a les centèsimes.

R: $c \simeq 2{,}83$ cm; $P \simeq 11{,}31$ cm; $A = 8$ cm^2

3. Dibuixa un quadrat de 2 cm de costat. Determina els punts mitjans dels seus costats i uneix-los successivament. Quina figura obtens? Per què? Calcula'n l'àrea i el perímetre.

4. Considera dues circumferències concèntriques de radis $r_1 = \dfrac{1}{\pi}$ i $r_2 = \dfrac{\pi + 1}{\pi}$. Indica si és possible expressar mitjançant nombres racionals:

a) La longitud de la circumferència petita.

b) La longitud de la circumferència gran.

c) L'àrea de la corona circular que limiten les dues circumferències.

5. La diagonal d'un quadrat mesura 4 cm. Indica, fent els càlculs pertinents, quina de les magnituds següents es pot expressar mitjançant un nombre racional:

a) La longitud del costat del quadrat.

b) El perímetre del quadrat.

c) L'àrea del quadrat.

6. Expressa l'altura h d'un triangle equilàter en funció del seu costat c. Fes el mateix amb l'àrea A del triangle. Utilitza les expressions obtingudes per calcular l'altura i l'àrea d'un triangle equilàter de costat 6 cm.

7. Els dos catets d'un triangle rectangle mesuren $\sqrt{7} + 2$ cm i $\sqrt{7} - 2$ cm. Quant mesura la hipotenusa del triangle? I la seva àrea?

8. Considera un nombre positiu, eleva'l al quadrat, multiplica'l per 2 i, finalment, extreu-ne l'arrel quadrada. Demostra que el quocient de la divisió entre l'últim nombre i el primer és igual a $\sqrt{2}$.

9. Quina condició han de verificar els coeficients a, b i c de l'equació de segon grau $ax^2 + bx + c = 0$, per tal que les seves solucions siguin nombres reals?

10. El perímetre d'un rectangle mesura 16 cm i una de les seves diagonals, $2\sqrt{10}$ cm. Calcula'n l'àrea.

11. Indica quatre nombres racionals que estiguin compresos entre $2 + \sqrt{5}$ i $2 + \sqrt{6}$.

12. Representa a la recta numèrica els nombres reals següents:

a) $\dfrac{3}{4}$ *b)* $1{,}1\widehat{6}$

c) $\sqrt{34}$ *d)* $-\sqrt{8}$

13. Calcula:

a) $(3\sqrt{5})^2$

b) $(\sqrt{10})^4$

c) $(\sqrt{5} + \sqrt{3})(\sqrt{5} - \sqrt{3})$

d) $(\sqrt{7})^2 - (\sqrt{2})^2$

R: *a)* 45; *b)* 100; *c)* 2; *d)* 5

14. Esbrina en cada cas dos nombres irracionals que verifiquin que:

a) La seva suma sigui un nombre racional.

b) El seu producte sigui un nombre racional.

c) Tant la seva suma com el seu producte siguin nombres racionals.

15. Calcula:

a) $(1 + \sqrt{2})^2$ *b)* $(3 - \sqrt{3})^2$

c) $(2\sqrt{5} + 1)^2$ *d)* $(4\sqrt{2} - 2\sqrt{3})^2$

16. En quins casos el resultat d'una potència de base 3 és més petit que 3? Justifica la teva resposta amb exemples.

17. Expressa com una sola potència:

a) $\sqrt{2} \cdot \sqrt[3]{2}$ *b)* $\sqrt[3]{5} : \sqrt[4]{5}$

c) $\sqrt[3]{a^2}$ *d)* $(\sqrt[4]{b^3})^2$

18. Expressa en forma de potència:

a) $\dfrac{x^2\sqrt[3]{x}\sqrt{x}}{\sqrt{x\sqrt{x}}}$ *b)* $\dfrac{\sqrt[4]{x^3}\sqrt[3]{x^2}}{x\sqrt{x}}$

19. Calcula:

a) $\sqrt{\dfrac{3}{5}}\sqrt{15}$ *b)* $\sqrt{\dfrac{5}{2}}\sqrt{\dfrac{8}{5}}$

c) $\sqrt{\dfrac{10}{3}}\sqrt{\dfrac{15}{2}}$ *d)* $\sqrt{5}\sqrt{\dfrac{3}{10}}\sqrt{6}$

20. L'arrel quadrada de l'arrel cúbica d'un nombre positiu x té dos resultats possibles. Per què? Si un d'aquests és 2, quin és l'altre? Calcula x.

R: $x = 64$

Activitats finals

21. Calcula:

a) $\sqrt{\dfrac{200}{450}}$ *b)* $\sqrt{\dfrac{3}{27}}$ *c)* $\sqrt{\dfrac{242}{338}}$

22. Escriu com una única arrel:

a) $10^{\frac{2}{3}} \cdot 10^{\frac{-1}{2}}$ *b)* $7^{\frac{3}{4}} : 7^{0,5}$

c) $\left(2^{\frac{2}{3}}\right)^{\frac{3}{5}}$ *d)* $2^{\frac{1}{3}} \cdot 3^{\frac{1}{3}}$

23. Indica quines de les igualtats següents no són certes. Per què?

a) $\sqrt{9 + 25} = 3 + 5$

b) $\sqrt{7 \cdot 6} = \sqrt{7} \cdot \sqrt{6}$

c) $\sqrt{a^2 + b^2} = a + b$

d) $\sqrt{5} = \dfrac{\sqrt{45}}{3}$

24. Expressa de la manera més senzilla possible el resultat de les operacions següents:

a) $\sqrt{7} + \sqrt{28} - \sqrt{63}$ *b)* $\sqrt{121} + \sqrt{169} - \sqrt{225}$

c) $\sqrt{a}\ \sqrt[3]{a^2}$ *d)* $\sqrt[4]{b^3} : \sqrt{b}$

25. Justifica aquestes igualtats:

a) $2\sqrt{3} = \sqrt{12}$ *b)* $5\sqrt{2} = \sqrt{50}$

c) $\dfrac{1}{2}\sqrt{3} = \sqrt{\dfrac{3}{4}}$ *d)* $a^2\sqrt[n]{a} = \sqrt[n]{a^{2n+1}}$

26. Expressa de la manera més senzilla possible:

a) $3\sqrt{12} - \sqrt{27} + 2\sqrt{75}$

b) $2\sqrt{50} - \sqrt{98} + 3\sqrt{200}$

c) $\sqrt[5]{a^3} \cdot \sqrt[3]{a^2} \cdot \sqrt{a}$

d) $\sqrt[9]{b^7} : \sqrt[4]{b^3}$

27. Racionalitza:

a) $\dfrac{20}{\sqrt{10}}$ *b)* $\dfrac{1}{\sqrt{7} - \sqrt{5}}$ *c)* $\dfrac{6 + \sqrt{6}}{6 - \sqrt{6}}$

28. Resol les equacions següents i, si escau, racionalitza els resultats:

a) $\sqrt{5}x + 2x = 1$

b) $\dfrac{5x + 3}{\sqrt{5}} = \sqrt{2}x$

c) $\dfrac{x + 5}{\sqrt{5}} = \dfrac{x + 2}{2\sqrt{5}}$

d) $\sqrt{7}x - 4 = \sqrt{2}x$

29. Aïlla x en cadascuna de les igualtats següents i expressa el resultat en forma de potència:

a) $x^3 = 5^4$ *b)* $5x^2 = 25$ *c)* $\sqrt{x} = 3^3$ *d)* $\sqrt[3]{x^2} = 10^4$

30. Racionalitza aquestes expressions fraccionàries:

a) $\dfrac{3 + \sqrt{5}}{3 - \sqrt{5}}$ *b)* $\dfrac{5}{\sqrt{10} - \sqrt{5}}$

c) $\dfrac{3\sqrt{7}}{\sqrt{7} + 2}$ *d)* $\dfrac{\sqrt{2}}{2 + \sqrt{2}}$

31. Demostra que el nombre $x = \sqrt{4 + 2\sqrt{3}} - \sqrt{4 - 2\sqrt{3}}$ és enter.

Suggeriment: calcula'n primer de tot el quadrat.

32. Demostra que el quocient $\dfrac{1}{\sqrt{\sqrt{7 + 4\sqrt{3}} + \sqrt{7 - 4\sqrt{3}}}}$ és un nombre racional.

Suggeriment: calcula primer de tot el nombre enter que resulta d'elevar al quadrat el radicand del denominador.

33. Fes les operacions indicades racionalitzant prèviament les expressions fraccionàries:

a) $\dfrac{1}{\sqrt{2}} + \dfrac{1}{\sqrt{3}} + \dfrac{1}{\sqrt{5}}$

b) $\dfrac{2 + \sqrt{2}}{2 - \sqrt{2}} - \dfrac{2 - \sqrt{2}}{2 + \sqrt{2}}$

34. Expressa de manera exacta l'àrea d'un hexàgon regular inscrit en una circumferència de 10 cm de diàmetre.

35. El tetràedre és el políedre regular limitat per quatre cares iguals que són triangles equilàters. Demostra que l'àrea d'un tetràedre determinat per triangles equilàters de costat c es calcula mitjançant l'expressió $A = c^2\sqrt{3}$.

36. La diagonal d'un cub mesura $3\sqrt{3}$ cm. Es demana la mesura de:

a) L'aresta del cub.

b) L'àrea total del cub.

c) El volum del cub.

37. Expressa mitjançant intervals els conjunts de nombres reals que verifiquen:

a) $x \geq -12$ *b)* $7 < x \leq 10$

c) $-3 \leq x < 8$ *d)* $x < 9$

38. Les solucions d'una inequació se situen a l'interval [−5, 2], i les d'una altra inequació, a l'interval [0, 4). Expressa mitjançant un interval les solucions comunes a totes dues inequacions. Ajuda't d'un gràfic.

Avaluació

1. Digues, de manera raonada, si les afirmacions següents són certes o falses:

a) $\sqrt[3]{-343}$ és un nombre racional.

b) El nombre real $\frac{2+\pi}{5}$ està comprès entre els nombres naturals 1 i 2.

c) -4 és un nombre racional.

d) El resultat de $\sqrt{12} + 3\sqrt{3} - \sqrt{75}$ és 0.

2. Expressa de manera exacta:

a) El volum d'un cub de 3 cm de diagonal.

b) L'àrea lateral d'un con el radi de la base del qual mesura 5 cm i l'altura, 12 cm.

c) El radi d'una esfera de 27 cm^3 de volum.

d) La hipotenusa d'un triangle rectangle, un dels catets del qual mesura el doble que l'altre.

3. *a)* Expressa en forma d'una sola arrel:

$\sqrt[7]{a} \cdot \sqrt[7]{b^2}$ $\qquad \frac{\sqrt{x}}{\sqrt[3]{y^2}}$ $\qquad (p\sqrt[4]{p^3})^5$ $\qquad \sqrt[3]{2} \cdot \sqrt[4]{3}$

b) Expressa en forma d'una sola potència:

$a^2 \cdot \sqrt[3]{a}$ $\qquad \sqrt{2\sqrt{2\sqrt{2}}}$ $\qquad (\sqrt[3]{b^2})^2$ $\qquad \frac{\sqrt[5]{x^2}}{\sqrt{x}}$

4. Calcula i expressa de la manera més senzilla possible:

a) $(3\sqrt{2} + 7\sqrt{3})\,(3\sqrt{2} - 7\sqrt{3})$

b) $2\sqrt{75} - \sqrt{300} + \frac{1}{2}\sqrt{12}$

c) $(5 + 2\sqrt{7}) - (5 - 2\sqrt{7})$

d) $\sqrt{(a+b)^2 - 4ab}$

5. Fes les operacions indicades, racionalitzant prèviament les expressions fraccionàries:

a) $\frac{3+\sqrt{3}}{3-\sqrt{3}} - \frac{3-\sqrt{3}}{3+\sqrt{3}}$

b) $\sqrt{2} \cdot \left(\frac{1}{\sqrt{8}} + \frac{3}{\sqrt{32}}\right)$

2

Polinomis

Quan anomenem un nombre, expressem cadascun dels diferents ordres d'unitats que el componen:

432 $\rightarrow$ quatre cents trenta-dos $\rightarrow$ 4 centenes, 3 desenes i 2 unitats

En el nostre sistema de numeració decimal, cada unitat d'un ordre conté 10 unitats de l'ordre immediatament inferior. Així:

1 desena = 10 unitats
1 centena = 10 desenes = 100 unitats, etc.

El nombre 432 el podem escriure:

$$432 = 400 + 30 + 2 = 4 \cdot 100 + 3 \cdot 10 + 2$$

o el que és el mateix:

$$432 = 4 \cdot 10^2 + 3 \cdot 10 + 2$$

En general, un nombre natural de quatre xifres abcd el podem expressar:

$$abcd \rightarrow a \cdot 10^3 + b \cdot 10^2 + c \cdot 10 + d$$

Si canviem l'ordre de les xifres, tenim un altre nombre diferent:

$$cabd \rightarrow c \cdot 10^3 + a \cdot 10^2 + b \cdot 10 + d$$

Aquests nombres els hem escrit utilitzant la seva descomposició polinòmica.

Observa que aquestes descomposicions són sumes de productes de cadascuna de les xifres del nombre per una potència de base 10, l'exponent de la qual és un nombre natural. La xifra de les unitats es pot considerar multiplicada per $10^0 = 1$.

Els nombres decimals també es poden escriure de manera semblant:

$$32{,}781 = 30 + 2 + \frac{7}{10} + \frac{8}{100} + \frac{1}{1000} =$$
$$= 3 \cdot 10 + 2 + 7 \cdot 10^{-1} + 8 \cdot 10^{-2} + 1 \cdot 10^{-3}$$

En aquesta descomposició, també hi figuren potències de base 10 l'exponent de les quals és un nombre enter negatiu.

L'expressió algèbrica $3x^2 + 4x + 2$ pot correspondre a la descomposició polinòmica d'un nombre, sempre que $x = 10$. El nombre l'obtindrem si calculem el valor numèric d'aquesta expressió per a $x = 10$:

$$3 \cdot 10^2 + 4 \cdot 10 + 2 = 342$$

Observa que les xifres del nombre són els coeficients de l'expressió algèbrica. Si $x = 5$, el valor numèric de l'expressió seria:

$$3 \cdot 5^2 + 4 \cdot 5 + 2 = 97$$

En aquest cas, els coeficients són les xifres del nombre expressat en base 5. És a dir, cada unitat d'un ordre conté 5 unitats de l'ordre immediatament inferior. Ho expressem així:

$$97 = 342_{(5}$$

1. Polinomis en una indeterminada

Les expressions algèbriques com ara $5x^2 + 3x - 1$, $\frac{1}{3}x^2 - 2x$ i $2x - 3$ són **polinomis.**

L'expressió algèbrica:

$$a_n x^n + a_{n-1}x^{n-1} + a_{n-2}x^{n-2} + \dots + a_1 x + a_0$$

és un **polinomi** de grau n en la **indeterminada** x. On:

- n és un nombre natural.
- $a_n, a_{n-1}, a_{n-2} \dots a_1$ i a_0 amb $a_n \neq 0$ són nombres reals que anomenem **coeficients** del polinomi.
- a_0 és el coeficient de grau zero o **terme independent.**

L'exponent n de la potència més gran de x que hi ha al polinomi s'anomena **grau** del polinomi. Així, $3x^5 - \pi x^3 - \frac{2}{7}$ és un polinomi de tres termes i de cinquè grau. Els coeficients són:

$a_5 = 3$ $a_4 = 0$ $a_3 = -\pi$

$a_2 = 0$ $a_1 = 0$ $a_0 = -\frac{2}{7}$

En general, per representar els polinomis hem d'utilitzar expressions del tipus $A(x)$, $B(x)$, $P(x)$...

És a dir, una lletra majúscula i, entre parèntesis, la indeterminada corresponent.

$$P(x) = 3x^5 - \pi x^3 - \frac{2}{7}$$

Hem d'escriure els polinomis ordenant en forma decreixent els exponents de la indeterminada. Si una de les potències no apareix, és que el seu coeficient és zero.

Cadascun dels termes d'un polinomi s'anomena **monomi.** Un polinomi format per dos monomis de grau diferent és un **binomi;** si són tres els monomis, un **trinomi,** i si en són més, genèricament s'anomena **polinomi.**

Hi ha moltes funcions que tenen per expressió algèbrica un polinomi. Algunes ja les coneixes: la funció lineal i la funció afí, les expressions de les quals són polinomis de primer grau; i la funció quadràtica, que s'expressa mitjançant un polinomi de segon grau.

Per exemple:

Funció lineal: $f(x) = 3x$

Funció afí: $f(x) = -4x + 7$

Funció quadràtica: $f(x) = x^2 - 3x + 1$

Les expressions $\frac{1}{x} + 3$ i $\sqrt{x^3} + x + 1$ no són polinomis, perquè l'exponent de la indeterminada x no és sempre un nombre natural. Observa que en:

$$\frac{1}{x} = x^{-1} \quad \text{i} \quad \sqrt{x^3} = x^{\frac{3}{2}}$$

$n = -1$ i $n = \frac{3}{2}$ no són nombres naturals.

! Important

$2x^2 + 3x^2 = 5x^2$ és un monomi.

1.1 Valor numèric d'un polinomi

El **valor numèric** d'un polinomi $P(x)$ per a $x = a$, que representem per $P(a)$, és el nombre que resulta de substituir la indeterminada x pel nombre a i efectuar les operacions indicades a l'expressió del polinomi.

Considerem el polinomi $P(x) = 3x^3 - 2x^2 + x$ i calculem-ne el valor numèric per a $x = -2$, és a dir, $P(-2)$. Substituïm al polinomi la indeterminada x per -2:

$$P(-2) = 3 \cdot (-2)^3 - 2 \cdot (-2)^2 + (-2) = 3 \cdot (-8) - 2 \cdot 4 - 2 = -24 - 8 - 2 = -34$$

1.2 Identitat de polinomis

Dos polinomis de la mateixa indeterminada són **idèntics** si tenen iguals els coeficients del mateix grau.

Per tant, perquè dos polinomis siguin idèntics han de tenir el mateix grau i, en comparar d'un en un els termes amb el mateix grau, els seus coeficients han de coincidir.

Si dos polinomis són idèntics, tenen el mateix valor numèric per a qualsevol valor que donem a la indeterminada en l'un i en l'altre.

Els polinomis $P(x) = 3x^3 - 2x^2 + x$ i $Q(x) = \frac{12}{4}x^3 - 2x^2 + \frac{5}{5}x$ són idèntics, ja que tots dos són de tercer grau i:

$$a_3 = 3 = \frac{12}{4} \qquad a_2 = -2 \qquad a_1 = 1 = \frac{5}{5} \qquad a_0 = 0$$

Comprova que $Q(-2) = P(-2) = -34$.

Activitats

1. Indica el grau i els coeficients de cadascun d'aquests polinomis:

a) $A(x) = x^3 + 3x^2 - 2$

b) $B(x) = -x^4 + \sqrt{2}\,x^2 - \frac{1}{3}x$

c) $C(x) = 3x^2 - \frac{5}{4}x + \frac{8}{5}$

d) $D(x) = x^4 - x^3 + x^2 - x + 1$

2. Escriu un polinomi que sigui:

a) De tercer grau i amb dos termes.

b) De quart grau i amb cinc termes.

c) De segon grau i amb un terme.

d) Hi ha algun polinomi de tercer grau amb cinc termes? Per què?

3. Indica quines de les expressions algèbriques següents no són polinomis. Justifica les respostes.

a) $\frac{5}{x^2} + 1$

b) $\frac{x^2 + 1}{5}$

c) $x^3 + x^{-2} + x + 1$

d) $\sqrt{\frac{\sqrt{x^4}}{9}}$

e) $\frac{x^2 + x + 2}{x}$

f) $\frac{x^3}{3} + \frac{x^2}{2} + \frac{1}{x}$

4. Calcula, per a $x = -1$, el valor numèric del polinomi:

$A(x) = -x^3 - x^2 + x - 1$

5. Determina els coeficients a, b i c perquè els polinomis següents siguin idèntics:

$B(x) = x^4 + x^2 + 1$ i $C(x) = x^4 + ax^3 + bx^2 + cx + 1$

2. Operacions amb polinomis

Estudiarem ara les operacions amb polinomis que tenen la mateixa indeterminada. En el cas de la suma, la resta i la multiplicació, el resultat és sempre un altre polinomi i, naturalment, la seva indeterminada és la mateixa que la dels polinomis amb què operem.

2.1 Suma

La **suma de dos polinomis** és un altre polinomi de grau igual o més petit que el més gran dels graus dels polinomis que sumem. Els seus termes es troben sumant els termes corresponents del mateix grau de cadascun d'aquests polinomis.

En la pràctica es poden col·locar en columna, de manera que en una mateixa columna hi hagi els termes del mateix grau, o **termes semblants.**

Calculem $A(x) + B(x)$ si $A(x) = \frac{3}{2}x^4 - 2x^3 + 3x - 5$ i $B(x) = x^3 - 3x^2 + 2x + 5$.

Els disposem en columna, de la manera següent:

$$\begin{array}{lrrrrr} A(x) & = \frac{3}{2}x^4 & - 2x^3 & & + 3x & - 5 \\ B(x) & = & x^3 & - 3x^2 & + 2x & + 5 \\ \hline A(x) + B(x) & = \frac{3}{2}x^4 & - x^3 & - 3x^2 & + 5x & \end{array}$$

> **! Important**
>
> Cal deixar un espai buit si no hi ha el terme d'un grau determinat.

També es poden escriure els dos polinomis, l'un a continuació de l'altre, i reduir els termes semblants que hi hagi en els dos sumands. Comprova que s'obté el mateix resultat.

Propietats

- **Commutativa:** $A(x) + B(x) = B(x) + A(x)$.
- **Associativa:** $A(x) + [B(x) + C(x)] = [A(x) + B(x)] + C(x)$.
- **Element neutre:** el polinomi que només consta del terme $a_0 = 0$ és l'element neutre de la suma de polinomis. Si el sumem a qualsevol altre polinomi, s'obté sempre aquest mateix polinomi. És el polinomi de grau zero i de terme independent zero, o això és, el polinomi en què tots els coeficients són nuls.
- **Element simètric:** l'element simètric de la suma de polinomis és el polinomi oposat, que s'obté en considerar els oposats de tots i cadascun dels seus termes. La suma d'un polinomi amb el seu oposat és igual al polinomi zero. L'oposat d'un polinomi $A(x)$ s'expressa $-A(x)$ i es verifica $A(x) + [-A(x)] = 0$.

2.2 Resta

La **resta de dos polinomis** dóna com a resultat un altre polinomi que s'obté sumant al polinomi minuend el polinomi oposat del subtrahend:

$$A(x) - B(x) = A(x) + [-B(x)]$$

Es tracta, en definitiva, d'efectuar la suma de dos polinomis tenint en compte que, per esbrinar l'oposat del subtrahend, n'hi ha prou a canviar el signe de cadascun dels seus termes. Vegem-ne un exemple: $A(x) = 3x^5 - 2x^3 + 4x^2 - x + 2$ i $B(x) = 2x^4 + x^3 - x^2 + 3x - 7$.

Els disposem en columna:

$$\begin{array}{lrrrrrr} A(x) & = 3x^5 & & - 2x^3 & + 4x^2 & - x & + 2 \\ -B(x) & = & - 2x^4 & - x^3 & + x^2 & - 3x & + 7 \\ \hline A(x) - B(x) & = 3x^5 & - 2x^4 & - 3x^3 & + 5x^2 & - 4x & + 9 \end{array}$$

2.3 Multiplicació

La **multiplicació de dos polinomis** és un altre polinomi de grau igual a la suma dels graus dels factors. El polinomi producte s'obté en multiplicar cada terme d'un factor per cadascun dels termes de l'altre. És a dir, s'hi ha d'aplicar successivament la propietat distributiva de la multiplicació respecte de la suma.

Cal tenir en compte que es multipliquen potències de la mateixa base i, per tant, el producte és una altra potència, l'exponent de la qual és igual a la suma dels exponents dels factors.

El **producte d'un polinomi per un nombre real** s'obté en multiplicar cadascun dels termes del polinomi per aquest nombre. Per exemple:

$$\frac{-3}{2} \cdot (x^3 - 2x^2 + 3) = -\frac{3}{2}x^3 + 3x^2 - \frac{9}{2}$$

Fixa't en aquests exemples: $\frac{3}{5}x^3 \cdot 4x^2 = \frac{12}{5}x^5$

$$x^3\left(\frac{1}{2}x^2 - 5x + 3\right) = \frac{1}{2}x^5 - 5x^4 + 3x^3$$

Si $A(x) = x^4 + 5x^3 + 3x - 2$ i $B(x) = -x^2 + \frac{5}{2}x$, per calcular $A(x) \cdot B(x)$ és aconsellable ferho de la manera següent:

$$\begin{array}{rrrrrrrr}
A(x) = & & & x^4 & +5x^3 & & +3x & -2 \\
B(x) = & & & & & & -x^2 & +\frac{5}{2}x \\
\hline
& & \frac{5}{2}x^5 & +\frac{25}{2}x^4 & & +\frac{15}{2}x^2 & -5x & \\
& -x^6 & -5x^5 & & -3x^3 & +2x^2 & & \\
\hline
A(x)\cdot B(x) = & -x^6 & -\frac{5}{2}x^5 & +\frac{25}{2}x^4 & -3x^3 & +\frac{19}{2}x^2 & -5x &
\end{array}$$

Observa que col·loquem en columna els termes semblants que obtenim en efectuar els productes parcials a fi i efecte de facilitar-ne la suma posterior. La disposició és del mateix tipus que la que utilitzem per multiplicar nombres naturals de dues xifres o més. Te'n recordes?

Recorda

El grau del polinomi producte és la suma dels graus dels polinomis factors.

Propietats

- **Commutativa:** $A(x) \cdot B(x) = B(x) \cdot A(x)$.
- **Associativa:** $A(x) \cdot [B(x) \cdot C(x)] = [A(x) \cdot B(x)] \cdot C(x)$.
- **Element neutre:** el polinomi $U(x) = 1$ és l'element neutre de la multiplicació: $1 \cdot A(x) = A(x) \cdot 1 = A(x)$.
- **Distributiva respecte de la suma:** $A(x) \cdot [B(x) + C(x)] = A(x) \cdot B(x) + A(x) \cdot C(x)$.

La multiplicació no verifica l'existència d'element simètric, perquè la majoria de polinomis no tenen polinomi invers. Per exemple, l'invers de $\frac{5}{2}x^2$ hauria de ser $\frac{2}{5}x^{-2}$ per tal que $\frac{5}{2}x^2 \cdot \frac{2}{5}x^{-2} = 1$. Però $\frac{2}{5}x^{-2}$ no és un polinomi, ja que l'exponent -2 no és un nombre natural. En realitat, només els polinomis de grau zero, és a dir, els nombres, tenen invers.

2.4 Potenciació de polinomis

Per calcular el resultat de la potència $[A(x)]^n$, en què n és un nombre natural, multipliquem el polinomi $A(x)$ per si mateix tantes vegades com indica l'exponent.

$$[A(x)]^n = \underbrace{A(x) \cdot A(x) \cdot \ldots \cdot A(x)}_{n}$$

Per exemple:

$(2x-3)^3 = (2x-3)\,(2x-3)\,(2x-3) = (4x^2-12x+9)\,(2x-3) = 8x^3-36x^2+54x-27$

Fixa't que el grau del polinomi $(2x-3)^3$ és 3, que s'obté multiplicant el grau del polinomi $2x-3$, que és 1, per l'exponent de la potència, que és 3.

En general, el grau de la potència d'un polinomi és igual al grau del polinomi multiplicat per l'exponent de la potència.

Activitats

6. Considera els polinomis $A(x) = x^3 - 3x^2 + 5x - \frac{3}{4}$, $B(x) = -x^3 + \frac{7}{2}x + 3$ i $C(x) = 2x^2 - 4x$.

Calcula:

a) $A(x) + B(x)$ *b)* $A(x) - B(x)$

c) $C(x) + B(x) + A(x)$ *d)* $B(x) - [A(x) - C(x)]$

e) $-x^2\,[B(x) - C(x)]$ *f)* $3A(x) - 5B(x) + \frac{1}{2}C(x)$

g) $B(x) \cdot C(x)$ *h)* $[C(x)]^3$

Contesta les qüestions següents i justifica les respostes:

i) Per què el grau del polinomi $A(x) + B(x)$ no és 3?

j) Quin és el grau del polinomi $-x^2\,[B(x) - C(x)]$?

k) Per què el grau del polinomi $[C(x)]^3$ és 6?

l) És cert que $B(x) - [A(x) - C(x)] = B(x) - A(x) + C(x)$?

7. Si $A(x) = 3x^3 - 2x^2 + 7$ i $B(x) = x^4 - 5x^3 + 2x$, determina:

a) El polinomi $C(x)$ que verifica $A(x) + C(x) = B(x)$.

b) El polinomi $D(x)$ que verifica $B(x) + D(x) = A(x)$.

c) La relació que hi ha entre els polinomis $C(x)$ i $D(x)$.

3. Divisió de polinomis. Regla de Ruffini

Considerem dos polinomis $P(x)$ i $D(x)$, de manera que el grau de $P(x)$ sigui més gran que el grau de $D(x)$.

Efectuar la divisió $P(x) : D(x)$ consisteix a esbrinar dos polinomis $Q(x)$ i $R(x)$ que verifiquin la igualtat:

$$P(x) = D(x) \cdot Q(x) + R(x)$$

! Important

$P(x)$ és el polinomi **dividend.**
$D(x)$ és el polinomi **divisor.**
$Q(x)$ és el polinomi **quocient.**
$R(x)$ és el polinomi **residu.**

Deus haver observat que es tracta de la propietat fonamental de qualsevol divisió. Els polinomis $Q(x)$ i $R(x)$ han de complir:

$$\text{grau } Q(x) = \text{grau } P(x) - \text{grau } D(x)$$
$$\text{grau } R(x) < \text{grau } D(x)$$

> **! Important**
>
> Divisió de potències de la mateixa base:
>
> $x^m : x^n = x^{m-n}$

Comencem amb la **divisió de monomis.** Observa l'exemple:

$$2x^5 : 3x^2 = \frac{2}{3}x^3$$

El quocient és el monomi $Q(x) = \frac{2}{3}x^3$ i el residu, $R(x) = 0$.

Ara bé, quan efectuem la **divisió de dos polinomis**, com calculem els polinomis quocient i residu? Vegem-ho.

Considerem, per exemple, els polinomis $P(x) = x^5 - 3x^3 + 6x^2 + 1$ i $D(x) = x^2 - x$. Abans de calcular $P(x) : D(x)$, hem de tenir en compte el següent:

- El grau del polinomi que resulta d'efectuar $D(x) \cdot Q(x) + R(x)$ ha de ser 5, el mateix que el de $P(x)$.
- El grau de $Q(x)$ ha de ser 3, ja que el de $D(x)$ és 2.
- El grau de $R(x)$ ha de ser més petit que el grau del divisor $D(x)$, que és 2.

D'acord amb les consideracions anteriors, podem escriure:

$$Q(x) = ax^3 + bx^2 + cx + d$$
$$R(x) = px + q$$

Hem d'esbrinar el valor dels coeficients a, b, c, d, p i q perquè es compleixi la identitat $P(x) = D(x) \cdot Q(x) + R(x)$, que escrivim amb els polinomis corresponents:

$$x^5 - 3x^3 + 6x^2 + 1 = (x^2 - x)(ax^3 + bx^2 + cx + d) + px + q =$$
$$= ax^5 + bx^4 + cx^3 + dx^2 - ax^4 - bx^3 - cx^2 - dx + px + q$$
$$x^5 - 3x^3 + 6x^2 + 1 = ax^5 + (b - a)x^4 + (c - b)x^3 + (d - c)x^2 + (-d + p)x + q$$

Perquè els polinomis dels dos membres de la igualtat anterior siguin idèntics, cal que siguin iguals els termes respectius del mateix grau. Això implica que els coeficients corresponents als termes del mateix grau han de ser iguals. Una simple comparació d'aquests coeficients ens condueix fàcilment a la solució:

> **! Important**
>
> Si $R(x) = 0$, la divisió és exacta i es verifica:
>
> $P(x) = D(x) \cdot Q(x)$

Coeficient del terme de grau 5	$\rightarrow$	$1 = a$	$\rightarrow$	$a = 1$
Coeficient del terme de grau 4	$\rightarrow$	$0 = b - a$	$\rightarrow$	$b = 1$
Coeficient del terme de grau 3	$\rightarrow$	$-3 = c - b$	$\rightarrow$	$c = -2$
Coeficient del terme de grau 2	$\rightarrow$	$6 = d - c$	$\rightarrow$	$d = 4$
Coeficient del terme de grau 1	$\rightarrow$	$0 = -d + p$	$\rightarrow$	$p = 4$
Coeficient del terme de grau 0	$\rightarrow$	$1 = q$	$\rightarrow$	$q = 1$

De manera ràpida pots obtenir tots els coeficients a partir del primer i anar substituint-los en les equacions successives.

Si substituïm aquests coeficients en els polinomis que busquem, tenim:

$$Q(x) = x^3 + x^2 - 2x + 4$$
$$R(x) = 4x + 1$$

Comprova que es verifica la igualtat, és a dir:

$$(x^2 - x)(x^3 + x^2 - 2x + 4) + 4x + 1 = x^5 - 3x^3 + 6x^2 + 1$$

La divisió de polinomis també es pot fer col·locant els polinomis com si es tractés d'una divisió entre nombres naturals de més d'una xifra. Vegem-ho en un exemple.

Exemple 1

Calcula $P(x)$: $D(x)$, on $P(x) = 2x^5 - 3x + 1$ i $D(x) = 3x^2 - 6$.

Resolució

Disposem els polinomis d'aquesta manera:

$$2x^5 - 3x + 1 \quad \underline{|3x^2 - 6}$$

Si dividim el primer terme del dividend pel primer del divisor, $2x^5 : 3x^2 = \frac{2}{3}x^3$, obtindrem el primer quocient parcial. Després, hem de multiplicar aquest quocient parcial pel divisor i restar-ne el producte del dividend; i així, successivament, fins a obtenir un residu parcial el grau del qual sigui més petit que el del divisor. Observa:

$$\begin{array}{rrr|l} 2x^5 & & -3x+1 & 3x^2-6 \\ \cline{4-4} -2x^5 & +4x^3 & & \frac{2}{3}x^3 + \frac{4}{3}x \\ \cline{1-2} & 4x^3 & -3x & \\ & -4x^3 & +8x & \\ \cline{2-3} & & 5x+1 & \end{array}$$

El quocient obtingut és $\frac{2}{3}x^3 + \frac{4}{3}x$ i el residu és $5x + 1$. Observa que la divisió s'acaba quan el grau del residu és més petit que el grau del divisor.

Comprova que es verifica la igualtat:

$$(3x^2 - 6)\left(\frac{2}{3}x^3 + \frac{4}{3}x\right) + 5x + 1 = 2x^5 - 3x + 1$$

3.1 Regla de Ruffini

Si el divisor és un polinomi de primer grau del tipus $x - a$, la divisió es pot fer de manera més senzilla aplicant-hi una estratègia coneguda amb el nom de **regla de Ruffini**.

$$P(x) = x^4 + 3x^3 - 2x^2 + 3$$
$$D(x) = x + 2$$

Efectuem, en primer lloc, la divisió de la manera que acabem de veure:

$$\begin{array}{rrrrr|l} x^4 & +3x^3 & -2x^2 & & +3 & x+2 \\ \cline{6-6} -x^4 & -2x^3 & & & & x^3+x^2-4x+8 \\ \cline{1-2} & x^3 & -2x^2 & & & \\ & -x^3 & -2x^2 & & & \\ \cline{2-3} & & -4x^2 & & & \\ & & 4x^2 & +8x & & \\ \cline{3-4} & & & 8x & +3 & \\ & & & -8x & -16 & \\ \cline{4-5} & & & & -13 & \end{array}$$

El quocient de la divisió és $Q(x) = x^3 + x^2 - 4x + 8$ i el residu, $R = -13$.

Com era de preveure, el quocient de la divisió $P(x) : D(x)$ és un polinomi de grau 3 i el residu, un polinomi de grau zero, és a dir, un nombre real. Aquesta informació ja la coneixem abans de fer la divisió:

$$\text{grau } Q(x) = \text{grau } P(x) - \text{grau } D(x) = 4 - 1 = 3$$
$$\text{grau } R(x) < \text{grau } D(x) \rightarrow \text{grau } R(x) < 1 \rightarrow \text{grau } R(x) = 0$$

Per tant, si podem determinar els coeficients del polinomi quocient i el residu, tenim el problema resolt. Es pot fer de la manera següent:

> **! Important**
>
> $D(x) = x - a \rightarrow D(a) = 0$

- S'escriuen els coeficients del polinomi dividend.
- Es col·loca el terme independent del divisor canviat de signe o, el que és el mateix, el valor numèric de x que anul·la el divisor.

Coeficients de $P(x)$		1	3	−2	0	3
L'oposat del terme independent del divisor	−2		−2	−2	8	−16
		1	1	−4	8	−13
		Coeficients del quocient				Residu

El primer coeficient del quocient és igual que el del dividend.

Cadascun dels altres coeficients es calcula multiplicant l'anterior per −2 i sumant el producte amb el coeficient corresponent del dividend.

L'últim nombre obtingut és el residu de la divisió.

El quocient és el polinomi de tercer grau $x^3 + x^2 - 4x + 8$ i el residu, −13.

Comprova que es verifica la igualtat:

$$(x + 2)\ (x^3 + x^2 - 4x + 8) - 13 = x^4 + 3x^3 - 2x^2 + 3$$

Activitats

8. Fes la divisió $(3x^4 - x^3 + 1) : (x^2 + 1)$. Comprova que es verifica la propietat fonamental.

9. Efectua aquestes divisions. Aplica-hi la regla de Ruffini quan sigui possible.

a) $(6x^5 - 3x^4 + 2x + 1) : (-3x^3 + 2x + 4)$

b) $x^6 : (x^4 + x^2 - 2)$

c) $(2x^3 - x^2 + 3x) : (x - 1)$

d) $(x^4 - 1) : (x + 1)$

e) $x^3 : (x + 2)$

f) $(x^6 - 1) : (x^2 + 1)$

g) $\left(\frac{1}{2}x^2 - \frac{1}{3}x + \frac{1}{4}\right) : \left(x - \frac{1}{2}\right)$

10. En una divisió, el divisor és el polinomi $x^3 - 2x^2 + 3$, el quocient és $x^2 + 2x + 1$ i el residu és $-8x - 2$.

Quin és el grau del dividend? Pots calcular-lo? Fes-ho.

11. Determina els valors de a i b, de manera que, quan dividim $3x^4 - 12x^2 + ax + b$ per $x^3 - 2x^2 + 3$, el residu sigui $\frac{1}{2}$.

12. En una divisió exacta, el dividend és $x^5 - 1$ i el quocient, $x^4 + x^3 + x^2 + x + 1$. Calcula'n el divisor.

13. Determina el valor de k per tal que la divisió $(2x^3 - x^2 + k) : (x + 2)$ sigui exacta.

4. Teorema del residu

En les divisions d'un polinomi per binomis del tipus $x - a$, s'observa una coincidència. Vegem-la.

Considerem el polinomi $P(x) = 2x^3 + 5x^2 + 4x - 3$. En calculem el valor numèric per a $x = -2$.

$$P(-2) = 2 \cdot (-2)^3 + 5 \cdot (-2)^2 + 4 \cdot (-2) - 3 = -7$$

Dividim $P(x)$ per $x - (-2)$, és a dir, $P(x) : (x + 2)$. Podem fer-ho per la regla de Ruffini.

	2	5	4	−3
−2		−4	−2	−4
	2	1	2	−7

El quocient és $2x^2 + x + 2$ i el residu, −7.

No és casualitat que el residu sigui igual al valor numèric de $P(x)$ per a $x = -2$.

Efectivament, escrivim la igualtat que s'ha de verificar a partir dels resultats de la divisió anterior:

$$P(x) = 2x^3 + 5x^2 + 4x - 3 = (x + 2)\ (2x^2 + x + 2) - 7$$

En substituir x per −2 en aquesta igualtat s'obté:

$$P(-2) = (-2 + 2) \cdot [2(-2)^2 - 2 + 2] - 7 = 0 \cdot 8 - 7 = -7$$

El valor numèric del divisor és zero i, en multiplicar-lo pel valor numèric del quocient, dóna com a resultat zero. Així obtenim $P(-2) = -7$.

Aquesta propietat que acabem de veure es verifica en qualsevol divisió d'un polinomi $P(x)$ per $x - a$. És el **teorema del residu**.

> El **valor numèric** d'un polinomi $P(x)$ per a $x = a$ coincideix amb el residu de la divisió d'aquest polinomi per $x - a$.

Si dividim un polinomi $P(x)$ per $x - a$, obtenim un quocient $Q(x)$, el grau del qual és inferior en una unitat al de $P(x)$ i un residu R de grau zero, és a dir, numèric.

Podem escriure la igualtat:

$$P(x) = (x - a)\, Q(x) + R$$

Si calculem $P(a)$ en aquesta expressió, tenim:

$$P(a) = (a - a) \cdot Q(a) + R \Rightarrow P(a) = R, \text{ perquè } 0 \cdot Q(a) = 0.$$

Aquesta és la demostració del teorema del residu.

Aquest teorema també es pot utilitzar per determinar el residu de la divisió de $P(x)$ per $x - a$, sense haver de fer aquesta divisió. N'hi ha prou a calcular el valor numèric de $P(x)$ per a $x = a$.

! Important

Cal que tinguem en compte que en el divisor $x - a$, a pot ser un nombre positiu o negatiu.

Per exemple:
$x - 3$, on $a = 3$
$x + 3$, on $a = -3$

Exemple 2

Calcula el valor numèric del polinomi $P(x) = 2x^4 - 13x^3 - 21x^2 + 4x - 7$ per a $x = 8$.

Resolució

El teorema del residu ens diu que $P(8) = R$, és a dir, el residu de la divisió entre $P(x)$ i $x - 8$. Tenim dues opcions: calcular el valor numèric directament o fer la divisió per obtenir-ne el residu. Es tracta de veure quina és l'opció més senzilla de calcular.

- Esbrinem el valor numèric:

  $P(8) = 2 \cdot 8^4 - 13 \cdot 8^3 - 21 \cdot 8^2 + 4 \cdot 8 - 7 = 217$

  Els càlculs són força feixucs si no es disposa de calculadora.

- Dividim $P(x) : (x - 8)$.

  Podem fer-ho aplicant-hi la regla de Ruffini, perquè el divisor és del tipus $x - a$, amb $a = 8$.

	2	−13	−21	4	−7
8		16	24	24	224
	2	3	3	28	217 → $R = 217$

  Els càlculs en aquest cas són més senzills.

Així doncs, és més còmode esbrinar el valor numèric del polinomi $P(x)$ per a $x = 8$ efectuant la divisió $P(x) : (x - 8)$, i obtenir així el residu $R = P(8) = 217$.

Activitats

14. Tria el mètode que consideris més convenient per esbrinar el valor numèric d'aquests polinomis per al valor que s'indica:

a) $-\dfrac{3}{2}x^4 - 5x^3 + 4x - 2$ per a $x = 12$.

b) $-x^6 + x^4 - \sqrt{2}\,x^3 - x^2$ per a $x = \sqrt{2}$.

c) $\dfrac{2}{5}x^3 + \dfrac{1}{5}x^2 + \dfrac{3}{5}x + 1$ per a $x = -5$.

R: *a)* −39 698; *b)* −10; *c)* −47

15. Calcula el residu de la divisió $(2x^3 - 3) : (x - 2)$. Fes-ho mitjançant els dos procediments que hem analitzat. Explica quin és el més ràpid.

R: $R = 13$

16. Determina el valor de k per tal que la divisió:

$$(x^3 - 3x^2 + 5x + k) : (x + 3)$$

sigui exacta.

R: $k = 69$

17. Esbrina el residu de la divisió $(x^9 + 1) : (x + 1)$. Pots obtenir-lo sense necessitat de fer la divisió.

5. Divisibilitat de polinomis

Si en una divisió entre polinomis el residu és zero, la divisió és **exacta**.

Efectuem la divisió entre $P(x) = 2x^3 + 4x^2 - 3x - 6$ i $D(x) = 2x^2 - 3$:

$$\begin{array}{rrrr|l} 2x^3 & +4x^2 & -3x & -6 & 2x^2 - 3 \\ \cline{5-5} -2x^3 & & +3x & & x + 2 \\ \cline{1-4} & 4x^2 & & -6 & \\ & -4x^2 & & +6 & \\ \cline{2-4} & & & 0 & \end{array}$$

Fixa-t'hi

Aquesta divisió no es pot fer aplicant-hi la regla de Ruffini, ja que el divisor és un polinomi de segon grau.

Podem escriure la igualtat: $2x^3 + 4x^2 - 3x - 6 = (2x^2 - 3)(x + 2)$. Per tant:

- El polinomi $2x^3 + 4x^2 - 3x - 6$ és **múltiple** dels polinomis $2x^2 - 3$ i $x + 2$.
- Els polinomis $2x^2 - 3$ i $x + 2$ són **divisors** del polinomi $2x^3 + 4x^2 - 3x - 6$.

En general, si entre tres polinomis qualssevol es verifica que $A(x) = B(x) \cdot C(x)$, direm que:

- El polinomi $A(x)$ és múltiple de $B(x)$ i $C(x)$. També es diu que $A(x)$ és **divisible** per cadascun dels polinomis $B(x)$ i $C(x)$.
- Els polinomis $B(x)$ i $C(x)$ són divisors del polinomi $A(x)$.

Cal tenir en compte que el polinomi $U(x) = 1$ és sempre un divisor de qualsevol polinomi, ja que $P(x) = 1 \cdot P(x)$.

5.1 Criteri de divisibilitat d'un polinomi per $x - a$

Un polinomi $P(x)$ és divisible per $x - a$ si, i només si, $P(a) = 0$.

! Important

Dir que un polinomi és múltiple d'un altre o dir que és divisible per un altre són expressions equivalents i es poden utilitzar de manera indistinta.

El teorema del residu afirma que $P(a) = R$, on R és el residu de la divisió entre $P(x)$ i $x - a$.

Per tant, si en la igualtat $P(x) = (x - a)\,Q(x) + R$ es verifica que $R = 0$, la divisió és exacta i tenim: $P(x) = (x - a)\,Q(x)$.

En conseqüència, $P(x)$ és divisible per $x - a$ i també pel polinomi quocient $Q(x)$.

D'altra banda, si $P(a) = 0$, tenint en compte el mateix teorema, obtenim $R = 0$ i, per tant, el polinomi dividend $P(x)$ és múltiple de $x - a$.

Exemple 3

El polinomi $P(x) = x^5 - x$ és divisible per $x + 1$?

Resolució

Podríem fer la divisió per esbrinar si el residu és zero, però en aquest cas és més senzill calcular el valor numèric de $P(x)$ per a $x = -1$:

$$P(-1) = (-1)^5 - (-1) = -1 + 1 = 0$$

Aquest resultat ens permet assegurar que $P(x)$ és divisible per $x + 1$.

Activitats

18. Comprova que $P(x) = x^3 - 3x^2 - 6x + 8$ és divisible per $x + 2$. Expressa el polinomi $P(x)$ com a producte de dos polinomis.

19. Esbrina el valor de k perquè el polinomi $x^4 + k$ sigui divisible per $x + 1$.

R: $k = -1$

20. Un polinomi $P(x)$ només té els divisors 3, $x^2 - 1$ i $\frac{1}{3}x + \frac{2}{9}$. Esbrina $P(x)$.

21. Calcula k perquè el polinomi $x^3 - 3x^2 + k$ sigui múltiple de $x + 1$.

22. Indica si són certes o falses aquestes afirmacions:

a) $x^4 - 1$ és divisible per $x + 1$.

b) $x^5 - 1$ és múltiple de $x - 1$.

c) $x + 2$ és divisor de $x^3 + 8$.

d) $x^7 + 1$ és múltiple de $x + 1$.

e) $x + 3$ és divisor de $x^3 - 27$.

6. Arrels d'un polinomi

Considerem un polinomi $P(x)$. Diem que el nombre a és arrel de $P(x)$ si el valor numèric d'aquest polinomi per a $x = a$ és zero.

a és una **arrel** de $P(x)$ si, i només si, $P(a) = 0$.

Pel teorema del residu sabem que $P(a)$ és el residu de la divisió de $P(x)$ per $x - a$. Naturalment, si $R = 0$, $P(a) = 0$. Aquest nombre a verifica la definició que acabem de donar. És una arrel del polinomi $P(x)$.

Considerem el polinomi $P(x) = x^3 - 3x^2 - 6x + 8$. Vegem si 2 i -2 són arrels d'aquest polinomi. N'hem de calcular els valors numèrics respectius: $P(2) = -8$ i $P(-2) = 0$.

2 no és arrel del polinomi; en canvi, -2 sí que és una arrel de $P(x)$.

6.1 Càlcul de les arrels d'un polinomi

Determinar les arrels d'un polinomi és equivalent a resoldre l'equació $P(x) = 0$. És a dir, consisteix a esbrinar els valors numèrics que hem de donar a x per tal que es verifiqui l'equació.

Polinomis de primer grau i de segon

En aquests casos hem de resoldre equacions de primer grau o de segon. Vegem-ne un exemple de cada tipus.

Si $P(x) = -3x + 2$, $P(x) = 0 \rightarrow -3x + 2 = 0 \rightarrow x = \frac{2}{3}$.

$x = \frac{2}{3}$ és l'arrel de $P(x)$. Efectivament, $P\left(\frac{2}{3}\right) = -3\left(\frac{2}{3}\right) + 2 = 0$.

Si $P(x) = 4x^2 - 8x + 3$, $P(x) = 0 \rightarrow 4x^2 - 8x + 3 = 0$, una equació de segon grau que hem de resoldre:

$$x = \frac{8 \pm \sqrt{64 - 48}}{8} = \begin{cases} \frac{3}{2} \\ \frac{1}{2} \end{cases}$$ són les arrels de $P(x)$

Efectivament:

$$P\left(\frac{3}{2}\right) = 4 \cdot \left(\frac{3}{2}\right)^2 - 8 \cdot \frac{3}{2} + 3 = 0$$

$$P\left(\frac{1}{2}\right) = 4 \cdot \left(\frac{1}{2}\right)^2 - 8 \cdot \frac{1}{2} + 3 = 0$$

Polinomis de grau superior a 2

Considerem el cas en què $a_0 = 0$ i $P(x)$ és de tercer grau. Per exemple, $P(x) = x^3 - x^2 - 6x$. Es tracta de resoldre l'equació $x^3 - x^2 - 6x = 0$. És una equació de tercer grau que no podem resoldre directament. Fixa't, però, que podem extreure x com a factor comú:

$$x^3 - x^2 - 6x = 0 \rightarrow x(x^2 - x - 6) = 0 \begin{cases} x = 0 \\ x^2 - x - 6 = 0 \end{cases}$$

! Important

Les arrels del polinomi:

$$ax^2 + bx + c$$

es determinen resolent l'equació $ax^2 + bx + c = 0$:

$$x = \frac{-b \pm \sqrt{b^2 - 4ac}}{2a}$$

Les solucions de l'equació són les arrels del polinomi.

Recorda

Si un producte de dos factors és zero, almenys un dels dos factors és nul.

Hem transformat l'equació de tercer grau en dues equacions; una és $x = 0$, que ens proporciona directament una arrel, i l'altra és una equació de segon grau, les solucions de la qual, $x = 3$ i $x = -2$, també són arrels del polinomi.

Així doncs, les arrels del polinomi $P(x) = x^3 - x^2 - 6x$ són 0, 3 i -2.

Comprova que $P(0) = P(3) = P(-2) = 0$.

Considerem ara el polinomi $P(x) = x^3 - 2x^2 - 5x + 6$. Com en determinem les arrels? És a dir, com resolem l'equació $x^3 - 2x^3 - 5x + 6 = 0$? En aquest cas no podem extreure x com a factor comú, però sí que podem escriure l'equació de la manera següent:

$$x\,(x^2 - 2x - 5) = -6$$

Observa que és un producte del factor x per un polinomi de segon grau que ha de donar com a resultat -6. Això ho podem interpretar dient que si el polinomi té arrels enteres, aquestes han de ser necessàriament divisors de -6.

> **! Important**
>
> Les arrels enteres d'un polinomi, si existeixen, són divisors del seu terme independent.

Els divisors de -6 són: ± 1, ± 2, ± 3 i ± 6.

Per esbrinar si un d'aquests nombres és arrel del polinomi, només cal que en calculem el valor numèric per a x igual a aquest nombre concret. Si el valor numèric del polinomi és zero, es tracta, en efecte, d'una arrel, i no ho és en cas contrari.

Provem amb $x = 1$:

$$P(1) = 1^3 - 2 \cdot 1^2 - 5 \cdot 1 + 6 = 0$$

Ja tenim una arrel, $x = 1$.

Podríem anar provant amb algun altre dels divisors restants per esbrinar les altres arrels. A la pràctica no és recomanable fer-ho així, ja que aquest camí només ens permetria determinar les arrels enteres, i el polinomi pot ser que tingui arrels no enteres.

Si $P(1) = 0$, pel teorema del residu, $P(x)$ és divisible per $x - 1$. $P(x)$ es podrà escriure com a producte de $x - 1$ pel quocient que s'obtingui en la divisió. Fem la divisió aplicant-hi la regla de Ruffini:

$$\begin{array}{c|cccc} & 1 & -2 & -5 & 6 \\ 1 & & 1 & -1 & -6 \\ \hline & 1 & -1 & -6 & \boxed{0} \end{array} \qquad Q(x) = x^2 - x - 6$$

Per tant, $P(x) = (x - 1)\,(x^2 - x - 6)$

$P(x) = 0 \rightarrow (x - 1)\,(x^2 - x - 6) = 0$
- $\rightarrow x - 1 = 0 \rightarrow x = 1$
- $\rightarrow x^2 - x - 6 = 0$, que és una equació de segon grau que hem de resoldre.

$$x = \frac{1 \pm \sqrt{1 + 24}}{2} = \frac{1 \pm 5}{2} = \begin{cases} -2 \\ 3 \end{cases}$$

En definitiva, les arrels del polinomi $P(x) = x^3 - 2x^2 - 5x + 6$ són $x_1 = 1$, $x_2 = -2$ i $x_3 = 3$.

Comprova que es verifica $P(1) = P(-2) = P(3) = 0$.

Observem que les arrels que hem obtingut són enteres i estan incloses entre els divisors de -6.

En general, per determinar les arrels de polinomis de grau superior a 3 es repeteix el procediment de tempteig que acabem d'exposar fins a arribar, si és possible, a una descomposició polinòmica que inclogui únicament diferents polinomis de primer grau i un de segon grau.

Exemple 4

Determina les arrels del polinomi $P(x) = x^4 - 5x^2 + 4$.

Resolució

Si $P(x)$ té arrels enteres, aquestes arrels seran divisors de 4. Provem si algun dels nombres ±1, ±2 i ± 4 són valors de a que verifiquen que $P(a) = 0$.

$P(1) = 0$, per tant, $P(x)$ és divisible per $x - 1$. Fem la divisió per determinar-ne el quocient.

	1	0	−5	0	4
1		1	1	−4	−4
	1	1	−4	−4	0

$Q_1(x) = x^3 + x^2 - 4x - 4$

$P(x) = (x - 1)(x^3 + x^2 - 4x - 4)$

$$(x-1)(x^3+x^2-4x-4)=0 \begin{cases} x - 1 = 0 \rightarrow x = 1 \\ x^3 + x^2 - 4x - 4 = 0 \end{cases}$$

Hem d'esbrinar ara les arrels d'aquest polinomi de tercer grau. Provem amb un altre divisor del terme independent:

$Q_1(-1) = 0$, per tant $Q_1(x)$ és divisible per $x + 1$.

	1	1	−4	4
−1		−1	0	−4
	1	0	−4	0

$Q_2(x) = x^2 - 4$

$Q_1(x) = x^3 + x^2 - 4x - 4 = (x + 1)(x^2 - 4)$

$$(x+1)(x^2-4)=0 \begin{cases} x + 1 = 0 \rightarrow x = -1 \\ x^2 - 4 = 0 \rightarrow x = \pm 2 \end{cases}$$

Hem obtingut les quatre arrels del polinomi $P(x)$: $x_1 = 1$, $x_2 = -1$, $x_3 = 2$ i $x_4 = -2$.

Comprova que el valor numèric de $P(x)$ per a cadascun d'aquests valors és zero.

L'equació $x^4 - 5x^2 + 4 = 0$ és biquadrada. Comprova que les seves solucions són, efectivament, les arrels de $P(x)$.

Activitats

23. Determina, si és possible, les arrels enteres d'aquests polinomis:

$A(x) = x^3 - 5x^2 + 6x$ — $B(x) = 6x^3 + 7x^2 - 9x + 2$

$C(x) = 2x^3 + 2$ — $D(x) = x^3 + 7x^2 + 6x$

$E(x) = x^3 + 2x^2 + x + 2$ — $F(x) = x^4 + x^2 - 2$

24. Esbrina si $x = 3$ és una arrel del polinomi $P(x) = x^3 - 2x^2 - 9$.

25. Determina les arrels del polinomi:

$A(x) = (x^2 - 9)(2x - 1)$

R: $x_1 = 3$; $x_2 = -3$; $x_3 = \frac{1}{2}$

26. Calcula les arrels del polinomi $P(x) = (x^2 - 4)(3x + 1)$.

R: $x_1 = 2$; $x_2 = -2$; $x_3 = -\frac{1}{3}$

27. El polinomi $B(x) = (x^2 + 4)(x - 1)$ només té una arrel real. Per què?

7. Factorització de polinomis

La factorització d'un polinomi s'aconsegueix quan és possible esbrinar altres polinomis, els **factors**, de manera que el seu producte sigui igual al polinomi donat.

Una primera factorització la podem escriure quan constatem que un polinomi $P(x)$ és divisible per $x - a$. En aquest cas, $P(x) = (x - a)\ Q(x)$. Tenim el polinomi descompost en dos factors, el divisor $x - a$ i el polinomi quocient $Q(x)$. Recorda que a també és una arrel del polinomi $P(x)$, ja que $P(a) = 0$.

Ara estudiarem les diferents estratègies que podem utilitzar per factoritzar un polinomi.

7.1 Extreure factor comú

Si en cadascun dels termes d'un polinomi hi ha un factor comú i l'extraiem, el polinomi donat queda descompost en un producte de dos factors.

Observa: $P(x) = 3x^3 - 6x^2 + 27x = 3x\,(x^2 - 2x + 9)$

El polinomi $P(x)$ s'ha descompost en dos factors: $3x$ i $x^2 - 2x + 9$.

7.2 Identificar igualtats notables

Per exemple: $A(x) = 25x^4 + 30x^2 + 9$

Analitzem cada terme: $25x^4 = (5x^2)^2$, $9 = 3^2$ i $30x^2 = 2 \cdot 5x^2 \cdot 3$. Per tant,

$$A(x) = 25x^4 + 30x^2 + 9 = (5x^2 + 3)^2 = (5x^2 + 3)(5x^2 + 3)$$

De manera semblant, podem deduir:

$$B(x) = x^4 - x^3 + \frac{x^2}{4} = x^2\left(x^2 - x + \frac{1}{4}\right) = x^2\left(x - \frac{1}{2}\right)^2 = x^2\left(x - \frac{1}{2}\right)\left(x - \frac{1}{2}\right)$$

Podem fer el mateix amb el polinomi següent:

$C(x) = 2x^2 - 1 = (\sqrt{2}\,x + 1)(\sqrt{2}\,x - 1)$

> **! Important**
>
> $a^2 + 2ab + b^2 = (a + b)^2$
>
> $a^2 - 2ab + b^2 = (a - b)^2$
>
> $(a + b)(a - b) = a^2 - b^2$

7.3 Determinar arrels del polinomi

Ja hem vist que si a és arrel d'un polinomi, aquest és divisible per $x - a$. Per tant, el polinomi es pot escriure com un producte de dos factors.

-2 és una arrel del polinomi $P(x) = x^3 + 2x^2 + x + 2$, ja que $P(-2) = 0$.

Dividim $P(x)$ entre $x + 2$ per esbrinar el quocient, és a dir, l'altre factor.

	1	2	1	2
−2		−2	0	−2
	1	0	1	0

$Q(x) = x^2 + 1$

La factorització de $P(x)$ és: $P(x) = x^3 + 2x^2 + x + 2 = (x + 2)(x^2 + 1)$.

El quocient obtingut pot tenir més arrels, per la qual cosa hauríem de continuar el procés. En l'exemple anterior, $x^2 + 1$ no té cap arrel real, ja que l'equació $x^2 + 1 = 0$ no té solucions reals.

La combinació adequada d'aquestes estratègies ens permetrà, en cada cas, obtenir factoritzacions de polinomis. Ho veurem en els exemples següents.

> **! Important**
>
> Si $x = a$ és una arrel del polinomi $P(x)$, $x - a$ és un factor de la descomposició factorial de $P(x)$.

> **! Important**
>
> Les arrels de cadascun dels polinomis factors també són arrels del polinomi producte.

Exemple 5

Factoritza el polinomi $A(x) = 6x^3 - 20x^2 + 6x$.

Resolució

Podem extreure factor comú? Efectivament, $2x$ és el factor comú:

$$6x^3 - 20x^2 + 6x = 2x\,(3x^2 - 10x + 3)$$

El segon factor és un polinomi de segon grau, i en podem esbrinar les arrels resolent l'equació $3x^2 - 10x + 3 = 0$:

$$x = \frac{10 \pm \sqrt{100-36}}{6} = \frac{10 \pm 8}{6} = \begin{cases} 3 \\ \frac{1}{3} \end{cases}$$

$x = 3$ és una arrel entera del polinomi $3x^2 - 10x + 3$. Això vol dir que aquest polinomi és divisible per $x - 3$:

	3	−10	3
3		9	−3
	3	−1	0

$Q(x) = 3x - 1$

Així, $3x^2 - 10x + 3 = (x - 3)(3x - 1)$ i el polinomi $A(x)$ queda factoritzat:

$$A(x) = 6x^3 - 20x^2 + 6x = 2x(x - 3)(3x - 1)$$

Observa que el polinomi de tercer grau s'ha descompost en tres polinomis factors, tots de primer grau.

Les arrels del polinomi $A(x)$ són $x = 0$, $x = 3$ i $x = \frac{1}{3}$.

Cadascun d'aquests nombres és arrel d'un dels factors i, per tant, és arrel del polinomi producte $A(x)$.

! Important

$ax^2 + bx + c = a(x - x_1)(x - x_2)$, en què x_1 i x_2 són les solucions de l'equació $ax^2 + bx + c = 0$.

Una última consideració: el polinomi $3x^2 - 10x + 3$ es podria escriure directament com $(x-3)\left(x-\frac{1}{3}\right)$? No exactament. Seria necessari multiplicar aquest producte pel coeficient de x^2, en aquest cas 3. Així:

$$3x^2 - 10x + 3 = 3(x - 1)\left(x - \frac{1}{3}\right)$$

Compara aquesta descomposició amb la que hem obtingut abans i veuràs que coincideixen. Fent-ho d'aquesta manera, ens estalviem l'última divisió.

Activitats

28. Factoritza el polinomi:

$$P(x) = x^3 - x^2 - 8x + 12.$$

Esbrina una arrel entera entre els divisors del terme independent. Determina'n totes les arrels.

29. Factoritza aquests polinomis:

a) $x^4 - 1$ *b)* $x^5 + x^4 - x - 1$

c) $x^4 + 4x^3 + 4x^2$ *d)* $9x^2 + 30x + 25$

e) $\frac{x^2}{9} - 9$ *f)* $x^4 - 3x^3 - 3x^2 + 11x - 6$

30. Calcula les arrels d'aquests polinomis mitjançant la seva factorització:

a) $x^3 + 3x^2 - 13x - 15$ *b)* $2x^4 + 6x^3 - 8x$

c) $3x^2 + 3x + \frac{3}{4}$ *d)* $x^3 + 3x^2 - 4x$

e) $x^4 + x^3 - 2x^2$ *f)* $x^4 - 3x^3 - 3x^2 + 11x - 6$

R: *a)* −1, 3, −5; *b)* 0, 1, −2 (doble); *c)* $-\frac{1}{2}$ (doble); *d)* 0, −4, 1; *e)* 0 (doble), −2, 1; *f)* 1 (doble), 3, −2

31. Les arrels d'un polinomi de segon grau són 2 i $-\frac{1}{3}$ i el coeficient de x^2 és 6. Quin és aquest polinomi?

8. Màxim comú divisor i mínim comú múltiple de polinomis

A l'apartat anterior hem estudiat la manera de factoritzar polinomis, és a dir, descompondre un polinomi en producte de factors. Sempre que sigui possible, intentarem que aquests factors siguin de primer grau o de grau zero. Si hi ha factors iguals, els agruparem en forma de la potència corresponent.

Considerem aquests polinomis ja factoritzats:

$$A(x) = 2\,(x - 1)^2(x + 3)(x + 2)$$
$$B(x) = (x - 1)^3(x + 2)$$

El **màxim comú divisor** (m. c. d.) de dos polinomis o més és el polinomi de grau més gran que és divisor de tots.

Un cop hem factoritzat tots els polinomis, l'm. c. d. s'obté multiplicant els factors comuns amb l'exponent més petit. Així: m. c. d. $(A(x), B(x)) = (x - 1)^2(x + 2)$.

El **mínim comú múltiple** (m. c. m.) de dos polinomis o més és el polinomi de grau més petit que és múltiple de tots.

L'm. c. m. s'obté multiplicant els factors comuns i no comuns amb l'exponent més gran. D'aquesta manera: m. c. m. $(A(x), B(x)) = 2(x - 1)^3(x + 3)(x + 2)$

Observa que les arrels del polinomi m. c. d. també són arrels dels polinomis $A(x)$ i $B(x)$. L'm. c. m. té totes les arrels dels dos polinomis. Les propietats del m. c. d. i del m. c. m. de dos polinomis o més són equivalents a les dels nombres naturals. Per exemple, si dos polinomis no tenen cap divisor en comú, el seu m. c. d. és el polinomi $U(x) = 1$ i el seu m. c. m., el producte dels dos polinomis.

! Important

$$(x - 1)^2 = (x - 1)(x - 1)$$

Es diu que el polinomi té l'arrel $x = 1$ dues vegades o que $x = 1$ és una **arrel doble**.

$(x - 1)^3 = (x - 1)(x - 1)(x - 1)$ indica que l'arrel $x = 1$ és **triple**.

Exemple 6

Calcula l'm. c. d. i l'm. c. m. dels polinomis:

$A(x) = x^3 - 4x$, $B(x) = x^3 - 2x^2 + x - 2$ i $C(x) = x^2 - 4x + 4$

Resolució

$A(x) = x^3 - 4x = x(x^2 - 4) = x(x + 2)(x - 2)$. Hem extret factor comú i hem descompost la diferència de quadrats en suma per diferència.

$B(x) = x^3 - 2x^2 + x - 2$ és un polinomi de tercer grau. Si té una arrel entera, aquesta serà un divisor de 2. Els divisors de 2 són ±1 i ±2. Provem:

$B(1) = 2 \rightarrow$ 1 no és arrel.

$B(-1) = -6 \rightarrow -1$ no és arrel.

$B(2) = 0 \rightarrow$ 2 és una arrel.

$B(x)$ és divisible per $x - 2$.

Fem-ne la divisió:

	1	−2	1	−2
2		2	0	2
	1	0	1	0

el quocient és $x^2 + 1$.

$$B(x) = x^3 - 2x^2 + x - 2 = (x - 2)\,(x^2 + 1)$$

Aquest quocient, $x^2 + 1$, no té cap arrel real, ja que el seu valor numèric no pot ser mai zero. Malgrat que és un polinomi de segon grau, no es pot descompondre en factors.

$$C(x) = x^2 - 4x + 4 = (x - 2)^2$$

Ja tenim factoritzats els tres polinomis:

$$\text{m. c. d. } [A(x), B(x), C(x)] = x - 2$$
$$\text{m. c. m. } [A(x), B(x), C(x)] = x(x - 2)^2(x + 2)(x^2 + 1)$$

Activitats

32. Calcula l'm. c. d i l'm. c. m dels polinomis:

a) $P(x) = x^2 - 9$ i $R(x) = x^2 - 6x + 9$

b) $P(x) = x^2 - 1$ i $R(x) = 3x^2 - 6x + 3$

c) $A(x) = 3x^4 - 3$ i $B(x) = 3x^2 - 3$

d) $A(x) = x^2 - 2x - 3$, $B(x) = x^3 + 2x^2 + x$ i $C(x) = x^3 - 8x^2 + 21x - 18$

33. Determina l'm. c. d. i l'm. c. m. de $S(x) = (x - 2)^2$ i $T(x) = x^2 - 4$.

Comprova que el producte dels dos polinomis que acabes d'esbrinar és igual al producte dels polinomis $S(x)$ i $T(x)$.

34. L'm. c. d. de dos polinomis $A(x)$ i $B(x)$ és 1. Quin és el seu m. c. m.?

9. Fraccions algèbriques

La divisió indicada entre dos polinomis, $A(x)$ i $B(x)$, es pot expressar mitjançant una fracció en què el dividend és el numerador i el divisor, el denominador. Evidentment, aquest últim ha de ser diferent de zero.

L'expressió $\dfrac{A(x)}{B(x)}$ és una **fracció algèbrica** amb $A(x)$ i $B(x)$ polinomis i $B(x) \neq 0$.

Important

Sembla lògic pensar que el tractament d'aquestes fraccions i el de les fraccions numèriques ha de ser semblant.

Exemples de fraccions algèbriques:

$$\frac{x^2 - 9}{2x - 6} \qquad \frac{4x^2 - 2x + 3}{5x^4 - 3x^2 - 4} \qquad \frac{x^4}{x^3 - x^2 + x} \qquad \frac{x^2 - 1}{x^2 - 3x + 2}$$

9.1 Fraccions equivalents

El criteri d'equivalència entre fraccions numèriques es pot traslladar a les fraccions algèbriques.

Dues fraccions $\dfrac{A(x)}{B(x)}$ i $\dfrac{C(x)}{D(x)}$ **són equivalents** si $A(x) \cdot D(x) = B(x) \cdot C(x)$.

Les fraccions $\dfrac{x^2 - 1}{x^2 - 3x + 2}$ i $\dfrac{x + 1}{x - 2}$ són equivalents. Efectivament:

$$(x^2 - 1)(x - 2) = x^3 - 2x^2 - x + 2$$
$$(x^2 - 3x + 2)(x + 1) = x^3 - 2x^2 - x + 2$$

Per tant, $(x^2 - 1)(x - 2) = (x^2 - 3x + 2)(x + 1)$, és a dir, les dues fraccions verifiquen la condició d'equivalència. Així doncs, podem escriure la igualtat:

$$\frac{x^2 - 1}{x^2 - 3x + 2} = \frac{x + 1}{x - 2}$$

Important

$\dfrac{a}{b} = \dfrac{c}{d}$ si $a \cdot d = b \cdot c$

amb b i d diferents de 0.

El **valor numèric** de dues fraccions algèbriques equivalents per a un valor determinat de x és el mateix.

Observa:

Per exemple, per a $x = 3 \rightarrow \dfrac{x^2 - 1}{x^2 - 3x + 2} = \dfrac{8}{2} = 4$ i $\dfrac{x+1}{x-2} = \dfrac{4}{1} = 4$

De tota manera, no sempre podem esbrinar el valor numèric d'una fracció algèbrica. Si el valor numèric del polinomi denominador és zero, no podem dividir per zero i, per tant, la fracció no té valor numèric.

D'altra banda, si el denominador és zero per a un valor $x = a$, sabem que aquest polinomi és divisible per $x - a$ i es podrà factoritzar.

El polinomi denominador $x^2 - 3x + 2$ s'anul·la per a $x = 1$: és divisible per $x - 1$ i, si fem la divisió, obtenim com a quocient $x - 2$. Per tant,

$$x^2 - 3x + 2 = (x - 1)(x - 2)$$

Podem factoritzar el polinomi numerador? Com pots observar, es tracta d'una diferència de quadrats i, per tant,

$$x^2 - 1 = (x + 1)(x - 1)$$

Si substituïm els polinomis numerador i denominador per les factoritzacions respectives, tenim:

$$\frac{x^2 - 1}{x^2 - 3x + 2} = \frac{(x+1)(x-1)}{(x-1)(x-2)} = \frac{x+1}{x-2}$$

L'última igualtat prové de simplificar la fracció, ja que el numerador i el denominador tenen un factor comú, $x - 1$ o, el que és el mateix, hem dividit numerador i denominador pel seu m. c. d., el factor $x - 1$.

Si dividim els polinomis numerador i denominador d'una fracció algèbrica pel seu m. c. d., la fracció que s'obté és **irreductible.**

! Important

$\dfrac{a}{b}$ és irreductible si m. c. d. $(a, b) = 1$

Per obtenir fraccions algèbriques irreductibles, hem de factoritzar els polinomis numerador i denominador, calcular-ne el m. c. d. i dividir el numerador i el denominador per aquest m. c. d. Naturalment, la fracció obtinguda d'aquesta manera és equivalent a la fracció donada.

Activitats

35. Determina si els parells de fraccions següents són equivalents:

a) $\dfrac{x^2 - 25}{x^2 + 7x + 10}$ i $\dfrac{x-5}{x+2}$

b) $\dfrac{1}{x+1}$ i $\dfrac{x-1}{x^2+2}$

36. Considera la fracció $\dfrac{P(x)}{Q(x)}$. Indica quines d'aquestes fraccions són equivalents a la fracció donada:

a) $\dfrac{4P(x)}{4Q(x)}$ *b)* $\dfrac{10P(x)}{5Q(x)}$

c) $\dfrac{3 + P(x)}{3 + Q(x)}$ *d)* $\dfrac{[P(x)]^2}{[Q(x)]^2}$

37. Indica per a quins valors de x no té valor numèric la fracció algèbrica:

$$\frac{2x + 7}{2x^2 - x - 1}$$

R: $x_1 = 1$; $x_2 = -\dfrac{1}{2}$

38. Simplifica aquestes fraccions algèbriques:

a) $\dfrac{x^2 - 7x + 10}{2x^2 - 50}$ *b)* $\dfrac{x^3 - 1}{x^2 - 3x + 2}$

c) $\dfrac{x^3 - 5x + 4}{x^3 - 3x^2 + 3x - 1}$ *d)* $\dfrac{x^4 - 16}{x^3 + 2x^2 + 4x + 8}$

e) $\dfrac{3x^2 - 5x + 2}{4x^2 - 4}$ *f)* $\dfrac{2x^2 - 4x + 2}{x^2 - 1}$

10. Operacions amb fraccions algèbriques

10.1 Suma i resta

La **suma** o la **resta** de dues fraccions algèbriques o més amb el mateix denominador és una altra fracció algèbrica que té el mateix denominador i que té per numerador la suma o la resta dels numeradors.

Generalment, les fraccions que haurem de sumar o restar no tenen el mateix denominador. En aquests casos, cal buscar fraccions equivalents a les donades que tinguin el mateix denominador i, a continuació, sumar-les o restar-les.

Posem-ne un exemple:

$$\frac{x}{2x-2}+\frac{3x-1}{x^2-1}-\frac{x+5}{x^2-2x+1}$$

Esbrinem l'm. c. m. $[(2x-2), (x^2-1), (x^2-2x+1)]$:

$$2x-2=2(x-1)$$
$$x^2-1=(x+1)(x-1)$$
$$x^2-2x+1=(x-1)^2$$

m. c. m. $[(2x-2), (x^2-1), (x^2-2x+1)] = 2(x-1)^2(x+1)$. Aquest és el denominador comú:

$$\frac{x}{2x-2}=\frac{x(x-1)(x+1)}{2(x-1)^2(x+1)}=\frac{x^3-x}{2(x-1)^2(x+1)}$$
$$\frac{3x-1}{x^2-1}=\frac{2(3x-1)(x-1)}{2(x-1)^2(x+1)}=\frac{6x^2-8x+2}{2(x-1)^2(x+1)}$$
$$\frac{x+5}{x^2-2x+1}=\frac{2(x+5)(x+1)}{2(x-1)^2(x+1)}=\frac{2x^2+12x+10}{2(x-1)^2(x+1)}$$

Observa com hem obtingut els numeradors.

El càlcul que hem proposat queda de la manera següent:

$$\frac{x}{2x-2}+\frac{3x-1}{x^2-1}-\frac{x+5}{x^2-2x+1}=$$
$$=\frac{x^3-x}{2(x-1)^2(x+1)}+\frac{6x^2-8x+2}{2(x-1)^2(x+1)}-\frac{2x^2+12x+10}{2(x-1)^2(x+1)}=$$
$$=\frac{x^3-x+6x^2-8x+2-(2x^2+12x+10)}{2(x-1)^2(x+1)}=\frac{x^3+4x^2-21x-8}{2x^3-2x^2-2x+2}$$

Recorda

$$\frac{a}{b}=\frac{ak}{bk} \text{ per a } b\neq 0 \text{ i } k\neq 0$$

10.2 Multiplicació i divisió

La **multiplicació** de dues fraccions algèbriques dóna com a resultat una altra fracció algèbrica que té per numerador el producte dels numeradors dels factors i per denominador, el producte dels denominadors.

El **quocient** de dues fraccions algèbriques s'obté multiplicant la fracció dividend per la inversa del divisor.

! Important

$$\frac{a}{b}\cdot\frac{c}{d}=\frac{a\cdot c}{b\cdot d}$$
$$\frac{a}{b}:\frac{c}{d}=\frac{a}{b}\cdot\frac{d}{c}$$

Totes les fraccions algèbriques amb denominador no nul tenen inversa.

El resultat que s'obtingui en aquestes operacions és una fracció algèbrica que haurem de simplificar sempre que sigui possible. És aconsellable factoritzar els termes de les dues fraccions, deixar indicades les multiplicacions i simplificar abans d'efectuar-les.

Observa aquest exemple:

$$\frac{x^2-x}{x^2-4}\cdot\frac{x^2+5x+6}{x^2-2x+1}=\frac{x(x-1)}{(x+2)(x-2)}\cdot\frac{(x+2)(x+3)}{(x-1)^2}=$$
$$=\frac{x(x+3)}{(x-2)(x-1)}=\frac{x^2+3x}{x^2-3x+2}$$

Hem factoritzat els polinomis numerador i denominador i, en observar que tenen factors comuns, hem dut a terme la simplificació corresponent. Finalment, hem efectuat la multiplicació dels factors no simplificats.

Per dividir dues fraccions algèbriques procedirem de manera similar, ja que en realitat es tracta de fer una multiplicació.

$$\frac{x^2+6x+8}{x^2-1}:\frac{3x+6}{x+1}=\frac{x^2+6x+8}{x^2-1}\cdot\frac{x+1}{3x+6}=$$
$$=\frac{(x+2)(x+4)}{(x+1)(x-1)}\cdot\frac{x+1}{3(x+2)}=\frac{x+4}{3(x-1)}=\frac{x+4}{3x-3}$$

Les operacions amb fraccions algèbriques verifiquen les mateixes propietats que les operacions amb fraccions numèriques.

Amb les fraccions algèbriques també es poden efectuar operacions combinades que no requereixen una atenció especial. Sempre hem de tenir en compte la importància de la simplificació quan donem els resultats.

Activitats

39. Calcula:

a) $\frac{2x-1}{2x+4}+\frac{1}{x^2-4}-\frac{3-x}{x-2}$ *b)* $\frac{1-x^2}{x^2-x}\cdot\frac{3x}{x-1}$

40. Donades les fraccions:

$A=\frac{1}{x+5}$, $B=\frac{x^2-25}{x+3}$ i $C=\frac{x^2+4x+3}{x+5}$

calcula:

a) $(A\cdot B)\cdot C$ *b)* $(A+C)\cdot B$ *c)* $3A:C$

41. Quina fracció hem de sumar a $\frac{2x-1}{x+4}$ per obtenir la fracció zero?

42. Per quina fracció hem de multiplicar la fracció $\frac{3x}{x+3}$ per obtenir el polinomi de grau zero i de coeficient 1, és a dir, $U(x)=1$?

43. Calcula:

a) $\frac{3}{x^2-1}+\frac{5x}{x+1}-\frac{2x}{x-1}$ *b)* $\frac{x^2-4}{3x}:\frac{x^2-4x+4}{x+2}$

c) $2-\frac{3x}{x+1}$ *d)* $\frac{x^2+3}{x^2+1}-5$

44. Quina condició ha de verificar una fracció algèbrica per tal que sigui equivalent a un polinomi?

45. Comprova que el resultat d'aquesta multiplicació és 1:

$$\frac{x^2-4}{x^2-1}\cdot\frac{x+1}{x+2}\cdot\frac{x-1}{x-2}$$

46. Per quina fracció algèbrica cal multiplicar $\frac{2x+1}{x^2-4}$ per obtenir $\frac{1}{2x^2-5x+2}$?

11. El binomi de Newton

En un dels apartats anteriors hem calculat potències d'exponent natural d'un polinomi. Lògicament, el càlcul de la potència es limita a la realització de multiplicacions successives del polinomi per si mateix.

Ens interessarem ara per les potències d'exponent natural dels polinomis que estan constituïts per dos termes, és a dir, dels binomis. En concret, ens plantejarem el càlcul de les potències del tipus $(x + a)^m$, en què a representa un nombre real i m un nombre natural. Si féssim les multiplicacions corresponents, per exemple per a $1 \leq m \leq 4$, arribaríem als resultats següents:

$$(x + a)^1 = x + a$$
$$(x + a)^2 = x^2 + 2ax + a^2$$
$$(x + a)^3 = x^3 + 3ax^2 + 3a^2x + a^3$$
$$(x + a)^4 = x^4 + 4ax^3 + 6a^2x^2 + 4a^3x + a^4$$

! Important

Les regularitats descrites ens permeten escriure la igualtat:

$$(x + a)^5 = x^5 + 5ax^4 + 10a^2x^3 + 10a^3x^2 + 5a^4x + a^5$$

En tots els casos, es pot observar una regularitat en la variació dels exponents dels termes del resultat de la potència: mentre que els exponents del primer terme x figuren en ordre consecutiu decreixent, des de m fins a 0, els exponents del segon terme ho fan en ordre consecutiu creixent, des de 0 fins a m.

D'altra banda, si n'escrivim els coeficients d'aquesta manera:

$(x + a)^1 \rightarrow$ 1 1
$(x + a)^2 \rightarrow$ 1 2 1
$(x + a)^3 \rightarrow$ 1 3 3 1
$(x + a)^4 \rightarrow$ 1 4 6 4 1

podem comprovar que també es verifiquen unes altres regularitats: si ens fixem en les fletxes, podem constatar que cadascun dels coeficients de les diferents files es pot obtenir sumant els dos que té per damunt seu a la fila superior, llevat, naturalment, dels dos coeficients dels extrems de cada fila que sempre són iguals a 1. Els nombres naturals obtinguts d'aquesta manera s'anomenen **nombres combinatoris**.

11.1 Nombres combinatoris

El nombre de combinacions de m elements agrupats de n en n es calcula mitjançant l'expressió:

$$C_{m,\,n} = \frac{V_{m,\,n}}{P_n} = \frac{m(m-1)(m-2)\ldots(m-n+1)}{n!}$$

Si multipliquem el numerador i el denominador de l'últim terme de la igualtat per $(m - n)!$, obtenim una nova igualtat:

$$C_{m,\,n} = \frac{m!}{n!\,(m-n)!}$$

El segon membre d'aquesta igualtat es representa en la forma $\binom{m}{n}$, es llegeix m sobre n i es coneix amb el nom de **nombre combinatori.**

Per tant, $\binom{m}{n} = \dfrac{m!}{n!(m-n)!}$

Així, per exemple, $\binom{7}{3} = \dfrac{7!}{3!\,4!} = 35$

Recorda

$m! = m(m-1)(m-2)\ldots 3 \cdot 2 \cdot 1$

El cas particular del nombre combinatori en què $n = m$ representaria el nombre de combinacions de m elements agrupats de m en m. Evidentment, en aquest cas només hi ha una combinació possible, amb la qual cosa es verifica que $\binom{m}{m} = 1$.

D'altra banda, $\binom{m}{m} = \frac{m!}{m!\,0!}$, per tant, $\frac{m!}{m!\,0!} = 1 \rightarrow 0! = 1$.

És a dir, a l'expressió 0! hem d'assignar-hi el valor 1. En conseqüència, també es verifica:

$$\binom{m}{0} = \frac{m!}{0!\,m!} = 1$$

Escrivint en fila els nombres combinatoris possibles que tenen el mateix valor de m, amb $1 \leq m \leq 4$, i calculant-ne els resultats, obtenim:

$$\binom{1}{0} = 1 \quad \binom{1}{1} = 1$$

$$\binom{2}{0} = 1 \quad \binom{2}{1} = 2 \quad \binom{2}{2} = 1$$

$$\binom{3}{0} = 1 \quad \binom{3}{1} = 3 \quad \binom{3}{2} = 3 \quad \binom{3}{3} = 1$$

$$\binom{4}{0} = 1 \quad \binom{4}{1} = 4 \quad \binom{4}{2} = 6 \quad \binom{4}{3} = 4 \quad \binom{4}{4} = 1$$

Pots observar que els nombres naturals que resulten en cada fila són, efectivament, els coeficients de les successives quatre primeres potències del binomi $x + c$:

$m = 1 \rightarrow$ 1 1

$m = 2 \rightarrow$ 1 2 1

$m = 3 \rightarrow$ 1 3 3 1

$m = 4 \rightarrow$ 1 4 6 4 1

! Important

Aquesta mena de triangle numèric que formen els nombres combinatoris es coneix amb el nom de **triangle de Pascal** o **de Tartaglia.**

11.2 Fórmula del binomi de Newton

El que acabem d'analitzar en aquest apartat ens permet escriure una expressió per calcular de manera directa el resultat de qualsevol potència d'exponent natural d'un binomi:

$$(x + a)^m = \binom{m}{0}x^m + \binom{m}{1}x^{m-1}a + \binom{m}{2}x^{m-2}a^2 + \ldots + \binom{m}{m-1}x\,a^{m-1} + \binom{m}{m}a^m$$

Aquesta expressió es coneix amb el nom de **fórmula del binomi de Newton** i es pot aplicar, fins i tot, en el cas del càlcul de potències d'exponent natural de la suma de dos termes que no siguin monomis.

Vegem-ne l'aplicació en un parell de casos concrets:

$$(x - 3)^4 = \binom{4}{0}x^4 + \binom{4}{1}x^3(-3) + \binom{4}{2}x^2(-3)^2 + \binom{4}{3}x(-3)^3 + \binom{4}{4}(-3)^4 =$$

$$= x^4 + 4x^3(-3) + 6x^2 \cdot 9 + 4x(-27) + 81 = x^4 - 12x^3 + 54x^2 - 108x + 81$$

$$(x^2 + 2)^3 = \binom{3}{0}(x^2)^3 + \binom{3}{1}(x^2)^2 \cdot 2 + \binom{3}{2}x^2 \cdot 2^2 + \binom{3}{3} \cdot 2^3 = x^6 + 6x^4 + 12x^2 + 8$$

! Important

Observa que el desenvolupament de la fórmula del binomi de Newton està format per $m + 1$ sumands i que, en cadascun, la suma dels exponents dels dos termes del binomi és sempre igual a m.

Activitats

47. Calcula els nombres combinatoris següents:

$$\binom{6}{2} \quad \binom{10}{0} \quad \binom{80}{5} \quad \binom{15}{7} \quad \binom{15}{8}$$

48. Simplifica aquestes fraccions:

a) $\frac{10!}{2!\,8!}$ *b)* $\frac{15!}{3!\,12!}$ *c)* $\frac{50!}{2!\,48!}$ *d)* $\frac{1\,000!}{3!\,997!}$

49. Desenvolupa les potències següents:

a) $(x - 2)^5$ *b)* $(3x + y)^6$

50. Calcula el quart terme del desenvolupament de: $(x - 1)^{12}$

51. Donat el polinomi $C(x) = 2x^2 - 4x$, calcula $[C(x)]^3$.

Punt final

Tornem a parlar de la regla de Ruffini

En el desenvolupament de la unitat hem indicat que la regla de Ruffini únicament és aplicable a les divisions entre polinomis en què el polinomi divisor és del tipus $x - a$. Tot seguit veurem que el camp d'aplicació d'aquesta regla, que agilitza considerablement el procés de la divisió, es pot ampliar una mica més.

En concret, es pot fer extensiva a totes les divisions entre polinomis els divisors de les quals siguin polinomis de primer grau del tipus $mx + n$, en què $m \neq 0$ i $n \neq 0$. Només caldrà que tinguem en compte una de les propietats de la divisió.

Considerem la divisió $(x^2 - 4x + 5) : (2x - 1)$. En principi, el divisor no és un binomi del tipus $x - a$ i, per tant, la regla de Ruffini no s'hi pot aplicar.

$$
\begin{array}{rrr|l}
x^2 & -\ 4x & +\ 5 & 2x - 1 \\
\cline{4-4}
-x^2 & +\ \frac{1}{2}x & & \frac{1}{2}x - \frac{7}{4} \\
\cline{1-3}
 & -\frac{7}{2}x & +\ 5 & \\
 & \frac{7}{2}x & -\ \frac{7}{4} & \\
\cline{2-3}
 & & \frac{13}{4} &
\end{array}
$$

El quocient de la divisió és $Q(x) = \frac{1}{2}x - \frac{7}{4}$ i el residu, $R = \frac{13}{4}$.

Observa que, quan dividim per 2 o, el que és el mateix, quan multipliquem per $\frac{1}{2}$ els polinomis dividend i divisor, la divisió es transforma en $\left(\frac{1}{2}x^2 - 2x + \frac{5}{2}\right) : \left(x - \frac{1}{2}\right)$, el divisor de la qual ja és del tipus $x - a$. Apliquem a aquesta nova divisió la regla de Ruffini:

$$
\begin{array}{c|ccc}
 & \frac{1}{2} & -2 & \frac{5}{2} \\
\frac{1}{2} & & \frac{1}{4} & -\frac{7}{8} \\
\hline
 & \frac{1}{2} & -\frac{7}{4} & \boxed{\frac{13}{8}}
\end{array}
$$

El quocient d'aquesta divisió és $Q(x) = \frac{1}{2}x - \frac{7}{4}$ i el residu, $R = \frac{13}{8}$.

Si comparem aquest resultat amb el que hem obtingut anteriorment, veiem que el quocient és el mateix, però el residu és exactament la meitat del que hauríem d'haver obtingut. Així doncs, el veritable residu de la divisió que hem proposat inicialment és $R = 2 \cdot \frac{13}{8} = \frac{13}{4}$.

Què és el que succeeix? Quan en una divisió multipliquem el dividend i el divisor per un nombre real no nul, el quocient no es modifica, però el residu queda multiplicat per aquest nombre. Efectivament, considerem la divisió $P(x) : (mx + n)$, en què $m \neq 0$ i $n \neq 0$. Si anomenem $Q(x)$ el quocient i R, el residu, es verifica:

$P(x) = Q(x)\,(mx + n) + R$

Quan multipliquem per $\frac{1}{m}$ els dos membres d'aquesta igualtat, obtenim:

$$\frac{1}{m}\,P(x) = Q(x)\left(x + \frac{n}{m}\right) + \frac{R}{m}$$

igualtat que correspon a la divisió $\frac{1}{m}\,P(x) : \left(x + \frac{m}{n}\right)$, el quocient de la qual és $Q(x)$ i el residu, $\frac{R}{m}$.

Activitats finals

1. Expressa en forma de polinomi ordenat en potències decreixents de x els resultats d'aquestes operacions:

a) $4(x-2)\left(x+\frac{1}{3}\right)$

b) $(x-\sqrt{2})^2\, x^2$

c) $\frac{1}{x} \cdot \frac{3x^3-x^2}{1-3x}$

d) $-x^3(1-x)^2$

2. Considera els polinomis:

$$A(x) = x^2 - 2x - 3 \text{ i } B(x) = (x+1)(x-3).$$

Calcula'n el valor numèric per a $x = 1$ i $x = -2$. Poden ser iguals aquests dos polinomis? Raona la teva resposta i comprova-ho.

3. Escriu dos polinomis de tercer grau la suma dels quals sigui un polinomi de segon grau.

4. Esbrina el polinomi, que sumat a $P(x) = x^4 - 3x^2 + 5x$, dóna com a resultat el polinomi $R(x) = x^3 - 1$.

5. Calcula a, b i c per tal que es verifiqui la igualtat:

$(x^3 - 2x + a)(bx + c) = 3x^4 + 2x^3 - 6x^2 - x + 2.$

R: $a = 1$; $b = 3$; $c = 2$

6. Explica la relació que hi ha entre els graus dels polinomis factors i el grau del polinomi producte.

Quina relació hi ha entre els graus dels polinomis dividend, divisor i residu en una divisió de polinomis?

7. La potència de polinomis es defineix com a productes repetits de la base tantes vegades com indica l'exponent. $(3x^2 - 2)^5$ és un polinomi. De quin grau? Quin és el coeficient que acompanya el terme de grau més gran? Quin és el terme independent?

8. Si $A(x) = 3x^2 - \frac{1}{2}x + 2$, $B(x) = 2x + 3$ i $C(x) = x^3 - 3$, calcula:

a) $B(x) \cdot 3A(x) - C(x)$

b) $3B(x) \cdot A(x) - 2C(x)$

c) $C(x) - 2B(x) - \frac{3}{2}A(x)$

d) $[C(x) - 3A(x)] \cdot B(x)$

9. Desenvolupa la potència $(2x - y)^7$.

10. Calcula el coeficient de x^5 en el desenvolupament de $(x + 2)^{12}$.

11. Determina el coeficient de x^{14} en el desenvolupament de $(x^2 - x)^{10}$.

12. Hi ha algun polinomi que multiplicat per $x - 4$ doni com a resultat el polinomi $2x^2 - 5x - 12$?

Si la resposta és afirmativa, quin és?

13. Donat el polinomi $A(x) = 2x^3 - x^2 - 4x - 1$, determina, si existeix, un altre polinomi $C(x)$ tal que el quocient de la divisió $A(x) : C(x)$ sigui $2x + 3$ i el residu, -4.

14. Esbrina el dividend d'una divisió en què el quocient és $3x^2 - 2x + 1$; el divisor, $2x^2 + x$ i el residu, $x + 1$.

15. Calcula m per tal que la divisió següent sigui exacta:

$$(x^4 + x^3 - 2x^2 - x - 7m) : (x^2 + x - 1).$$

R: $m = -\frac{1}{7}$

16. Efectua aquestes divisions. Aplica la regla de Ruffini sempre que sigui possible.

a) $(x^3 - 3x^2 + 2x) : (2x - 1)$

b) $x^5 : (x^2 - 1)$

c) $(x^4 - 2x^2 + 1) : (x + 2)$

d) $(x^6 + x^3 - x + 1) : (x - 1)$

17. Calcula c per tal que el residu de la divisió següent sigui 2:

$$[2(c+1)\,x^3 - 3x^2 - 5(1-2c)\,x + c - 2] : (x - 3)$$

Pots fer-ho de dues maneres. Explica-les.

R: $c = -\frac{8}{85}$

18. Esbrina si el polinomi $6x^2 - 6x - 12$ és divisible per $2x - 4$. Pots donar la resposta sense fer la divisió?

19. Calcula el valor numèric del polinomi següent per a $x = -2$:

$$\frac{1}{2}x^3 - \frac{3}{4}x^2 - \frac{7}{2}x - 8$$

Fes-ho pel procediment més curt.

R: -8

20. Dels nombres enters 1, –1, 2, –2, 4 i –4, quins són arrels del polinomi $A(x) = x^3 - 3x^2 - 6x + 8$?

Quins no ho són?

21. Quines són les arrels enteres del polinomi $x^8 - 1$? Raona la resposta.

Té alguna arrel entera el polinomi $x^8 + 1$? Per què?

Activitats finals

22. Factoritza els polinomis següents:

a) $A(x) = 3x^3 - 75x$

b) $B(x) = 3x^3 + 18x^2 + 27x$

c) $C(x) = 2x^4 - 12x^3 + 18x^2$

d) $D(x) = \frac{1}{4}x^2 - 3x + 9$

23. Determina l'm. c. d. i l'm. c. m. dels polinomis:

$A(x) = 2x^5 + 6x^4 - 8x^2$,

$B(x) = x^3 - x$ i

$C(x) = x^4 - x^3 - x^2 + x$

24. Calcula:

$$\frac{1-x}{1+x} + \frac{x+1}{1-x} - \frac{x^2+1}{x^2-1}$$

25. Donades les fraccions següents:

$$A(x) = \frac{x-2}{x^2+6x+9} \text{ i } B(x) = \frac{x+3}{x^2-4}$$

calcula:

a) $A(x) \cdot B(x)$

b) $A(x) : B(x)$

c) $B(x) : A(x)$

26. Indica, sense fer la divisió, el residu de cadascuna de les divisions següents:

a) $(x^3 + 8) : (x + 2)$

b) $(x^{10} - 1) : (x - 1)$

c) $(x^4 + 81) : (x - 3)$

d) $(x^5 - 32) : (x + 2)$

e) $(x^{65} + 1) : (x - 1)$

R: *a)* 0; *b)* 0; *c)* 162; *d)* −64; *e)* 2.

27. Efectua les operacions següents:

a) $\frac{x^2+2}{x^2-2} - \frac{x-2}{x+2} + \frac{5}{x^2-4}$

b) $\frac{x^2-1}{x+2} \cdot \frac{x^2-4}{x^2-3x+2}$

c) $\frac{1}{x^2-7x+10} : \frac{1}{x^2-5x}$

28. Donat el polinomi $P(x) = 2x^3 - (m-2)x^2 + mx + 3$, determina el valor de m per tal que en dividir-lo per $x + 2$ doni de residu −10.

R: $m = \frac{5}{6}$

29. Si $A(x) + B(x) = 1$ i $A(x) = \frac{x-2}{x+3}$, calcula:

a) $B(x)$

b) $A(x) : B(x)$

R: *a)* $B(x) = \frac{5}{x+3}$; *b)* $\frac{x-2}{5}$

30. Determina el polinomi $P(x)$ que verifica les condicions següents:

a) És de tercer grau.

b) $P(2) = P(-1) = P(0) = 0$.

c) El coeficient del monomi de grau màxim és 2.

R: $P(x) = 2x^3 - 2x^2 - 4x$

31. Donats els polinomis

$$P(x) = x^4 - 10x^2 + 9 \text{ i } Q(x) = 3x^2 - 12x + 9$$

a) Efectua'n la factorització.

b) Simplifica la fracció algèbrica $\frac{P(x)}{Q(x)}$.

R: *a)* $P(x) = (x+3)(x-3)(x+1)(x-1)$;
$Q(x) = 3(x-3)(x-1)$;
b) $\frac{x^2+4x+3}{3}$

32. Determina per a quins valors de m el polinomi:

$$P(x) = x^2 - mx + 9$$

té una arrel entera doble.

Factoritza $P(x)$ per aquests valors de m.

R: $m_1 = 6$ i $m_2 = -6$; $P_1(x) = (x-3)^2$ i $P_2(x) = (x+3)^2$

33. Sabent que:

m. c. d. $[A(x), B(x)] = x - 2$

m. c. m. $[A(x), B(x)] = (x-2)^2(x+3)(x-1)$

$A(x) = x^2 + x - 6$

calcula $B(x)$.

R: $B(x) = (x-2)^2(x-1)$

Avaluació

1. Contesta raonadament les qüestions següents:

a) Si en restar dos polinomis de tercer grau obtenim un polinomi de segon grau, quina relació hi ha entre els coeficients dels termes de grau més gran dels dos polinomis?

b) Un polinomi $P(x)$ és divisible per $x + 3$. Quin és el valor de $P(-3)$?

c) El grau d'un polinomi $P(x)$ és 3. Quin és el grau de $[P(x)]^2$?

d) Si $x = 2$ és una arrel de $P(x)$, quin factor esbrinarem amb tota seguretat en la descomposició factorial de $P(x)$?

2. Donats els polinomis

$$P(x) = 2x^5 - 7x^2 + 3x - 10,\ Q(x) = -x^3 + 5x^2 - 7 \text{ i } R(x) = x + 2$$

calcula:

a) $P(x) - 2Q(x)$

b) $Q(x) \cdot R(x)$

c) $Q(x) : R(x)$

3. Determina el valor de k perque el polinomi $P(x) = x^4 - 2x^3 + 7x + k$ sigui divisible per $x + 1$.

4. Esbrina les arrels del polinomi:

$$P(x) = x^4 - 6x^3 + 10x^2 + 6x - 11$$

i efectua'n la factorització.

5. Factoritza els polinomis:

$$P(x) = 5x^2 - 35x + 60 \text{ i } Q(x) = 10x^2 - 160$$

Simplifica la fracció algèbrica $\frac{P(x)}{Q(x)}$.

6. Fes les operacions següents:

a) $\frac{2x - 5}{x^2 - 9} + \frac{5}{3x - 9}$

b) $\frac{7x - 2}{3x^2 - 3} \cdot \frac{x^2 - 2x + 1}{49x^2 - 4}$

c) $\frac{11}{x^2 - 4} : \frac{22}{x^2 - 2x}$

3

TRIGONOMETRIA

En geometria es diu que una figura està determinada si es pot dibuixar amb les eines de dibuix adients a partir de les dades que se'n coneixen. Per tant, el que ens cal saber són les dades mínimes necessàries perquè la figura estigui determinada. Recordarem el cas particular dels triangles, i farem especial incidència en els triangles rectangles.

Els elements del triangle rectangle de la Figura 3.1 són els tres angles $\widehat{A}$, $\widehat{B}$ i $\widehat{C}$ i els tres costats a, b i c oposats, respectivament, a aquests angles. Com que es tracta d'un triangle rectangle, l'angle que formen els dos catets és recte: $\widehat{A} = 90°$.

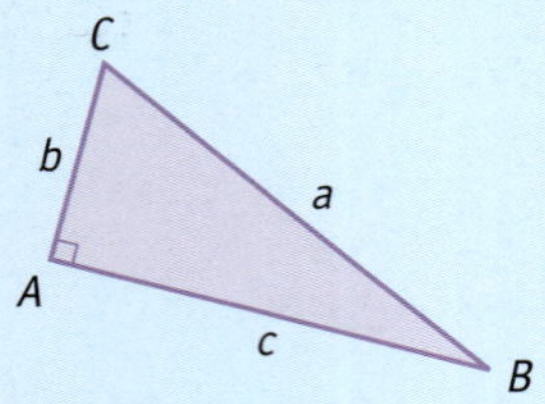

Fig. 3.1

Per resoldre un triangle rectangle, és a dir, per determinar-ne la mesura dels elements que no coneixem, hem d'utilitzar les relacions que s'hi poden establir. Recordem-les:

- El teorema de Pitàgores relaciona les longituds dels tres costats del triangle rectangle a partir de l'expressió:

$$a^2 = b^2 + c^2$$

- Les raons trigonomètriques dels angles aguts relacionen la mesura de l'angle amb les longituds dels costats:

$$\sin \widehat{B} = \frac{b}{a} \qquad \cos \widehat{B} = \frac{c}{a} \qquad \text{tg } \widehat{B} = \frac{b}{c}$$

$$\sin \widehat{C} = \frac{c}{a} \qquad \cos \widehat{C} = \frac{b}{a} \qquad \text{tg } \widehat{C} = \frac{c}{b}$$

Per resoldre, per exemple, el triangle rectangle del qual en coneixem els dos catets $b = 4$ cm i $c = 3$ cm:

- En calculem la hipotenusa:

$$a^2 = b^2 + c^2 = 4^2 + 3^2 = 25 \rightarrow a = 5 \text{ cm}$$

- En determinem un dels angles aguts, per exemple, l'angle $\widehat{B}$:

$$\sin \widehat{B} = \frac{b}{a} = \frac{4}{5} = 0{,}80 \rightarrow \widehat{B} = 53{,}13°$$

- N'esbrinem l'altre angle agut $\widehat{C}$. N'hi ha prou a recordar que els angles $\widehat{B}$ i $\widehat{C}$ són complementaris:

$$\widehat{B} + \widehat{C} = 90° \rightarrow \widehat{C} = 90° - \widehat{B} = 36{,}87°$$

Acabem de resoldre el triangle rectangle:

$$a = 5 \text{ cm},\ b = 4 \text{ cm},\ c = 3 \text{ cm},\ \widehat{B} = 53{,}13° \text{ i } \widehat{C} = 36{,}87°$$

1. Raons trigonomètriques d'un angle

Per resoldre triangles rectangles utilitzem les raons trigonomètriques d'un dels seus angles aguts. Ens plantejarem ara la manera de definir les raons trigonomètriques d'un angle qualsevol.

Dibuixem uns eixos de coordenades cartesianes amb l'origen al centre d'una circumferència de radi r. Considerem un punt $P(x, y)$ de la circumferència situat al primer quadrant i en tracem el radi corresponent. Observa la Figura 3.2.

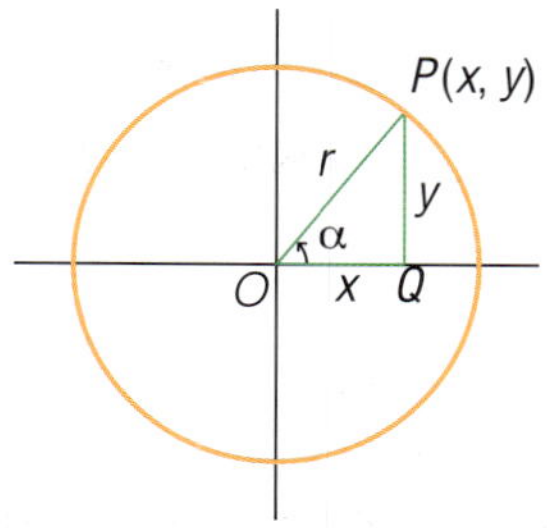

Fig. 3.2

En el triangle rectangle OQP es verifica:

$$PQ = y,\ OQ = x \text{ i } OP = r > 0$$

Les raons trigonomètriques de l'angle α són:

$$\sin \alpha = \frac{y}{r},\quad \cos \alpha = \frac{x}{r},\quad \text{tg } \alpha = \frac{y}{x}$$

Fins aquí res de nou, ja que l'angle α és un angle agut d'un triangle rectangle.

Si situem el punt P de la circumferència al segon quadrant (Fig. 3.3), l'angle β mesura més de 90°, concretament, $90° < \beta < 180°$. Si, a més, definim les raons trigonomètriques d'aquest angle de la mateixa manera que ho hem fet en el cas de l'angle agut α, tenim:

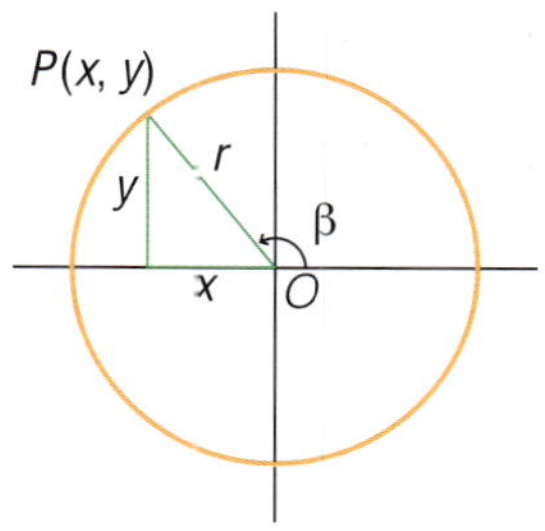

Fig. 3.3

$$\sin \beta = \frac{y}{r},\quad \cos \beta = \frac{x}{r},\quad \text{tg } \beta = \frac{y}{x}$$

Les coordenades (x, y) del punt P verifiquen $x < 0$ i $y > 0$ i, a més, $r > 0$. Per tant: $\sin \beta > 0$, $\cos \beta < 0$ i $\text{tg } \beta < 0$.

Observa que l'angle β es mesura a partir del semieix positiu OX en el sentit positiu de la mesura dels angles.

De manera semblant, podem definir les raons trigonomètriques d'angles situats als quadrants tercer o quart. N'hi ha prou a situar-hi correctament el punt P de la circumferència. Observa les figures 3.4 i 3.5.

Al tercer quadrant (Fig. 3.4), l'angle γ verifica $180° < \gamma < 270°$ i les seves raons trigonomètriques s'expressen:

$$\sin \gamma = \frac{y}{r},\quad \cos \gamma = \frac{x}{r},\quad \text{tg } \gamma = \frac{y}{x}$$

Les coordenades (x, y) de P compleixen $x < 0$ i $y < 0$.

Aleshores, $\sin \gamma < 0$, $\cos \gamma < 0$ i $\text{tg } \gamma > 0$.

Al quart quadrant (Fig. 3.5), l'angle δ verifica $270° < \delta < 360°$ i n'expressem les raons trigonomètriques de la mateixa manera que als angles anteriors:

$$\sin \delta = \frac{y}{r},\quad \cos \delta = \frac{x}{r},\quad \text{tg } \delta = \frac{y}{x}$$

En aquest quadrant les coordenades (x, y) de P compleixen $x > 0$ i $y < 0$. Aleshores, $\sin \delta < 0$, $\cos \delta > 0$ i $\text{tg } \delta < 0$.

Fixa't que acabem de definir les raons trigonomètriques per a qualsevol angle comprès entre 0° i 360°.

Recorda

Aquests són els valors exactes de les raons trigonomètriques de 30°, 45° i 60°.

$$\sin 30° = \frac{1}{2},\quad \cos 30° = \frac{\sqrt{3}}{2} \quad \Big\}\ \text{tg } 30° = \frac{\sqrt{3}}{3}$$

$$\sin 45° = \frac{\sqrt{2}}{2},\quad \cos 45° = \frac{\sqrt{2}}{2} \quad \Big\}\ \text{tg } 45° = 1$$

$$\sin 60° = \frac{\sqrt{3}}{2},\quad \cos 60° = \frac{1}{2} \quad \Big\}\ \text{tg } 60° = \sqrt{3}$$

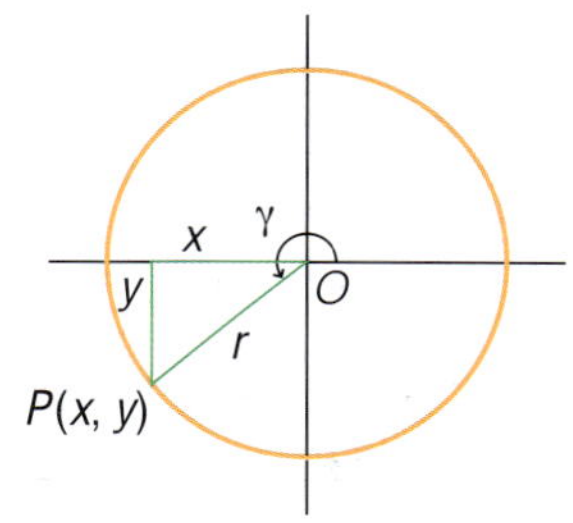

Fig. 3.4

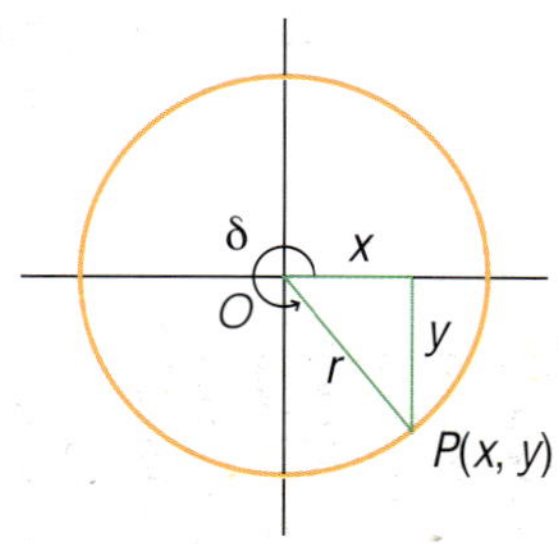

Fig. 3.5

! Important

Independentment del quadrant en què se situï, qualsevol angle α verifica que:

$\text{tg } \alpha = \dfrac{\sin \alpha}{\cos \alpha}$, amb $\cos \alpha \neq 0$.

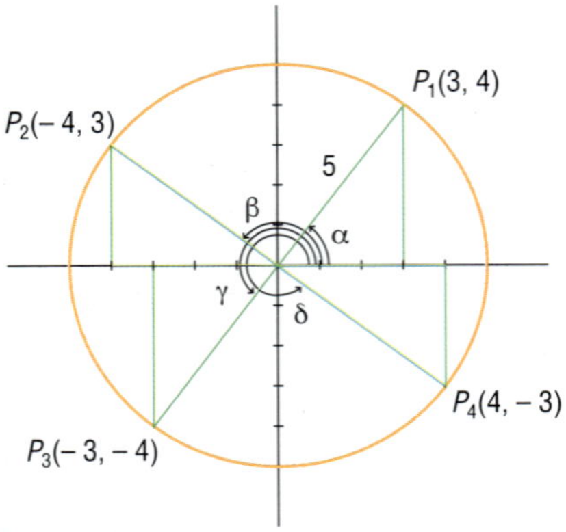

Fig. 3.6

Exemple 1

En una circumferència de 5 cm de radi, situem els punts P_1, P_2, P_3 i P_4 tal com pots veure a la Figura 3.6 i n'indiquem les coordenades expressades en centímetres.

Esbrina els valors de les raons trigonomètriques de cadascun dels quatre angles.

Resolució

$$\sin\alpha = \frac{4}{5} \qquad \cos\alpha = \frac{3}{5} \qquad \text{tg}\,\alpha = \frac{4}{3}$$

$$\sin\beta = \frac{3}{5} \qquad \cos\beta = -\frac{4}{5} \qquad \text{tg}\,\beta = \frac{3}{-4} = -\frac{3}{4}$$

$$\sin\gamma = -\frac{4}{5} \qquad \cos\gamma = -\frac{3}{5} \qquad \text{tg}\,\gamma = \frac{-4}{-3} = \frac{4}{3}$$

$$\sin\delta = -\frac{3}{5} \qquad \cos\delta = \frac{4}{5} \qquad \text{tg}\,\delta = -\frac{3}{4}$$

Pots comprovar que el signe de les raons trigonomètriques d'un angle depèn del quadrant en què està situat aquest angle.

Activitats

1. Dibuixa una circumferència de 2 cm de radi, uns eixos de coordenades amb l'origen al centre de la circumferència, la bisectriu del primer i del tercer quadrants i la bisectriu del segon i del quart quadrants.

a) Un cop hagis dibuixat aquesta circumferencia, indica la mesura de cadascun dels quatre angles que determinen aquestes bisectrius a partir de l'origen d'angles, el semieix positiu *OX*.

b) Pren les mesures necessàries per calcular les raons trigonomètriques de cadascun d'aquests angles. Compara els resultats que obtinguis amb els que et dóna la calculadora.

2. Circumferència trigonomètrica

El valor de cadascuna de les raons trigonomètriques d'un angle no depèn del radi de la circumferència que s'hagi utilitzat.

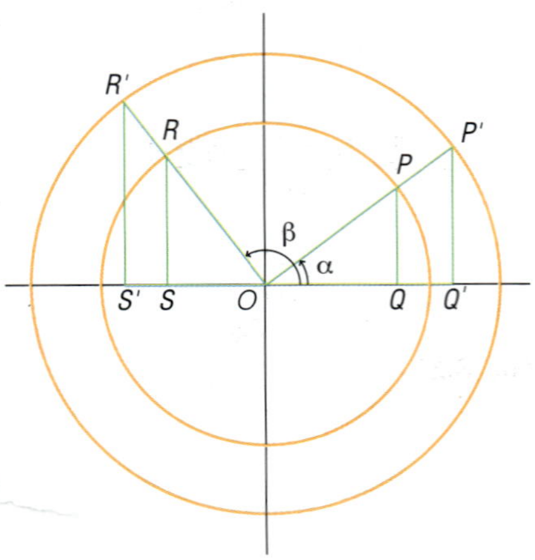

Fig. 3.7

A la Figura 3.7 hem dibuixat dues circumferències concèntriques i dos angles α i β situats, respectivament, al primer i al segon quadrants.

Considerem els triangles rectangles *OPQ* i *OP'Q'*. Estan en posició de Tales i, per tant, són semblants. La proporcionalitat que hi ha entre els seus costats homòlegs ens permet escriure:

$$\frac{PQ}{OP} = \frac{P'Q'}{OP'} \qquad \frac{OQ}{OP} = \frac{OQ'}{OP'} \qquad \frac{PQ}{OQ} = \frac{P'Q'}{OQ'}$$

D'altra banda,

$$\sin\alpha = \frac{PQ}{OP}, \text{ considerant el triangle } OPQ.$$

$$\sin\alpha = \frac{P'Q'}{OP'}, \text{ al triangle } OP'Q'.$$

Observa que, com que $\frac{PQ}{OP} = \frac{P'Q'}{OP'}$ el valor de sin α no depèn del radi de la circumferència que hàgim dibuixat.

El mateix succeeix amb les altres raons trigonomètriques de l'angle α:

$$\cos \alpha = \frac{OQ}{OP} = \frac{O'Q'}{OP'} \qquad \text{tg } \alpha = \frac{PQ}{OQ} = \frac{P'Q'}{OQ'}$$

Podem aplicar el mateix raonament en el cas de l'angle β de la Figura 3.7, i també en el cas dels angles situats als quadrants tercer i quart.

El que acabem de comprovar ens permet representar les raons trigonomètriques de qualsevol angle en una circumferència de radi una unitat de longitud. Aquesta circumferència s'anomena **circumferència unitat, trigonomètrica** o **goniomètrica** (Fig. 3.8).

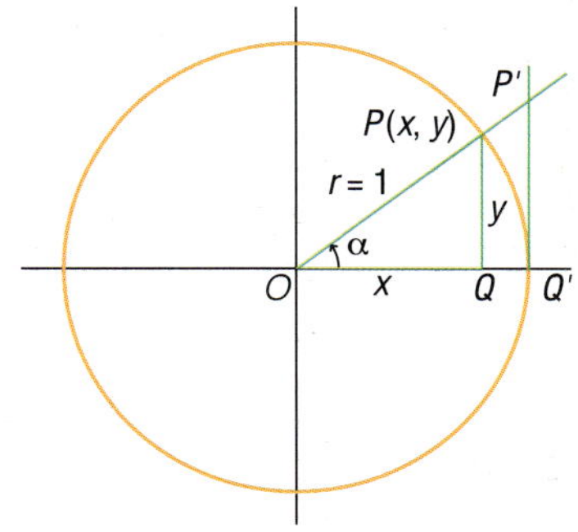

Fig. 3.8

Si $r = 1$, $\sin \alpha = \frac{y}{r} = y$ i $\cos \alpha = \frac{x}{r} = x$.

Tenim el punt $P(x, y) = (\cos \alpha, \sin \alpha)$.

Què succeeix amb tg α? Considerem els triangles rectangles semblants OPQ i $OP'Q'$.

Es compleix que $\frac{PQ}{OQ} = \frac{P'Q'}{OQ'}$ i $OQ' = 1$. Per tant, $\text{tg } \alpha = \frac{PQ}{OQ} = \frac{P'Q'}{OQ'} = P'Q'$

Hem aconseguit representar gràficament, utilitzant segments, les tres raons trigonomètriques de l'angle α.

De manera semblant, es poden representar les raons trigonomètriques dels angles situats als altres quadrants. La posició de cadascun dels segments en relació amb els semieixos de coordenades ens permet conèixer el signe de la raó trigonomètrica que representen. Observa la Figura 3.9.

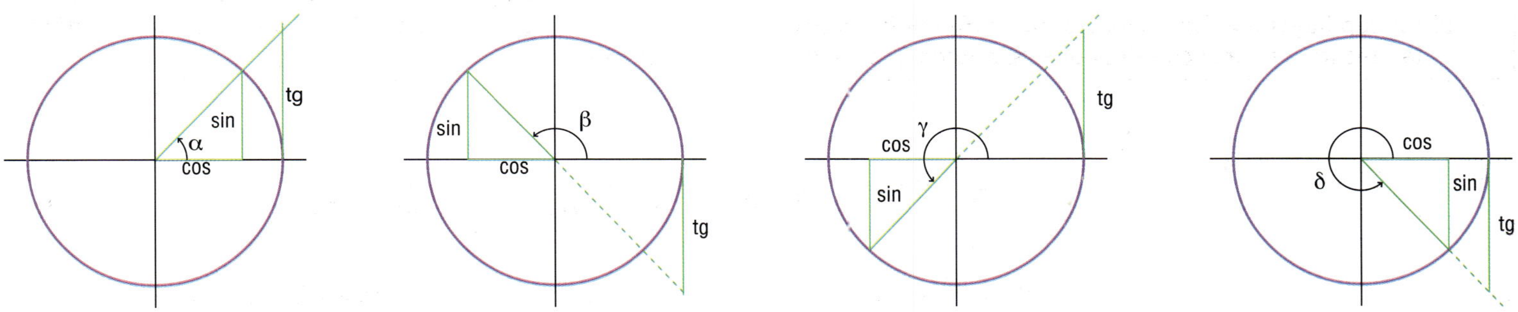

Fig. 3.9

Considerarem ara uns angles molt particulars, els que determinen els mateixos eixos de coordenades (Fig. 3.10):

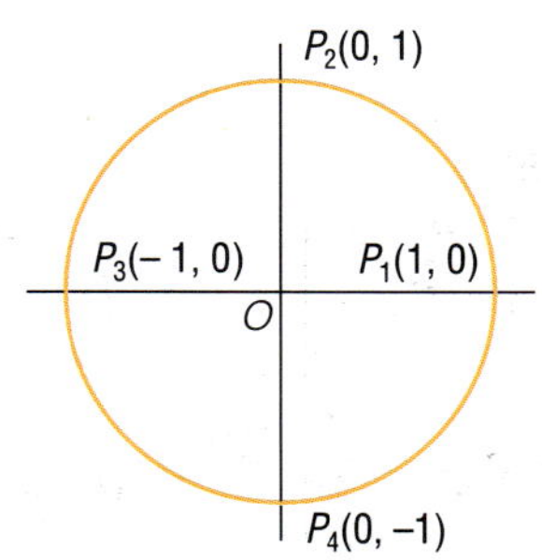

Fig. 3.10

- El punt $P_1(1, 0)$ correspon a l'angle de 0°. Per tant:

$$\sin 0° = 0,\ \cos 0° = 1 \ \text{ i } \ \text{tg } 0° = \frac{0}{1} = 0$$

- El punt $P_2(0, 1)$ correspon a l'angle de 90°. Aleshores, $\sin 90° = 1$, $\cos 90° = 0$.
  No existeix tg 90° perquè la divisió $\frac{1}{0}$ no es pot fer. No obstant això, hem de tenir en compte que la tangent d'un angle és cada cop més gran a mesura que el valor d'aquest angle s'apropa a 90°.

- El punt $P_3(-1, 0)$ correspon a l'angle de 180°. Per tant:

$$\sin 180° = 0,\ \cos 180° = -1 \text{ i } \text{tg } 180° = \frac{0}{-1} = 0$$

- El punt $P_4(0, -1)$ correspon a l'angle de 270°. Aleshores, $\sin 270° = -1$, $\cos 270° = 0$.
  Evidentment, tampoc no existeix tg 270°.

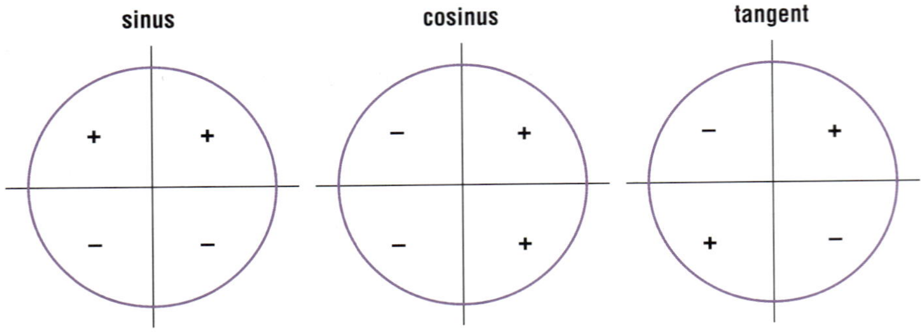

Fig. 3.11

> **! Important**
>
> ***Reducció d'angles***
>
> Les raons trigonomètriques d'un angle de 360° són les mateixes que les d'un angle de 0°. Els angles més grans de 360° s'han de reduir als angles corresponents més petits de 360°.
>
> Per exemple, $1\,110° = 3 \cdot 360° + 30°$ i, en conseqüència:
>
> $\sin 1\,110° = \sin 30°$
>
> $\cos 1\,110° = \cos 30°$
>
> $\text{tg}\ 1\,110° = \text{tg}\ 30°$
>
> Si no s'indica el contrari, els angles que utilitzarem són els compresos entre 0° i 360°.

És important fixar-se en els signes de les raons trigonomètriques als diferents quadrants i com varien quan l'angle augmenta de 0° a 360° (Fig. 3.11).

Observa, per exemple, aquestes desigualtats pel que fa a la raó trigonomètrica sinus:

Si	$0° \leq \alpha \leq 90°$	$\rightarrow$	$0 \leq \sin \alpha \leq 1$	augmenta de 0 a 1
Si	$90° \leq \alpha \leq 180°$	$\rightarrow$	$1 \geq \sin \alpha \geq 0$	disminueix d'1 a 0
Si	$180° \leq \alpha \leq 270°$	$\rightarrow$	$0 \geq \sin \alpha \geq -1$	disminueix de 0 a −1
Si	$270° \leq \alpha \leq 360°$	$\rightarrow$	$-1 \leq \sin \alpha \leq 0$	augmenta de −1 a 0

També el cosinus i la tangent varien en augmentar de 0° a 360° la mesura de l'angle α. Observa la Figura 3.11 i escriu-ne les desigualtats corresponents.

Exemple 2

Situa els angles α, β i γ a la circumferència unitat a partir d'aquestes dades:

a) $\sin \alpha = -0{,}6$ *b)* $\cos \beta = 0{,}4$ *c)* $\text{tg}\ \gamma = -1$

Resolució

a) $\sin \alpha = -0{,}6$ (Fig. 3.12):

Representem el punt (0, −0,6) i tracem per aquest punt una paral·lela a l'eix d'abscisses que talla la circumferència en els punts *P* i *P'*. Aquests dos punts determinen dos angles α i α', tals que $\sin \alpha = \sin \alpha' = -0{,}6$.

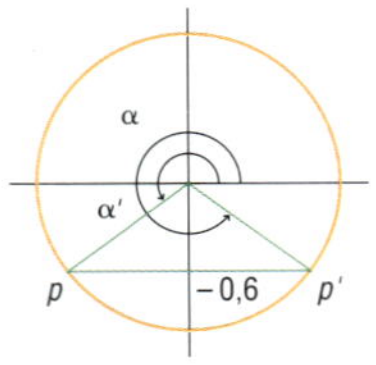

Fig. 3.12

b) $\cos \beta = 0{,}4$ (Fig. 3.13):

Representem el punt (0,4, 0) i tracem la paral·lela a l'eix d'ordenades per aquest punt. Els punts d'intersecció d'aquesta paral·lela amb la circumferència determinen dos angles β i β', tals que $\cos \beta = \cos \beta' = 0{,}4$.

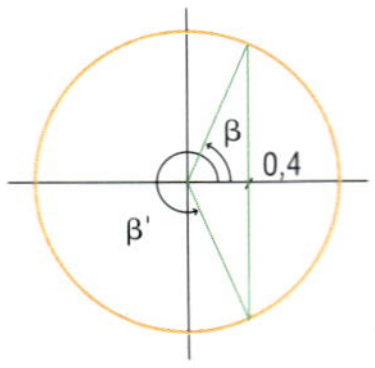

Fig. 3.13

Les tangents es representen sobre l'anomenat eix de les tangents, que és la recta perpendicular a l'eix d'abscisses pel punt (1, 0). Si la tangent és positiva, el segment que la representa queda situat per damunt de l'eix *OX*, i si és negativa, per sota.

c) $\text{tg}\ \gamma = -1$ (Fig. 3.14):

Representem −1 a l'eix de les tangents i tracem la recta que passa per aquest punt i pel centre de la circumferència. Els punts d'intersecció d'aquesta recta amb la circumferència determinen dos angles γ i γ', de manera que $\text{tg}\ \gamma = \text{tg}\ \gamma' = -1$.

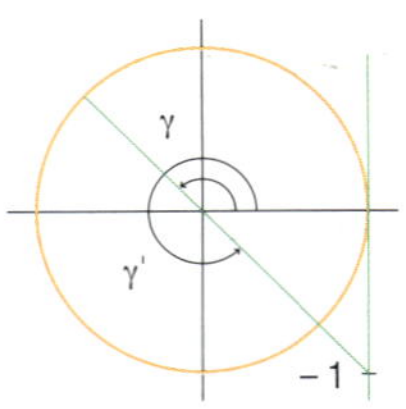

Fig. 3.14

Com pots observar, per a cada valor d'una de les raons trigonomètriques qualsevol, podem dibuixar dos angles compresos entre 0° i 360°. Les úniques excepcions són sin 90°, sin 270°, cos 0° i cos 180°. Cal tenir present que els valors del sinus i el cosinus estan inclosos entre −1 i 1, i els de la tangent no estan limitats.

Activitats

2. Dibuixa un angle de 135°. Quin és el signe de cadascuna de les tres raons trigonomètriques d'aquest angle?

3. Si tg $\alpha = -1{,}5$, en quin quadrant pot estar l'angle α? Justifica'n la resposta.

4. Explica per què la tangent d'un angle pot ser un nombre més gran que 1.

5. En una circumferència trigonomètrica dibuixa tots els angles tals que sin $\alpha = 0{,}5$.

6. Esbrina quin és el signe de cadascuna de les raons trigonomètriques dels angles: 45°, 230°, 315°, 720° i 1 000°

3. Reducció al primer quadrant

Les raons trigonomètriques de qualsevol angle es poden relacionar sempre amb les d'un altre angle situat al primer quadrant.

Un **angle del segon quadrant** es pot representar sempre per $180° - \alpha$, on α és un angle del primer quadrant.

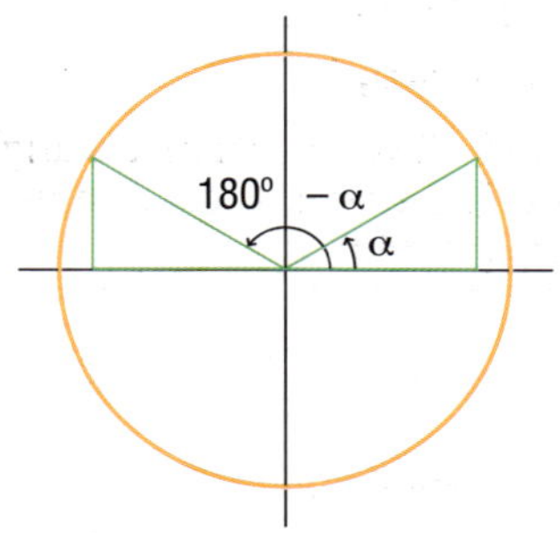

Fig. 3.15

Els dos triangles rectangles iguals de la Figura 3.15 ens permeten establir aquestes relacions:

$$\sin (180° - \alpha) = \sin \alpha$$

$$\cos (180° - \alpha) = -\cos \alpha$$

La relació entre les tangents es pot obtenir dividint membre a membre les dues igualtats anteriors:

$$\text{tg } (180° - \alpha) = -\text{tg } \alpha$$

Un **angle del tercer quadrant** es pot expressar en la forma $180° + \alpha$, on α és un angle del primer quadrant.

A partir de la Figura 3.16 podem establir les relacions següents:

$$\sin (180° + \alpha) = -\sin \alpha$$

$$\cos (180° + \alpha) = -\cos \alpha$$

i per tant:

$$\text{tg } (180° + \alpha) = \text{tg } \alpha$$

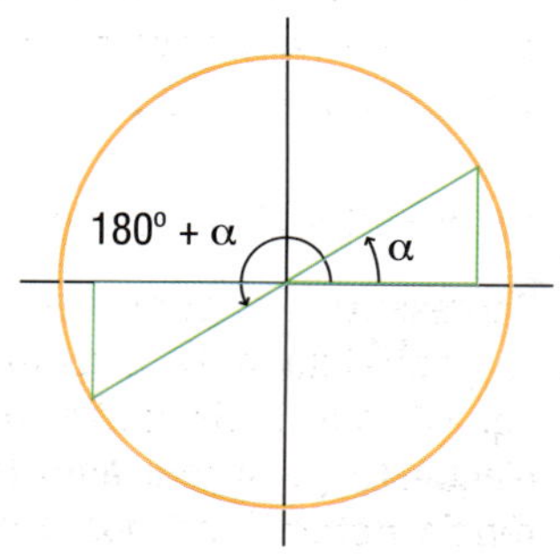

Fig. 3.16

Un **angle del quart quadrant** es pot representar per $360° - \alpha$, on α és un angle del primer quadrant.

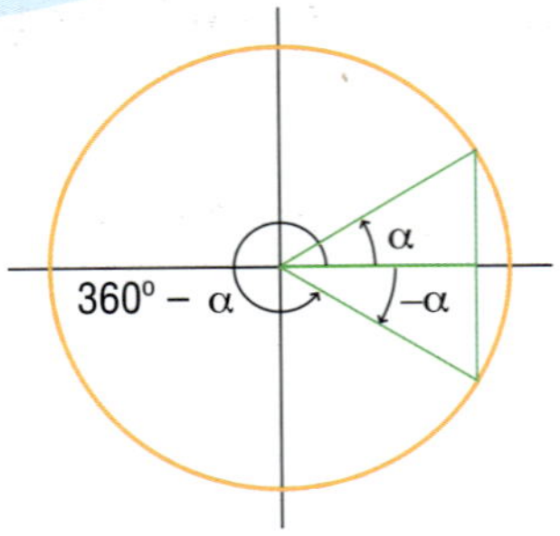

Fig. 3.17

Observa a la Figura 3.17 que l'angle de 360° − α també es pot expressar per −α, angle de la mateixa amplitud que α, però mesurat en sentit contrari. Els dos triangles rectangles iguals d'aquesta figura ens permeten escriure les igualtats:

$$\sin(360° - \alpha) = \sin(-\alpha) = -\sin\alpha$$
$$\cos(360° - \alpha) = \cos(-\alpha) = \cos\alpha$$
$$\text{tg}\,(360° - \alpha) = \text{tg}\,(-\alpha) = -\text{tg}\,\alpha$$

Les relacions que acabem d'analitzar no fan més que confirmar el que hem comentat a l'apartat anterior: llevat dels casos esmentats, sempre existeixen dos angles que tenen una raó trigonomètrica igual. Recorda que ens referim sempre a angles compresos entre 0° i 360°. Per exemple:

$$\sin 150° = \sin 30° = \frac{1}{2}$$
$$\cos 315° = \cos(-45°) = \cos 45° = \frac{\sqrt{2}}{2}$$
$$\text{tg}\,225° = \text{tg}\,45° = 1$$

Si l'angle α se situa en qualsevol altre quadrant que no sigui el primer, també podem aplicar les relacions que hem deduït. Així, si α = 120°, es compleixen les igualtats:

$$\sin(180° - \alpha) = \sin\alpha$$
$$\cos(180° - \alpha) = -\cos\alpha$$

Observa que:

$$\sin(180° - 120°) = \sin 60° = \sin 120° \quad \text{i} \quad \cos(180° - 120°) = \cos 60° = -\cos 120°$$

Activitats

7. Relaciona les raons trigonomètriques de l'angle de 210° amb les d'un angle del primer quadrant.

8. Considera un angle de 850°. Redueix-lo a un angle més petit de 360° i relaciona'n les raons trigonomètriques amb les d'un angle del primer quadrant.

9. Un angle β tal que 0° < β < 360° verifica:

$$\sin\beta = -\sin 30° \quad \text{i} \quad \cos\beta = -\cos 30°$$

a) A quin quadrant pertany l'angle β?

b) Quant mesura β?

4. Relacions entre les raons trigonomètriques d'un angle qualsevol

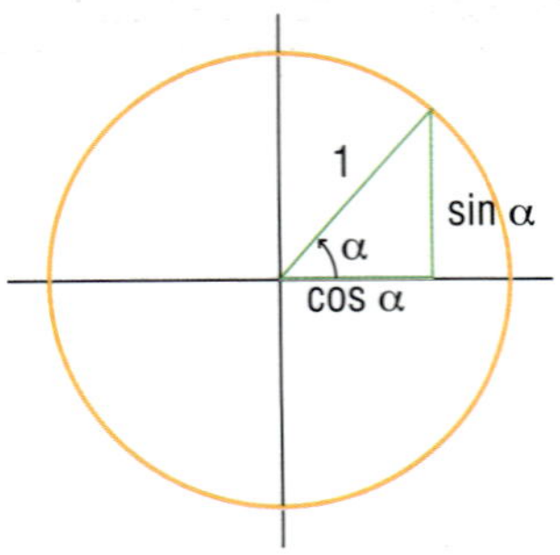

Fig. 3.18

L'angle agut α de la Figura 3.18 verifica les igualtats fonamentals de la trigonometria que ja coneixes:

$$\sin^2\alpha + \cos^2\alpha = 1$$

$$\text{tg}\,\alpha = \frac{\sin\alpha}{\cos\alpha}$$

Aquestes igualtats es compleixen per a qualsevol angle α, independentment del quadrant en què se situï.

Sempre que coneguem una de les tres raons trigonomètriques d'un angle qualsevol, podem calcular les altres dues.

Exemple 3

Si $\sin\alpha = \frac{3}{4}$, determina $\cos\alpha$ i $\text{tg}\,\alpha$ aplicant les igualtats anteriors.

Resolució

$$\left(\frac{3}{4}\right)^2 + \cos^2\alpha = 1 \rightarrow \cos^2\alpha = 1 - \frac{9}{16}$$

$$\cos^2\alpha = \frac{7}{16} \rightarrow \cos\alpha = \pm\frac{\sqrt{7}}{4}$$

Quin dels dos valors oposats és el correcte?

Per respondre a aquesta qüestió, ens cal saber en quin quadrant se situa l'angle α. Com que $\sin\alpha > 0$, α pot pertànyer al primer quadrant o al segon.

Si l'angle α és del primer quadrant, $\cos\alpha > 0$ i, per tant, $\cos\alpha = \frac{\sqrt{7}}{4}$.

Si l'angle α se situa al segon quadrant, $\cos\alpha < 0$ i, en conseqüència, $\cos\alpha = -\frac{\sqrt{7}}{4}$.

Finalment:

$$\text{tg}\,\alpha = \frac{\sin\alpha}{\cos\alpha} = \frac{3}{4} : \frac{\sqrt{7}}{4} = \frac{3}{\sqrt{7}} = \frac{3\sqrt{7}}{7} \quad \text{si } 0° < \alpha < 90°$$

$$\text{tg}\,\alpha = \frac{3}{4} : \left(-\frac{\sqrt{7}}{4}\right) = -\frac{3}{\sqrt{7}} = \frac{-3\sqrt{7}}{7} \quad \text{si } 90° < \alpha < 180°$$

Les **calculadores** disposen de tres tecles que permeten conèixer els valors de les raons trigonomètriques de qualsevol angle. Són les tecles:

[sin] [cos] [tan]

Si expressem les mesures dels angles en graus sexagesimals, hem d'assegurar-nos que la calculadora operi en mode **DEG.** N'hi ha prou a escriure l'angle expressat en graus i, tot seguit, prémer la tecla que correspon a la raó trigonomètrica que ens interessa.

$\sin 315° = -0{,}7071...$

$\cos 315° = 0{,}7071...$

$\text{tg}\ 315° = -1$

En funció del context del problema que es resolgui, haurem de decidir l'aproximació decimal que més convé.

Vegem-ne ara el procés invers.

- Si $\text{tg}\,\alpha = -1$, quant mesura l'angle α?

  És possible que la teva resposta sigui $\alpha = 315°$, ja que encara deus tenir fresca a la memòria la igualtat que hem escrit no fa gaire: $\text{tg}\ 315° = -1$.

  No obstant això, si utilitzes la tecla de la funció inversa de la tangent, és a dir,

  [−] [1] [SHIFT] [tan]

  a la pantalla de la calculadora es mostrarà −45°. És cert que la tangent d'aquest angle negatiu té el mateix valor que la tangent de 315°, ja que 360° − 45° = 315°. Encara hi ha un altre angle del segon quadrant la tangent del qual és −1. Es tracta de l'angle 180° − 45° = 135°.

- Quin és l'angle α tal que $\sin\alpha = 0{,}8$?

  Premem les tecles següents:

  [0] [,] [8] [SHIFT] [sin]

! Important

Amb la calculadora

Si utilitzes la calculadora per determinar tg 90°, es mostra a la pantalla "**E**", que vol dir error. És així perquè cos 90° = 0 i no és possible la divisió per zero.

A la pantalla es mostra 53,13°. Per tant, $\alpha = 53{,}13°$. Ja saps, però, que aquest no és l'únic angle comprès entre 0° i 360° el sinus del qual és 0,8. Concretament, com que $\sin\alpha > 0$, l'angle del segon quadrant que mesura $180° - 53{,}13° = 126{,}87°$ també verifica aquesta condició. Comprova-ho amb la calculadora.

En definitiva, per determinar l'angle del qual es coneix una raó trigonomètrica donada, cal saber en quin quadrant se situa aquest angle.

- Quin és l'angle α del tercer quadrant que compleix $\cos\alpha = -\frac{\sqrt{7}}{4}$?

Si procedim com en els casos anteriors, la calculadora ens dóna $\alpha = 131{,}41°$, que pertany al segon quadrant.

A la Figura 3.19 pots observar que l'angle α del tercer quadrant que busquem s'obté d'aquesta manera:

$$\alpha = 180° + (180° - 131{,}41°) = 228{,}59°$$

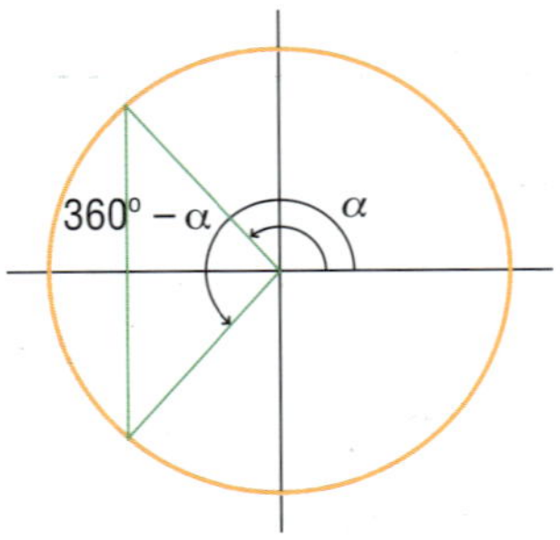

Fig. 3.19

Per motius que ja analitzarem més endavant quan estudiem les funcions trigonomètriques, els angles que proporcionen les calculadores corresponents a una raó trigonomètrica concreta verifiquen:

$$\text{angle } \alpha \text{ del qual coneixem } \sin\alpha \rightarrow -90° < \alpha < 90°$$
$$\text{angle } \alpha \text{ del qual coneixem } \cos\alpha \rightarrow 0° < \alpha < 180°$$
$$\text{angle } \alpha \text{ del qual coneixem } \operatorname{tg}\alpha \rightarrow -90° < \alpha < 90°$$

Com has pogut veure als exemples anteriors, a partir de l'angle que esbrinem amb la calculadora hem d'obtenir l'angle que ens interessa. Si aquests dos angles pertanyen a diferents quadrants, cal fer les reduccions necessàries entre quadrants fins a arribar a la solució correcta. Una bona representació gràfica de la situació sol ser de gran utilitat en aquests casos.

Activitats

10. Sabent que $\cos\alpha = -\frac{4}{5}$ i $90° < \alpha < 180°$, calcula $\sin\alpha$ i $\operatorname{tg}\alpha$. Quant mesura α? Utilitza la calculadora per comprovar que els resultats que has obtingut són, efectivament, correctes.

R: $\alpha = 143{,}13°$

11. Determina tots els angles compresos entre 0° i 360° la tangent dels quals sigui igual a 1.

12. Utilitza les relacions entre les raons trigonomètriques per determinar els angles positius més petits de 360° el sinus dels quals sigui igual a $-\frac{1}{2}$.

13. Si $\sin\alpha = 0{,}6$ i $90° < \alpha < 180°$, calcula:

$\sin(180° - \alpha)$, $\cos\alpha$, $\operatorname{tg}\alpha$, $\cos(180° - \alpha)$ i α.

R: $\alpha = 143{,}13°$

5. Fórmules d'addició

Imagina que et demanen el valor del cosinus de l'angle de 75° a partir de les raons trigonomètriques de dos angles α i β la suma dels quals és 75°. Considerem, per exemple, $\alpha = 45°$ i $\beta = 30°$.

És possible que la primera cosa que et passi pel cap escriure sigui la igualtat:

$$\cos 75° = \cos(45° + 30°) = \cos 45° + \cos 30°$$

El resultat de la suma $\cos 45° + \cos 30°$ és un nombre real més gran que 1, per tant, no pot ser de cap manera el valor del cosinus de l'angle de 75° ni el de cap altre angle.

5.1 Cosinus de l'angle suma

Ara veurem com es pot resoldre aquesta qüestió, és a dir, com podem expressar $\cos(\alpha+\beta)$ en funció de les raons trigonomètriques dels angles α i β.

Observa amb atenció la Figura 3.20. Tenint en compte que prenem $OB = 1$, es verifica:

$$OA = OB \cos\beta = \cos\beta \quad \text{i} \quad AB = OB \sin\beta = \sin\beta$$

El segment OP es pot expressar de dues maneres diferents. Fixa't en els triangles rectangles de la figura i en les relacions que hi ha entre els seus angles:

$$OP = OB \cos(\alpha+\beta) = \cos(\alpha+\beta) \text{ i } OP = OQ - PQ$$

on: $OQ = OA \cos\alpha = \cos\beta \cos\alpha$

$PQ = AB \cos(90° - \alpha) = \sin\beta \cos(90° - \alpha) = \sin\beta \sin\alpha$

Aleshores, de la igualtat $OP = OQ - PQ$ es dedueix:

$$\cos(\alpha+\beta) = \cos\alpha \cos\beta - \sin\alpha \sin\beta$$

Igualtat que correspon a l'expressió del **cosinus de l'angle suma.**

A partir d'aquesta igualtat se'n poden deduir unes altres. Tot seguit les veurem.

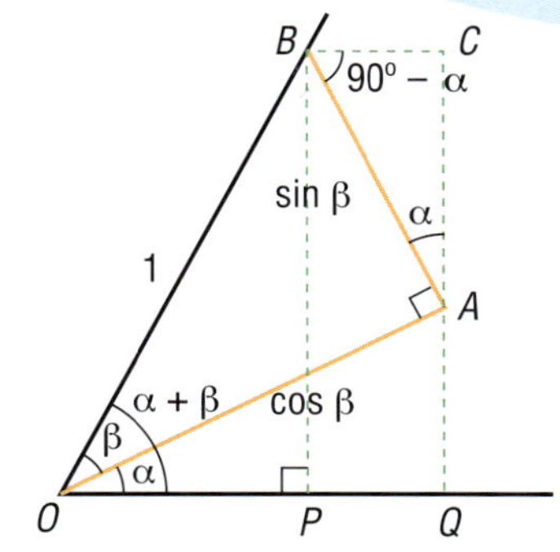

Fig. 3.20

Recorda

$\cos(-\alpha) = \cos\alpha$

$\sin(-\alpha) = -\sin\alpha$

5.2 Cosinus de l'angle diferència

$\cos(\alpha-\beta) = \cos[\alpha+(-\beta)] = \cos\alpha\cos(-\beta) - \sin\alpha\sin(-\beta) = \cos\alpha\cos\beta + \sin\alpha\sin\beta$

$$\cos(\alpha-\beta) = \cos\alpha\cos\beta + \sin\alpha\sin\beta$$

5.3 Sinus de l'angle suma

$\sin(\alpha+\beta) = \cos[90° - (\alpha+\beta)] = \cos[(90° - \alpha) - \beta] =$

$= \cos(90° - \alpha)\cos\beta + \sin(90° - \alpha)\sin\beta = \sin\alpha\cos\beta + \cos\alpha\sin\beta$

$$\sin(\alpha+\beta) = \sin\alpha\cos\beta + \cos\alpha\sin\beta$$

Recorda

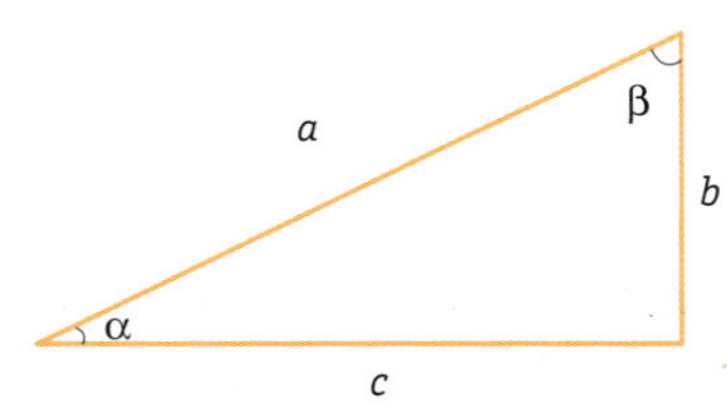

Si els angles α i β són complementaris:

$\alpha + \beta = 90° \rightarrow \beta = 90° - \alpha$

es verifica:

$\sin\alpha = \cos\beta = \cos(90° - \alpha)$

$\cos\alpha = \sin\beta = \sin(90° - \alpha)$

5.4 Sinus de l'angle diferència

$\sin(\alpha-\beta) = \sin[\alpha+(-\beta)] = \sin\alpha\cos(-\beta) + \cos\alpha\sin(-\beta) = \sin\alpha\cos\beta - \cos\alpha\sin\beta$

$$\sin(\alpha-\beta) = \sin\alpha\cos\beta - \cos\alpha\sin\beta$$

5.5 Tangent de l'angle suma

$$\text{tg}(\alpha+\beta) = \frac{\sin(\alpha+\beta)}{\cos(\alpha+\beta)} = \frac{\sin\alpha\cos\beta + \cos\alpha\sin\beta}{\cos\alpha\cos\beta - \sin\alpha\sin\beta}$$

Perquè en aquesta expressió es mostrin les tangents dels angles α i β, dividim el numerador i el denominador per $\cos\alpha \cos\beta$ i simplifiquem. Naturalment, cal que $\cos\alpha \cos\beta \neq 0$. Obtenim:

$$\mathrm{tg}\,(\alpha+\beta) = \frac{\dfrac{\sin\alpha\cos\beta}{\cos\alpha\cos\beta} + \dfrac{\cos\alpha\sin\beta}{\cos\alpha\cos\beta}}{\dfrac{\cos\alpha\cos\beta}{\cos\alpha\cos\beta} - \dfrac{\cos\alpha\sin\beta}{\cos\alpha\cos\beta}} = \frac{\mathrm{tg}\,\alpha + \mathrm{tg}\,\beta}{1 - \mathrm{tg}\,\alpha\,\mathrm{tg}\,\beta}$$

$$\boxed{\mathrm{tg}\,(\alpha+\beta) = \frac{\mathrm{tg}\,\alpha + \mathrm{tg}\,\beta}{1 - \mathrm{tg}\,\alpha\,\mathrm{tg}\,\beta}}$$

5.6 Tangent de l'angle diferència

Recorda

$\mathrm{tg}\,(-\beta) = -\mathrm{tg}\,\beta$

$$\mathrm{tg}\,(\alpha-\beta) = \mathrm{tg}\,[\alpha+(-\beta)] = \frac{\mathrm{tg}\,\alpha + \mathrm{tg}\,(-\beta)}{1 - \mathrm{tg}\,\alpha\,\mathrm{tg}\,(-\beta)} = \frac{\mathrm{tg}\,\alpha - \mathrm{tg}\,\beta}{1 + \mathrm{tg}\,\alpha\,\mathrm{tg}\,\beta}$$

$$\boxed{\mathrm{tg}\,(\alpha-\beta) = \frac{\mathrm{tg}\,\alpha - \mathrm{tg}\,\beta}{1 + \mathrm{tg}\,\alpha\,\mathrm{tg}\,\beta}}$$

5.7 Raons trigonomètriques de l'angle doble

Si a les expressions corresponents a les raons trigonomètriques de l'angle $\alpha + \beta$ fem $\beta = \alpha$, es compleix que $\alpha + \beta = 2\alpha$. Això ens permet esbrinar una expressió que determina el valor de les raons trigonomètriques de l'angle 2α en funció de les de l'angle α:

$$\boxed{\cos 2\alpha = \cos(\alpha+\alpha) = \cos\alpha\cos\alpha - \sin\alpha\sin\alpha = \cos^2\alpha - \sin^2\alpha}$$

$$\boxed{\sin 2\alpha = \sin(\alpha+\alpha) = \sin\alpha\cos\alpha + \cos\alpha\sin\alpha = 2\sin\alpha\cos\alpha}$$

$$\boxed{\mathrm{tg}\,2\alpha = \mathrm{tg}\,(\alpha+\alpha) = \frac{\mathrm{tg}\,\alpha + \mathrm{tg}\,\alpha}{1 - \mathrm{tg}\,\alpha\,\mathrm{tg}\,\alpha} = \frac{2\,\mathrm{tg}\,\alpha}{1 - \mathrm{tg}^2\,\alpha}}$$

5.8 Raons trigonomètriques de l'angle meitat

La igualtat $\cos 2\alpha = \cos^2\alpha - \sin^2\alpha$ ens permet escriure'n una altra:

$$\cos\alpha = \cos^2\frac{\alpha}{2} - \sin^2\frac{\alpha}{2}$$

D'altra banda, sabem que les raons trigonomètriques de qualsevol angle verifiquen sempre la igualtat fonamental de la trigonometria:

$$\sin^2\frac{\alpha}{2} + \cos^2\frac{\alpha}{2} = 1$$

Evidentment, un cop s'ha establert el valor de l'angle α, ambdues igualtats s'han de complir alhora. Per tant, podem plantejar la resolució d'un sistema de dues equacions les incògnites del qual són $\sin\frac{\alpha}{2}$ i $\cos\frac{\alpha}{2}$.

$$\left.\begin{aligned} \cos\alpha &= \cos^2\frac{\alpha}{2} - \sin^2\frac{\alpha}{2} \\ 1 &= \sin^2\frac{\alpha}{2} + \cos^2\frac{\alpha}{2} \end{aligned}\right\}$$

Quan sumem membre a membre les dues equacions, obtenim:

$$1 + \cos\alpha = 2\cos^2\frac{\alpha}{2} \rightarrow \cos^2\frac{\alpha}{2} = \frac{1+\cos\alpha}{2} \rightarrow \cos\frac{\alpha}{2} = \pm\sqrt{\frac{1+\cos\alpha}{2}}$$

$$\boxed{\cos\frac{\alpha}{2} = \pm\sqrt{\frac{1+\cos\alpha}{2}}}$$

Restem ara membre a membre les dues equacions del sistema:

$$1 - \cos\alpha = 2\sin^2\frac{\alpha}{2} \rightarrow \sin^2\frac{\alpha}{2} = \frac{1-\cos\alpha}{2} \rightarrow \sin\frac{\alpha}{2} = \pm\sqrt{\frac{1-\cos\alpha}{2}}$$

$$\boxed{\sin\frac{\alpha}{2} = \pm\sqrt{\frac{1-\cos\alpha}{2}}}$$

Recorda

El signe de les raons trigonomètriques de l'angle $\frac{\alpha}{2}$ depèn del quadrant al qual pertany aquest angle.

Per obtenir la tangent de l'angle meitat, n'hi ha prou a tenir en compte que $\text{tg}\,\frac{\alpha}{2} = \frac{\sin\frac{\alpha}{2}}{\cos\frac{\alpha}{2}}$, sempre que $\cos\frac{\alpha}{2} \neq 0$. Si dividim membre a membre la segona igualtat entre la primera i simplifiquem, s'obté:

$$\boxed{\text{tg}\,\frac{\alpha}{2} = \pm\sqrt{\frac{1-\cos\alpha}{1+\cos\alpha}}}$$

Activitats

14. *a)* Dedueix una expressió que et permeti calcular $\cos 3\alpha$ en funció de $\cos\alpha$ i $\sin\alpha$.

b) Expressa $\sin 4\beta$ en funció de $\cos\beta$ i $\sin\beta$.

15. Sabent que $\cos\alpha = 0{,}8$, amb α que verifica $0° < \alpha < 90°$ i $\sin\beta = 0{,}6$, amb $90° < \beta < 180°$, calcula:

a) $\sin(\alpha + \beta)$ *b)* $\cos(\alpha + \beta)$

c) $\sin(\beta - \alpha)$ *d)* $\cos(\beta - \alpha)$

e) $\sin 2\alpha$ *f)* $\cos 2\beta$

16. Utilitza $\sin 30° = \frac{1}{2}$ per calcular les raons trigonomètriques de 15°. No utilitzis la calculadora i expressa els resultats en forma exacta. Calcula prèviament $\cos 30°$.

17. Sense utilitzar la calculadora, determina les raons trigonomètriques dels angles de 75° i 15° a partir de les raons trigonomètriques dels angles de 45° i 30°. Recorda que:

$$\cos 45° = \sin 45° = \frac{\sqrt{2}}{2}$$

$$\sin 30° = \frac{1}{2} \qquad \cos 30° = \frac{\sqrt{3}}{2}$$

18. Si $\text{tg}\,\alpha = 2$ i $\text{tg}\,\beta = 3$, calcula:

$\text{tg}(\alpha + \beta)$, $\text{tg}(\alpha - \beta)$, $\text{tg}\,2\alpha$ i $\text{tg}\,2\beta$.

19. Demostra que $\sin 90° = 1$ utilitzant l'expressió que obtinguis de $\sin 3\alpha$ a partir de $\sin\alpha$ i $\cos\alpha$ i substituint-hi després α per 30°.

20. Sabent que $\sin\alpha = \frac{3}{5}$ i $0° < \alpha < 90°$, esbrina:

$\sin\frac{\alpha}{2}$, $\cos\frac{\alpha}{2}$ i $\text{tg}\,\frac{\alpha}{2}$.

6. Transformació de sumes en productes

De vegades és molt útil expressar en forma de producte les sumes o les diferències d'una mateixa raó trigonomètrica corresponent a dos angles diferents. Vegem com es poden deduir aquestes expressions.

Sabem que:

$$\sin(\alpha + \beta) = \sin\alpha\cos\beta + \cos\alpha\sin\beta$$
$$\sin(\alpha - \beta) = \sin\alpha\cos\beta - \cos\alpha\sin\beta$$

Si sumem membre a membre aquestes dues igualtats, tenim:

$$\sin(\alpha+\beta)+\sin(\alpha-\beta)=2\sin\alpha\cos\beta$$

i si les restem membre a membre, resulta:

$$\sin(\alpha+\beta)-\sin(\alpha-\beta)=2\cos\alpha\sin\beta$$

De la mateixa manera:

$$\cos(\alpha+\beta)=\cos\alpha\cos\beta-\sin\alpha\sin\beta$$
$$\cos(\alpha-\beta)=\cos\alpha\cos\beta+\sin\alpha\sin\beta$$

Sumant: $\cos(\alpha+\beta)+\cos(\alpha-\beta)=2\cos\alpha\cos\beta$

Restant: $\cos(\alpha+\beta)-\cos(\alpha-\beta)=-2\sin\alpha\sin\beta$

Si anomenem $\alpha+\beta=A$ i $\alpha-\beta=B$ i resolem el sistema format per aquestes dues equacions, obtenim:

$$\alpha=\frac{A+B}{2} \quad \text{i} \quad \beta=\frac{A-B}{2}$$

Finalment, si substituïm aquests valors a les expressions que hem deduït anteriorment, tindrem el que ens proposàvem:

$$\sin A+\sin B=2\sin\frac{A+B}{2}\cos\frac{A-B}{2}$$

$$\cos A+\cos B=2\cos\frac{A+B}{2}\cos\frac{A-B}{2}$$

$$\sin A-\sin B=2\cos\frac{A+B}{2}\sin\frac{A-B}{2}$$

$$\cos A-\cos B=-2\sin\frac{A+B}{2}\sin\frac{A-B}{2}$$

Exemple 4

a) Expressa en forma de producte la diferència $1-\cos\alpha$.

b) Expressa $\sin 5\alpha\cos 3\alpha$ com la suma dels sinus de dos angles.

Resolució

a) L'expressió $1-\cos\alpha$ es pot escriure com la diferència entre els cosinus de dos angles, ja que $1=\cos 0°$. Aleshores:

$$1-\cos\alpha=\cos 0°-\cos\alpha=$$

$$=-2\sin\frac{\alpha}{2}\sin\left(-\frac{\alpha}{2}\right)=2\sin\frac{\alpha}{2}\sin\frac{\alpha}{2}$$

En definitiva, $1-\cos\alpha=2\sin\frac{\alpha}{2}\sin\frac{\alpha}{2}=2\sin^2\frac{\alpha}{2}$

b) Hem d'utilitzar l'expressió:

$$\sin A+\sin B=2\sin\frac{A+B}{2}\cos\frac{A-B}{2}$$

$$\frac{1}{2}(\sin A+\sin B)=\sin\frac{A+B}{2}\cos\frac{A-B}{2}$$

En el nostre cas,

$$\frac{1}{2}(\sin A+\sin B)=\sin 5\alpha\cos 3\alpha.$$

Si comparem les dues últimes igualtats, tenim:

$$5\alpha=\frac{A+B}{2} \text{ i } 3\alpha=\frac{A-B}{2}$$

$$A+B=10\alpha \text{ i } A-B=6\alpha$$

La solució del sistema format per aquestes dues equacions és $A=8\alpha$ i $B=2\alpha$.

Per tant:

$$\sin 5\alpha\cos 3\alpha=\frac{1}{2}(\sin 8\alpha+\sin 2\alpha)$$

Activitats

21. Transforma en producte:

a) $1-\sin\alpha$ *b)* $1+\cos\alpha$ *c)* $1+\sin\alpha$

22. Expressa en forma de producte:

a) $\sin 105°+\sin 15°$ *b)* $\sin 105°-\sin 15°$

23. Considera dos angles α i β tals que $\sin\alpha\neq\sin\beta$. Comprova que es verifica la igualtat:

$$\frac{\sin\alpha+\sin\beta}{\sin\alpha-\sin\beta}=\frac{\operatorname{tg}\frac{\alpha+\beta}{2}}{\operatorname{tg}\frac{\alpha-\beta}{2}}$$

7. Determinació de triangles

Evidentment, un triangle està determinat si en coneixem tots els elements: els tres costats i els tres angles. De tota manera, no calen tantes dades per determinar un triangle. N'hi ha prou a conèixer els elements suficients per poder construir, amb l'ajuda de les eines de dibuix adients, un únic triangle. Vegem quins són aquests elements i dibuixem en cada cas el triangle que determinen.

- **Cas 1** (Fig. 3.21). Un triangle està determinat si se'n coneixen els **tres costats.** Cal tenir en compte que tres segments qualssevol no sempre determinen un triangle. Si representem per b la longitud del costat més llarg i per a i c les longituds dels altres dos costats, s'ha de verificar que $a + c > b$.

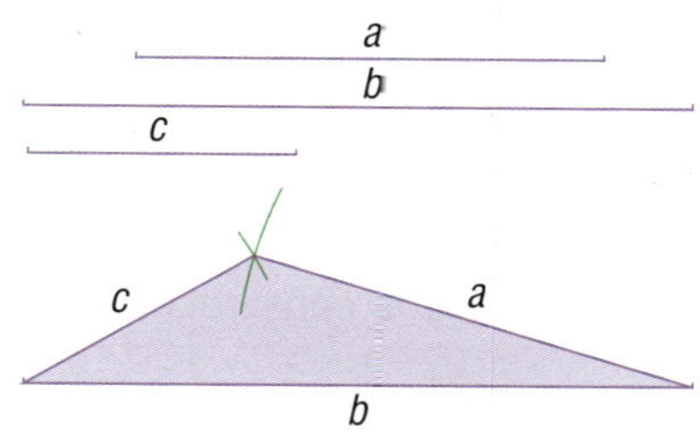

Fig. 3.21

- **Cas 2** (Fig. 3.22). També es pot dibuixar un únic triangle coneixent-ne **dos dels costats i l'angle que formen.** De fet, es poden dibuixar dos triangles iguals, segons que situem l'angle que ens donen en un extrem o en l'altre del costat dibuixat en primer lloc.

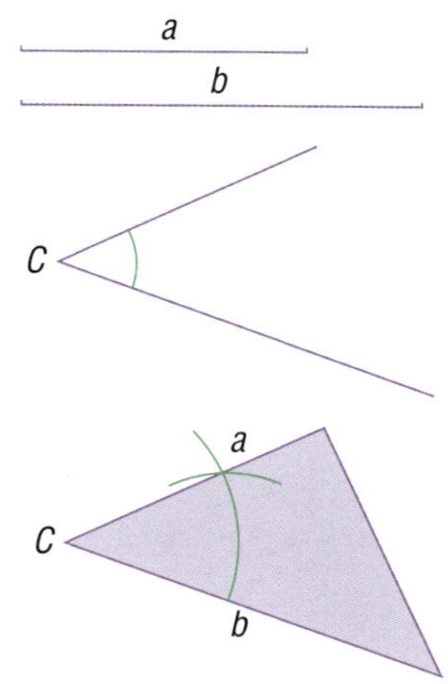

Fig. 3.22

- **Cas 3** (Fig. 3.23). Donats **dos costats** i l'**angle oposat a un d'aquests costats,** no sempre es pot construir un triangle. A la figura pots observar un cas en què no es pot dibuixar cap triangle i un altre cas en què se'n poden dibuixar dos.

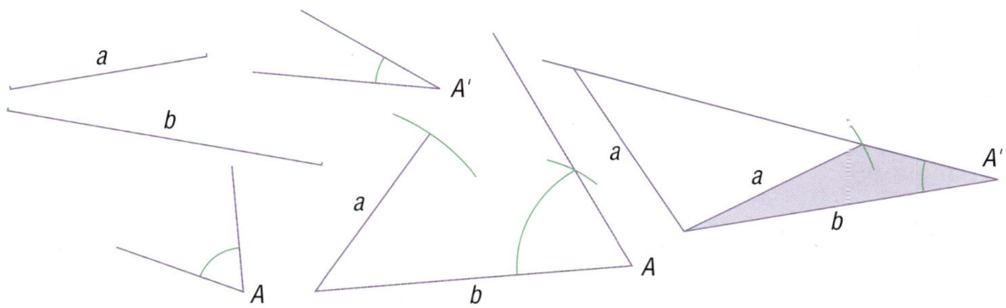

Fig. 3.23

- **Cas 4** (Fig. 3.24). Un triangle queda determinat si se'n coneix **un costat i dos angles.** Malgrat que no correspon a la situació que reflecteix la figura, si quan dibuixem els angles $\widehat{A}$ i $\widehat{B}$ que ens donen als extrems del segment c els costats dels dos angles no es tallen, cal substituir un d'aquests angles pel tercer angle $\widehat{C}$ del triangle. Aquest tercer angle es pot calcular a partir de la igualtat $\widehat{A} + \widehat{B} + \widehat{C} = 180°$.

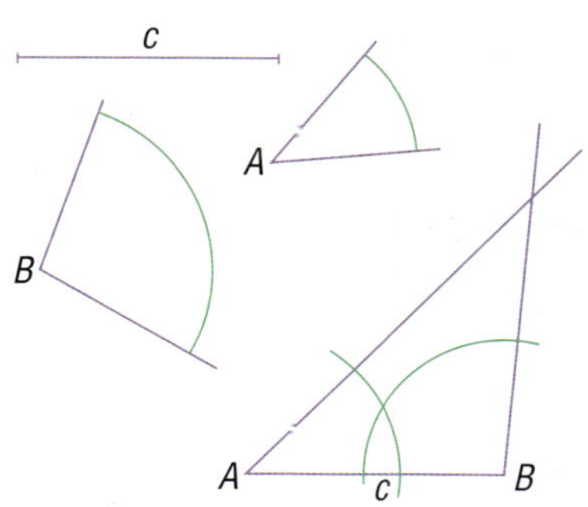

Fig. 3.24

Aquests quatre exemples corresponen als casos d'igualtat de triangles, que probablement deus haver identificat. És important tenir en compte que, en el cas particular dels triangles rectangles, la simplificació encara és més gran, ja que sempre coneixem la mesura d'un dels seus elements: l'angle recte.

> **! Important**
>
> A partir d'ara, a fi i efecte de simplificar la notació, representarem els angles d'un triangle mitjançant la lletra majúscula del vèrtex corresponent, prescindint del símbol ^.

Activitats

24. Si coneixem els tres angles d'un triangle, està determinat? Per què? Com són entre si els diferents triangles que pots dibuixar amb aquestes dades?

25. Un dels costats d'un triangle és a i els altres dos són $2a$ i $3a$. Està determinat el triangle? Intenta dibuixar-lo.

26. Dibuixa dos segments de longituds 3 i 5 cm i un angle de 60°. Construeix tots els triangles possibles en cadascuna d'aquestes situacions:

a) Quan l'angle és el que determinen els dos costats.

b) Quan no ho és.

Raona cada construcció.

8. Teorema del cosinus

Acabem de comprovar que és possible determinar un triangle sense necessitat de conèixer-ne tots els elements. A més, no cal determinar la mesura dels elements desconeguts per poder dibuixar el triangle. Ara veurem que, a partir dels elements que determinen el triangle, és possible calcular la mesura de la resta d'elements. Per això, caldrà establir noves relacions entre els diferents elements d'un triangle.

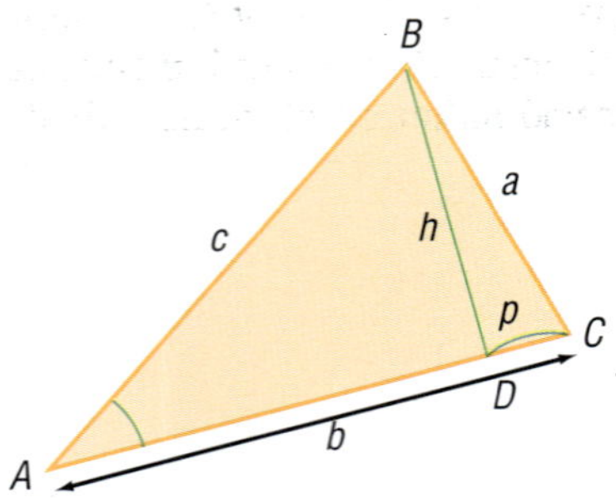

Fig. 3.25

El triangle ABC de la Figura 3.25 no és rectangle. Si en tracem una de les altures h, es descompon en dos triangles rectangles: ABD i DBC. Entre els elements d'aquests dos triangles rectangles podem establir relacions que ja coneixes.

En el triangle ABD:

$$c^2 = h^2 + (b - p)^2$$

En el triangle DBC:

$$h^2 = a^2 - p^2 \text{ i } p = a \cos C$$

Substituïm l'expressió de h^2 de la segona igualtat a la primera:

$$c^2 = a^2 - p^2 + (b - p)^2 = a^2 - p^2 + b^2 - 2bp + p^2 = a^2 + b^2 - 2bp$$

Finalment, tenint en compte que $p = a \cos C$, obtenim:

$$c^2 = a^2 + b^2 - 2ab \cos C$$

Aquesta igualtat es coneix amb el nom de *teorema del cosinus*.

Si dibuixem les altres dues altures del triangle i seguim el mateix procés, obtenim les igualtats:

$$a^2 = b^2 + c^2 - 2bc \cos A$$
$$b^2 = c^2 + a^2 - 2ca \cos B$$

El **teorema del cosinus** es pot enunciar d'aquesta manera:

En tot triangle, el quadrat d'un costat és igual a la suma dels quadrats dels altres dos menys el doble del producte d'aquests costats pel cosinus de l'angle que formen.

! Important

Tot i que a la demostració del teorema del cosinus s'ha utilitzat un triangle acutangle, aquest teorema també és aplicable als triangles obtusangles (Fig. 3.26).

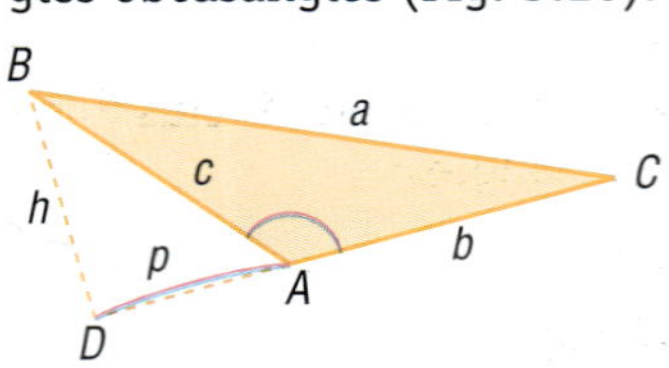

Fig. 3.26

En cadascuna d'aquestes igualtats intervenen quatre elements del triangle. Per tant, si se'n coneixen tres, se'n pot calcular el quart.

Mitjançant el teorema del cosinus podem resoldre els triangles corresponents als dos primers casos de l'apartat anterior.

Si coneixem les longituds dels **tres costats d'un triangle,** aplicant-hi dos cops el teorema del cosinus podem calcular la mesura de dos dels seus angles. El tercer angle es pot determinar a partir de la relació $A + B + C = 180°$. Vegem-ne un exemple.

! Important

Ja saps que el teorema de Pitàgores només és aplicable als triangles rectangles. Observa que si $A = 90°$, la igualtat $a^2 = b^2 + c^2 - 2bc \cos A$ es transforma en la coneguda expressió del teorema de Pitàgores $a^2 = b^2 + c^2$.

Si $a^2 < b^2 + c^2$, el triangle és acutangle ($\cos A > 0$).

Si $a^2 > b^2 + c^2$, el triangle és obtusangle ($\cos A < 0$).

Exemple 5

Si els costats d'un triangle mesuren $a = 10$ cm, $b = 12$ cm i $c = 15$ cm, quant mesuren els angles d'aquest triangle?

Resolució

Considerem una de les tres igualtats i aïllem el cosinus de l'angle:

$$a^2 = b^2 + c^2 - 2bc \cos A \quad \rightarrow \quad \cos A = \frac{b^2 + c^2 - a^2}{2bc}$$

Substituïm els valors de a, b i c:

$$\cos A = \frac{b^2 + c^2 - a^2}{2bc} = \frac{12^2 + 15^2 - 10^2}{2 \cdot 12 \cdot 15} = \frac{269}{360} = 0{,}747$$

$$\cos A = 0{,}747 \quad \rightarrow \quad A = 41{,}65°$$

Fem el mateix amb una altra de les tres igualtats:

$$b^2 = c^2 + a^2 - 2ca \cos B \quad \rightarrow \quad \cos B = \frac{c^2 + a^2 - b^2}{2ca}$$

$$\cos B = \frac{15^2 + 10^2 - 12^2}{2 \cdot 15 \cdot 10} = \frac{181}{300} = 0{,}603$$

$$\cos B = 0{,}603 \quad \rightarrow \quad B = 52{,}89°$$

Ens falta l'angle C:

$$C = 180° - (A + B) = 180° - (45{,}65° + 52{,}89°) = 85{,}46°$$

Hem resolt el triangle.

Els valors obtinguts són aproximacions. Fes servir la memòria de la calculadora per desar-hi els resultats parcials i, d'aquesta manera, obtindràs una aproximació millor en el resultat final.

Si coneixem la mesura de **dos dels costats del triangle** i la de l'**angle que formen,** aplicant-hi un cop el teorema del cosinus es pot determinar el tercer costat. Després, podem procedir com a l'exemple anterior per calcular la mesura dels dos angles que falten. Vegem-ho.

Exemple 6

Resol el triangle en què coneixem $a = 40$ cm, $b = 25$ cm i $C = 60°$.

Resolució

Es verifica que $c^2 = a^2 + b^2 - 2ab \cos C$.

Substituïm els valors que coneixem:

$$c^2 = 40^2 + 25^2 - 2 \cdot 40 \cdot 25 \cos 60° = 1\,225$$

$$c = \sqrt{1\,225} = 35 \text{ cm}$$

Tenim ja la mesura dels tres costats del triangle. Per calcular-ne els angles, procedim com a l'exemple anterior. S'obté $A = 81{,}79°$ i $B = 38{,}21°$. Comprova-ho.

Els triangles corresponents als casos tercer i quart no es poden resoldre mitjançant el teorema del cosinus. Ens calen altres relacions que estudiarem a l'apartat següent.

Activitats

27. Resol el triangle en què coneixem $a = 4$ cm, $c = 8$ cm i $B = 75°$.

28. Els costats d'un triangle mesuren $a = 24$ cm, $b = 30$ cm i $c = 45$ cm. Està determinat el triangle? En cas afirmatiu, calcula'n els tres angles.

29. Fes el mínim nombre de càlculs possible i classifica aquests triangles segons els seus angles:

a) $a = 8$ cm, $b = 7$ cm i $c = 6$ cm

b) $a = 5$ cm, $b = 13$ cm i $c = 12$ cm

c) $a = 20$ cm, $b = 10$ cm i $c = 6$ cm

9. Teorema del sinus

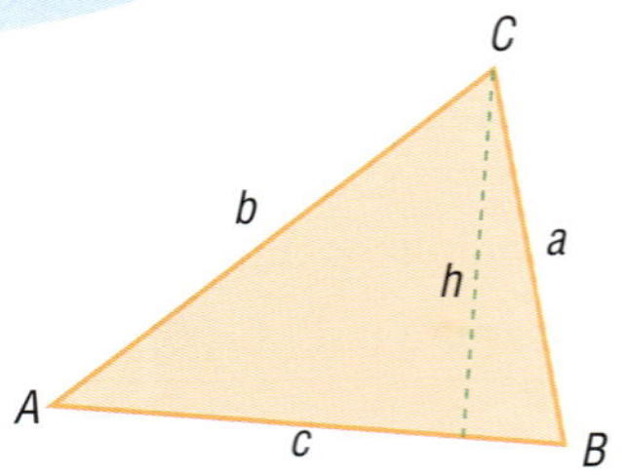

Fig. 3.27

En aquest apartat analitzarem noves relacions que es poden establir entre els elements d'un triangle i que ens permetran resoldre els problemes corresponents als casos que hem deixat pendents. Com en el teorema anterior, la descomposició del triangle en dos triangles rectangles és la clau per obtenir aquestes relacions.

L'altura h (Fig. 3.27) descompon el triangle ABC en dos triangles rectangles. En el triangle rectangle gran, h és el catet oposat a l'angle A, i en el triangle rectangle petit, el catet oposat a l'angle B. Per tant, es verifica:

$$h = b \sin A \quad \text{i} \quad h = a \sin B$$

En conseqüència, $b \sin A = a \sin B$.

Aquesta igualtat de productes es pot expressar en forma de proporció:

$$\frac{a}{\sin A} = \frac{b}{\sin B}$$

Si en el mateix triangle dibuixem una altra altura, per exemple h' (Fig. 3.28), es compleix:

$$h' = c \sin A \text{ o } h' = a \sin C$$

$$c \sin A = a \sin C$$

$$\frac{a}{\sin A} = \frac{c}{\sin C}$$

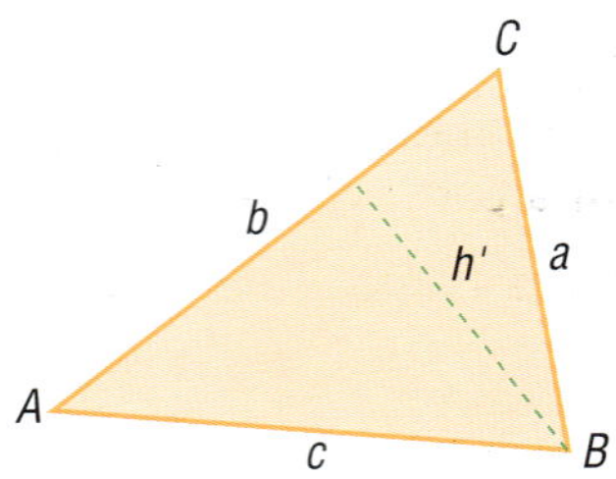

Fig. 3.28

Si comparem les dues proporcions que hem obtingut, podem observar que es verifica:

$$\frac{a}{\sin A} = \frac{b}{\sin B} = \frac{c}{\sin C}$$

Aquestes igualtats entre raons constitueixen l'expressió del **teorema del sinus,** que es pot enunciar d'aquesta manera:

En tot triangle, les longituds dels costats són directament proporcionals als sinus dels angles que s'hi oposen.

! Important

El teorema del sinus també és aplicable als triangles obtusangles.

Observa la Figura 3.29.

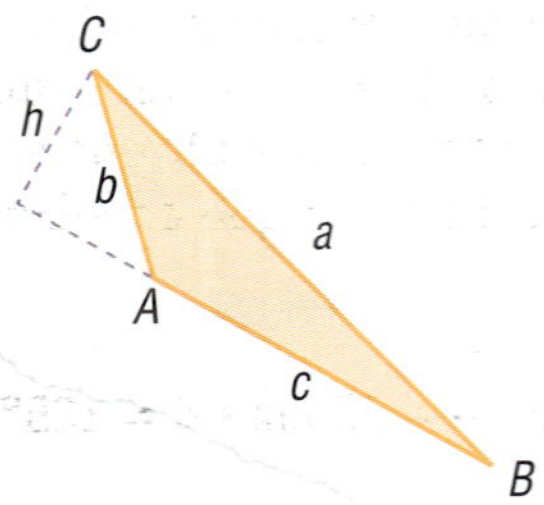

Fig. 3.29

Observa que el teorema del sinus relaciona entre sí els sis elements d'un triangle. Naturalment, en funció dels elements coneguts, seleccionarem entre les tres proporcions possibles la que més ens interessi.

$$\frac{a}{\sin A} = \frac{b}{\sin B} \qquad \frac{b}{\sin B} = \frac{c}{\sin C} \qquad \frac{a}{\sin A} = \frac{c}{\sin C}$$

El tercer i el quart cassos de determinació de triangles es poden resoldre mitjançant l'aplicació d'aquest teorema, és a dir, resoldre triangles dels quals coneixem **dos costats** i **un angle,** o bé **dos angles** i **un costat.**

Exemple 7

Resol el triangle del qual coneixem dos angles i el costat oposat a un d'aquests angles: $A = 75°$, $B = 60°$ i $a = 10$ cm.

Resolució

Primer de tot, calculem el tercer angle del triangle:

$$C = 180° - (75° + 60°) = 45°$$

Substituïm el valor dels elements coneguts en l'expressió del teorema del sinus:

$$\frac{10}{\sin 75°} = \frac{b}{\sin 60°} = \frac{c}{\sin 45°}$$

Aïllem b i c i en calculem el valor:

$$b = \frac{10 \sin 60°}{\sin 75°} = 8{,}96 \text{ cm} \qquad c = \frac{10 \sin 45°}{\sin 75°} = 7{,}32 \text{ cm}$$

Hem resolt el triangle.

Mitjançant el teorema del sinus, podem resoldre qualsevol triangle sempre que en coneguem la mesura de tres elements corresponents a una de les proporcions que podem establir a partir d'aquest teorema.

D'altra banda, l'àrea del triangle ABC de la Figura 3.30 es pot expressar d'aquesta manera:

$$S = \frac{1}{2} bh$$

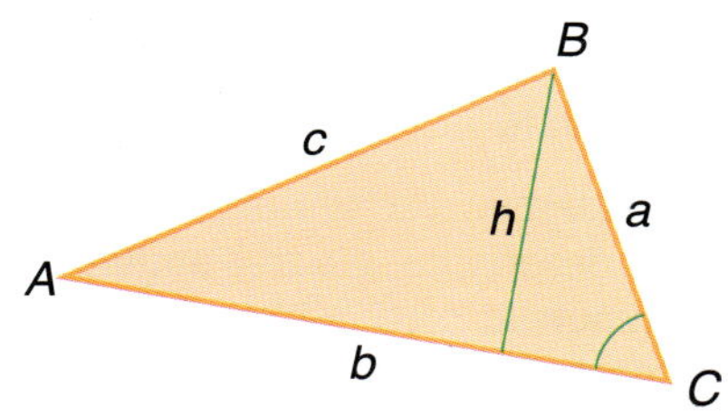

Fig. 3.30

Si ens fixem, per exemple, en el triangle rectangle petit de la figura, podem veure que $h = a \sin C$. Substituint en l'expressió de l'àrea, queda:

$$S = \frac{1}{2} bh = \frac{1}{2} ba \sin C$$

Un raonament similar ens condueix a les expressions:

$$S = \frac{1}{2} bc \sin A = \frac{1}{2} ac \sin B$$

Comprova que és cert.

Per calcular **l'àrea d'un triangle** n'hi ha prou a conèixer-ne dos dels costats i l'angle que formen. L'àrea és igual a la meitat del producte de les longituds dels dos costats pel sinus de l'angle.

Activitats

30. Construeix un triangle en què $B = 56°$, $C = 80°$ i $b = 12$ cm. Resol aquest triangle calculant les mesures dels altres elements.

R: $A = 44°$; $a = 10{,}05$ cm; $c = 14{,}25$ cm

31. Utilitza el teorema del sinus per resoldre un triangle en què $a = 5$ cm, $b = 8$ cm i $A = 35{,}5°$. Pots resoldre'l mitjançant el teorema del cosinus?

R: $c = 8{,}36$ cm; $B = 68{,}3°$; $C = 76{,}2°$

32. Un dels angles aguts d'un triangle rectangle mesura 35° i un dels catets, 6 cm. Utilitza el teorema del sinus per resoldre aquest triangle i comprova que obtens els mateixos resultats que amb el procediment que coneixes de l'etapa anterior.

33. Resol el triangle en què $a = 24$ cm, $b = 15$ cm i $A = 125°$. Calcula'n l'àrea.

R: $S = 73{,}8$ cm^2

10. Resolució de problemes

Sovint és possible representar les situacions que ens plantegen els problemes mitjançant un triangle del qual només es coneixen alguns elements. Els teoremes del sinus i del cosinus ens ajudaran a resoldre'ls. Tot seguit en veurem alguns exemples.

Exemple 8

Volem conèixer l'altura d'un edifici. Des d'un punt determinat del terra, la visual dirigida a la part més alta de l'edifici forma un angle de 45° amb l'horitzontal. Si ens apropem 100 m a l'edifici i repetim l'operació, l'angle és de 60° (Fig. 3.31).

Tenim dades suficients per resoldre el problema?

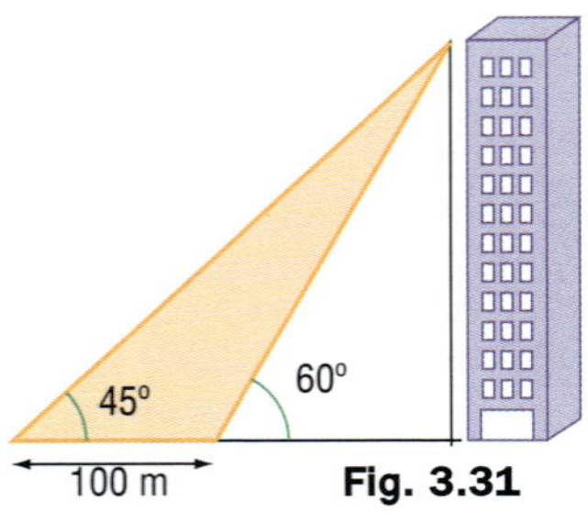

Fig. 3.31

Resolució

Considerem, tot seguit, el triangle *ABC* de la Figura 3.32. Podem determinar els tres angles d'aquest triangle i també tenim la longitud d'un dels costats: $c = 100$ m. Fixa't que calculant el costat a del triangle *ABC* tenim el problema resolt. N'hi ha prou a calcular el catet h, l'altura que busquem, d'un triangle rectangle del qual coneixem la hipotenusa a i un dels angles aguts.

Apliquem el teorema del sinus per calcular a:

$$\frac{a}{\sin A} = \frac{c}{\sin C} \rightarrow \frac{a}{\sin 45°} = \frac{100}{\sin 15°}$$

$$a = \frac{100 \sin 45°}{\sin 15} = 273{,}2 \text{ m}$$

En el triangle rectangle d'hipotenusa a, es verifica:

$$\frac{h}{a} = \sin 60° \rightarrow h = a \sin 60° = 273{,}2 \sin 60° = 236{,}6 \text{ m}$$

L'edifici té una altura de 236,6 m.

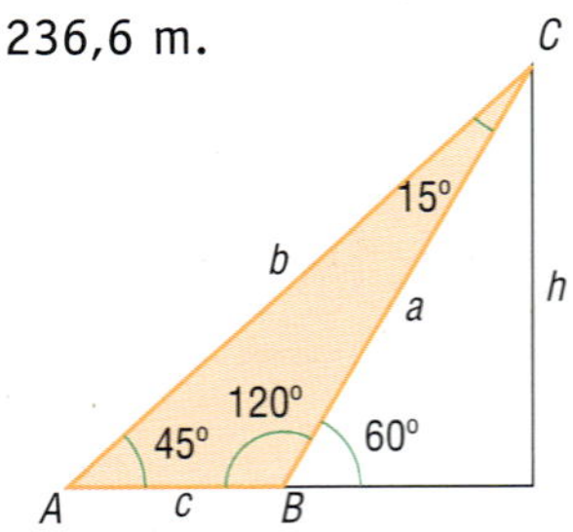

Fig. 3.32

Exemple 9

Dues llanxes motores surten del mateix punt del port en direccions que fomen un angle de 70° i amb velocitats constants de 50 i 40 km/h, respectivament. Quina distància les separarà al cap de 10 min d'haver sortit?

Resolució

El triangle *ABC* de la Figura 3.33 pot representar la situació. Observa que les longituds dels costats b i c d'aquest triangle són les distàncies recorregudes per cada llanxa en 10 min.

$$b = 50 \text{ km/h} \cdot \frac{1}{60} \text{ h/min} \cdot 10 \text{ min} = \frac{25}{3} \text{ km}$$

$$c = 40 \text{ km/h} \cdot \frac{1}{60} \text{ h/min} \cdot 10 \text{ min} = \frac{20}{3} \text{ km}$$

Coneixem dos dels costats del triangle *ABC* i l'angle que formen. Es tracta de calcular a, que és el costat oposat a aquest angle.

Podem aplicar-hi el teorema del cosinus:

$$a^2 = b^2 + c^2 - 2bc \cos A$$

$$a^2 = \left(\frac{25}{3}\right)^2 + \left(\frac{20}{3}\right)^2 - 2 \cdot \frac{25}{3} \cdot \frac{20}{3} \cdot \cos 70°$$

$$a^2 = 75{,}886 \rightarrow a = 8{,}71 \text{ km}$$

La distància que separa les llanxes al cap de 10 min és de 8,71 km.

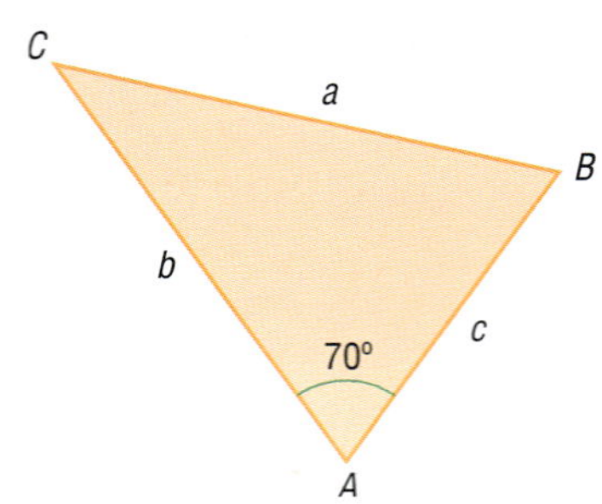

Fig. 3.33

Exemple 10

Un tros de cartolina triangular s'ha esquinçat. Amb les dades que mostra la Figura 3.34, podem conèixer les mesures de la cartolina original?

Resolució

El tercer angle del triangle que representa la cartolina mesura:

$180° - (85° + 50°) = 45°$

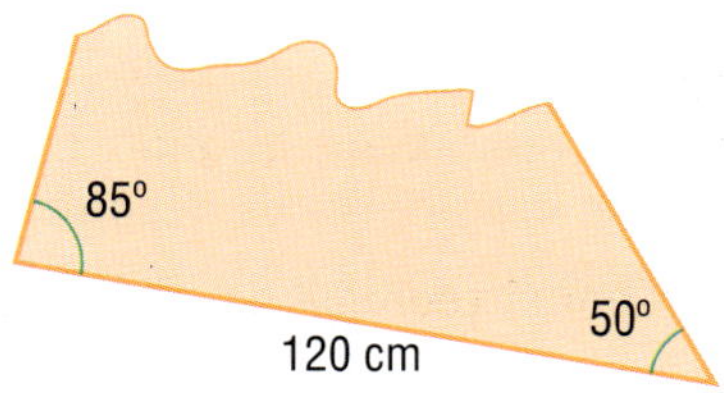

Fig. 3.34

Per calcular les longituds dels costats que hi falten, podem aplicar-hi el teorema del sinus o el del cosinus. Escollim el primer perquè els càlculs són més senzills.

$$\frac{a}{\sin A} = \frac{b}{\sin B} = \frac{c}{\sin C} \rightarrow \frac{120}{\sin 45°} = \frac{b}{\sin 50°} = \frac{c}{\sin 85°}$$

A partir de les dues proporcions que es poden formar amb la primera de les fraccions, tenim:

$$b = \frac{120 \sin 50°}{\sin 45°} = 130 \text{ cm} \qquad c = \frac{120 \sin 85°}{\sin 45°} = 169 \text{ cm}$$

Els costats de la cartolina original mesuraven 120, 130 i 169 cm.

Exemple 11

Els costats d'un paral·lelogram mesuren 12 i 7 cm i l'angle que formen, 115°. Quina és la mesura de les diagonals d'aquest paral·lelogram?

Resolució

Cadascuna de les diagonals determina dos triangles amb els costats del paral·lelogram, tal com pots veure a la Figura 3.35.

En un d'aquests triangles, la diagonal D és el costat oposat a l'angle de 115°, i en l'altre, la diagonal d és el costat oposat al de $180° - 115° = 65°$. Podem aplicar el teorema del cosinus a cada triangle:

$$D^2 = 12^2 + 7^2 - 2 \cdot 12 \cdot 7 \cos 115° \rightarrow D = 16{,}25 \text{ cm}$$
$$d^2 = 12^2 + 7^2 - 2 \cdot 12 \cdot 7 \cos 65° \rightarrow d = 11{,}05 \text{ cm}$$

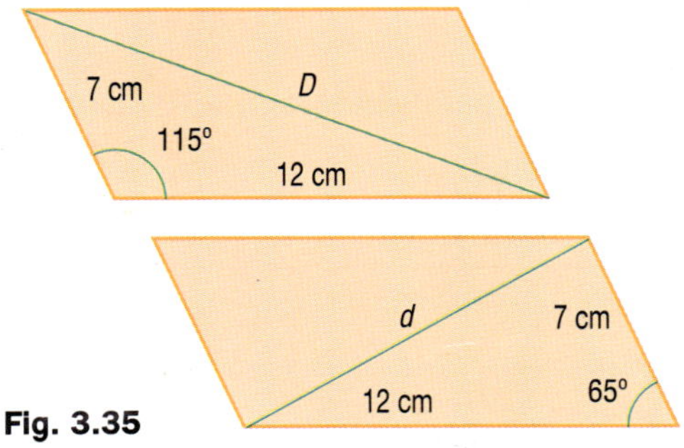

Fig. 3.35

Deus haver observat que, en els problemes que acabem de resoldre, és fonamental la identificació del triangle o triangles que representen les situacions que s'hi plantegen. Aleshores, en funció dels elements coneguts i dels elements que cal calcular, escollim el teorema que ens permet obtenir la solució.

En el cas particular dels triangles rectangles, no cal aplicar-hi el teorema del sinus o el del cosinus. N'hi ha prou amb el teorema de Pitàgores i amb la definició de les raons trigonomètriques dels angles aguts del triangle.

Activitats

34. Dos motoristes surten d'un encreuament de dues carreteres sense revolts i que formen un angle de 55°. Si els motoristes es desplacen amb velocitats constants de 90 i 120 km/h, respectivament, quina distància els separarà al cap de 3 min?

R: $c = 5{,}03$ km

35. Una sequoia de Califòrnia es veu des d'un cert punt sota un angle de 36° i, si ens hi acostem 35 m, es veu sota un angle de 44°. Calcula l'alçària de l'arbre.

R: $h = 102{,}68$ m

36. Calcula l'àrea d'un polígon regular de 15 costats si cada costat mesura 2 cm.

R: $A = 70{,}5$ cm^2

37. Les diagonals d'un paral·lelogram mesuren 16 cm i 12 cm, respectivament. Si un dels angles que determinen és de 40°, calcula la longitud dels costats del paral·lelogram i el seu perímetre.

Recorda que les diagonals dels paral·lelograms es tallen al seu punt mitjà.

R: $a = 5{,}14$ cm; $b = 13{,}17$ cm; $p = 36{,}62$ cm

38. Un avió vola entre dues ciutats A i B que disten l'una de l'altra 800 km. Les visuals de l'avió a les ciutats A i B formen amb l'horitzontal angles de 29° i 43°, respectivament. Calcula:

a) La distància a què està de cadascuna de les dues ciutats.

b) L'altitud a què vola l'avió.

R: *a)* 573,7 km de la ciutat A i 407,8 km de la B; *b)* 278,1 km

39. Des d'un cert punt s'observa la part més alta del parallamps d'una casa amb un angle de 30°. Si ens allunyem de la vertical del parallamps fins a una distància doble de l'anterior, amb quin angle el veurem?

R: 16,1°

40. La diagonal gran d'un paral·lelogram mesura 20 cm. Sabent que aquesta diagonal forma un angle de 15° amb un dels dos costats del quadrilàter i un angle de 40° amb l'altre costat, es demana:

a) La longitud dels costats del paral·lelogram.

b) La longitud de l'altra diagonal.

R: *a)* 15,69 cm i 6,32 cm; *b)* 13,13 cm

Punt final

La trigonometria i els pitagòrics

Considerem un pentàgon regular en el qual s'han dibuixat les diagonals (Fig. 3.36).

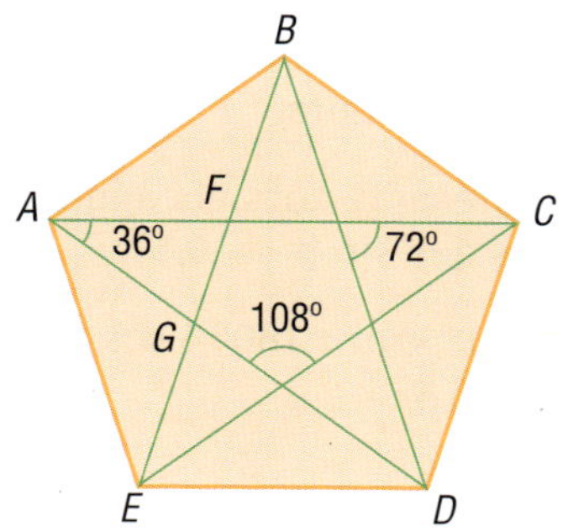

Fig. 3.36

En aquesta figura només hi ha tres angles que siguin diferents. Mesuren 36°, 72° i 108°. Observa que 72 és el doble de 36 i 108 és el triple de 36. Hi ha tres tipus diferents de triangles isòsceles, que poden ser representats pels triangles *ABE*, *ABF* i *AFG*. Finalment, hi ha quatre segments diferents, que anomenarem així:

$$BE = a \qquad AF = BF = AG = c$$
$$AB = AE = b \qquad GF = d$$

Les longituds d'aquests segments compleixen $a > b > c > d$.

Considerem cadascun d'aquests triangles separadament i hi apliquem el teorema del sinus (figs. 3.37, 3.38 i 3.39).

$$\frac{a}{\sin 108°} = \frac{b}{\sin 36°} \rightarrow \frac{a}{b} = \frac{\sin 108°}{\sin 36°}$$
$$\frac{b}{\sin 108°} = \frac{c}{\sin 36°} \rightarrow \frac{b}{c} = \frac{\sin 108°}{\sin 36°}$$
$$\frac{c}{\sin 72°} = \frac{d}{\sin 36°} \rightarrow \frac{c}{d} = \frac{\sin 72°}{\sin 36°} = \frac{\sin 108°}{\sin 36°}$$

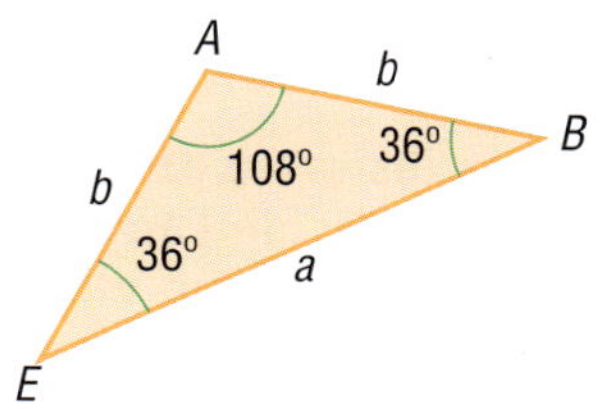

Fig. 3.37

Com que $72° = 180° - 108°$, es verifica que: $\sin 72° = \sin 108°$

Podem establir aquestes proporcions:

$$\frac{a}{b} = \frac{b}{c} = \frac{c}{d} = \frac{\sin 108°}{\sin 36°}$$

Un cop ordenades les longituds dels quatre segments de la més gran a la més petita, la raó entre cadascuna i la que hi segueix és constant i igual a:

$$\frac{\sin 108°}{\sin 36°} = 1{,}618\,033\,988...$$

Aquest nombre irracional es coneix amb el nom de *nombre d'or dels pitagòrics*.

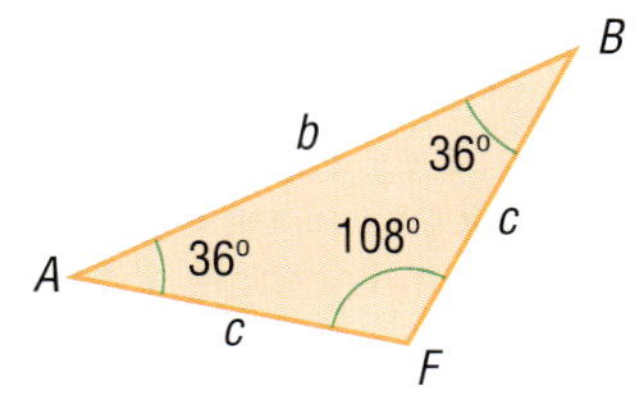

Fig. 3.38

Els pitagòrics no coneixien els nombres irracionals ni la trigonometria, però havien comprovat les propietats de la multiplicitat dels angles i de la proporcionalitat dels segments anteriors. No van poder determinar dos nombres naturals *m* i *n* tals que:

$$\frac{a}{b} = \frac{b}{c} = \frac{c}{d} = \frac{m}{n}$$

i van anomenar *incommensurables* aquestes magnituds que no es poden expressar mitjançant una raó entre dos nombres naturals. No obstant això, van establir que dos d'aquests segments consecutius complien la proporció àuria, és a dir:

$$\frac{a}{b} = \frac{b}{a-b}$$

Si en aquesta proporció $b = 1$, aleshores:

$$\frac{a}{1} = \frac{1}{a-1} \rightarrow a^2 - a - 1 = 0 \rightarrow a = \frac{1+\sqrt{5}}{2}$$, que és el nombre d'or.

Per tant, es verifica:

$$\frac{1+\sqrt{5}}{2} = \frac{\sin 108°}{\sin 36°}$$

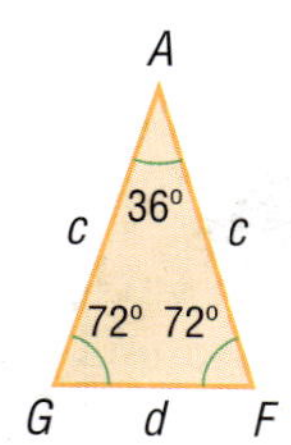

Fig. 3.39

Els pitagòrics consideraven que el pentàgon regular amb les seves diagonals era un símbol sagrat, amb el qual es reconeixien com a membres de la mateixa secta.

Activitats finals

1. Un angle agut α és tal que tg $\alpha = 3$. Representa'l a la circumferència unitat i calcula sin α i cos α sense utilitzar la calculadora.

2. Representa tots els angles β positius més petits de 360° tals que $\sin \beta = -0{,}5$.

3. Si $90° < \alpha < 180°$ i $\cos\alpha = -0{,}8$, calcula:

a) $\sin\alpha$

b) $\text{tg}\,\alpha$

c) $\cos(-\alpha)$

d) $\sin(-\alpha)$

e) $\text{tg}(-\alpha)$

4. Quins angles del segon, tercer i quart quadrants tenen les raons trigonomètriques relacionades amb les de l'angle de 35°? Escriu totes les relacions possibles entre les raons trigonomètriques de cadascun d'aquests angles i les de 35°.

5. Calcula les raons trigonomètriques de l'angle de 15° en funció de les de l'angle de 30°. Després, comprova amb la calculadora que els resultats que has obtingut són correctes.

6. Considera un angle α del tercer quadrant tal que tg $\alpha = 2$. Indica en quin quadrant se situen els angles 2α i $\frac{\alpha}{2}$. Calcula cos α, sin 2α i cos $\frac{\alpha}{2}$.

7. Demostra que $\sin 40° + \sin 20° = \cos 10°$, aplicant-hi la fórmula corresponent de transformació de suma en producte.

8. Demostra que la constant de proporcionalitat del teorema del sinus és $2R$, en què R és el radi de la circumferència circumscrita al triangle. Per fer-ho, inscriu el triangle en una circumferència i compara'n els angles inscrits amb els d'un triangle en què un costat sigui un diàmetre de la circumferència.

9. Mirant des d'un cert punt, veiem el terrat d'un gratacel sota un angle de 60°. Amb quin angle el veuríem des d'una distància doble de l'anterior?

R: $\alpha = 40{,}89°$

10. A un fuster li han encarregat un tauler triangular. Dos dels costats d'aquest triangle han de mesurar 1 m i 1,75 m i l'angle oposat al primer costat, 30°. Té dades suficients el fuster per fer el tauler? Raona la resposta.

11. El radar d'un vaixell detecta un objecte en direcció est a 8 km de distància i un altre objecte en direcció nord-est a 6 km. Quina distància separa els dos objectes?

R: $a = 5{,}67$ km

12. Per fixar un pal a terra se'l subjecta mitjançant dos cables per dos punts separats 20 m situats l'un a cada banda del pal. Els cables formen amb el terra angles de 75° i 60°. Determina l'alçària del pal.

R: $h = 23{,}66$ m

13. Un jugador de golf colpeja la pilota des de la posició de sortida per tal d'introduir-la al forat, que està a 350 m. El cop no ha estat gaire precís i la pilota, que s'ha desviat 20° de la direcció correcta, només ha arribat a una distància de 180 m. A quina distància del forat s'ha aturat la pilota?

R: $d = 191{,}05$ m

14. Construeix un triangle de costats 10 cm, 35 cm i 39 cm. Quant en mesuren els angles?

R: $A = 14{,}25°$; $B = 59{,}49°$; $C = 106{,}26°$

15. Dues persones, separades una distància de 5 km, observen alhora un avió sota angles de 80° i 65°, respectivament. Suposant que les persones i l'avió estan en el mateix pla vertical, amb l'avió situat entre les dues persones, calcula l'altura a què vola l'avió.

R: $h = 7{,}78$ km

16. Dibuixa el triangle ABC en què $a = 12$ cm, $b = 15$ cm i $A = 48°$. Resol aquest triangle.

17. Construeix el triangle ABC tal que $B = 40°$, $C = 63°$ i $a = 12$ cm. Resol el triangle i calcula'n l'àrea.

18. Explica el procediment que seguiries per calcular la longitud d'un pont que cal construir per salvar un barranc.

19. Una parcel·la de 6 ha té forma de trapezi rectangle. Un dels costats paral·lels del trapezi mesura 500 m i l'angle adjacent, 60°. Calcula quants metres de tanca es necessiten per voltar la parcel·la.

20. Es vol construir un túnel que travessi una muntanya en línia recta. Per tal de determinar-ne la longitud, es considera un punt A d'una de les boques del túnel i un altre punt B de l'altra boca, i es mesura la distància de cadascun d'aquests punts a un altre punt O. S'obtenen 315 m i 375 m, respectivament. Si les direccions OA i OB formen un angle de 46,9°, quina és la longitud del túnel?

21. Una torre de telecomunicacions està situada a la part més alta d'una muntanya. Situats en una plataforma, l'extrem de l'antena es veu sota un angle de 60°. Si ens hi apropem 13 m, l'extrem de l'antena es veu sota un angle de 68° i, des d'aquest mateix punt, es veu la base de la torre sota un angle de 57°. Amb aquestes dades, calcula l'alçària de la torre.

Avaluació

1. La longitud de la hipotenusa d'un triangle rectangle és el triple que la d'un dels dos catets. Determina:

a) La mesura dels angles d'aquest triangle.

b) La raó entre la hipotenusa i l'altre catet.

2. Sabem que $\cos \alpha = \frac{5}{13}$ i $0° < \alpha < 90°$. Calcula el valor de:

a) $\sin \alpha$

b) $\cos (180° - \alpha)$

c) $\text{tg} (-\alpha)$

d) $\cos (180° + \alpha)$

e) $\sin (360° - \alpha)$

3. Les longituds dels costats d'un triangle són 8 cm, 11 cm i 13 cm. Calcula el valor del sinus de l'angle més petit d'aquest triangle.

4. Si $\sin \alpha = \frac{1}{3}$ i l'angle α pertany al primer quadrant, expressa de manera exacta el valor de:

a) $\text{tg}\ \alpha$

b) $\sin 2\alpha$

5. La suma de les longituds de dos costats *a* i *b* d'un triangle és 11 m, l'angle *C* oposat a l'altre costat mesura 30° i l'àrea del triangle és 7 m^2. Indica:

a) La longitud de cadascun dels costats del triangle.

b) La mesura dels dos angles desconeguts del triangle.

6. Dos angles α i β són complementaris. Si $\sin \alpha = \frac{3}{5}$, calcula el valor de:

a) $\sin \beta$

b) $\sin (\alpha + \beta)$

c) $\cos (\alpha - \beta)$

d) $\text{tg}\ 2\alpha$

4

Nombres complexos

És possible que, quan hagis llegit el títol d'aquesta unitat, hagis pensat: per què necessitem un altre tipus de nombres? Intentarem respondre a aquesta pregunta.

Des dels nombres naturals, amb els quals vas començar a comptar, fins als nombres reals, que omplen tota la recta i que has estudiat fa poc, has utilitzat diferents conjunts numèrics. Així, has anat coneixent nous conjunts numèrics perquè determinades situacions calia expressar-les amb nombres que permetessin la descripció i la mesura de les magnituds que les definien i, d'aquesta manera, fer possibles operacions que no tenien sentit amb els nombres que coneixies fins aleshores.

Ara relacionarem la resolució de diferents equacions amb l'obtenció de nous conjunts numèrics.

- De $\mathbb{N}$ a $\mathbb{Z}$

Les equacions de tipus $x + a = b$, amb a i $b \in \mathbb{N}$, tenen la solució $x = b - a$. Si $b > a$, la solució és un nombre natural, en cas contrari és un nombre negatiu o zero. D'aquesta manera podem afirmar que totes les solucions $x = b - a$ són nombres enters, és a dir, elements del conjunt $\mathbb{Z}$, amb $\mathbb{N} \subset \mathbb{Z}$.

- De $\mathbb{Z}$ a $\mathbb{Q}$

Les equacions del tipus $ax = b$, amb a i $b \in \mathbb{Z}$ i $a \neq 0$, tenen la solució $x = \frac{a}{b}$. Si b és múltiple de a, la solució és un nombre enter; en cas contrari, és un nombre decimal. D'aquesta manera, totes les solucions són nombres racionals, és a dir, elements del conjunt $\mathbb{Q}$, amb $\mathbb{Z} \subset \mathbb{Q}$.

- De $\mathbb{Q}$ a $\mathbb{R}$

Les equacions del tipus $x^2 = a$, amb $a \in \mathbb{Q}$ i $a > 0$, tenen les solucions $x = \pm\sqrt{a}$, que són dos nombres racionals oposats o irracionals, és a dir, que en tots dos casos són nombres reals o elements del conjunt $\mathbb{R}$, amb $\mathbb{Q} \subset \mathbb{R}$.

En aquestes últimes equacions hem imposat la condició que a sigui positiu. Què succeeix si $a < 0$? De vegades es diu que l'arrel quadrada d'un nombre negatiu no existeix. Aquesta afirmació no és del tot certa. Cal dir que no hi ha cap nombre real que sigui solució de l'equació $x^2 = a$, amb $a < 0$, ja que cap nombre real elevat al quadrat és negatiu.

Per exemple, l'equació $x^2 = -1$ no té cap solució que sigui un nombre real, ja que, si existís, hauria de ser un nombre tal que elevat al quadrat donés com a resultat -1, la qual cosa no és possible.

Així doncs necessitem nous nombres per donar solució a aquest tipus d'equacions: són els *nombres complexos*, als quals dedicarem aquesta unitat.

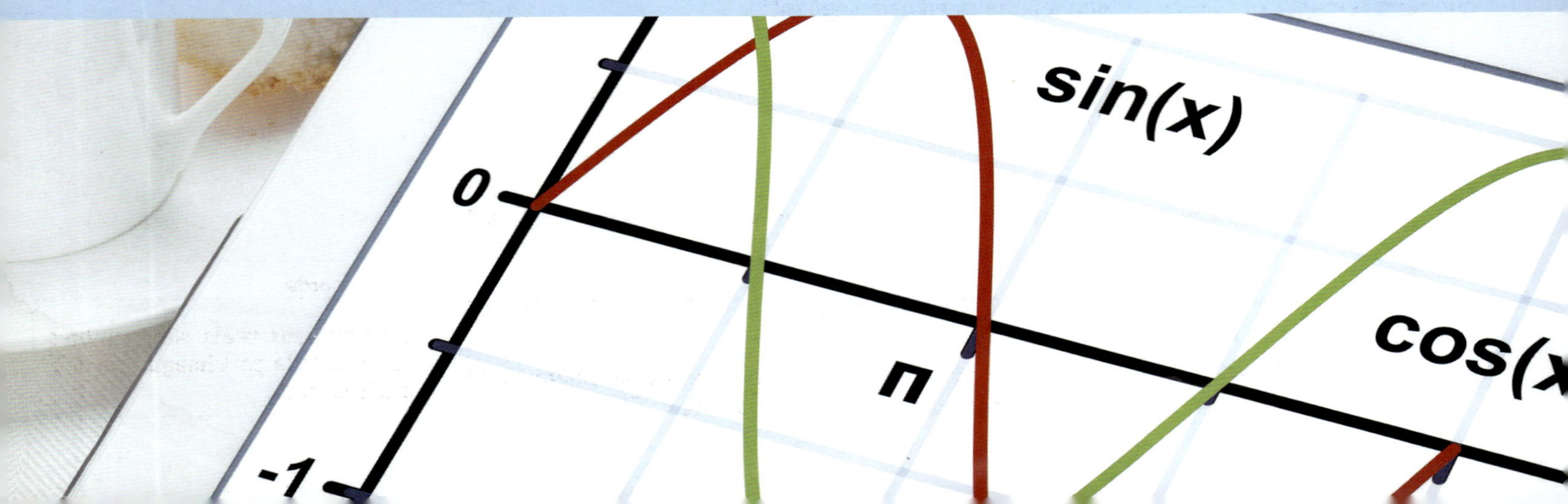

1. Construcció del conjunt dels nombres complexos

Si agafem com a punt de partida el conjunt dels nombres reals, hem de construir un nou tipus de nombres que els inclogui i que ens permeti obtenir l'arrel quadrada de qualsevol nombre, independentment del seu signe.

Començarem amb l'equació de segon grau $x^2 + 1 = 0$:

$$x^2 + 1 = 0 \rightarrow x^2 = -1 \rightarrow x = \pm\sqrt{-1}$$

$\sqrt{-1}$ no és cap nombre real. Suposem que és un altre tipus de nombre, que representem per i, de manera que:

$$\sqrt{-1} = i \rightarrow i^2 = -1$$

La lletra i simbolitza un nombre tal que el seu quadrat és igual a -1. Amb aquest conveni, l'equació $x^2 + 1 = 0$ té les solucions $x = \pm i$.

Ara resolem l'equació $x^2 + 5 = 0$:

$$x^2 + 5 = 0 \rightarrow x^2 = -5 \rightarrow x = \pm\sqrt{-5} =$$
$$= \pm\sqrt{5\,(-1)} = \pm\sqrt{5}\,\sqrt{-1} = \pm\sqrt{5}\,i$$

Aquests dos nombres són solució de l'equació, ja que:

$$(\pm\sqrt{5}\,i)^2 + 5 = 5i^2 + 5 = 5\,(-1) + 5 = -5 + 5 = 0$$

Els elements de la forma bi, amb $b \in \mathbb{R}$, han de ser també elements del nou conjunt.

Finalment, resoldrem l'equació $x^2 + 4x + 5 = 0$:

$$x = \frac{-4 \pm \sqrt{16 - 20}}{2} = \frac{-4 \pm \sqrt{-4}}{2} = \frac{-4 \pm \sqrt{4}\,\sqrt{-1}}{2} =$$
$$= \frac{-4 \pm 2i}{2} = -2 \pm i$$

Les dues solucions de l'equació són: $x_1 = -2 + i$ i $x_2 = -2 - i$. Això ens porta a considerar que els elements de la forma $a + bi$, amb a i $b \in \mathbb{R}$, han de pertànyer també al nou conjunt. Amb les solucions que hem obtingut podem afirmar que som davant d'un nou conjunt numèric que representem per $\mathbb{C}$ i que es defineix de la manera següent:

> Anomenem **nombres complexos** els nombres de la forma $a + bi$, on a i b són nombres reals i $i = \sqrt{-1}$ rep el nom d'**unitat imaginària.**

Donat un nombre complex $a + bi$, a s'anomena **part real** i b es coneix amb el nom de **part imaginària.**

- Si la part real és zero, $a = 0$, el nombre complex és de la forma bi. Es coneix amb el nom d'**imaginari pur.**
- Si la part imaginària és zero, $b = 0$, el nombre complex es redueix, evidentment, a un nombre real. És a dir, els nombres complexos engloben els reals: $\mathbb{R} \subset \mathbb{C}$.

Recorda

Els **nombres reals** són nombres complexos la part imaginària dels quals és zero.

Activitats

1. Identifica la part real i la part imaginària de cadascun dels nombres complexos següents:

a) $\frac{3}{7} - \sqrt{3}i$ *b)* $-5 + i$ *c)* $-\frac{2}{5}$

d) $3i$ *e)* $0{,}2 - i$ *f)* $1 - i$

2. Quin ha de ser el valor de p perquè el nombre complex $\frac{1}{5} + (p - 2)i$ sigui un nombre real?

3. Indica quin valor té r si sabem que el nombre complex $(r + 3) - \frac{1}{7}i$ és imaginari pur?

4. Escriu les arrels quadrades de cadascun d'aquests nombres:

a) -81 *b)* $-\frac{9}{25}$ *c)* -2 *d)* -25 *e)* $-\frac{1}{9}$

5. Resol, en el conjunt $\mathbb{C}$ dels nombres complexos, les equacions següents:

a) $x^2 + 49 = 0$ *b)* $16x^2 + 25 = 0$

c) $x^2 + x + 1 = 0$ *d)* $-x^2 - 18 = 0$

6. Compara les dues solucions obtingudes per a cadascuna de les equacions de l'activitat anterior. Quina o quines relacions hi trobes?

2. Nombres complexos

Un nombre complex qualsevol es representa per:

$$z = a + bi$$

2.1 Igualtat

Dos nombres complexos, $z_1 = a + bi$ i $z_2 = c + di$, són iguals si tenen respectivament iguals les seves parts real i imaginària. És a dir,

$$z_1 = z_2 \leftrightarrow a = c \text{ i } b = d$$

! Important

Igualtat

Els nombres complexos $a + bi$ i $b + ai$ no són iguals, excepte si $a = b$.

2.2 Representació gràfica

A cada nombre complex $z = a + bi$ fem correspondre el parell ordenat de nombres reals (a, b), de manera que el primer component del parell és la part real i el segon, la part imaginària del nombre complex z (Fig. 4.1.a). D'altra banda, donat un sistema de referència cartesià, tot parell ordenat (a, b) de nombres reals representa un punt del pla de manera unívoca.

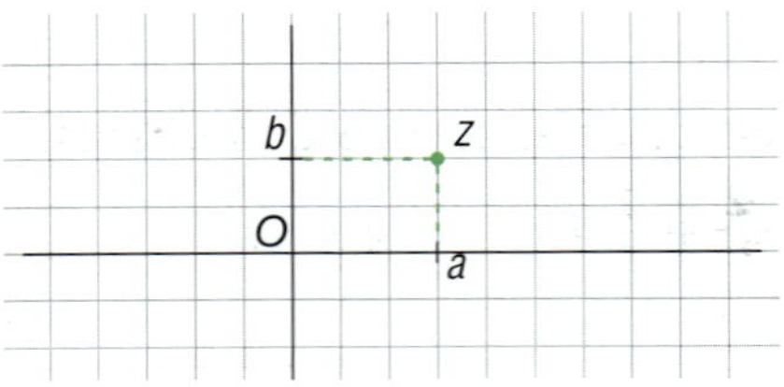

Fig. 4.1 a

Podem establir que cada punt del pla és la representació gràfica d'un nombre complex. Aquest punt rep el nom d'**afix** del nombre complex corresponent.

A la Figura 4.1. b hem representat els nombres complexos $z_1 = -3$ i $z_2 = 2i$. El primer és un nombre real i el segon, un imaginari pur. Observa que els nombres complexos que són reals tenen l'afix a l'eix de les abscisses. Aquest eix és conegut amb el nom d'**eix real.** Els nombres complexos imaginaris purs tenen l'afix a l'eix d'ordenades. Aquest eix rep el nom d'**eix imaginari.**

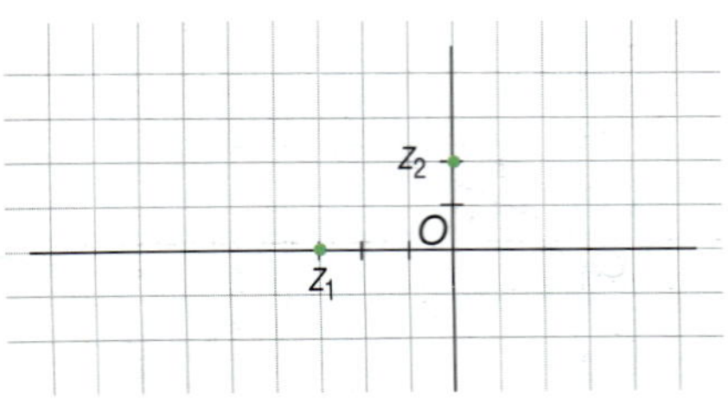

Fig. 4.1 b

La representació gràfica dels nombres complexos ens permet afirmar que aquest nou conjunt numèric no està ordenat. Donats dos nombres complexos, no podem determinar quin és el més gran, ja que entre els dos punts del pla que els representen no es pot establir cap jerarquia d'ordre. Recorda que el conjunt dels nombres reals sí que està ordenat, ja que, quan representem dos qualssevol d'aquests nombres a la recta real, sempre és més gran el que se situa a la dreta de l'altre.

2.3 Complexos conjugats

Dos nombres complexos són **conjugats** si tenen la part real igual i la part imaginària oposada.

El conjugat d'un nombre complex z es representa per $\bar{z}$, de manera que si $z = a + bi$, aleshores $\bar{z} = a - bi$.

Els nombres $\sqrt{2} + 3i$ i $\sqrt{2} - 3i$ són complexos conjugats. Els seus afixos són punts simètrics respecte de l'eix real.

Exemple 1

a) Donats els nombres complexos $z_1 = 2 + (m + 4)i$ i $z_2 = (n - 3) + 2i$, calcula m i n perquè $z_1 = z_2$.

b) Representa els afixos dels nombres complexos:

$z_1 = -2 + i$, $z_2 = -3i$ i $z_3 = 5$.

Resolució

a) Perquè dos nombres complexos siguin iguals, cal que tinguin iguals les respectives parts real i imaginària. Per tant, perquè $z_1 = z_2$, s'ha de complir que:

$$2 = n - 3 \text{ i } m + 4 = 2 \rightarrow n = 5 \text{ i } m = -2$$

b) A cada nombre complex correspon un parell ordenat de nombres reals:

$z_1 = -2 + i \rightarrow (-2, 1)$, $z_2 = -3i \rightarrow (0, -3)$ i $z_3 = 5 \rightarrow (5, 0)$

Els afixos són els punts del pla que tenen les coordenades que acabem d'indicar. Els representem a la Figura 4.2.

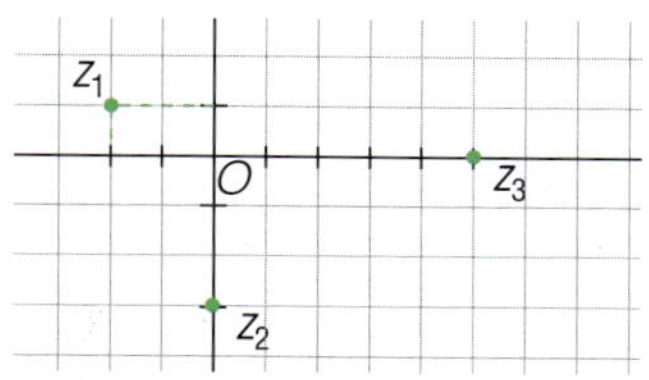

Fig. 4.2

Activitats

7. Representa els afixos dels nombres complexos:

$z_1 = -8$ $\quad z_2 = \frac{3}{2} - i$ $\quad z_3 = -4i$

8. Escriu tres nombres complexos que tinguin els afixos a la bisectriu del primer i el tercer quadrants. Quina relació hi ha entre la part real i la part imaginària de cadascun?

9. És possible determinar un valor de k perquè els nombres $z_1 = 3 + 2i$ i $z_2 = 2 + (1 - k)i$ siguin iguals? Raona la resposta.

10. Representa els afixos dels nombres complexos següents:

$z_1 = 1 - i$ $\quad z_2 = \frac{-2}{3} + \frac{7}{3}i$ $\quad z_3 = 2i$

$z_4 = -2 - 3i$ $\quad z_5 = -10$

3. Expressions dels nombres complexos

Fins ara hem expressat un nombre complex z en la forma $a + bi$. Aquest tipus d'expressió es coneix amb el nom de **forma binòmica:**

$$z = a + bi$$

D'altra banda, l'afix de qualsevol nombre complex z es pot considerar l'extrem del vector l'origen del qual és l'origen de coordenades, és a dir, el vector $\vec{OP}$ (Fig. 4.3). Aquest vector està determinat pel seu mòdul r i el seu argument α. Si considerem $0° \leq \alpha < 360°$, l'argument s'anomena **argument principal.**

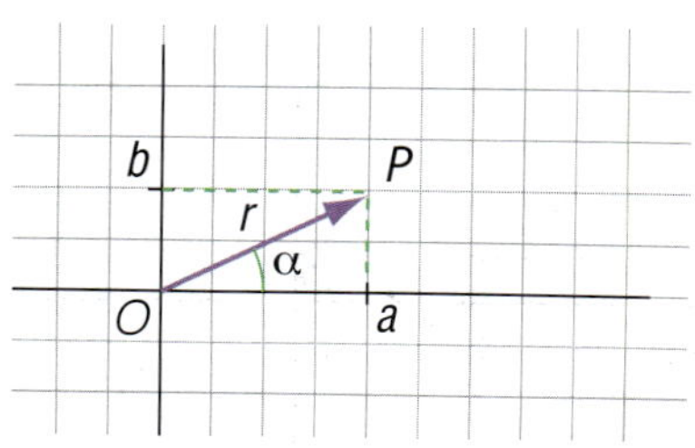

Fig. 4.3

L'expressió d'un nombre complex z a partir del mòdul i l'argument del vector $\overrightarrow{OP}$ rep el nom d'**expressió polar** o **mòdul argumental** i es representa per $z = r_\alpha$.

Per tant, un mateix nombre complex z pot expressar-se de dues maneres diferents:

- **Forma binòmica:** $z = a + bi$.
- **Forma polar:** $z = r_\alpha$.

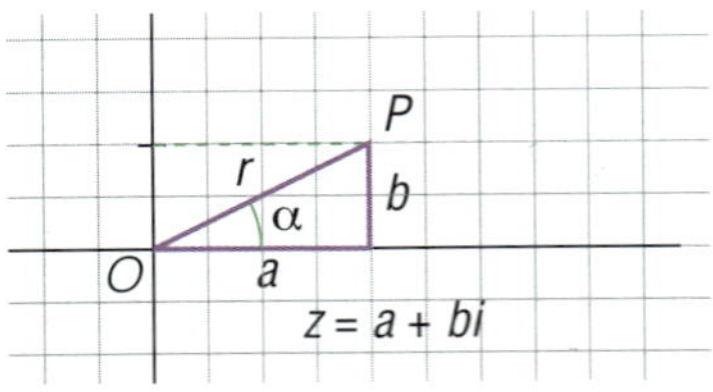

Fig. 4.4

Ara estudiarem la manera de passar d'una forma d'expressió a l'altra. N'hi ha prou a obtenir a i b a partir de r i α, o a l'inrevés. Observa el triangle rectangle de la Figura 4.4, on a i b són els catets, r és la hipotenusa i α és l'angle agut adjacent al catet a i, per tant, oposat al catet b. Es verifica:

$$r^2 = a^2 + b^2 \quad \text{i} \quad \text{tg}\ \alpha = \frac{b}{a}$$

Per passar de la forma binòmica a la polar utilitzem les expressions anteriors:

$$r = \sqrt{a^2 + b^2} \quad \text{i} \quad \alpha = \text{arc tg}\ \frac{b}{a}$$

Si tenim en compte els signes de a i b, podem determinar de manera unívoca el valor de l'angle α.

Per passar de la forma polar a la binòmica, ens fixem en el mateix triangle rectangle:

$$\sin\alpha = \frac{b}{r} \rightarrow b = r\sin\alpha \qquad \cos\alpha = \frac{a}{r} \rightarrow a = r\cos\alpha$$

Amb aquestes igualtats podem passar de la forma binòmica a la polar i viceversa. També permeten escriure la forma binòmica en funció dels valors r i α de la forma polar.

$$a + bi = r\cos\alpha + (r\sin\alpha)i = r(\cos\alpha + i\sin\alpha)$$

! Important

Valor de l'angle α

Si tg $\alpha = -1$, hi ha dos valors per a l'angle α, que són 135° i 315°.

Si $a < 0$ i $b > 0$, l'afix del nombre complex se situa al segon quadrant i $\alpha = 135°$.

Si $a > 0$ i $b < 0$, l'afix se situa al quart quadrant i $\alpha = 315°$.

! Important

Igualtat de formes polars

$r_\alpha = s_\beta$ si $r = s$ i $\beta = \alpha + 360°\ k$, on k és un nombre enter.

L'expressió d'un nombre complex z a partir del sinus i el cosinus de l'angle α es coneix com la forma **trigonomètrica.**

En l'exemple següent obtindrem uns valors coneguts de les raons trigonomètriques de l'angle α. En cas que no sigui així, podem determinar α amb l'ajut de la calculadora.

Exemple 2

a) Escriu en forma polar els nombres:

$$z_1 = -1 + i \quad \text{i} \quad z_2 = \frac{1}{2} + \frac{\sqrt{3}}{2}i$$

b) Expressa en forma binòmica els nombres:

$$z_3 = 2_{90°} \quad \text{i} \quad z_4 = 5_{45°}$$

Resolució

a) Per a z_1, $a = -1$ i $b = 1$:

$$r^2 = (-1)^2 + 1^2 = 2 \rightarrow r = \sqrt{2}$$

$$\text{tg}\ \alpha = \frac{b}{a} = -1 \rightarrow \alpha = 135° \text{ o } \alpha = 315°$$

Com que $a < 0$ i $b > 0$, α és un angle del segon quadrant. Per tant, $\alpha = 135°$ i podem escriure:

$$z_1 = -1 + i = \sqrt{2}_{135°}$$

Per a z_2, $a = \frac{1}{2}$ i $b = \frac{\sqrt{3}}{2}$

$$r^2 = \left(\frac{1}{2}\right)^2 + \left(\frac{\sqrt{3}}{2}\right)^2 = 1 \rightarrow r = 1$$

$$\text{tg}\ \alpha = \frac{b}{a} = \frac{\sqrt{3}}{2} : \frac{1}{2} = \sqrt{3}$$

α és un angle del primer quadrant i $\alpha = 60°$. Aleshores:

$$z_2 = \frac{1}{2} + \frac{\sqrt{3}}{2}i = 1_{60°}$$

b) A $z_3 = 2_{90°}$, $r = 2$ i $\alpha = 90°$. Per tant:

$$b = r\sin\alpha = 2 \cdot 1 = 2;\ a = r\cos\alpha = 2 \cdot 0 = 0$$

$$z_3 = 2_{90°} = 0 + 2i = 2i$$

A $z_4 = 5_{45°}$, $r = 5$ i $\alpha = 45°$,

$$b = r\sin\alpha = \frac{5\sqrt{2}}{2};\ a = r\cos\alpha = \frac{5\sqrt{2}}{2}$$

$$z_4 = 5_{45°} = \frac{5\sqrt{2}}{2} + \frac{5\sqrt{2}}{2}i$$

Activitats

11. Escriu els nombres complexos $z_1 = -5$ i $z_2 = -1 - i$ en forma polar i en forma trigonomètrica.

12. Calcula el mòdul i l'argument del nombre complex $z = 2(\cos 225° - i \sin 225°)$. Expressa'l en forma binòmica.

13. Comprova que les expressions binòmiques dels nombres $2_{180°}$, $2_{-180°}$ i $2_{540°}$ coincideixen.

Raona per què els tres nombres complexos són iguals.

4. Operacions en forma binòmica

4.1 Suma

La **suma de dos nombres complexos,** z_1 i z_2, dóna com a resultat un altre nombre complex la part real del qual és igual a la suma de les parts reals dels sumands, i la part imaginària del qual és igual a la suma de les seves parts imaginàries:

$$z_1 = a + bi,\ z_2 = c + di \ \rightarrow\ z_1 + z_2 = (a + bi) + (c + di) = (a + c) + (b + d)i$$

Podem observar que la suma de nombres complexos es redueix a dues sumes de nombres reals. En conseqüència, no és difícil deduir que la suma de nombres complexos compleix les mateixes propietats que la suma de nombres reals:

- **Associativa:** si z_1, z_2 i z_3 són tres nombres complexos, es verifica que:

$$z_1 + (z_2 + z_3) = (z_1 + z_2) + z_3$$

- **Commutativa:** $z_1 + z_2 = z_2 + z_1$
- **Existència d'element neutre:** és el nombre complex les parts real i imaginària del qual són zero: $0 + 0i$. Es tracta, doncs, del nombre real 0: $z + 0 = 0 + z = z$.
- **Existència d'element oposat:** tot nombre complex té un oposat que, sumat al mateix nombre, dóna com a resultat l'element neutre $0 + 0i = 0$. Així, l'oposat de $z = a + bi$ és $-z = -a - bi$, ja que $z + (-z) = 0$.

Per **restar** dos nombres complexos només cal sumar al minuend l'oposat del subtrahend. Com que tot nombre complex té oposat, la resta és possible en tots els casos i el resultat és sempre un altre nombre complex:

$$z_1 - z_2 = z_1 + (-z_2) = (a + bi) + (-c - di) = (a - c) + (b - d)i$$

4.2 Multiplicació

El **producte de dos nombres complexos,** z_1 i z_2, és un altre nombre complex que s'obté quan s'aplica la propietat distributiva de la multiplicació respecte de la suma de nombres reals i es té en compte que $i^2 = -1$.

$$z_1 \cdot z_2 = (a + bi) \cdot (c + di) = a(c + di) + bi(c + di) = ac + adi + bci + bdi^2 =$$
$$= ac + adi + bci - bd = (ac - bd) + (ad + bc)i$$

Les propietats de la multiplicació de nombres complexos són les següents:

- **Associativa:** si z_1, z_2 i z_3 són tres nombres complexos, es verifica:
$$(z_1 \cdot z_2) \cdot z_3 = z_1 \cdot (z_2 \cdot z_3)$$
- **Commutativa:** $z_1 \cdot z_2 = z_2 \cdot z_1$.
- **Existència d'element neutre:** l'element neutre de la multiplicació de nombres complexos és el complex $1 + 0i$, o, dit d'una altra manera, el nombre real 1. Si z és un nombre complex: $z \cdot 1 = 1 \cdot z = z$.
- **Existència d'element invers:** de manera semblant als nombres reals, donat un nombre complex z, el seu invers s'expressa per $\frac{1}{z}$. Vegem com calcular-lo amb un exemple.

Exemple 3

Determina l'invers del nombre complex $2 + 3i$ i expressa'l en forma binòmica.

Resolució

Considerem el nombre complex $2 + 3i$. El seu invers és $\frac{1}{2+3i}$, però cal expressar-lo en forma binòmica. Per calcular-lo recordem que $i = \sqrt{-1}$:

$$\frac{1}{2+3i} = \frac{1}{2+3\sqrt{-1}}$$

Al denominador figura una arrel quadrada que podem racionalitzar multiplicant el numerador i el denominador de l'expressió fraccionària pel conjugat del denominador:

$$\frac{1}{2+3\sqrt{-1}} = \frac{1}{2+3\sqrt{-1}} \cdot \frac{2-3\sqrt{-1}}{2-3\sqrt{-1}} = \frac{2-3\sqrt{-1}}{4-9(-1)} = \frac{2-3i}{13} = \frac{2}{13} - \frac{3}{13}i$$

El resultat és un nombre complex amb part real $\frac{2}{13}$ i part imaginària $-\frac{3}{13}$.

Falta comprovar que aquest nombre és, efectivament, l'invers de $2 + 3i$. N'hi ha prou a confirmar que el producte del nombre complex inicial pel que acabem d'obtenir verifica $z \cdot \frac{1}{z} = 1$, que és l'element neutre de la multiplicació.

En efecte:

$$(2+3i) \cdot \left(\frac{2}{13} - \frac{3}{13}i\right) = \frac{4}{13} - \frac{6}{13}i + \frac{6}{13}i - \frac{9}{13}i^2 = \frac{4}{13} + \frac{9}{13} = 1$$

En general, l'**invers d'un nombre complex** $z = a + bi$ és un altre nombre complex que expressem en la forma $\frac{1}{z} = \frac{1}{a+bi}$ i que calculem multiplicant el numerador i el denominador d'aquesta expressió fraccionària pel nombre complex $\overline{z} = a - bi$, conjugat de $z = a + bi$.

Tenen invers tots els nombres complexos? Si observes les operacions que hem efectuat a l'exemple anterior, el denominador és $13 = 2^2 + 3^2$, és a dir, $a^2 + b^2$, que no pot ser zero. Si $a^2 + b^2 = 0$, implicaria que $a = b = 0$. L'únic complex que no té invers és $0 + 0i$, que és el nombre real zero, que tampoc no té invers en el conjunt dels nombres reals.

- **Propietat distributiva de la multiplicació respecte de la suma:** si z_1, z_2 i z_3 són tres nombres complexos, es compleix:

$$z_1 \cdot (z_2 + z_3) = z_1 \cdot z_2 + z_1 \cdot z_3$$

4.3 Divisió

El quocient de dos nombres complexos és un altre nombre complex, sempre que el divisor no sigui zero. Per dividir dos nombres complexos, multiplicarem el dividend per l'invers del divisor. O, dit d'una altra manera, si expressem la divisió en forma de fracció, multiplicarem el numerador i el denominador pel conjugat del denominador.

El **quocient de dos nombres complexos** és un altre nombre complex que s'obté en multiplicar dividend i divisor pel conjugat del divisor.

Exemple 4

Calcula el quocient $(2 + 3i) : (4 - 5i)$

Resolució

$$(2 + 3i) : (4 - 5i) = \frac{2 + 3i}{4 - 5i} = \frac{(2 + 3i)\,(4 + 5i)}{(4 - 5i)\,(4 + 5i)} = \frac{8 + 10i + 12i + 15i^2}{16 + 20i - 20i - 25i^2} =$$

$$= \frac{8 + 22i - 15}{16 + 25} = \frac{-7}{41} + \frac{22}{41}\,i$$

4.4 Potenciació

Calculem les potències successives de i, la unitat imaginària:

$$i^0 = 1;\ i^1 = i;\ i^2 = -1;\ i^3 = i^2 \cdot i = -i;\ i^4 = i^3 \cdot i = -i \cdot i = -i^2 = -(-1) = 1;$$

$$i^5 = i^4 \cdot i = 1 \cdot i = i;\ i^6 = i^5 \cdot i = -1;\ i^7 = i^6 \cdot i = -1 \cdot i = -i;$$

$$i^8 = i^7 \cdot i = -i \cdot i = -i^2 = 1$$

Observa que cada quatre potències successives es repeteixen els valors: 1, i, -1, i $-i$.

Així, $i^{321} = i^1 = i$, ja que, quan dividim 321 entre 4, obtenim 1 de residu. El quocient 80 indica els grups de 4 potències successives que estan compresos en 321.

Si z és un nombre complex, z^m indica la **potència d'exponent natural** m de l'esmentat nombre: $z^m = (a + bi)^m$, que és la potència d'un binomi.

z^m és un altre nombre complex, ja que és el resultat de multiplicar nombres complexos:

$$(a + bi)^2 = a^2 + 2abi + b^2 i^2 = a^2 + 2abi + b^2(-1) = a^2 + 2abi - b^2 = a^2 - b^2 + 2abi$$

Per calcular potències d'exponent més gran que 2, es pot utilitzar l'expressió del binomi de Newton. S'han de tenir en compte els resultats de les successives potències de i que van mostrant-se i que s'han de calcular en cada cas.

$$(a + bi)^m = \binom{m}{0} a^m + \binom{m}{1} a^{m-1}\, bi + \binom{m}{2} a^{m-2}\, b^2 i^2 + \ldots +$$

$$+ \binom{m}{r} a^{m-r}\, b^r i^r + \ldots + \binom{m}{m-2} a^2\, b^{m-2}\, i^{m-2} +$$

$$+ \binom{m}{m-1} a\, b^{m-1}\, i^{m-1} + \binom{m}{m} b^m\, i^m$$

! Important

Potències de la unitat imaginària

$i^0 = 1$

$i^1 = i$

$i^2 = -1$

$i^3 = -i$

Exemple 5

Calcula:

a) $(3 + 5i) + (-1 + 3i)$ *b)* $3i - (2 + 4i)$ *c)* $\dfrac{3 + 5i}{2 + i}$

d) $(1 - i)(2 + i)$ *e)* $(2 + i)^5$

Resolució

a) $(3 + 5i) + (-1 + 3i) = 3 - 1 + 5i + 3i = 2 + 8i$

b) $3i - (2 + 4i) = 3i + (-2 - 4i) = -2 + 3i - 4i = -2 - i$. Hem sumat al minuend l'oposat del subtrahend.

c) Per fer la divisió multipliquem el numerador i el denominador de l'expressió fraccionària per $2 - i$, complex conjugat del denominador:

$$\frac{3 + 5i}{2 + i} = \frac{(3 + 5i)(2 - i)}{(2 + i)(2 - i)} = \frac{6 + 10i - 3i - 5i^2}{4 - i^2} = \frac{11 + 7i}{5} = \frac{11}{5} + \frac{7}{5}i$$

d) $(1 - i)(2 + i) = 1 \cdot 2 + 1 \cdot i - 2 \cdot i - i^2 = 2 + i - 2i - (-1) = 2 + i - 2i + 1 = 3 - i$

e)
$$(2 + i)^5 = \binom{5}{0}2^5 + \binom{5}{1}2^4 i + \binom{5}{2}2^3 i^2 + \binom{5}{3}2^2 i^3 + \binom{5}{4}2 i^4 + \binom{5}{5}i^5 =$$
$$= 32 + 80i + 80i^2 + 40i^3 + 10i^4 + i^5$$

Substituïm les potències de i per: $i^2 = -1$, $i^3 = -i$, $i^4 = 1$, $i^5 = i$

$$(2 + i)^5 = 32 + 80i - 80 - 40i + 10 + i = -38 + 41i$$

Activitats

14. Donats els nombres complexos:

$z_1 = 2 - i$; $z_2 = -3i$ i $z_3 = -\dfrac{4}{3} + 3i$

comprova que es verifiquen les propietats associativa de la suma i associativa de la multiplicació.

15. Calcula:

a) $\dfrac{2i + (1 - 4i)}{1 - 2 - 4i} + \dfrac{1}{2 - i}$

b) $\dfrac{(2 + 3i) - (5 - 2i)}{4 + 3i} + \dfrac{3 - i}{4 + 2i}$

c) $\dfrac{1 - 3i}{\frac{1}{2} - \frac{1}{2}i} - \dfrac{3 - i}{4 + 2i}$

R: *a)* $\dfrac{69}{85} + \dfrac{47}{85}i$; *b)* $\dfrac{31}{50} + \dfrac{33}{50}i$; *c)* $\dfrac{7}{2} - \dfrac{3}{2}i$

16. Se sap que el quocient $\dfrac{2 + ri}{1 - i}$ és un nombre real.

Calcula el valor de r. Quin hauria de ser el valor de r perquè aquest quocient fos imaginari pur?

R: Real: $r = -2$; imaginari pur: $r = 2$

17. Efectua:

a) $(2i)^5$ *b)* $(-4i)^3$ *c)* $\left(-\dfrac{2}{5}i\right)^4$ *d)* $\left(\dfrac{i}{2}\right)^{10}$

e) $(-\sqrt{-2}\,i)^2$ *f)* $(-3i^2)^2$ *g)* $(-\sqrt{3i})^6$ *h)* i^{225}

18. Determina el nombre complex que resulta de les potències següents:

a) $(1 + 2i)^5$; *b)* $(-1 - i)^7$; *c)* $(-2 + i)^6$; *d)* $\left(\dfrac{1}{2} - 2i\right)^4$

19. Calcula $(-1 + 2i)^{-4}$. Recorda que, com que es tracta d'un exponent negatiu, $z^{-4} = \dfrac{1}{z^4}$.

5. Operacions en forma polar

Per sumar o restar nombres complexos n'utilitzarem l'expressió binòmica, ja que, com hem vist, és molt senzill. Si el nombre ve donat en forma polar, el transformarem en la forma binòmica equivalent i n'efectuarem l'operació corresponent.

En el cas de la multiplicació o la divisió de nombres complexos, la forma polar és més avantatjosa, tal com comprovarem tot seguit.

5.1 Multiplicació

Considerem $z = r_\alpha$ i $v = s_\beta$ dos nombres complexos. Per multiplicar-los utilitzarem l'expressió trigonomètrica corresponent:

$$r_\alpha = r(\cos\alpha + i\sin\alpha) \text{ i } s_\beta = s(\cos\beta + i\sin\beta)$$

$$r_\alpha\, s_\beta = r(\cos\alpha + i\sin\alpha)\, s(\cos\beta + i\sin\beta) =$$

$$= rs[(\cos\alpha\cos\beta - \sin\alpha\sin\beta) + i(\sin\alpha\cos\beta + \cos\alpha\sin\beta)]$$

Les expressions algèbriques que hi ha a l'interior dels dos parèntesis són, respectivament, $\cos(\alpha + \beta)$ i $\sin(\alpha + \beta)$, amb la qual cosa:

$$r_\alpha\, s_\beta = rs[\cos(\alpha + \beta) + i\sin(\alpha + \beta)] = rs_{\alpha+\beta}$$

El producte de dos nombres complexos, en forma polar, és un altre nombre complex que s'obté multiplicant-ne els mòduls i sumant-ne els arguments.

5.2 Divisió

Procedim de la mateixa manera que per a la multiplicació:

$$\frac{r_\alpha}{s_\beta} = \frac{r(\cos\alpha + i\sin\alpha)}{s(\cos\beta + i\sin\beta)}$$

multipliquem numerador i denominador per $(\cos\beta - i\sin\beta)$:

$$\frac{r_\alpha}{s_\beta} = \frac{r(\cos\alpha + i\sin\alpha)}{s(\cos\beta + i\cos\beta)} = \frac{r(\cos\alpha + i\sin\alpha)(\cos\beta - i\sin\beta)}{s(\cos\beta + i\sin\beta)(\cos\beta - i\sin\beta)} =$$

$$= \frac{r}{s}[\cos(\alpha - \beta) + i\sin(\alpha - \beta)]$$

En definitiva:

$$\frac{r_\alpha}{s_\beta} = \left(\frac{r}{s}\right)_{\alpha-\beta}$$

El quocient de dos nombres complexos, en forma polar, és el nombre complex que s'obté en dividir-ne els mòduls i restar-ne els arguments. Si s'obté un argument negatiu, s'hi pot sumar 360° per tenir, d'aquesta manera, l'argument principal.

! Important

Si $\alpha + \beta \geq 360°$, es redueix a l'argument principal, és a dir, a l'argument corresponent més petit que 360°.

5.3 Potenciació

La propietat associativa de la multiplicació ens permet multiplicar més de dos nombres complexos. Si els diferents factors són iguals, som davant d'una potència.

$$(r_\alpha)^n = r_\alpha\, r_\alpha \ldots r_\alpha = r\, r \ldots r_{\alpha+\alpha+\ldots+\alpha} = r^n_{n\,\alpha}$$

Per calcular les potències d'un nombre complex expressat en forma polar, n'elevem el mòdul a l'exponent de la potència i en multipliquem l'argument per aquest mateix exponent.

Si expressem el nombre complex en forma trigonomètrica, la potència resulta:

$$(r_\alpha)^n = r^n(\cos n\alpha + i \sin n\alpha)$$

que es coneix amb el nom de **fórmula de Moivre.**

Com pots observar, s'obté una expressió més senzilla quan calculem potències en forma polar que quan les calculem amb el binomi de Newton, que hem utilitzat per a l'expressió binòmica dels nombres complexos.

Exemple 6

Calcula en forma polar:

a) $(1 + i) \cdot 2_{180°}$

b) $\sqrt{8}_{270°} : \sqrt{2}_{60°}$

c) $(-1 - i)^{10}$

d) $\dfrac{i}{1+i}$

Resolució

a) Primerament, hem d'expressar $1 + i$ en forma polar:

$a = 1$ i $b = 1$, $r^2 = a^2 + b^2 = 2 \rightarrow r = \sqrt{2}$

$\text{tg}\ \alpha = \dfrac{b}{a} = 1$, amb a i b positius, aleshores $\alpha = 45°$.

Per tant, $1 + i = \sqrt{2}_{45°}$.

$$(1 + i) \cdot 2_{180°} = \sqrt{2}_{45°} \cdot 2_{180°} = 2\sqrt{2}_{225°}$$

Hem multiplicat els mòduls i hem sumat els arguments.

b) Efectuem la divisió:

$$\sqrt{8}_{270°} : \sqrt{2}_{60°} = (\sqrt{8} : \sqrt{2})_{270° - 60°} = 2_{210°}$$

c) Per calcular $(-1 - i)^{10}$ expressem la base de la potència en forma polar:

$a = -1$, $b = -1$, $r^2 = a^2 + b^2 = 2 \rightarrow r = \sqrt{2}$

$\text{tg}\ \alpha = \dfrac{b}{a} = 1$, amb a i b negatius, aleshores $\alpha = 225°$.

Per tant, $-1 - i = \sqrt{2}_{225°}$.

$$(\sqrt{2}_{225°})^{10} = (\sqrt{2})^{10}_{10\,\cdot\,225°} = 32_{2\,250°} = 32_{90°}$$

Hem reduït l'argument a l'argument principal restant-hi sis vegades 360°.

d) Expressem en forma polar cada terme:

$$i = 1_{90°},\ 1 + i = \sqrt{2}_{45°}$$

$$1_{90°} : \sqrt{2}_{45°} = \left(\frac{1}{\sqrt{2}}\right)_{90° - 45°} = \left(\frac{1}{\sqrt{2}}\right)_{45°} = \left(\frac{\sqrt{2}}{2}\right)_{45°}$$

Activitats

20. Comprova mitjançant l'exemple $2_{90°} + 1_{180°}$ que no és certa la igualtat:

$$r_\alpha + s_\beta = (r + s)_{\alpha+\beta}$$

21. Calcula: $\left(\dfrac{\sqrt{3}}{2} - \dfrac{1}{2}i\right) \cdot \left(\dfrac{\sqrt{3}}{2} + \dfrac{1}{2}i\right)$.

Efectua l'operació amb les expressions binòmiques i amb les polars. Compara'n els resultats.

R: 1

22. Troba el quocient $\dfrac{1-i}{-1+i}$ utilitzant les expressions polars dels dos nombres complexos.

R: -1

23. Calcula $(1 - i)^5$ de dues maneres diferents. Comprova que n'obtens el mateix resultat.

R: $4\sqrt{2}_{135°}$

24. Comprova que $(1_{60°})^6 = 1$.

25. Expressa en forma binòmica el resultat de $(1_{30°})^{15}$.

6. Radicació de nombres complexos

L'**arrel enèsima** d'un nombre complex s'expressa per $\sqrt[n]{r_\alpha}$. Tot nombre complex que no sigui zero té exactament n arrels diferents.

Ara veurem la manera de calcular-les.

Si s_β és una de les arrels, ha de verificar $(s_\beta)^n = r_\alpha$

$$s^n_{n\beta} = r_\alpha \longrightarrow s^n = r \quad \text{i} \quad n\beta = \alpha + 360°k$$

Aquestes igualtats indiquen: $s = \sqrt[n]{r}$ i $\beta = \dfrac{\alpha + 360°k}{n}$, on k és un nombre enter.

Quins valors hem de donar a k? Donarem els valors 0, 1, 2, 3... fins que es repeteixi l'argument principal més petit. Comprovarem amb un exemple que això succeeix quan es dóna a k el valor $n - 1$.

Recorda

Dos nombres complexos són iguals si tenen el mòdul igual i els arguments difereixen en un múltiple de 360°.

Exemple 7

Calcula $\sqrt[4]{-1} = \sqrt[4]{1_{180°}}$.

Resolució

Recorda que en el conjunt dels nombres reals, l'arrel d'índex parell d'un nombre negatiu no és un nombre real. En canvi, en el conjunt dels nombres complexos obtindrem quatre arrels que són nombres complexos:

$$\sqrt[4]{1_{180°}} = s_\beta \text{ amb } s = \sqrt[4]{1} = 1 \text{ i } \beta = \frac{180° + 360°k}{4}$$

Donem a k els valors 0, 1, 2...

$k = 0 \longrightarrow \beta_1 = 45°$, $k = 1 \longrightarrow \beta_2 = 135°$,

$k = 2 \longrightarrow \beta_3 = 225°$, $k = 3 \longrightarrow \beta_4 = 315°$.

Si donem el valor $k = 4 \longrightarrow \beta_5 = 405° = 360° + 45°$, s'obté el mateix argument principal que β_1. Quan donem a k valors successius s'aniran repetint els arguments. Hem obtingut les quatre arrels de $\sqrt[4]{1_{180°}}$, que són: $1_{45°}$, $1_{135°}$, $1_{225°}$ i $1_{315°}$.

A la Figura 4.5, hi són representades les quatre arrels. Com que tenen el mateix mòdul, els seus afixos se situen a la circumferència de radi 1 i centre, l'origen de coordenades.

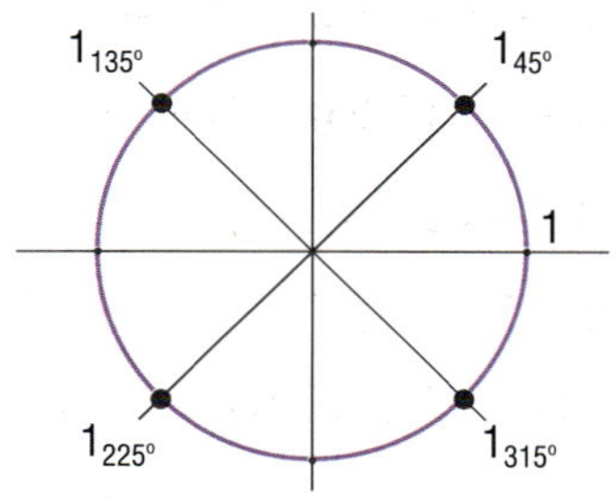

Fig. 4.5

Amb el càlcul de $\sqrt[4]{-1}$ i l'obtenció de les seves quatre arrels hem resolt, en un cas particular, però generalitzable, el problema que es planteja quan es calculen les arrels d'índex parell dels nombres negatius en el conjunt dels nombres reals. El nombres complexos ens han donat la solució.

Activitats

26. Expressa en forma binòmica les arrels quartes de $z = 4$.

27. Calcula les arrels vuitenes d'1. A continuació, comprova que el producte de dues qualssevol d'aquestes arrels és també una arrel.

28. Una de les arrels cúbiques d'un nombre complex és $1_{60°}$. Calcula aquest nombre complex i les altres dues arrels.

29. Resol les equacions:

a) $x^4 + 16 = 0$ *b)* $x^6 = i$ *c)* $x^3 = -8i$

Punt final

Càlcul directe de l'invers d'un nombre complex

L'invers del nombre complex $a + bi$ és un altre nombre complex $x + yi$, de manera que el seu producte és l'element neutre de la multiplicació. Així, podem escriure la igualtat:

$$(a + bi) \cdot (x + yi) = 1 + 0i$$

si fem la multiplicació: $(a + bi) \cdot (x + yi) = ax + bxi + ayi + byi^2 = (ax - by) + (bx + ay)i$ i igualem: $(ax - by) + (bx + ay)i = 1 + 0i$, tenim el sistema d'incògnites x, y:

$$\left.\begin{aligned} ax - by &= 1 \\ bx + ay &= 0 \end{aligned}\right\}$$

Resolem el sistema per reducció, multiplicant la primera equació per a i la segona per b:

$$\left.\begin{aligned} a^2x - aby &= a \\ b^2x + bay &= 0 \end{aligned}\right\} \rightarrow (a^2 + b^2)x = a \rightarrow x = \frac{a}{a^2 + b^2}$$

Quan multipliquem la primera equació per $-b$ i la segona per a i sumem les dues igualtats, obtenim $y = \dfrac{-b}{a^2 + b^2}$.

Acabem de demostrar que l'invers de qualsevol nombre complex $a + bi$ és de la forma $\dfrac{a}{a^2 + b^2} - \dfrac{b}{a^2 + b^2}i$. Com pots comprovar, el nombre complex en què $a = b = 0$ és l'únic que no té invers.

Arrel quadrada d'un nombre complex en forma binòmica

Es tracta de calcular $\sqrt{a + bi}$. Hem d'obtenir un nombre complex $x + yi$ que verifiqui:

$$\sqrt{a + bi} = x + yi \rightarrow (x + yi)^2 = a + bi$$

Vegem-ne un exemple: $\sqrt{4 + 3i} = x + yi$

Elevem al quadrat els dos membres de la igualtat i apliquem la condició d'igualtat entre dos nombres complexos. Obtenim:

$$(\sqrt{4 + 3i})^2 = (x + yi)^2 \rightarrow 4 + 3i = x^2 + 2xyi + y^2i^2 = x^2 - y^2 + 2xyi \rightarrow \left.\begin{aligned} x^2 - y^2 &= 4 \\ 2xy &= 3 \end{aligned}\right\}$$

Si resolem el sistema per substitució, obtenim l'equació $4x^4 - 16x^2 - 9 = 0$, que és biquadrada. Per resoldre-la, fem el canvi $x^2 = t$ i obtenim l'equació $4t^2 - 16t - 9 = 0$, que té per solucions $t_1 = \dfrac{9}{2}$ i $t_2 = -\dfrac{1}{2}$. Només és vàlida la solució $t_1 = \dfrac{9}{2} = x^2$, ja que x és un nombre real, mentre que $x^2 = -\dfrac{1}{2}$ no té solució en aquest conjunt numèric.

En definitiva, les solucions del sistema són: $x = \pm \dfrac{3}{\sqrt{2}} = \pm \dfrac{3\sqrt{2}}{2}$, $y = \pm \dfrac{\sqrt{2}}{2}$.

El nombre complex $4 + 3i$ té per arrels quadrades els nombres complexos oposats:

$$\frac{3\sqrt{2}}{2} + \frac{\sqrt{2}}{2}i \quad \text{i} \quad -\frac{3\sqrt{2}}{2} - \frac{\sqrt{2}}{2}i$$

Pots comprovar que el quadrat de cadascun d'aquests nombres complexos oposats és $4 + 3i$.

En calcular l'arrel quadrada d'un nombre complex s'obtenen dos nombres complexos oposats. El mateix passa amb el càlcul de l'arrel quadrada de nombres reals positius, que dóna com a resultat dos nombres reals oposats.

Activitats finals

1. Resol les equacions següents en el conjunt dels nombres complexos:

a) $x^2 + 2x + 2 = 0$

b) $x^2 - 3x + 6 = 0$

2. Donats els nombres complexos:

$$z_1 = 2 + (3 + p)i \text{ i } z_2 = -5 + 4i$$

determina el valor de p sabent que $z_1 + z_2$ és un nombre real.

R: $p = -7$

3. Per a quins valors de k el nombre complex:

$$z = 5 + (k^2 - 7k + 10)\,i$$

és un nombre real?

4. Expressa en forma binòmica, en forma polar i en forma trigonomètrica els nombres complexos els afixos dels quals estan situats situats als punts:

a) $P(1, -\sqrt{3})$

b) $Q(-3, -3)$

c) $R(-\sqrt{3}, 1)$

5. Calcula:

a) $\left(\frac{1}{3} + 3i\right) - (3 - i) + (2 - 5i)$

b) $10i - [(1 + i) - (4 - 3i)]$

6. Comprova amb un exemple que, quan se suma i quan es multiplica un nombre complex pel seu conjugat, s'obté un nombre real.

7. Donats els nombres complexos $z_1 = 1 - 3i$, $z_2 = -2 - i$ i $z_3 = 2i$, comprova que es verifica la propietat distributiva de la multiplicació respecte de la suma.

8. Calcula en forma binòmica:

a) $(2 - i)^2$ *b)* $(-2 - 3i)^2$ *c)* $(-1 - i)^2$

9. Efectua les operacions del numerador i del denominador en les expressions fraccionàries següents i, després, calcula'n el quocient:

a) $\dfrac{(4 + 7i) + (1 - i)(2 - i)}{(5 + i)^2}$

b) $\dfrac{10 - [(1 - 4i) - (2 - 3i)]}{3i + \left(2 + \sqrt{3}i\right)\left(2 - \sqrt{3}i\right)}$

10. Calcula l'invers de cadascun dels nombres complexos següents, expressa'n el resultat en forma binòmica:

a) $z_1 = 2 + 4i$

b) $z_2 = 5 - 2i$

c) $z_3 = 3_{90°}$

d) $z_4 = 2_{180°}$

11. Donats els nombres complexos $z_1 = 5 + 3i$, $z_2 = -1 - i$ i $z_3 = 3 - 2i$, calcula:

a) $z_1 + z_2 - z_3$

b) $z_1 \cdot z_2$

c) $z_2 : z_3$

d) $(z_3)^3$

e) $z_1 \cdot (z_2 + z_3)$

12. Comprova, sense resoldre l'equació, que el nombre complex $z_1 = -2 + i$ és una solució de l'equació de segon grau $x^2 + 4x + 5 = 0$. Indica quina és l'altra solució.

13. Calcula el resultat de la suma:

$$i^5 + i^7 + i^9 + \ldots + i^{25}$$

14. Demostra que si z és un nombre complex, el quocient $\dfrac{z - \overline{z}}{z + \overline{z}}$, en què $\overline{z}$ és el conjugat de z, és sempre un nombre complex imaginari pur.

15. Escriu en forma polar els nombres complexos que tenen per afixos els vèrtexs de l'hexàgon regular de la Figura 4.6.

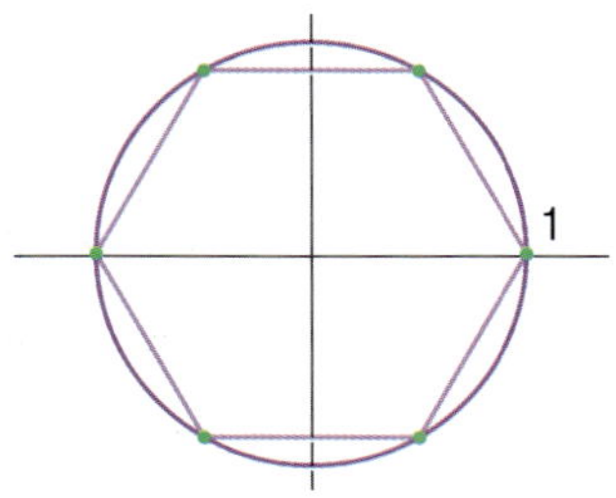

Fig. 4.6

16. Descriu la figura que s'obtindria en representar gràficament tots els nombres complexos de mòdul 2.

17. Donat el nombre complex $1_{60°}$, escriu-lo en forma binòmica. Determina'n l'oposat, el conjugat i l'invers.

18. Calcula $\left(\dfrac{1 - i}{1 + i}\right)^6$. Efectua primer de tot la divisió i després la potència.

Activitats finals

19. Efectua les operacions següents:

a) $\dfrac{2+3i}{2-3i} - \dfrac{2-3i}{2+3i}$

b) $\dfrac{1}{5+2i} + \dfrac{1}{5-2i}$

c) $(7+3i)^2 - (7-3i)^2$

d) $(1+i)^{-3}$

20. Determina el valor de p perquè el quocient $\dfrac{6+pi}{2-3i}$:

a) Sigui un nombre real.

b) Sigui un nombre imaginari pur.

c) Tingui iguals les parts real i imaginària.

21. Considera un nombre complex $z = a + bi$.

a) Quina condició s'ha de complir perquè el seu quadrat sigui imaginari pur?

b) I perquè el seu quadrat sigui un nombre real positiu?

c) I perquè el seu quadrat sigui un nombre real negatiu?

22. Donat el nombre complex $z = 2 + ki$, determina el valor de k perquè:

a) z^3 sigui un nombre real.

b) z^3 sigui imaginari pur.

23. Comprova que la suma de les arrels vuitenes de la unitat dóna com a resultat zero.

24. Descriu la figura que s'obtindria en representar gràficament tots els nombres complexos l'argument dels quals és 60°.

25. Determina el valor de la suma següent:

$$1 + i + i^2 + \ldots + i^{125}$$

26. Expressa en forma binòmica el resultat de la divisió $6_{120°} : 3_{30°}$.

27. Calcula el mòdul i l'argument de la tercera potència de $\sqrt{3} + i$.

28. Esbrina les arrels quartes de $z = 8 + 8\sqrt{3}\,i$.

29. Dibuixa el triangle que té per vèrtexs els afixos de les arrels cúbiques de $8i$. De quin tipus de triangle es tracta?

30. Calcula x i y en l'equació $(x + yi)^2 = 3 - 4i$. Quantes solucions has trobat? Fes-ne la comprovació.

31. Una de les arrels quartes d'un nombre complex és $2_{22,5}$.

a) Quin és aquest nombre complex?

b) Calcula'n les altres tres arrels.

32. Resol les equacions següents i comprova'n les solucions:

a) $x^2 - 2x + 2 = 0$

b) $x^2 - 2x + 5 = 0$

33. Escriu una equació de segon grau una de les solucions de la qual sigui el nombre complex $z_1 = 3 + 4i$.

34. Calcula:

a) $\dfrac{\left[(5+2i)^2 - (5-2i)^2\right](4+2i)}{(1+i)(1-i)}$

b) $\left(i + \dfrac{1}{1+i}\right)^4$

c) $\dfrac{(1-i)^3}{4i} - 2i(1+i)$

d) $\sqrt{3+4i}$

35. Calcula la suma dels quadrats de les arrels cúbiques de –8.

36. Determina les arrels cúbiques de –27. Comprova que una d'aquestes arrels és el nombre real –3.

37. Calcula les arrels quartes de 16 i comprova que dues d'aquestes arrels són nombres reals.

38. Una de les arrels cúbiques del nombre complex z és $2_{130°}$. Calcula z i les altres dues arrels.

39. Utilitza el mètode més senzill per calcular $(-1 - i)^{10}$. Per què creus que el mètode que has utilitzat és el més senzill?

40. Representa gràficament les arrels quartes de 16.

41. Resol les equacions:

a) $x^5 + 32 = 0$

b) $x^3 = i$

c) $2x^4 = -32i$

d) $x^2 = 9i$

Avaluació

1. Resol les equacions següents en el conjunt dels nombres complexos:

a) $x^2 + 25 = 0$

b) $9x^2 + 1 = 0$

c) $x^2 + x + 1 = 0$

d) $x^2 - 4x + 5 = 0$

2. Donats els nombres complexos $z_1 = 1 - 2i$ i $z_2 = -4 + 6i$ calcula:

a) $z_1 + z_2$

b) $z_1 - z_2$

c) $z_1 \cdot z_2$

d) $z_1 : z_2$

3. Expressa els nombres complexos $z_1 = -1 + i$ i $z_2 = 4 - \sqrt{3}\, i$ en forma polar.

Calcula $z_1^4 : z_2$.

4. Considera els nombres complexos $z_1 = 2 + 3i$ i $z_2 = 3 - ki$. Calcula el valor de k per tal que el quocient $z_1 : z_2$ sigui:

a) Un nombre real.

b) Un nombre complex imaginari pur.

5. Una de les arrels quadrades d'un nombre complex z és $z_1 = 3 + 5i$. Calcula z i l'altra arrel quadrada, z_2.

6. Determina les arrels quartes de –16 i expressa el resultat en forma polar i en forma binòmica.

5

Vectors en el pla

Un cotxe teledirigit està en un punt O. Si fem que es desplaci 10 m, quina serà la seva posició final?

Evidentment, si no ens donen més dades, no la podem saber. L'únic que podem afirmar és que se situarà en un punt de la circumferència traçada amb el centre el punt O i radi 10 m (Fig. 5.1).

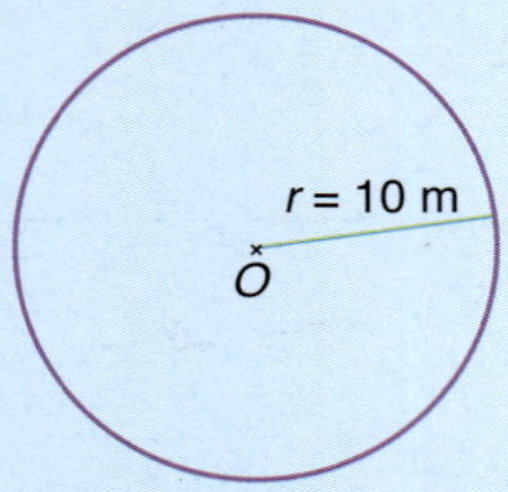

Fig. 5.1

Ara bé, si a més ens diuen que el desplaçament forma un angle de 30° amb el sentit positiu de l'eix OX de la referència cartesiana de la Figura 5.2, la resposta és immediata: se situarà al punt P.

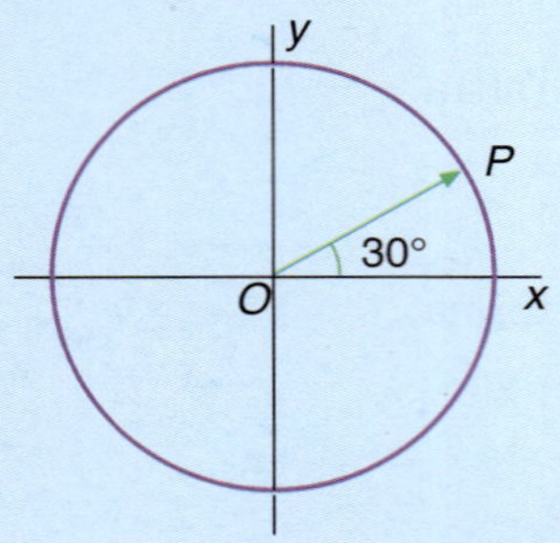

Fig. 5.2

Les magnituds desplaçament, velocitat, força i moltes altres no queden perfectament determinades en donar un nombre i la unitat de mesura. També ens cal conèixer una direcció i un sentit. S'anomenen magnituds vectorials i es representen mitjançant vectors.

Un vector és un segment orientat la longitud del qual s'anomena mòdul del vector (Fig. 5.3).

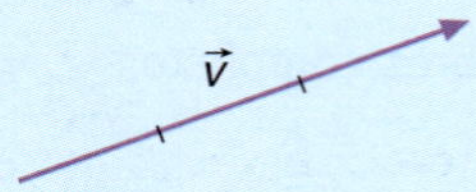

Fig. 5.3

El vector $\vec{v}$ mesura 3 cm. El seu mòdul és 3 i ho expressem $|\vec{v}| = 3$. Dos vectors tenen la mateixa direcció si estan situats sobre rectes paral·leles.

Els vectors $\vec{p}$, $\vec{q}$, $\vec{r}$ i $\vec{s}$ tenen la mateixa direcció (Fig. 5.4). En cada direcció hi ha dos sentits que anomenem contraris. Els vectors $\vec{p}$ i $\vec{r}$ tenen el mateix sentit, però els vectors $\vec{r}$ i $\vec{s}$ tenen sentit contrari.

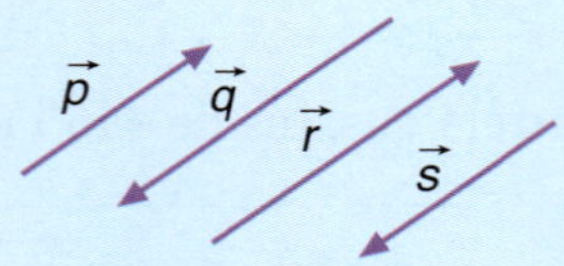

Fig. 5.4

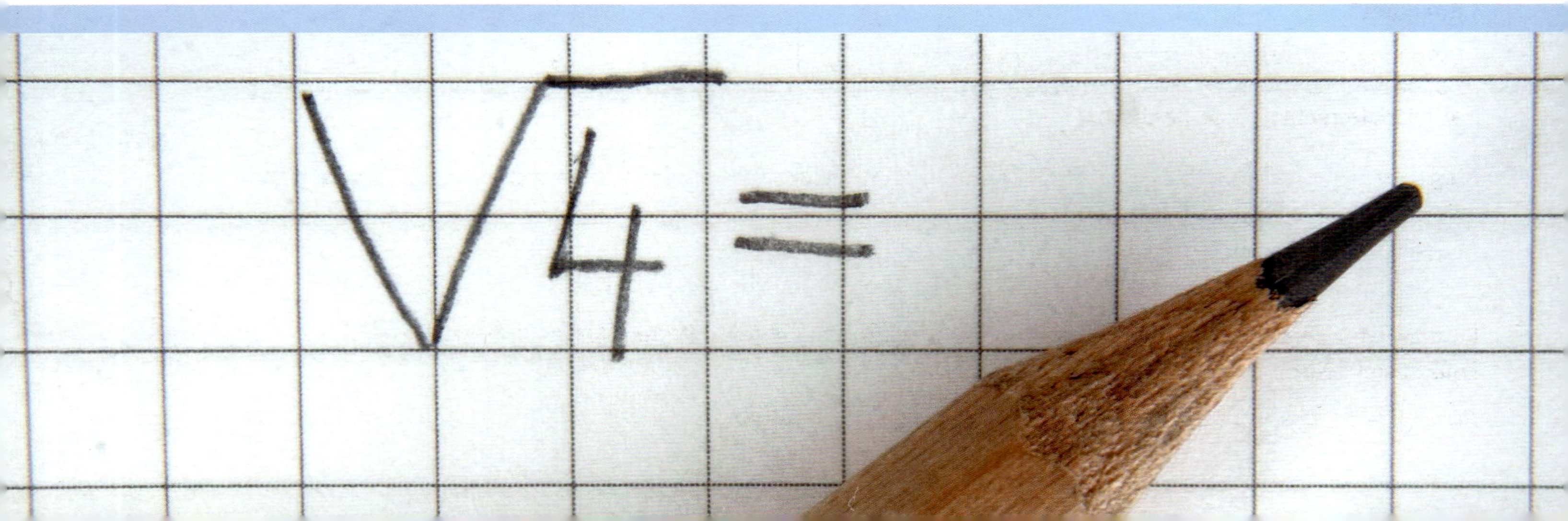

1. Components cartesians d'un vector

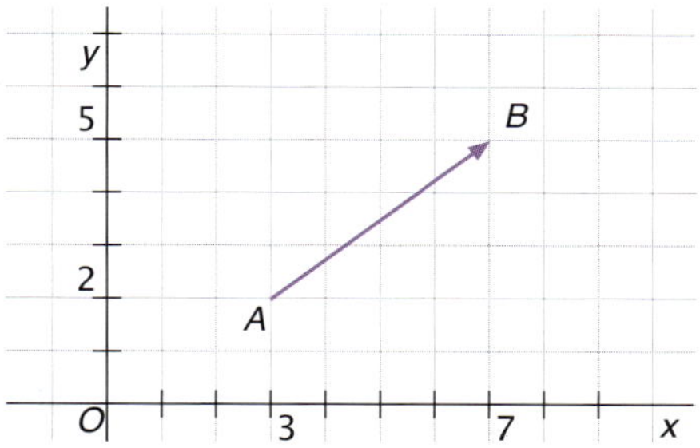

Fig. 5.5

Suposem un pla en què hi ha definit un sistema de coordenades cartesianes. Per anar des del punt $A(3, 2)$ fins al punt $B(7, 5)$ pel camí més curt (Fig. 5.5), ho farem seguint la direcció de la recta determinada per aquests dos punts, el sentit $A \rightarrow B$ i desplaçant-nos una distància igual a la longitud del segment AB.

El vector $\overrightarrow{AB}$, amb l'origen al punt A i l'extrem al punt B, ens permet representar de manera senzilla aquest moviment.

> **Recorda**
>
> La manera més habitual de representar punts i vectors del pla és mitjançant un parell ordenat de nombres. Cal que diferenciïs sempre quan es tracta de les cordenades d'un punt i quan es tracta dels components d'un vector.
>
> El mòdul d'un vector sempre és positiu. No té sentit parlar de longituds negatives.

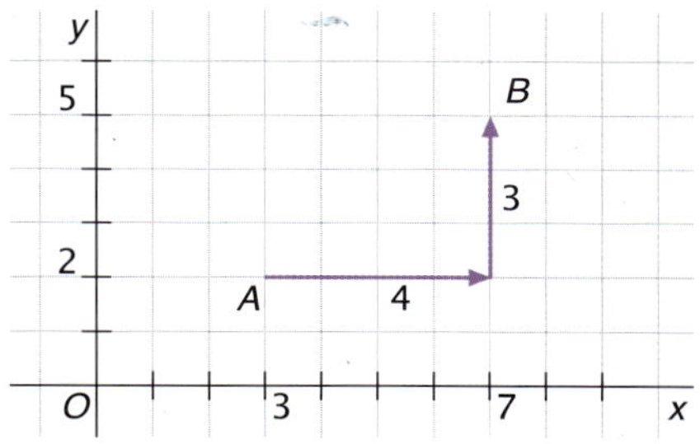

Fig. 5.6

Si per anar de A a B ho volem fer seguint les direccions dels eixos de coordenades, de manera que es comenci el moviment en la direcció de l'eix OX, hauríem de moure'ns 4 unitats en el sentit positiu de la direcció de l'eix OX i 3 unitats en el sentit positiu de la direcció de l'eix OY (Fig. 5.6).

Representem aquest moviment mitjançant el parell ordenat de nombres (4, 3), que anomenem *components cartesians* del vector $\overrightarrow{AB}$.

> Els **components cartesians** d'un vector es representen per un parell ordenat de nombres reals.

Escrivim: $\overrightarrow{AB} = (4, 3)$.

Observa que els components cartesians d'un vector s'obtenen restant ordenadament a les coordenades del seu extrem les coordenades del seu origen.

Origen: $A(3, 2)$ Extrem: $B(7, 5)$

Components cartesians del vector $\overrightarrow{AB}$
- Component x: $7 - 3 = 4$
- Component y: $5 - 2 = 3$

Exemple 1

Quant mesura el mòdul del vector $\overrightarrow{AB}$ (Fig. 5.7)?

Resolució

Es tracta de determinar la longitud del segment AB. Només ens cal aplicar el teorema de Pitàgores al triangle rectangle de la figura.

$\overrightarrow{AB} = (4, 3)$ $|\overrightarrow{AB}| = \sqrt{4^2 + 3^2} = \sqrt{25} = 5$

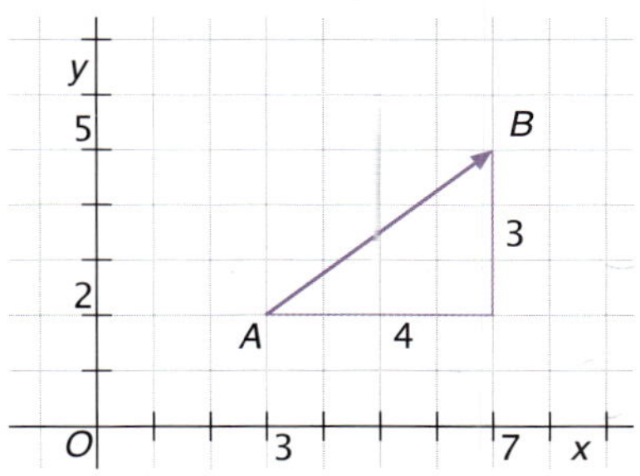

Fig. 5.7

En general, donat el vector amb l'origen al punt $P(x_1, y_1)$ i l'extrem al punt $Q(x_2, y_2)$, els components cartesians del vector $\overrightarrow{PQ}$ són:

$\overrightarrow{PQ} = (x_2 - x_1, y_2 - y_1)$ i el seu mòdul, $|\overrightarrow{PQ}| = \sqrt{(x_2 - x_1)^2 + (y_2 - y_1)^2}$.

Exemple 2

El vector $\overrightarrow{PQ} = (-4, 2)$ té l'origen al punt $P(2, -3)$ (Fig. 5.8). Determina:

a) Les coordenades de l'extrem Q.

b) El mòdul d'aquest vector.

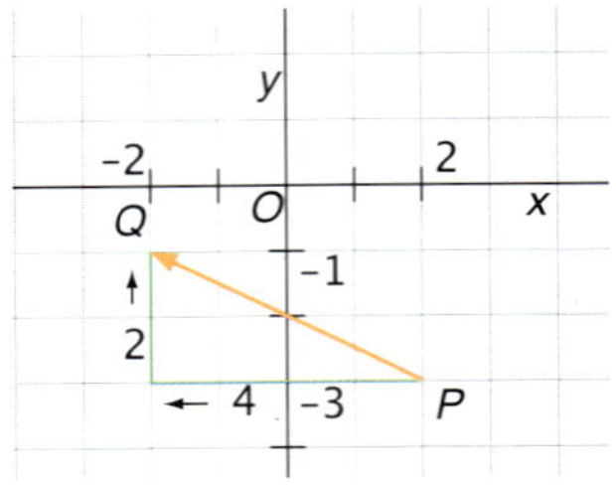

Fig. 5.8

Resolució

a) Resolució gràfica

Si a partir del punt P ens movem 4 unitats en el sentit negatiu de l'eix OX i 2 unitats en el sentit positiu de l'eix OY, arribarem al punt Q. Observa la figura i comprova que $Q(-2, -1)$.

Resolució analítica

Anomenem $Q(x, y)$,

$$\left.\begin{matrix} P(2, -3) \\ Q(x, y) \end{matrix}\right\} \overrightarrow{PQ} = (-4, 2) \begin{cases} x - 2 = -4 & \rightarrow x = -2 \\ y - (-3) = 2 & \rightarrow y = -1 \end{cases}$$

Per tant, $Q(-2 -1)$.

b) $|\overrightarrow{PQ}| = \sqrt{(-4)^2 + 2^2} = \sqrt{16 + 4} = \sqrt{20} = 2\sqrt{5}$

Activitats

1. Compara els sentits dels parells de vectors (Fig. 5.4) següents:

a) $\vec{p}$ i $\vec{q}$ *b)* $\vec{q}$ i $\vec{r}$ *c)* $\vec{q}$ i $\vec{s}$

2. Dibuixa dos vectors que tinguin el mateix mòdul, la mateixa direcció i els sentits contraris.

3. Dibuixa dos vectors que tinguin diferent mòdul i diferent direcció. Pots comparar-ne els sentits?

4. Determina els components cartesians i el mòdul de cadascun dels vectors següents. En cada cas fes-ne la representació gràfica.

a) $\overrightarrow{AB}$ amb $A(-2, 4)$ i $B(6, 10)$.

b) $\overrightarrow{CD}$ amb $C(6, 2)$ i $D(3, -2)$.

c) $\overrightarrow{EF}$ amb $E(0, 0)$ i $F(-1, -3)$.

d) $\overrightarrow{GH}$ amb $G(-1, -2)$ i $H(-4, -9)$.

5. Es pot definir el vector nul com el que té l'origen i l'extrem al mateix punt. Quins són els components cartesians i el mòdul del vector nul?

6. Sabent que $\overrightarrow{RS} = (4, -7)$ i $R(6, 2)$, determina les coordenades del punt S analíticament i gràficament.

7. Donats els punts $P(5, -2)$ i $Q(8, 2)$, calcula els components cartesians i el mòdul dels vectors $\overrightarrow{PQ}$ i $\overrightarrow{QP}$. Representa'ls gràficament i compara'n el mòdul, la direcció i el sentit.

8. Les coordenades de l'extrem del vector $\overrightarrow{AB} = (5, -3)$ són $(1, 4)$. Determina'n les coordenades de l'origen. Fes-ne la resolució gràfica i l'analítica.

R: $A\ (-4, 7)$

Activitats

9. Representa gràficament els vectors:

a) $\overrightarrow{MN} = (5, 3)$ amb $M(-1, 2)$.

b) $\overrightarrow{PQ} = (-1, -4)$ amb $Q(2, 5)$.

c) $\overrightarrow{RS} = (2, -3)$ amb $R(-1, -4)$.

2. Vector posició d'un punt

La posició d'un punt P en un sistema de coordenades cartesianes queda perfectament determinada si se'n coneixen l'abscissa a i l'ordenada b.

Fixa't en el vector $\overrightarrow{OP} = \vec{p}$ de la Figura 5.9. Té per origen l'origen de coordenades i per extrem, el punt P.

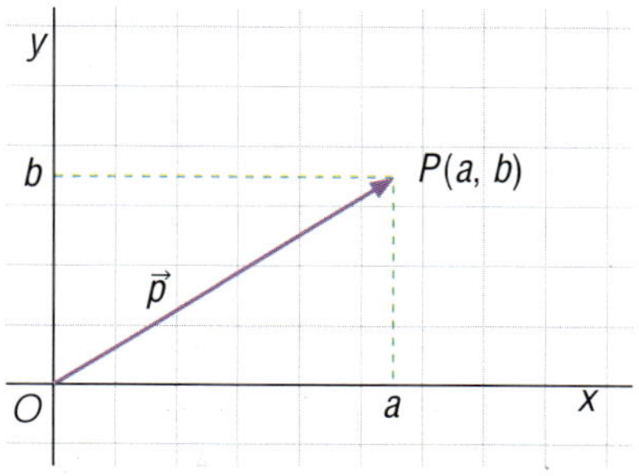

Fig. 5.9

S'anomena **vector posició** del punt P i els seus components cartesians coincideixen amb les coordenades del punt P.

$$\vec{p} = \overrightarrow{OP} = (a - 0, b - 0) = (a, b)$$

Així, el vector posició del punt $A(1, -3)$ és el vector $\vec{a} = \overrightarrow{OA} = (1, -3)$.

Hi ha una altra manera de determinar la posició d'un punt P en una referència cartesiana.

Observa a la Figura 5.10 que P queda determinat si coneixem la longitud r del segment OP i l'angle α que forma la recta que conté aquest segment amb el sentit positiu de l'eix OX.

Lògicament, determinat el punt P, també queda determinat el seu vector posició $\vec{p} = \overrightarrow{OP}$. En efecte, la longitud del segment OP ens en dóna el mòdul i l'angle α, la direcció i el sentit (Fig. 5.11).

A la Figura 5.12 hem representat els punts P i Q de vectors posició respectius $\vec{p} = 3_{30°}$ i $\vec{q} = 3_{210°}$. Observa que tenen el mateix mòdul, la mateixa direcció i sentits contraris.

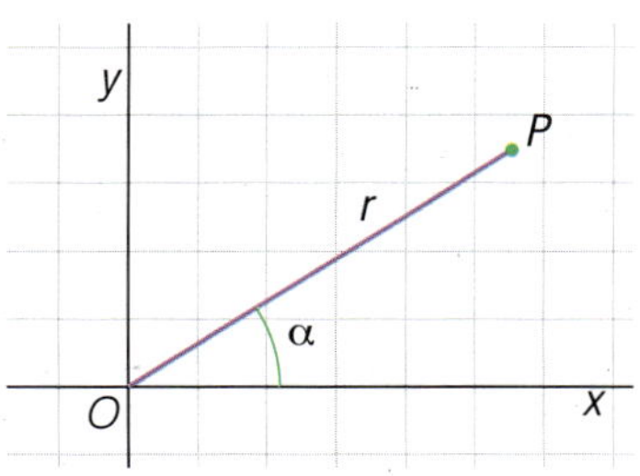

Fig. 5.10

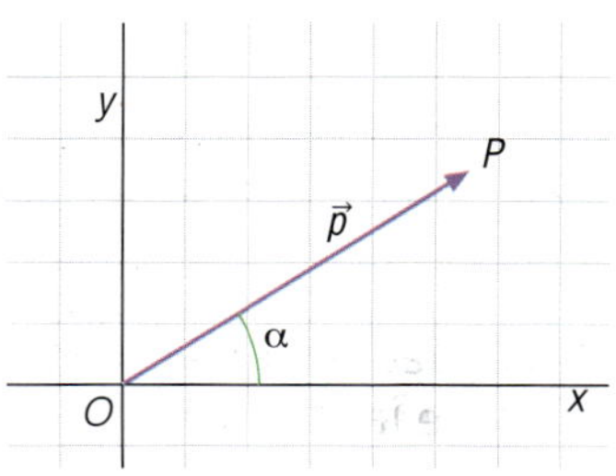

Fig. 5.11

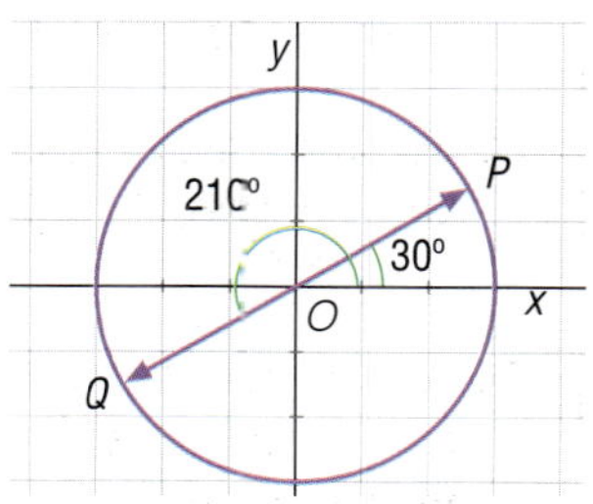

Fig. 5.12

Expressem el vector $\vec{p}=\overrightarrow{OP}$ en la forma $|\vec{p}|_\alpha$, que s'anomena forma **polar** del vector. L'angle α es coneix amb el nom d'**argument** del vector.

Exemple 3

Expressa en forma polar el vector posició del punt $P(4, 3)$.

Resolució

Es tracta de calcular el mòdul i l'argument del vector $\vec{p}$. Si et fixes en la Figura 5.13 veuràs que:

$$|\vec{p}| = \sqrt{4^2+3^2} = \sqrt{25} = 5$$

$$\text{tg}\ \alpha = \frac{3}{4} \rightarrow \alpha = 36{,}87°$$

Per tant, $\vec{p} = 5_{36,87°}$.

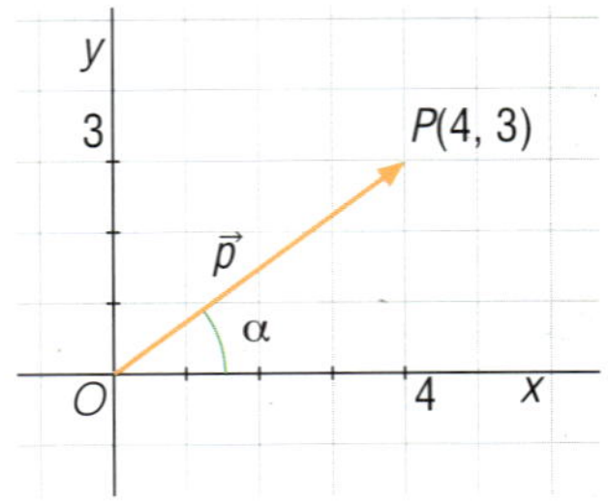

Fig. 5.13

Exemple 4

Quines són les coordenades cartesianes del punt Q el vector posició del qual expressat en forma polar és $\vec{q} = 4_{60°}$?

Resolució

Anomenem $Q(a, b)$. Per determinar a i b ens fixem en el triangle rectangle de la Figura 5.14.

$$a = 4 \cdot \cos 60° = 4 \cdot \frac{1}{2} = 2$$

$$b = 4 \cdot \sin 60° = 4 \cdot \frac{\sqrt{3}}{2} = 2\sqrt{3}$$

En conseqüència, $Q(2, 2\sqrt{3})$.

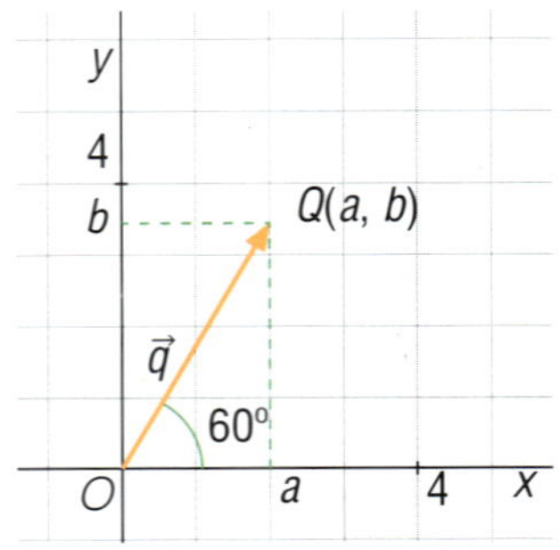

Fig. 5.14

Activitats

10. Si el mòdul d'una força és $|\vec{F}| = 40$ N, esbrina els components cartesians d'aquesta força (Fig. 5.15).

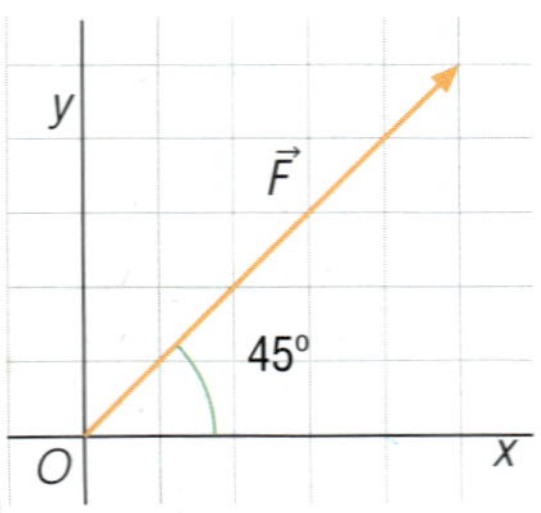

Fig. 5.15

R: $\vec{F} = (20\sqrt{2}, 20\sqrt{2})$ N

11. Expressa en forma polar el vector posició de cadascun dels punts següents:

a) $(1, -1)$ *b)* $(-1, 1)$

c) $(-1, -\sqrt{3})$ *d)* $(\sqrt{2}, \sqrt{2})$

e) $(5, 12)$ *f)* $(-8, 6)$

12. Calcula les coordenades cartesianes dels punts M, N, R i S els vectors posició dels quals són, respectivament:

$\vec{m} = 6_{45°}$ $\vec{n} = 4_{150°}$ $\vec{r} = 2_{240°}$ $\vec{s} = 10_{300°}$

R: $M(3\sqrt{2}, 3\sqrt{2})$; $N(-2\sqrt{3}, 2)$; $R\ (-1, -\sqrt{3})$; $S(5, -5\sqrt{3})$

3. Vectors equipol·lents

Quins són els components cartesians dels vectors $\overrightarrow{AB}$ i $\overrightarrow{CD}$ representats a la Figura 5.12?

$$\overrightarrow{AB} = (4 - 2,\ 2 - 7) = (2,\ -5) \qquad \overrightarrow{CD} = (7 - 5,\ 0 - 5) = (2,\ -5)$$

Els vectors $\overrightarrow{AB}$ i $\overrightarrow{CD}$ tenen els mateixos components. Diem que són *equipol·lents*.

Dos vectors equipol·lents, malgrat que tinguin diferents l'origen i l'extrem, són la representació d'un mateix moviment sobre el pla. En el nostre cas, aquest moviment és 2 unitats en el sentit positiu de l'eix OX i 5 unitats en el sentit negatiu de l'eix OY. Representen, per tant, un mateix vector que anomenem **vector lliure.** Escrivim la igualtat: $\overrightarrow{AB} = \overrightarrow{CD} = (2,\ -5)$.

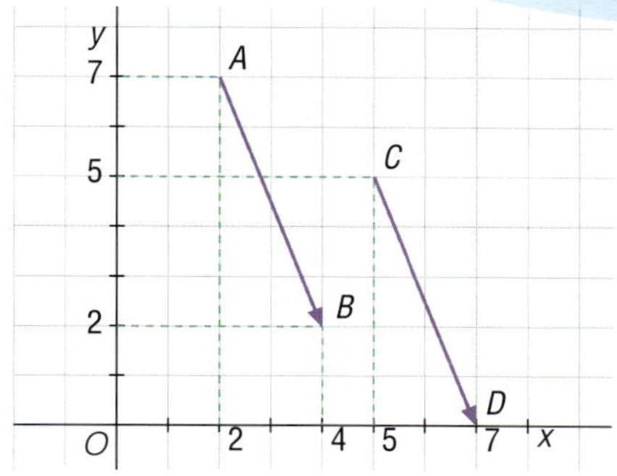

Fig. 5.16

> Donats dos vectors $\vec{v} = (a,\ b)$ i $\vec{w} = (c,\ d)$ diem que són **equipol·lents** si es verifiquen les igualtats $a = c$ i $b = d$.
>
> Escrivim: $\vec{v} = \vec{w} \rightarrow (a,\ b) = (c,\ d) \rightarrow a = c$ i $b = d$

Fixa-t'hi

Si tenim dos vectors equipol·lents, un simple moviment de translació sobre el pla ens permet passar de l'un a l'altre.

Dos vectors equipol·lents sempre tenen el mateix mòdul, la mateixa direcció i el mateix sentit.

Activitats

13. El vector $\vec{r}$ té l'origen en el punt (0, 1) i l'extrem en el punt (2, −3). El vector $\vec{t}$, equipol·lent a l'anterior, té l'origen en el punt (2, −4). Troba'n les coordenades de l'extrem.

R: (4, −8)

14. Dibuixa els vectors $\vec{r}$ i $\vec{t}$ de l'activitat anterior i uneix-ne, per mitjà de segments, els punts origen i els punts extrem. Quina figura obtens?

15. Considera els punts $A(3,\ -2)$, $B(5,\ 4)$, $C(1,\ -5)$ i $D(x,\ y)$. Calcula les coordenades del punt D sabent que els vectors $\overrightarrow{AB}$ i $\overrightarrow{CD}$ són equipol·lents.

R: $D(3,\ 1)$

16. Els punts A, B i C de la Figura 5.17 són tres vèrtexs consecutius d'un paral·lelogram. Esbrina les coordenades del quart vèrtex D.

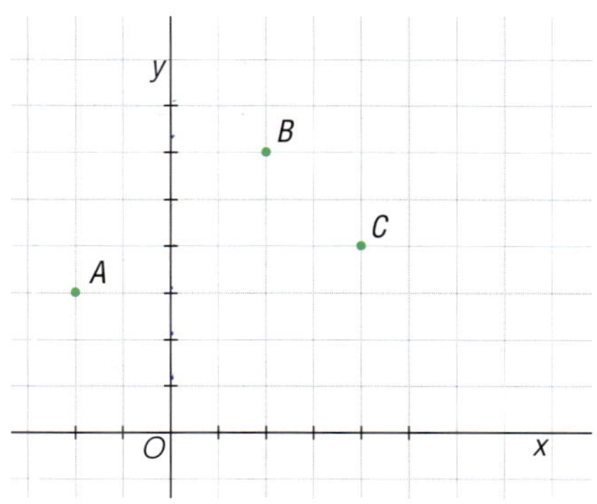

Fig. 5.17

4. Operacions amb vectors

4.1 Suma de dos vectors

Dibuixem el vector $\vec{a} = \overrightarrow{OA} = (2,\ 5)$ i, a continuació, consecutiu a l'anterior, el vector $\vec{b} = \overrightarrow{AB} = (4,\ 3)$ (Fig. 5.18).

Els components del vector $\vec{s} = \overrightarrow{OB}$ són $(2 + 4,\ 3 + 5) = (6,\ 8)$.

Aquest vector $\vec{s}$ l'anomenem *vector suma dels vectors* $\vec{a}$ i $\vec{b}$.

Escrivim $\vec{s} = \vec{a} + \vec{b}$ o, el que és el mateix, $\overrightarrow{OB} = \overrightarrow{OA} + \overrightarrow{AB}$.

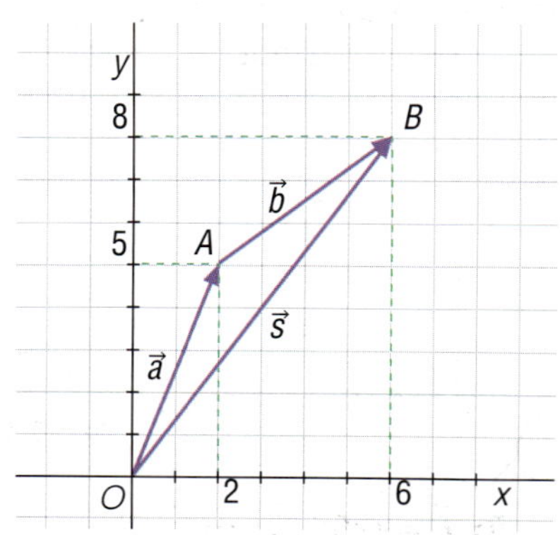

Fig. 5.18

Anomenem **vector suma** dels vectors $\vec{a} = (a_1, a_2)$ i $\vec{b} = (b_1, b_2)$ el vector $\vec{s}$ que té com a components $(a_1 + b_1, a_2 + b_2)$.

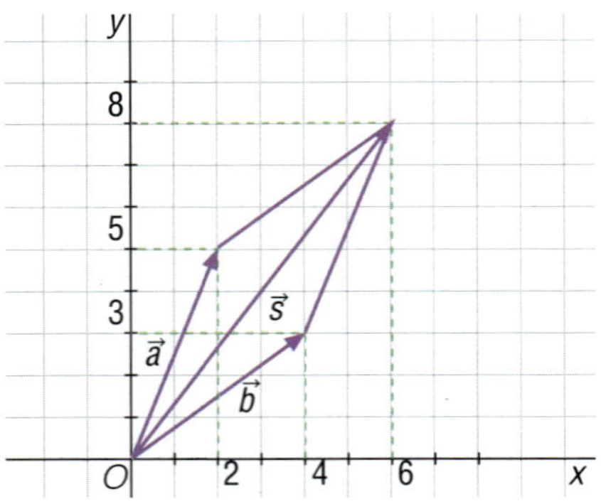

Fig. 5.19

Si dibuixem els dos vectors $\vec{a} = (2, 5)$ i $\vec{b} = (4, 3)$ amb origen comú en el punt O i completem el paral·lelogram que té aquests vectors com a costats consecutius, podem observar que la diagonal del vèrtex O representa el vector $\vec{s} = \vec{a} + \vec{b}$ (Fig. 5.19). Intenta explicar-ne el perquè.

Fixa-t'hi

Per **restar** dos vectors només ens cal sumar el primer amb l'oposat del segon.

$\vec{a} - \vec{b} = \vec{a} + (-\vec{b})$

Propietats de la suma de vectors

La definició que acabem de veure permet comprovar fàcilment que la suma de vectors verifica les propietats següents:

- **Commutativa:** $\vec{a} + \vec{b} = \vec{b} + \vec{a}$
- **Associativa:** $\vec{a} + (\vec{b} + \vec{c}) = (\vec{a} + \vec{b}) + \vec{c}$
- **Element neutre:** s'anomena vector nul i s'expressa $\vec{0} = (0, 0)$.

$$\vec{a} + \vec{0} = \vec{a}$$

- **Element simètric:** cada vector $\vec{a}$ té un vector oposat, que representem per $-\vec{a}$, que verifica:

$$\vec{a} + (-\vec{a}) = \vec{0}$$

L'oposat del vector $\vec{a} = (a_1, a_2)$ és el vector $-\vec{a} = (-a_1, -a_2)$. La suma d'aquests vectors dóna, en efecte, el vector nul:

$$\vec{a} + (-\vec{a}) = (a_1, a_2) + (-a_1, -a_2) = (0, 0)$$

4.2 Multiplicació d'un vector per un nombre real

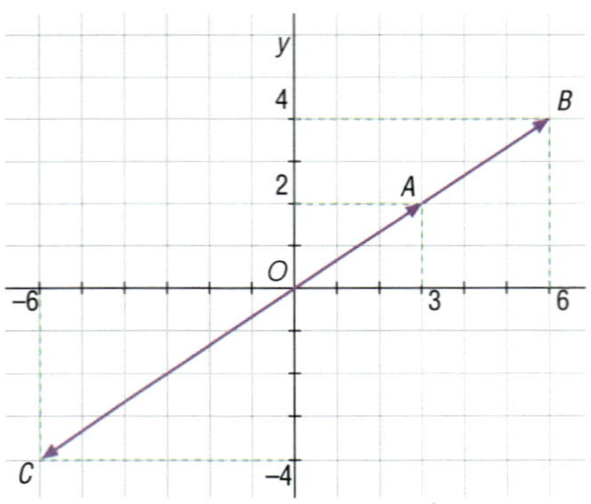

Fig. 5.20

Dibuixem el vector $\overrightarrow{OA} = (3, 2)$ i, a continuació, el vector $\overrightarrow{OB} = (6, 4)$ (Fig. 5.20).

Es tracta de dos vectors que tenen la mateixa direcció i el mateix sentit. Observa que els components del vector $\overrightarrow{OB}$ es poden obtenir multiplicant per 2 els components del vector $\overrightarrow{OA}$. Escrivim $(6, 4) = 2 \cdot (3, 2)$, o bé $\overrightarrow{OB} = 2 \cdot \overrightarrow{OA}$.

Fixem-nos ara en el vector $\overrightarrow{OC}$. Els seus components són $(-6, -4)$ i resulten de multiplicar per -2 els components del vector $\overrightarrow{OA}$. A més, els vectors $\overrightarrow{OC}$ i $\overrightarrow{OA}$ tenen la mateixa direcció i sentit contrari. Es verifica $(-6, -4) = -2 \cdot (3, 2)$ i, per tant, $\overrightarrow{OC} = -2 \cdot \overrightarrow{OA}$.

Si $\vec{a} = (a_1, a_2)$ i $k \in \mathbb{R}$, anomenem **producte** de k per $\vec{a}$ el vector $\vec{b}$ de components (ka_1, ka_2). Escrivim:

$$\vec{b} = k \cdot \vec{a}$$

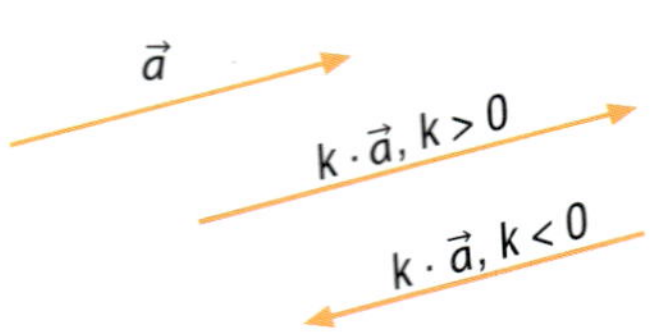

Fig. 5.21

Els vectors $\vec{a}$ i $k \cdot \vec{a}$ sempre tenen la mateixa direcció. Si $k > 0$ també tenen el mateix sentit, i si $k < 0$, tenen sentit contrari (Fig. 5.21).

Quina relació hi ha entre els seus mòduls? Vegem-ho:

$$\vec{a} = (a_1, a_2) \quad \rightarrow \quad |\vec{a}| = \sqrt{a_1^2 + a_2^2}$$
$$k \cdot \vec{a} = k \cdot (a_1, a_2) = (ka_1, ka_2)$$
$$|k \cdot \vec{a}| = \sqrt{k^2 a_1^2 + k^2 a_2^2} = \sqrt{k^2(a_1^2 + a_2^2)} = |k| \cdot \sqrt{a_1^2 + a_2^2} = |k| \cdot |\vec{a}|$$

Per tant, $|k \cdot \vec{a}| = |k| \cdot |\vec{a}|$

Fixa-t'hi

Prenem k en valor absolut perquè el mòdul d'un vector és un nombre real positiu.

Propietats de la multiplicació d'un vector per un nombre real

- $k \cdot (\vec{a} + \vec{b}) = k \cdot \vec{a} + k \cdot \vec{b}$
- $(k+h) \cdot \vec{a} = k \cdot \vec{a} + h \cdot \vec{a}$
- $(k \cdot h) \cdot \vec{a} = k \cdot (h \cdot \vec{a})$
- $1 \cdot \vec{a} = \vec{a}$

Utilitzem indistintament el signe + tant per sumar dos nombres com per sumar dos vectors. De la mateixa manera, fem servir el mateix signe · per multiplicar dos nombres i per multiplicar un nombre per un vector. Cal tenir clar què sumem i què multipliquem per saber què és el que obtenim.

Activitats

17. Donats els vectors:

$\vec{a} = (2, -4), \vec{b} = (-5, 7)$ i $\vec{c} = (7, -1)$

comprova que es verifica:

a) $\vec{a} + \vec{b} = \vec{b} + \vec{a}$

b) $\vec{a} + (\vec{b} + \vec{c}) = (\vec{a} + \vec{b}) + \vec{c}$

c) $2 \cdot (\vec{a} + \vec{b}) = 2 \cdot \vec{a} + 2 \cdot \vec{b}$

d) $(3 + 4) \cdot \vec{c} = 3 \cdot \vec{c} + 4 \cdot \vec{c}$

e) $\vec{a} - \vec{b} = -(\vec{b} - \vec{a})$

f) $\frac{1}{2} \cdot (4 \cdot \vec{a}) = 2 \cdot \vec{a}$

18. Determina els components dels vectors $3 \cdot \vec{v}$ i $-4 \cdot \vec{v}$ si $\vec{v} = (-3, 2)$. Compara el mòdul, la direcció i el sentit de cadascun dels dos vectors amb el mòdul, la direcció i el sentit del vector $\vec{v}$.

19. Si $\vec{p} = (4, 2)$ i $\vec{q} = (-2, 3)$, quins són els components del vector $\vec{s} = \vec{p} + \vec{q}$? Dibuixa els vectors $\vec{p}$ i $\vec{q}$ amb origen a l'origen de coordenades i determina gràficament el vector $\vec{s}$. Comprova que coincideix amb el resultat que havies obtingut. Calcula el mòdul dels vectors $\vec{p}, \vec{q}$ i $\vec{s}$, i comprova que es verifica $|\vec{s}| \leq |\vec{p}| + |\vec{q}|$.

20. Donats els vectors $\vec{c} = (-2, 7)$ i $\vec{d} = (5, -3)$, calcula els components dels vectors $2 \cdot \vec{c} + 3 \cdot \vec{d}$ i $3 \cdot \vec{c} - 2 \cdot \vec{d}$.

R: (11, 5); (–16, 27)

21. S'anomenen vectors unitaris els vectors que tenen mòdul 1. Quin és el mòdul del vector $\vec{v} = (3, 4)$?

Comprova que el vector $\vec{u} = \left(\frac{3}{5}, \frac{4}{5}\right)$ és unitari i que té la mateixa direcció i el mateix sentit que el vector $\vec{v}$. Hi ha un altre vector unitari en la mateixa direcció que $\vec{v}$? Quin?

22. Raona per què el vector, $\vec{u} = \frac{1}{|\vec{v}|} \cdot \vec{v}$ és un vector unitari que té la mateixa direcció i el mateix sentit que el vector $\vec{v}$.

Determina els vectors unitaris en la direcció i el sentit dels vectors:

a) $\vec{a} = (5, -12)$

b) $\vec{b} = (-6, 8)$

c) $\vec{c} = (-2, -4)$

d) $\vec{d} = (1, \sqrt{3})$

5. Combinació lineal de vectors. Dependència i independència lineal

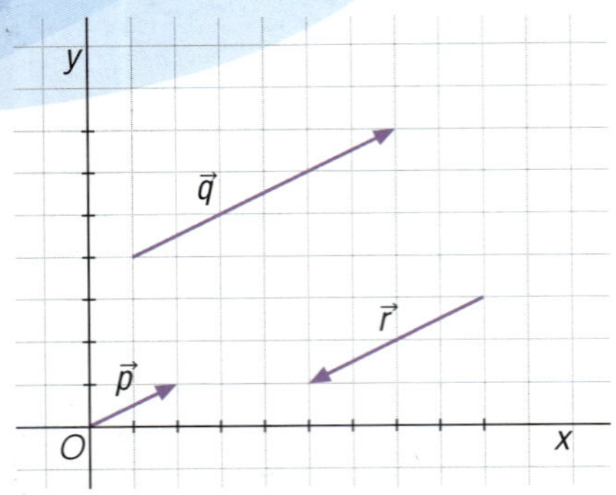

Fig. 5.22

Els vectors $\vec{p}$ i $\vec{q}$ de la Figura 5.22 verifiquen $\vec{q} = 3 \cdot \vec{p}$.

Diem que el vector $\vec{q}$ és combinació lineal del vector $\vec{p}$.

També el vector $\vec{r}$ és combinació lineal de $\vec{p}$ perquè $\vec{r} = -2 \cdot \vec{p}$.

Els vectors $\vec{a}$, $\vec{b}$ i $\vec{c}$ de la Figura 5.23 verifiquen $\vec{c} = 2 \cdot \vec{a} + 3 \cdot \vec{b}$.

Diem que el vector $\vec{c}$ és combinació lineal dels vectors $\vec{a}$ i $\vec{b}$.

De la mateixa manera, el vector $\vec{d}$ també és combinació lineal dels vectors $\vec{a}$ i $\vec{b}$ perquè $\vec{d} = 2 \cdot \vec{a} - \vec{b}$.

Una **combinació lineal** d'un vector $\vec{v}$ és qualsevol altre vector $\vec{w}$ de la forma $\vec{w} = k \cdot \vec{v}$ on k és un nombre real.

De la mateixa manera, una **combinació lineal** de dos vectors $\vec{a}$ i $\vec{b}$ és qualsevol altre vector $\vec{c}$ de la forma $\vec{c} = k \cdot \vec{a} + h \cdot \vec{b}$ amb k i h nombres reals.

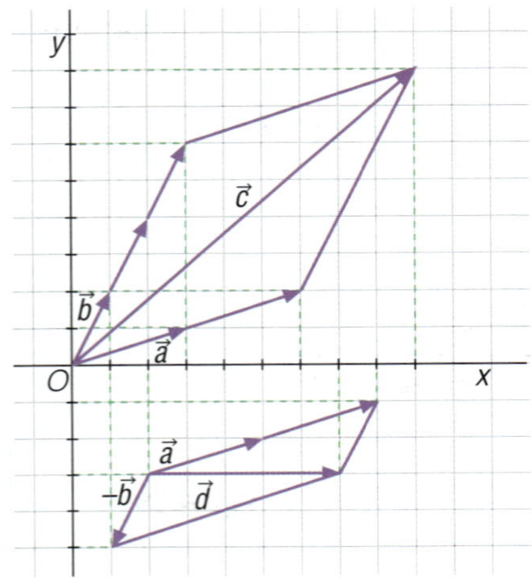

Fig. 5.23

Donats dos vectors, quina condició han de complir perquè l'un sigui combinació lineal de l'altre?

Si anomenem $\vec{p}$ i $\vec{q}$ els vectors, ha d'existir un nombre real k que faci possible la igualtat $\vec{p} = k \cdot \vec{q}$. Ja saps que aquesta igualtat només és possible si els vectors $\vec{p}$ i $\vec{q}$ tenen la mateixa direcció. Aleshores, diem que els vectors $\vec{p}$ i $\vec{q}$ són *linealment dependents*.

En cas que els dos vectors no tinguin la mateixa direcció, no és possible determinar cap nombre real que verifiqui la igualtat anterior i diem que $\vec{p}$ i $\vec{q}$ són dos vectors *linealment independents*.

Dos vectors que tenen la mateixa direcció sempre són **linealment dependents.**

Dos vectors que tenen diferent direcció sempre són **linealment independents.**

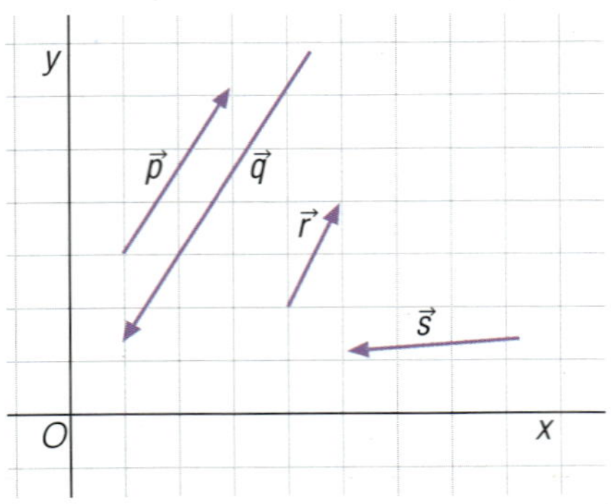

Fig. 5.24

A la Figura 5.24, $\vec{p}$ i $\vec{q}$ són linealment dependents, mentre que $\vec{r}$ i $\vec{s}$ són linealment independents. Ho podem expressar, respectivament:

$$\vec{p} = k \cdot \vec{q} \qquad \vec{r} \neq k \cdot \vec{s}$$

Si coneixem els components cartesians dels dos vectors, és molt senzill veure si són dependents o independents.

En efecte, suposem que els vectors $\vec{p} = (p_1, p_2)$ i $\vec{q} = (q_1, q_2)$ són linealment dependents. Es verifica:

$$\vec{p} = k \cdot \vec{q} \rightarrow (p_1, p_2) = k \cdot (q_1, q_2) \rightarrow (p_1, p_2) = (kq_1, kq_2) \rightarrow$$

$$\rightarrow p_1 = kq_1 \text{ i } p_2 = kq_2 \rightarrow k = \frac{p_1}{q_1} = \frac{p_2}{q_2}$$

Per tant, si $\vec{p}$ i $\vec{q}$ són linealment dependents, els components cartesians respectius són proporcionals i, a l'inrevés, si dos vectors tenen proporcionals els components cartesians respectius, són linealment dependents. Naturalment, si no es verifica aquesta proporcionalitat, els dos vectors són linealment independents.

Fixa-t'hi

$$\vec{p} = k \cdot \vec{q} \rightarrow \vec{q} = \frac{1}{k} \cdot \vec{p}$$

amb $k \in \mathbb{R}$ i $k \neq 0$.

Així, els vectors $\vec{p} = (-2, 5)$ i $\vec{q} = (6, -15)$ són linealment dependents perquè $\frac{-2}{6} = \frac{5}{-15}$. En conseqüència, podem escriure $\vec{p} = \frac{-1}{3} \cdot \vec{q}$ o, també, $\vec{q} = -3 \cdot \vec{p}$. En canvi, els vectors $\vec{r} = (3, -1)$ i $\vec{s} = (4, 3)$ són linealment independents perquè $\frac{3}{4} \neq \frac{-1}{3}$. No hi ha cap nombre real k que verifiqui $\vec{r} = k \cdot \vec{s}$.

I si tenim tres vectors del pla, sempre podrem escriure'n algun en combinació lineal dels altres dos?

Vegem-ho amb un exemple concret.

Exemple 5

Considerem els vectors $\vec{p} = (2, -1)$, $\vec{q} = (5, 2)$ i $\vec{r} = (11, -1)$. Expressa el vector $\vec{r}$ en combinació lineal dels altres dos.

Resolució

Han d'existir dos nombres reals k i h que verifiquin que $\vec{r} = k \cdot \vec{p} + h \cdot \vec{q}$. Expressant els vectors en components, tenim que:

$$(11, -1) = k \cdot (2, -1) + h \cdot (5, 2) \rightarrow$$
$$(11, -1) = (2k, -k) + (5h, 2h) \rightarrow$$
$$(11, -1) = (2k + 5h, -k + 2h) \rightarrow$$
$$11 = 2k + 5h \text{ i } -1 = -k + 2h$$

Aquestes dues equacions s'han de verificar alhora. Per tant, es tracta de resoldre el sistema:

$$\left.\begin{aligned} 11 &= 2k + 5h \\ -1 &= -k + 2h \end{aligned}\right\}$$

La solució del sistema és $k = 3$, $h = 1$. Comprova-ho.

Per tant, $\vec{r} = 3 \cdot \vec{p} + \vec{q}$. Si et fixes en la Figura 5.25, pots comprovar que efectivament és així.

Hem aconseguit expressar un dels vectors en combinació lineal dels altres dos.

Els vectors $\vec{r}$, $\vec{p}$ i $\vec{q}$ són linealment dependents.

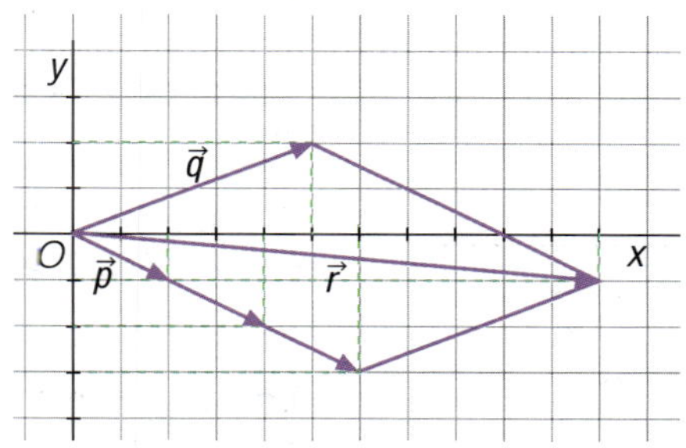

Fig. 5.25

Ens podem preguntar: en algun cas no existirien k i h? Lògicament, en cas que el sistema que s'obtingui no tingués solució.

Doncs bé, resulta que tres vectors del pla sempre són linealment dependents perquè, en tots els casos, és possible trobar entre si una relació de dependència que ens condueixi a un sistema de dues equacions amb dues incògnites que tingui solució.

Donats uns vectors, diem que són **linealment dependents** si algun és combinació lineal dels altres.

Si cap dels vectors donats no és combinació lineal dels altres, diem que són **linealment independents.**

Activitats

23. Donats els vectors $\vec{a} = (4, -1)$ i $\vec{b} = (2, 3)$, calcula'n les combinacions lineals següents:

a) $3 \cdot \vec{a} - 2 \cdot \vec{b}$

b) $\frac{1}{2} \cdot \vec{a} + \frac{2}{3} \cdot \vec{b}$

c) $-\vec{a} + 5 \cdot \vec{b}$

24. Esbrina si són linealment dependents o independents els parells de vectors següents:

a) $(4, 7)$ i $(-8, 14)$

b) $(3, 0)$ i $(1, 0)$

c) $(5, -2)$ i $(-5, 2)$

d) $\left(\frac{1}{2}, -3\right)$ i $\left(-2, \frac{4}{3}\right)$

25. Els vectors (5, 4) i (−2, a) són linealment dependents. Calcula a.

R: $a = -\dfrac{8}{5}$

26. Els vectors (4, −7) i (x, 14) són linealment independents. Quins valors pot tenir x?

27. Demostra que els vectors (1, 2), (2, 4) i (2, −1) són linealment dependents.

28. Representa gràficament els vectors de l'activitat anterior prenent per a tots el mateix origen.

29. Expressa el vector (2, 7) en combinació lineal dels vectors (1, 3) i (−2, 1).

30. Sense fer cap càlcul, expressa els vectors $\vec{c}$, $\vec{d}$ i $\vec{e}$ en combinació lineal dels vectors $\vec{a}$ i $\vec{b}$ (Fig. 5.26).

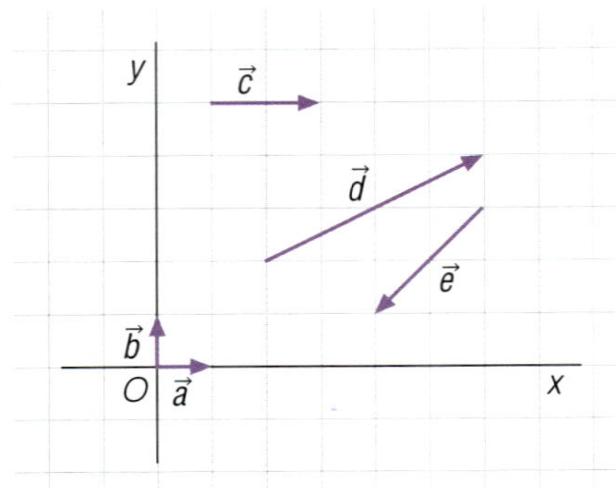

Fig. 5.26

6. Bases del pla

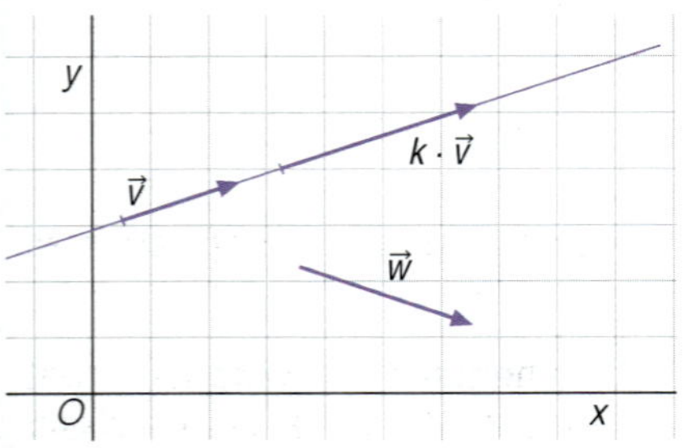

Fig. 5.27

Es pot obtenir qualsevol vector del pla a partir de les combinacions lineals d'un sol vector?

Sembla clar que no és possible. De fet, donat el vector $\vec{v}$ (Fig. 5.27), les seves combinacions lineals $k\vec{v}$ ens donen els vectors que tenen la mateixa direcció que $\vec{v}$, però no els que, com el vector $\vec{w}$, tenen diferent direcció.

I a partir de les combinacions lineals de dos vectors?

Hem d'estudiar les dues possibilitats que se'ns poden plantejar.

6.1 Els dos vectors són linealment dependents

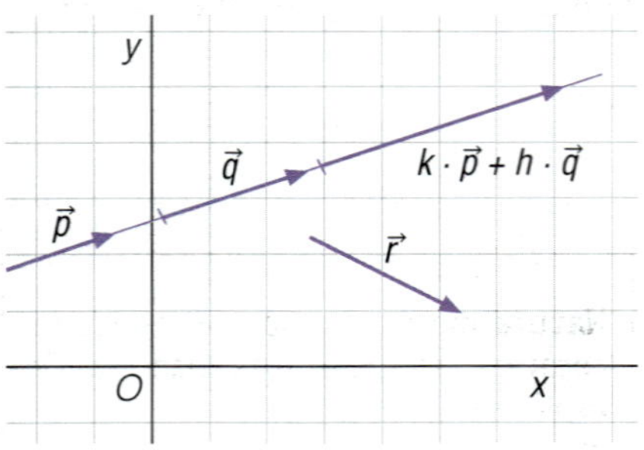

Fig. 5.28

Qualsevol vector combinació lineal de $\vec{p}$ i $\vec{q}$ ens dóna un altre vector que també té la mateixa direcció que aquests dos vectors (Fig. 5.28). Vegem-ho.

Es verifica $\vec{q} = t \cdot \vec{p}$. Per tant,

$$k \cdot \vec{p} + h \cdot \vec{q} = k \cdot \vec{p} + h \cdot (t \cdot \vec{p}) =$$
$$= k \cdot \vec{p} + (h\,t) \cdot \vec{p} = (k + h\,t) \cdot \vec{p} = k' \cdot \vec{p}$$

En conseqüència, passa el mateix que en el cas anterior. A partir de les combinacions lineals de dos vectors linealment dependents, només podem obtenir vectors en una sola direcció.

6.2 Els dos vectors són linealment independents

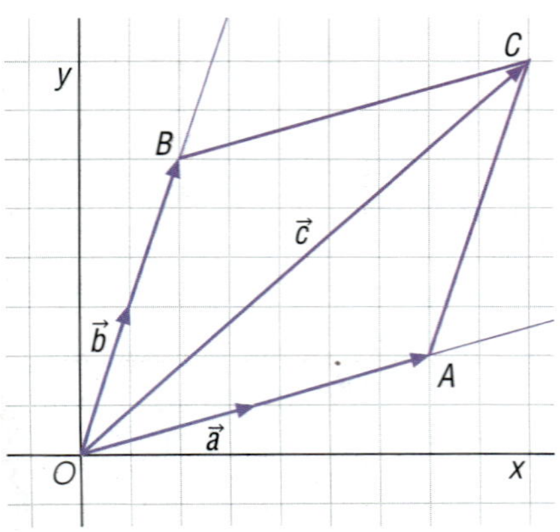

Fig. 5.29

Observa els vectors $\vec{a}$ i $\vec{b}$ de la Figura 5.29. Són linealment independents perquè tenen diferent direcció.

En aquest cas, qualsevol altre vector es pot escriure com una combinació lineal d'aquests dos vectors. Considerem, per exemple, el vector $\vec{c}$. Prenent el mateix origen per als tres vectors, construïm el paral·lelogram de la figura. Es verifica:

$$\overrightarrow{OC} = \overrightarrow{OA} + \overrightarrow{OB}$$

Tenint en compte que $\vec{OC} = \vec{c}$, $\vec{OA} = k \cdot \vec{a}$ i $\vec{OB} = h \cdot \vec{b}$ i substituint-ho en la igualtat anterior, queda:

$$\vec{c} = k \cdot \vec{a} + h \cdot \vec{b}$$

Per tant, a partir de les combinacions lineals dels vectors $\vec{a}$ i $\vec{b}$ podríem obtenir qualsevol vector del pla. Diem que aquests dos vectors són una *base* del pla.

Una **base del pla** la formen dos vectors linealment independents.

Per combinació lineal d'aquests dos vectors es pot obtenir qualsevol vector del pla.

Fixa-t'hi

Expressem la base formada pels vectors $\vec{a}$ i $\vec{b}$ com a $B = \{\vec{a}, \vec{b}\}$.

Exemple 6

Els vectors (1, 2) i (–3, 1) són una base del pla? En cas afirmatiu, expressa el vector (–3, 8) en combinació lineal dels dos vectors de la base.

Resolució

Només ens cal veure si els dos vectors són linealment independents.

Fixa't que $(1, 2) \neq k \cdot (-3, 1)$ perquè $\frac{1}{-3} \neq \frac{2}{1}$.

Per tant, els dos vectors són linealment independents i, en conseqüència, són una base del pla.

Expressem el vector (–3, 8) en combinació lineal dels vectors de la base:

$$(-3, 8) = h \cdot (1, 2) + t \cdot (-3, 1)$$
$$(-3, 8) = (h, 2h) + (-3t, t)$$
$$(-3, 8) = (h - 3t, 2h + t)$$

La solució del sistema

$$\left.\begin{aligned} -3 &= h - 3t \\ 8 &= 2h + t \end{aligned}\right\}$$

és $h = 3$ i $t = 2$.

Per tant, $(-3, 8) = 3 \cdot (1, 2) + 2 \cdot (-3, 1)$.

Verifica-ho gràficament prenent un origen comú per als tres vectors.

Els nombres $h = 3$ i $t = 2$ s'anomenen els *components* del vector (–3, 8) en la base $B = \{(1, 2), (-3, 1)\}$. Els escrivim (3, 2), ordenadament i entre parèntesis.

Comprova analíticament i gràficament que en la base $B' = \{(-4, 5), (-1, -3)\}$ els components d'aquest mateix vector (–3, 8) són (1, –1).

Hi ha moltes bases del pla, tantes com parells de vectors linealment independents puguem trobar. Ara bé, és especialment important la base formada pels vectors $\vec{e}_1 = (1, 0)$ i $\vec{e}_2 = (0, 1)$ que es coneix amb el nom de **base canònica** (Fig. 5.30).

! Important

Naturalment, un mateix vector té components diferents respecte de bases diferents.

Fixa't que els dos vectors de la base canònica verifiquen tres propietats:

- Són unitaris: $|\vec{e}_1| = |\vec{e}_2| = 1$.
- Són perpendiculars.
- Les seves direccions coincideixen amb les dels eixos de coordenades cartesianes, i els seus sentits, amb els sentits positius d'aquests eixos.

Per què és especialment important aquesta base?

Considerem un vector qualsevol, per exemple el vector $\vec{r} = (a, b)$, i en calculem els components (k, h) en la base canònica. Cal expressar aquest vector com una combinació lineal dels vectors $\vec{e}_1$ i $\vec{e}_2$.

$(a, b) = k \cdot (1, 0) + h \cdot (0, 1) \rightarrow (a, b) = (k, 0) + (0, h) \rightarrow (a, b) = (k, h) \rightarrow k = a$ i $h = b$

Per tant, $(a, b) = a \cdot (1, 0) + b \cdot (0, 1)$.

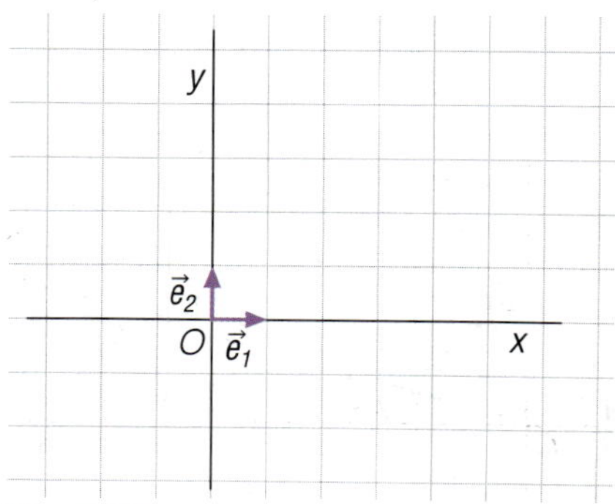

Fig. 5.30

Els components del vector (a, b) en la base canònica són (a, b).

Com pots veure, els components cartesians d'un vector sempre coincideixen amb els components d'aquest vector en la base canònica. En realitat, no ens n'hauríem de sorprendre si pensem com hem definit els components cartesians d'un vector.

Exemple 7

Els components d'un vector $\vec{v}$ en la base $\{(1, 3), (2, -1)\}$ són $(-2, 4)$. Quins són els components d'aquest mateix vector en la base canònica?

Resolució

$$\vec{v} = -2 \cdot (1, 3) + 4 \cdot (2, -1) = (-2, -6) + (8, -4) = $$
$$= (-2 + 8, -6 + (-4)) = (6, -10)$$

Els components del vector $\vec{v}$ en la base canònica són $(6, -10)$.

$$\vec{v} = (6, -10) = 6 \cdot (1, 0) - 10 \cdot (0, 1)$$

Fes-ne la representació gràfica per tal de comprovar-ho.

Activitats

31. Quins dels parells de vectors següents són una base del pla? Justifica'n la resposta.

a) $(-1, 4)$ i $(2, -8)$ *b)* $(2, 0)$ i $(1, 4)$

c) $(3, 2)$ i $(-1, 5)$ *d)* $(1, 0)$ i $(-3, 0)$

32. Els components del vector $\vec{p}$ en la base:

$$B = \{(4, 1), (5, -2)\}$$

són $(3, -1)$. Determina els components de $\vec{p}$ en la base canònica.

R: $\vec{p} = (7, 5)$

33. Esbrina els components del vector $(7, 7)$ en la base $B = \{\vec{u}_1, \vec{u}_2\}$, on $\vec{u}_1 = (3, 1)$ i $\vec{u}_2 = (1, -2)$. Comprova gràficament el resultat obtingut prenent un origen comú per als tres vectors.

34. Indica tots els parells de vectors de la Figura 5.31 que són una base del pla. Raona la resposta.

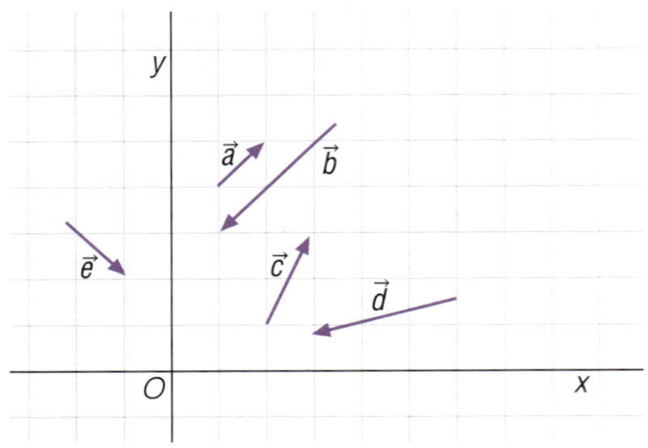

Fig. 5.31

7. Producte escalar de dos vectors

Quant mesura l'angle que formen els vectors $\vec{a} = (3, 5)$ i $\vec{b} = (4, 2)$?

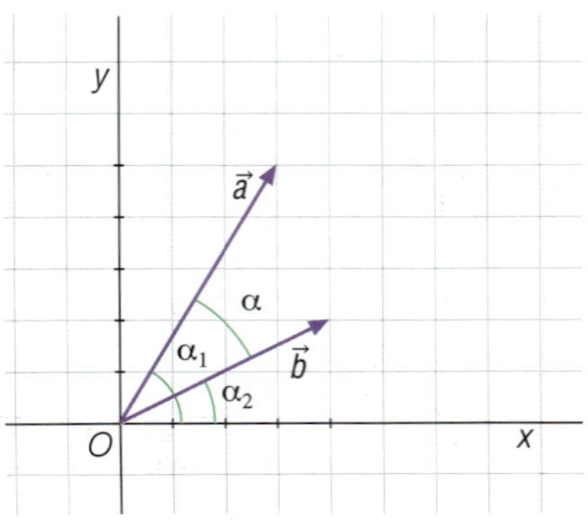

Fig. 5.32

Si els dibuixem amb un origen comú (Fig. 5.32), veurem quin és l'angle que ens demanen. Per a una comoditat més gran, situem l'origen dels dos vectors a l'origen del sistema de coordenades cartesianes.

Es tracta de conèixer la mesura de l'angle α. Amb l'ajuda d'un transportador d'angles pots donar-ne una aproximació. Fes-ho.

La mesura d'aquest angle també es pot determinar mitjançant mètodes de mesura indirecta. Si et mires bé la figura, veuràs que amb l'ajuda de la trigonometria pots trobar dos angles, α_1 i α_2, la diferència dels quals et permet conèixer α. Fes-ne els càlculs necessaris.

En aquest apartat, veurem una altra manera de resoldre aquesta qüestió definint una nova operació entre dos vectors que anomenem *producte escalar*.

El producte escalar de dos vectors $\vec{a}$ i $\vec{b}$ és el nombre real que resulta de fer les operacions següents:

$$|\vec{a}| \cdot |\vec{b}| \cdot \cos \alpha.$$

on $|\vec{a}|$ i $|\vec{b}|$ són els mòduls dels dos vectors, i α, l'angle que formen.

Escrivim $\vec{a} \bullet \vec{b} = |\vec{a}| \cdot |\vec{b}| \cdot \cos \alpha$.

Important

De fet, dos vectors determinen dos angles (Fig. 5.33). Si no es diu el contrari, considerarem sempre el més petit, a la figura, l'angle α.

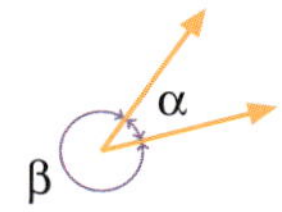

Fig. 5.33

És important que tinguis present que, encara que es tracti d'una operació entre dos vectors, el resultat del seu producte escalar és un nombre real.

De la definició de producte escalar en podem deduir fàcilment unes quantes propietats.

- El producte escalar de dos vectors que tenen la mateixa direcció i sentit és igual al producte dels seus mòduls (Fig. 5.34). En aquest cas, $\alpha = 0°$. Per tant:

$$\vec{v} \bullet \vec{w} = |\vec{v}| \cdot |\vec{w}| \cdot \cos 0° = |\vec{v}| \cdot |\vec{w}|$$

En particular, el producte escalar d'un vector per si mateix és igual al quadrat del seu mòdul.

$$\vec{v} \bullet \vec{v} = |\vec{v}| \cdot |\vec{v}| = |\vec{v}|^2$$

- En cas que els dos vectors tinguin la mateixa direcció i sentit contrari, $\alpha = 180°$ (Fig. 5.35). Per tant:

$$\vec{v} \bullet \vec{w} = -|\vec{v}| \cdot |\vec{w}|$$

- Si dos vectors són perpendiculars, el seu producte escalar és igual a zero (Fig. 5.36):

$$\vec{v} \bullet \vec{w} = |\vec{v}| \cdot |\vec{w}| \cdot \cos 90° = 0$$

Recíprocament, si el producte escalar de dos vectors és igual a zero i cap no és el vector nul, els dos vectors són perpendiculars.

- El producte escalar de dos vectors verifica la propietat commutativa.

$$\vec{v} \bullet \vec{w} = \vec{w} \bullet \vec{v}$$

Fig. 5.34

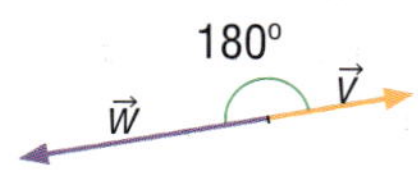

Fig. 5.35

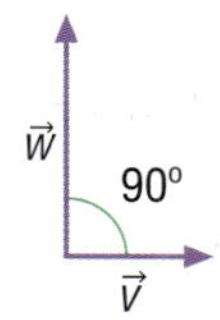

Fig. 5.36

A més d'aquestes, esmentarem un parell de propietats més que no són tan senzilles de demostrar.

- Propietat distributiva respecte de la suma de vectors.

$$\vec{v} \bullet (\vec{w} + \vec{r}) = \vec{v} \bullet \vec{w} + \vec{v} \bullet \vec{r}$$

- Propietat associativa del producte d'un nombre real pel producte escalar de dos vectors.

$$(k \cdot \vec{v}) \bullet \vec{w} = \vec{v} \bullet (k \cdot \vec{w}) = k \cdot (\vec{v} \bullet \vec{w})$$

Important

Dos vectors perpendiculars també s'anomenen **ortogonals.**

Cal que vagis amb compte amb els signes • d'aquesta igualtat. No tots tenen la mateixa significació. Reflexiona-hi.

Les propietats que acabem de veure ens permeten expressar el producte escalar de dos vectors d'una altra manera: en funció dels seus **components cartesians.**

Considerem dos vectors $\vec{a}$ i $\vec{b}$ qualssevol i la base canònica $B = \{\vec{e}_1, \vec{e}_2\}$ (Fig. 5.37).

$$\vec{a} = (a_1, a_2) = a_1 \cdot \vec{e}_1 + a_2 \cdot \vec{e}_2 \qquad \vec{b} = (b_1, b_2) = b_1 \cdot \vec{e}_1 + b_2 \cdot \vec{e}_2$$

$$\vec{a} \bullet \vec{b} = (a_1 \cdot \vec{e}_1 + a_2 \cdot \vec{e}_2) \bullet (b_1 \cdot \vec{e}_1 + b_2 \cdot \vec{e}_2) =$$

$$= a_1 \cdot \vec{e}_1 \bullet (b_1 \cdot \vec{e}_1 + b_2 \cdot \vec{e}_2) + a_2 \cdot \vec{e}_2 \bullet (b_1 \cdot \vec{e}_1 + b_2 \cdot \vec{e}_2) =$$

$$= a_1 \cdot b_1 \cdot \vec{e}_1 \bullet \vec{e}_1 + a_1 \cdot b_2 \cdot \vec{e}_1 \bullet \vec{e}_2 + a_2 \cdot b_1 \cdot \vec{e}_2 \bullet \vec{e}_1 + a_2 \cdot b_2 \cdot \vec{e}_2 \bullet \vec{e}_2$$

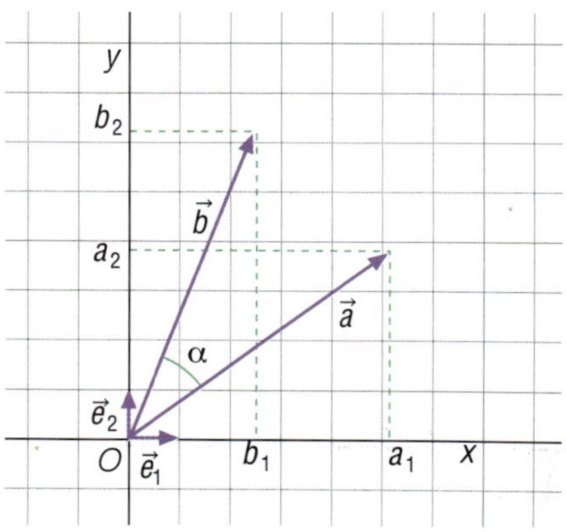

Fig. 5.37

Però, $\vec{e}_1 \cdot \vec{e}_2 = \vec{e}_2 \cdot \vec{e}_1 = 0$ perquè són perpendiculars, i $\vec{e}_1 \cdot \vec{e}_1 = \vec{e}_2 \cdot \vec{e}_2 = 1$ perquè es tracta de vectors unitaris.

En conseqüència:

$$\vec{a} \cdot \vec{b} = a_1 \cdot b_1 + a_2 \cdot b_2$$

Les igualtats $\vec{a} \cdot \vec{b} = |\vec{a}| \cdot |\vec{b}| \cdot \cos\alpha$ i $\vec{a} \cdot \vec{b} = a_1 \cdot b_1 + a_2 \cdot b_2$ ens permeten calcular l'angle que formen dos vectors dels quals coneixem els components cartesians. Només ens cal igualar els segons membres i aïllar cos α.

$$|\vec{a}| \cdot |\vec{b}| \cdot \cos\alpha = a_1 \cdot b_1 + a_2 \cdot b_2$$

$$\cos\alpha = \frac{a_1 \cdot b_1 + a_2 \cdot b_2}{|\vec{a}| \cdot |\vec{b}|}$$

! Important

Aplicant l'expresió obtinguda als vectors $\vec{a} = (3, 5)$ i $\vec{b} = (4, 2)$ del principi tenim:

$$\cos\alpha = \frac{3 \cdot 4 + 5 \cdot 2}{\sqrt{34} \cdot \sqrt{20}} = \frac{22}{\sqrt{680}} =$$

$$= \frac{11}{\sqrt{170}} \rightarrow \alpha = 32{,}47°$$

Compara aquest resultat amb els que has obtingut anteriorment.

Exemple 8

Sabem que els vectors (3, −2) i (4, *t*) són perpendiculars o ortogonals. Calcula *t*.

Resolució

Si són ortogonals, el seu producte escalar és igual a zero.

Per tant,

$$3 \cdot 4 + (-2) \cdot t = 0 \rightarrow 12 - 2t = 0 \rightarrow t = 6$$

Activitats

35. Donats els vectors $\vec{p} = (3, -4)$ i $\vec{q} = (2, 1)$, calcula:

a) El seu producte escalar.

b) L'angle que formen.

c) L'angle format pels vectors $\vec{p}$ i $-\vec{q}$. Resol aquest apartat de diferents maneres i compara'n els resultats obtinguts.

d) L'angle que formen els vectors $-\vec{p}$ i $-\vec{q}$.

R: *a)* 2; *b)* 79,7°; *c)* 100,3°; *d)* 79,7°

36. Donats els vectors $\vec{a} = (1, -2)$, $\vec{b} = (3, 4)$ i $\vec{c} = (-2, 5)$, comprova que es verifica la igualtat:

$$\vec{a} \cdot (\vec{b} + \vec{c}) = \vec{a} \cdot \vec{b} + \vec{a} \cdot \vec{c}$$

37. El resultat de $(\vec{v} \cdot \vec{w}) \cdot \vec{t}$, és un nombre real o un vector? Per què?

Fes els càlculs per a $\vec{v} = (2, -4)$, $\vec{w} = (-1, -1)$ i $\vec{t} = (4, -3)$.

38. Donats els vectors $\vec{a} = (2, 1)$, $\vec{b} = (-3, 4)$ i el nombre real $k = -3$, comprova que es verifica:

$(k \cdot \vec{a}) \cdot \vec{b} = k \cdot (\vec{a} \cdot \vec{b})$.

39. Demostra que el triangle amb els vèrtexs als punts *A*(1, 2), *B*(6, 5) i *C*(3, 10) és rectangle en *B*.

Quant mesuren els altres dos angles del triangle?

R: $\widehat{A} = \widehat{C} = 45°$

40. Determina un vector de mòdul 2 que sigui ortogonal al vector $\vec{v} = (4, -3)$. Analitza les diferents solucions que has obtingut.

8. Aplicacions geomètriques dels vectors

Els vectors constitueixen una eina de treball de gran utilitat per resoldre un nombre important de problemes geomètrics. Com veuràs als exemples que plantegem tot seguit, cal que t'acostumis a veure vectors allà on només hi ha punts i segments.

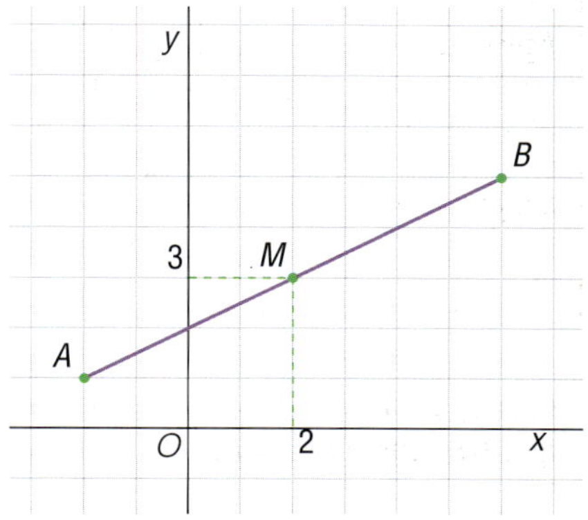

Fig. 5.38

8.1 Punt mitjà d'un segment

Considerem el segment determinat pels punts $A(-2, 1)$ i $B(6, 5)$ (Fig. 5.38). El punt M el divideix en dos segments AM i MB que tenen la mateixa longitud. Diem que M és el **punt mitjà del segment AB.**

Quines són les coordenades del punt M? Només cal que facis una correcta representació gràfica per adonar-te que $M(2, 3)$.

Ara bé, si les coordenades d'un dels dos punts, o bé de tots dos, no fossin nombres enters, podria resultar difícil i feixuc esbrinar amb exactitud les coordenades del punt M a partir de la gràfica. La utilització de vectors ens permet arribar a la solució de manera ràpida i senzilla.

Si M és el punt mitjà entre A i B, els vectors $\overrightarrow{AM}$ i $\overrightarrow{MB}$ són equipol·lents. Per tant, podem escriure $\overrightarrow{AM} = \overrightarrow{MB}$ (Fig. 5.39).

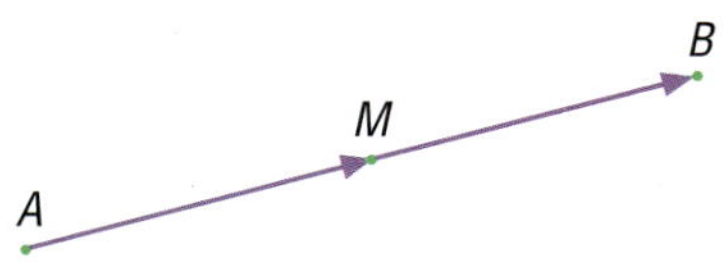

Fig. 5.39

> **! Important**
>
> ***Més igualtats***
>
> Fixa't que també es verifiquen, per exemple, les igualtats:
>
> $\overrightarrow{AB} = 2 \cdot \overrightarrow{AM}$ i $\overrightarrow{AB} = 2 \cdot \overrightarrow{MB}$
>
> Compte amb el sentit dels vectors que hi ha a les igualtats!

Aquesta igualtat vectorial ens permet calcular les coordenades del punt M conegudes les dels punts A i B.

> **! Important**
>
> Observa que en el pla una igualtat vectorial es tradueix en dues igualtats numèriques, una per a cada component.

En efecte, si $A(a_1, a_2)$ i $B(b_1, b_2)$, anomenant $M(x, y)$, tenim (Fig. 5.40):

$$\overrightarrow{AM} = (x - a_1, y - a_2) \qquad \overrightarrow{MB} = (b_1 - x, b_2 - y)$$

Per tant, $(x - a_1, y - a_2) = (b_1 - x, b_2 - y)$.

$$x - a_1 = b_1 - x \rightarrow 2x = a_1 + b_1 \rightarrow x = \frac{a_1 + b_1}{2}$$

$$y - a_2 = b_2 - y \rightarrow 2y = a_2 + b_2 \rightarrow y = \frac{a_2 + b_2}{2}$$

Les coordenades del punt mitjà del segment AB són:

$$M\left(\frac{a_1 + b_1}{2}, \frac{a_2 + b_2}{2}\right)$$

Així, si $A\left(1, \frac{1}{2}\right)$ i $B\left(\frac{1}{3}, 2\right)$, les coordenades del punt mitjà del segment AB són $M\left(\frac{2}{3}, \frac{5}{4}\right)$.

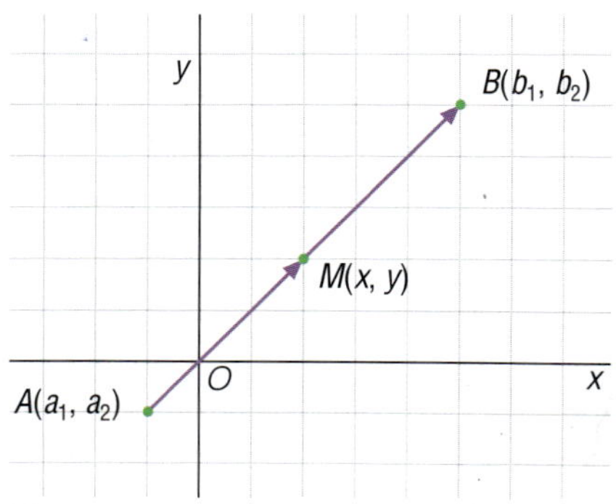

Fig. 5.40

8.2 Divisió d'un segment segons una raó donada

Hem dividit el segment PQ amb els extrems als punts $P(-2, -3)$ i $Q(6, 4)$ en 5 parts iguals (Fig. 5.41).

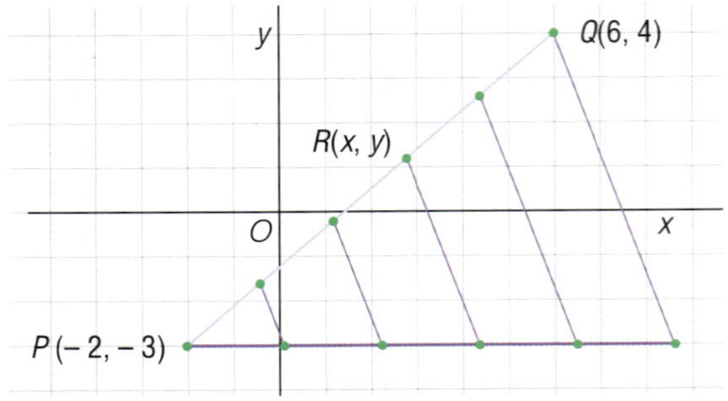

Fig. 5.41

Els segments PR i PQ verifiquen $\frac{PR}{PQ} = \frac{3}{5}$ o, el que és el mateix, $PR = \frac{3}{5} PQ$.

Això vol dir que la longitud del segment PR és igual a les tres cinquenes parts de la del segment PQ.

Imagina't que et demanen que calculis les coordenades del punt R. Només cal que escriguis la igualtat vectorial que correspon a aquesta situació:

$$\overrightarrow{PR} = \frac{3}{5} \cdot \overrightarrow{PQ}$$

Anomenant $R(x, y)$, tenim:

$$(x + 2, y + 3) = \frac{3}{5} \cdot (8, 7) \rightarrow (x + 2, y + 3) = \left(\frac{24}{5}, \frac{21}{5}\right)$$

$$x + 2 = \frac{24}{5} \rightarrow x = \frac{14}{5}; \qquad y + 3 = \frac{21}{5} \rightarrow y = \frac{6}{5}$$

Les coordenades que ens demanen són $R\left(\frac{14}{5}, \frac{6}{5}\right)$.

8.3 Punts alineats

Quan diem que tres punts o més estan alineats, volem dir que pertanyen a una mateixa recta, és a dir, que hi ha una recta que passa per tots.

Els punts A, B i C estan alineats (Fig. 5.42), mentre que els punts P, Q i R no estan alineats (Fig. 5.43).

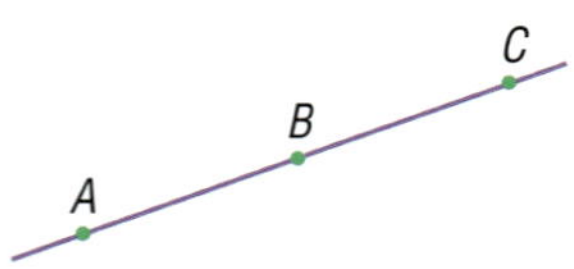

Fig. 5.42

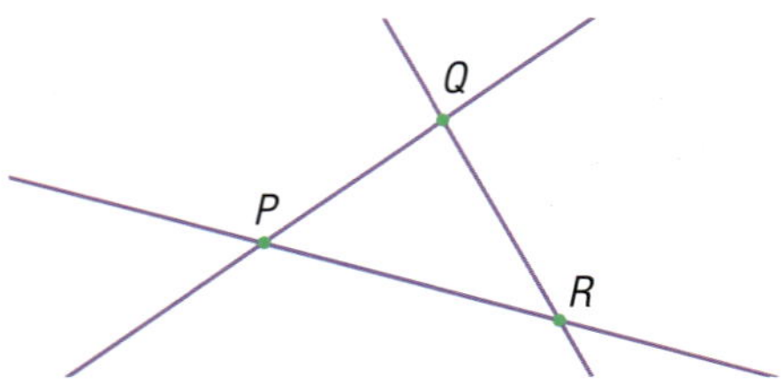

Fig. 5.43

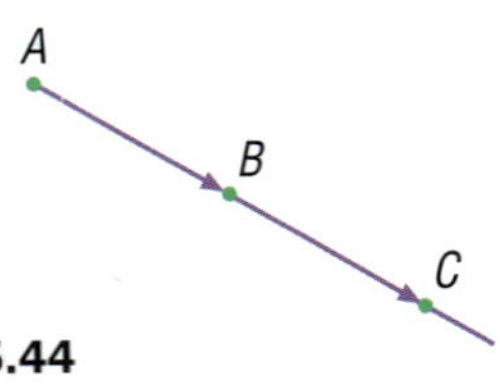

Fig. 5.44

Fixa't que, des d'un punt de vista vectorial, si el punt C està alineat amb A i B, els vectors $\overrightarrow{AB}$ i $\overrightarrow{AC}$ tenen la mateixa direcció (Fig. 5.44). Per tant, ha d'existir un nombre real k que verifiqui, per exemple:

$$\overrightarrow{AB} = k \cdot \overrightarrow{AC}$$

Si el nombre k no existeix, els punts no estan alineats.

Exemple 9

Esbrina si els punts $A(-2, 6)$, $B(4, 2)$ i $C(28, -14)$ estan alineats.

Resolució

De fet, si els representem gràficament (Fig. 5.45), ho podríem saber. Però en aquest cas, el punt C se'n surt clarament dels límits de la gràfica.
Mirem si es verifica: $\overrightarrow{AB} = k \cdot \overrightarrow{AC}$.

$$(6, -4) = k \cdot (30, -20) = (30k, -20k)$$

$$6 = 30k \rightarrow k = \frac{1}{5}$$

$$-4 = -20k \rightarrow k = \frac{1}{5}$$

Com que obtenim el mateix valor per al nombre k, podem afirmar que $\overrightarrow{AB}$ i $\overrightarrow{AC}$ tenen la mateixa direcció i, en conseqüència, els punts A, B i C estan alineats.

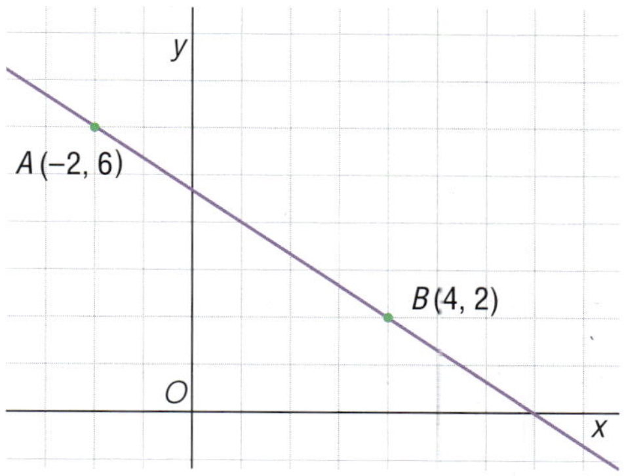

Fig. 5.45

8.4 Baricentre d'un triangle

L'objectiu és calcular les coordenades del baricentre d'un triangle conegudes les coordenades dels seus vèrtexs.

Per tal d'assolir aquest objectiu, cal conèixer una propietat comuna a tots els triangles:

El **baricentre** divideix qualsevol de les tres mitjanes en dos segments tals que la longitud d'un és el doble que la de l'altre.

Dibuixem un triangle ABC i en tracem dues de les mitjanes (Fig. 5.47). Unim els punts M i N i ens fixem en els triangles ABG i MNG. Es tracta de dos triangles semblants, la raó de semblança dels quals és 2.

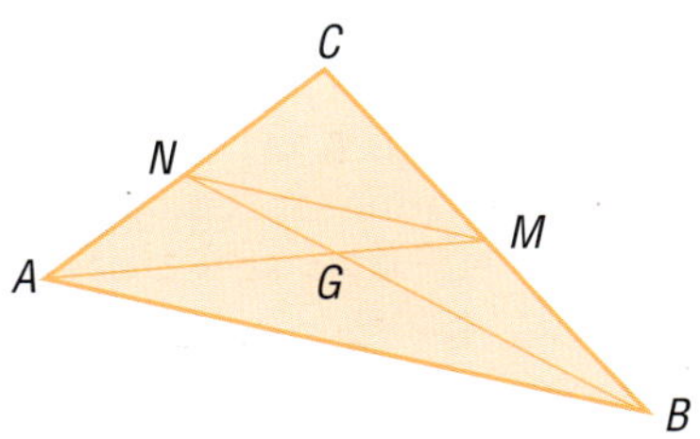

Fig. 5.47

Es verifica, doncs, $\frac{AG}{GM} = \frac{BG}{GN} = 2$.

Recorda

El **baricentre** d'un triangle és el punt d'intersecció de les seves mitjanes (Fig. 5.46).

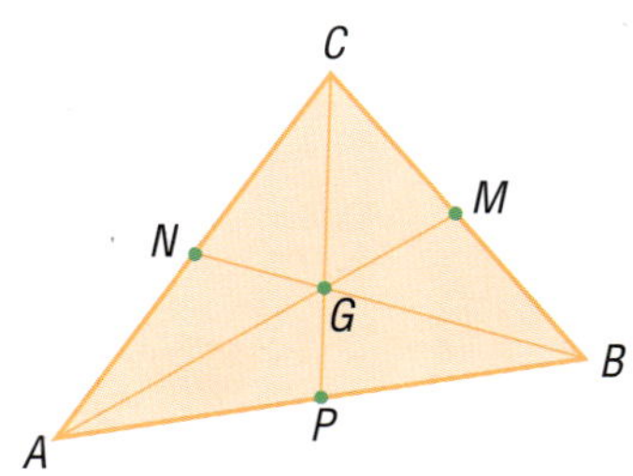

Fig. 5.46

M, N i P són els punts mitjans de cadascun dels costats i G, el baricentre del triangle.

Exemple 10

Suposem el triangle els vèrtexs del qual són els punts $A(-3, -2)$, $B(4, 7)$ i $C(8, 4)$ (Fig. 5.48). Quines són les coordenades del baricentre G d'aquest triangle?

Resolució

Si anomenem $G(x, y)$ i tenint en compte la propietat anterior, es verifica:

$$\frac{AG}{GM} = 2 \rightarrow AG = 2 \cdot GM$$

En conseqüència, $\overrightarrow{AG} = 2 \cdot \overrightarrow{GM}$, on $M\left(6, \frac{11}{2}\right)$ és el punt mitjà del segment BC.

$$(x + 3, y + 2) = 2 \cdot \left(6 - x, \frac{11}{2} - y\right)$$

$$(x + 3, y + 2) = (12 - 2x, 11 - 2y)$$

$$x + 3 = 12 - 2x \rightarrow 3x = 9 \rightarrow x = 3$$

$$y + 2 = 11 - 2y \rightarrow 3y = 9 \rightarrow y = 3$$

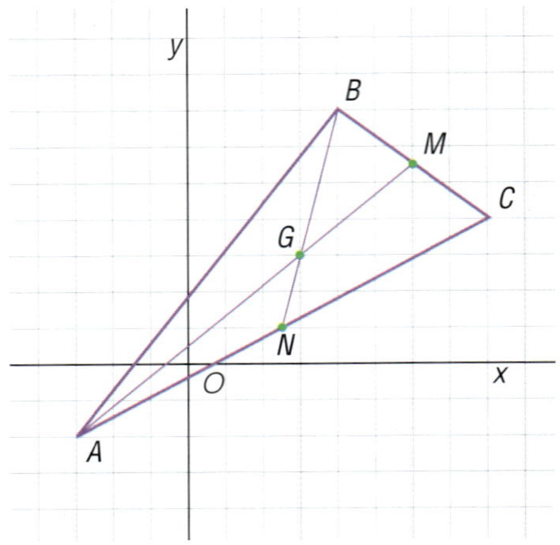

Fig. 5.48

El baricentre d'aquest triangle està situat en el punt $G(3, 3)$.

El resultat seria exactament el mateix utilitzant qualsevol de les altres dues mitjanes. Comprova-ho.

Activitats

41. Els punts $A(1, 2)$, $B(3, 5)$ i $C(7, 4)$ són tres vèrtexs consecutius d'un paral·lelogram. Determina les coordenades del quart vèrtex i les del punt d'intersecció de les diagonals. Fes-ne la representació gràfica.

R: $D(5, 1)$; $M(4, 3)$

42. Els punts $P(3, -7)$ i $Q(5, 13)$ són els extrems d'un dels diàmetres d'una circumferència. Determina'n les coordenades del centre i calcula'n el radi.

Dibuixa aquesta circumferència.

R: $C(4, 3)$; $r = \sqrt{101}$

43. Esbrina les coordenades dels punts que divideixen el segment d'extrems $A(-12, 6)$ i $B(0, 9)$ en tres parts iguals.

R: $C(-8, 7)$; $D(-4, 8)$

44. Els punts $A(2, 5)$, $B(3, -2)$ i $C(-1, p)$ estan alineats. Calcula p.

R: $p = 26$

45. Determina les coordenades del baricentre del triangle que té per vèrtexs els punts $P(3, -4)$, $Q(-2, -6)$ i $R(4, 10)$.

R: $G\left(\frac{5}{3}, 0\right)$

Punt final

Una aplicació física dels vectors

Un cos que pesa 500 N està penjat del sostre per mitjà d'una corda, tal com mostra la Figura 5.49. Quin és el mòdul de les forces $\vec{F_1}$ i $\vec{F_2}$ que fa la corda per aguantar el cos?

Sobre el cos, que hem suposat puntual per més comoditat, actuen tres forces: les dues de la corda, habitualment anomenades tensions, i el seu propi pes.

La física ens diu que si aquest cos està en equilibri, la suma de les forces que hi actuen ha de ser zero. Com que la força és una magnitud vectorial, ens cal escriure-ho utilitzant vectors:

$$\vec{F_1} + \vec{F_2} + \vec{P} = \vec{0}$$

Si expressem cada vector pels seus components cartesians, podrem esbrinar els mòduls de $\vec{F_1}$ i $\vec{F_2}$. Naturalment, si parlem de components cartesians, la primera cosa que hem de fer és definir un sistema de referència cartesià centrat en el cos.

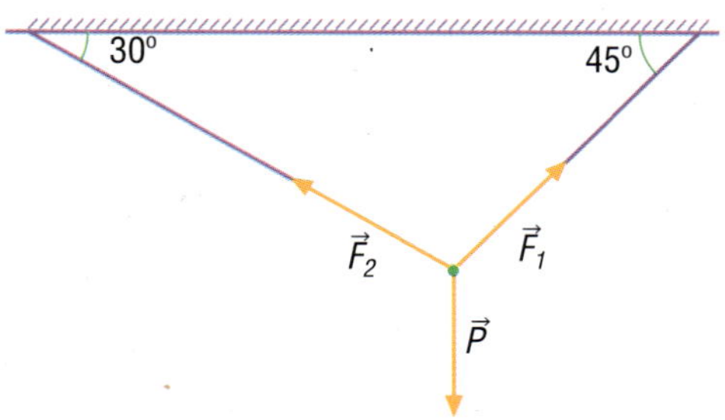

Fig. 5.49

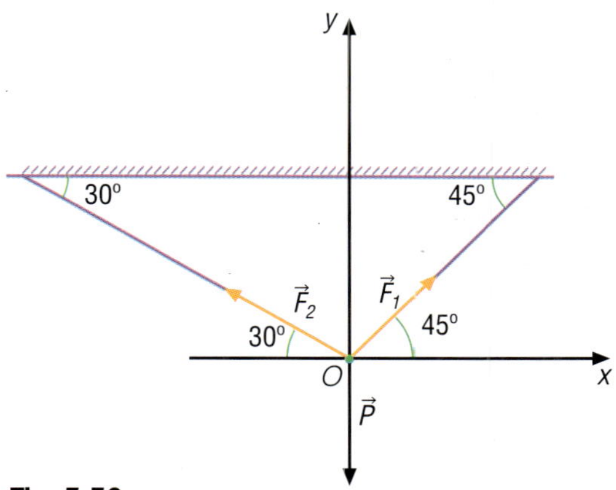

Fig. 5.50

Fixa't en la Figura 5.50. Amb el sistema de referència que s'hi indica, es verifica:

$$\vec{F_1} = (F_1 \cos 45°,\ F_1 \sin 45°)$$
$$\vec{F_2} = (-F_2 \cos 30°,\ F_2 \sin 30°)$$
$$\vec{P} = (0, -P) = (0, -500)$$

on F_1, F_2 i P són els mòduls respectius de les forces $\vec{F_1}$, $\vec{F_2}$ i $\vec{P}$. Per tant,

$$(F_1 \cos 45°,\ F_1 \sin 45°) + (-F_2 \cos 30°,\ F_2 \sin 30°) + (0, -500) = (0, 0)$$
$$(F_1 \cos 45° - F_2 \cos 30°,\ F_1 \sin 45° + F_2 \sin 30° - 500) = (0, 0)$$

Aquesta equació vectorial ens du a un sistema de dues equacions amb dues incògnites

$$\left.\begin{array}{l} F_1 \cos 45° - F_2 \cos 30° = 0 \\ F_1 \sin 45° + F_2 \sin 30° - 500 = 0 \end{array}\right\}$$

Si el resolem, tenim la solució del problema:

$$F_1 = \frac{1000\sqrt{3}}{(1+\sqrt{3})\sqrt{2}} \simeq 448 \text{ N} \qquad F_2 = \frac{1000}{1+\sqrt{3}} \simeq 366 \text{ N}$$

Activitats finals

1. Donats els punts $A(2, 3)$ i $B(5, q)$, calcula q sabent que $|\vec{AB}| = 5$.

R: $q_1 = 7$, $q_2 = -1$

2. Els vectors $\vec{AB}$ i $\vec{BC}$ verifiquen $\vec{AB} = \frac{1}{2} \cdot \vec{BC}$. Si $A(6, 2)$ i $B(0, 4)$, quines són les coordenades de C?

R: $C\ (-12, 8)$

3. Calcula els components cartesians del vector $10_{210°}$, donat en forma polar.

4. Sabent que $|\vec{F_1}| = 60$ N i $|\vec{F_2}| = 40$ N, calcula α perquè el cos de la figura (Fig. 5.51) es mogui en la direcció de l'eix X.

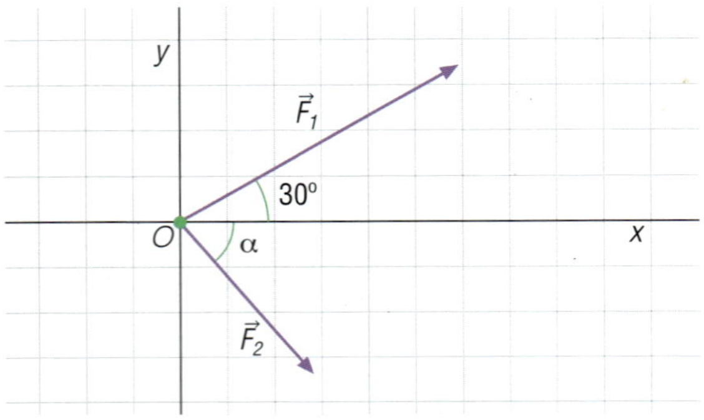

Fig. 5.51

R: $\alpha = 48{,}59°$

5. Donats els vectors $\vec{a} = (5, -7)$, $\vec{b} = (-3, 6)$ i $\vec{c} = (10, -4)$, calcula:

a) $\vec{a} - 2 \cdot \vec{b} + 3 \cdot \vec{c}$ *b)* $4 \cdot \vec{a} - \frac{1}{2} \cdot \vec{c}$

c) $\vec{a} \bullet \vec{b}$ *d)* $\vec{b} \bullet (\vec{c} - \vec{a})$

R: *a)* $(41, -31)$; *b)* $(15, -26)$; *c)* -57; *d)* 3

6. Calcula els components cartesians del vector $\vec{u}$ que verifica les condicions següents:

a) És unitari.

b) Té la mateixa direcció que el vector $\vec{v} = (-6, 8)$, però sentit contrari.

7. Els vectors $\vec{v}$ i $\vec{w}$ són ortogonals i tenen el mateix mòdul. Esbrina els components de $\vec{w}$ sabent que $\vec{v} = (5, -2)$. Quantes solucions has trobat? Raona-ho.

8. Els components del vector $\vec{a}$ en la base $B = \{(1, 3), (2, -1)\}$ són $(5, 2)$. Quins són els components d'aquest mateix vector en la base $B' = \{(4, -1), (3, 2)\}$?

9. Calcula els components del vector $(5, -7)$ en la base $B = \{(2, -3), (1, 2)\}$.

R: $\left(\frac{17}{7}, \frac{1}{7}\right)$

10. Donat el segment d'extrems els punts $P(3, 5)$ i $Q(6, -8)$, determina les coordenades del punt R d'aquest segment que verifica $PR = \frac{3}{10} \cdot PQ$.

11. El baricentre d'un triangle se situa en el punt $G(-2, 0)$ i dos dels seus vèrtexs, en el punts $A(3, 4)$ i $B(-6, 5)$. Esbrina les coordenades de l'altre vèrtex C del triangle.

R: $C(-3, -9)$

12. Donat el segment que té com a extrems els punts $A(3, 6)$ i $B(-6, -3)$, calcula les coordenades del punt C, alineat amb A i B, que verifiqui $AC = \frac{2}{3} \cdot AB$.

Quants punts hi ha que verifiquen aquesta condició?

13. Determina la mesura de cadascun dels angles del triangle que té per vèrtexs els punts $A(0, 0)$, $B(5, 1)$ i $C(4, 2)$.

14. Dues rectes perpendiculars r i s es tallen en el punt $P(2, -3)$. Sabent que el punt $Q(3, 5)$ pertany a la recta r, calcula t perquè la recta s passi pel punt $R(t, -1)$.

R: $t = -14$

15. Sabent que $|\vec{v}| = |\vec{w}| = 10$ i $\sin \alpha = \frac{3}{5}$, calcula els components cartesians del vector $\vec{v} + \vec{w}$ (Fig. 5.52).

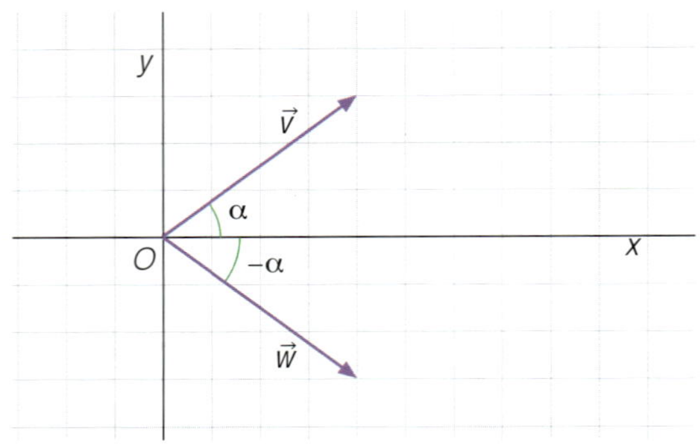

Fig. 5.52

R: $(16, 0)$

16. Demostra que el baricentre G d'un triangle que té per vèrtexs els punts $A(a_1, a_2)$, $B(b_1, b_2)$ i $C(c_1, c_2)$ se situa en el punt de coordenades:

$$\left(\frac{a_1 + b_1 + c_1}{3}, \frac{a_2 + b_2 + c_2}{3}\right)$$

Avaluació

1. Donats els punts $Q(3, 2)$ i $R(-1, 5)$, determina les coordenades (x, y) del punt P per tal que es verifiqui la igualtat $3\overrightarrow{PQ} - 2\overrightarrow{QR} = \vec{0}$.

2. Demostra que el vector $\vec{u} = \frac{1}{|\vec{v}|}\vec{v}$ és unitari. Si $\vec{v} = (8, -5)$, esbrina el vector unitari $\vec{u}$ que té la mateixa direcció i el mateix sentit que el vector $\vec{v}$.

3. Indica de manera raonada si els vectors $\vec{u} = (0, 2)$ i $\vec{v} = (-1, 1)$ formen una base del pla. En cas afirmatiu, expressa el vector $\vec{a} = (5, 2)$ en combinació lineal de $\vec{u}$ i $\vec{v}$.

4. Calcula $\vec{a} \cdot \vec{a}$ sabent que $\vec{a} \cdot \vec{b} = 3$, $\vec{b} \cdot \vec{b} = 4$ i que l'angle que formen els vectors $\vec{a}$ i $\vec{b}$ mesura 60°.

5. Els punts $A(1, 2)$, $B(5, 3)$ i $C(6, 5)$ són tres vèrtexs consecutius d'un paral·lelogram. Esbrina les coordenades del quart vèrtex D i les del punt d'intersecció de les diagonals.

6. Els vèrtexs d'un triangle estan situats en els punts $A(1, 2)$, $B(3, 4)$ i $C(7, 4)$.

a) Demostra que el triangle és rectangle en el vèrtex A.

b) Comprova que els costats del triangle verifiquen el teorema de Pitàgores.

c) Calcula l'àrea del triangle.

6

Rectes en el pla

Podem dibuixar una recta r a partir de:

a) Dos punts P i Q (Fig. 6.1).

b) Un punt P i un vector $\vec{v}$ que ens indica la direcció de la recta (Fig. 6.2).

c) Un punt P i l'angle d'inclinació α respecte de l'eix d'abscisses (Fig. 6.3).

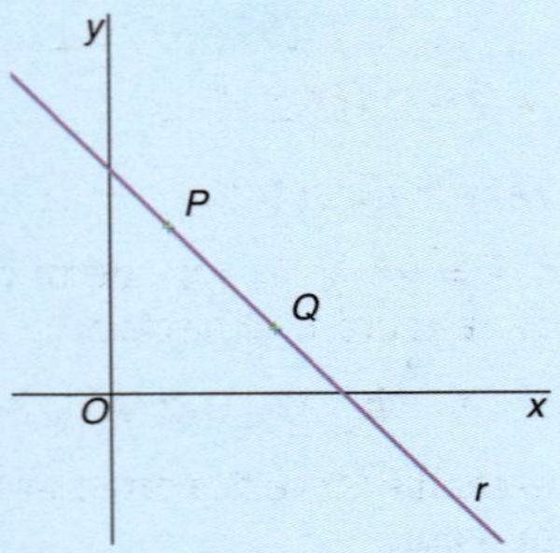

Fig. 6.1

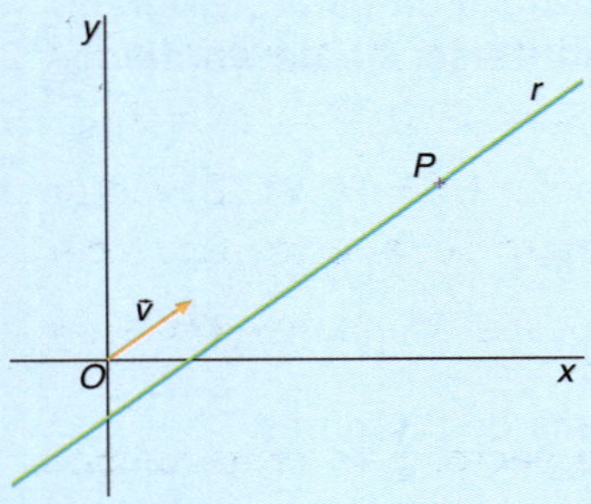

Fig. 6.2

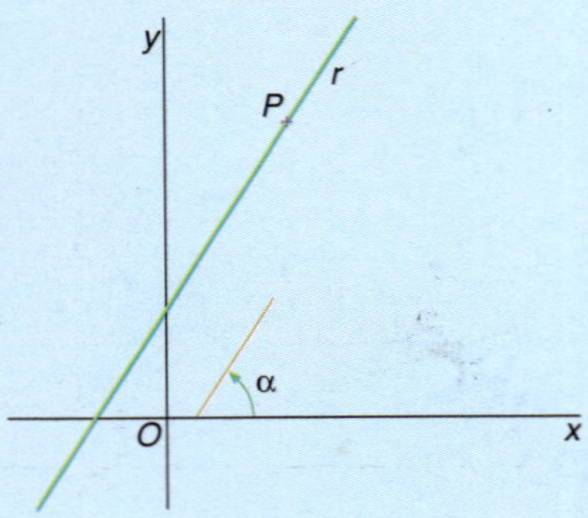

Fig. 6.3

Si tenim una recta r i un punt P exterior a r, podem dibuixar (Fig. 6.4) des del punt P:

a) Una, i només una, recta s paral·lela a r.

b) Una, i només una, recta t perpendicular a r.

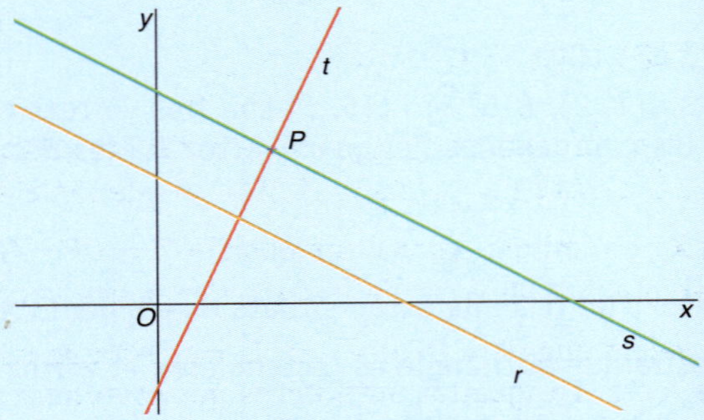

Fig. 6.4

Si tenim una recta r i un punt $P \in r$, podem dibuixar des de P una i només una recta s perpendicular a r (Fig. 6.5).

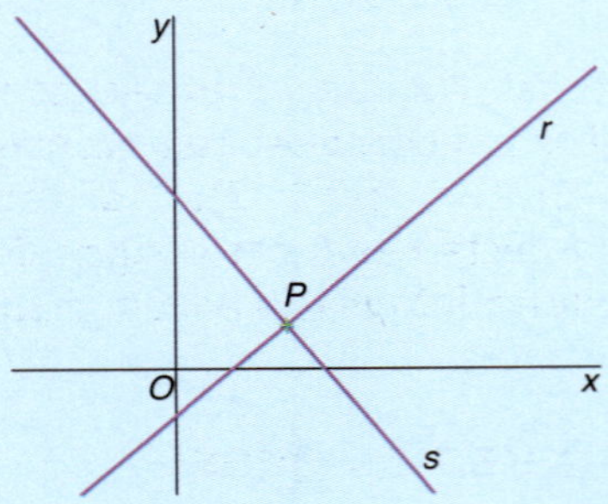

Fig. 6.5

1. Diferents formes d'expressió de la recta

En geometria es considera que de tot allò que es pot dibuixar, també se'n pot esbrinar l'expressió analítica. Ara veurem com podem trobar l'expressió d'una recta a partir dels elements que la determinen. Una mateixa recta es pot expressar de diferents maneres, i cadascuna rep un nom específic, però totes tenen en comú la paraula *equació*.

L'equació d'una recta és una relació entre les coordenades (x, y) de tots i cadascun dels seus punts.

Veurem tot seguit les diferents formes d'expressar l'equació d'una recta i, el que és més important, analitzarem la informació que se'n pot deduir.

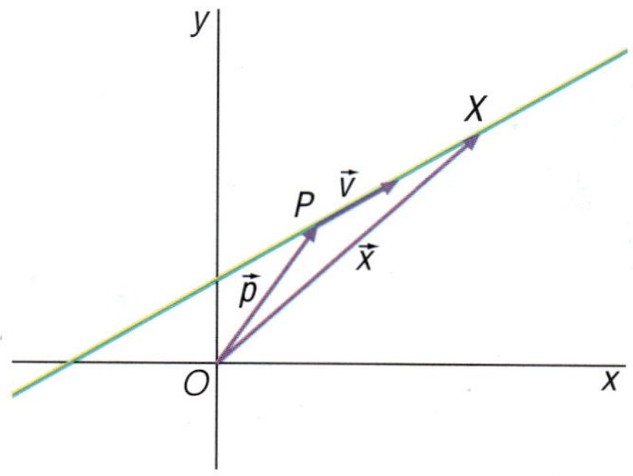

Fig. 6.6

1.1 Equació vectorial

Considerem un punt conegut $P(x_0, y_0)$ de la recta, un vector no nul $\vec{v} = (a, b)$ que ens indica la direcció de la recta i un punt genèric $X(x, y)$ que representa qualsevol punt de la recta.

El punts P i X determinen els vectors posició $\vec{p} = \overrightarrow{OP} = (x_0, y_0)$ i $\vec{x} = \overrightarrow{OX} = (x, y)$. El vector $\vec{v} \neq \vec{0}$ que determina la direcció de la recta s'anomena **vector director** de la recta (Fig. 6.6).

A la gràfica veiem que $\overrightarrow{OX} = \overrightarrow{OP} + k \cdot \vec{v}$, de manera que cada valor real k ens determina un punt X de la recta. La igualtat anterior es pot escriure: $\vec{x} = \vec{p} + k \cdot \vec{v}$.

Aquesta és l'**equació vectorial de la recta.** Si substituïm cada vector pels seus components obtenim:

$$(x, y) = (x_0, y_0) + k \cdot (a, b)$$

> **! Important**
>
> ***Vector director***
>
> Si $\vec{v} = (a, b)$ és un vector director de la recta r, el vector
>
> $$\vec{u} = h \cdot \vec{v} = (ha, hb),\ h \neq 0$$
>
> és també un vector director d'aquesta recta.

Si coneixem l'equació vectorial d'una recta, podem conèixer-ne un punt i un vector. Per exemple, l'equació vectorial de la recta r que passa pel punt $P(-1, 2)$ i té la direcció del vector $\vec{v} = (2, 3)$ és $(x, y) = (-1, 2) + k \cdot (2, 3)$. I si l'equació vectorial de la recta s és $(x, y) = k \cdot (-3, 1)$, aquesta recta passa per l'origen de coordenades i té la direcció del vector $\vec{v} = (-3, 1)$. Amb aquesta informació podem dibuixar la recta s (Fig. 6.7).

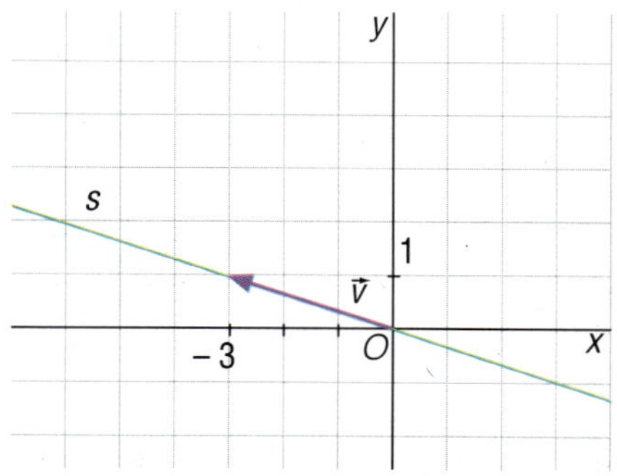

Fig. 6.7

1.2 Equacions paramètriques

Si efectuem les operacions entre vectors que estan indicades a l'equació vectorial $(x, y) = (x_0, y_0) + k \cdot (a, b)$, tenim:

$$\begin{matrix} (x, y) = (x_0, y_0) + (ka, kb) \\ (x, y) = (x_0 + ka, y_0 + kb) \end{matrix} \rightarrow \begin{cases} x = x_0 + ka \\ y = y_0 + kb \end{cases}$$

Aquestes dues igualtats són les **equacions paramètriques de la recta.** La informació de què es disposa si es coneixen les equacions paramètriques d'una recta és la mateixa que la que es té si se'n coneix l'equació vectorial: punt i vector director.

Per exemple, les equacions paramètriques de la recta que té per equació vectorial:

$$(x, y) = (1, -3) + k \cdot (-5, 2) \text{ són: } \begin{cases} x = 1 - 5k \\ y = -3 + 2k \end{cases}$$

> **Recorda**
>
> Dos vectors són iguals si tenen els mateixos components.

1.3 Equació contínua

Si aïllem k de cadascuna de les equacions paramètriques, obtenim:

$$k = \frac{x - x_0}{a} \qquad k = \frac{y - y_0}{b}$$

Sempre que $a \neq 0$ i $b \neq 0$.

Com que el valor de k ha de ser el mateix a les dues igualtats, es verifica:

$$\frac{x - x_0}{a} = \frac{y - y_0}{b}$$

Aquesta igualtat rep el nom d'**equació contínua** de la recta.

Si coneixem l'equació contínua d'una recta, també en coneixem un punt i un vector director, de la mateixa manera que passa amb l'equació vectorial i les equacions paramètriques.

Cal remarcar que, a partir del punt i del vector director, es pot escriure directament l'equació contínua, és a dir, no cal passar per la vectorial i les paramètriques.

Les rectes que tenen com a vectors directors $\vec{u} = (a, 0)$ o $\vec{v} = (0, b)$ no es poden escriure en forma contínua, perquè s'obtenen expressions fraccionàries amb denominador zero.

L'equació contínua de la recta que passa pel punt $P(2, -2)$ i té vector director $\vec{v} = (-1, 3)$ és:

$$\frac{x - 2}{-1} = \frac{y + 2}{3}$$

! Important

Si un vector director és $\vec{u} = (a, 0)$, la recta és paral·lela a l'*eix d'abscisses*. Si un vector director és $\vec{v} = (0, b)$, la recta és paral·lela a l'*eix d'ordenades*. El vector nul no determina cap direcció i, per tant, no pot ser el vector director de cap recta.

1.4 Equació general o implícita

De l'equació contínua podem deduir:

$$b(x - x_0) = a(y - y_0)$$
$$bx - ay + ay_0 - bx_0 = 0$$

Si anomenem $b = A$, $-a = B$ i $ay_0 - bx_0 = C$, queda:

$$Ax + By + C = 0$$

on A i B no poden ser igual a zero simultàniament.

És l'**equació general** o **implícita de la recta.** A i B són els coeficients de x i y, respectivament, i C és el terme independent.

A diferència de les anteriors, aquesta equació no ens dóna cap informació directa de la recta. No obstant això, si assignem valors qualssevol a x, podem determinar els valors corresponents de y i, per tant, podem conèixer les coordenades de tants punts de la recta com vulguem. Recorda que n'hi ha prou amb dos punts per dibuixar la recta.

D'altra banda, podem conèixer la direcció de la recta a partir de l'equació general o implícita. Tenint en compte que $A = b$ i $B = -a$, un vector director de la recta és $\vec{v} = (a, b) = (-B, A)$.

Casos particulars

- Si $A = 0 \rightarrow By + C = 0 \rightarrow y = -\frac{C}{B}$. Si anomenem $-\frac{C}{B} = n$, ens queda $y = n$.

Un vector director d'aquesta recta és $\vec{v} = (1, 0)$. Es tracta, per tant, d'una recta paral·lela a l'eix d'abscisses i que passa pel punt $(0, n)$, punt d'intersecció de la recta amb l'eix d'ordenades; n s'anomena **ordenada a l'origen** (Fig. 6.8).

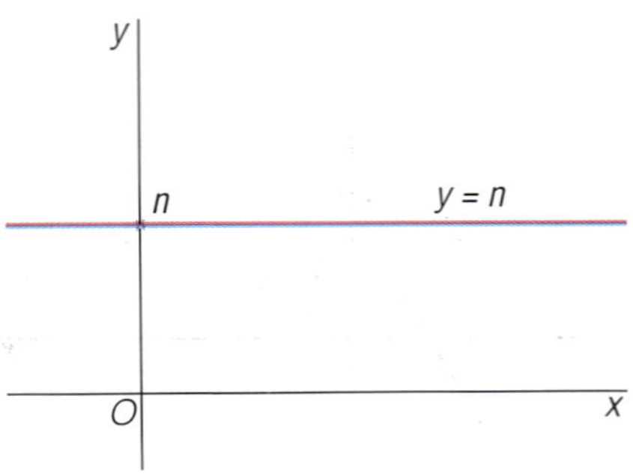

Fig. 6.8

- Si $B = 0 \longrightarrow Ax + C = 0 \longrightarrow x = -\frac{C}{A}$. Si $-\frac{C}{A} = p$, aleshores $x = p$.

Un vector director és $\vec{v} = (0, 1)$. És una recta paral·lela a l'eix d'ordenades que passa pel punt $(p, 0)$, punt d'intersecció de la recta amb l'eix d'abscisses; p s'anomena **abscissa a l'origen** (Fig. 6.9).

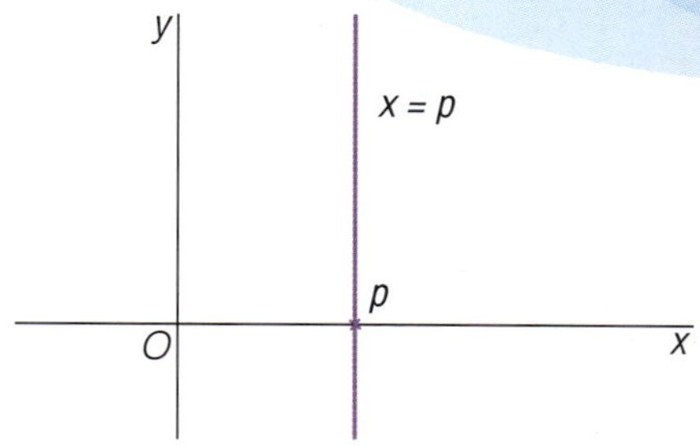

Fig. 6.9

Malgrat que l'equació contínua no té sentit quan $a = 0$ o $b = 0$, les equacions generals de les rectes paral·leles als eixos de coordenades poden obtenir-se a partir de les equacions contínues corresponents.

- Si $C = 0 \longrightarrow Ax + By = 0$, és una recta que passa per l'origen (Fig. 6.10).
- Si $A = C = 0 \longrightarrow By = 0 \longrightarrow y = 0$, és la recta que determina l'eix d'abscisses (Fig. 6.10).
- Si $B = C = 0 \longrightarrow Ax = 0 \longrightarrow x = 0$, és la recta que determina l'eix d'ordenades (Fig. 6.10).

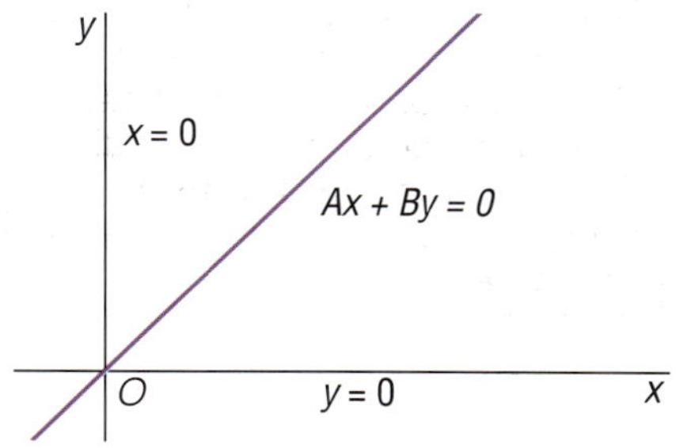

Fig. 6.10

Exemple 1

a) Esbrina l'equació general o implícita de la recta que té per equació contínua:

$$x + 1 = \frac{y - 2}{3}$$

b) Donada la recta $2x - 3y + 1 = 0$, determina'n un punt i un vector director.

Resolució

a) A partir de l'equació contínua, podem escriure:

$$3\,(x + 1) = y - 2 \longrightarrow 3x + 3 = y - 2 \longrightarrow 3x - y + 5 = 0$$

b) Donem a x un valor arbitrari, per exemple, $x = 1$. Cal que es compleixi:

$$2 - 3y + 1 = 0 \longrightarrow y = 1$$

Per tant, el punt $(1, 1)$ pertany a aquesta recta i un dels seus vectors directors pot ser $\vec{v} = (-B, A) = (3, 2)$.

1.5 Equació explícita

Si aïllem la y de l'equació general de la recta, obtenim:

$$y = -\frac{A}{B}x - \frac{C}{B}$$

on $-\frac{C}{B} = n$ és l'**ordenada a l'origen**. Si anomenem $-\frac{A}{B} = m$, l'equació s'expressa en la forma:

$$y = mx + n$$

i es coneix amb el nom d'**equació explícita de la recta.** Observa que l'equació explícita de la recta té la mateixa expressió que la funció polinòmica de primer grau, coneguda també com a **funció afí** ($n \neq 0$) o **funció lineal** ($n = 0$).

A l'equació explícita de la recta, el coeficient de x és el pendent de la recta. Es compleix que $m = -\frac{A}{B} = \frac{b}{a} = \text{tg}\,\alpha$, on α és l'angle que forma la recta amb el sentit positiu de l'eix OX (Fig. 6.11). El pendent d'una recta és, per tant, una mesura de la seva inclinació respecte de l'eix d'abscisses.

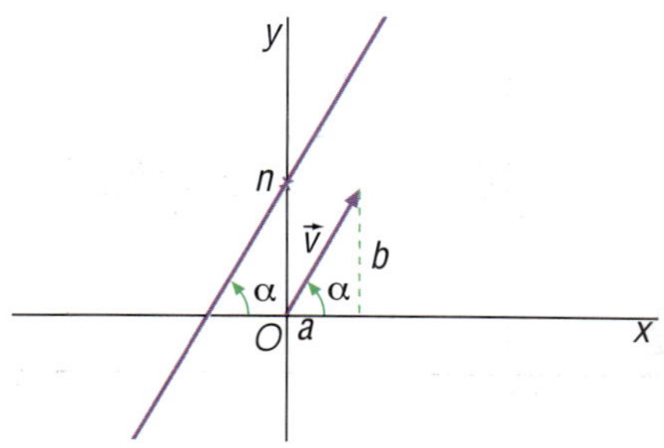

Fig. 6.11

El **pendent d'una recta** és la tangent de l'angle que forma aquesta recta amb l'eix *OX* considerat en sentit positiu.

> **! Important**
>
> Si $a = 0 \rightarrow B = 0$ i $m \notin \mathbb{R}$, la recta no es pot escriure en forma explícita: és el cas de les rectes paral·leles a l'eix *OY* o el mateix eix *OY*.

A partir de l'equació implícita de la recta es pot determinar el pendent i el punt d'intersecció amb l'eix d'ordenades. Lògicament, si coneixem el pendent d'una recta, també en tenim determinada la direcció.

Efectivament, si $\vec{v} = (a, b)$ amb $a \neq 0$ és un vector director, també ho és el vector:

$$\vec{u} = \frac{1}{a} \cdot \vec{v} = \frac{1}{a} \cdot (a, b) = \left(\frac{a}{a}, \frac{b}{a}\right) = (1, m)$$

El signe del pendent determina de quin quadrant és l'angle d'inclinació α. Cal tenir en compte que aquest angle α només pot ser un angle del primer quadrant o del segon. Ara ho comprovarem (Fig. 6.12).

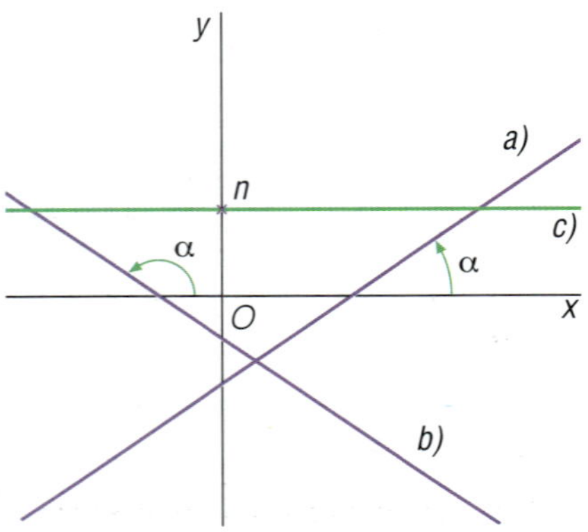

Fig. 6.12

Per a $a \neq 0$, tenim:

a) Si $m > 0 \rightarrow \text{tg}\ \alpha > 0$. L'angle α és del primer quadrant i la recta representa una funció creixent.

b) Si $m < 0 \rightarrow \text{tg}\ \alpha < 0$. L'angle α és del segon quadrant i la recta representa una funció decreixent.

c) Si $m = 0 \rightarrow \text{tg}\ \alpha = 0$. Vol dir que $\alpha = 0$. La recta representa una funció que no és creixent ni decreixent. Es tracta d'una recta paral·lela a l'eix d'abscisses, que té per equació $y = n$.

A partir de l'equació contínua d'una recta també podem obtenir-ne l'equació explícita sense passar per l'equació general. Efectivament:

$$\frac{x - x_0}{a} = \frac{y - y_0}{b} \quad \rightarrow \quad y - y_0 = \frac{b}{a}(x - x_0)$$

com que $m = \frac{b}{a}$, podem escriure:

$$\boxed{y - y_0 = m(x - x_0)}$$

que és l'**expressió punt-pendent de la recta.** Efectuant les operacions indicades:

$$y - y_0 = mx - mx_0 \rightarrow y = mx + y_0 - mx_0$$

Si anomenem $n = y_0 - mx_0$, arribem a l'expressió:

$$\boxed{y = mx + n}$$

que és l'**equació explícita de la recta.**

Exemple 2

Escriu l'equació explícita i l'equació contínua de la recta que té per equació general o implícita $3x + 2y - 1 = 0$.

Resolució

Per conèixer l'equació explícita de la recta, n'hi ha prou d'aïllar *y* de l'equació, amb la qual cosa tindrem:

$$y = -\frac{3}{2}x + \frac{1}{2}$$

Observem que el pendent de la recta és $m = -\frac{3}{2}$ i que passa pel punt $A\left(0, \frac{1}{2}\right)$.

Per determinar l'equació contínua de la recta donada, necessitem un punt *P* i un vector director $\vec{v}$.

Si $x = 0 \rightarrow 2y - 1 = 0 \rightarrow y = \frac{1}{2} \rightarrow$ punt $P\left(0, \frac{1}{2}\right)$.

D'altra banda, $\vec{v} = (-B, A) = (-2, 3)$.

Per tant, l'equació que ens demanen és:

$$\frac{x}{-2} = \frac{y - \frac{1}{2}}{3}$$

1.6 Equació canònica

A partir de l'equació general $Ax + By + C = 0$, podem escriure $Ax + By = -C$. Si $C \neq 0$ tenim:

$$\frac{Ax}{-C} + \frac{By}{-C} = 1$$

Si $A \neq 0$ i $B \neq 0$ llavors $\dfrac{x}{-\dfrac{C}{A}} + \dfrac{y}{-\dfrac{C}{B}} = 1$

Si tenim en compte que $-\dfrac{C}{A} = p$ i $-\dfrac{C}{B} = n$, obtindrem l'expressió:

$$\frac{x}{p} + \frac{y}{n} = 1$$

que és l'**equació canònica de la recta.**

El valor p és l'abscissa a l'origen, és a dir, el valor de x per a $y = 0$. El valor n és l'ordenada a l'origen que correspon al valor de y per a $x = 0$.

En el procés de deducció de l'equació ja s'ha remarcat que $A \neq 0$, $B \neq 0$ i $C \neq 0$. Si algun dels coeficients de l'equació general és zero, la recta no té equació canònica.

L'equació canònica ens permet conèixer els dos punts en què la recta talla els eixos de coordenades, que són els punts $(p, 0)$ i $(0, n)$ (Fig. 6.13).

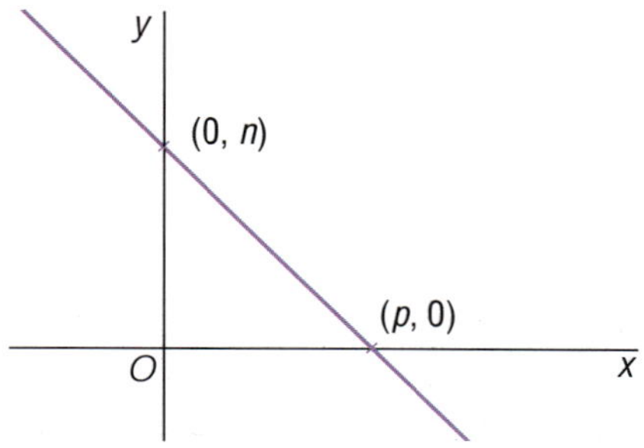

Fig. 6.13

Exemple 3

Determina l'equació canònica de la recta d'equació general $3x - 2y - 6 = 0$.

Resolució

Podem resoldre aquest exercici seguint dos camins diferents:

a) Transformant de manera adient l'equació general:

$$3x - 2y - 6 = 0 \rightarrow 3x - 2y = 6 \rightarrow \frac{3x - 2y}{6} = 1$$

$$\frac{3x}{6} - \frac{2y}{6} = 1 \rightarrow \frac{x}{2} + \frac{y}{-3} = 1 \text{ és l'equació canònica.}$$

La recta passa per $(2, 0)$ i $(0, -3)$.

b) Caculant directament els valors de p i n.

Si $y = 0 \rightarrow 3x - 6 = 0 \rightarrow x = 2 \rightarrow p = 2$

Si $x = 0 \rightarrow -2y - 6 = 0 \rightarrow y = -3 \rightarrow n = -3$

En conseqüència, l'equació canònica és $\dfrac{x}{2} + \dfrac{y}{-3} = 1$.

Recorda

No tenen equació canònica les rectes que passen per l'origen i les rectes paral·leles als eixos *OX* o *OY*.

Observació important

L'equació vectorial d'una recta pot tenir diferents expressions en funció del punt i del vector director que considerem. El mateix succeeix amb les equacions paramètriques i amb l'equació contínua. L'equació general d'una recta, l'explícita i la canònica són úniques.

Activitats

1. Escriu les diferents equacions de la recta que passa pel punt $P(4, -1)$ i té com a vector director el vector $\vec{v} = (2, 5)$. Indica'n el pendent i l'abscissa i l'ordenada a l'origen.

2. Considera la recta d'equació vectorial:

$$(x, y) = (-3, 2) + k \cdot (2, -1)$$

Determina quin és el valor de b per tal que el vector $\vec{v} = (-3, b)$ sigui un vector director de la recta.

R: $b = \dfrac{3}{2}$

3. Per a la recta d'equació $\dfrac{x}{-4} + \dfrac{y}{2} = 1$, escriu les equacions general i explícita. Indica'n un vector director.

4. El punt $A(3, 1)$ és de la recta que passa pel punt $P(-2, -2)$ i té com a vector director $\vec{v} = (1, 3)$? Justifica'n la resposta.

5. Quin és el pendent de la recta $x = -3$? Per què?

6. Escriu l'equació canònica de la recta que té per equació explícita:

$$y = -\frac{1}{5}x + \frac{3}{10}$$

7. Considera la recta d'equació: $\dfrac{2 - x}{-3} = \dfrac{y}{2}$.

Es demana: un vector director, el pendent i els punts de tall amb els eixos de coordenades.

8. Esbrina si el punt $P(5, 1)$ pertany, o no, a cadascuna de les rectes següents. Justifica'n les respostes.

a) $(x, y) = (1, -1) + k \cdot (2, 1)$

b) $\begin{cases} x = 3 + 2k \\ y = 1 + k \end{cases}$

c) $x + 2y - 3 = 0$

d) $\dfrac{x - 1}{4} = \dfrac{y + 1}{2}$

e) $y = \dfrac{1}{2}x - \dfrac{3}{2}$

f) $\dfrac{x}{3} + \dfrac{y}{\frac{3}{2}} = 1$

2. Determinació de rectes

Es tracta de determinar l'equació general de la recta a partir de diferents elements donats.

2.1 Recta determinada per dos punts

a) Donats dos punts $P(x_0, y_0)$ i $Q(x_1, y_1)$, un vector director de la recta que determinen aquests dos punts és $\vec{v} = \overrightarrow{PQ} = \vec{q} - \vec{p} = (x_1 - x_0, y_1 - y_0)$. A partir de $\vec{v}$ i d'un qualsevol dels dos punts podem conèixer l'equació de la recta.

Per exemple, volem determinar l'equació general de la recta que passa pels punts $P(1, 3)$ i $Q(3, -1)$.

El vector $\overrightarrow{PQ} = \vec{q} - \vec{p} = (2, -4)$ és un vector director de la recta, però també ho és el vector $\vec{v} = \dfrac{1}{2} \cdot \overrightarrow{PQ} = (1, -2)$.

Prenem $\vec{v}$ i el punt $P(1, 3)$ i escrivim l'equació contínua:

$$x - 1 = \frac{y - 3}{-2} \longrightarrow -2x + 2 = y - 3 \longrightarrow 2x + y - 5 = 0$$

Si haguéssim considerat el vector $\overrightarrow{PQ}$ com a vector director, hauríem obtingut l'equació $4x + 2y - 10 = 0$. Fixa't que si dividim per 2 cada membre de la igualtat obtenim $2x + y - 5 = 0$.

S'obté la mateixa equació a partir de $\vec{v}$ i Q. Comprova-ho.

En el cas particular que els punts donats són $O(0, 0)$ i $P(x_0, y_0)$, es pot procedir de dues maneres:

- $\vec{p} = \overrightarrow{PO} = (x_0, y_0)$ és un vector director de la recta. A partir de $\vec{p}$ i O podem esbrinar l'equació.

  Volem determinar l'equació de la recta que passa per l'origen de coordenades i pel punt $P(1, 3)$.

  $\vec{p} = \overrightarrow{PO} = (1, 3)$ és un vector director d'aquesta recta. Amb el vector $\vec{p}$ i el punt $O(0, 0)$ podem escriure l'equació contínua: $x = \frac{y}{3}$, per tant $3x - y = 0$.

- Escrivim l'equació explícita $y = mx + n$. Com que la recta passa per l'origen, $n = 0$. A més, la recta passa pel punt $P(x_0, y_0)$ i, per tant, les coordenades d'aquest punt han de verificar-ne l'equació: $y_0 = mx_0 \longrightarrow m = \frac{y_0}{x_0}$. Un cop tenim el pendent podem escriure l'equació explícita de la recta.

  Si ho apliquem a la recta anterior, tenim: $n = 0$ i $m = \frac{3}{1} = 3$.

  Aleshores: $y = 3x \longrightarrow 3x - y = 0$.

b) Coneixem els punts $P(p, 0)$ i $Q(0, n)$, que són els punts de tall de la recta amb els eixos de coordenades. En aquest cas podem escriure directament l'equació canònica de la recta.

Quina és l'equació general de la recta que talla els eixos de coordenades en els punts $P(-2, 0)$ i $Q(0, 4)$?

Sabem que $p = -2$ i $n = 4$; per tant:

$$\frac{x}{-2} + \frac{y}{4} = 1 \longrightarrow -2x + y = 4 \longrightarrow 2x - y + 4 = 0$$

Fixa-t'hi

Si deixem de banda l'eix d'ordenades, les equacions implícites de totes les rectes que passen per l'origen de coordenades són del tipus $y = mx$, $m \in \mathbb{R}$.

Observa que aquesta expressió coincideix amb la de la funció de proporcionalitat directa o funció lineal.

2.2 Recta determinada per un punt i el seu pendent

a) Si el pendent de la recta és m, un vector director és el vector $\vec{v} = (1, m)$ o qualsevol altre vector $\vec{w}$ de la forma $\vec{w} = k \cdot \vec{v}$, $k \in \mathbb{R}$, $k \neq 0$ que tingui els components proporcionals. Conegut un punt $P(x_0, y_0)$ de la recta i un vector director $\vec{v}$, es pot conèixer l'equació d'aquesta recta.

b) Conegut el pendent m i un punt $P(x_0, y_0)$ de la recta, podem calcular n mitjançant l'equació explícita. Només cal substituir les coordenades del punt i el pendent a l'equació.

c) Si m és el pendent de la recta i $P(x_0, y_0)$ n'és un punt, podem escriure l'expressió punt-pendent $y - y_0 = m(x - x_0)$ i, a partir d'aquí, determinar l'equació explícita i la general.

Exemple 4

Determina l'equació de la recta que passa pel punt $P(3, -2)$ i forma un angle d'inclinació de 120° amb el sentit positiu de l'eix OX.

Resolució

Hi ha diverses maneres de resoldre-ho. Tenim que:

$$m = \text{tg}\ \alpha = \text{tg}\ 120° = -\text{tg}\ 60° = -\sqrt{3}$$

a) Un vector director de la recta és el vector $\vec{v} = (1, -\sqrt{3})$ i aquesta recta passa pel punt $P(3, -2)$. Aleshores:

$$x - 3 = \frac{y+2}{-\sqrt{3}} \rightarrow \sqrt{3}\,x + y + 2 - 3\sqrt{3} = 0$$

b) Substituint a l'equació explícita $y = mx + n$ el valor del pendent $m = -\sqrt{3}$ i les coordenades del punt $P(3, -2)$, tenim:

$$-2 = -\sqrt{3} \cdot 3 + n \rightarrow n = 3\sqrt{3} - 2.$$

Conegudes m i n, tenim l'equació explícita

$$y = -\sqrt{3}\,x + 3\sqrt{3} - 2$$

a partir de la qual podem escriure l'equació general:

$$\sqrt{3}\,x + y + 2 - 3\sqrt{3} = 0$$

c) Si $m = -\sqrt{3}$ i $P(3, -2)$,

$$y - (-2) = -\sqrt{3}\,(x - 3) \rightarrow y = -\sqrt{3}\,x + 3\sqrt{3}\ -2$$

d'on obtenim: $\sqrt{3}\,x + y + 2 - 3\sqrt{3} = 0$.

Exemple 5

Considera el triangle rectangle que determina la recta $\frac{x}{-3} + \frac{y}{4} = 1$ i els eixos de coordenades (Fig. 6.14). Quant mesuren els angles aguts d'aquest triangle?

Resolució

$$\frac{x}{-3} + \frac{y}{4} = 1 \rightarrow 4x - 3y = -12 \rightarrow 4x - 3y + 12 = 0$$

El pendent de la recta és $m = \frac{4}{3} \rightarrow \text{tg}\ \alpha = \frac{4}{3}$. Per tant,

$\alpha = \text{arc tg}\ \frac{4}{3} = 53{,}13°$ i $\beta = 90° - \alpha = 90° - 53{,}13° = 36{,}87°$.

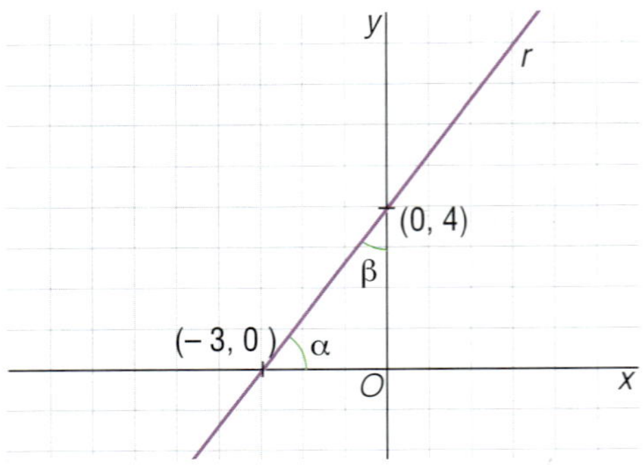

Fig. 6.14

Activitats

9. Escriu l'equació general de la recta que passa pels punts $P(4, 5)$ i $Q(-3, 2)$.

10. Sense fer-ne la representació gràfica, esbrina si els punts $A(1, 2)$, $B(3, 3)$ i $C(-1, 1)$ estan alineats.

11. Determina l'equació de la recta de pendent $m = \frac{3}{4}$ que passa pel punt $A(-1, -3)$. Tot seguit representa-la gràficament.

12. Determina l'equació de la recta que passa per l'origen i té un angle d'inclinació $\alpha = 45°$. Dibuixa-la.

13. Comprova que els punts $A(2, 3)$, $B(-2, 1)$ i $C(5, -1)$ no estan alineats. Escriu les equacions de les rectes que determinen el triangle, els vèrtexs del qual són els punts A, B i C.

14. Determina l'equació explícita de la recta que passa pels punts $P(0, 2)$ i $Q(5, -1)$. Quin és el seu pendent?

15. Escriu l'equació canònica de la recta anterior.

16. Calcula la mesura dels angles del triangle que formen les rectes:

$$r\text{: } x + y - 7 = 0;\ s\text{: } 2x - 3y + 6 = 0 \text{ i } t\text{: } y = 0$$

Fes-ne el dibuix corresponent.

3. Incidència i paral·lelisme de rectes

Dues **rectes paral·leles** tenen la mateixa direcció. Els vectors directors de dues rectes paral·leles són iguals o tenen els seus components proporcionals. En conseqüència, dues rectes paral·leles tenen el mateix pendent.

Efectivament, si r i s són paral·leles i $\vec{v}_r = (a, b)$, aleshores $\vec{v}_s = h \cdot \vec{v}_r = (ha, hb)$, per a $h \neq 0$. Els pendents d'aquestes rectes són:

$$m_r = \frac{b}{a} \text{ i } m_s = \frac{hb}{ha} = \frac{b}{a}, \text{ per tant } m_r = m_s$$

Considerem les rectes r: $Ax + By + C = 0$ i s: $A'x + B'y + C' = 0$. Els pendents corresponents són: $m_r = -\frac{A}{B}$ i $m_s = -\frac{A'}{B'}$. Com que r i s són paral·leles, $m_r = m_s$ i, per tant,

$$-\frac{A}{B} = -\frac{A'}{B'} \rightarrow \boxed{\frac{A}{A'} = \frac{B}{B'}}$$

Aquesta és la relació que hi ha entre els coeficients de x i y de l'equació general de dues rectes que són paral·leles. Com pots observar, aquests coeficients són proporcionals.

Si aquesta proporcionalitat es fa extensiva als termes independents, és a dir, si:

$$\boxed{\frac{A}{A'} = \frac{B}{B'} = \frac{C}{C'}}$$

les rectes són **coincidents.** En realitat es tracta de la mateixa recta.

Si es verifica:

$$\boxed{\frac{A}{A'} \neq \frac{B}{B'}}$$

les rectes no són paral·leles. Es tallen en un punt i s'anomenen rectes **incidents.**

Per determinar les coordenades (x, y) del punt d'intersecció de les dues rectes, cal resoldre el sistema format per les dues equacions que les representen.

A partir dels exemples següents, pots observar diferents maneres de conèixer l'equació d'una recta paral·lela a una altra recta donada.

! Important

Per resoldre un sistema de dues equacions amb dues incògnites, pots fer-ho pels mètodes de reducció, d'igualació o de substitució.

Exemple 6

Determina l'equació de la recta que passa pel punt $P(2, -3)$ i és paral·lela a la recta $2x - 3y + 5 = 0$.

Resolució

Primer de tot comprovem que el punt P no pertany a la recta que ens donen:

$$2 \cdot 2 - 3 \cdot (-3) + 5 = 18 \neq 0$$

L'equació general de qualsevol recta paral·lela a la recta $2x - 3y + 5 = 0$ és del tipus $2x - 3y + C = 0$. Per determinar el valor de C, n'hi ha prou a imposar la condició que la recta paral·lela passi pel punt $P(2, -3)$:

$$2 \cdot 2 - 3 \cdot (-3) + C = 0 \rightarrow C = -13$$

L'equació de la recta que busquem és $2x - 3y - 13 = 0$.

Exemple 7

Determina l'equació de la recta que passa pel punt $P(1, 4)$ i és paral·lela a la recta $y = \frac{3}{2}x + \frac{5}{4}$.

Resolució

Atès que dues rectes paral·leles tenen el mateix pendent, l'equació explícita de la recta que ens demanen és de la forma $y = \frac{3}{2}x + n$.

A més, sabem que aquesta recta passa pel punt $P(1, 4)$, per tant:

$$4 = \frac{3}{2} + n \;\rightarrow\; n = \frac{5}{2}$$

L'equació de la recta paral·lela és: $y = \frac{3}{2}x + \frac{5}{2}$.

Activitats

17. Determina l'equació de la recta que passa pel punt de tall de les rectes:

$$3x + 2y - 8 = 0 \text{ i } 5x - 7y - 3 = 0$$

i és paral·lela a la recta $\frac{8 - x}{-5} = \frac{y + 2}{7}$.

18. Esbrina si les tres rectes $2x - y = 0$, $x + y - 3 = 0$ i $5x - 4y + 3 = 0$ es tallen, o no, en un mateix punt.

19. Calcula el baricentre del triangle de vèrtexs $A(-3, 0)$, $B(3, 4)$ i $C(6, -1)$.

20. Classifica aquests parells de rectes en incidents, coincidents o paral·leles. En cas que siguin incidents, determina'n el punt on es tallen.

a) $y = \frac{1}{2}x + 3$ i $x - 3 = \frac{y + 2}{2}$

b) $x - 3y + 3 = 0$ i $-2x + 6y - 6 = 0$

c) $3x - 3y + 7 = 0$ i $x - y - 3 = 0$

d) $(x, y) = (1, 2) + k \cdot (2, -3)$ i $3x + 2y - 6 = 0$

21. Determina el punt d'intersecció de les rectes:

$$\frac{x}{2} = \frac{y}{3} \text{ i } (x, y) = (1, 2) + k \cdot (-1, 1)$$

22. Considera els punts $P(3, 1)$ i $Q(1, 2)$ i les rectes:

$$r\colon 3x - 4y - 12 = 0 \text{ i } s\colon x + y + 1 = 0$$

Es demana l'equació de:

a) La recta paral·lela a r que passa pel punt mitjà del segment PQ.

b) La recta que passa pel punt d'intersecció de r i s i té pendent $m = 2$.

c) La recta que passa per Q i és paral·lela a s.

d) La recta que passa per P i és paral·lela a r.

Determina també les coordenades del punt on es tallen les rectes corresponents als apartats *c)* i *d)*.

23. Calcula els valors de q per tal que les rectes r i s siguin paral·leles:

$$r\colon qx - 2y + 4 = 0 \text{ i } s\colon x + (q - 3)y - 7 = 0$$

4. Perpendicularitat de rectes

En la primera part d'aquesta unitat hem analitzat diferents maneres d'expressar l'equació d'una recta del pla, a partir de punts, del vector director, del pendent o d'una recta paral·lela. Aquesta part de la geometria s'anomena *geometria afí del pla.*

Al moment en què introduïm el concepte de producte escalar de dos vectors en el pla, passem al tractament de problemes mètrics, on calculem distàncies i angles. Per aquesta raó, la geometria plana que tracta qüestions mètriques s'anomena **geometria mètrica del pla.** Aquesta part de la geometria és la que estudiarem tot seguit.

Dues **rectes incidents** són perpendiculars si els seus vectors directors són ortogonals.

Recorda que dos vectors són ortogonals si, i només si, el seu producte escalar és igual a zero.

Amb aquestes condicions podem establir les relacions que hi ha entre dues rectes perpendiculars a partir de les seves equacions. Considerem dues rectes perpendiculars r i s; ho indiquem $r \perp s$.

Si $\vec{v} = (a, b)$ és un vector director de la recta r, el vector $\vec{w} = (-b, a)$ és un vector director de la recta s, perpendicular a r.

Efectivament, $\vec{v} \cdot \vec{w} = (a, b) \cdot (-b, a) = a(-b) + ba = -ab + ba = 0 \rightarrow \vec{v} \perp \vec{w} \rightarrow r \perp s$.

Observa que, per obtenir un vector ortogonal a un altre vector, n'hi ha prou a permutar-ne els components i canviar el signe d'un d'aquests components.

La relació que hi ha entre els vectors directors de dues rectes perpendiculars ens permet establir la relació entre els pendents d'aquestes rectes:

Sabem que $\vec{v} = (a, b) \rightarrow m_r = \dfrac{b}{a}$ i $\vec{w} = (-b, a) \rightarrow m_s = -\dfrac{a}{b} \rightarrow m_r\, m_s = \dfrac{b}{a}\left(-\dfrac{a}{b}\right) = -1$

El producte dels pendents de dues rectes perpendiculars és igual a -1, és a dir, els pendents de dues rectes perpendiculars són nombres reals inversos i de signe diferent.

Com es relaciona tot això amb els coeficients de les equacions generals de dues rectes perpendiculars?

Sigui r: $Ax + By + C = 0$. Un vector director de r és $\vec{v} = (-B, A)$ i, pel que hem vist anteriorment, sabem que $\vec{w} = (A, B)$ és un vector ortogonal al vector $\vec{v}$. Per tant, és un vector ortogonal a la recta r. El vector $\vec{w} = (A, B)$ és el vector **normal** a la recta r i és un vector **director** de qualsevol recta perpendicular a r (Fig. 6.15).

Considerem les rectes: r: $Ax + By + C = 0$ i s: $A'x + B'y + C' = 0$, $r \perp s$.

Efectuem el producte dels pendents de les rectes r i s:

$$m_r\, m_s = \left(-\frac{A}{B}\right)\left(-\frac{A'}{B'}\right) = \frac{A\,A'}{B\,B'} = -1 \rightarrow A\,A' = -B\,B'$$

d'on obtenim:

$$A\,A' + B\,B' = 0$$

Aquesta és la relació que hi ha entre els coeficients de les equacions implícites de dues rectes perpendiculars.

! Important

El símbol $\perp$ indica perpendicularitat entre rectes o ortogonalitat entre vectors.

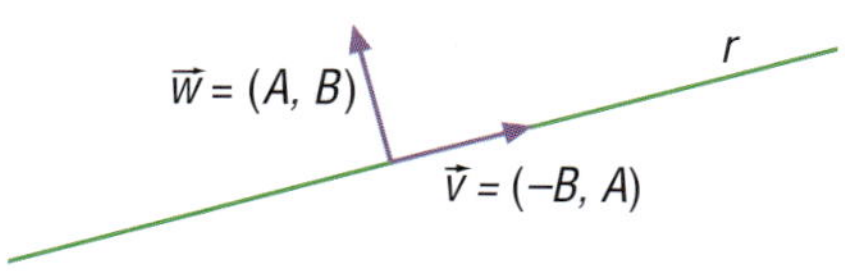

Fig. 6.15

Exemple 8

Determina l'equació de la recta perpendicular a la recta:

$$r: 3x - 2y + 5 = 0$$

que passa pel punt $P(-3, 2)$.

Resolució

Quan es tracta de determinar la recta perpendicular a una altra recta per un punt, no és rellevant que aquest punt sigui o no de la recta. En qualsevol cas, la recta que ens demanen existeix i, a més, és única.

L'equació de la recta perpendicular es pot conèixer de diferents maneres.

a) El vector $\vec{u} = (3, -2)$, que obtenim a partir de l'equació general de la recta r, és un vector normal a aquesta recta i, per tant, és un vector director de la recta perpendicular. Aleshores, a partir del vector $\vec{u}$ i del punt P, podem escriure l'equació en forma contínua:

$$\frac{x+3}{3} = \frac{y-2}{-2} \rightarrow 2x + 3y = 0$$

b) El vector $\vec{v} = (2, 3)$ és un vector director de la recta r. Un vector ortogonal a $\vec{v}$, per exemple, $\vec{w} = (-3, 2)$, és un vector director de la recta que ens demanen. Si coneixem $\vec{w}$ i $P(-3, 2)$, tenim el problema resolt.

c) El pendent de r és $m_r = \frac{3}{2}$. Si anomenem s la recta perpendicular que ens demanen, tenim $m_s = -\frac{2}{3}$. L'equació explícita de la recta s és del tipus $y = -\frac{2}{3}x + n$ i sabem que aquesta recta passa pel punt $P(-3, 2)$.

Aleshores:

$$2 = -\frac{2}{3}(-3) + n \rightarrow n = 0$$

L'equació de la recta s és $y = -\frac{2}{3}x \rightarrow 2x + 3y = 0$.

d) Si coneixem $m_s = -\frac{2}{3}$ i $P(-3, 2)$, podem utilitzar l'expressió punt-pendent:

$$y - 2 = -\frac{2}{3}(x+3) \rightarrow s: 3y - 6 = -2x - 6 \rightarrow s: 2x + 3y = 0$$

e) Si $r: 3x - 2y + 5 = 0$, l'equació implícita d'una recta s perpendicular a r és del tipus $2x + 3y + C = 0$. Imposem la condició que s passi pel punt $P(-3, 2)$:

$$2 \cdot (-3) + 3 \cdot 2 + C = 0 \rightarrow C = 0 \text{ i, per tant, } s: 2x + 3y = 0.$$

A la Figura 6.16 pots observar la representació gràfica de les rectes r i s.

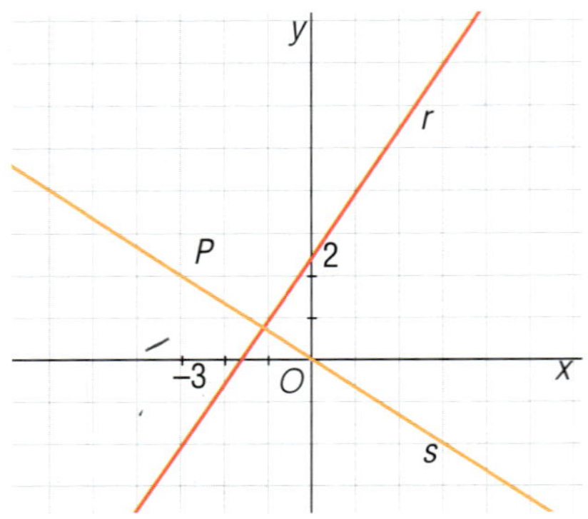

Fig. 6.16

4.1 Projecció ortogonal d'un punt sobre una recta

Considerem una recta r i un punt P exterior a la recta. El punt P', peu de la perpendicular a r traçada des de P, és la projecció ortogonal o punt projectat de P sobre r (Fig. 6.17).

Les coordenades de P' són la solució del sistema determinat per:

- L'equació de la recta r.
- L'equació de la recta perpendicular a r pel punt P.

4.2 Punt simètric respecte d'una recta

Considerem una recta r i un punt P exterior a la recta. Si el punt S és el punt simètric de P respecte de r, P' és el punt mitjà entre P i S, i P' és la projecció ortogonal de P sobre r (Fig. 6.17).

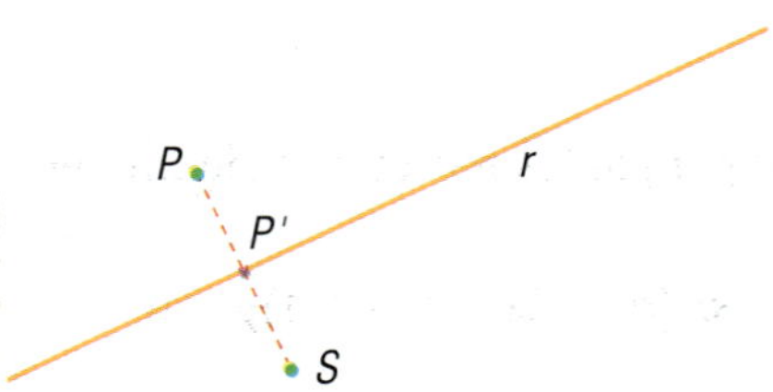

Fig. 6.17

Exemple 9

Donada la recta r: $x - 3y - 5 = 0$ i el punt $P(-2, 1)$, determina el punt projectat de P sobre r i el punt simètric de P respecte de r.

Resolució

Fixa't que el punt P no pertany a la recta r, ja que, si fos així, el punt projectat P' coincidiria amb P.

Primerament cal determinar la recta s perpendicular a r que passa pel punt P.

$$3x + y + C = 0 \xrightarrow{P(-2,\,1)} -6 + 1 + C = 0 \rightarrow C = 5$$

$$s: 3x + y + 5 = 0$$

El punt on es tallen les rectes r i s és el punt projectat P'.

$$\begin{cases} x - 3y - 5 = 0 \\ 3x + y + 5 = 0 \end{cases}$$

La solució del sistema és $x = -1$, $y = -2 \rightarrow P'(-1, -2)$.

Per esbrinar el punt simètric $S(x_s, y_s)$ utilitzarem l'expressió del punt mitjà d'un segment, ja que P' és el punt mitjà del segment PS.

Recordem que les coordenades del punt mitjà M del segment que té per extrems els punts $A(x_0, y_0)$ i $B(x_1, y_1)$ són:

$$M\left(\frac{x_0 + x_1}{2}, \frac{y_0 + y_1}{2}\right)$$

$$\left.\begin{matrix} P(-2, 1) \\ P'(-1, -2) \\ S(x_s, y_s) \end{matrix}\right\} \rightarrow \frac{-2 + x_s}{2} = -1 \rightarrow x_s = 0; \frac{1 + y_s}{2} = -2 \rightarrow y_s = -5$$

$S(0, -5)$ és el simètric de P respecte de r.

Observa la representació gràfica corresponent a la Figura 6.18.

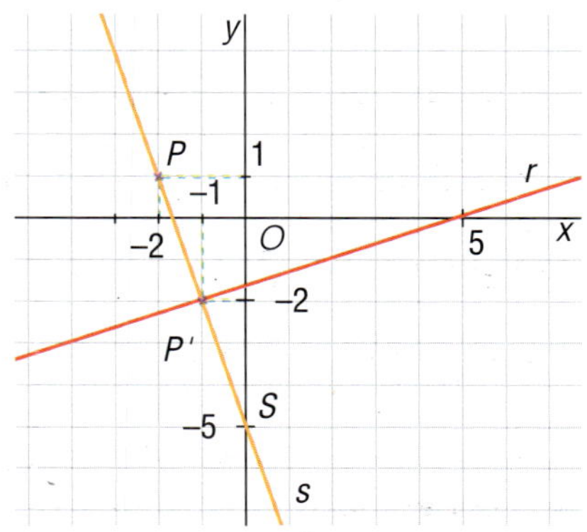

Fig. 6.18

Activitats

24. Comprova que els punts $A(1, 2)$, $B(-1, 0)$ i $C(3, -4)$ són els vèrtexs d'un triangle rectangle. En quin dels tres punts està el vèrtex corresponent a l'angle recte? Justifica'n la resposta.

25. Determina l'equació de la recta perpendicular a la recta $y = \frac{3}{4}x - 6$ i que passa pel punt on es tallen les rectes següents:

$$x + y + 9 = 0 \text{ i } x - 2y + 3 = 0$$

26. Classifica els següents parells de rectes incidents segons siguin perpendiculars o no. Justifica'n les respostes.

a) $3x - 5y + 3 = 0$ i $-3x - 5y + 7 = 0$

b) $y = -\frac{1}{7}x - 4$ i $-x - 2 = \frac{y - 1}{7}$

c) $\begin{cases} x = -7 + 2h \\ y = -1 + 5h \end{cases}$ i $(x, y) = k \cdot (-5, 2)$

d) $x + 3y - 8 = 0$ i $9x - 3y + 13 = 0$

27. Determina l'equació de la mediatriu del segment amb extrems en els punts $A(-2, 3)$ i $B(6, -1)$. Recorda que la mediatriu d'un segment és la recta perpendicular pel punt mitjà.

28. Determina les coordenades del circumcentre i de l'ortocentre del triangle de vèrtexs $A(2, 5)$, $B(1, 1)$ i $C(3, 2)$.

El circumcentre és el punt on es tallen les mediatrius del triangle. L'ortocentre és el punt on es tallen les rectes que determinen les altures del triangle.

29. Donat el punt $P(3, 4)$:

a) Determina la projecció ortogonal de P sobre la recta r: $4x + y = 1$.

b) Esbrina les coordenades del punt simètric de P respecte de la recta r.

30. Dedueix els valors de q perquè les rectes r i s siguin perpendiculars:

$$r: qx - y + 2 = 0 \text{ i } s: (q + 2)x + (2q + 1)y = 0$$

R: $q_1 = 1$, $q_2 = -1$

5. Angle de dues rectes

Dues rectes que es tallen determinen quatre angles, iguals dos a dos. Si les rectes són perpendiculars, els quatre angles són iguals i cadascun mesura 90°. En cas contrari, considerarem sempre el més petit dels angles, és a dir, el que pertany al primer quadrant (Fig. 6.19).

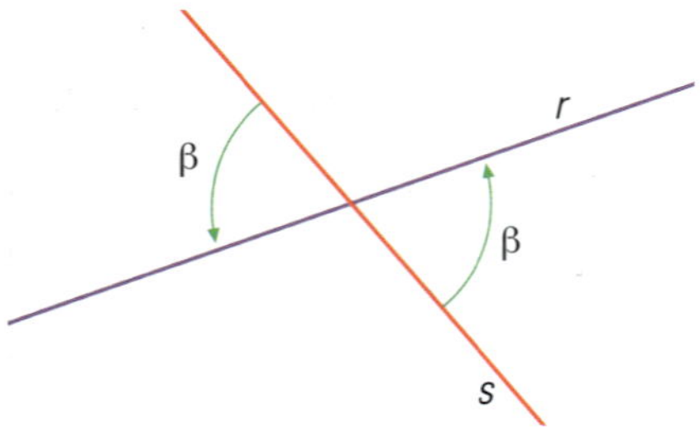

Fig. 6.19

L'angle format per les rectes *r* i *s* és l'angle β tal que $0° \leq \beta \leq 90°$. Si $\vec{v}$ és un vector director de *r* i $\vec{w}$ és un vector director de *s*, el cosinus de l'angle que formen les dues rectes és:

$$\cos \beta = \frac{|\vec{v} \bullet \vec{w}|}{|\vec{v}| \cdot |\vec{w}|}$$

Aquesta expressió s'obté a partir de la definició del producte escalar de dos vectors. Observa que prenem el producte escalar dels dos vectors en valor absolut, a fi i efecte d'assegurar-nos que $\cos \beta > 0$ i, per tant, que l'angle β sigui del primer quadrant.

5.1 Casos particulars

a) Si les dues rectes són paral·leles, l'angle que formen és de 0°.

Efectivament, si les rectes són paral·leles, els vectors directors són iguals o tenen els seus components proporcionals. En aquest cas,

$$|\vec{v} \bullet \vec{w}| = |\vec{v}| \cdot |\vec{w}| \rightarrow \cos \beta = 1 \rightarrow \beta = 0°$$

Si l'angle és de 0°, les dues rectes poden ser coincidents o paral·leles.

b) Si les dues rectes són perpendiculars, l'angle és de 90°, i recíprocament, si l'angle és de 90°, les dues rectes són perpendiculars.

$$\text{Si } r \perp s \Leftrightarrow \vec{v} \perp \vec{w} \Leftrightarrow \vec{v} \bullet \vec{w} = 0 \Leftrightarrow \cos \beta = 0 \Leftrightarrow \beta = 90°$$

Vegem-ne l'aplicació a dos exemples concrets.

Exemple 10

Quin angle formen les rectes *r:* $2x + 3y - 1 = 0$ i *s:* $\frac{x+1}{3} = \frac{y-3}{5}$?

Resolució

Un vector director de *r* és $\vec{v} = (-3, 2)$ i un vector director de *s* és $\vec{w} = (3, 5)$. Es verifica:

$$\cos \beta = \frac{|\vec{v} \bullet \vec{w}|}{|\vec{v}| \cdot |\vec{w}|} = \frac{|(-3, 2) \bullet (3, 5)|}{\sqrt{(-3)^2 + 2^2} \cdot \sqrt{3^2 + 5^2}} = \frac{|-9 + 10|}{\sqrt{9+4} \cdot \sqrt{9+25}} =$$

$$= \frac{1}{\sqrt{13} \cdot \sqrt{34}} = \frac{1}{\sqrt{442}}$$

Amb l'ajuda de la calculadora, obtenim que $\beta = 87{,}27°$, que és l'angle que formen les dues rectes.

Exemple 11

Determina l'equació de les rectes que passen pel punt $P(3, 4)$ i formen un angle de 45° amb la recta r: $2x + 3y - 1 = 0$.

Resolució

Un vector director de la recta r és $\vec{v} = (-3, 2)$ i un vector director de la recta que busquem pot ser $\vec{w} = (1, m)$, en què m n'és el pendent. Sabem que $\cos 45° = \frac{1}{\sqrt{2}}$, per tant,

$$\frac{1}{\sqrt{2}} = \frac{|(-3, 2) \cdot (1, m)|}{\sqrt{(-3)^2 + 2} \cdot \sqrt{1^2 + m^2}} = \frac{|-3 + 2m|}{\sqrt{9 + 4} \cdot \sqrt{1 + m^2}} =$$

$$= \frac{|-3 + 2m|}{\sqrt{13} \cdot \sqrt{1 + m^2}}$$

D'on obtenim: $\sqrt{13} \cdot \sqrt{1 + m^2} = \sqrt{2} \cdot |-3 + 2m|$

Si elevem al quadrat cada membre de la igualtat obtenim:

$$13(1 + m^2) = 2(9 - 12m + 4m^2) \rightarrow 5m^2 + 24m - 5 = 0$$

Les solucions d'aquesta equació de segon grau són:

$$m_1 = \frac{1}{5} \quad \text{i} \quad m_2 = -5$$

Tenim, per tant, dues rectes que verifiquen la condició del problema (Fig. 6.20).

s_1 és la recta que passa pel punt $P(3, 4)$ amb pendent $m_1 = \frac{1}{5}$:

$$y = \frac{1}{5}x + n \rightarrow 4 = \frac{1}{5} \cdot 3 + n \rightarrow n = \frac{17}{5} \rightarrow$$

$$y = \frac{1}{5}x + \frac{17}{5} \rightarrow x - 5y + 17 = 0$$

s_2 és la recta que passa pel punt $P(3, 4)$ amb pendent $m_2 = -5$:

$$y = -5x + n \rightarrow 4 = -5 \cdot 3 + n \rightarrow n = 19 \rightarrow$$

$$y = -5x + 19 \rightarrow 5x + y - 19 = 0$$

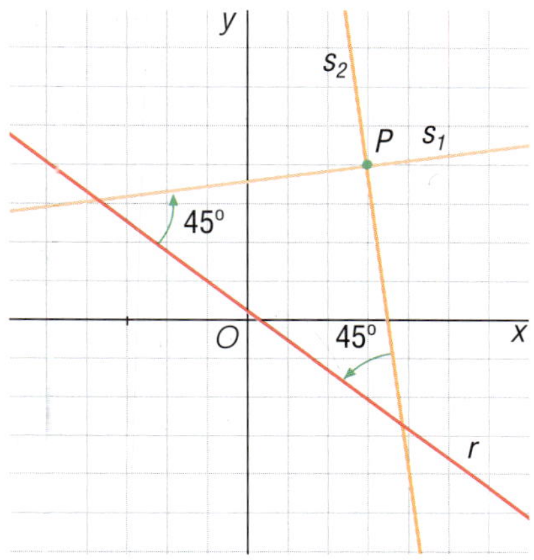

Fig. 6.20

Activitats

31. Calcula l'angle que formen les rectes:

r: $x + y + 4 = 0$ $\qquad$ s: $y = -4x - 2$

R: $\alpha = 30{,}96°$

32. Considera la recta r: $x - y + 4 = 0$ i el punt $P\left(2, -\frac{1}{2}\right)$.

Esbrina l'equació de les rectes que passen per P i formen un angle de 60° amb la recta r.

33. Quant mesuren els angles del triangle que té per vèrtexs els punts $A(2, 4)$, $B(-3, -1)$ i $C(-1, 6)$?

R: $\hat{A} = 78{,}7°$; $\hat{B} = 29°$; $\hat{C} = 72{,}3°$

34. Determina les equacions de les rectes que formen un angle de 30° amb la recta $5x - 2y + 3 = 0$ i passen pel punt $P(x, -6)$, on P és un punt de la recta donada. Calcula l'angle que formen aquestes rectes.

35. Donades les rectes

r: $x - 2 = \frac{y}{3}$ $\qquad$ s: $-y - 3 = \frac{x - 3}{2}$

determina l'angle que formen.

R: $\alpha = 81{,}87°$

6. Distàncies

La distància entre dos elements del pla sempre és el camí més curt entre si. A continuació analitzarem com es pot determinar la distància en tots els casos.

6.1 Distància entre dos punts

Si $A(x_0, y_0)$ i $B(x_1, y_1)$ són dos punts del pla, definim la **distància** entre aquests com el mòdul del vector que els uneix. És a dir:

$$d(A, B) = |\overrightarrow{AB}| = \sqrt{(x_1 - x_0)^2 + (y_1 - y_0)^2}$$

Propietats:

- $d(A, B) = d(B, A)$.
- $d(A, B) + d(B, C) \geq d(A, C)$, coneguda com a **desigualtat triangular**.

Per exemple, per calcular la distància entre els punts $A(3, -1)$ i $B(4, 7)$, hem de determinar primerament els components del vector $\overrightarrow{AB} = (1, 8)$ i, tot seguit, calcular el mòdul del vector:

$$d(A, B) = |\overrightarrow{AB}| = \sqrt{1^2 + 8^2} = \sqrt{65} \text{ u}$$

6.2 Distància d'un punt a una recta

Considerem una recta r i un punt P exterior a la recta. Definim la **distància de P a r** com $d(P, r) = d(P, P')$, on P' és la projecció ortogonal de P sobre r (Fig. 6.21).

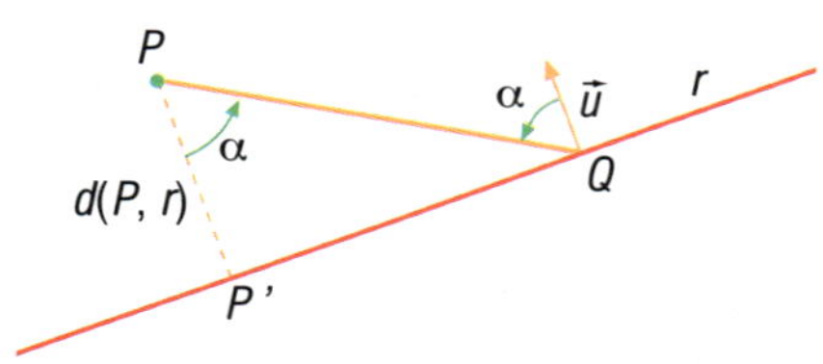

Fig. 6.21

Si Q és un punt de la recta r, en el triangle rectangle $QP'P$ de la Figura 6.21 es verifica que:

$$d(P, r) = d(P, P') = PP' = QP \cdot \cos \alpha = |\overrightarrow{PQ}| \cdot \cos \alpha$$

D'altra banda, si $\vec{u}$ és un vector unitari ortogonal a la recta, tenim:

$$\overrightarrow{PQ} \bullet \vec{u} = |\overrightarrow{PQ}| \cdot |\vec{u}| \cdot \cos \alpha = |\overrightarrow{PQ}| \cdot \cos \alpha$$

Si comparem aquesta igualtat amb la igualtat anterior, es dedueix que $d(P, r) = |\overrightarrow{PQ} \bullet \vec{u}|$.

La distància de P a r és el valor absolut del producte escalar $\overrightarrow{PQ} \bullet \vec{u}$, on Q és un punt qualsevol de r i $\vec{u}$ un vector unitari ortogonal a r.

Si r: $Ax + By + C = 0$, per a $P(x_0, y_0) \notin r$ i $Q(x_1, y_1) \in r$, tenim $\overrightarrow{QP} = (x_0 - x_1, y_0 - y_1)$. Un vector unitari i ortogonal a la recta r és:

$$\vec{u} = \frac{1}{\sqrt{A^2 + B^2}} \cdot (A, B) = \left(\frac{A}{\sqrt{A^2 + B^2}}, \frac{B}{\sqrt{A^2 + B^2}} \right)$$

La distància del punt P a la recta r és:

$$d(P, r) = |\overrightarrow{QP} \cdot \vec{u}| = \left|(x_0 - x_1, y_0 - y_1) \cdot \left(\frac{A}{\sqrt{A^2+B^2}}, \frac{B}{\sqrt{A^2+B^2}}\right)\right| =$$

$$= \left|\frac{A(x_0 - x_1)}{\sqrt{A^2+B^2}} + \frac{B\,(y_0 - y_1)}{\sqrt{A^2+B^2}}\right| = \frac{|A(x_0 - x_1) + B(y_0 - y_1)|}{\sqrt{A^2+B^2}} =$$

$$= \frac{|Ax_0 - Ax_1 + By_0 - By_1|}{\sqrt{A^2+B^2}} = \frac{|Ax_0 + By_0 - Ax_1 - By_1|}{\sqrt{A^2+B^2}} = \frac{|Ax_0 + By_0 + C|}{\sqrt{A^2+B^2}}$$

ja que el punt $Q(x_1, y_1)$ pertany a la recta i, per tant, verifica la seva equació:

$$Ax_1 + By_1 + C = 0 \rightarrow -Ax_1 - By_1 = C$$

En definitiva, la distància del punt $P(x_0, y_0)$ a la recta r: $Ax + By + C = 0$ és:

$$d(P, r) = \frac{|Ax_0 + By_0 + C|}{\sqrt{A^2+B^2}}$$

Fixa-t'hi

Si el vector $\vec{v} = (a, b)$, $|\vec{v}| \neq 0$, no és unitari, el vector:

$$\vec{u} = \left(\frac{a}{|\vec{v}|}, \frac{b}{|\vec{v}|}\right)$$

és unitari.

La distància d'un punt P a una recta r es pot calcular de dues maneres:

a) Determinant la projecció ortogonal P' de P sobre r i calculant la distància entre els punts P i P'.

b) Aplicant-hi directament l'expressió que acabem de deduir.

El camí *b)* és, sens dubte, més ràpid. Per exemple, la distància del punt $P(2, 3)$ a la recta r: $3x + y - 1 = 0$ és:

$$d(P, r) = \frac{|3 \cdot 2 + 3 - 1|}{\sqrt{3^2 + 1^2}} = \frac{8}{\sqrt{10}} = \frac{8\sqrt{10}}{10} = \frac{4\sqrt{10}}{5} \text{ u}$$

6.3 Distància entre dues rectes

Si r i s són dues rectes del pla, definim la **distància entre r i s** com la més petita de les distàncies possibles $d(P, Q)$, on P és un punt de r i Q, un punt de s.

Dues rectes del pla només es poden tallar o ser paral·leles. Per tant:

- $d(r, s) = 0$ si les rectes es tallen.
- $d(r, s) = d(P, s) = d(Q, r)$ si les rectes són paral·leles (Fig. 6.22).

Així, per calcular la distància entre dues rectes del pla, cal estudiar en primer lloc la posició relativa d'ambdues rectes. Considerem, per exemple, les rectes:

$$r: -y - 2 = \frac{x - 1}{3} \quad \text{i} \quad s: 2x + 6y + 7 = 0$$

Quina és la distància entre ambdues rectes?

Un vector director de r és $\vec{u} = (3, -1)$ i un vector director de s és $\vec{v} = (-6, 2)$. Els components dels vectors $\vec{u}$ i $\vec{v}$ són proporcionals i el punt $P(1, -2)$ pertany a r, però no a s. Es tracta, per tant, de dues rectes paral·leles.

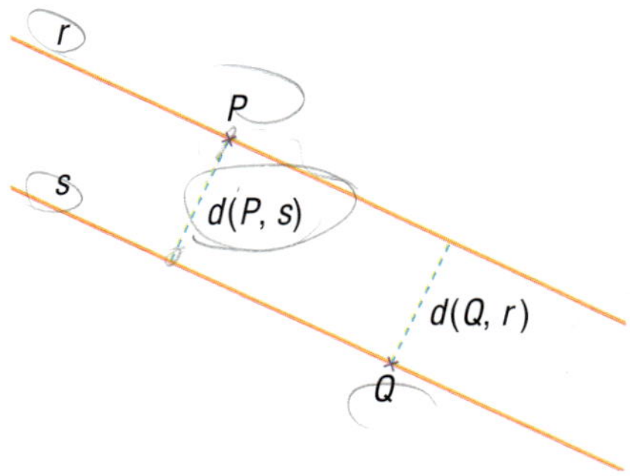

Fig. 6.22

Prenem el punt $P \in r$, i calculem la distància de P a la recta s:

$$d(r, s) = d(P, s) = \frac{|2 + 6 \cdot (-2) + 7|}{\sqrt{2^2 + 6^2}} = \frac{|-3|}{\sqrt{40}} = \frac{3}{2\sqrt{10}} = \frac{3\sqrt{10}}{20} \text{ u}$$

6.4 Bisectriu dels angles que formen dues rectes

Dues rectes determinen dos angles i, per tant, determinen dues bisectrius.

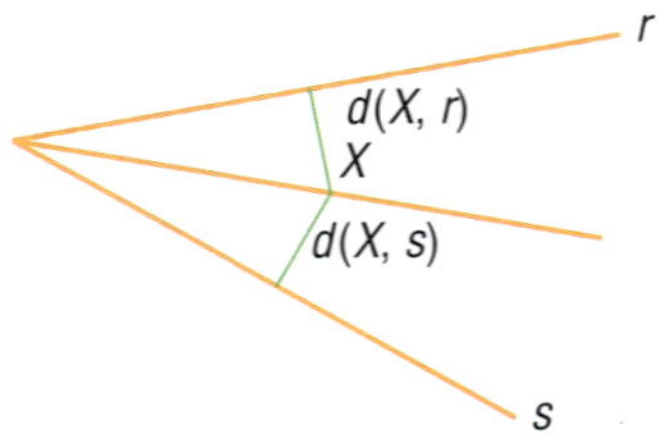

Fig. 6.23

La **bisectriu** d'un angle és la recta que el divideix en dos angles iguals. Els punts de la bisectriu equidisten de cadascuna de les rectes que determinen l'angle (Fig. 6.23).

Per determinar l'equació de la recta bisectriu d'un dels angles que formen les rectes r i s, considerem un punt genèric $X(x, y)$ d'aquesta bisectriu i imposem la condició $d(X, r) = d(X, s)$.

Si r: $Ax + By + C = 0$ i s: $A'x + B'y + C' = 0$ es verifica:

Recorda

Si $|a| = |b| \rightarrow a = \pm b$

$$d(X, r) = \frac{|Ax + By + C|}{\sqrt{A^2 + B^2}} \qquad d(X, s) = \frac{|A'x + B'y + C'|}{\sqrt{A'^2 + B'^2}}$$

Com que X és un punt de la bisectriu, es verifica:

$\dfrac{|Ax + By + C|}{\sqrt{A^2 + B^2}} = \dfrac{|A'x + B'y + C'|}{\sqrt{A'^2 + B'^2}}$, equació que podem expressar:

$$\frac{Ax + By + C}{\sqrt{A^2 + B^2}} = \pm \frac{A'x + B'y + C'}{\sqrt{A'^2 + B'^2}}$$

Obtenim les equacions:

$$\frac{Ax + By + C}{\sqrt{A^2 + B^2}} = \frac{A'x + B'y + C'}{\sqrt{A'^2 + B'^2}} \quad \text{i} \quad \frac{Ax + By + C}{\sqrt{A^2 + B^2}} = -\frac{A'x + B'y + C'}{\sqrt{A'^2 + B'^2}}$$

que corresponen a les bisectrius dels dos angles determinats per les rectes r i s (Fig. 6.24).

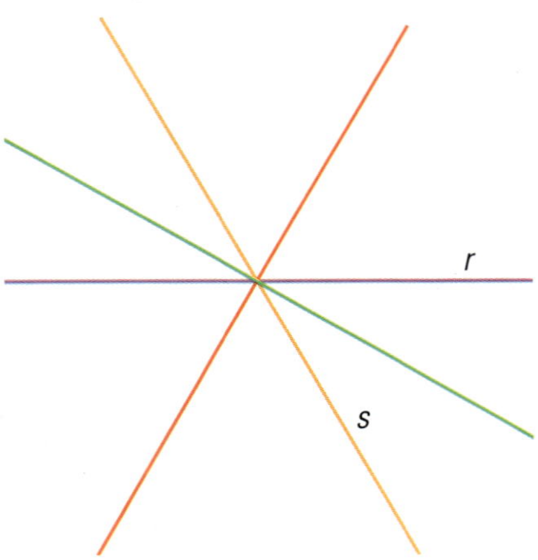

Fig. 6.24

Per exemple, les equacions de les bisectrius del angles determinats per les rectes $3x + 2y - 4 = 0$ i $2x - 3y + 4 = 0$ són:

$$\frac{3x + 2y - 4}{\sqrt{3^2 + 2^2}} = \frac{2x - 3y + 4}{\sqrt{2^2 + (-3)^2}} \quad \text{i} \quad \frac{3x + 2y - 4}{\sqrt{3^2 + 2^2}} = -\frac{2x - 3y + 4}{\sqrt{2^2 + (-3)^2}}$$

$$\frac{3x + 2y - 4}{\sqrt{13}} = \frac{2x - 3y + 4}{\sqrt{13}} \quad \text{i} \quad \frac{3x + 2y - 4}{\sqrt{13}} = -\frac{2x - 3y + 4}{\sqrt{13}}$$

Multiplicant per $\sqrt{13}$ cada membre de cadascuna de les igualtats, tenim:

$$3x + 2y - 4 = 2x - 3y + 4 \quad \text{i} \quad 3x + 2y - 4 = -2x + 3y - 4$$

$$x + 5y - 8 = 0 \quad \text{i} \quad 5x - y = 0$$

Observem que les dues bisectrius són rectes perpendiculars.

Activitats

36. Calcula de dues maneres diferents la distància de l'origen de coordenades a la recta $x - 3y - 7 = 0$.

R: $\frac{7\sqrt{10}}{10}$ u

37. Determina la distància entre les rectes $2x - 3y + 5 = 0$ i $4x - 6y + 3 = 0$.

R: $\frac{7\sqrt{13}}{26}$ u

38. Els punts de la mediatriu d'un segment equidisten dels seus extrems. Tenint en compte aquesta propietat, determina l'equació de la mediatriu del segment d'extrems $A(-2, -5)$ i $B(4, 7)$.

39. Determina les equacions de les bisectrius dels angles que formen les rectes:

$$r\!: x + 2y + 5 = 0 \quad \text{i} \quad s\!: 2x + y - 3 = 0$$

Comprova que són perpendiculars.

40. Demostra que les dues bisectrius dels angles que formen dues rectes que es tallen són perpendiculars.

41. L'incentre d'un triangle és el punt on es tallen les bisectrius dels angles interiors del triangle. Calcula les coordenades de l'incentre del triangle determinat per les rectes:

$$r\!: 3x - 4y - 5 = 0$$

$$s\!: 3x + 4y + 7 = 0$$

$$t\!: 4x + 3y - 6 = 0$$

R: $\left(\frac{19}{14}, -\frac{3}{2}\right)$

42. Donades dues rectes de pendents $m = 2$ i $m' = -3$, calcula els pendents de les dues rectes bisectrius dels angles que determinen.

R: $m_1 = 7 - 5\sqrt{2}$; $m_2 = 7 + 5\sqrt{2}$

43. Donades les rectes:

$$x = 0,\ y = 0 \quad \text{i} \quad 3x + 4y - 12 = 0$$

determina:

a) Les coordenades dels vèrtexs del triangle que determinen.

b) L'àrea d'aquest triangle.

c) Les equacions de les bisectrius dels angles del triangle.

d) Les coordenades de l'incentre.

e) La distància de l'incentre a cadascun dels costats del triangle.

R: *a)* (0, 0), (4, 0) i (0, 3); *b)* 6 u^2;

c) $x - y = 0$, $x + 3y - 4 = 0$, $2x + y - 3 = 0$;

d) (1, 1); *e)* 1 u

Punt final

Triangle inscrit en una circumferència

a)

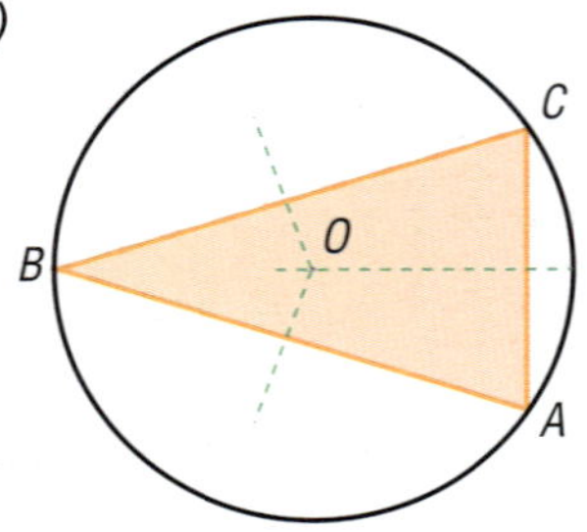

b)

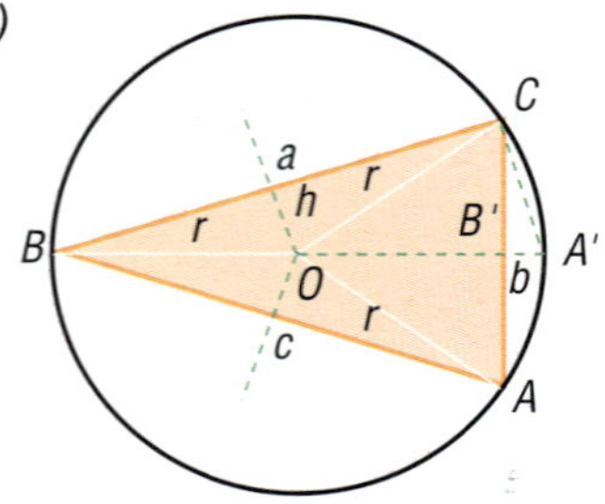

Fig. 6.25

En un triangle qualsevol es pot dibuixar una, i només una, circumferència circumscrita al triangle. El centre d'aquesta circumferència és el punt on es tallen les mediatrius dels costats del triangle, anomenat *circumcentre* del triangle (Fig. 6.25*a*). La distància del circumcentre a un vèrtex qualsevol del triangle és el radi r de la circumferència circumscrita (Fig. 6.25*b*).

Podem calcular l'àrea d'un triangle coneixent-ne les longituds dels tres costats i el radi de la circumferència circumscrita. Observa la figura (Fig. 6.25*b*), on els angles de vèrtexs A i A' són iguals perquè són angles inscrits a la circumferència i abasten el mateix arc.

El triangle $A'CB$ és rectangle en C.

Per tant, $\sin A' = \dfrac{a}{2r} \rightarrow \sin A = \dfrac{a}{2r}$

El triangle $BB'A$ és rectangle en B'.

Aleshores, $\sin A = \dfrac{h}{c} \rightarrow h = c \sin A$

L'àrea del triangle ABC és:

$$S = \frac{1}{2}\, b\, h = \frac{1}{2}\, b\, c \sin A = \frac{1}{2}\, b\, c\, \frac{a}{2r} = \frac{a\, b\, c}{4r}$$

En definitiva, $S = \dfrac{a\, b\, c}{4r}$

On $a = |\overrightarrow{BC}|$, $b = |\overrightarrow{AC}|$, $c = |\overrightarrow{AB}|$ i $r = |\overrightarrow{OA}| = |\overrightarrow{OB}| = |\overrightarrow{OC}|$, en què A, B i C són els vèrtexs del triangle i O, el circumcentre.

Circumferència inscrita en un triangle

En un triangle es pot inscriure una circumferència, el centre de la qual és el punt on es tallen les bisectrius del triangle, anomenat *incentre* del triangle (Fig. 6.26*a*). La distància de l'incentre a qualsevol de les rectes que determinen els costats del triangle és el radi R de la circumferència inscrita (Fig. 6.26*b*).

a)

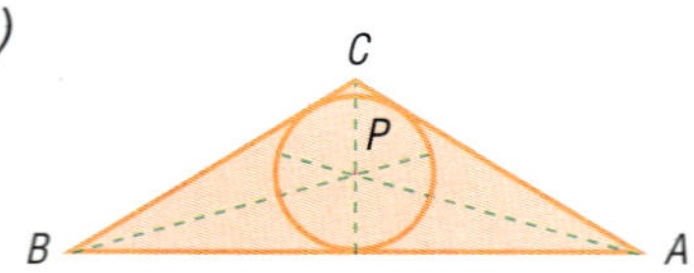

b)

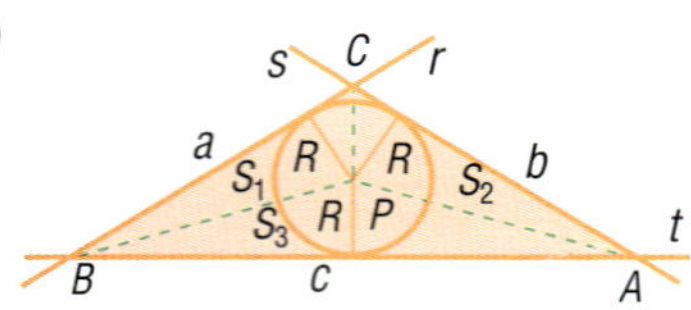

Fig. 6.26

L'àrea del triangle es pot calcular si se'n coneix el perímetre i el radi de la circumferència inscrita. Observa la Figura 6.26*b:* hem descompost el triangle ABC en tres triangles l'altura de cadascun dels quals és R. Per tant, es compleix el següent:

$$S_1 = \frac{1}{2}\, aR,\ S_2 = \frac{1}{2}\, bR \text{ i } S_3 = \frac{1}{2}\, cR$$

És a dir:

$$S = S_1 + S_2 + S_3 = \frac{1}{2}\, aR + \frac{1}{2}\, bR + \frac{1}{2}\, cR = \frac{1}{2}\,(a + b + c)R = pR$$

$S = pR$, en què p és el semiperímetre del triangle per a $a = |\overrightarrow{BC}|$, $b = |\overrightarrow{AC}|$ i $c = |\overrightarrow{AB}|$; i $R = d(P, r) = d(P, s) = d(P, t)$, on r, s i t són les rectes que determinen el triangle i P n'és l'incentre.

Activitats finals

És recomanable que en cadascun dels problemes següents facis el dibuix corresponent.

1. Donada la recta d'equació $4x + 5y + 20 = 0$, indica'n:

a) El pendent i un vector director.

b) Les equacions explícita i canònica.

c) Una equació vectorial, una de paramètrica i una de canònica.

R: *a)* $m = -\frac{4}{5}, \vec{v} = (5, -4)$; *b)* $y = -\frac{4}{5}x - 5$; $\frac{x}{-5} + \frac{y}{-4} = 1$

2. El punt $P(t, -5)$ pertany a la recta de pendent $m = -\frac{2}{3}$ que passa pel punt $Q(4, -2)$. Calcula el valor de t.

R: $t = \frac{17}{2}$

3. La recta d'equació $x + 2y - 1 = 0$ dista $\sqrt{5}$ unitats de la recta $y = -\frac{1}{2}x - n$. Calcula el valor de n.

R: $n_1 = 2$ i $n_2 = -3$.

4. Determina l'equació de la recta que conté el punt $P(1, -6)$ i és paral·lela a la recta $\frac{x}{2} + \frac{y}{5} = 1$.

R: $5x + 2y + 7 = 0$

5. Les rectes:

$$2x + 3y - 5 = 0 \text{ i } Ax + By - 4 = 0$$

són perpendiculars. Calcula el valor de A i de B sabent que la segona recta passa pel punt $P(2, 1)$.

R: $A = 3$, $B = -2$

6. Determina l'equació de la recta que passa pel punt $(3, 2)$ i forma amb els eixos de coordenades un triangle d'àrea $\frac{25}{2}$ u^2.

R: $x + y - 5 = 0$ i $4x + 9y - 30 = 0$

7. Considera les rectes:

r: recta de pendent -2 que passa pel punt $(1, -4)$.

s: recta que conté el punt $(-2, 3)$ i forma un angle de 45° amb el sentit positiu de l'eix de les abscisses.

Escriu l'equació de les rectes r i s i calcula l'angle que formen.

R: r: $2x + y + 2 = 0$; s: $x - y + 5 = 0$; 71,6°.

8. Donada la recta r d'equació $3x - 2y + 7 = 0$ i el punt $P(2, 0)$, determina:

a) L'equació de la recta r' que passa per P i és perpendicular a r.

b) El punt d'intersecció de les rectes r i r'.

c) El punt simètric de P respecte de r.

R: *a)* r': $2x + 3y - 4 = 0$; *b)* $(-1, 2)$; *c)* $(-4, 4)$.

9. Calcula l'àrea del triangle que té per vèrtexs els punts $A(1, 1)$, $B(3, 4)$ i $C(5, -2)$.

R: $S = 9$ u^2

10. Determina el valor de k per tal que les rectes:

$$r\text{: } kx + (k - 1)y - 2 = 0 \text{ i } s\text{: } 3kx - (3k + 1)y + 5 = 0$$

siguin:

a) Paral·leles.

b) Perpendiculars.

R: *a)* $k_1 = 0$; $k_2 = \frac{1}{3}$; *b)* $k = -\frac{1}{2}$

11. Determina l'equació de la recta que passa pel punt $P(2, 4)$, tal que la seva perpendicular per l'origen de coordenades forma un angle de 45° amb l'eix d'abscisses.

12. Els punts $O(0, 0)$, $P(4, 2)$ i $Q(2, 6)$ són els vèrtexs d'un triangle. Esbrina'n el baricentre (B), el circumcentre (C) i l'ortocentre (A). Comprova que:

a) B, C i A estan alineats.

b) $\vec{AB} = 2 \cdot \vec{BC}$.

c) La distància de C a cada vèrtex és la mateixa.

13. Escriu l'equació de la recta perpendicular a:

$$x - 3y + 1 = 0$$

que se situa a distància 3 u del punt $P(1, 1)$.

14. Els punts $A(0, 2)$ i $B(4, 0)$ són dos vèrtexs d'un triangle rectangle isòsceles d'hipotenusa AB. Calcula les coordenades del tercer vèrtex C i l'àrea del triangle.

R: $C_1(3, 3)$, $C_2(1, -1)$; $S = 5$ u^2

15. Determina les equacions de les rectes que tallen la recta $2x - y - 3 = 0$ en el punt d'abscissa $x = 3$ i formen amb aquesta un angle de 60°.

Activitats finals

16. Determina l'incentre del triangle determinat per les rectes:

$$2x + 3y - 8 = 0,\ 3x - 2y - 25 = 0 \text{ i } 2x - 3y + 4 = 0$$

Comprova que l'incentre equidista dels tres costats del triangle.

R: $I\left(\frac{31}{5}, 2\right)$

17. Calcula l'àrea del triangle determinat per les rectes:

r: $4x + y - 5 = 0$; s: $x + 3y - 4 = 0$ i t: $3x - 2y - 12 = 0$

R: $S = \frac{11}{2}$ u²

18. Determina l'equació de les rectes paral·leles a la recta: $2x + y + 3 = 0$ que se situen a distància 5 u del punt $P(1, -2)$.

19. El centre d'un quadrat és el punt $C(0, 3)$ i el punt $P(2, 6)$ n'és un vèrtex. Calcula els tres vèrtexs restants, el perímetre i l'àrea del quadrat.

R: $R(-2, 0)$, $Q(3, 1)$, $S(-3, 5)$; $P = 4\sqrt{26}$ u; $S = 26$ u²

20. Un paral·lelogram $OABC$ té els seus vèrtexs en els punts $O(0, 0)$, $A(3, 1)$ i $C(1, 2)$. Calcula les coordenades del vèrtex B i l'àrea del paral·lelogram.

R: $B\ (4, 3)$; $S = 5$ u²

21. Determina l'equació de les rectes que contenen les altures del triangle de vèrtexs $A(-2, 1)$, $B(0, 2)$ i $C(4, 0)$.

22. Dos dels vèrtexs oposats d'un rombe estan situats en els punts $A(2, 4)$ i $C(0, 2)$ i el vèrtex B és un punt de l'eix d'abscisses. Determina les coordenades dels vèrtexs B i D i calcula l'àrea del rombe.

R: $B(4, 0)$, $D(-2, 6)$; $S = 12$ u²

23. Indica el punt en què es tallen les diagonals del quadrilàter que està format pels eixos de coordenades i les rectes:

$$x + y - 4 = 0 \text{ i } 2x - y + 3 = 0$$

R: $D\left(\frac{12}{47}, \frac{132}{47}\right)$

24. Calcula l'àrea del quadrilàter que té per vèrtexs els punts:

a) $A(3, 2)$.

b) B, simètric del punt A respecte de la recta $x = y$.

c) C, simètric del punt B respecte de l'eix d'ordenades

d) D, simètric de C respecte de l'eix d'abscisses.

R: $S = 17$ u²

25. Els vèrtexs corresponents al costat desigual d'un triangle isòsceles se situen en els punts $A(-1, -1)$ i $B(4, 0)$. El tercer vèrtex C és un punt de la recta $x - 2y + 8 = 0$.

Esbrina les coordenades de C i calcula el perímetre i l'àrea del triangle.

R: $C\left(\frac{6}{11}, \frac{47}{11}\right)$; $p = \left(\sqrt{26} + \frac{2\sqrt{3653}}{11}\right)$ u; $S = \frac{273}{22}$ u²

26. Determina les equacions de les bisectrius interiors dels angles del triangle de vèrtexs $A(-4, 5)$, $B(5, 7)$ i $C(-4, 7)$.

27. Dos dels vèrtexs d'un triangle rectangle són els punts $B(5, 2)$ i $C(1, 5)$. Calcula l'ordenada de l'altre vèrtex A sabent que la seva abscissa és $x = 3$ i que $\hat{A} = 90°$.

R: $A_1(3, 1)$, $A_2(3, 6)$

28. Determina les coordenades de l'ortocentre, el baricentre i el circumcentre del triangle que té per vèrtexs els punts $A(4, 2)$, $B(10, 6)$ i $C(6, -1)$.

R: $A(4, 2)$; $G\left(\frac{20}{3}, \frac{7}{3}\right)$; $M\left(8, \frac{5}{2}\right)$

29. Les equacions de les rectes que contenen dos dels costats d'un paral·lelogram amb el centre en el punt $C(2, 2)$ són $y = 2x$ i $x = 2y$. Determina'n les coordenades dels quatre vèrtexs.

R: $O(0,0)$, $R\left(\frac{4}{3}, \frac{8}{3}\right)$, $P\left(\frac{8}{3}, \frac{4}{3}\right)$; $Q(4, 4)$

30. El costat desigual d'un triangle isòsceles mesura 4 u i es troba sobre la recta d'equació $y = x$. El vèrtex oposat és el punt $C(0, 4)$. Determina les coordenades dels vèrtexs A i B del triangle.

R: $A\left(2 + \sqrt{2}, 2 + \sqrt{2}\right)$, $B\left(2 - \sqrt{2}, 2 - \sqrt{2}\right)$

31. El catet AB d'un triangle rectangle en A se situa sobre la recta $2x + 5y - 4 = 0$ i el punt $C(4, 2)$ és un vèrtex del triangle. Calcula les coordenades del vèrtex A i la longitud del catet AC.

R: $A\left(\frac{88}{29}, -\frac{12}{89}\right)$; $AC = |\vec{AC}| = \frac{14\sqrt{29}}{29}$ u

32. Els punts $A(-1, 1)$, $B(0, -1)$ i $C(3, 2)$ són tres vèrtexs consecutius d'un paral·lelogram. Determina'n el vèrtex D i calcula'n el perímetre i l'àrea.

R: $D(2, 4)$; $P = \left(2\sqrt{5} + 6\sqrt{2}\right)$ u; $S = 9$ u²

Avaluació

1. Els punts $A(2, 5)$, $B(6, 8)$ i $C(22, d)$ estan alineats. Calcula el valor de d.

2. Determina l'equació general de cadascuna de les rectes següents:

a) La recta r de pendent $m = -2$ que conté el punt $P(1, -4)$.

b) La recta s que passa pels punts $A(4, -3)$ i $B(1, 2)$.

c) La recta t l'equació canònica de la qual és $\frac{x}{2} + \frac{y}{3} = 1$.

d) La recta u que passa pel punt $Q(-3, 5)$ i és paral·lela a la recta $4x - 3y + 17 = 0$.

3. Considera la recta r d'equació $3x - 5y + 2 = 0$. Esbrina les equacions de les rectes paral·lela i perpendicular a r que passen pel punt $(-15, 4)$.

4. Donades les rectes $x - 2ay = 1$ i $x + 3y = 8$, calcula el valor de a perquè siguin:

a) Paral·leles.

b) Perpendiculars.

5. El punt $P(2, q)$ dista 2 unitats de la recta $3x + 4y - 12 = 0$.

a) Calcula q.

b) Determina l'àrea limitada per la recta i els eixos de coordenades.

6. *a)* Representa gràficament les rectes $3x - y - 1 = 0$ i $x + 3y - 12 = 0$.

b) Demostra que són perpendiculars.

c) Calcula'n el punt d'intersecció.

d) Determina l'àrea del triangle que limiten aquestes dues rectes i l'eix d'ordenades.

7

LA CIRCUMFERÈNCIA I ALTRES LLOCS GEOMÈTRICS

Considerem en un sistema de referència cartesià el segment AB d'extrems els punts $A(-1, 3)$ i $B(5, 1)$. Tracem la mediatriu r d'aquest segment, és a dir, la recta que el talla perpendicularment pel seu punt mitjà (Fig. 7.1).

Quina és l'equació de la recta r? Si la volem expressar en la forma $y = mx + n$, ens cal conèixer-ne el pendent m i un qualsevol dels seus punts. Hem de recordar que el producte dels pendents de dues rectes perpendiculars és igual a −1.

Un vector director de la recta AB és $\vec{v} = (6, -2)$ i el seu pendent, $-\dfrac{1}{3}$. Per tant, el pendent de la recta r és $m = 3$.

D'altra banda, la mediatriu r passa pel punt mitjà M del segment AB, les coordenades del qual són $M(2, 2)$.

Amb aquestes dades ja podem determinar l'equació de la mediatriu r del segment AB. Comprova que s'obté $y = 3x - 4$.

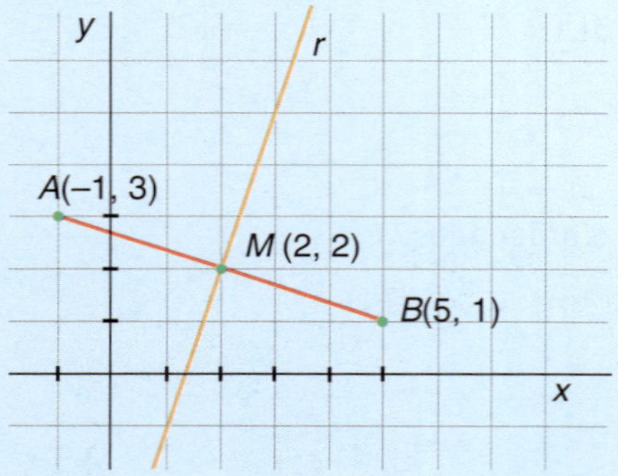

Fig. 7.1

La igualtat $y = 3x - 4$ indica la relació que hi ha entre les coordenades (x, y) de tots els punts que pertanyen a la mediatriu del segment AB. Les coordenades dels punts que no hi pertanyen no verifiquen l'equació.

També sabem que tots i cadascun dels punts de la mediatriu equidisten dels extrems del segment AB. Utilitzarem aquesta propietat per determinar-ne l'equació seguint un altre procediment.

Si representem per $P(x, y)$ un punt qualsevol de la mediatriu r, es compleix:

$$d(P, A) = d(P, B) \rightarrow$$
$$\rightarrow \sqrt{(x+1)^2 + (y-3)^2} = \sqrt{(x-5)^2 + (y-1)^2}$$

Si elevem al quadrat els dos membres de la igualtat i fem operacions, tenim:

$$x^2 + 2x + 1 + y^2 - 6y + 9 = x^2 - 10x + 25 + y^2 - 2y + 1 \rightarrow$$
$$\rightarrow 12x - 4y - 16 = 0$$

Finalment, aïllem y i obtenim $y = 3x - 4$, que és la mateixa equació d'abans.

D'aquesta manera, la mediatriu d'un segment es pot definir com *el lloc geomètric dels punts del pla que equidisten dels extrems del segment.*

Anàlogament, *la bisectriu d'un angle és el lloc geomètric dels punts del pla que equidisten dels dos costats de l'angle.*

En aquesta unitat analitzarem altres figures planes que també són llocs geomètrics.

1. Equació de la circumferència

Ja saps que una circumferència és una corba tancada formada pel conjunt de punts del pla que equidisten d'un punt interior anomenat **centre.** La distància entre qualsevol punt de la corba i el centre és el **radi** de la circumferència.

Podem definir una circumferència a partir del concepte de lloc geomètric:

Circumferència és el lloc geomètric dels punts del pla que equidisten d'un punt fix, el *centre,* una distància igual al *radi.*

! Important

En general, s'anomena **lloc geomètric** el conjunt de punts del pla que compleixen una propietat determinada.

Quina és la relació que verifiquen les coordenades dels punts $P(x, y)$ de la circumferència de centre $C(a, b)$ i radi r (Fig. 7.2)? Si som capaços d'esbrinar aquesta relació, haurem determinat l'equació de la circumferència.

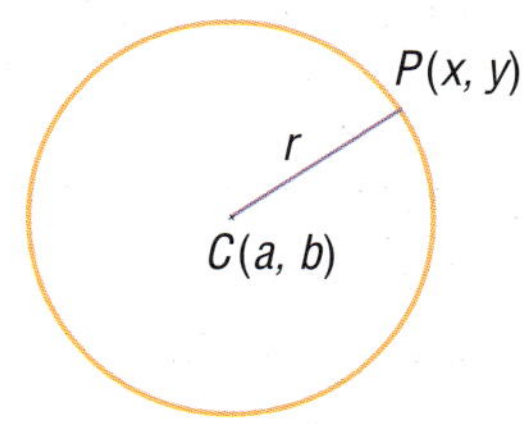

Fig. 7.2

Tots i cadascun dels punts de la circumferència equidisten del centre C i aquesta distància comuna és el radi. Podem, doncs, escriure la igualtat:

$$d(C, P) = r$$

La distància entre els punts C i P és el mòdul del vector $\overrightarrow{CP}$. Per tant:

$$d(C, P) = |\overrightarrow{CP}| = \sqrt{(x-a)^2 + (y-b)^2} = r$$

Si elevem al quadrat els dos membres de l'última igualtat, tenim:

$$(x-a)^2 + (y-b)^2 = r^2$$

Aquesta expressió és l'**equació de la circumferència de centre $C(a, b)$ i radi r.**

Per exemple, l'equació de la circumferència de centre $C(2, -1)$ i radi $r = 3$ és:

$$(x-2)^2 + (y+1)^2 = 3^2 \rightarrow (x-2)^2 + (y+1)^2 = 9$$

Això significa que un punt és de la circumferència si les seves coordenades verifiquen aquesta equació. El punt $P(4, 1)$ pertany a aquesta circumferència? Substituïm x per 4 i y per 1 a l'equació i esbrinem si la igualtat es compleix:

$$(4-2)^2 + (1+1)^2 = 2^2 + 2^2 = 4 + 4 = 8 \neq 9$$

El punt $P(4, 1)$ no és de la circumferència, ja que les seves coordenades no en verifiquen l'equació.

Podem buscar punts de la circumferència donant un valor a l'abscissa x i calculant el valor de l'ordenada y que hi correspon a l'equació. Però si observes la Figura 7.3, veuràs que hi ha valors de x als quals no correspon cap valor de y, valors de x amb dos valors de y, i també valors de x amb un únic valor de y.

Comprovem, per exemple, que hi ha dos punts de la circumferència que tenen d'abscissa $x = 0$. Substituïm $x = 0$ a l'equació $(x-2)^2 + (y+1)^2 = 3^2$.

$$(0-2)^2 + y^2 + 2y + 1 = 3^2 \rightarrow 4 + y^2 + 2y + 1 = 9 \rightarrow y^2 + 2y - 4 = 0$$

Si aquesta equació de segon grau té dues solucions reals, tindrem dos punts; si en té una, un únic punt, i si no té solucions reals, cap punt. La resolem:

$$y^2 + 2y - 4 = 0 \rightarrow y = -1 \pm \sqrt{5}$$

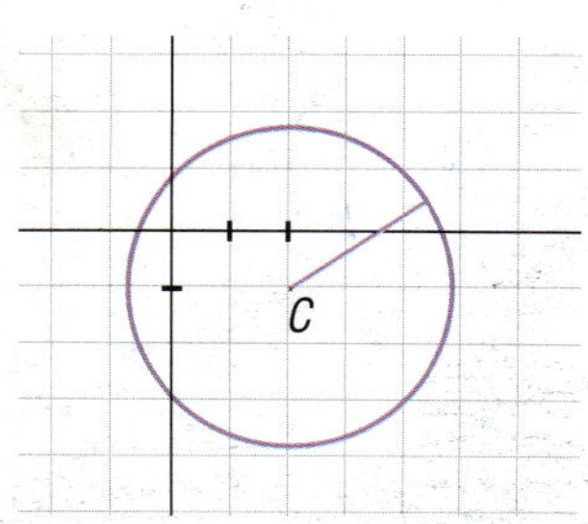

Fig. 7.3

Com pots comprovar, l'equació té dues solucions reals. Per tant, hi ha dos punts de la circumferència amb abscissa $x = 0$ o, el que és el mateix, la circumferència talla l'eix d'ordenades en dos punts: $(0, -1 + \sqrt{5})$ i $(0, -1 - \sqrt{5})$.

Provem ara per a $x = -1$. Tenim:

$$(-1 - 2)^2 + (y + 1)^2 = 9 \longrightarrow (y + 1)^2 = 0 \longrightarrow y = -1$$

Hi ha un únic punt d'abscissa -1 a la circumferència, el punt $(-1, -1)$.

Provem per a $x = 6$:

$$(6 - 2)^2 + (y + 1)^2 = 9 \longrightarrow (y + 1)^2 = -7 \longrightarrow \text{Aquesta equació no té solucions reals.}$$

No hi ha cap punt de la circumferència d'abscissa 6.

De la mateixa manera, es podria donar un valor a l'ordenada y i determinar, si fos possible, l'abscissa o les abscisses dels punts corresponents.

Activitats

1. Escriu l'equació de la circumferència de centre el punt (2, 0) i radi 2. Dibuixa-la.

2. Identifica el centre i el radi de la circumferència d'equació $(x - 3)^2 + (y - 1)^2 = 4$ i tot seguit representa-la gràficament.

3. L'equació d'una circumferència és $x^2 + y^2 = 16$. Determina'n el centre i el radi.

4. Escriu l'equació de la circumferència de centre $C(-3, 1)$ i radi $r = 4$. Esbrina si el punt $P(3, 4)$ pertany a aquesta circumferència.

5. Determina l'equació de la circumferència que té per diàmetre el segment d'extrems els punts $A(-1, 4)$ i $B(3, 0)$.

6. Escriu l'equació de la circumferència de centre $(-1, 3)$ i que passa per l'origen de coordenades.

2. Determinació del centre i el radi

A l'equació de la circumferència de centre $C(a, b)$ i radi r que hem obtingut, podem transformar l'expressió tot fent-hi operacions:

$$(x - a)^2 + (y - b)^2 = r^2 \longrightarrow x^2 - 2ax + a^2 + y^2 - 2by + b^2 = r^2$$

que podem escriure: $x^2 + y^2 - 2ax - 2by + a^2 + b^2 - r^2 = 0$.

Aquesta equació consta de:

- Un terme en x^2 i un en y^2 amb coeficient 1.
- Un terme en x amb coeficient $-2a$.
- Un terme en y amb coeficient $-2b$.
- Un terme independent: $a^2 + b^2 - r^2$.

És a dir, és una equació del tipus: $x^2 + y^2 + mx + ny + p = 0$.

Per tal que una equació d'aquest tipus sigui l'equació d'una circumferència, cal que es pugui identificar amb $x^2 + y^2 - 2ax - 2by + a^2 + b^2 - r^2 = 0$. Això vol dir que s'han de verificar les igualtats següents:

- $m = -2a$
- $n = -2b$
- $p = a^2 + b^2 - r^2$

on a i b són les coordenades del centre de la circumferència i r, el radi.

L'equació $x^2 + y^2 - 6x + 4y + 9 = 0$ correspon a una circumferència?

Cal determinar-ne el centre i el radi:

$$\left.\begin{array}{l} -6 = -2a \rightarrow a = 3 \\ 4 = -2b \rightarrow b = -2 \end{array}\right\}$$

$$9 = 3^2 + (-2)^2 - r^2 \rightarrow r^2 = 4 \rightarrow r = 2$$

Per tant, l'equació $x^2 + y^2 - 6x + 4y + 9 = 0$ és la de la circumferència de centre $C(3, -2)$ i radi 2, que també es pot expressar per:

$$(x - 3)^2 + (y + 2)^2 = 4$$

No sempre una equació d'aquest tipus és l'equació d'una circumferència. Els coeficients ens han de permetre calcular-ne el centre i el radi.

Per exemple, $2x^2 + 2y^2 + 6x - 7y + 12 = 0$ és l'equació d'una circumferència?

En primer lloc, cal que els coeficients de x^2 i y^2 siguin iguals a 1. Com que en el nostre cas són iguals a 2, dividirem els dos membres de la igualtat per 2:

$$2x^2 + 2y^2 + 6x - 7y + 12 = 0$$

$$x^2 + y^2 + 3x - \frac{7}{2}y + 6 = 0$$

Ara ja podem establir les relacions que hem vist abans:

$$3 = -2a \rightarrow a = -\frac{3}{2}$$

$$-\frac{7}{2} = -2b \rightarrow b = \frac{7}{4}$$

$$6 = \left(-\frac{3}{2}\right)^2 + \left(\frac{7}{4}\right)^2 - r^2 \rightarrow r^2 = -6 + \frac{9}{4} + \frac{49}{16} \rightarrow r^2 = -\frac{11}{16}$$

No hi ha cap nombre real que elevat al quadrat doni un nombre negatiu. No existeix aquest radi. Per tant, podem afirmar que $2x^2 + 2y^2 + 6x - 7y + 12 = 0$ no és l'equació d'una circumferència.

Activitats

7. Les equacions següents són de circumferències. Determina'n el centre i el radi.

a) $x^2 + y^2 - 8x - 6y + 20 = 0$

b) $x^2 + y^2 + 4x - 7y = 0$

c) $x^2 + y^2 + 6y - 7 = 0$

d) $3x^2 + 3y^2 - 5x + 9y + \frac{27}{4} = 0$

8. Determina el centre i el radi de la cicumferència:

$$(x + 2)^2 + (y - 3)^2 = 9$$

Esbrina si hi ha algun punt de la circumferència que tingui abscissa 2.

9. Esbrina quines d'aquestes equacions no corresponen a una circumferència. Raona la resposta.

a) $x^2 + y^2 - 8x + 3xy - 5 = 0$

b) $3x^2 + 2y^2 - 5x + 9y + 2 = 0$

c) $x^2 + y^2 - 3 = 0$

d) $x^2 + y^2 + 4x + 8y + 20 = 0$

e) $x^2 + y^2 - \frac{4}{5}x + \frac{8}{3}y + 2 = 0$

10. Escriu les equacions de les circumferències següents:

a) $C(0, 2)$, $r = 2$

b) $C(-2, 0)$, $r = 2$

c) $C(2, 2)$, $r = 4$

d) $C(-1, -1)$, $r = \sqrt{2}$

3. Circumferència que passa per tres punts

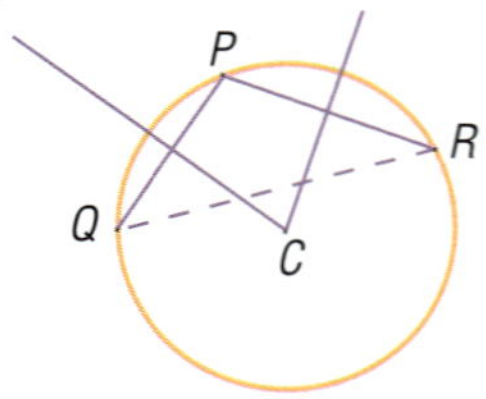

Fig. 7.4

Donats tres punts P, Q i R no alineats (Fig. 7.4) hi ha una única circumferència que els conté. El centre és el circumcentre del triangle que determinen els tres punts. El radi és la distància del centre a qualsevol dels tres punts.

Considerem els punts $P(0, -1)$, $Q(1, 1)$ i $R(3, 0)$. Quina és l'equació de la circumferència que determinen?

Els punts P, Q i R no estan alineats. Cada dos d'aquests punts determinen un segment i els tres punts són els vèrtexs d'un triangle. Si els tres punts estiguessin alineats, no determinarien una circumferència.

Calculem el centre de la circumferència que és el punt d'intersecció de dues mediatrius qualssevol.

Mediatriu del segment PQ:

Vector $\overrightarrow{PQ} = (1, 2)$. Un vector perpendicular a $\overrightarrow{PQ}$ és $(-2, 1)$.

Pendent: $m = -\frac{1}{2}$ i passa pel punt mitjà de PQ, $\left(\frac{1}{2}, 0\right)$

$$y = -\frac{1}{2}x + \frac{1}{4}$$

Mediatriu del segment PR:

Vector $\overrightarrow{PR} = (3, 1)$. Un vector perpendicular a $\overrightarrow{PR}$ és $(-1, 3)$.

Pendent: $m = -3$ i passa pel punt mitjà de PR, $\left(\frac{3}{2}, -\frac{1}{2}\right)$

$$y = -3x + 4$$

El centre: $\left.\begin{array}{l} y = -\frac{1}{2}x + \frac{1}{4} \\ y = -3x + 4 \end{array}\right\} \rightarrow x = \frac{3}{2};\ y = -\frac{1}{2} \rightarrow C\left(\frac{3}{2}, -\frac{1}{2}\right)$

El radi: $d(C, P) = \sqrt{\left(0 - \frac{3}{2}\right)^2 + \left(-1 + \frac{1}{2}\right)^2} = \sqrt{\frac{10}{4}} = \sqrt{\frac{5}{2}}$

Podem escriure ara l'equació de la circumferència:

$$\left(x - \frac{3}{2}\right)^2 + \left(y + \frac{1}{2}\right)^2 = \frac{5}{2}$$

Si desenvolupem els quadrats i fem operacions queda:

$$x^2 + y^2 - 3x + y = 0$$

També es pot arribar a aquesta equació si comencem a partir de l'expressió:

$$x^2 + y^2 + mx + ny + p = 0$$

imposant la condició que cadascun dels punts P, Q i R la verifiqui:

$$\left.\begin{array}{l} P(0, -1) \longrightarrow 1 - n + p = 0 \\ Q(1, 1) \rightarrow 1 + 1 + m + n + p = 0 \\ R(3, 0) \longrightarrow 9 + 3m + p = 0 \end{array}\right\}$$

Tenim un sistema de tres equacions amb tres incògnites. El resolem:

$$\left.\begin{array}{l} -n + p = -1 \\ m + n + p = -2 \\ 3m + p = -9 \end{array}\right\} \rightarrow \left.\begin{array}{l} n = p + 1 \\ m + n + p = -2 \\ m = -3 - \frac{p}{3} \end{array}\right\} \rightarrow -3 - \frac{p}{3} + p + 1 + p = -2 \rightarrow p = 0$$

Recorda

La mediatriu d'un segment és la perpendicular pel punt mitjà. Els pendents, m i m', de dues rectes perpendiculars verifiquen:

$$m \cdot m' = -1$$

Conegut el valor de p, la primera equació ens permet obtenir $n = 1$ i la tercera $m = -3$.

Substituint aquests valors a l'equació, tenim:

$$x^2 + y^2 - 3x + y = 0$$

Evidentment, es tracta de la mateixa equació que abans. En cada cas caldrà triar el procediment més adient.

Activitats

11. Determina l'equació de la circumferència circumscrita al triangle de vèrtexs $A(2, 0)$, $B(0, 4)$ i $O(0, 0)$.

El circumcentre d'aquest triangle es pot conèixer gairebé d'una manera immediata. Recordes com s'ha de fer? Representa els punts en uns eixos cartesians i ho veuràs.

12. Una circumferència passa pels punts $A(2, -1)$, $B(2, 4)$ i $C(0, -2)$. Determina'n el centre i el radi i escriu-ne l'equació.

13. Expressa en la forma $x^2 + y^2 + mx + ny + p = 0$ l'equació de la circumferència que passa pels punts $(0, -3)$, $(-3, 0)$ i $(1, 1)$.

4. Circumferència tangent a una recta

La **recta tangent** a una circumferència és perpendicular al radi en el punt de contacte (Fig. 7.5).

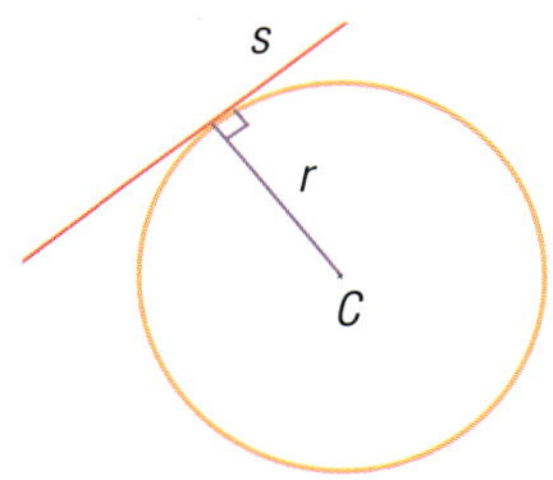

Fig. 7.5

Aquesta propietat ens assegura que la distància del centre de la circumferència a la recta tangent és igual al radi. Donat el centre i la recta tangent, la circumferència que es pot construir és única. Per tant, podem determinar-ne l'equació.

Sigui el punt $C(2, -1)$ el centre d'una circumferència tangent a la recta s d'equació $y = x + 2$. Tenim ja el centre. Cal calcular-ne el radi r.

$r = d(C, s)$ és la distància d'un punt a una recta. Escrivim l'equació de la recta en forma implícita i calculem aquesta distància:

$$y = x + 2 \rightarrow -x + y - 2 = 0 \rightarrow r = \frac{|-2 - 1 - 2|}{\sqrt{(-1)^2 + 1}} = \frac{5}{\sqrt{2}}$$

Escrivim l'equació de la circumferència de radi $\frac{5}{\sqrt{2}}$ i centre $(2, -1)$:

$$(x - 2)^2 + (y + 1)^2 = \left(\frac{5}{\sqrt{2}}\right)^2 \rightarrow (x - 2)^2 + (y + 1)^2 = \frac{25}{2}$$

Fixa-t'hi

L'equació d'una circumferència es pot expressar de qualsevol d'aquestes dues maneres:

$$(x - a)^2 + (y - b)^2 = r^2$$
$$x^2 + y^2 + mx + ny + p = 0$$

Activitats

14. Dibuixa la circumferència que té com a centre l'origen de coordenades i tangent a la recta $y = -2$. Escriu-ne també l'equació.

15. La recta que passa pels punts $A(-1, 3)$ i $B(3, 0)$ és tangent a una circumferència de centre $C(3, 4)$. Determina l'equació d'aquesta circumferència.

16. Escriu l'equació de la circumferència de centre $(-1, 1)$ i tangent a la recta $y = -2x + 3$.

17. Una circumferència amb centre $C\left(\frac{1}{2}, \frac{9}{4}\right)$ és tangent a la bisectriu del primer i el tercer quadrants. Escriu l'equació de la circumferència.

5. Posicions relatives de rectes i circumferències

5.1 Recta i circumferència

Quan s'estudia la posició d'una recta respecte d'una circumferència, la recta pot ser:

- **Secant** si té dos punts en comú amb la circumferència (Fig. 7.6*a*).
- **Tangent** si només hi té un punt en comú (Fig. 7.6*b*).
- **Exterior** si no hi té cap punt en comú (Fig. 7.6*c*).

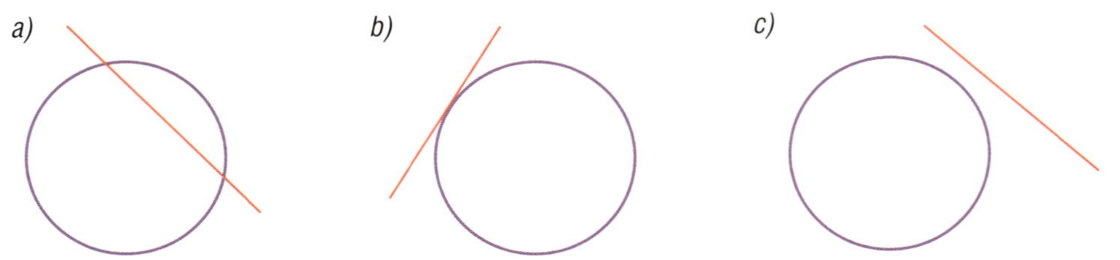

Fig. 7.6

Si la circumferència i la recta són donades per les seves equacions, determinar-ne la intersecció equival a resoldre el sistema format per les dues equacions. Una d'aquestes equacions, la de la circumferència, és de segon grau; això vol dir que les solucions del sistema poden ser dos punts, un punt o cap.

El nombre de solucions reals ens dóna el nombre de punts comuns a la recta i a la circumferència; per tant, ens indica la posició relativa de la recta i la circumferència.

Vegem-ne un exemple.

Exemple 1

Esbrina la posició relativa de la recta $x + 2y - 7 = 0$ i la circumferència $x^2 + y^2 - 4x - 6 = 0$.

Resolució

Cal resoldre el sistema:

$$\left.\begin{aligned} x + 2y - 7 &= 0 \\ x^2 + y^2 - 4x - 6 &= 0 \end{aligned}\right\}$$

Aquests tipus de sistemes es resolen per substitució:

$$x = -2y + 7$$

$$(-2y + 7)^2 + y^2 - 4(-2y + 7) - 6 = 0$$

$$4y^2 - 28y + 49 + y^2 + 8y - 28 - 6 = 0$$

$$5y^2 - 20y + 15 = 0 \rightarrow \quad y^2 - 4y + 3 = 0$$

$$y_1 = 3 \rightarrow x_1 = 1 \quad \text{i} \quad y_2 = 1 \rightarrow x_2 = 5$$

L'equació té dues solucions reals. Això vol dir que la recta té dos punts en comú amb la circumferència. Aquests són (1, 3) i (5, 1).

La recta és secant a la circumferència.

5.2 Dues circumferències

A l'hora d'estudiar la posició relativa de dues circumferències, es poden plantejar cinc casos. Les circumferències poden ser:

- **Secants,** quan tenen dos punts en comú (Fig. 7.7*a*).
- **Tangents interiors** o **exteriors,** si tenen un punt en comú (Fig. 7.7*b* i *c*).
- **Exteriors** o **interiors,** si no tenen cap punt en comú (Fig. 7.7*d* i *e*).

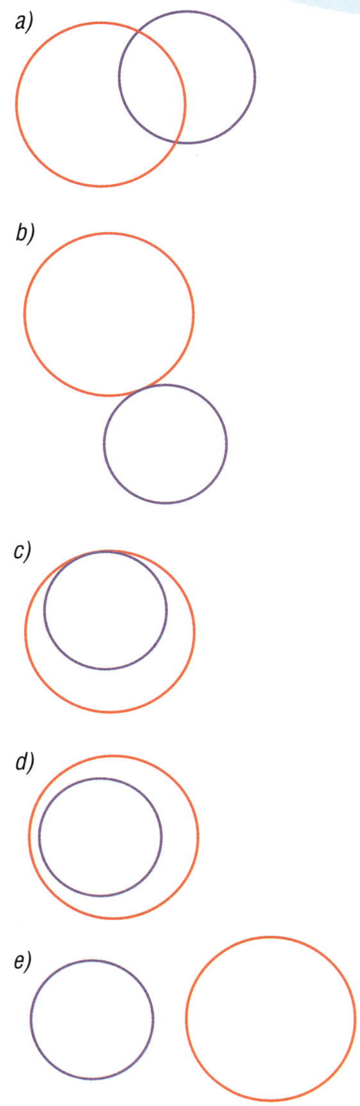

Fig. 7.7

Si les circumferències són donades per les seves equacions, la posició relativa l'obtindrem si resolem el sistema format per aquestes equacions:

$$\left.\begin{aligned} x^2 + y^2 + mx + ny + p = 0 \\ x^2 + y^2 + m'x + n'y + p' = 0 \end{aligned}\right\}$$

Un procediment ràpid per resoldre aquest sistema és restar membre a membre les dues equacions:

$$(m - m')x + (n - n')y + p - p' = 0$$

Aquesta equació correspon a una recta. Cal determinar ara la intersecció d'aquesta recta amb una qualsevol de les circumferències, tal com s'ha fet al paràgraf anterior.

- Per exemple, per estudiar la posició relativa de les circumferències:

$$x^2 + y^2 - 2x - 2y = 0 \ \text{ i } \ x^2 + y^2 - 8x - 8y + 6 = 0$$

Resolem el sistema:

$$\left.\begin{aligned} x^2 + y^2 - 2x - 2y = 0 \\ x^2 + y^2 - 8x - 8y + 6 = 0 \end{aligned}\right\}$$

Restem la primera equació menys la segona:

$$6x + 6y - 6 = 0 \rightarrow x + y - 1 = 0$$

Ara cal resoldre, per exemple, el sistema:

$$\left.\begin{aligned} x^2 + y^2 - 2x - 2y = 0 \\ x + y - 1 = 0 \end{aligned}\right\}$$

$$y = 1 - x$$

$$x^2 + (1 - x)^2 - 2x - 2(1 - x) = 0 \rightarrow 2x^2 - 2x - 1 = 0$$

$$x = \frac{1}{2} \pm \frac{\sqrt{3}}{2} \rightarrow y = \frac{1}{2} \pm \frac{\sqrt{3}}{2}$$

El sistema té dues solucions reals. Hi ha dos punts que són comuns a les dues circumferències:

$$\left(\frac{1}{2} + \frac{\sqrt{3}}{2}, \frac{1}{2} - \frac{\sqrt{3}}{2}\right) \text{ i } \left(\frac{1}{2} - \frac{\sqrt{3}}{2}, \frac{1}{2} + \frac{\sqrt{3}}{2}\right)$$

Les dues circumferències són **secants.**

! Important

Com que les dues circumferències són secants, la recta $x + y - 1 = 0$ és la recta secant comuna a ambdues circumferències. Per tant, conté els dos punts comuns a totes dues.

- Esbrinem ara la posició relativa de les circumferències:

$$x^2 + y^2 - 6y = 0 \text{ i } x^2 + y^2 - 4y + 3 = 0$$

Procedim com abans per determinar-ne la possible intersecció. Si restem les dues equacions:

$$2y + 3 = 0 \rightarrow y = -\frac{3}{2}$$

Si substituïm $y = -\frac{3}{2}$ a l'equació d'una de les circumferències, ens dóna:

$$x^2 + \frac{9}{4} + 9 = 0 \rightarrow x^2 = -\frac{45}{4}$$

que és una equació que no té solució real.

Les dues circumferències no tenen cap punt en comú.

Ara bé, són exteriors o interiors?

Per saber-ho, cal comparar la distància entre els centres C i C' amb la suma o diferència dels radis r i r':

- Si $d(C, C') > r + r'$, les dues circumferències són exteriors.
- Si $d(C, C') < r - r'$, amb $r > r'$, les dues circumferències són interiors.

Vegem què succeeix al nostre exemple.

El centre de la circumferència $x^2 + y^2 - 6y = 0$ és $C(0, 3)$ i el radi, $r = 3$. En el cas de la circumferència $x^2 + y^2 - 4y + 3 = 0$, el centre és $C'(0, 2)$ i el radi, $r' = 1$.

Per tant:

$$d(C, C') = 1 \text{ i } r - r' = 2 \rightarrow d(C, C') < r - r'$$

Les dues circumferències són **interiors.**

! Important

Dues circumferències interiors amb el mateix centre s'anomenen **concèntriques.**

- Considerem ara les circumferències:

$$x^2 + y^2 - 6y = 0 \text{ i } x^2 + y^2 + 10x - 6y + 30 = 0$$

Si restem les dues equacions, obtenim:

$$10x + 30 = 0 \rightarrow x = -3$$

que substituïm en una de les dues equacions; per exemple, a la primera:

$$9 + y^2 - 6y = 0 \rightarrow y = 3$$

El punt $(-3, 3)$ és comú a les dues circumferències.

Aquestes circumferències són tangents. Esbrinem si són tangents interiors o tangents exteriors.

Com en el cas anterior, ens cal conèixer la distància entre els centres $d(C, C')$ i els radis r i r'.

- Si $d(C, C') = r + r'$, les dues circumferències són tangents exteriors.
- Si $d(C, C') = r - r'$, amb $r > r'$, les dues circumferències són tangents interiors.

En el nostre cas tenim:

$$x^2 + y^2 - 6y = 0 \rightarrow C(0, 3) \text{ i } r = 3$$

$$x^2 + y^2 + 10x - 6y + 30 = 0 \rightarrow C'(-5, 3) \text{ i } r' = 2$$

Aleshores:

$$d(C, C') = 5 \text{ i } r + r' = 5 \rightarrow d(C, C') = r + r'$$

Les dues circumferències són **tangents exteriors.**

5.3 Punt i circumferència

Quan considerem la posició d'un punt respecte d'una circumferència, podem trobar tres casos:

- El **punt és de la circumferència** si les seves coordenades en verifiquen l'equació, o, el que és el mateix, si la distància al centre és igual al radi: $d(C, P) = r$ (Fig. 7.8*a*).
- El **punt és interior a la circumferència** si la distància al centre és més petita que el radi: $d(C, P) < r$ (Fig. 7.8*b*).
- El **punt és exterior a la circumferència** si la distància al centre és més gran que el radi: $d(C, P) > r$ (Fig. 7.8*c*).

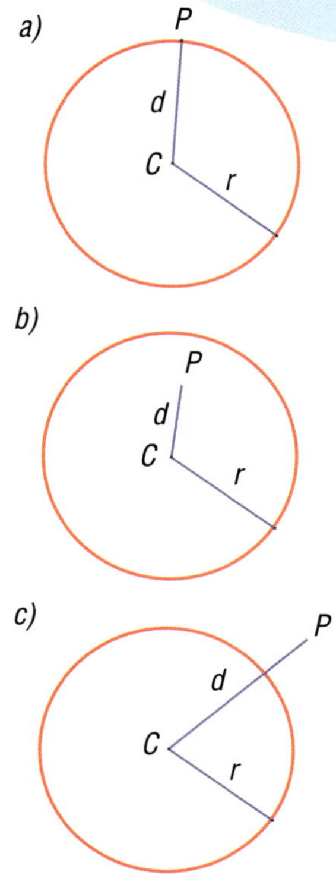

Fig. 7.8

Exemple 2

Si considerem la circumferència d'equació $x^2 + y^2 - 6x + 8y = 0$ i el punt $P(4, -1)$, quina és la posició d'aquest punt respecte de la circumferència?

Resolució

Primer de tot cal obtenir el centre i el radi de la circumferència:

$$\left.\begin{array}{l} -6 = -2a \rightarrow a = 3 \\ 8 = -2b \rightarrow b = -4 \end{array}\right\} \rightarrow \text{centre: } C(3, -4)$$

$$3^2 + (-4)^2 - r^2 = 0 \quad \rightarrow \quad \text{radi: } r = 5$$

Calculem la distància a què se situa el punt P del centre:

$$d(C, P) = \sqrt{(4-3)^2 + (-1+4)^2} = \sqrt{10} < 5$$

La distància entre el centre i el punt és més petita que el radi. El punt és interior a la circumferència.

Activitats

18. Esbrina la posició relativa de la recta $x - y = 0$ i la circumferència $x^2 + y^2 - 4x - 2y + 1 = 0$.

19. Determina la posició relativa de les circumferències d'equacions:

$$x^2 + y^2 - 12x + 35 = 0 \quad \text{i} \quad (x-3)^2 + y^2 = 4$$

20. Una circumferència amb centre al punt $(-2, 3)$ és tangent a l'eix de les abscisses. Determina'n el radi i l'equació. Ajuda't d'un dibuix.

21. Expressa, per mitjà d'una inequació, la condició per tal que un punt $P(x, y)$ sigui exterior a una circumferència de centre $(-1, 0)$ i radi $\sqrt{3}$.

22. Dibuixa la circumferència amb centre l'origen de coordenades i radi 3.
Sense fer cap càlcul localitza un punt interior, un d'exterior i un de la circumferència.
Hi pot haver algun punt de la circumferència amb abscissa 4? Raona la resposta.

6. Recta tangent a una circumferència

A la Figura 7.9 pots observar una circumferència de centre C, un punt P de la circumferència i una recta t tangent a la circumferència al punt P.

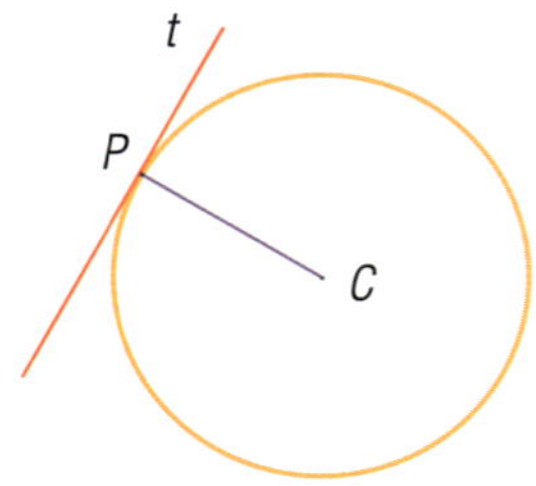

Fig. 7.9

Com ja s'ha comentat anteriorment, la recta tangent a una circumferència verifica una propietat que convé que recordis sempre:

Una recta tangent a una circumferència és perpendicular a la recta que conté el radi de la circumferència corresponent al punt de tangència.

Per determinar l'equació de la recta t ens cal conèixer-ne el pendent i les coordenades del punt P.

El pendent es pot calcular a partir de la condició de perpendicularitat de la tangent amb el radi.

Vegem-ho amb un exemple.

Considerem la circumferència d'equació $(x - 1)^2 + (y + 2)^2 = 10$ i el punt $P(0, 1)$, que pertany a aquesta circumferència. Determinen l'equació de la recta tangent a la circumferència al punt P.

El centre de la circumferència és $C(1, -2)$.

Un vector director de la recta PC, és a dir, de la recta que conté el radi al punt de tangència, és $(1, -3)$; per tant, el pendent és $m = -3$.

El pendent m' de la recta perpendicular és:

$$-3m' = -1 \rightarrow m' = \frac{1}{3}$$

Tenim ja el punt i el pendent de la recta tangent t:

$$P(0, 1) \text{ i } m' = \frac{1}{3} \rightarrow y = \frac{1}{3}x + 1 \text{ és l'equació de la recta } t.$$

6.1 Recta tangent a una circumferència des d'un punt exterior

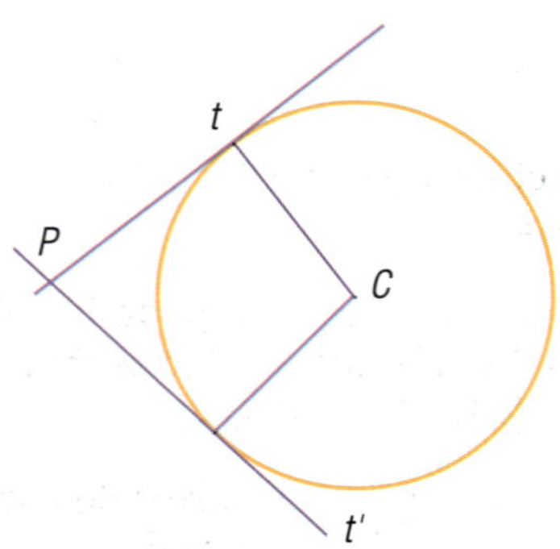

Fig. 7.10

Des d'un punt exterior a una circumferència es poden traçar dues rectes tangents t i t' a la circumferència de manera que determinin un quadrilàter amb els radis als punts de tangència (Fig. 7.10). Observa que aquest quadrilàter té dos angles rectes, els vèrtexs dels quals són cadascun dels punts de tangència. A diferència del cas anterior, aquests dos punts no els coneixem i, per tant, no podem conèixer els pendents de les rectes t i t'.

En canvi, sí que podem utilitzar altres condicions. Són dues:

- La distància del centre de la circumferència a cada recta és igual al radi.
- Cada recta tangent té un únic punt d'intersecció amb la circumferència.

Veurem tot seguit, en un exemple, com s'han d'utilitzar aquestes condicions per obtenir les equacions de les dues rectes tangents.

Exemple 3

Considera la circumferència d'equació $x^2 + y^2 = 4$ i el punt $P(-4, 0)$ exterior a la circumferència. Escriu les equacions de les rectes tangents a la circumferència des d'aquest punt.

Resolució

El centre de la circumferència és $C(0, 0)$ i el radi, $r = 2$.

L'equació del feix de rectes que passa per P és:

$$y = m(x + 4) \rightarrow mx - y + 4m = 0$$

- *Primera condició:*

Distància del $C(0, 0)$ a la recta:

$$\frac{|4m|}{\sqrt{m^2 + 1}} = 2 \rightarrow m = \pm\sqrt{\frac{1}{3}} = \pm\frac{1}{\sqrt{3}} = \pm\frac{\sqrt{3}}{3}$$

Hi ha dos valors de m que verifiquen la condició per tal que la recta sigui tangent a la circumferència. Les dues rectes tangents són:

$$m_1 = \frac{\sqrt{3}}{3} \rightarrow y = \frac{\sqrt{3}}{3}(x + 4)$$

$$m_2 = -\frac{\sqrt{3}}{3} \rightarrow y = -\frac{\sqrt{3}}{3}(x + 4)$$

- *Segona condició:*

El sistema format per les equacions de la circumferència i la recta tangent ha de tenir solució única, ja que la circumferència i una recta tangent tenen un únic punt en comú.

$$\left.\begin{array}{r} x^2 + y^2 = 4 \\ y = m(x + 4) \end{array}\right\}$$

Resolem el sistema:

$$x^2 + (m\ (x + 4))^2 = 4$$

Cal que aquesta equació de segon grau tingui solució única. És a dir, el discriminant de l'equació ha de ser zero.

$$x^2 + (m\ (x + 4))^2 = 4 \rightarrow (1 + m^2)x^2 + 8m^2x + 16m^2 - 4 = 0$$

$$\Delta = 64m^4 - 4(1 + m^2)\ (16m^2 - 4) = 0 \rightarrow$$

$$m^2 = \frac{1}{3} \rightarrow m = \pm\frac{1}{\sqrt{3}} = \pm\frac{\sqrt{3}}{3}$$

Com era d'esperar, hem obtingut els mateixos valors per als pendents. Les rectes tangents són les mateixes que les obtingudes amb la condició anterior.

Activitats

23. Escriu l'equació de la recta tangent a la circumferència C al punt P que pertany a aquesta circumferència en els casos següents:

a) $x^2 + y^2 - 2x - 4y + 3 = 0$ i $P(0, 1)$

b) $x^2 + y^2 + 2x - 10y + 13 = 0$ i $P(1, 2)$

c) $x^2 + y^2 - 6 = 0$ i $P(\sqrt{3}, -\sqrt{3})$

24. Calcula k per tal que la recta $x + y + k = 0$ sigui tangent a la circumferència $x^2 + y^2 = 2$.

25. Considera el feix de rectes que passen pel punt $P(0, 2)$. Determina les dues rectes del feix que són tangents a la circumferència de centre $C(-1, -1)$ i radi $\sqrt{2}$.

26. Una circumferència té com a tangents els eixos de coordenades. En quina recta se situa el seu centre?

7. Potència d'un punt respecte d'una circumferència

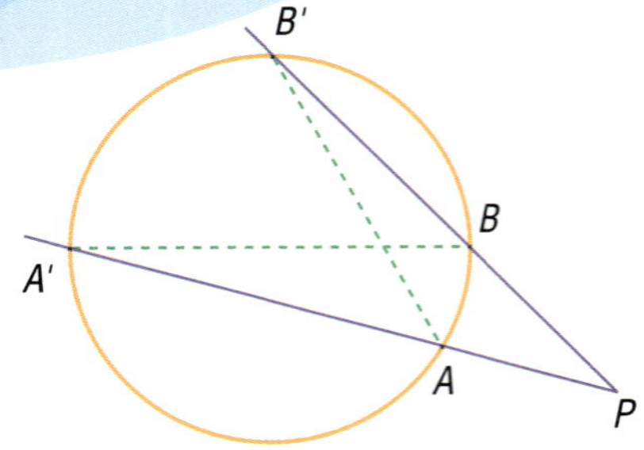

Fig. 7.11

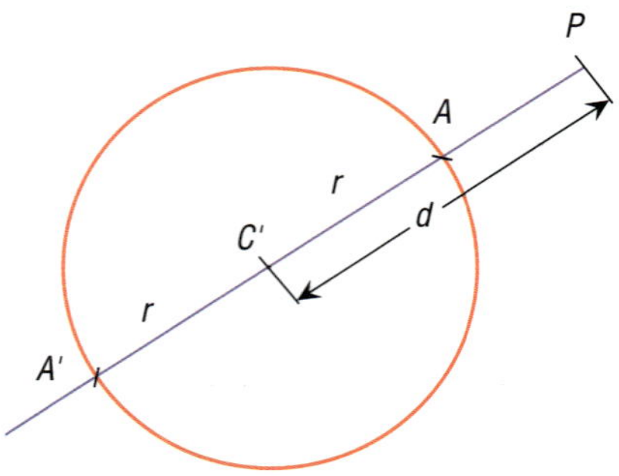

Fig. 7.12

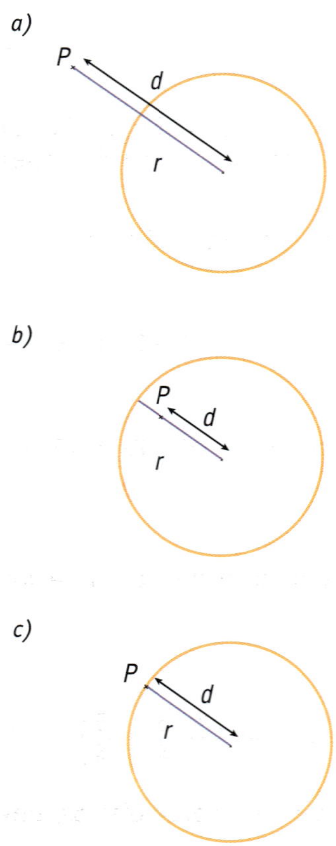

Fig. 7.13

Considerem una circumferència i un punt P exterior a la circumferència. Des d'aquest punt es poden traçar secants a la circumferència. En tracem dues qualssevol.

Observa la Figura 7.11. Hi hem traçat dues secants i volem comprovar que es verifica:

$$PA \cdot PA' = PB \cdot PB'$$

Efectivament, si considerem els triangles PAB' i $PA'B$, veiem que tenen l'angle P comú i els angles A' i B' iguals, ja que són angles inscrits a la circumferència que abasten el mateix arc. Són dos triangles semblants i aquesta semblança ens permet escriure la proporcionalitat entre els costats:

$$\frac{PA}{PB} = \frac{PB'}{PA'} \rightarrow PA \cdot PA' = PB \cdot PB'$$

Aquest producte de distàncies s'anomena la **potència *p*** del punt P respecte de la circumferència:

$$p = PA \cdot PA'$$

Observa que la potència no depèn de la recta secant dibuixada. Aquesta propietat ens permet calcular el valor del nombre p.

Dibuixem una secant que passi pel centre de la circumferència de radi r i representem per d la distància del punt P al centre C (Fig. 7.12).

Tenim: $p = PA \cdot PA' = (d - r)(d + r) = d^2 - r^2$

Considerem el punt $P(x_0, y_0)$ i la circumferència d'equació $(x - a)^2 + (y - b)^2 = r^2$, que podem escriure: $(x - a)^2 + (y - b)^2 - r^2 = 0$.

La distància de P al centre verifica $d^2 = (x_0 - a)^2 + (y_0 - b)^2$ i la potència:

$$p = d^2 - r^2 = (x_0 - a)^2 + (y_0 - b)^2 - r^2$$

Observa que això ens indica que, si al primer membre de l'equació de la circumferència $(x - a)^2 + (y - b)^2 - r^2 = 0$ substituïm la x i la y per l'abscissa i l'ordenada del punt P, tindrem el valor de la potència.

El **valor de la potència** ens informa de la situació del punt P respecte de la circumferència (Fig. 7.13):

Si $d > r \rightarrow p = d^2 - r^2 > 0 \rightarrow$ P és exterior a la circumferència (Fig. 7.13*a*).
Si $d < r \rightarrow p = d^2 - r^2 < 0 \rightarrow$ P és interior a la circumferència (Fig. 7.13*b*).
Si $d = r \rightarrow p = d^2 - r^2 = 0 \rightarrow$ P és de la circumferència (Fig. 7.13*c*).

Exemple 4

Quina és la potència del punt $P(2, -3)$ respecte de la circumferència $x^2 + y^2 - 2x + 6y = 0$?

Resolució

Substituïm x per 2 i y per -3 al primer membre de l'equació de la circumferència:

$$p = 2^2 + (-3)^2 - 2 \cdot 2 + 6(-3) = -9$$

$p = -9$ indica que el punt P és interior a la circumferència. Pertany al cercle limitat per aquesta circumferència.

7.1 Eix radical de dues circumferències

Si considerem dues circumferències C i C', els punts $P(x, y)$ que tenen la mateixa potència respecte de les dues determinen una recta que s'anomena l'**eix radical** de les dues circumferències (Fig. 7.14).

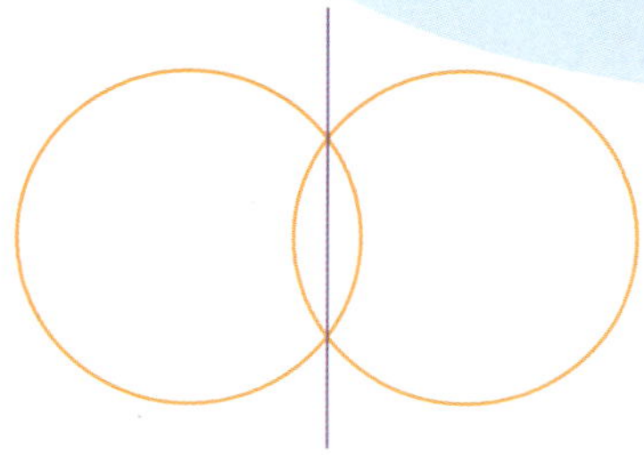

Fig. 7.14

Vegem-ho. Considerem dues circumferències d'equacions:

$$x^2 + y^2 + mx + ny + p = 0$$
$$x^2 + y^2 + m'x + n'y + p' = 0$$

Expressar que el punt $P(x, y)$ té la mateixa potència respecte de les dues circumferències equival a escriure la igualtat:

$$x^2 + y^2 + mx + ny + p = x^2 + y^2 + m'x + n'y + p'$$

o, el que és el mateix:

$$(m - m')x + (n - n')y + p - p' = 0, \text{ que és l'equació d'una recta.}$$

Aquesta recta és l'eix radical de les dues circumferències. A la pràctica, n'hi ha prou a restar membre a membre les equacions de les dues circumferències per obtenir-ne l'equació de l'eix radical.

7.2 Centre radical de tres circumferències

En considerar tres circumferències, hi ha un punt que té la mateixa potència respecte de cadascuna de les circumferències. Aquest punt és el **centre radical** de les tres circumferències. Les coordenades d'aquest punt es calculen fent la intersecció de dos dels tres eixos radicals que les tres circumferències determinen (Fig. 7.15).

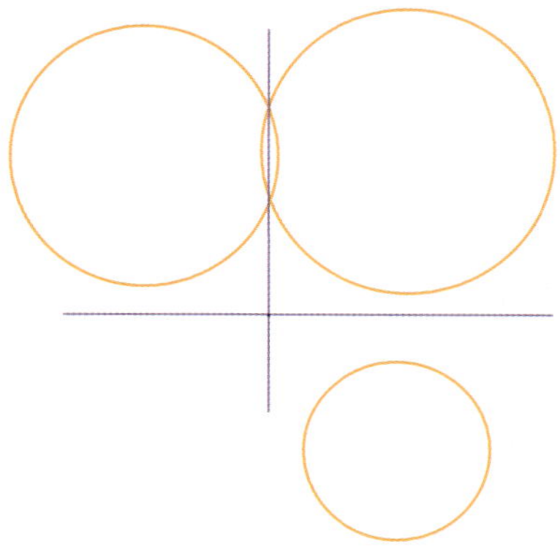

Fig. 7.15

Exemple 5

Considera les circumferències:

$$C_1: x^2 + y^2 - 4y = 0 \qquad C_2: x^2 + y^2 - 4x = 0$$
$$C_3: x^2 + y^2 + 8x + 15 = 0$$

a) Calcula la potència del punt $P(1, 0)$ respecte de cadascuna i indica'n la posició relativa.

b) Escriu l'equació dels tres eixos radicals que determinen de dues en dues.

c) Determina les coordenades del centre radical de les tres circumferències.

Resolució

a) Per calcular la potència n'hi ha prou a substituir les coordenades de $P(1, 0)$ al primer membre de l'equació de cada circumferència.

Potència de $P(1, 0)$ respecte de C_1: $p_1 = 1$. El punt P és exterior a C_1.

Potència de $P(1, 0)$ respecte de C_2: $p_2 = 1 - 4 = -3$. El punt P és interior a C_2.

Potència de $P(1, 0)$ respecte de C_3: $p_3 = 1 + 8 + 15 = 24$. El punt P és exterior a C_3.

b) Per determinar les equacions dels eixos radicals n'hi ha prou a igualar les equacions de les dues circumferències que es consideren.

Eix radical de C_1 i C_2: $x^2 + y^2 - 4y = x^2 + y^2 - 4x \rightarrow$

$\rightarrow -4y = -4x \rightarrow y = x$

Eix radical de C_2 i C_3: $x^2 + y^2 - 4x = x^2 + y^2 + 8x + 15 \rightarrow$

$\rightarrow 12x + 15 = 0 \rightarrow x = -\dfrac{5}{4}$

Eix radical de C_1 i C_3: $x^2 + y^2 - 4y = x^2 + y^2 + 8x + 15 \rightarrow$

$\rightarrow 8x + 4y + 15 = 0$

c) El centre radical s'obté com a intersecció de dos eixos radicals qualssevol.

$$y = x \text{ i } x = -\frac{5}{4}$$

El centre radical de C_1, C_2, i C_3 és el punt $\left(-\dfrac{5}{4}, -\dfrac{5}{4}\right)$.

Es pot comprovar que, si triem un altre parell d'eixos, obtindrem el mateix punt.

Activitats

27. Calcula la potència del punt $P(2, -3)$ respecte d'una circumferència amb centre l'origen de coordenades i radi 4. Quina és la posició del punt respecte de la circumferència?

28. Considera la circumferència tangent a la bisectriu del segon i quart quadrants i de centre el punt (0, 3) i la circumferència d'equació:

$$x^2 + y^2 + 14x - 8y + 56 = 0$$

Escriu l'equació de l'eix radical de les dues circumferències. Comprova que l'eix radical és perpendicular a la recta que determinen els centres de les dues circumferències. Fes-ne un dibuix.

29. Intenta determinar l'eix radical de dues circumferències concèntriques de centre el punt (1, −1) i de radis 3 i 4, respectivament. Què hi observes? Raona la resposta.

30. Determina l'equació que verifiquen tots els punts $P(x, y)$ del pla que tenen potència 12 respecte de la circumferència:

$$x^2 + y^2 + 4x - 2y + 1 = 0$$

Quina figura determinen?

31. Fes una construcció geomètrica de l'eix radical de dues circumferències tangents, exteriors i secants.

8. La paràbola

Recorda que a l'etapa anterior vas estudiar que la paràbola és la corba que s'obté en representar gràficament una funció polinòmica de segon grau en uns eixos de coordenades cartesianes. Veurem ara que la paràbola es pot definir en termes de lloc geomètric, ja que tots els seus punts verifiquen una condició que els diferencia de la resta de punts del pla.

Paràbola és el lloc geomètric dels punts del pla que equidisten d'un punt anomenat *focus* i d'una recta que s'anomena *directriu*.

La distància entre el focus i la directriu es coneix amb el nom de **paràmetre** de la paràbola i es designa per p. La recta que passa pel focus i és perpendicular a la directriu és l'**eix** de la paràbola, i el punt d'intersecció entre l'eix i la corba és el **vèrtex** de la paràbola.

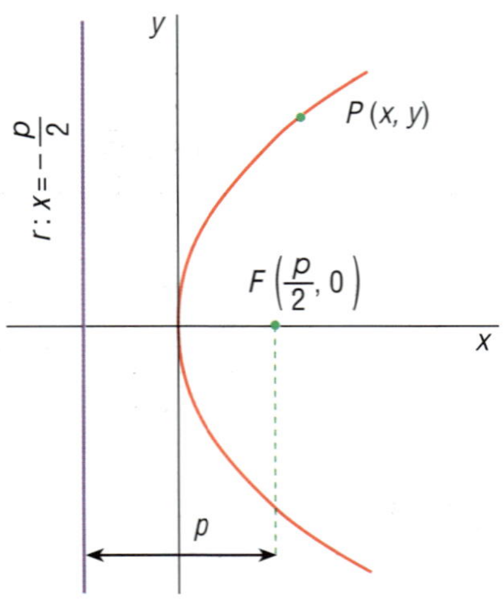

Fig. 7.16

Vegem tot seguit com es determina l'equació de diferents paràboles.

Començarem pel cas en què l'eix de la paràbola coincideix amb l'eix d'abscisses i el vèrtex, amb l'origen de coordenades (Fig. 7.16).

En aquest cas, les coordenades del focus són $F\left(\frac{p}{2}, 0\right)$ i l'equació de la directriu r és $x = -\frac{p}{2}$ o, el que és el mateix, $x + \frac{p}{2} = 0$.

Segons la definició de paràbola, si representem per $P(x, y)$ un qualsevol dels seus punts, s'ha de verificar:

$$d(P, F) = d(P, r) \rightarrow \sqrt{\left(x - \frac{p}{2}\right)^2 + y^2} = x + \frac{p}{2}$$

Elevem al quadrat els dos membres de la segona igualtat:

$$\left(\sqrt{\left(x - \frac{p}{2}\right)^2 + y^2}\right)^2 = \left(x + \frac{p}{2}\right)^2$$

En desenvolupar els quadrats dels dos membres i reduir els termes semblants, s'obté:

$$x^2 - px + \frac{p^2}{4} + y^2 = x^2 + px + \frac{p^2}{4} \rightarrow y^2 = 2px$$

L'expressió $y^2 = 2px$, on p és el paràmetre, és la forma reduïda de l'equació de la paràbola que hem considerat.

Fixa-t'hi

El paràmetre p és una distància; per tant, no pot prendre valors negatius.

Així, per exemple, si el focus és el punt $F(2, 0)$, la directriu és la recta $x = -2$, el paràmetre és $p = 4$ i l'equació de la paràbola és $y^2 = 8x$.

Amb el mateix vèrtex i el mateix eix, si el focus se situa al punt $F\left(-\frac{p}{2}, 0\right)$, la directriu és la recta $x = \frac{p}{2}$ i l'equació reduïda de la paràbola és $y^2 = -2px$ (Fig. 7.17).

De manera semblant, s'obté l'equació reduïda de la paràbola amb vèrtex a l'origen de coordenades i eix coincident amb l'eix d'ordenades.

Si el focus se situa al punt $F\left(0, \frac{p}{2}\right)$, la directriu és la recta $y = -\frac{p}{2}$ i l'equació de la paràbola és $x^2 = 2py$ (Fig. 7.18).

En cas que el focus sigui el punt de coordenades $F\left(0, -\frac{p}{2}\right)$, la directriu és la recta $y = \frac{p}{2}$ i l'equació de la paràbola és $x^2 = -2py$ (Fig. 7.19).

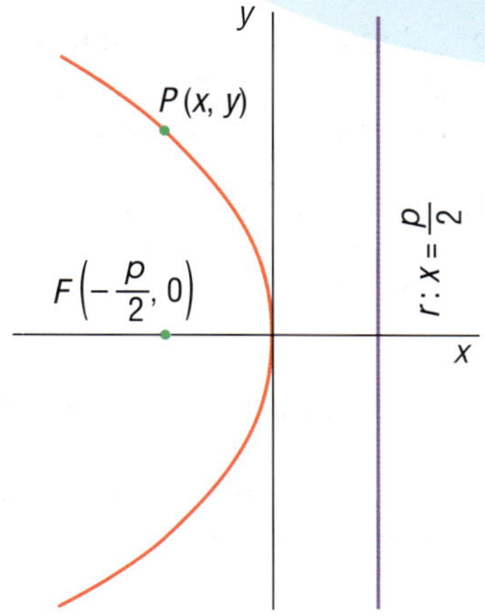

Fig. 7.17

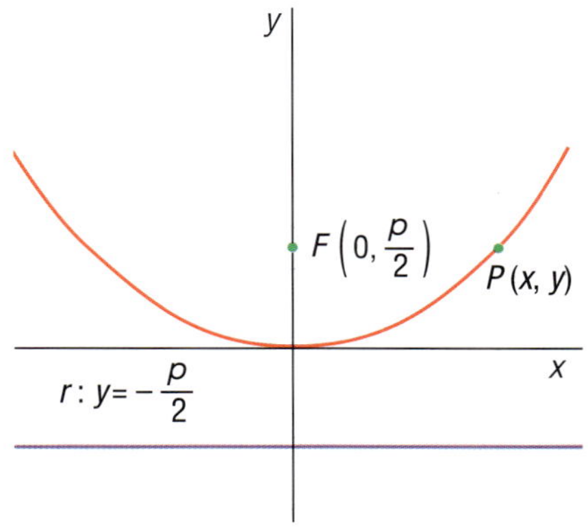

Fig. 7.18

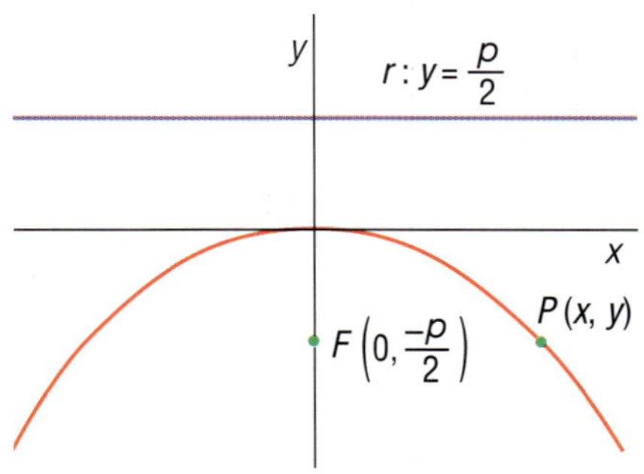

Fig. 7.19

8.1 Les paràboles i les funcions polinòmiques de segon grau

Les paràboles que s'obtenen en representar gràficament les funcions del tipus $y = ax^2$ tenen el vèrtex a l'origen de coordenades i l'eix coincideix amb l'eix d'ordenades.

Observa que aquestes paràboles es corresponen amb les paràboles d'equació $x^2 = 2py$, o bé $x^2 = -2py$. N'hi ha prou d'aïllar y i comparar l'expressió que en resulta amb $y = ax^2$:

$$x^2 = 2py \longrightarrow y = \frac{1}{2p}x^2 \longrightarrow a = \frac{1}{2p}, a > 0$$

$$x^2 = -2py \longrightarrow y = -\frac{1}{2p}x^2 \longrightarrow a = -\frac{1}{2p}, a < 0$$

Així, per exemple, a la paràbola que resulta de representar gràficament la funció $y = x^2$, $a = 1$ i, per tant, $p = \frac{1}{2}$. Podem, doncs, identificar-ne tots els elements:

- **Vèrtex:** el punt $O(0, 0)$
- **Eix:** la recta $x = 0$
- **Focus:** el punt $F\left(0, \frac{1}{4}\right)$
- **Directriu:** la recta $y = -\frac{1}{4}$

Considerem ara la funció $y = x^2 - 6x + 8$. El vèrtex de la paràbola que s'obté en representar-la gràficament se situa al punt V de coordenades:

$$x_v = -\frac{b}{2a} = \frac{6}{2} = 3;\ y_v = 3^2 - 6 \cdot 3 + 8 = -1 \longrightarrow V(3, -1)$$

Això significa que l'eix de la paràbola és la recta $x = 3$.

D'altra banda, sabem que el gràfic d'aquesta paràbola es pot obtenir a partir del gràfic de la paràbola $y = x^2$, ja que en ambdós casos el coeficient a té el mateix valor: $a = 1$. N'hi ha prou d'aplicar a tots els punts de la paràbola d'equació $y = x^2$ una translació de vector $\vec{v} = (3, -1)$.

Aquest fet ens permet afirmar que ambdues paràboles tenen el mateix paràmetre: $p = \frac{1}{2}$.

En conseqüència, els elements de la paràbola que s'obté en representar la funció $y = x^2 - 6x + 8$ són (Fig. 7.20):

- **Vèrtex:** el punt $V(3, -1)$
- **Eix:** la recta $x = 3$
- **Focus:** el punt $F\left(3, -1 + \frac{1}{4}\right) \rightarrow F\left(3, -\frac{3}{4}\right)$
- **Directriu:** la recta $y = -1 - \frac{1}{4} \rightarrow y = -\frac{5}{4}$

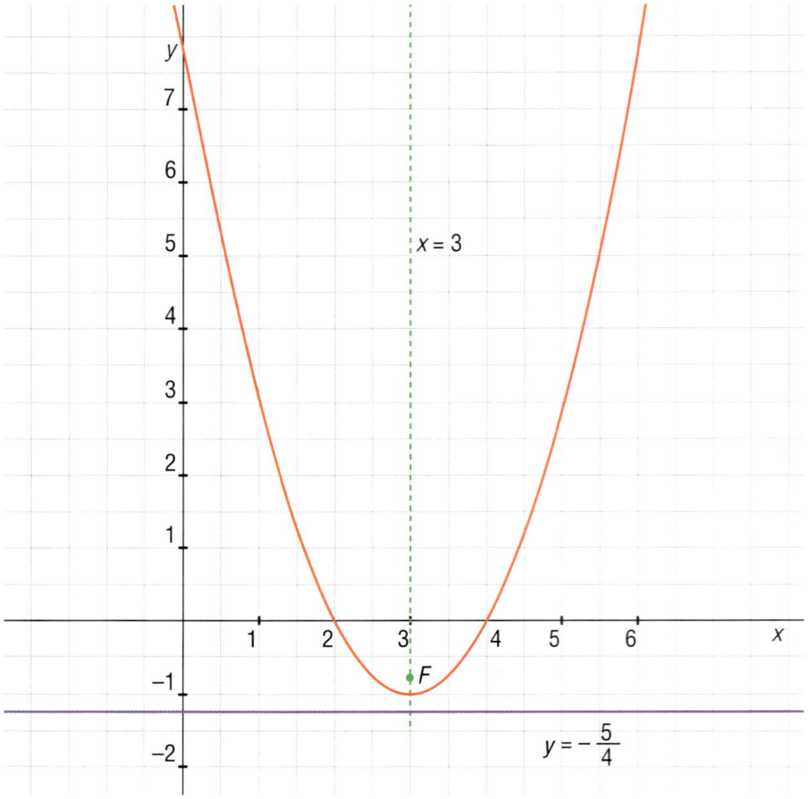

Fig. 7.20

Activitats

32. Determina el focus i la directriu de les paràboles d'equacions:

$$y^2 = 6x \text{ i } x^2 = -10y$$

33. Determina l'equació de la paràbola que té el vèrtex a l'origen de coordenades, l'eix és la recta $y = 0$ i conté el punt $(1, -4)$.

34. Esbrina el valor del paràmetre p de la paràbola d'equació:

$$x^2 = 2py$$

sabent que el punt $P(-4, 2)$ pertany a la paràbola.

R: $p = 4$

35. Representa gràficament aquestes paràboles i determina'n els diferents elements:

a) $y^2 = -4x$ *b)* $x^2 = -6y$ *c)* $y = x^2 - 4x$

36. Escriu l'equació de les dues paràboles que verifiquen aquestes condicions:

a) Tenen el vèrtex a l'origen de coordenades.

b) Els eixos coincideixen amb els eixos de coordenades.

c) Ambdues passen pel punt $(-4, -4)$.

Representa gràficament aquestes paràboles i indica'n el focus i la directriu.

9. L'el·lipse

L'el·lipse és el lloc geomètric dels punts del pla en què la suma de distàncies a dos punts fixos, anomenats *focus,* és constant.

Aquesta suma constant de distàncies se sol representar per $2a$.

Per obtenir l'expressió més senzilla de l'equació de l'el·lipse, anomenada també *equació reduïda,* considerarem que els focus estàn situats a l'eix de les abscisses i en representarem les coordenades per $F(c, 0)$ i $F'(-c, 0)$, de manera que $c < a$ (Fig. 7.21).

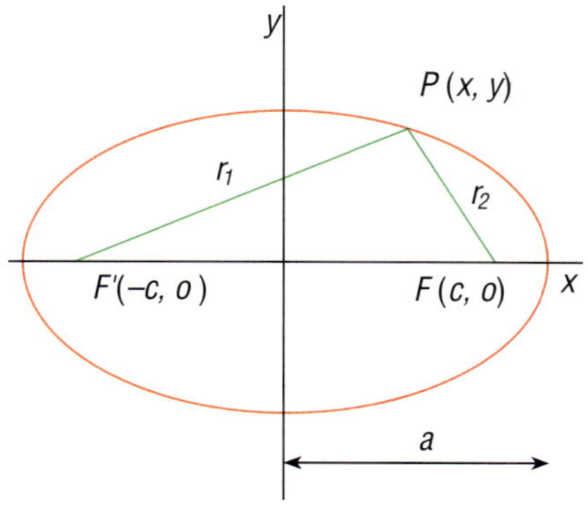

Fig. 7.21

D'acord amb la definició d'el·lipse, si $P(x, y)$ és un punt qualsevol de l'el·lipse i r_1 i r_2 són les distàncies respectives del punt P als focus F' i F, s'ha de complir:

$$r_1 + r_2 = 2a$$

D'altra banda, $r_1 = d(P, F')$ i $r_2 = d(P, F)$, per tant:

$$r_1^2 = (x + c)^2 + y^2 \quad \text{i} \quad r_2^2 = (x - c)^2 + y^2$$

Si restem membre a membre les dues igualtats, obtenim:

$$r_1^2 - r_2^2 = (x + c)^2 - (x - c)^2 \longrightarrow r_1^2 - r_2^2 = 4cx \longrightarrow (r_1 + r_2)(r_1 - r_2) = 4cx$$

Però si tenim en compte que $r_1 + r_2 = 2a$, podem escriure:

$$2a(r_1 - r_2) = 4cx \longrightarrow r_1 - r_2 = \frac{2cx}{a}$$

La resolució del sistema:

$$\left.\begin{array}{l} r_1 + r_2 = 2a \\ r_1 - r_2 = \dfrac{2cx}{a} \end{array}\right\}$$

ens condueix a la solució: $r_1 = a + \dfrac{cx}{a}$ i $r_2 = a - \dfrac{cx}{a}$.

Tenim dues expressions per a r_1^2:

$$r_1^2 = \left(a + \frac{cx}{a}\right)^2 \quad \text{i} \quad r_1^2 = (x + c)^2 + y^2$$

Evidentment, aquestes expressions han de ser iguals:

$$\left(a + \frac{cx}{a}\right)^2 = (x + c)^2 + y^2 \longrightarrow a^2 + 2cx + \frac{c^2x^2}{a^2} = x^2 + 2cx + c^2 + y^2$$

Si fem operacions, obtenim:

$$a^2 - c^2 = \frac{a^2 - c^2}{a^2}x^2 + y^2$$

Com que $c < a$, la diferència $a^2 - c^2$ és un nombre positiu que representem per b^2. Fent-hi la substitució $a^2 - c^2 = b^2$ i dividint els dos membres de la igualtat per b^2, resulta:

$$b^2 = \frac{b^2}{a^2}x^2 + y^2 \longrightarrow 1 = \frac{x^2}{a^2} + \frac{y^2}{b^2}$$

Aquesta expressió, que habitualment escrivim en la forma:

$$\frac{x^2}{a^2} + \frac{y^2}{b^2} = 1$$

és l'**equació reduïda de l'el·lipse** que hem considerat. Com sempre, estableix la relació que han de verificar les coordenades x i y de tots i cadascun dels seus punts.

Si prenem com a punt P el que s'indica a la Figura 7.22, podem observar quina relació hi ha entre els nombres a, b i c i quin és el seu significat geomètric.

> **Fixa-t'hi**
>
> $d(A', A) = 2a$
>
> $d(B', B) = 2b$
>
> $d(F', F) = 2c$
>
> $2a \longrightarrow$ eix gran
>
> $2b \longrightarrow$ eix petit
>
> $2c \longrightarrow$ distància focal

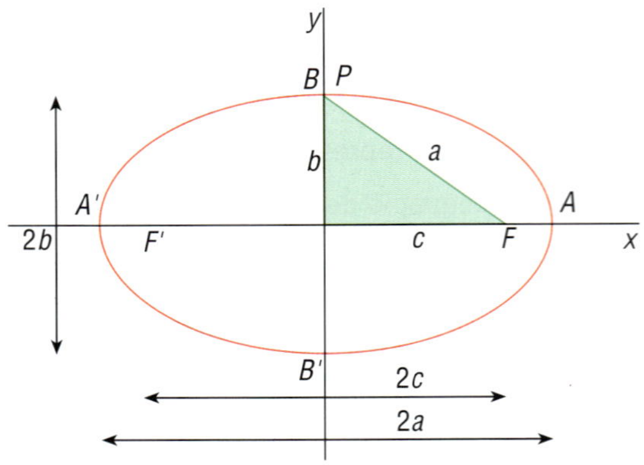

Fig. 7.22

Fixa't que es verifica $a^2 = b^2 + c^2$, en què $a > b$ i $a > c$.

a és el **semieix gran** de l'el·lipse, b és el **semieix petit** i c és la **semidistància focal.**

El **centre de l'el·lipse** és el punt mitjà del segment que determinen els dos focus, i els **vèrtexs** són els punts d'intersecció de l'el·lipse amb la recta determinada pels focus i amb la recta que passa pel centre i és perpendicular a la recta anterior.

En el cas que analitzem, el centre de l'el·lipse és l'origen de coordenades i els vèrtexs són els punts en què la corba talla els eixos de coordenades:

- **Centre:** el punt $O(0, 0)$
- **Vèrtexs:** els punts $A(a, 0)$, $A'(-a, 0)$, $B(0, b)$ i $B'(0, -b)$

> La raó $\frac{c}{a}$ es coneix amb el nom d'**excentricitat** de l'el·lipse i es representa per e:
>
> $$e = \frac{c}{a}$$

Com que $c < a$, $a > 0$ i $c > 0$, els valors que pot prendre l'excentricitat d'una el·lipse verifiquen:

$$0 < e < 1$$

Suposem que es poden donar les dues situacions extremes i analitzem què succeiria en cada cas:

- $e = 0 \rightarrow c = 0 \rightarrow a = b$. Es tractaria d'una circumferència de radi $r = a = b$.
- $e = 1 \rightarrow c = a \rightarrow b = 0$. Es tractaria d'un segment.

En definitiva, el valor de l'excentricitat d'una el·lipse ens pot donar una primera idea de la forma que té.

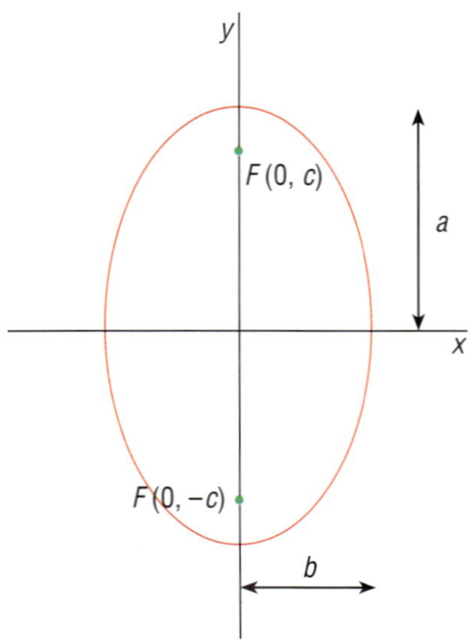

Fig. 7.23

A la Figura 7.23 hem representat una altra el·lipse. Observa que tant els focus $F(0, c)$ i $F'(0, -c)$ com el semieix gran a se situen a l'eix d'ordenades.

L'equació reduïda d'aquesta el·lipse és de la forma:

$$\frac{x^2}{b^2} + \frac{y^2}{a^2} = 1$$

En realitat, aquesta el·lipse es pot dibuixar a partir de l'anterior aplicant-hi un gir de 90°. Per aquest motiu, n'hi ha prou a intercanviar els papers de x i y per obtenir-ne l'equació.

Considerem, per exemple, les el·lipses:

$$\frac{x^2}{16} + \frac{y^2}{9} = 1 \text{ i } \frac{x^2}{9} + \frac{y^2}{16} = 1$$

A la primera tenim:

$$a^2 = 16 \rightarrow a = 4;\ b^2 = 9 \rightarrow b = 3;\ c^2 = a^2 - b^2 = 16 - 9 = 7 \rightarrow c = \sqrt{7}$$

En aquesta el·lipse, centrada a l'origen de coordenades, tenim:

- **Vèrtexs:** els punts (4, 0), (–4, 0), (0, 3) i (0, –3)
- **Focus:** els punts $(\sqrt{7}, 0)$ i $(-\sqrt{7}, 0)$
- **Excentricitat:** $e = \frac{\sqrt{7}}{4}$

Fixa't que els valors de *a, b, c* i *e* de la segona el·lipse són els mateixos cue a la primera, però en canvien els vèrtexs i els focus:

- **Vèrtexs:** (3, 0), (–3, 0), (0, 4) i (0, –4)
- **Focus:** $(0, \sqrt{7})$ i $(0, -\sqrt{7})$

S'anomena **circumferència principal** d'una el·lipse la circumferència que té per centre el centre de l'el·lipse i de radi el semieix gran *a* (Fig. 7.24).

L'equació d'aquesta circumferència és $x^2 + y^2 = a^2$.

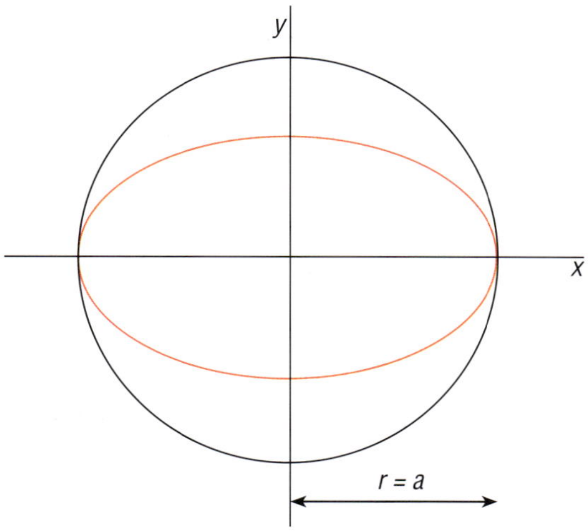

Fig. 7.24

Activitats

37. Determina els semieixos, els vèrtexs, els focus i l'excentricitat de l'el·lipse d'equació:

$$\frac{x^2}{9} + \frac{y^2}{4} = 1$$

38. Escriu l'equació de l'el·lipse centrada a l'origen de coordenades, amb un focus al punt (–12, 0) i de semieix gran 13.

39. Calcula els paràmetres *a, b, c* i *e* de l'el·lipse d'equació $9x^2 + 16y^2 = 144$.

40. Determina l'equació de l'el·lipse amb centre l'origen de coordenades sabent que un dels focus se situa al punt $(2\sqrt{7}, 0)$ i que passa pel punt $(4, 3\sqrt{3})$.

41. Escriu l'equació de la circumferència principal de l'el·lipse de l'activitat anterior.

10. La hipèrbola

La **hipèrbola** és el lloc geomètric dels punts del pla en què la diferència de distàncies a dos punts fixos, anomenats *focus,* és constant.

Aquesta diferència constant de distàncies se sol representar per $2a$.

Si considerem que els focus de la hipèrbola estan situats als punts $F'(-c, 0)$ i $F(c, 0)$ (Fig. 7.25), amb $c > a$, podem determinar-ne l'equació en forma reduïda de manera semblant a com ho hem fet en el cas de l'el·lipse.

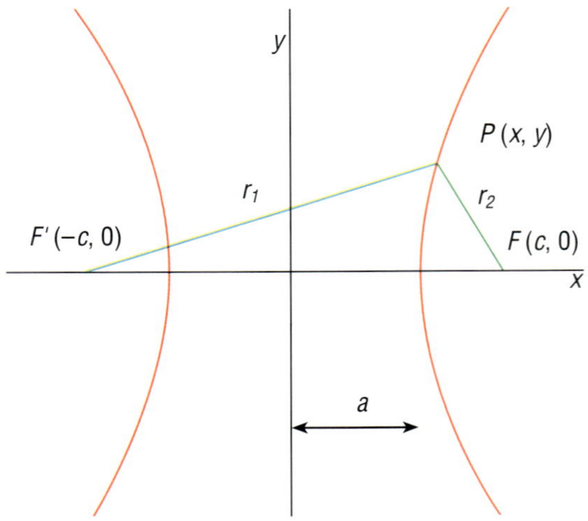

Fig. 7.25

Si $P(x, y)$ és un punt de la hipèrbola i anomenem $r_1 = d(P, F')$ i $r_2 = d(P, F)$, per definició d'hipèrbola s'ha de verificar:

$$r_1 - r_2 = 2a$$

de manera que $r_1^2 = (x + c)^2 + y^2$ i $r_2^2 = (x - c)^2 + y^2$.

De manera semblant al cas de l'el·lipse, procedirem a desenvolupar aquestes igualtats.

Fent operacions s'arriba a la igualtat:

$$\frac{c^2 - a^2}{a^2} x^2 - y^2 = c^2 - a^2$$

Com que $c > a$, $c^2 - a^2$ és un nombre positiu que representem per b^2.

Per tant:

$$\frac{b^2}{a^2} x^2 - y^2 = b^2 \rightarrow \frac{x^2}{a^2} - \frac{y^2}{b^2} = 1$$

Aquesta és l'**equació reduïda de la hipèrbola** que hem considerat.

El punt mitjà del segment determinat pels focus és el **centre** de la hipèrbola, i els punts d'intersecció de la hipèrbola amb la recta que conté els focus són els seus **vèrtexs.**

a rep el nom de **semieix real,** b s'anomena **semieix imaginari** i c és la **semidistància focal.** Aquests tres paràmetres es relacionen mitjançant la igualtat:

$$c^2 = a^2 + b^2$$

Observa que el centre de la hipèrbola que estudiem se situa al punt $O(0, 0)$ i que els vèrtexs són els punts $A(a, 0)$ i $A'(-a, 0)$.

La raó $\frac{c}{a}$ es l'**excentricitat** de la hipèrbola i es representa per *e*:

$$e = \frac{c}{a},\ e > 1$$

Si, per exemple, l'equació d'una hipèrbola és (Fig. 7.26):

$$\frac{x^2}{64} - \frac{y^2}{36} = 1, \text{ tenim: } a = 8 \text{ i } b = 6.$$

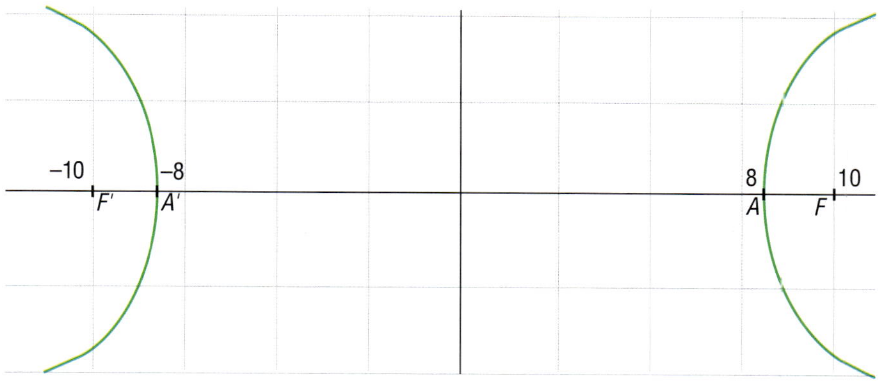

Fig. 7.26

Per tant:

$$c^2 = 64 + 36 = 100 \longrightarrow c = 10$$

Focus: $F(10, 0)$ i $F' = (-10, 0)$

Vèrtex: $A(8, 0)$ i $A' = (-8, 0)$

Excentricitat: $e = \frac{10}{8} = \frac{5}{4} > 1$

En el cas que $a = b$, la hipèrbola s'anomena **equilàtera** i la seva equació reduïda adopta la forma $x^2 - y^2 = a^2$.

La hipèrbola $x^2 - y^2 = 4$, per exemple, és equilàtera. Aleshores:

$$a = b = 2 \longrightarrow c = \sqrt{8} \longrightarrow e = \frac{\sqrt{8}}{2} = \sqrt{2}$$

Activitats

42. Determina els paràmetres *a*, *b* i *c* i l'excentricitat de la hipèrbola que té l'equació següent:

$$\frac{x^2}{16} - \frac{y^2}{9} = 1$$

R: $a = 4$; $b = 3$; $c = 5$; $e = \frac{5}{4}$

43. Determina l'equació d'una hipèrbola equilàtera un dels focus de la qual se situa al punt $(\sqrt{2}, 0)$. Calcula'n l'excentricitat.

44. Esbrina els valors de *a*, *b*, *c* i *e* a la hipèrbola d'equació $2x^2 - 3y^2 = 12$.

R: $a = \sqrt{6}$; $b = 2$; $c = \sqrt{10}$; $e = \frac{\sqrt{5}}{\sqrt{3}}$

45. El semieix real d'una hipèrbola és 3 i la semidistància focal, 10. Escriu-ne l'equació reduïda.

46. Demostra que l'excentricitat de totes les hipèrboles equilàteres és $e = \sqrt{2}$.

Punt final

Les còniques

La circumferència, la paràbola, l'el·lipse i la hipèrbola són corbes planes que reben el nom genèric de *còniques*. Això és pel fet que totes es poden obtenir a partir d'interseccions de plans amb una superfície cònica de doble fulla.

Aquest fet és conegut des de fa molt de temps. Ja al segle III a.C., el matemàtic grec Apol·loni de Pèrgam en va fer una àmplia exposició en una de les seves obres. Probablement, moltes de les propietats geomètriques d'aquestes corbes, recollides segles més tard per la matemàtica i filòsofa Hipàtia d'Alexandria (370-415 d.C.), van ser descobertes per Apol·loni.

Les còniques tenen un paper important en el món de la ciència. A títol d'exemple, esmentarem un parell de situacions concretes en què intervenen:

- La corba que descriu els moviments dels planetes al voltant del Sol és una el·lipse (Kepler).
- La trajectòria que descriu un projectil en un tir oblic és una paràbola (Galileu).

A la Figura 7.27 pots observar que es pot obtenir cadascuna de les còniques seleccionant convenientment la posició del pla respecte de la superfície cònica.

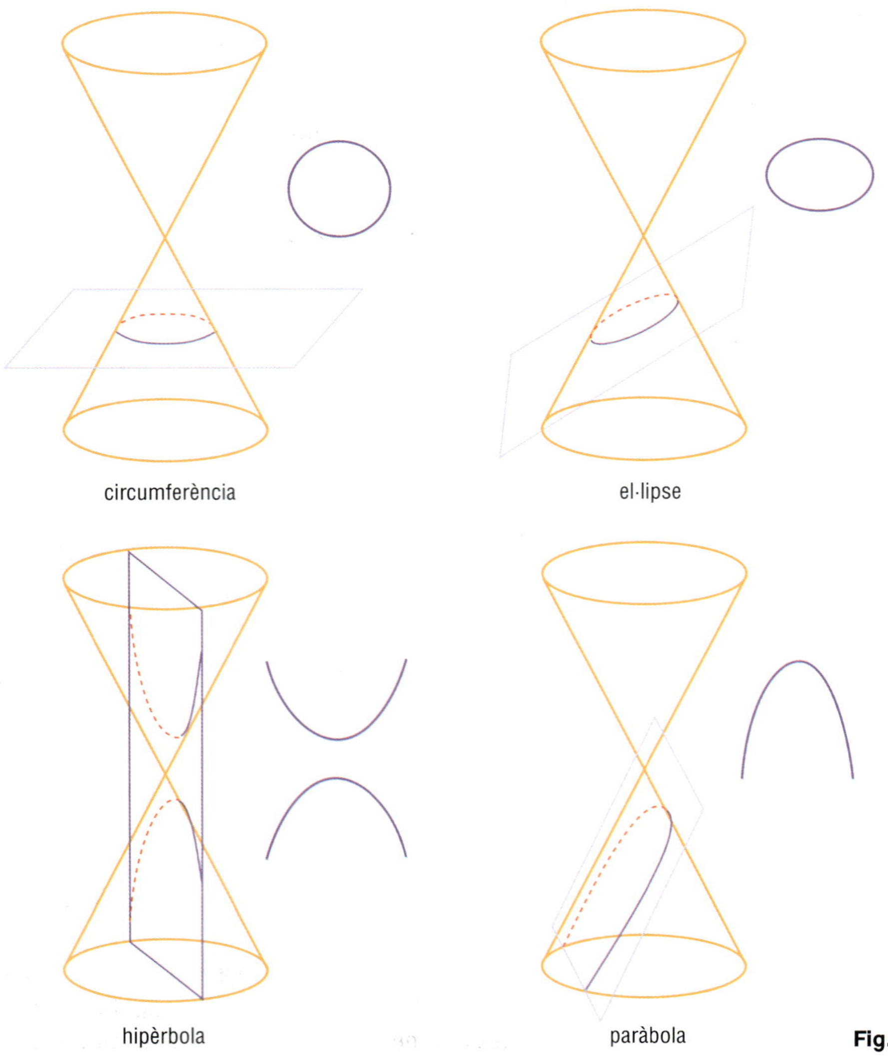

Fig. 7.27

Activitats finals

1. Esbrina si els punts $P(1, 2)$, $Q(2, 1)$ i $R(0, 0)$ se situen en una mateixa circumferència.

   Si és així, determina'n el centre, el radi i l'equació.

2. Determina el centre i el radi de la circumferència:

$$2x^2 + y^2 - 4x + 12y - 12 = 0$$

3. *a)* Escriu l'equació de la circumferència de centre (3, 2) i tangent a l'eix de les abscisses.

   b) Escriu l'equació de la circumferència de centre (−1, 2) i tangent a l'eix de les ordenades.

   c) Escriu l'equació de l'eix radical de les dues circumferències que has determinat als apartats *a)* i *b)*.

   d) Comprova que l'eix radical és perpendicular a la recta determinada pels dos centres.

4. Determina l'equació de la circumferència de radi 4 i que passa pels punts $A(1, 2)$ i $B(3, 4)$.

5. Escriu l'equació de la circumferència amb centre el punt $C(2, -5)$ que passa pel punt $P(-1, -3)$.

6. Determina el centre i el radi de les circumferències següents:

   a) $x^2 + y^2 - 6y + 5 = 0$

   b) $x^2 + y^2 - 4x + 2y - 4 = 0$

   c) $x^2 + y^2 - 10x + 4y + 25 = 0$

   d) $x^2 + y^2 - 6x = 0$

7. Esbrina si el punt $P(2, -3)$ pertany a la circumferència d'equació $(x-4)^2 + (y+1)^2 = 9$. Determina també les coordenades dels punts en què la circumferència talla els eixos de coordenades.

8. Les equacions següents no corresponen a cap circumferència. Indica'n en cada cas el motiu.

   a) $x^2 + y^2 - 4x + 2y + 6 = 0$

   b) $x^2 + y^2 + 2x - y + xy = 0$

   c) $x^2 - y^2 + 3x + 2y - 4 = 0$

9. Escriu l'equació de les circumferències següents:

   a) De centre $C(2, -4)$ i tangent a l'eix de les abscisses.

   b) De centre $C(-5, 2)$ i tangent a l'eix de les ordenades.

10. Una circumferència és tangent a la recta $y = x + 1$ al punt d'abscissa 3. Se sap que la circumferència també passa pel punt $A(3, -1)$.

    Escriu l'equació d'aquesta circumferència.

11. Determina l'equació de la circumferència circumscrita al triangle de vèrtexs els punts $A(1, 1)$, $B(-2, 0)$ i $C(0, -3)$.

12. Troba l'equació de la circumferència de centre $C(2, -3)$ i tangent a la recta d'equació $3x + 4y + 1 = 0$.

13. Considera la circumferència d'equació $x^2 + y^2 - 29 = 0$.

    a) Indica per a quins valors de t el punt de coordenades $(5, t)$ pertany a la circumferència.

    b) Escriu l'equació de la recta tangent a la circumferència al punt d'abscissa 5 i ordenada negativa.

14. L'incentre d'un triangle és el centre de la circumferència inscrita al triangle.

    Si els vèrtexs d'un triangle són els punts (0, 0), (0, 4) i (4, 0), quina és l'equació de la circumferència inscrita?

    Fes-ne un dibuix.

15. Dibuixa la circumferència que té com a equació:

$$x^2 + y^2 + 6x - 6y + 9 = 0$$

    Considera el punt $P(3, 1)$. Calcula la potència i la posició d'aquest punt respecte de la circumferència.

    Indica el punt més proper i el més llunyà a P que pertanyin a la circumferència.

16. Escriu les equacions de les rectes tangents a la circumferència $x^2 + y^2 - 6x - 4y + 4 = 0$ als punts en què talla els eixos de coordenades.

17. Els punts que són d'un cercle verifiquen una inequació que els representa. Escriu la inequació del cercle de centre l'origen de coordenades i radi 3.

18. Esbrina la posició relativa de la recta d'equació:

$$2x - 3y + 4 = 0$$

    i la circumferència de centre (4, 3) i radi 5.

19. Considera la circumferència $x^2 + y^2 + 2x - 8y + 12 = 0$. Escriu l'equació de la circumferència concèntrica que té de radi $\sqrt{5}$ unitats més que la primera.

Activitats finals

20. Des d'un punt exterior a una circumferència es poden traçar dues rectes tangents a la circumferència.

Considera el punt $P(-2, 0)$ i la circumferència:

$$x^2 + y^2 - 6x - 4y + 9 = 0$$

Traça les rectes tangents a la circumferència des del punt P.

Determina les equacions d'aquestes dues rectes.

21. Calcula la potència de l'origen de coordenades respecte de la circumferència que té el centre a la recta d'equació $2x - y = 0$ i és tangent a l'eix d'ordenades i a la recta d'equació:

$$x - y - 3 = 0$$

R: $p_1 = 108 - 72\sqrt{2}$; $p_2 = 108 + 72\sqrt{2}$

22. Indica raonadament si el punt $P(3, 1)$ pertany al cercle limitat per la circumferència d'equació:

$$x^2 + y^2 - 4x + 2y - 4 = 0$$

23. Donades les circumferències d'equacions:

$$x^2 + y^2 - 10x + 4y + 25 = 0 \text{ i } x^2 + y^2 - 4x = 0$$

a) Determina'n l'equació de l'eix radical.

b) Verifica que l'eix radical és perpendicular a la recta que uneix els centres de les dues circumferències.

24. Troba l'equació de la circumferència que passa pel punt $P(3, 4)$ i és tangent a la recta $x - y + 4 = 0$ en el punt $Q(1, 5)$.

25. Fes la interpretació geomètrica de la potència del punt P respecte d'aquesta circumferència.

Observa el triangle rectangle que es forma a la Figura 7.28 i calcula la longitud del segment PT.

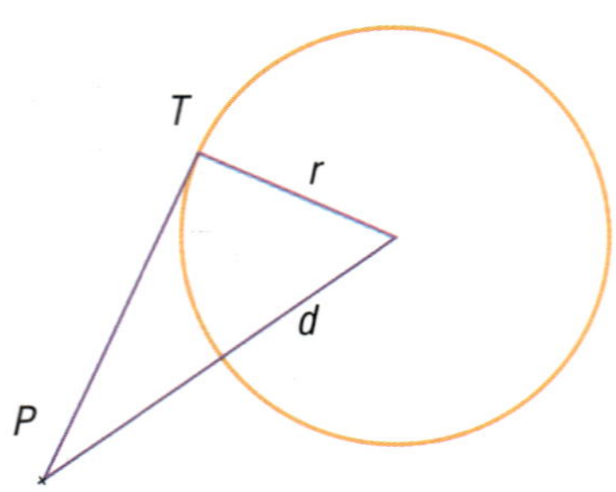

Fig. 7.28

26. Considera les circumferències C: $x^2 + y^2 + 4x - 10y + 20 = 0$ i C' que té el centre al punt $(3, 7)$ i passa pel punt $(-2, 7)$.

a) Esbrina la posició relativa de les dues circumferències.

b) Escriu l'equació de l'eix radical de C i C'.

c) Determina la intersecció de l'eix radical amb C. Què hi observes? Explica-ho.

d) Calcula la longitud de la corda que determina l'eix radical amb C'.

27. Determina k per tal que la recta $3x + y + k = 0$ sigui tangent a la circumferència d'equació $x^2 + y^2 - 6x = 0$. Hi ha més d'una solució? Raona la resposta.

R: $k = -9 \pm 3\sqrt{10}$

28. El punt $P(0, -1)$ pertany a la circumferència d'equació:

$x^2 + y^2 + 3x - 2y - 3 = 0$?

Escriu l'equació de la recta tangent a la circumferència per aquest punt.

29. Determina l'equació del lloc geomètric dels punts del pla tals que la distància al punt $(2, 0)$ és sempre la meitat de la distància a la recta $y = x - 8$.

30. Tenim dues circumferències C_1 i C_2 concèntriques. L'equació de la circumferència C_1 és $(x - 2)^2 + (y + 3)^2 = 16$. Si C_1 és la més petita de les dues circumferències i els dos radis difereixen en 2 unitats, determina l'equació de la circumferència C_2.

31. Calcula m per tal que la recta d'equació $y = x + m$ sigui tangent a l'el·lipse $x^2 + 2y^2 = 6$.

R: $m = \pm 3$

32. Dibuixa de manera aproximada la paràbola d'equació $x^2 = -6y$. Indica'n:

a) Les coordenades del focus.

b) Les equacions de la directriu i de l'eix.

c) La longitud de la corda perpendicular a l'eix pel focus.

33. Indica el focus i la directriu de la paràbola d'equació $x^2 = ky$ sabent que el punt $P(-4, 2)$ pertany a la corba.

34. Determina les coordenades del punt P intersecció de les paràboles $y = x^2$ i $x = y^2$. Determina després l'equació de la circumferència amb centre l'origen de coordenades que passi pel punt P.

35. Escriu l'equació de l'el·lipse els focus de la qual són els punts (−6, 0) i (6, 0) sabent que la suma de distàncies d'un punt qualsevol de l'el·lipse als focus és constant i igual a 20.

36. Donada l'el·lipse d'equació $x^2 + 4y^2 = 36$, determina'n:

a) Els valors dels paràmetres *a*, *b* i *c*.

b) Les coordenades dels vèrtexs.

c) Les coordenades dels focus.

d) L'excentricitat.

e) Les equacions de les rectes tangents a la corba en cadascun dels quatre vèrtexs.

37. Escriu l'equació de la hipèrbola centrada a l'origen de coordenades sabent que un dels focus és el punt (−6, 0) i que el semieix real és 5.

38. Els focus d'una el·lipse centrada a l'origen de coordenades estan situats a l'eix d'abscisses.

Determina'n l'equació sabent que $e = 0{,}6$ i $b = 8$.

39. Identifica els focus i els vèrtexs de la hipèrbola d'equació:

$$\frac{x^2}{144} - \frac{y^2}{25} = 1$$

Calcula'n l'excentricitat.

40. Dibuixa la paràbola $y = \frac{x^2}{4}$ i determina'n:

a) El focus.

b) L'equació de la directriu.

c) El vèrtex.

41. Identifica el vèrtex de la paràbola d'equació:

$$y = \frac{x^2}{4} - x + 6$$

Relaciona el seu gràfic amb el de la paràbola de l'activitat anterior. Indica'n el focus i la directriu.

42. L'excentricitat d'una el·lipse és $e = \frac{4}{5}$. Escriu-ne l'equació sabent que $a = 10$. Representa-la gràficament.

43. Dibuixa de manera aproximada una hipèrbola que tingui com a vèrtex $A(0, 3)$ i $A'(0, -3)$ i un dels seus focus sigui $F(0, 5)$. Escriu-ne l'equació.

44. Compara les excentricitats d'una el·lipse i d'una hipèrbola amb el nombre 1.

45. Considera la hipèrbola d'equació $4x^2 - 25y^2 = 100$. Es demana:

a) Els valors dels paràmetres *a*, *b* i *c*.

b) Les coordenades dels vèrtexs.

c) Les coordenades dels focus.

d) L'excentricitat.

e) Les equacions de les rectes tangents a la corba en cadascun dels seus vèrtexs.

46. L'excentricitat d'una hipèrbola és $e = 2\sqrt{2}$ i la distància focal, 12. Escriu-ne l'equació.

47. Un dels focus d'una hipèrbola equilàtera se situa al punt $F(3\sqrt{2}, 0)$. Determina:

a) Les coordenades de l'altre focus.

b) Les coordenades dels vèrtexs.

c) L'equació de la hipèrbola.

48. Identifica les paràboles següents sabent que les equacions corresponents són:

a) $y^2 = -8x$ *b)* $x^2 = -8y$

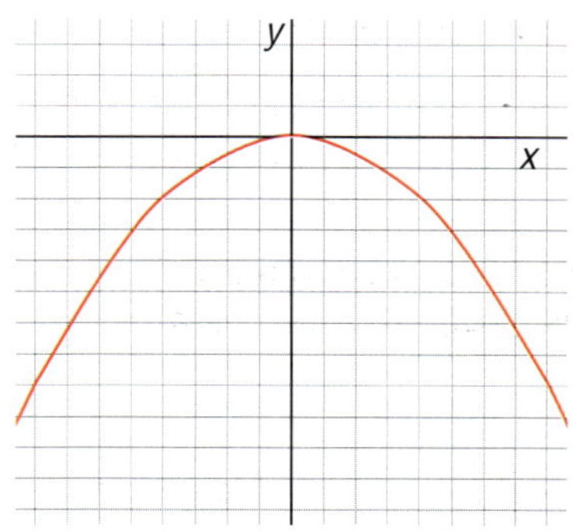

Fig. 7.29

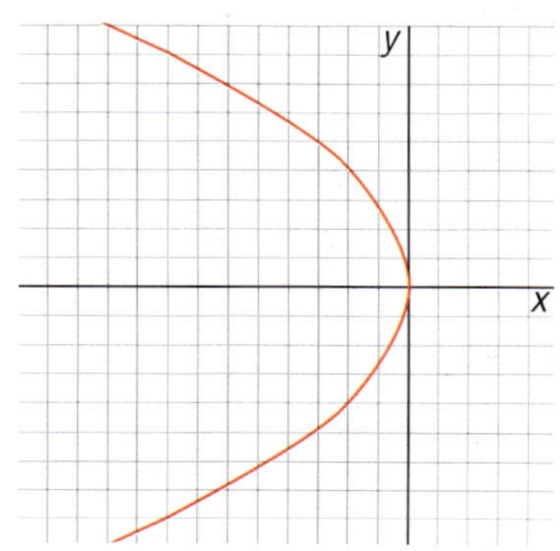

Fig. 7.30

Activitats finals

49. La circumferència principal d'una el·lipse té d'equació $x^2 + y^2 = 16$. Escriu l'equació de l'el·lipse sabent que l'excentricitat és $e = \frac{1}{2}$.

50. Considera l'el·lipse d'equació:

$$\frac{x^2}{36} + \frac{y^2}{9} = 1$$

Representa-la gràficament i traça la recta perpendicular a l'eix de les abscisses per un dels focus. Calcula la longitud del segment d'aquesta recta determinat per la seva intersecció amb l'el·lipse.

51. Una circumferència té el centre a la bisectriu dels segon i quart quadrants i passa pels punts (0, 3) i (1, 2). Determina'n el centre i el radi. Quina és l'equació d'aquesta circumferència?

52. Traça les dues tangents a la circumferència d'equació:

$$x^2 + y^2 = 4$$

des del punt $P(5, 5)$. Determina les equacions d'aquestes dues rectes.

53. Considera el triangle de vèrtexs els punts $O(0, 0)$, $P(6, 0)$ i $Q(0, 4)$.

a) Escriu l'equació de la mediatriu de dos dels costats del triangle.

b) Determina'n el circumcentre.

c) Calcula la distància del circumcentre a cadascun dels vèrtexs del triangle.

d) Escriu l'equació de la circumferència circumscrita.

R: *a)* $x = 3$ i $y = 2$; *b)* (3, 2); *c)* $\sqrt{13}$ u;
d) $x^2 + y^2 - 6x - 4y = 0$

54. Donada l'el·lipse d'equació:

$$\frac{x^2}{7} + \frac{y^2}{9} = 1$$

Determina'n:

a) Les coordenades dels vèrtexs.

b) Les coordenades dels focus.

c) L'excentricitat.

R: *a)* $(\sqrt{7}, 0)$, $(-\sqrt{7}, 0)$, $(0, 3)$ i $(0, -3)$;
b) $(0, \sqrt{2})$ i $(0, -\sqrt{2})$; *c)* $\frac{\sqrt{2}}{3}$

55. Calcula l'àrea del cercle limitat per la circumferència de centre $C(1, -1)$ i tangent a la recta que té per equació:

$$12x - 5y + 9 = 0$$

R: $A = 4\pi$ u^2

56. Escriu l'equació de la paràbola que té el vèrtex a l'origen de coordenades, és simètrica respecte de l'eix de les abscisses i conté el punt (6, 6). Determina les coordenades del focus i l'equació de la directriu.

R: *a)* $y^2 = 6x$; *b)* $F\left(\frac{3}{2}, 0\right)$, $x = -\frac{3}{2}$

57. Considera la hipèrbola equilàtera que passa pel punt (3, 2).

a) Escriu-ne l'equació.

b) Indica'n les coordenades dels vèrtexs i les dels focus.

R: *a)* $x^2 - y^2 = 5$; *b)* vèrtexs: $(\sqrt{5}, 0)$ i $(-\sqrt{5}, 0)$,
focus: $(\sqrt{10}, 0)$ i $(-\sqrt{10}, 0)$.

Avaluació

1. Escriu l'equació de cadascuna de les circumferències següents:

a) De centre C el punt mitjà del segment d'extrems els punts $A(5, 2)$ i $B(1, -6)$.

b) De centre $C(0, 2)$ i tangent a la bisectriu dels quadrants primer i tercer.

2. Donades les circumferències $x^2 + y^2 - 9 = 0$ i $x^2 + y^2 - 2x + 6y - 3 = 0$:

a) Calcula la potència del punt $P(1, -3)$ respecte de la primera circumferència i indica'n la posició relativa.

b) Escriu l'equació de l'eix radical de les dues circumferències.

c) Comprova que l'eix radical és perpendicular a la recta que conté els centres de les dues circumferències.

3. L'equació d'una el·lipse és $4x^2 + 9y^2 - 144 = 0$.

a) Expressa-la en forma reduïda.

b) Identifica les coordenades dels vèrtexs i dels focus de l'el·lipse.

c) Calcula'n l'excentricitat.

4. Escriu l'equació reduïda de la hipèrbola que té un vèrtex al punt $(-12, 0)$ i un focus al punt $(13, 0)$. Determina'n l'excentricitat.

5. L'eix d'una paràbola se situa en la recta $y = 0$ i el focus, al punt $F\left(\frac{5}{2}, 0\right)$. Determina:

a) El valor del paràmetre i l'equació de la directriu.

b) L'equació de la paràbola.

6. Determina les equacions de les rectes tangents a la circumferència:

$$x^2 + y^2 - 10x + 16 = 0$$

als punts en què s'intersecta amb els eixos de coordenades.

8

Funcions

Podem definir magnitud com qualsevol aspecte relacionat amb les persones, animals o coses que es pot expressar quantitativament, és a dir, que es pot mesurar.

Les magnituds que varien s'anomenen *variables*.

Les funcions relacionen dues variables, la variable independent i la variable dependent; la variable dependent és la que està condicionada a la variable independent.

L'alçada d'una persona depèn de l'edat, l'àrea d'un quadrat és funció de la longitud del costat, la longitud d'una circumferència depèn de la longitud del radi, la força d'atracció entre dos cossos és funció de la distància que els separa. Cadascuna d'aquestes frases expressa una funció.

Moltes funcions es poden escriure mitjançant una expressió algèbrica $y = f(x)$, on x és la variable independent i y és la variable dependent. El valor que pren la variable dependent y per a un valor determinat de la variable independent x s'anomena *imatge* de x, els valors que pren la variable independent x per a un valor determinat de la variable dependent y s'anomenen *antiimatges* de y.

Una funció lineal o de proporcionalitat directa té per expressió algèbrica $f(x) = mx$, on m és la constant de proporcionalitat; la seva gràfica és una recta que passa per l'origen de coordenades, i la constant m indica el pendent de la recta. Per exemple: $f(x) = 2x$ (Fig. 8.1).

Una funció afí té per expressió algèbrica $f(x) = mx + b$; la seva gràfica és una recta que no passa per l'origen; m és el pendent de la recta i b l'ordenada a l'origen. La recta talla l'eix d'ordenades en el punt $(0, b)$. Per exemple: $f(x) = -x + 2$ (Fig. 8.2).

Una funció constant té per expressió algèbrica $f(x) = b$; la gràfica és una recta paral·lela a l'eix d'abscisses; se'n diu constant perquè el valor de la variable dependent és sempre el mateix. Per exemple: $f(x) = 3$ (Fig. 8.3).

Una funció quadràtica té per expressió algèbrica $f(x) = ax^2 + bx + c$ $(a \neq 0)$ i per gràfica una paràbola.Per exemple: $f(x) = x^2 - 4x + 3$ (Fig. 8.4).

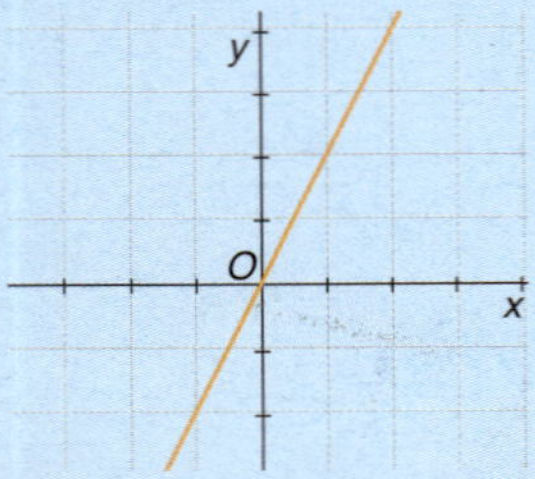

Fig. 8.1

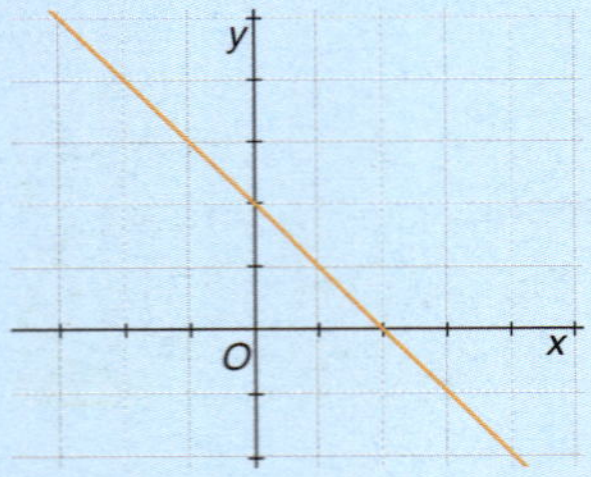

Fig. 8.2

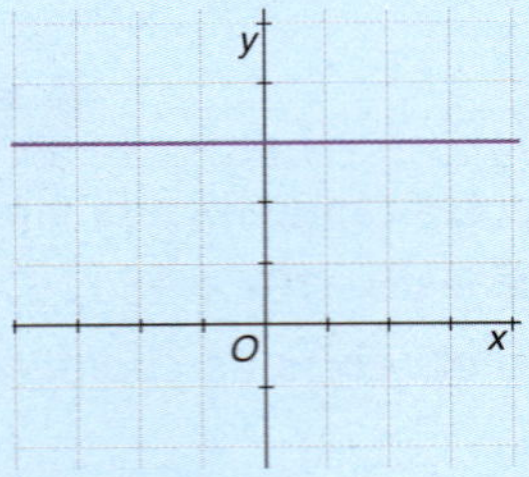

Fig. 8.3

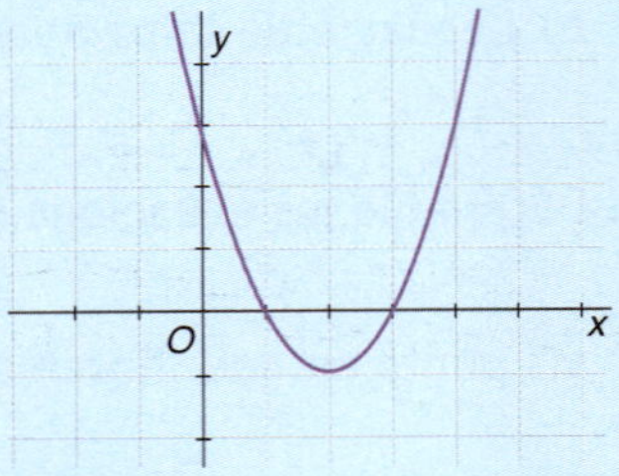

Fig. 8.4

1. Concepte de funció

Quan alguna cosa observada es pot mesurar parlem de *magnitud*. Les magnituds poden ser constants o variables. Per exemple, la velocitat de la llum en un medi és una magnitud constant; la càrrega elèctrica de l'electró també és una magnitud constant. En canvi, el pes d'una persona, la seva edat o la temperatura ambiental són magnituds no constants perquè varien: en diem *variables*.

Construïm una taula de valors que relacioni el radi d'una circumferència amb la seva longitud (Taula 8.1).

Radi (cm)	Longitud (cm)
1,5	3π
2	4π
2,5	5π
3	6π
...	...

Taula 8.1

Com que la longitud de la circumferència depèn del valor del radi, la longitud és la variable dependent i el radi és la variable independent.

La relació de dependència entre dues variables s'anomena **funció** si, per a cada valor real de la variable independent, existeix un, i només un, valor real de la variable dependent.

Aquesta relació entre les variables independent i dependent es pot establir a partir de:

a) Un **text,** és a dir, una expressió verbal que descriu la funció. Per exemple, quan escrivim «a cada nombre real hi assignem el seu quadrat», definim una funció.

b) Una **taula de valors**, que ens dóna una visió quantitativa de la funció. Observa la Taula 8.2 de la funció de l'exemple anterior.

Nombre	–1	1,1	$\sqrt{2}$	2,5	...
Quadrat	1	1,21	2	6,25	...

Taula 8.2

c) Una **gràfica**, que ens dóna una visió més qualitativa. La gràfica de la mateixa funció anterior és la que tens al marge (Fig. 8.5).

d) Una **expressió algèbrica**, que és la formalització de la relació mitjançant una expressió matemàtica. Ens permet esbrinar qualsevol valor d'una de les variables a partir de l'altra. L'expressió algèbrica de la funció de l'exemple és $f(x) = x^2$. Cal remarcar, però, que no totes les funcions poden expressar-se algèbricament.

Diem que $f(x)$ és **funció real de variable real** x, o que y **depèn** de x, si a cada valor real de x correspon un, i només un, valor real de $f(x)$, i ho escrivim $\mathbf{y = f(x)}$, on x és la variable independent i y és la variable dependent. La igualtat $y = f(x)$ s'anomena **expressió algèbrica** de la funció.

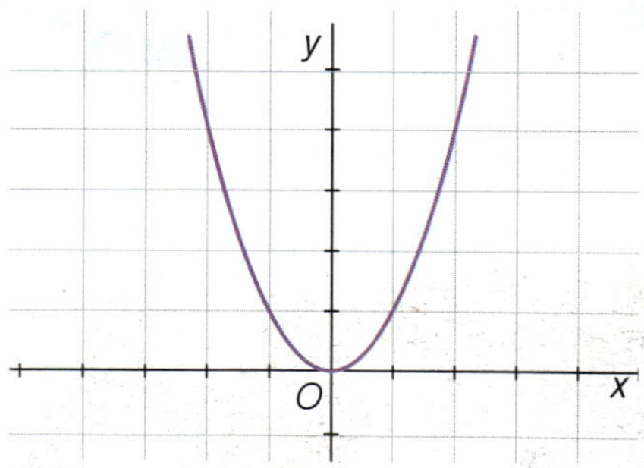

Fig. 8.5

Amb l'expressió algèbrica $y = f(x)$, indiquem que y és la **imatge** de x, o que x és una **antiimatge** de y. Cal constatar que per a cada valor de x existeix només una imatge; en canvi per a cada valor de y pot haver-hi més d'una antiimatge.

Si considerem la funció $f(x) = x^2 - 4$, podem veure que hi ha valors de la variable y que tenen més d'una antiimatge. Per exemple, el valor $f(x) = 0$ té per antiimatges $x = 2$ i $x = -2$, ja que $f(2) = f(-2) = 0$.

Tant el concepte com la notació de funció han tingut diferents interpretacions al llarg de la història. El matemàtic Gottfried Wilhlem Leibniz (1646-1716), nascut a Leipzig (Alemanya), fou qui per primera vegada introduí el nom de funció en un sentit molt semblant a l'actual. La primera notació de funció es deu al suís Jean Bernoulli (1667-1748), que emprà la forma Φx per representar una funció de x. Però el gran impulsor de les funcions fou Leonhard Euler (1707-1783), nascut a Basilea (Suïssa), que l'any 1734 ja utilitzà la notació $f(x)$, que seria la definitiva. El mateix Euler, l'any 1748, amb un tractat de dos volums, va fer que el concepte de funció passés a ser el concepte fonamental de l'anàlisi matemàtica.

Activitats

1. Defineix la variable independent i la variable dependent en els casos següents:

a) L'import que cal pagar en una gasolinera i els litres de benzina que hi comprem.

b) El pes d'una persona i la seva edat.

c) L'espai recorregut per un cotxe i la velocitat a què circula.

d) El volum d'una esfera i la longitud del diàmetre.

2. Representa la variable independent per x i la variable dependent per $f(x)$ i determina, sempre que sigui possible, l'expressió algèbrica de cadascuna de les funcions de l'activitat anterior.

2. Domini i recorregut d'una funció

El conjunt de tots els valors reals de la variable independent que tenen per imatge un nombre real constitueixen el **domini** de la funció; l'expressem D_f.

Tots els valors de la variable independent que pertanyen al domini tenen imatge, propietat que caracteritza qualsevol funció.

El conjunt de totes les imatges reals de la funció és el **recorregut** o **rang** de la funció.

El domini es refereix a valors de la variable independent x, mentre que el recorregut el formen els valors de la variable dependent y.

A continuació presentem exemples de la manera d'esbrinar el domini d'una funció.

- $f(x) = x^2$

  En aquest cas podem donar a la variable independent x qualsevol valor real, ja que sempre tindrà una única imatge $f(x)$, també real; per tant, $D_f = \mathbb{R}$.

- $f(x) = -\sqrt{x}$

  Ara no podem donar qualsevol valor real a la x, perquè si hi donem un valor negatiu la seva imatge no serà un nombre real. Per tant, només tindran imatge els valors de la variable independent que fan que el radicand de l'arrel quadrada no sigui negatiu.

  Matemàticament, ho expressem: $D_f = \{x \in \mathbb{R} \mid x \geq 0\}$. Això vol dir: *tots els nombres reals tals que són més grans o iguals que zero.*

  El domini de la funció també es pot expressar utilitzant intervals. En el nostre cas:

$$D_f = [0, +\infty)$$

Hem definit el signe de l'arrel quadrada per tal que cada valor del domini no tingui dues imatges, ja que aleshores no seria funció. Sempre que es defineix una funció amb arrel d'índex parell cal precisar-ne el signe, i si no n'hi ha cap, es considera només l'arrel positiva.

A l'hora d'esbrinar el domini d'una funció cal pensar en el context en què està definida i, a partir d'aquest context, observar quins valors pot prendre la variable independent en cada cas.

Fixa-t'hi

El símbol $\in$ es llegeix *pertany*,
$\mid$ vol dir *tal que*
i $\{\ldots\}$ indica *conjunt*.

! Important

No necessàriament cal tenir l'expressió algèbrica d'una funció per esbrinar-ne el domini. També es pot deduir a partir d'un text que defineixi la funció, o a partir de la gràfica.

Exemple 1

La força d'atracció entre dos cossos de masses m i m' és funció de la distància que els separa. Si indiquem per r la distància, l'expressió algèbrica d'aquesta funció és donada per: $f(r) = G\,\dfrac{m\,m'}{r^2}$, on G és la constant de gravitació universal.

Esbrina'n el domini.

Resolució

Tenint present que no hi ha distàncies negatives i que el denominador d'una fracció no pot ser zero, el domini en aquest cas és $D_f = \{r \in \mathbb{R} \mid r > 0\}$ (*tots els nombres reals positius*). Si el volem expressar en forma d'interval, escriurem $D_f = (0, +\infty)$.

Exemple 2

Quan es deixa caure en el buit un objecte qualsevol des d'una altura de 19,6 m respecte del terra, l'altura h a què se situa és funció del temps t que transcorre des de l'inici del moviment. L'expressió algèbrica d'aquesta funció és:

$$h = 19{,}6 - 4{,}9t^2$$

on h s'expressa en metres i t, en segons.

Si considerem t la variable independent i $h = f(t)$ la variable dependent, podem escriure $f(t) = 19{,}6 - 4{,}9t^2$.

Esbrina'n el domini.

Resolució

En aquesta funció es considera el temps des del moment en què es deixa l'objecte ($t = 0$) fins que l'objecte arriba a terra. Per esbrinar el domini, caldrà saber quant triga l'objecte a arribar a terra ($h = 0$); per tant, cal determinar les antiimatges del valor 0 de la variable dependent:

$$19{,}6 - 4{,}9t^2 = 0 \rightarrow$$

$$4{,}9t^2 = 19{,}6 \rightarrow$$

$$t^2 = \frac{19{,}6}{4{,}9} = 4$$

Tenint en compte que el temps no pot ser negatiu, la solució és: $t = \sqrt{4} = 2s$ (el valor $h = 0$ només té una antiimatge).

Per tant, el domini és

$D_f = \{t \in \mathbb{R} \mid 0 \leq t \leq 2\} = [0, 2]$.

A partir de la gràfica de la funció (Fig. 8.6) es pot observar que el domini és, en efecte, el que s'ha determinat abans.

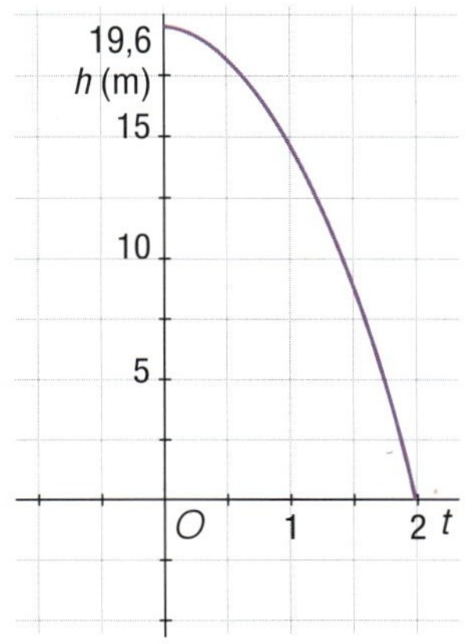

Fig. 8.6

A l'hora d'esbrinar el domini d'una funció cal pensar en el context en què està definida i, a partir d'aquí, observar quins valors pot prendre la variable independent en cada cas.

De moment només treballarem les funcions des de la seva expressió algèbrica; això permetrà esbrinar-ne el domini de manera senzilla. Més endavant, quan estudiem la representació gràfica de funcions, ens plantejarem també la determinació del recorregut de la funció, ja que es pot obtenir a partir de la gràfica. A tall d'exemple, observa aquestes gràfiques de funcions (Fig. 8.7):

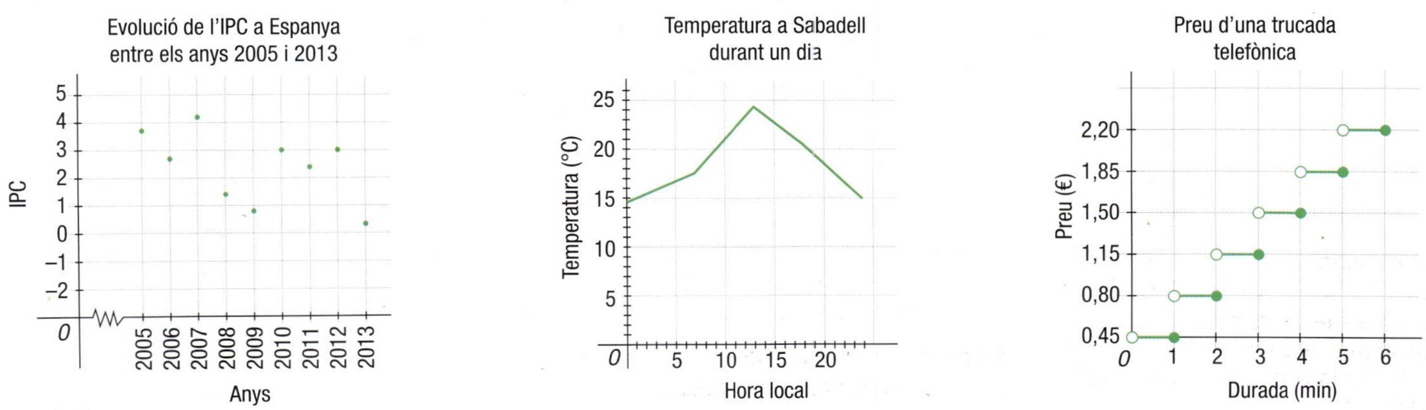

Fig. 8.7

En canvi, les gràfiques següents (Fig. 8.8) no corresponen a funcions:

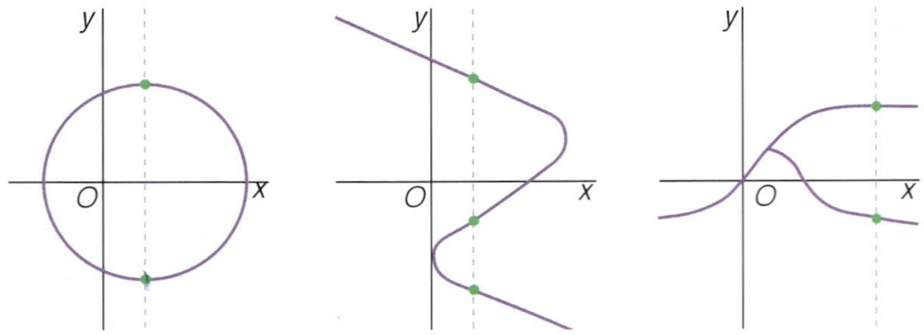

Fig. 8.8

> **Fixa-t'hi**
>
> Hi ha valors de x als quals correspon més d'un valor de y.

En establir el concepte de funció, hem indicat que les dues variables sempre han de prendre valors reals. Per això, hauríem de parlar de *funcions reals* ($f(x) \in \mathbb{R}$) de variable real ($x \in \mathbb{R}$), però, per abreujar, en direm senzillament *funcions*. Cal remarcar, però, que hi ha funcions de variable complexa.

La teoria de funcions de variable real va ser desenvolupada pel matemàtic d'origen francès, nascut a Torí (Itàlia), Joseph-Louis Lagrange (1736-1813). Altres matemàtics com Cauchy o Gauss foren els pioners en l'estudi de funcions de variable no real.

Activitats

3. Escriu l'expressió algèbrica i esbrina el domini de les funcions següents:

a) A cada valor del radi d'una esfera hi assignem la seva superfície.

b) La diagonal d'un quadrat depèn de la longitud del costat.

c) Al radi d'una circumferència hi assignem l'àrea de l'hexàgon regular inscrit.

d) La longitud de l'aresta d'un cub és funció del volum.

4. Determina el domini de les funcions:

$f(x) = 3x - 7 \quad g(x) = 2x^2 - 7x + 11 \quad h(x) = \dfrac{1}{x+1}$

3. Funcions algèbriques

Hi ha un tipus de funcions anomenades *algèbriques.* Són funcions algèbriques les *polinòmiques,* les *racionals,* les *irracionals* i les *definides a trossos.* Tot seguit les estudiarem.

3.1 Funcions polinòmiques

Les **funcions polinòmiques** són del tipus $f(x) = A(x)$, on $A(x)$ és un polinomi.

La funció lineal, la funció afí i la funció quadràtica són exemples de funcions polinòmiques.

La funció lineal de constant de proporcionalitat 1 s'anomena **funció identitat,** i l'escrivim amb l'expressió $I(x) = x$.

Les funcions constants es poden considerar funcions polinòmiques de grau zero.

Les funcions següents són exemples de funcions polinòmiques:

$f(x) = 4x^3 - 6x^2 + 4x - 12 \quad \rightarrow$ funció polinòmica de tercer grau

$g(x) = \dfrac{3}{4}x^5 - \dfrac{2}{3}x^3 + 2x \quad \rightarrow$ funció polinòmica de cinquè grau

En una funció polinòmica, qualsevol valor de la variable x sempre té imatge; per tant, el seu domini és sempre el conjunt dels nombres reals $D_f = D_g = \mathbb{R}$.

3.2 Funcions racionals

L'expressió algèbrica de les **funcions racionals** és del tipus $f(x) = \frac{A(x)}{B(x)}$, amb $B(x) \neq 0$, on $A(x)$ i $B(x)$ són polinomis.

Perquè les imatges siguin nombres reals, cal que el denominador de la fracció no sigui 0. El domini d'una funció racional és el conjunt de nombres reals tals que no anul·len el denominador de la fracció. Ho expressem: $D_f = \{x \in \mathbb{R} \mid B(x) \neq 0\}$

Recorda

En una fracció el denominador no pot ser zero.

Exemple 3

Esbrina el domini de les funcions racionals següents:

a) $f(x) = \frac{5x+3}{2x-4}$ *b)* $g(x) = \frac{x+2}{x^2+1}$ *c)* $h(\ ) = \frac{3x-8}{x^2-9}$

Resolució

a) Calculem l'arrel del polinomi del denominador de l'expressió fraccionària de la funció:

$$2x - 4 = 0 \rightarrow 2x = 4 \rightarrow x = 2$$

El valor calculat és l'únic que no és del domini d'aquesta funció.

Per tant, tindrem que $D_f = \{x \in \mathbb{R} \mid 2x - 4 \neq 0\} = \mathbb{R} - \{2\}$.

$\mathbb{R} - \{2\}$ indica el conjunt de tots els nombres reals excepte el 2; en aquest cas el signe – no vol dir restar sinó excloure.

b) En aquest cas no hi ha cap valor real que anul·li el denominador de la funció; això vol dir que el domini és el conjunt de tots els nombres reals,

$$D_g = \{x \in \mathbb{R} \mid x^2 + 1 \neq 0\} = \mathbb{R}.$$

c) Determinem els valors de x que anul·len el denominador, que no seran del domini.

$$x^2 - 9 = 0,\ x^2 = 9,\ x = \pm 3$$

D'on deduïm: $D_h = \{x \in \mathbb{R} \mid x^2 - 9 \neq 0\} = \mathbb{R} - \{-3, 3\}$.

3.3 Funcions irracionals

Les **funcions irracionals** són funcions en què no totes les imatges són nombres racionals, però sí que són nombres reals. Normalment, la seva expressió algèbrica és donada per una arrel.

El domini d'una funció irracional és condicionat per l'índex de l'arrel:

- Quan *l'índex és parell,* el domini el formen tots els nombres reals per als quals el radicand de l'arrel no sigui negatiu.
- Quan *l'índex és senar,* el radicand pot ser positiu, negatiu o zero.

Recorda

Les arrels d'índex parell amb radicand negatiu no són nombres reals.

Exemple 4

Calcula el domini de les funcions irracionals següents:

a) $f(x) = -\sqrt{x-1}$ *b)* $g(x) = \sqrt{4-2x}$ *c)* $h(x) = \sqrt[3]{5x^2-20}$

Resolució

a) Són del domini tots els valors reals de la variable x que fan que el radicand de l'arrel no sigui negatiu.

Aquesta condició ens condueix a la inequació $x - 1 \geq 0$, la solució de la qual és $x \geq 1$.

Per tant, $D_f = \{x \in \mathbb{R} \mid x - 1 \geq 0\} = [1, +\infty)$

b) Pel mateix raonament, tindrem:

$$4 - 2x \geq 0 \rightarrow -2x \geq -4 \rightarrow 2x \leq 4 \rightarrow x \leq 2$$

Això ens indica que el domini de la funció g és:

$$D_g = \{x \in \mathbb{R} \mid 4 - 2x \geq 0\} = [-\infty, 2)$$

Comprovem, per exemple, que $x = 1$ és del domini. N'hi ha prou a veure que la seva imatge és un nombre real; en efecte, $g(1) = \sqrt{2}$. En canvi, $x = 3$ no és del domini perquè $g(3) = \sqrt{-2}$, que no és un nombre real.

c) Atès que és una arrel cúbica, el radicand pot ser negatiu, positiu o zero; per tant, el domini de la funció h és el conjunt de tots els nombres reals $D_h = \mathbb{R}$.

3.4 Funcions definides a trossos

L'expressió algèbrica d'una funció no sempre està definida de la mateixa manera per a tots els valors de x.

Quan una funció es defineix utilitzant més d'una expressió algèbrica, es diu que està **definida a trossos.**

La funció **valor absolut,** que representem per $f(x) = |x|$ (Fig. 8.9), es defineix com a:

$$f(x) = \begin{cases} -x & \text{si } x < 0 \\ x & \text{si } x \geq 0 \end{cases}$$

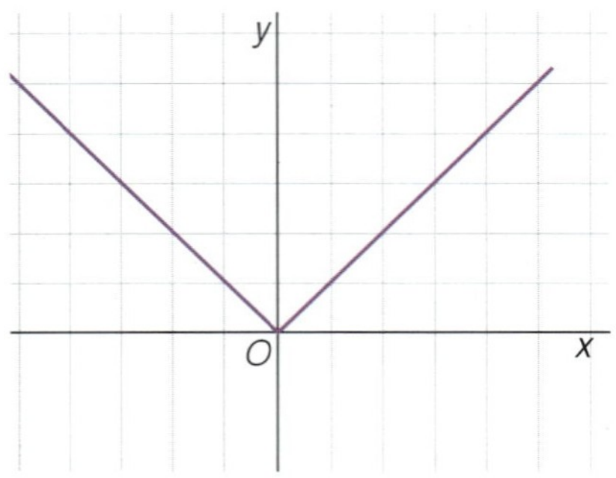

Fig. 8.9

és una funció definida a trossos.

Com pots comprovar, les imatges són sempre positives, ja que, quan el valor de x és negatiu, es canvia el seu signe, i si aquest valor és positiu el signe no es modifica. Elaborem una taula de valors per a aquesta funció (Taula 8.3). El domini de la funció valor absolut és el conjunt dels nombres reals.

x	-3	$-\pi$	$-\sqrt{3}$	0	$\frac{4}{9}$	2,3
$\lvert x\rvert$	3	π	$\sqrt{3}$	0	$\frac{4}{9}$	2,3

Taula 8.3

Exemple 5

Determina el domini de les funcions definides a trossos següents:

a) $g(x) = \begin{cases} x + 2 & \text{si } x \leq 1 \\ 3x + 5 & \text{si } x > 1 \end{cases}$

b) $h(x) = \begin{cases} \dfrac{x}{x^2 - 4} & \text{si } x < 0 \\ \dfrac{2x + 1}{x - 1} & \text{si } 0 \leq x < 3 \\ \dfrac{5x}{x - 6} & \text{si } x \geq 3 \end{cases}$

Resolució

a) Observa que, per determinar la imatge de valors de x més petits o iguals que 1, caldrà substituir-los a la primera expressió, i per a valors de x més grans que 1, els substituirem a la segona expressió. Per exemple:

$g(-1) = -1 + 2 = 1 \qquad g(1) = 1 + 2 = 3$

$g(3) = 3 \cdot 3 - 5 = 9 - 5 = 4$

Quin és el domini d'aquesta funció? Com que les dues expressions que la defineixen són dos polinomis, qualsevol valor de la variable x tindrà imatge; per tant, $D_g = \mathbb{R}$.

b) En aquest cas és una mica més complex. Cal fixar-se en cadascuna de les seves expressions algèbriques i veure per a quins valors de la variable x estan definides.

En la primera expressió haurem d'excloure del domini de la funció h el valor $x = -2$; en la segona, $x = 1$, i en la tercera, $x = 6$. Observa, però, que $x = 2$ anul·la el denominador de la primera expressió i, no obstant això, $h(2) = 5$. En definitiva:

$D_h = \{x \in \mathbb{R} \mid x \neq -2, x \neq 1, x \neq 6\} = \mathbb{R} - \{-2, 1, 6\}$

Activitats

5. Esbrina el domini de les funcions següents

a) $f(x) = \dfrac{x+1}{x^2 - 6x + 5}$ *b)* $g(x) = \sqrt{4 + 3x}$ *c)* $h(x) = \dfrac{7x+8}{x^2+5}$

d) $k(x) = \sqrt[3]{\dfrac{3}{4}x + 5}$ *e)* $p(x) = -\dfrac{2}{3}x^3 - 5x + 2$ *f)* $t(x) = \begin{cases} \dfrac{x^2+4}{x} & \text{si } x \leq 2 \\ \dfrac{2x}{x-3} & \text{si } x > 2 \end{cases}$

4. Operacions amb funcions

A partir de l'expressió algèbrica de dues funcions o més podem obtenir l'expressió algèbrica de noves funcions que resulten d'efectuar operacions amb les anteriors. Vegem com es defineix cadascuna d'aquestes operacions.

4.1 Funció suma

Donades les funcions f i g, es defineix la funció suma $f + g$ d'aquesta manera:

$$(f + g)(x) = f(x) + g(x)$$

Aquesta expressió ens indica que les imatges de la funció suma s'obtenen sumant, per a cada valor de x, les imatges corresponents a cadascuna de les dues funcions que se sumen.

Exemple 6

Determina l'expressió algèbrica de la suma de les funcions següents i esbrina'n el domini.

a) $f(x) = \dfrac{x^2-2}{x+1}$, $g(x) = \dfrac{x}{x^2-1}$

b) $h(x) = \dfrac{x^2}{x-3}$, $k(x) = \sqrt{x-1}$

Resolució

a) Per obtenir l'expressió algèbrica de la funció $f + g$, hem de sumar les expressions algèbriques de les funcions f i g:

$$(f+g)(x) = f(x) + g(x) = \frac{x^2-2}{x+1} + \frac{x}{x^2-1} =$$

$$= \frac{(x^2-2)\,(x-1) + x}{x^2-1} = \frac{x^3 - x^2 - x + 2}{x^2-1}$$

Si volem saber el domini de $f + g$ només cal observar la funció obtinguda, així:

$$D_{f+g} = \{x \in \mathbb{R} \mid x^2 - 1 \neq 0\} = \mathbb{R} - \{-1, 1\}$$

b) $(h + k)(x) = h(x) + k(x) = \dfrac{x^2}{x-3} + \sqrt{x-1}$

En aquest cas, val més deixar indicada l'expressió algèbrica de la funció suma. Per esbrinar-ne el domini cal tenir en compte els dominis de h i de k.

$$D_h = \{x \in \mathbb{R} \mid x - 3 \neq 0\} = \mathbb{R} - \{3\}$$

$$D_k = \{x \in \mathbb{R} \mid x - 1 \geq 0\} = [1, +\infty)$$

Hem de considerar els dos dominis alhora, ja que, perquè existeixi la imatge de la suma, han d'existir prèviament les imatges de h i de k; per tant, tindrem:

$$D_{h+k} = \{x \in \mathbb{R} \mid x - 3 \neq 0,\ x - 1 \geq 0\} =$$

$$= [1, \infty) - \{3\}$$

Propietats de la suma de funcions

- **Commutativa:** $f(x) + g(x) = g(x) + f(x)$
- **Associativa:** $f(x) + [g(x) + h(x)] = [f(x) + g(x)] + h(x)$
- **Element neutre:** $f(x) + o(x) = f(x)$

  La funció element neutre de la suma de funcions és la funció constant zero: $o(x) = 0$.
- **Element simètric:** $f(x) + [-f(x)] = o(x)$

  L'element simètric és la **funció oposada,** que s'obté fent per a cada valor de x l'oposat de la seva imatge.

  Per exemple, la funció oposada de $f(x) = 3x - 4$ és: $-f(x) = -(3x - 4) = -3x + 4$

! Important

$(f - g)(x) = f(x) + [-g(x)]$

4.2 Funció producte

Donades les funcions f i g, es defineix la funció producte $f \cdot g$ així:

$$(f \cdot g)(x) = f(x) \cdot g(x)$$

Les imatges de la funció producte s'obtenen multiplicant, per a cada valor de x, les imatges corresponents a cadascuna de les dues funcions que es multipliquen.

Exemple 7

Calcula l'expressió algèbrica del producte de les funcions de l'exemple anterior i determina'n el domini.

Resolució

a) Si prenem les mateixes funcions f i g d'abans, tindrem:

$$(f \cdot g)(x) = f(x) \cdot g(x) = \frac{x^2 - 2}{x + 1} \cdot \frac{x}{x^2 - 1} =$$

$$= \frac{(x^2 - 2)\,x}{(x + 1)\,(x^2 - 1)} = \frac{x^3 - 2x}{x^3 + x^2 - x - 1}$$

Per esbrinar el domini de la funció producte només cal tenir en compte la seva expressió algèbrica. Com que els valors que anul·len el denominador de la funció $(f \cdot g)(x)$ són $x = 1$ i $x = -1$, el seu domini és:

$$D_{f \cdot g} = \{x \in \mathbb{R} \mid x^3 + x^2 - x - 1 \neq 0\} = \mathbb{R} - \{-1, 1\}$$

b) Amb les funcions h i k del segon exemple de la suma, obtenim:

$$(h \cdot k)(x) = h(x) \cdot k(x) = \frac{x^2}{x - 3} \cdot \sqrt{x - 1}$$

Fent el mateix raonament que en el cas de la suma, tenim:

$$D_{h \cdot k} = \{x \in \mathbb{R} \mid x - 3 \neq 0,\ x - 1 \geq 0\} = [1, +\infty) - \{3\}$$

Propietats de la multiplicació de funcions

- **Commutativa:** $f(x) \cdot g(x) = g(x) \cdot f(x)$
- **Associativa:** $f(x) \cdot [g(x) \cdot h(x)] = [f(x) \cdot g(x)] \cdot h(x)$
- **Element neutre:** $f(x) \cdot l(x) = f(x)$

  L'element neutre del producte de funcions és la funció constant 1, $l(x) = 1$.
- **Element simètric:** $f(x) \cdot \left(\frac{1}{f}\right)(x) = l(x)$

  La funció $\left(\frac{1}{f}\right)(x)$ és l'element simètric del producte. S'obté fent per a cada valor de x l'invers de la seva imatge: $\left(\frac{1}{f}\right)(x) = \frac{1}{f(x)}$.

Fixa-t'hi

Els dominis de les funcions suma i producte sempre coincideixen.

Per exemple, per $f(x) = \frac{5x-3}{x+2}$, obtindrem: $\left(\frac{1}{f}\right)(x) = \frac{x+2}{5x-3}$.

- **Distributiva de la multiplicació respecte de la suma de funcions:**

  $f(x) \cdot [g(x) + h(x)] = f(x) \cdot g(x) + f(x) \cdot h(x)$

4.3 Funció quocient

Donades les funcions f i g, es defineix la funció quocient $\frac{f}{g}$ d'aquesta manera:

$$\left(\frac{f}{g}\right)(x) = \frac{f(x)}{g(x)}$$

Les imatges de la funció quocient s'obtenen dividint, per a cada valor de x, les imatges corresponents a cadascuna de les dues funcions.

Exemple 8

Utilitzant les mateixes funcions f, g, h i k dels exemples de la suma i del producte, calcula la funció quocient i esbrina'n el domini.

Resolució

a)

$$\left(\frac{f}{g}\right)(x) = \frac{f(x)}{g(x)} = \frac{x^2-2}{x+1} : \frac{x}{x^2-1} = \frac{(x^2-2)\,(x^2-1)}{x(x+1)} =$$

$$= \frac{(x^2-2)\,(x+1)\,(x-1)}{x(x+1)}$$

Un cop tenim l'expressió de la funció quocient, podem esbrinar-ne el domini. Cal observar que no podem simplificar la darrera expressió, ja que per a $x = -1$ s'anul·len el numerador i el denominador.

$$D_{\frac{f}{g}} = \{x \in \mathbb{R} \mid x+1 \neq 0,\ x \neq 0\} = \mathbb{R} - \{-1, 0\}$$

b)

$$\left(\frac{h}{k}\right)(x) = \frac{h(x)}{k(x)} = \frac{x^2}{x-3} : \sqrt{x-1} = \frac{x^2}{(x-3)\,\sqrt{x-1}}$$

Fixa't que tenim una arrel quadrada al denominador; per tant, el radicand només pot ser positiu. El domini d'aquesta funció és:

$$D_{\frac{h}{k}} = \{x \in \mathbb{R} \mid x-3 \neq 0,\ x-1 > 0\} = (1, +\infty) - \{3\}$$

Activitats

6. Amb les funcions f, g i h dels exemples anteriors, comprova que es verifiquen les propietats de la suma i el producte de funcions.

7. A partir de les funcions f i k dels exemples, escriu l'expressió algèbrica de les funcions $\frac{1}{f}$, $\frac{1}{k}$, $\frac{1}{-f}$ i $-\frac{1}{k}$.

Esbrina'n el domini.

8. Donades les funcions:

$f(x) = \frac{2x-4}{x+3}$ i $g(x) = \frac{x+2}{3x-9}$,

determina l'expressió de les funcions $\frac{f}{g}$, $\frac{g}{f}$, $\frac{\frac{1}{f}}{g}$ i $\frac{\frac{1}{g}}{f}$ i esbrina'n el domini.

5. Funció composta

Una operació entre funcions completament diferent de les anteriors és la composició de funcions. S'escriu amb el símbol $\circ$.

Donades les funcions f i g, es defineix la **funció composta $g \circ f$** i es llegeix f composta amb g, com:

$$(g \circ f)(x) = g[f(x)]$$

Observa que n'hi ha prou a substituir la variable x de la funció g per $f(x)$.

Semblantment, es defineix $f \circ g$ i es llegeix g composta amb f, com:

$$(f \circ g)(x) = f\,[g(x)]$$

En aquest cas se substitueix la variable x de la funció f per $g(x)$.

La primera funció que s'aplica és la que se situa més a prop de la variable x, i és també la primera que es llegeix. Per aquesta raó la composició es llegeix al revés de com s'escriu. A continuació presentem un esquema gràfic d'ambdues composicions per aclarir-ho millor.

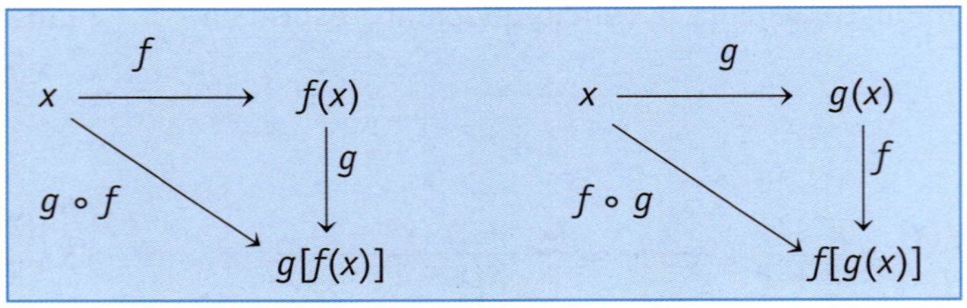

Exemple 9

Donades les funcions $f(x) = 5x + 3$ i $g(x) = x^2 + 2$, calcula les funcions compostes següents i determina'n el domini:

a) $(g \circ f)(x)$ *b)* $(f \circ g)(x)$

c) $(f \circ f)(x)$ *d)* $(g \circ g)(x)$

Resolució

a) $(g \circ f)(x) = g[f(x)] = g(5x + 3) = (5x + 3)^2 + 2 = 25x^2 + 30x + 11$

b) $(f \circ g)(x) = f[g(x)] = f(x^2 + 2) = 5(x^2 + 2) + 3 = 5x^2 + 13$

c) $(f \circ f)(x) = f[f(x)] = f(5x + 3) = 5(5x + 3) + 3 = 25x + 18$

d) $(g \circ g)(x) = g[g(x)] = g(x^2 + 2) = (x^2 + 2)^2 + 2 = x^4 + 4x^2 + 6$

El domini de la funció composta es pot determinar a partir de la seva expressió algèbrica. Als exemples anteriors, com que es tracta de funcions polinòmiques, el domini és el conjunt de nombres reals.

Exemple 10

Considera ara les funcions:

$$h(x) = \sqrt{x-3} \text{ i } k(x) = 3x + 2$$

Calcula les funcions compostes següents i determina'n el domini:

a) $(h \circ k)(x)$

b) $(k \circ h)(x)$

Resolució

a) $(h \circ k)(x) = h[k(x)] = h(3x + 2) = \sqrt{(3x+2)-3} = \sqrt{3x-1}$

D'on tenim que $D_{h \circ k} = \{x \in \mathbb{R} \mid 3x - 1 \geq 0\} = \left[\frac{1}{3}, +\infty\right)$

b) $(k \circ h)(x) = k[h(x)] = k\left(\sqrt{x-3}\right) = 3\sqrt{x-3} + 2$

El domini és $D_{h \circ k} = \{x \in \mathbb{R} \mid x - 3 \geq 0\} = [3, +\infty)$.

Als exemples que acabem d'analitzar es pot comprovar que la composició de funcions no compleix la propietat commutativa. Per tant, $(f \circ g)(x) \neq (g \circ f)(x)$.

Propietats

- **Associativa:** $[h \circ (g \circ f)(x)] = [(h \circ g) \circ f](x)$
- **Element neutre:** $(f \circ I)(x) = (I \circ f)(x) = f(x)$. La funció que és l'element neutre de la composició és la funció identitat $I(x) = x$.
- **Element simètric:** $(f \circ f^{-1})(x) = (f^{-1} \circ f)(x) = I(x) = x$. Aquesta funció f^{-1}, que és l'element simètric de f, s'anomena **funció inversa.**

6. Funció inversa

La **funció inversa** és la que a cada valor de la variable y li assigna un valor de la variable x, de manera que la variable independent de f passa a ser la variable dependent de f^{-1}, i viceversa.

Fixa-t'hi

$$(f^{-1})(x) \neq \frac{1}{f(x)}$$

De manera esquemàtica, seria:

$$x \underset{f^{-1}}{\overset{f}{\rightleftarrows}} f(x)$$

Cal tenir en compte que hi ha funcions que no tenen inversa. Succeeix quan dos valors o més de x diferents tenen la mateixa imatge. En aquest cas, $f^{-1}(x)$ no és una funció.

Vegem alguns exemples de funcions inverses.

Exemple 11

Determina la funció inversa de les funcions següents:

a) La funció f tal que *a cada valor del radi d'un cercle hi assigna la seva superfície.*

b) La funció g: *el volum d'una esfera depèn del seu diàmetre.*

c) $f(x) = x^3$ per a $x \geq 0$.

d) $g(x) = x + 1$.

Resolució

a) Si considerem f com la funció tal que *a cada valor del radi d'un cercle hi assigna la seva superfície,* aleshores f^{-1} serà la funció tal que *a cada valor de la superfície d'un cercle hi assigna el seu radi.*

b) Si suposem g la funció: *el volum d'una esfera depèn del seu diàmetre.*

Tindrem que g^{-1} és la funció: *el diàmetre d'una esfera depèn del seu volum.*

c) Si $f(x) = x^3$ per a $x \geq 0$, aleshores $f^{-1}(x) = \sqrt[3]{x}$.

En efecte:

$(f \circ f^{-1})(x) = f[f^{-1}(x)] = f\left(\sqrt[3]{x}\right) = \left(\sqrt[3]{x}\right)^3 = x$

$(f^{-1} \circ f)(x) = f^{-1}[f(x)] = f^{-1}(x^3) = \sqrt[3]{x^3} = x$

d) Si $g(x) = x + 1$, la seva inversa és $g^{-1}(x) = x - 1$.

Ho comprovem:

$(g \circ g^{-1})(x) = g[g^{-1}(x)] = g(x - 1) = (x - 1) + 1 = x$

$(g^{-1} \circ g)(x) = g^{-1}[g(x)] = g^{-1}(x + 1) = (x + 1) - 1 = x$

Hi ha funcions, com ara la funció identitat, la funció inversa de les quals coincideix amb aquestes mateixes. D'altra banda, si una funció té inversa, la inversa de la inversa d'aquesta funció és la mateixa funció.

! Important

$I^{-1} = I$ i, si existeix la funció inversa de f, $(f^{-1})^{-1} = f$.

6.1 Càlcul de la funció inversa

Fins ara hem vist exemples de funcions inverses i la manera de comprovar que ho són. Tanmateix, com podem determinar l'expressió algèbrica de la funció inversa d'una funció? Vegem-ho ara.

Els passos que s'han de fer són:

a) Expressar la variable $y = f(x)$ en funció de la variable x.

b) Aïllar la variable x de la igualtat anterior per tal de determinar l'expressió de x en funció de y.

c) Intercanviar les dues variables, ja que qualsevol funció s'expressa sempre a partir de la variable x.

d) Si es vol fer-ne la comprovació, cosa que és aconsellable, cal fer les dues composicions possibles, ja que aquesta operació entre funcions no és commutativa.

Ho concretarem als exemples següents.

Exemple 12

Calcula la funció inversa de la funció $f(x) = 4x - 7$.

Resolució

Expressem la variable y en funció de x:

$$y = 4x - 7$$

Si aïllem la variable x, obtenim:

$$x = \frac{1}{4}y + \frac{7}{4}$$

Aquesta expressió és $x = f^{-1}(y)$.

Intercanviant les variables, tenim l'expressió de la funció inversa:

$$f^{-1}(x) = \frac{1}{4}x + \frac{7}{4}$$

Comprovem que, en efecte, f^{-1} és la funció inversa de la funció f:

$$(f \circ f^{-1})(x) = f[f^{-1}(x)] = f\left(\frac{1}{4}x + \frac{7}{4}\right) =$$
$$= 4\left(\frac{1}{4}x + \frac{7}{4}\right) - 7 = 4 \cdot \frac{1}{4}x + 4 \cdot \frac{7}{4} - 7 = x$$

$$(f^{-1} \circ f)(x) = f^{-1}[f(x)] = f^{-1}(4x - 7) =$$
$$= \frac{1}{4}(4x - 7) + \frac{7}{4} = \frac{1}{4} \cdot 4x - \frac{1}{4} \cdot 7 + \frac{7}{4} = x$$

Les funcions f i f^{-1} són funcions polinòmiques. Per tant, el domini de cadascuna és el conjunt dels nombres reals.

Si representem en uns eixos de coordenades les funcions f i f^{-1} (Fig. 8.10), observarem que les gràfiques són simètriques respecte de la bisectriu del primer i del tercer quadrants. Això passa sempre entre dues funcions que són inverses l'una de l'altra.

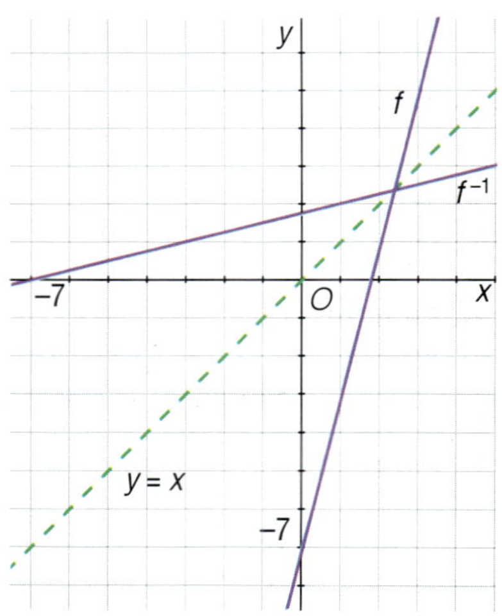

Fig. 8.10

Exemple 13

Calcula les inverses de les funcions següents:

a) $g(x) = \dfrac{2x+5}{x-1}$ *b)* $h(x) = x^2$

Resolució

a) Seguint el mateix esquema, tindrem:

$$y = \frac{2x+5}{x-1} \rightarrow y(x-1) = 2x+5$$

$$yx - y = 2x + 5 \rightarrow yx - 2x = y + 5$$

$$x(y-2) = y+5 \rightarrow x = \frac{y+5}{y-2} \rightarrow g^{-1}(x) = \frac{x+5}{x-2}$$

Domini: $D_{g^{-1}} = \{x \in \mathbb{R} \mid x - 2 \neq 0\} = \mathbb{R} - \{2\}$

Comprovació:

$$(g \circ g^{-1})(x) = g[g^{-1}(x)] = g\left(\frac{x+5}{x-2}\right) = \frac{2 \cdot \frac{x+5}{x-2} + 5}{\frac{x+5}{x-2} - 1} =$$

$$= \frac{\frac{2x+10+5x-10}{x-2}}{\frac{x+5-x+2}{x-2}} = \frac{2x+10+5x-10}{x+5-x+2} = \frac{7x}{7} = x$$

Es pot simplificar, perquè $x - 2 \neq 0$, ja que $x = 2 \notin D_{g^{-1}}$.

$$(g^{-1} \circ g)(x) = g^{-1}[g(x)] = g^{-1}\left(\frac{2x+5}{x-1}\right) = \frac{\frac{2x+5}{x-1} + 5}{\frac{2x+5}{x-1} - 2} =$$

$$= \frac{\frac{2x+5+5x-5}{x-1}}{\frac{2x+5-2x+2}{x-1}} = \frac{2x+5+5x-5}{2x+5-2x+2} = \frac{7x}{7} = x$$

Es pot simplificar, perquè $x - 1 \neq 0$, ja que $x = 1 \notin D_g$.

b) $y = x^2 \rightarrow x = \pm\sqrt{y} \rightarrow h^{-1}(x) = \pm\sqrt{x}$

Observa que $h^{-1}(x)$ no és una funció, perquè cada nombre real $x > 0$ té dues imatges. Per tant, la funció $h(x) = x^2$ no té inversa (Fig. 8.11*a*). No obstant això, si dividim de manera adient el domini de la funció $h(x) = x^2$ en dues parts, obtenim dues funcions h_1 i h_2 que sí que tenen inversa.

D'aquesta manera, la funció $h_1(x) = x^2$ el domini de la qual es restringeix a l'interval $[0, +\infty)$ té com a inversa la funció $h_1^{-1}(x) = \sqrt{x}$ (Fig. 8.11*b*).

D'altra banda, la inversa de la funció $h_2(x) = x^2$ amb el domini restringit a l'interval $(-\infty, 0]$ és la funció $h_2^{-1}(x) = -\sqrt{x}$ (Fig. 8.11*c*).

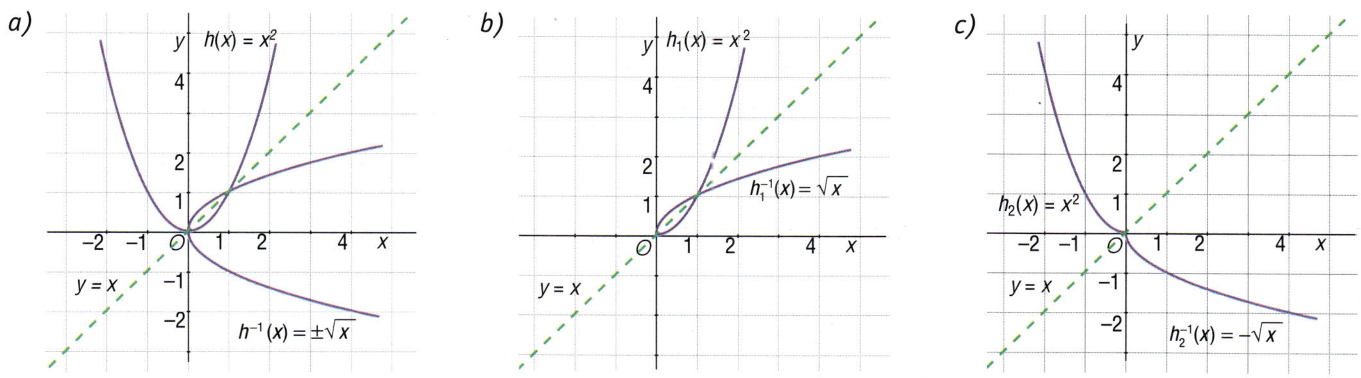

Fig. 8.11

Activitats

9. Amb les funcions $f(x) = 7x + 4$, $g(x) = 2x^2 - 1$ i $h(x) = -x + 9$, comprova les propietats associativa i de l'element neutre de la composició de funcions.

10. Donades les funcions:

$$f(x) = 3 - 2x \quad \text{i} \quad g(x) = -\frac{1}{2}x + \frac{3}{2}$$

comprova que són inverses l'una de l'altra. Fes-ho també gràficament.

11. Comprova que la funció inversa de $f(x) = \dfrac{1}{x}$ és aquesta mateixa.

12. Amb les funcions $f(x) = \dfrac{x+4}{x+2}$ i $g(x) = \dfrac{3x}{x+1}$:

a) Determina l'expressió algèbrica i el domini de: $g \circ f$, $f \circ g$, $f \circ f$, $g \circ g$, f^{-1} i g^{-1}.

b) Comprova que les funcions f^{-1} i g^{-1} són les inverses de f i g, respectivament.

Punt final

La funció part entera

La funció *part entera* d'un nombre real es pot definir de la manera següent:

> *A tot nombre real* x, *li correspon* f(x) = n,
> *en què* n *és el nombre enter més gran tal que* n ≤ x.

L'*expressió algèbrica* és la d'una funció definida a trossos:

$$f(x) = \begin{cases} \dots & \\ -3 & \text{si } -3 \le x < -2 \\ -2 & \text{si } -2 \le x < -1 \\ -1 & \text{si } -1 \le x < 0 \\ 0 & \text{si } 0 \le x < 1 \\ 1 & \text{si } 1 \le x < 2 \\ 2 & \text{si } 2 \le x < 3 \\ 3 & \text{si } 3 \le x < 4 \\ \dots & \\ 43 & \text{si } 43 \le x < 44 \\ \dots & \end{cases}$$

L'expressió algèbrica ens permet esbrinar fàcilment la imatge de qualsevol nombre real. Per exemple:

$$f(-\sqrt{8}) = -3 \qquad f\left(-\frac{7}{4}\right) = -2$$

$$f(-\dot{0},3) = -1 \qquad f\left(\frac{1}{2}\right) = 0$$

$$f(1,\overset{\frown}{9}) = 2 \qquad f(\pi) = 3$$

$$f(7) = 7 \qquad f(\sqrt{327}) = 18$$

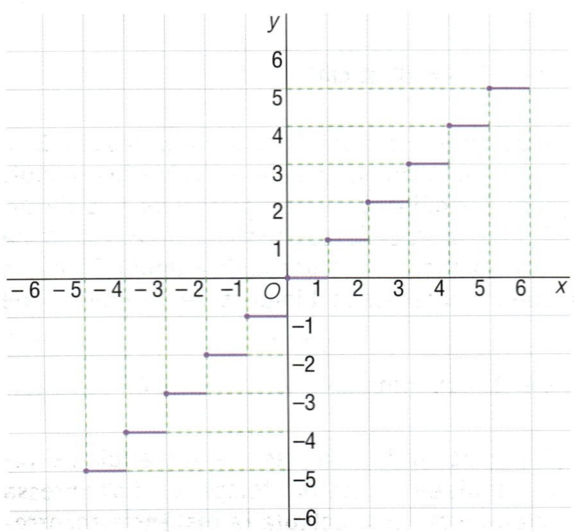

Fig. 8.12

També es pot definir la funció *part entera* d'un nombre real *x* de la manera següent:

f(x) = n, *per a* x ∈ [n, n + 1), *en què* n *es un nombre enter.*

A partir de l'expressió algèbrica podem dibuixar la seva gràfica (Fig. 8.12).

El domini de la funció és: $D_f = \mathbb{R}$.

El recorregut d'una funció és, per definició, el conjunt dels valors de la variable *y* que són imatge d'un valor de *x* com a mínim. A partir de la gràfica podem observar que el recorregut de la funció *part entera* és: $R_f = \mathbb{Z}$.

Qualsevol nombre enter *n* és imatge de tots els nombres reals que pertanyen a l'interval [*n*, *n* + 1); dit d'una altra manera, qualsevol nombre enter *n* té infinites antiimatges. Per tant, la funció part entera no té funció inversa, ja que en $f^{-1}(x)$ es donaria el cas que a cada valor de $x \in \mathbb{Z}$ correspondria més d'una imatge, i perquè sigui funció cada valor de $x \in D_f$ ha de tenir una imatge i només una.

Activitats finals

1. En una certa zona, la quantitat de sofre que hi ha a l'atmosfera, en parts per milió, evoluciona d'acord amb la funció $s(t) = 2{,}1 - 0{,}2t + 0{,}03t^2$, on t és el temps expressat en anys. Determina la presència de sofre actualment i quants anys han de transcórrer perquè s'arribi novament al valor actual.

R: $s(0) = 2{,}1$; $t = 6{,}\widehat{6}$ anys

2. Defineix la funció que expressa la suma de dos nombres enters tals que el seu producte és 18. Esbrina'n el domini.

3. En un triangle, la suma de les longituds de la base i l'altura és 15 cm. Expressa l'àrea del triangle en funció de la longitud de la base. Esbrina el domini d'aquesta funció.

R: $D_s = (0,\ 15)$

4. Volem construir una capsa sense tapa amb una cartolina quadrada de 12 cm de costat. Per fer-ho, retallem quadrats iguals de costat x cm en cadascuna de les quatre cantonades de la cartolina.

a) Determina l'expressió algèbrica que ens dóna el volum de la capsa (Fig. 8.13), en funció del valor de x.

b) Indica el domini d'aquesta funció.

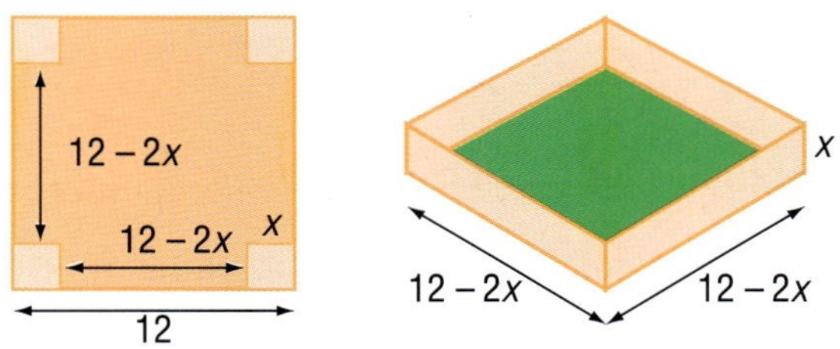

Fig. 8.13

5. Esbrina el domini de la funció que expressa l'àrea d'un rectangle de 30 cm de perímetre en funció de la longitud d'un dels costats.

6. L'altura d'un cilindre és el triple del radi de la base. Escriu l'expressió del volum del cilindre en funció del radi de la base. Quin és el volum del cilindre per a un radi de 5 cm? Quin és el valor del radi de la base si el volum del cilindre és de 24 π cm³? Esbrina el domini de la funció suposant que el volum màxim és de $3{,}75 \cdot 10^5\ \pi$ cm³.

R: $V(5) = 375\ \pi$ cm³; $r = 50$ cm; $D_v = (0{,}50)$

7. Dos nombres naturals sumen 20. Expressa'n el producte en funció d'un. Esbrina el domini d'aquesta funció. Comprova que 15 és del domini, i que 28 no ho és.

8. Es vol construir una finestra formada per un quadrat i un semicercle de radi x (Fig. 8.14).

a) Determina les expressions del perímetre i de l'àrea de la finestra en funció de x.

b) Indica el domini de cadascuna d'aquestes funcions.

Fig. 8.14

9. El radi d'una taca d'oli circular creix a un ritme de 3 cm per minut i el centre se situa a 9 cm del marge de la taula.

a) Expressa la funció que assigna a cada instant t el valor del radi de la taca.

b) Quant trigarà la taca d'oli a arribar al marge de la taula?

c) Escriu l'expressió algèbrica de la funció que assigna a cada instant t el valor de l'àrea de la taca d'oli.

d) Calcula l'àrea en l'instant en què la taca arriba al marge de la taula.

R: *b)* $t = 3$ min; *d)* $S = 81\ \pi$ cm²

10. Suposem que establir una trucada telefònica costa 0,50 € i, a partir d'aquest moment, el preu és de 0,30 € per minut. Escriu l'expressió algèbrica de la funció que ens determina l'import d'una trucada telefònica en funció de la seva durada. Quant costa una trucada de 8 minuts? Quants minuts ha durat una trucada l'import de la qual és de 5,30 €?

R: $f(8) = 2{,}9$ €; $t = 16$ min

11. La funció $f(t) = 2t^2 + 5t$ expressa la distància recorreguda per un mòbil en funció del temps, on t s'expressa en segons i $f(t)$, en metres. Calcula la distància recorreguda pel mòbil entre els instants $t = 1$ s i $t = 2$ s. Quant de temps triga el mòbil a recórrer una distància de 75 m?

R: $t = 5$ s

Activitats finals

12. En mesurar la temperatura a diferents altures, s'ha observat que disminueix 1 °C cada 200 m d'altura. Si en un dia determinat la temperatura arran de terra és de 12 °C, escriu l'expressió algèbrica de la funció $t(h)$, en què h és l'altura en metres i $t(h)$ la temperatura en °C. Quina temperatura hi haurà a 6 km d'altura? A quina altura hi haurà una temperatura de −50 °C?

R: $t = -18$ °C; $h = 12{,}4$ km

13. Dividim un segment de 10 cm de longitud en dues parts. Expressa la suma de les àrees dels triangles equilàters construïts sobre cadascuna d'aquestes dues parts (Fig. 8.15), en funció del costat d'un dels triangles. Esbrina'n el domini.

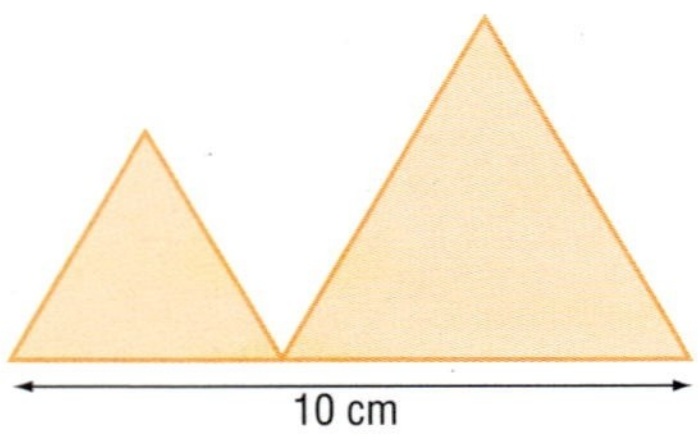

Fig. 8.15

14. Esbrina el domini de les funcions següents:

a) $f(x) = \dfrac{2}{x^2 - 10x + 16}$ *b)* $g(x) = \sqrt{-\dfrac{2}{3}x + 8}$

c) $h(x) = \sqrt[3]{8 - x^5}$ *d)* $k(x) = \dfrac{7x}{3x^2 + 3}$

15. Defineix una funció que tingui per domini els conjunts:

a) $D_f = \mathbb{R} - \{2, 7\}$ *b)* $D_g = \{x \in \mathbb{R} \mid x < 0\}$

c) $D_h = (-\infty, -3]$ *d)* $D_q = \mathbb{R}$

e) $D_p = \{x \in \mathbb{R} \mid x \neq -2, x \neq 0\}$

16. Determina el domini de cadascuna de les funcions següents:

a) $f(x) = \dfrac{2 + x}{\sqrt{8 - x}}$ *b)* $g(x) = \dfrac{4x - 1}{x^2 + 7x}$

c) $h(x) = \dfrac{2x + 1}{\sqrt[3]{8 - x^3}}$ *d)* $k(x) = \begin{cases} \dfrac{x}{x+1} & \text{si } x < 0 \\ \dfrac{3x+1}{2x-5} & \text{si } x \geq 0 \end{cases}$

17. Donades les funcions $f(x) = 3x^2 - 4$ i $g(x) = 3(x - 1)^2$, calcula:

a) $(f + g)(x)$ *b)* $g(x - 2)$

c) $(f \cdot g)(x)$ *d)* $\left(\dfrac{g}{f}\right)(x)$

e) $(f \circ g)(x)$ *f)* $(g \circ f)(x)$

18. Esbrina el domini de la funció representada en cadascuna de les gràfiques (Fig. 8.16).

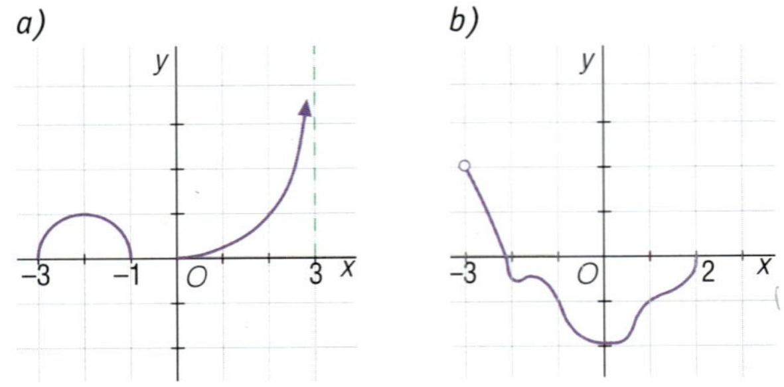

Fig. 8.16

19. Defineix una funció a trossos que tingui per domini $D_f = \{x \in \mathbb{R} \mid x \neq 0\}$.

20. Calcula $f(-3)$, $f(-1)$, $f(0)$, $f(1)$ i $f(2)$, i esbrina el domini de:

$$f(x) = \begin{cases} -2x + 3 & x < -1 \\ \dfrac{x^2 + 1}{x - 2} & -1 \leq x \leq 1 \\ \sqrt{x + 3} & x > 1 \end{cases}$$

21. El nombre d'articles n produïts en una empresa un dia qualsevol, t hores després de l'inici de la feina, és $n(t) = -t^2 + 20t$, amb una jornada laboral de vuit hores diàries. Si el cost de producció de n articles, en euros, és $c(n) = 5 + 6n$, determina l'expressió de la funció $c(t)$ que en dóna el cost en funció del temps. Indica'n el domini.

22. Siguin $f(x) = \dfrac{2x - 1}{x + 1}$ i $g(x) = \dfrac{x^2 - 1}{3x}$,

a) Determina les funcions: $f + g$, $f \cdot g$, $\dfrac{f}{g}$, $f \circ f$, $g \circ g$, f^{-1}.

b) Esbrina el domini de cadascuna de les funcions anteriors.

c) Comprova que f^{-1} és la funció inversa de f.

23. Donada la funció:

$$f(x) = \frac{x}{x - 1}$$

comprova que $(f \circ f)(x) = x$. Per què creus que passa això? Justifica'n la resposta.

24. Calcula la funció inversa i fes-ne la comprovació en cada cas, per a cadascuna de les funcions següents:

a) $f(x) = \dfrac{x - 1}{x + 2}$

b) $g(x) = \sqrt{x^2 - 2}$

c) $h(x) = \dfrac{1}{2}x + 3$

Avaluació

1. Esbrina el domini de les funcions següents. Representa també gràficament les funcions dels apartats *a)*, *b)* i *c)* i indica'n el recorregut.

a) $f(x) = 5$

b) $f(x) = -2x + 1$

c) $f(x) = x^2 - 2x + 3$

d) $f(x) = \dfrac{5x - 4}{x^2 - 4x}$

e) $f(x) = \sqrt{2x - 7}$

f) $f(x) = \sqrt[3]{x^2 - 1}$

g) $f(x) = \dfrac{4x + 7}{\sqrt{2x}}$

h) $f(x) = \sqrt{x^2 + 5}$

i) $f(x) = \begin{cases} x + 3 & \text{si } x \leq 0 \\ x^2 & \text{si } x > 1 \end{cases}$

j) $f(x) = \begin{cases} x^2 + 1 & \text{si } x < -1 \\ \dfrac{1}{x} & \text{si } x > -1 \end{cases}$

2. Siguin $f(x) = \dfrac{3x - 2}{x + 3}$, $g(x) = \dfrac{x^2}{x + 3}$ i $h(x) = x^2 - 1$. Calcula:

a) $(f + g)(x)$ *b)* $(f \cdot g)(x)$ *c)* $(f : g)(x)$ *d)* $(f \circ h)(x)$

3. Determina la funció inversa de les funcions següents:

a) $f(x) = \dfrac{x - 1}{3x + 2}$ *b)* $g(x) = 2x - 5$

Comprova que $(g^{-1} \circ g)(x) = x$

4. Un venedor té un salari mensual que està determinat per un sou fix més un cert percentatge sobre el volum de vendes que ha fet durant el mes. Si ven per valor de 2 000 €, el seu salari és de 1 200 € i, si ven per valor de 2 500 €, el salari és de 1 300 €. Determina el percentatge que guanya sobre el total de vendes i el sou fix.

9

Successions

Els nombres parells, els múltiples d'un nombre... són conjunts ordenats de nombres que has utilitzat sovint:

Nombres parells: 2, 4, 6, 8... 110, 112... 3 450...

Múltiples de 5: 5, 10, 15, 20... 105, 110... 1 058 345...

Aquestes llistes de nombres es caracteritzen per tenir un primer element i perquè a cada element el segueix un altre. D'aquesta manera, la sèrie no s'acaba mai.

Altres sèries d'aquest tipus són:

Els inversos dels nombres naturals:

$$1, \frac{1}{2}, \frac{1}{3}, \frac{1}{4} \cdots \frac{1}{9}, \frac{1}{20} \cdots \frac{1}{1000} \cdots$$

Les arrels quadrades positives dels nombres naturals:

$$1, \sqrt{2}, \sqrt{3}, 2... \sqrt{10}, \sqrt{11}... \sqrt{102}...$$

Hi ha llistes de nombres de les quals no es coneixen gaires elements, però sí que se'n pot intuir d'alguna manera la continuació. Per exemple, els temps, expressats en segons, de la prova dels 100 m en les olimpíades successives (Taula 9.1).

Els nombres naturals van ser caracteritzats per Giuseppe Peano (1858-1932), matemàtic italià que va enunciar els axiomes següents:

a) 1 és el primer nombre del conjunt. Per tant, no és precedit per cap altre nombre natural.

b) Cada nombre en té un altre que el segueix que s'obté en sumar-hi 1.

El conjunt dels nombres naturals se simbolitza mitjançant la lletra $\mathbb{N}$.

Les llistes ordenades de nombres que hem esmentat abans tenen un primer element i cada nombre de la llista en té un altre que el segueix. Tot i que només n'escrivim uns quants, la sèrie no s'acaba.

1900 → 11,0	1948 → 10,30	1984 → 9,99
1904 → 11,0	1952 → 10,79	1988 → 9,92
1908 → 10,8	1956 → 10,62	1992 → 9,96
1912 → 10,8	1960 → 10,32	1996 → 9,84
1920 → 10,8	1964 → 10,06	2000 → 9,87
1924 → 10,6	1968 → 9,95	2004 → 9,85
1928 → 10,8	1972 → 10,14	2008 → 9,69
1932 → 10,38	1976 → 10,06	2012 → 9,63
1936 → 10,30	1980 → 10,25	

Taula 9.1

1. Successions

Una **successió** numèrica és una llista de nombres que es corresponen amb el conjunt de nombres naturals. Per posar de manifest aquesta correspondència, es representen els diferents elements d'una successió mitjançant una lletra amb el subíndex corresponent al lloc que ocupen: a_1, a_2 ... a_n. Són precisament els subíndexs els que indiquen la correspondència amb els nombres naturals. Hi ha un primer element a_1. Cada element en té un que el segueix i, per tant, no hi ha un últim element.

$$1, \frac{1}{2}, \frac{1}{3}, \frac{1}{4}, \frac{1}{5}, \frac{1}{6} \dots \text{ és una successió en què:}$$

$$a_1 = 1,\ a_2 = \frac{1}{2},\ a_3 = \frac{1}{3} \dots a_6 = \frac{1}{6}, \dots a_n = \frac{1}{n}, \dots a_{n+1} = \frac{1}{n+1}, \dots$$

Podem descriure aquesta successió dient que a cada nombre natural correspon el seu invers, que no és natural, llevat de a_1.

1.1 Terme general

El valor d'un terme d'una successió depèn del lloc que hi ocupa. Aquesta dependència fa que una successió sigui, en realitat, una funció en què la variable independent és un nombre natural i la variable dependent, un nombre real. És a dir, una funció tal que a cada nombre natural hi fa correspondre un nombre real.

L'exemple anterior correspon a la successió $a_n = \frac{1}{n}$. Aquesta és l'expressió del seu terme general. Per a cada valor de n, la variable independent, tindrem un valor de a_n, la variable dependent. Utilitzem l'expressió $a_n = f(n)$ amb $n \in \mathbb{N}$.

> L'expressió d'un terme qualsevol d'una successió en funció del lloc que ocupa es coneix amb el nom de l'expressió del **terme general** de la successió i permet calcular-ne qualsevol terme.

Com succeeix amb les funcions, no és possible obtenir l'expressió del terme general de totes les successions. Vegem-ne un exemple.

Considerem els diversos polígons regulars que podem inscriure en una circumferència de radi 1 dm. Les seves àrees formen una successió:

Àrea del triangle: $A_3 = 3\frac{\sqrt{3}}{4}\ \text{dm}^2 = 1{,}299\ \text{dm}^2$

Àrea del quadrat: $A_4 = 2\ \text{dm}^2$

Àrea de l'octàgon: $A_8 = 2{,}828\ \text{dm}^2$

Àrea del polígon regular de 48 costats: $A_{48} = 3{,}113\ \text{dm}^2$

Hem expressat els resultats no enters de les àrees aproximant-los fins a les mil·lèsimes.

No és possible esbrinar l'expressió del terme general d'aquesta successió i, no obstant això, estem en condicions de calcular-ne qualsevol dels termes.

Podem establir una successió a partir de les àrees dels diversos quadrats que es poden construir a partir d'un quadrat d'1 dm de costat, de manera que cadascun dels quadrats successius tingui els vèrtexs situats en els punts mitjans dels costats del quadrat anterior (Fig. 9.1). Observa que l'àrea de cada quadrat és la meitat de l'àrea de l'anterior. La successió de les àrees és: $1, \frac{1}{2}, \frac{1}{4}, \frac{1}{8}, \frac{1}{16}, \frac{1}{32} \dots$

Fixa-t'hi

a_1 és el primer terme.
a_2 és el segon terme.
a_n és el terme enèsim.
a_{n-1} indica el terme anterior a a_n.
a_{n+1} indica el terme següent a a_n.

Fixa-t'hi

L'àrea d'un polígon regular es pot calcular a partir de les àrees dels triangles isòsceles iguals en què es pot descompondre. L'àrea de cadascun d'aquests triangles es pot obtenir resolent un senzill problema de trigonometria.

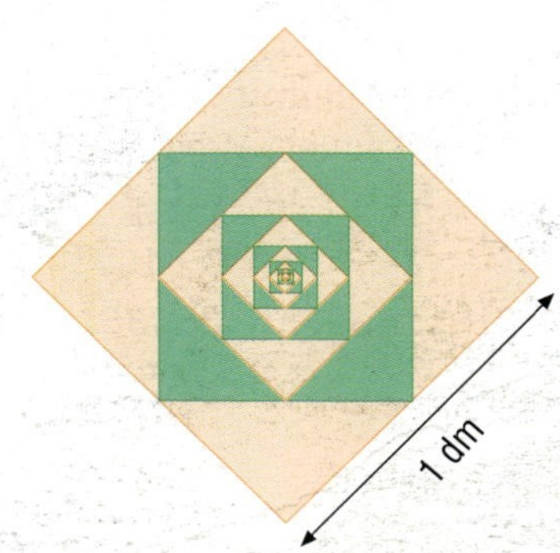

Fig. 9.1

En aquesta successió, el terme general de la qual representem mitjançant b_n, s'observa que el denominador de cada terme és una potència de base 2. Així:

$$b_4 = \frac{1}{8} = \frac{1}{2^3}, \qquad b_5 = \frac{1}{16} = \frac{1}{2^4}$$

El terme general es pot deduir fàcilment: $b_n = \frac{1}{2^{n-1}}$

Podem, doncs, calcular qualsevol terme de la successió sense necessitat de conèixer-ne l'anterior.

Per exemple, $b_{30} = \frac{1}{2^{29}}$

Si el terme general fos: $b_n = \frac{2n}{n^2+1}$, tindríem: $b_1 = 1$, $b_2 = \frac{4}{5}$, ..., $b_{100} = \frac{200}{10\,001}$

> **Fixa-t'hi**
>
> El conjunt dels termes d'una successió de terme general a_n es representa habitualment mitjançant la notació $\{a_n\}$.

1.2 Representació gràfica

Els termes d'una successió són nombres reals. Com a tals, es poden representar a la recta real (Fig. 9.2).

Així, la successió dels nombres parells es representa en els diferents punts de la recta que els corresponen (Fig. 9.3). Sabem que els termes d'aquesta successió estan situats a la dreta de zero, però, evidentment, no els podem representar-hi tots.

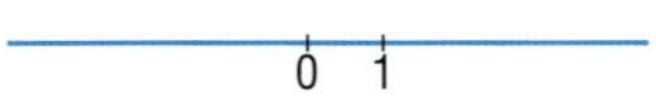

Fig. 9.2

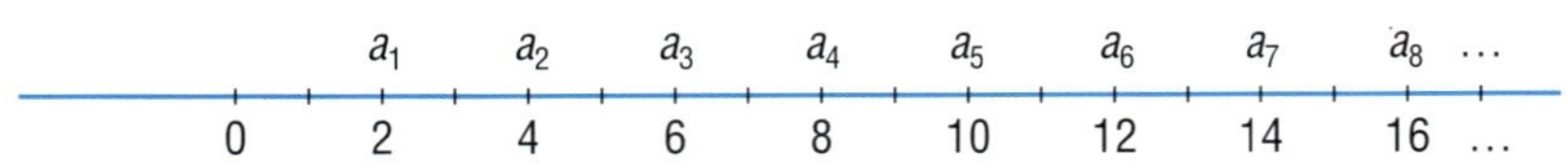

Fig. 9.3

La successió de les àrees dels quadrats estaria representada a l'interval (0, 1], ja que el primer terme és 1 i els següents, tots més petits que 1, se situen a la seva esquerra, però sense arribar mai a ser zero (Fig. 9.4).

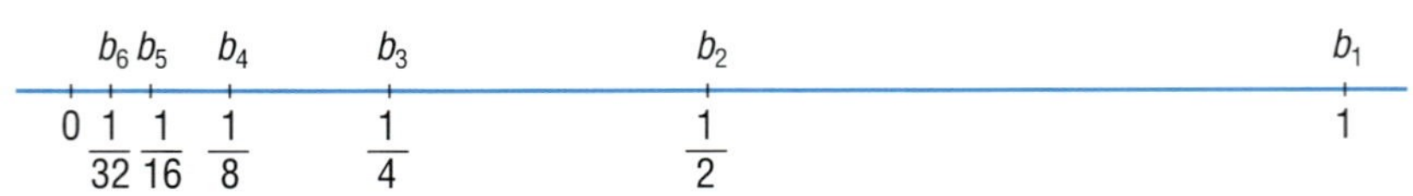

Fig. 9.4

Els termes de la successió de terme general $a_n = (-1)^n \frac{n}{n+1}$ alternen els signes + i –, segons que ocupin un lloc parell o senar. Això fa que els punts de la recta que els representen estiguin situats alternativament a la dreta i a l'esquerra de zero i es vagin apropant a 1 i a –1, respectivament (Fig. 9.5).

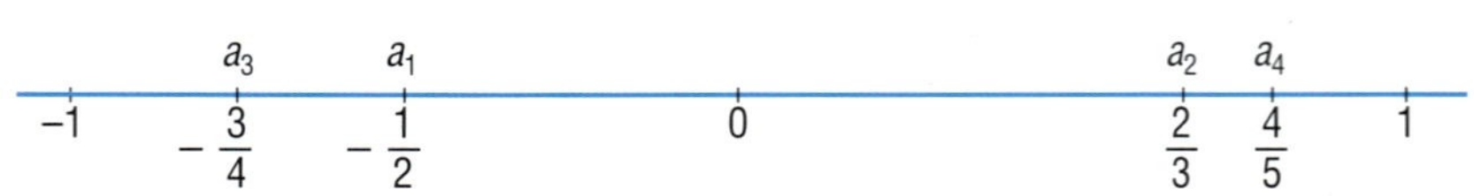

Fig. 9.5

Activitats

1. Intenta deduir l'expressió del terme general de cadascuna d'aquestes successions:

a) $\frac{1}{2}, \frac{1}{4}, \frac{1}{6}, \frac{1}{8}, \frac{1}{10} \ldots$

b) 1, 4, 9, 16, 25, 36 ...

c) –2, 4, –8, 16, –32, 64, –128 ...

2. Esbrina els termes que falten fins a arribar al 10è de les successions de l'activitat 1.

3. $a_n = \frac{n^2}{n+1}$ és l'expressió del terme general d'una successió. Calcula els termes a_7 i a_{100}. Determina l'expressió del terme a_{n-1} en funció de n.

4. El terme general d'una successió és: $a_n = \frac{n+1}{n}$. Calcula els termes a_{100} i $a_{1\,000}$.

5. Representa a la recta real els deu primers termes de la successió $a_n = \frac{2n}{n+1}$.

2. Successions monòtones

Podem classificar una successió comparant-ne els termes, és a dir, els nombres reals que la componen.

- Una successió és **creixent** si $a_{n+1} > a_n$ per a qualsevol valor de n.
- Una successió és **decreixent** si $a_{n+1} < a_n$ per a qualsevol valor de n.
- Les successions que són creixents o decreixents s'anomenen **monòtones.**

Per saber si una successió és creixent o decreixent, és necessari utilitzar els criteris de comparació numèrica:

$a_{n+1} > a_n$ si $a_{n+1} - a_n > 0$ per a qualsevol $n \in \mathbb{N} \rightarrow$ la successió és creixent.

$a_{n+1} < a_n$ si $a_{n+1} - a_n < 0$ per a qualsevol $n \in \mathbb{N} \rightarrow$ la successió és decreixent.

Hi ha successions en què no és possible establir aquestes comparacions. Per exemple, la successió de terme general $a_n = \frac{(-1)^n}{n}$, els primers termes de la qual són:

$$-1, \frac{1}{2}, -\frac{1}{3}, \frac{1}{4}, -\frac{1}{5} \ldots$$

Tenint en compte que tot nombre negatiu és sempre més petit que qualsevol nombre positiu, si comparem dos termes consecutius de la successió no obtenim sempre el mateix resultat. Així, per exemple: $a_1 < a_2$; $a_2 > a_3$; $a_3 < a_4$; ... és una successió **oscil·lant.**

Fixa-t'hi

La successió dels múltiples de 3, de terme general $a_n = 3n$, és creixent.

La successió dels inversos dels nombres naturals, de terme general $b_n = \frac{1}{n}$, és decreixent.

2.1 Fites

Si tots els termes d'una successió són més grans o iguals que un nombre real k, és a dir, $a_n \geq k$, per a tot valor de n, direm que k és una **fita inferior** de la successió o, el que és el mateix, que la successió està **fitada inferiorment.** Naturalment, qualsevol nombre real més petit que k també és una fita inferior de la successió.

En la successió dels múltiples de 3, tots els termes són més grans o iguals que 3. Per tant, 3 és una fita inferior d'aquesta successió.

Si tots els termes d'una successió són més petits o iguals que un nombre real K, és a dir, $b_n \leq K$, per a tot valor de n, direm que K és una **fita superior** de la successió o, el que és el mateix, que la successió està **fitada superiorment.** Qualsevol nombre real més gran que K també és una fita superior de la successió.

Fixa-t'hi

Quan una successió està fitada superiorment i inferiorment, es diu, simplement, que està **fitada.**

Els termes de la successió de les àrees dels quadrats que hem vist anteriorment, de terme general $a_n = \frac{1}{2^{n-1}}$, són més petits o iguals que 1. Per tant, qualsevol nombre real K tal que $K \geq 1$ és una fita superior de la successió. D'altra banda, el fet que tots els termes d'aquesta successió siguin positius ens permet afirmar que qualsevol nombre real k tal que $k \leq 0$ és una fita inferior. Com pots comprovar, la successió de múltiples de 3 no està fitada superiorment. Per exemple, si consideréssim $K = 1000$ com a fita superior, només hauríem de tenir en compte el terme $a_{340} = 1\,020 > 1000$. En realitat, per gran que sigui el valor de K que considerem, sempre podrem trobar termes de la successió més grans que K.

Exemple 1

Estudia la monotonia de la successió $a_n = n^2 - 4n + 5$.

Resolució

Comparem dos termes consecutius a_n i a_{n+1} utilitzant el criteri de la resta.

$$a_{n+1} = (n + 1)^2 - 4(n + 1) + 5 = n^2 - 2n + 2$$
$$a_{n+1} - a_n = n^2 - 2n + 2 - (n^2 - 4n + 5) = 2n - 3$$

La inequació $2n - 3 > 0$ té per solució $n > \frac{3}{2}$. Això significa que els termes de la successió creixen, però ho fan per a $n \geq 2$. Efectivament:

$$a_1 = 2,\ a_2 = 1,\ a_3 = 2,\ a_4 = 5,\ a_5 = 10 \ldots$$

Per tant, la successió no és monòtona creixent.

Activitats

6. Estudia la monotonia de les successions següents:

a) $a_n = \frac{1}{n^2}$ *b)* $b_n = n^3$

c) $c_n = \frac{n-1}{n}$ *d)* $d_n = \frac{n^2}{n+2}$

e) $e_n = n^2 - n^3$ *f)* $f_n = 2n - 25$

7. Determina, si existeixen, les fites superior i inferior de cadascuna de les successions de l'activitat anterior.

8. Escriu el terme general de la successió dels múltiples de 5. El nombre 6 000 és una fita superior d'aquesta successió? Raona la resposta. Està fitada inferiorment aquesta successió?

3. Límit d'una successió

Tot seguit, estudiarem la tendència que presenten els termes de diferents successions quan considerem valors de n prou grans.

Determinem alguns termes de la successió $b_n = \frac{1}{2^{n-1}}$ amb l'ajut de la calculadora.

$$b_{10} = 0{,}001\,953\,125$$
$$b_{20} = 0{,}000\,001\,907\,34 = 1{,}907\,34 \cdot 10^{-6}$$
$$b_{50} = 0{,}000\,000\,000\,000\,001\,776\,35 = 1{,}776\,35 \cdot 10^{-15}$$
$$b_{110} = 1{,}540\,74 \cdot 10^{-35}$$

$b_{125} = 4{,}7 \cdot 10^{-38}$ indica que aquest terme té 37 zeros abans de la primera xifra decimal no nul·la. Es tracta, per tant, d'un nombre molt proper a zero.

Com que es tracta d'una successió decreixent i amb tots els termes positius, el valor d'aquests termes s'aproxima a zero a mesura que anem avançant en la successió.

Aquesta tendència o comportament que presenten els termes d'aquesta successió s'expressa de la manera següent:

$\{b_n\} \to 0$, i es llegeix: **«la successió tendeix a zero»**, o també, $\lim b_n = 0$, $\lim \left(\frac{1}{2}\right)^{n-1} = 0$, i es llegeix: **«el límit de la successió és igual a 0»**.

! Important

Amb les tecles x^y i $1/x$ s'obtenen els valors dels diferents termes. El resultat es mostra a la pantalla expressat en notació científica.

Que el límit d'aquesta successió sigui zero significa que, com més avançats siguin els termes que es considerin, els seus valors s'aproparan cada cop més a zero.

Observa que es tracta d'una successió decreixent i que està fitada inferiorment. Té límit zero, valor que és més gran o igual que totes les fites inferiors.

Considerem la successió $a_n = \frac{2n^2}{n^2+1}$ i calculem-ne alguns dels termes:

$$a_{10} = 1{,}98 \qquad a_{100} = 1{,}999\,8$$

$$a_{1\,000} = 1{,}\ 999\,998 \qquad a_{5\,000} = 1{,}999\,999\,98$$

Si considerem valors de n cada cop més grans, observem que aquests termes es van apropant a 2. Podem dir que el límit de la successió a_n és 2.

$$\lim \frac{2n^2}{n^2+1} = 2$$

Aquesta successió és creixent, però està fitada superiorment. Precisament, 2 és una fita superior i, en concret, la més petita d'aquestes fites.

Si diem que el límit d'aquesta successió és 2, el que afirmem és que la diferència entre 2, el valor del límit, i qualsevol terme de la successió pot arribar a ser tan petita com es vulgui. Per aconseguir-ho, només cal considerar valors de n prou grans.

Per exemple, si considerem el terme $a_{15} = 1{,}991\,150\,442$, la diferència entre el valor del límit i el d'aquest terme és $2 - 1{,}991\,150\,442 = 0{,}008\,849\,558$. Com que es tracta d'una successió creixent, aquesta diferència anirà disminuint a mesura que considerem termes més avançats i, per tant, podrà arribar a ser tan petita com nosaltres vulguem.

A partir d'aquestes dades podem afirmar que:

El nombre l és el **límit d'una successió $\{a_n\}$** si el valor absolut de la diferència entre un terme prou avançat de la successió i l és tan petit com es vulgui.

És a dir, $\lim a_n = l$ si la diferència $|a_n - l|$ és molt petita per a n prou gran.

! Important

El límit de la successió de les àrees dels polígons inscrits en una circumferència de radi 1 dm és l'àrea del cercle expressada en decímetres quadrats (Fig. 9.6).

$$\{a_n\} \rightarrow \pi$$

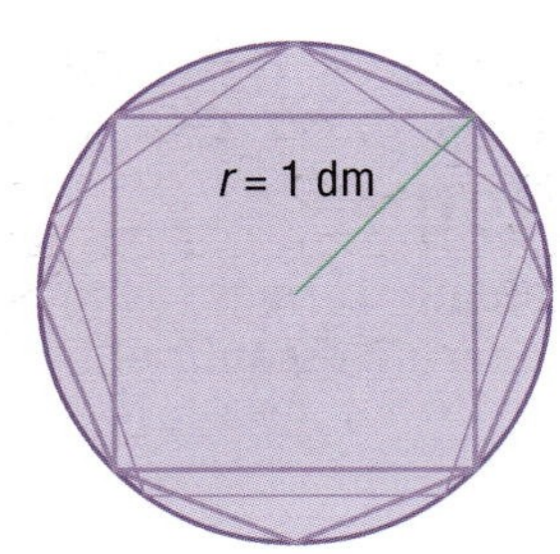

Fig. 9.6

La successió de l'exemple és monòtona creixent i té límit. Aquest límit és més gran que tots i cadascun dels termes de la successió. Es verifica que $a_n - l < 0$ per a qualsevol valor de n.

En cas que la successió fos monòtona decreixent i també tingués límit, aquest seria més petit que tots i cadascun dels termes de la successió. Aleshores, $a_n - l > 0$ per a qualsevol valor de n.

Per poder treballar sempre amb nombres positius, en la definició de límit figura el valor absolut de la diferència. Ja saps que es verifica:

$$|a_n - l| = |l - a_n|$$

3.1 Límits que no són numèrics

La tendència que presenta la successió dels nombres parells, de terme general $a_n = 2n$, no es pot expressar mitjançant un nombre. És una successió creixent i que no està fitada superiorment. Els termes de la successió són cada vegada més grans.

$$a_{5\,000} = 10\,000 \qquad a_{9\,999} = 19\,998\ \ldots$$

Fixa-t'hi

∞ és un símbol, no és cap nombre.

En aquests casos diem que la *successió tendeix a més infinit* i ho expressem:

$$\lim 2n = +\infty$$

Una cosa semblant succeeix amb els termes de la successió $b_n = -2n^2$. Calculem-ne alguns termes avançats:

$$b_{1\,000} = -2\,000\,000 \qquad b_{10\,500} = -220\,500\,000$$

Cada terme és més petit que l'anterior. Es tracta d'una successió decreixent que no té fita inferior. En aquest cas diem que la *successió té límit menys infinit* i ho expressem:

$$\lim(-2n^2) = -\infty$$

Ara calculem termes avançats de la successió $c_n = (-1)^n \dfrac{n}{n+1}$ de la mateixa manera que hem fet en els casos anteriors:

$$c_{90} = 0{,}989\,01 \qquad c_{91} = -0{,}989\,13 \qquad c_{3\,505} = -0{,}999\,661 \qquad c_{3\,006} = 0{,}999\,667$$

Podem observar que, a conseqüència del factor $(-1)^n$, els termes parells són positius i els senars, negatius. Mentre que els parells s'acosten a 1, els senars tendeixen a –1. La *successió és oscil·lant i no té límit,* ja que els seus termes s'acosten a dos valors diferents.

No obstant això, la successió de terme general $\dfrac{(-1)^n}{n}$ també és oscil·lant, però sí que té límit. Comprova-ho i indica'n el valor.

- Tota successió creixent i fitada superiorment té límit. Aquest límit és, precisament, la més petita de les fites superiors.
- Tota successió decreixent i fitada inferiorment té límit. Aquest límit és la més gran de les fites inferiors.
- Tota successió creixent no fitada superiorment té límit més infinit.
- Tota successió decreixent no fitada inferiorment té límit menys infinit.
- Les successions oscil·lants poden tenir límit o no tenir-ne.
- Una successió és **convergent** si té com a límit un nombre real. Si una successió té límit $+\infty$ o $-\infty$ s'anomena **divergent.**

Activitats

9. Calcula termes avançats d'aquestes successions per poder-ne establir el límit en cada cas:

a) $a_n = \dfrac{1}{n^2}$ *b)* $b_n = \dfrac{n}{n+8}$

c) $c_n = \dfrac{n^2-1}{n^2+1}$ *d)* $d_n = \dfrac{100}{n}$

e) $e_n = n^2 - 100$ *f)* $f_n = -n^3 + 100$

g) $g_n = n^2 - 50n + 125$ *h)* $h_n = \dfrac{2n^2-1}{n^2}$

10. Classifica les successions anteriors en convergents i divergents.

11. Calcula els cinc primers termes de la successió $a_n = (-2)^{n+1}$.

12. Escriu el terme general de dues successions divergents de límit $-\infty$

13. Calcula els termes que ocupen les posicions 100 i 1 000 a les successions de terme general:

$$a_n = \frac{n+10}{n} \text{ i } b_n = \frac{n^2+100}{n+10}$$

Pots intuir quin és el límit de cadascuna?

4. Operacions amb successions

4.1 Successió suma

Considerem les successions:

$$\{a_n\}: 2, \frac{3}{2}, \frac{4}{3}, \frac{5}{4} \ldots \frac{n+1}{n} \ldots \qquad \{b_n\}: 3, \frac{5}{2}, \frac{7}{3}, \frac{9}{4} \ldots \frac{2n+1}{n} \ldots$$

Els termes de la **successió suma** d'aquestes dues successions s'obtenen sumant els termes que ocupen el mateix lloc en cadascuna. Així, podem expressar:

$$\{a_n + b_n\}: 5, 4, \frac{11}{3}, \frac{7}{2} \ldots \frac{n+1}{n} + \frac{2n+1}{n} \ldots$$

D'aquesta manera, el terme general de la successió suma s'obté a partir de la suma dels termes generals de les dues successions:

$$a_n + b_n = \frac{n+1}{n} + \frac{2n+1}{n} = \frac{3n+2}{n}$$

4.2 Successió producte

Si multipliquem els termes que ocupen el mateix lloc en dues successions, n'obtenim la **successió producte.** Considerant les dues successions anteriors, tenim:

$$\{a_n \cdot b_n\}: 6, \frac{15}{4}, \frac{28}{9}, \frac{45}{16} \ldots \frac{n+1}{n} \cdot \frac{2n+1}{n} \ldots$$

El terme general s'obté en multiplicar els termes generals respectius:

$$a_n \cdot b_n = \frac{n+1}{n} \cdot \frac{2n+1}{n} = \frac{2n^2+3n+1}{n^2}$$

Anàlogament, podem definir la resta, la divisió i la potència de dues successions.

Hem de tenir en compte que, quan efectuem operacions amb les expressions dels termes generals de dues successions, el que fem en realitat és operar amb funcions de variable n, un nombre natural. Els nombres naturals constitueixen una part dels nombres reals i, per tant, les operacions amb els termes generals de successions són un cas particular de les operacions amb funcions.

Fixa-t'hi

- La successió quocient $\{a_n : b_n\}$ només es pot definir si $b_n \neq 0$ per a qualsevol $n \in \mathbb{N}$.
- En la successió potència, $\{a_n\}^{b_n}$, les successions a_n i b_n no poden anul·lar-se alhora.

Activitats

14. Considera les successions $\{a_n\}$: 1, 4, 9, 16, 25 … i $\{b_n\}$: $1, \frac{1}{2}, \frac{1}{3}, \frac{1}{4}, \frac{1}{5} \ldots$

a) Esbrina el terme general de a_n i b_n.

b) Determina els cinc primers termes i el terme general de cadascuna de les successions següents:

$$\{a_n + b_n\} \qquad \{a_n - b_n\} \qquad \{a_n \cdot b_n\} \qquad \{nb_n\} \qquad \left\{\frac{a_n}{b_n}\right\} \qquad \{b_n - a_n\}$$

15. Escriu els deu primers termes de la successió $\{a_n\}^n$, en què $a_n = \frac{n+1}{n}$.

5. Límits de successions convergents

Considerem les successions $a_n = \dfrac{2n+1}{n}$ i $b_n = \dfrac{3n+1}{n}$.

Per determinar el límit de cadascuna, calcularem alguns dels seus termes:

$$\{a_n\}:\ 3;\ 2{,}5;\ 2{,}\widehat{3};\ 2{,}25;\ \ldots;\ 2{,}000\,01\ldots$$
$$\{b_n\}:\ 4;\ 3{,}5;\ 3{,}\widehat{3};\ 3{,}25;\ \ldots;\ 3{,}000\,01\ldots$$

Comprovem que som davant de dues successions decreixents i fitades inferiorment. Són, per tant, successions convergents i podem escriure:

$$\lim a_n = 2 \qquad \lim b_n = 3$$

Quin és el límit de $\{a_n + b_n\}$?

El terme general és:

$$a_n + b_n = \frac{2n+1}{n} + \frac{3n+1}{n} = \frac{5n+2}{n}$$

Calculem-ne alguns dels termes: $\{a_n + b_n\}$: 7; 6; 5, $\widehat{6}$; 5,5; ...; 5,000 02...

Es tracta d'una successió convergent, el límit de la qual és 5. Podem escriure:

$$\lim \{a_n + b_n\} = 5 = 2 + 3$$

De manera semblant, podem obtenir el límit de la successió diferència:

$$\lim \{a_n - b_n\} = 2 - 3 = -1$$

Quin és el límit de $\{a_n \cdot b_n\}$?

Determinem-ne l'expressió del terme general:

$$a_n \cdot b_n = \frac{2n+1}{n} \cdot \frac{3n+1}{n} = \frac{6n^2+5n+1}{n^2}$$

Esbrinem alguns dels seus termes: $\{a_n \cdot b_n\}$: 12; 8,75; 7,$\widehat{7}$; 7,31; ...; 6,005 001...

És una successió convergent, el límit de la qual és 6. Podem escriure:

$$\lim \{a_n \cdot b_n\} = 6 = 2 \cdot 3$$

Anàlogament, podem obtenir: $\lim \{a_n : b_n\} = 2 : 3 = \dfrac{2}{3}$ i $\lim \{ka_n\} = 2k$, per a qualsevol valor de $k \in \mathbb{R}$.

Generalitzant els resultats anteriors:

Si $\lim \{a_n\} = a$ i $\lim \{b_n\} = b$, es verifica:

- $\lim \{a_n + b_n\} = a + b$. El límit de la suma és la suma de límits.
- $\lim \{a_n - b_n\} = a - b$. El límit de la diferència és la diferència de límits.
- $\lim \{a_n \cdot b_n\} = a \cdot b$. El límit del producte és el producte de límits.
- $\lim \left\{\dfrac{a_n}{b_n}\right\} = \dfrac{a}{b}$ si $b \neq 0$. El límit del quocient és el quocient dels límits, excepte quan $\lim b_n = 0$.

Fixa-t'hi

Si a_n és el terme general d'una successió convergent, el valor del seu límit s'expressa habitualment amb la lletra a:

$$\lim a_n = a$$

5.1 Casos especials

Els casos especials es presenten quan hem de calcular el límit del quocient de dues successions tals que la successió denominador o divisor té com a límit zero.

Considerem les successions de termes generals: $a_n = \dfrac{n+1}{n}$ i $b_n = \dfrac{1}{n}$

Calculem termes avançats de cadascuna per observar-ne les tendències:

$$a_n = \frac{n+1}{n} \rightarrow a_{100} = 1{,}01 \qquad a_{1\,000} = 1{,}001 \qquad a_{3\,500} = 1{,}000\,285\,7$$

$$b_n = \frac{1}{n} \rightarrow b_{100} = 0{,}01 \qquad b_{1\,000} = 0{,}001 \qquad b_{3\,500} = 0{,}000\,285\,7$$

Podem afirmar que $\lim a_n = 1$ i $\lim b_n = 0$. Som davant d'un cas especial, si el que volem és determinar el límit de la successió $\dfrac{a_n}{b_n}$. Calculem el terme general d'aquesta successió quocient:

$$\frac{a_n}{b_n} = \frac{n+1}{n} : \frac{1}{n} = n + 1$$

Es tracta d'una successió creixent i no fitada superiorment. Així doncs, $\lim \dfrac{a_n}{b_n} = +\infty$, ja que $\{a_n\}$ és una successió convergent i $\lim b_n = 0$.

Si $\lim a_n = 0$ i $\lim b_n = 0$, el límit de la successió $\dfrac{a_n}{b_n}$ no està determinat, ja que l'expressió $\dfrac{0}{0}$ pot prendre qualsevol valor.

Per tal d'establir el límit, hem d'estudiar amb detall cada situació d'aquest tipus que se'ns presenti. Com podem fer-ho? Simplificant, si és possible, l'expressió del terme general de la successió $\dfrac{a_n}{b_n}$, fins a obtenir una nova expressió equivalent el límit de la qual puguem calcular, o bé observant la seva tendència per a valors de n prou grans.

En resum:

$$\text{Si} \left.\begin{array}{l} \lim a_n = a \\ \lim b_n = 0 \end{array}\right\} \rightarrow \lim \frac{a_n}{b_n} = \pm\infty \text{ hem d'estudiar el signe en cada cas.}$$

$$\text{Si} \left.\begin{array}{l} \lim a_n = 0 \\ \lim b_n = 0 \end{array}\right\} \rightarrow \lim \frac{a_n}{b_n} \text{ no està determinat.}$$

Fixa-t'hi

$\dfrac{0}{0}$ expressa una indeterminació.

Activitats

16. Calcula quin és el límit de cadascuna de les successions següents:

a) $a_n = \dfrac{2n+1}{n} + \dfrac{n}{n+1}$ *b)* $b_n = \dfrac{1}{n^2} : \dfrac{1}{n}$

c) $c_n = \dfrac{1}{n^2} - \dfrac{1}{n}$ *d)* $d_n = 5 : \dfrac{1}{n}$

17. Escriu els termes generals de dues successions convergents el límit de les quals sigui zero. Calcula el límit de les dues possibles successions quocient.

18. Donades $a_n = \dfrac{5\,000}{n}$ i $b_n = \dfrac{n+5\,000}{n+1}$, calcula $\lim \dfrac{a_n}{b_n}$ i $\lim \dfrac{b_n}{a_n}$.

Fixa-t'hi

$(+\infty) + (+\infty) = +\infty$

$k(+\infty) = \pm\infty$ — Positiu si $k > 0$; Negatiu si $k < 0$

$(+\infty) \cdot (+\infty) = +\infty$

Recorda

$\lim \frac{1}{n} = 0$

Fixa-t'hi

Les expressions $\infty - \infty$ i $\frac{\infty}{\infty}$ no són numèriques. Indiquen una indeterminació.

6. Límits de successions divergents

Considerem dues successions divergents que anomenem $\{a_n\}$ i $\{b_n\}$. Suposem que $\lim a_n = +\infty$ i $\lim b_n = +\infty$.

Sembla raonable pensar que es verifica:

$$\lim \{a_n + b_n\} = +\infty \qquad \lim \{ka_n\} = +\infty \text{ si } k > 0 \qquad \lim \{a_n \cdot b_n\} = +\infty$$

Es poden presentar dificultats en el càlcul dels límits de les successions diferència i quocient de dues successions divergents. Vegem-ne alguns exemples:

- **Cas 1:** $\lim a_n = \lim (n + 3) = +\infty$ i $\lim b_n = \lim (n + 1) = +\infty$

  La successió $a_n - b_n = (n + 3) - (n + 1) = 2$ és una successió constant. Per tant, $\lim (a_n - b_n) = 2$.

- **Cas 2:** $\lim a_n = \lim 2n = +\infty$ i $\lim b_n = \lim (n + 1) = +\infty$

  $a_n - b_n = 2n - (n + 1) = n - 1$ i $\lim (a_n - b_n) = \lim (n - 1) = +\infty$

- **Cas 3:** $\lim a_n = \lim n^2 = +\infty$ i $\lim b_n = \lim n^3 = +\infty$

  $a_n - b_n = n^2 - n^3 = n^3\left(\frac{1}{n} - 1\right)$, hem extret com a factor comú la potència de n d'exponent més gran. Som davant el producte de dues successions els límits de les quals són: $\lim n^3 = +\infty$ i $\lim \left(\frac{1}{n} - 1\right) = -1$.

  Per tant, podem escriure: $\lim a_n - b_n = \lim (n^2 - n^3) = \lim \left[n^3\left(\frac{1}{n} - 1\right)\right] = +\infty \cdot (-1) = -\infty$

- **Cas 4:** $\lim a_n = \lim 2n = +\infty$ i $\lim b_n = \lim (n + 1) = +\infty$

  $\frac{a_n}{b_n} = \frac{2n}{n+1}$. Calculem-ne uns quants termes:

  $$\left\{\frac{a_n}{b_n}\right\} : 1, \frac{4}{3}, \frac{6}{4}, \ldots, \frac{2\,000}{1\,001}, \ldots, \frac{2\,000\,000}{1\,000\,001} \ldots$$

  Podem afirmar que el límit d'aquesta successió és 2: $\lim \frac{a_n}{b_n} = \lim \frac{2n}{n+1} = 2$

Si a_n i b_n són dues successions divergents, el límit de la successió quocient no està determinat, i el de la successió diferència pot no estar-ho. Hem d'estudiar la successió que resulta en cada cas, tal com hem fet als exemples anteriors.

Activitats

19. Considera les successions $a_n = n^2 + 1$ i $b_n = 35n$. Comprova que són successions divergents. Calcula el límit de cadascuna de les successions següents:

$\{a_n + b_n\}$ $\{a_n \cdot b_n\}$

$\{a_n - b_n\}$ $\{a_n : b_n\}$

$\{b_n - a_n\}$ $\{b_n : a_n\}$

20. Calcula el límit de les successions $a_n = \frac{3n}{150}$ i $b_n = \frac{-5n^2}{n+1}$. Són divergents? Calcula el límit de cadascuna de les successions següents:

$\{a_n + b_n\}$ $\{a_n \cdot b_n\}$ $\{a_n - b_n\}$

$\{a_n : b_n\}$ $\{b_n - a_n\}$ $\{b_n : a_n\}$

7. Càlcul de límits

Tot seguit, analitzarem algunes de les estratègies per calcular límits dels tipus de successions que es presenten amb més freqüència.

7.1 Límits de polinomis

Si l'expressió del terme general d'una successió és un polinomi en n, significa que els seus termes s'obtenen a partir d'una suma de productes de potències de n per nombres reals. Cadascun dels termes en n és equivalent a una successió divergent. De fet, el terme de grau més gran que té el polinomi és el que determina la tendència de la successió. El límit de la successió polinòmica és $+\infty$ o $-\infty$, coincidint amb el del límit del terme de grau més gran del polinomi. Per exemple:

$$\lim (3n^2 - 500n) = \lim 3n^2 = +\infty$$
$$\lim (n^4 - 2n^5 - 45n^2) = \lim (-2n^5) = -\infty$$

Vegem-ne altres exemples:

$$\lim (-n^2 + 100n + 10\,000) = -\infty \qquad \lim 3n = +\infty$$
$$\lim (-n^3 + n^4) = +\infty \qquad \lim (n + 5) = +\infty$$

> **! Important**
>
> El límit d'una successió que té per terme general un polinomi, sempre és $+\infty$ o $-\infty$. El signe coincideix amb el signe del coeficient del terme de grau més gran.

7.2 Límits de fraccions algèbriques

- Si l'expressió del terme general és una fracció algèbrica que té per numerador una constant i per denominador un polinomi de grau més gran que zero, el límit és zero.

$$\lim \frac{1}{n} = 0 \qquad \lim \frac{165}{n^2 + 1} = 0 \qquad \lim \frac{-120}{n^3 + 12n^2 + 45} = 0$$

- Si l'expressió del terme general és el quocient de dos polinomis, som davant un cas d'indeterminació del tipus $\pm\frac{\infty}{\infty}$. Estudiarem la manera de calcular el límit en cadascuna de les situacions que es poden presentar, tenint en compte que el numerador i el denominador de la fracció algèbrica són polinomis en n, el límit dels quals ja sabem esbrinar:

a) $\lim \dfrac{2n^2 + 1}{n^3 + 3n^2 + 2n} = \lim \dfrac{2n^2}{n^3} = \lim \dfrac{2}{n} = 0$

b) $\lim \dfrac{-5n^4 + 3n^2 - 5}{n^2 + 5n - 3} = \lim \dfrac{-5n^4}{n^2} = \lim (-5n^2) = -\infty$

c) $\lim \dfrac{5n^5 + 4n^3 + 12n^2 - 6}{-3n^5 - 3n^2 + n} = \lim \dfrac{5n^5}{-3n^5} = -\dfrac{5}{3}$

Als tres exemples que acabem de veure, es posa de manifest que el límit de la successió que té per terme general una fracció algèbrica depèn de la relació que hi ha entre els graus dels polinomis numerador i denominador:

– Si el grau del *numerador és més petit* que el del denominador, el límit de la successió és zero.

– En cas que el grau del *numerador sigui més gran* que el del denominador, el límit de la successió és $\pm\infty$.

– Quan el numerador i el denominador *tenen el mateix grau,* el límit de la successió és numèric i igual al quocient dels coeficients dels dos termes de grau més gran.

> **Recorda**
>
> $$\lim \frac{an^k}{bn^h} = \begin{cases} 0 & \text{si } k < h \\ \pm\infty & \text{si } k > h \\ \dfrac{a}{b} & \text{si } k = h \end{cases}$$

Fixa-t'hi

$\lim \sqrt{n} = +\infty$

$\lim \left(\sqrt{n+1} + \sqrt{n-1}\right) = +\infty$

7.3 Límits de diferències

El límit de la diferència de dues successions divergents, amb la mateixa tendència a $+\infty$ o a $-\infty$, és un cas d'indeterminació. No es pot interpretar que $\infty - \infty$ sigui zero, perquè no restem dos nombres. En cada cas, haurem d'estudiar la manera de resoldre aquesta indeterminació, sigui efectuant l'operació entre les expressions algèbriques de les dues successions, sigui utilitzant algunes propietats de les fraccions. Vegem-ne alguns exemples concrets.

Exemple 2

Calcula el límit de les diferències de successions següents:

a) $\dfrac{n^2+1}{2n} - \dfrac{n^2}{4}$ *b)* $\sqrt{n+1} - \sqrt{n-1}$

Resolució

a) Es tracta de la diferència de dues successions divergents, ambdues amb límit $+\infty$. N'efectuarem la resta per obtenir una nova fracció algèbrica el límit de la qual ja sabem calcular:

$$\lim \left(\frac{n^2+1}{2n} - \frac{n^2}{4}\right) = \lim \frac{2n^2+2-n^3}{4n} = -\infty$$

b) Com pots veure, es tracta de la diferència de dues successions divergents amb límit $+\infty$. En aquest cas, no podem fer la diferència entre les arrels quadrades de les seves expressions algèbriques. La indeterminació es pot resoldre multiplicant i dividint per l'expressió conjugada:

$$\lim \left(\sqrt{n+1} - \sqrt{n-1}\right) =$$

$$= \lim \frac{\left(\sqrt{n+1} - \sqrt{n-1}\right)\left(\sqrt{n+1} + \sqrt{n-1}\right)}{\sqrt{n+1} + \sqrt{n-1}} =$$

$$= \lim \frac{n+1-(n-1)}{\sqrt{n+1} + \sqrt{n-1}} = \lim \frac{2}{\sqrt{n+1} + \sqrt{n-1}} = 0$$

7.4 Límits de potències

Plantejarem diversos casos:

- Base numèrica $k > 0$ i exponent una successió a_n.

  Si $\lim a_n = a \rightarrow \lim k^{a_n} = k^{a}$

  Si $\lim a_n = +\infty$, haurem de considerar el valor de la base k, basant-nos en l'esquema següent: $\lim a_n = +\infty \rightarrow \begin{cases} \lim k^{a_n} = +\infty & \text{si } k > 1 \\ \lim k^{a_n} = 0 & \text{si } 0 < k < 1 \end{cases}$

- Si tant la base com l'exponent són successions convergents, se'n calculen els límits separadament i s'efectua la potència corresponent. Per exemple:

  $\lim \left(\dfrac{3n+1}{n}\right)^{\frac{2n-5}{n}} = 3^2 = 9$, ja que $\lim \dfrac{3n+1}{n} = 3$ i $\lim \dfrac{2n-5}{n} = 2$.

Les estratègies de càlculs de límits que acabem de veure ens permetran arribar amb èxit al resultat final, llevat dels casos que ens condueixin a expressions del tipus 0^0, ∞^0 i 1^∞. Es tracta de tres nous tipus d'indeterminació que haurem de resoldre en cada situació concreta.

Exemple 3

Calcula els límits de les potències següents:

a) 2^n *b)* $\left(\dfrac{1}{2}\right)^n$ *c)* $\left(\dfrac{1}{3}\right)^{-n}$ *d)* 3^{-n}

Resolució

a) $\lim 2^n = +\infty$

b) $\lim \left(\dfrac{1}{2}\right)^n = 0$

c) $\lim \left(\dfrac{1}{3}\right)^{-n} = \lim 3^n = +\infty$

d) $\lim 3^{-n} = \lim \left(\dfrac{1}{3}\right)^n = 0$

Activitats

21. Calcula el límit de cadascuna de les successions següents:

a) $a_n = \dfrac{2n}{-3n+5}$ *b)* $b_n = \dfrac{1+\sqrt{n}}{n}$ *c)* $c_n = 100 + \dfrac{1}{n}$

d) $d_n = n^2 - n - n^3$ *e)* $e_n = \dfrac{800}{2n^3}$ *f)* $f_n = \dfrac{-n+1}{n^2}$

R: *a)* $-\dfrac{2}{3}$; *b)* 0; *c)* 100; *d)* $-\infty$; *e)* 0; *f)* 0

22. Determina, si existeixen, els límits següents:

a) $\lim \dfrac{n^3}{2n}$ *b)* $\lim 0{,}2^n$ *c)* $\lim (-1)^n$

d) $\lim \left(\dfrac{1}{3}\right)^{5n}$ *e)* $\lim \left(\dfrac{2n-2}{n+3}\right)^{\frac{n}{n+1}}$ *f)* $\lim \left(\dfrac{n}{n+5}\right)^{\frac{1}{n}}$

R: *a)* $+\infty$; *b)* 0; *d)* 0; *e)* 2; *f)* 1

8. El nombre e

Considerem la successió següent: $a_n = \left(1 + \dfrac{1}{n}\right)^n$

Com pots observar, es tracta d'una potència en què tant la base com l'exponent són successions. Calculem-ne els límits separadament:

$$\lim \left(1 + \frac{1}{n}\right) = 1 \text{ i } \lim n = +\infty$$

En principi, sembla lògic pensar que el límit d'aquesta successió hagi de ser 1. No obstant això, quan en calculem termes avançats es comprova que no és així:

$a_1 = 2$ $a_2 = 2{,}25$ $a_3 = 2{,}37$ $a_4 = 2{,}441$ $a_5 = 2{,}48832$

$a_{100\,000} = 2{,}718268$ $a_{1\,000\,000} = 2{,}718280469$ $a_{1\,000\,000\,000} = 2{,}718281827$

Efectivament, veiem que el límit d'aquesta successió no és 1.

El càlcul dels termes de la successió anterior posa de manifest que es tracta d'una successió fitada superiorment i creixent. A més, aquests termes es van acostant a un valor proper a 2,718 28, ja que en els termes que ocupen els llocs un milió i mil milions, per exemple, es repeteixen aquestes sis xifres. Admetrem que:

$$\lim \left(1 + \frac{1}{n}\right)^n = 2{,}71828\ldots$$

El resultat d'aquest límit és un nombre irracional que té nom propi: es coneix amb el nom de **nombre e.**

$$\lim \left(1 + \frac{1}{n}\right)^n = \text{e}$$

La tecla e^x de la calculadora dóna com a resultat, per a $x = 1$, e = 2,718 281 827, que no és més que una aproximació al seu valor exacte.

Fixa-t'hi

$\lim \left(1 + \dfrac{1}{n}\right)^n$ és una indeterminació del tipus 1^∞.

Important

$\lim (1 + b_n)^{\frac{1}{b_n}} = \text{e}$, si $\lim b_n = 0$.

8.1 Càlcul de límits amb el nombre e

Les successions que tenen com a límit una expressió indeterminada del tipus 1^∞ es resolen amb l'ajut del nombre e.

En general, si $\lim a_n = \infty$, es verifica que: $\lim \left(1 + \dfrac{1}{a_n}\right)^{a_n} = \text{e}$

Per exemple: $\lim \left(1 + \dfrac{1}{3n}\right)^{3n} = \text{e}$

En alguns casos, és necessari efectuar operacions prèvies per tal d'aconseguir que l'expressió del terme general de la successió que ens donen adopti aquesta forma. Vegem-ne algun exemple.

Fixa-t'hi

El nombre e s'obté quan resolem indeterminacions del tipus 1^∞.

Exemple 4

Calcula el límit de la successió $\left(\dfrac{n+2}{n+1}\right)^n$

Resolució

$\lim \left(\dfrac{n+2}{n+1}\right)^n$ és un límit indeterminat del tipus 1^∞.

Hem de fer operacions per identificar la successió a_n. Utilitzem un artifici de càlcul: sumem i restem 1 al terme general de la successió que defineix la base de la potència:

$$\left(\frac{n+2}{n+1}\right)^n = \left(1+\frac{n+2}{n+1}-1\right)^n = \left(1+\frac{1}{n+1}\right)^n$$

Ara, necessitem que a l'exponent figuri l'expressió de la successió de terme general $n+1$. Per això, multipliquem i dividim el seu exponent n per $n+1$ i reordenem l'expressió obtinguda per fer evident la presència del terme $n+1$ al primer dels exponents:

$$\left(1+\frac{1}{n+1}\right)^n = \left(1+\frac{1}{n+1}\right)^{\frac{n(n+1)}{n+1}} = \left[\left(1+\frac{1}{n+1}\right)^{n+1}\right]^{\frac{n}{n+1}}$$

Tenim que:

$$\lim \left(1+\frac{1}{n+1}\right)^{n+1} = e \qquad \text{i} \qquad \lim \frac{n}{n+1} = 1$$

Per tant,

$$\lim \left(\frac{n+2}{n+1}\right)^n = \lim \left[\left(1+\frac{1}{n+1}\right)^{n+1}\right]^{\frac{n}{n+1}} = e^1 = e$$

Exemple 5

Calcula el límit següent: $\lim \left(5-\dfrac{4n+1}{n+3}\right)^{2n}$

Resolució

És també un límit indeterminat del tipus 1^∞.

Transformem el terme general de la successió de la base:

$$5-\frac{4n+1}{n+3} = 1+4-\frac{4n+1}{n+3} = 1+\frac{11}{n+3}$$

Cal que a l'exponent tinguem la successió inversa de la successió $\dfrac{11}{n+3}$:

$$\left(5-\frac{4n+1}{n+3}\right)^{2n} = \left(1+\frac{11}{n+3}\right)^{\frac{2n(n+3)}{11}\cdot\frac{11}{n+3}} = \left[\left(1+\frac{11}{n+3}\right)^{\frac{n+3}{11}}\right]^{\frac{22n}{n+3}}$$

$$\lim \left(1+\frac{11}{n+3}\right)^{\frac{n+3}{11}} = e \qquad \text{i} \qquad \lim \frac{22n}{n+3} = 22$$

En conseqüència:

$$\lim \left(5-\frac{4n+1}{n+3}\right)^{2n} = e^{22}$$

Activitats

23. Calcula: $\lim \left(1-\dfrac{1}{n}\right)^n$.

Tingues en compte que: $1-\dfrac{1}{n} = 1+\dfrac{1}{-n}$.

R: $\dfrac{1}{e}$

24. Determina els límits següents:

a) $\lim \left(\dfrac{n+2}{n+1}\right)^n$ *b)* $\lim \left(2-\dfrac{n+3}{n+1}\right)^{3n}$

c) $\lim \left(1+\dfrac{1}{2n}\right)^{3n+1}$ *d)* $\lim \left(4-\dfrac{3n}{n+5}\right)^{n^2}$

R: *a)* e; *b)* $\dfrac{1}{e^{-6}}$; *c)* $e^{\frac{3}{2}}$; *d)* $+\infty$

Punt final

Les progressions aritmètiques

Les successions en què cada terme s'obté a partir de l'anterior sumant sempre el mateix nombre s'anomenen *progressions aritmètiques*. Si en una d'aquestes successions es considera un nombre finit de termes consecutius, se'n pot determinar fàcilment la suma.

Quina és la suma dels cent primers nombres naturals? La resposta es 5 050.

Els cent primers nombres naturals formen una progressió aritmètica, ja que cada terme s'obté en sumar 1 a l'anterior. En aquesta successió, la suma dels termes primer i últim és la mateixa que la dels termes segon i penúltim i, en general, que la dels termes equidistants dels dos extrems. Cadascuna d'aquestes sumes és 101 i n'hi ha 50 en total. El resultat de multiplicar 101 · 50 és, justament, 5 050.

De manera similar, podem deduir la suma de, per exemple, els dos-cents primers nombres parells. Comprova que és 40 200.

Quina és la suma dels múltiples de 3 compresos entre 100 i 301?

Les progressions geomètriques

Les successions en què cada terme s'obté a partir de l'anterior multiplicant sempre pel mateix nombre s'anomenen *progressions geomètriques*.

La suma d'un nombre finit n de termes consecutius d'aquest tipus de successions es pot obtenir si es coneixen el primer terme i el terme enèsim. La fórmula que permet fer aquest càlcul no es immediata, però es pot deduir fàcilment. És la següent:

$$S_n = \frac{a_n r - a_1}{r - 1}$$

on r és el factor pel qual cal multiplicar cada terme per obtenir el següent i s'anomena *raó* de la progressió.

Considerem una progressió geomètrica en què $r < 1$. Es tracta d'una successió decreixent el límit de la qual es pot calcular de manera senzilla.

Les àrees dels quadrats successius que es poden construir a partir dels punts mitjans del quadrat de la Figura 9.7 fomen una progressió geomètrica de raó $r = \frac{1}{2}$. Si el costat del primer quadrat mesura 1 cm, la seva àrea és 1 cm² i, per tant:

Fig. 9.7

$$a_1 = 1 \quad a_2 = \frac{1}{2} \quad \dots \quad a_n = \frac{1}{2^{n-1}}$$

Quin és el límit d'aquesta successió?

$$\lim a_n = \lim \frac{1}{2^{n-1}} = 0$$

Tenint en compte aquest resultat, es pot calcular el límit de la suma de les àrees de tots els quadrats:

$$\lim S_n = \lim \frac{a_n \cdot \frac{1}{2} - 1}{\frac{1}{2} - 1} = \frac{-1}{-\frac{1}{2}} = 2$$

La suma de les àrees de tots els quadrats és 2 cm². L'àrea del primer quadrat és 1 cm² i, per tant, les àrees de tots els altres sumen també 1 cm².

Activitats finals

1. La successió 1, 1, 2, 3, 5, 8, 13, 21, 34... és la successió de Fibonacci. Aquesta successió té una regla recurrent que permet, a partir d'un cert valor de n, determinar-ne qualsevol terme si es coneixen els anteriors. Escriu-ne cinc termes més i indica la recurrència enunciada.

2. Dibuixa triangles equilàters successius a partir dels punts mitjans del triangle equilàter immediatament anterior.

a) Si el primer triangle mesura 1 cm de costat, comprova que la seva àrea és $\frac{\sqrt{3}}{4}$ cm².

b) Calcula els termes a_2, a_4 i a_7 de la successió de les àrees. Pots escriure l'expressió del terme general a_n d'aquesta successió?

c) Té límit la successió d'aquestes àrees? Quin és?

3. Esbrina si aquesta afirmació és certa: «2 és una fita inferior de la successió $a_n = \frac{2n-2}{2}$». Quin és el límit d'aquesta successió?

4. Considera la successió de terme general $a_n = \left(\sqrt{3}\right)^n$. Té fites inferiors aquesta successió? A partir de quin terme tots el que el segueixen són més grans que 81? Té fita superior aquesta successió?

5. Calcula els límits següents:

a) $\lim \left[(3n-5)(2-3n)\right]$

b) $\lim \left(\frac{n^2}{n+1} - \frac{n}{2}\right)$

c) $\lim \frac{\sqrt{4n^2+n}}{2n+3}$

d) $\lim \left(\frac{5}{n} - \sqrt{n}\right)$

e) $\lim \left(\frac{n-n^3+1}{n^2}\right)$

f) $\lim \left(\frac{3n+n^2}{1-n^2}\right)$

6. Calcula el valor de k per tal que es verifiqui:

$$\lim \frac{kn^2+3}{1-n^2} = 2$$

7. Determina aquests límits:

a) $\lim \left(\frac{1}{5}\right)^{5n}$

b) $\lim \frac{n^3-3n^2+1}{n^5-2n}$

c) $\lim \frac{n+1}{\sqrt{n}}$

d) $\lim \frac{\sqrt{5}\,n^3+3n^2}{\sqrt{n^3}+5n+1}$

e) $\lim \left(\frac{n^2+1}{n}\right)^{\frac{2n}{n+1}}$

f) $\lim \left(\frac{3n^2}{n+1} - \frac{3n^2-2}{n-1}\right)$

g) $\lim \left(\sqrt{3n} - \sqrt{n}\right)$

h) $\lim 300^{-n}$

i) $\lim \left(\frac{n+3}{n+5}\right)^n$

j) $\lim \left(\frac{5n^2+3}{n^2}\right)^{\frac{3}{n}}$

8. El límit d'una successió, el terme general de la qual és una fracció algèbrica, és 1. Explica la relació que hi ha entre els graus dels polinomis numerador i denominador, i entre els coeficients dels termes que determinen aquests graus.

9. Calcula els límits següents:

a) $\lim \left(1 + \frac{3}{n+5}\right)^n$

b) $\lim \left(1 - \frac{6}{n}\right)^{2n}$

c) $\lim \left(\frac{n^3-n^2}{n^3+1}\right)^n$

d) $\lim \left(3 - \frac{2n}{n+1}\right)^{n+1}$

e) $\lim \left(2 - \frac{n+1}{n}\right)^{-2n}$

f) $\lim \left(\frac{n^2+5}{n^2+1}\right)^{5n}$

10. Expressa en funció del nombre e la fórmula de l'interès continu que és donada per:

$$c_t = \lim c_0 \left(1 + \frac{r}{100n}\right)^{tn}$$

Avaluació

1. Donada la successió de terme general $a_n = \dfrac{3n}{2n+1}$:

a) Escriu-ne els sis primers termes.

b) Indica raonadament si és monòtona o no.

c) Calcula'n $a_{1\,000}$ i $a_{10\,000}$ i indica el nombre real al qual sembla que s'apropen els termes de la successió suficientment avançats.

d) Es tracta d'una successió fitada? Explica-ho.

2. Donades les successions $a_n = (2n+1)^2$ i $b_n = (1+n)(1-n)$, calcula:

a) $\lim a_n$

b) $\lim b_n$

c) $\lim (a_n + b_n)$

d) $\lim \dfrac{a_n}{b_n}$

3. Considera la successió $a_n = \dfrac{3n^k - 5n + 7}{(4n^2-1)^2}$. Indica'n els possibles límits segons els valors de l'exponent k.

4. Donades les successions $a_n = \left(\dfrac{1}{2}\right)^n$ i $b_n = \left(\dfrac{1}{3}\right)^n$, determina:

a) $\lim a_n$

b) $\lim b_n$

c) $\lim \dfrac{a_n}{b_n}$

d) $\lim \dfrac{b_n}{a_n}$

5. Calcula els límits següents:

a) $\lim \dfrac{n^2 - n + 1}{2n - 5}$

b) $\lim \dfrac{5n+3}{2-n}$

c) $\lim \dfrac{2n+3}{n^3-1}$

d) $\lim \left(\sqrt{n^2-1} - \sqrt{n^2+1}\right)$

e) $\lim \left(\dfrac{n+5}{n-1}\right)^{n^2+1}$

f) $\lim \left(\dfrac{2n-1}{n+3}\right)^{\frac{n^2+1}{2n^2-5}}$

10

LÍMITS I CONTINUÏTAT DE FUNCIONS

Considerem la funció $f(x) = x^2 - 4$ i esbrinem què succeeix amb les imatges corresponents a valors de x més petits que 3, però cada cop més propers a aquest nombre:

$$f(2{,}8) = 2{,}8^2 - 4 = 7{,}84 - 4 = 3{,}84$$

$$f(2{,}9) = 2{,}9^2 - 4 = 8{,}41 - 4 = 4{,}41$$

$$f(2{,}99) = 2{,}99^2 - 4 = 8{,}9401 - 4 = 4{,}940\,1$$

$$f(2{,}999) = 2{,}999^2 - 4 = 8{,}994001 - 4 = 4{,}994\,001$$

Observem que, a mesura que els valors de x es van fent més grans i s'apropen a 3, els valors de $f(x)$ també es fan més grans i s'apropen a 5.

I si prenem valors de x més grans que 3 i cada cop més propers a 3?

$$f(3{,}2) = 3{,}2^2 - 4 = 10{,}24 - 4 = 6{,}24$$

$$f(3{,}1) = 3{,}1^2 - 4 = 9{,}61 - 4 = 5{,}61$$

$$f(3{,}01) = 3{,}01^2 - 4 = 9{,}0601 - 4 = 5{,}060\,1$$

$$f(3{,}001) = 3{,}001^2 - 4 = 9{,}006001 - 4 = 5{,}006\,001$$

Veiem que, a mesura que els valors de la variable independent es van fent més petits i s'apropen a 3, els valors de la imatge també es fan més petits i s'apropen a 5.

Per tant, podem afirmar que:

- Quan x tendeix a 3, $f(x)$ tendeix a 5. Matemàticament ho expressem:

  $$\lim_{x \to 3} (x^2 - 4) = 5$$

  i diem que 5 és el límit de la funció $f(x) = x^2 - 4$ quan x tendeix a 3.

- En $x = 3$ la funció és creixent.

La representació gràfica de la funció ens permet observar què succeeix prop de $x = 3$ amb més claredat (Fig. 10.1).

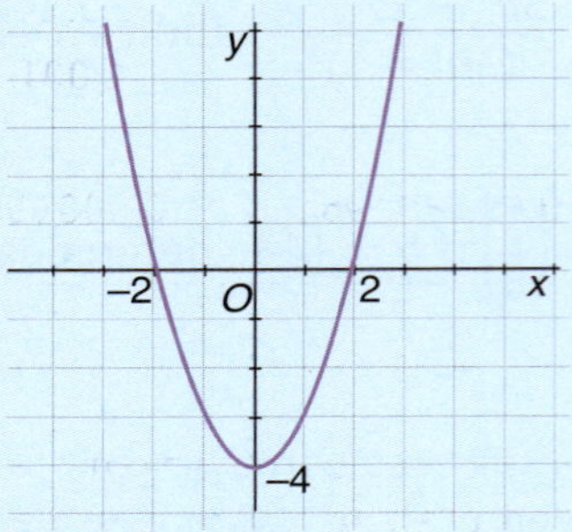

Fig. 10.1

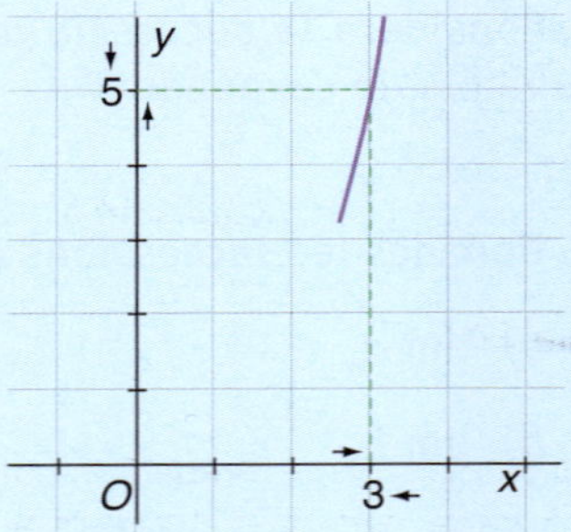

Fig. 10.2

Quan x s'acosta a 3 per l'esquerra, $f(x)$ s'acosta a 5 per sota. Quan x s'acosta a 3 per la dreta, $f(x)$ s'acosta a 5 per sobre. La funció és creixent en $x = 3$ (Fig. 10.2).

$$\text{Si } x \to 3 \text{ i } x < 3,\ f(x) \to 5 \text{ i } f(x) < 5$$

$$\text{Si } x \to 3 \text{ i } x > 3,\ f(x) \to 5 \text{ i } f(x) > 5$$

1. Límit d'una funció en un punt

Considerem la funció $f(x) = \frac{x^2 - 1}{x^3 + x^2}$

Volem saber quin és el límit d'aquesta funció en els punts $x = 1$, $x = 3$, $x = 2$, $x = 0$ i $x = -1$. Observa que no tots els valors triats pertanyen al domini de la funció, ja que $x = 0$ i $x = -1$ anul·len el denominador: $D_f = \{x \in \mathbb{R} \mid x^3 + x^2 \neq 0\} = \mathbb{R} - \{-1, 0\}$.

Cal tenir present que es pot establir el límit d'una funció fins i tot per a valors de x que no pertanyen al seu domini.

Determinarem els límits que ens demanen analitzant el comportament de la funció per a valors més grans i més petits, i cada vegada més propers a cadascun dels valors de x donats. Observa:

a) Límit de $f(x)$ en $x = 1 \in D_f$:

x	0,9	0,99	0,999	...	$\to 1$
$\frac{x^2-1}{x^3+x^2}$	−0,123 456 8	−0,001 020 3	−0,001 002 003	...	$\to 0$

Taula 10.1

x	1,1	1,01	1,001	...	$\to 1$
$\frac{x^2-1}{x^3+x^2}$	0,082 644 6	0,009 802 96	0,000 998	...	$\to 0$

Taula 10.2

Fixa-t'hi

Malgrat que estrictament hauríem de parlar del límit d'una funció en el punt d'abscissa $x = a$, de vegades ens referirem al límit d'una funció en el punt $x = a$, donant per descomptat que els nombres $(a, f(a))$ determinen un punt de la gràfica d'aquesta funció. Això és així sempre que $a \in D_f$.

A la Taula 10.1 observem que les imatges corresponents a valors de x més petits que 1, però cada cop més propers a 1, van prenent valors que s'apropen a zero. A la Taula 10.2 podem comprovar que, a valors de x més grans que 1, però cada cop més propers a 1, els corresponen imatges que també s'apropen a zero. És a dir, quan els valors de x tendeixen a 1 per ambdós costats, els valors de $f(x)$ tendeixen a zero. Aquesta tendència dels valors de la funció en determina el límit en $x = 1$. Podem, doncs, escriure:

$$\lim_{x \to 1} \frac{x^2 - 1}{x^3 + x^2} = 0$$

Les taules 10.1 i 10.2 ens permeten també obtenir un altre tipus d'informació. Així, a la Taula 10.1, veiem que a mesura que els valors de x augmenten quan s'apropen a 1, els valors de $f(x)$ també augmenten i s'apropen a zero. La Taula 10.2 ens permet observar que a mesura que els valors de x disminueixen quan s'apropen a 1, els valors de $f(x)$ també disminueixen i tendeixen a zero. Per tant, quan la variable independent augmenta, la variable dependent també ho fa, i quan x disminueix, també disminueix $f(x)$. Diem que la funció és **creixent** en $x = 1$.

b) Límit de $f(x)$ en $x = 3 \in D_f$:

x	2,9	2,99	2,999	...	$\to 3$
$\frac{x^2-1}{x^3+x^2}$	0,225 921 5	0,222 592 6	0,222 259 2	...	$\to 0,\widehat{2} = \frac{2}{9}$

Taula 10.3

x	3,1	3,01	3,001	...	$\to 3$
$\frac{x^2-1}{x^3+x^2}$	0,218 522 4	0,221 851 8	0,222 185 2	...	$\to 0,\widehat{2} = \frac{2}{9}$

Taula 10.4

A les taules 10.3 i 10.4 observem que, a mesura que x s'acosta a 3, independentment que ho faci per la seva dreta o per la seva esquerra, $f(x)$ s'apropa a $\frac{2}{9}$. Dit d'una altra manera, quan x tendeix a 3, $f(x)$ tendeix a $\frac{2}{9}$.

Ho expressem:

$$\lim_{x \to 3} \frac{x^2-1}{x^3+x^2} = \frac{2}{9}$$

Pel que fa al comportament de la funció quant a creixement o decreixement, succeeix el contrari que en el cas anterior. A la Taula 10.3 veiem que en augmentar el valor de x, disminueix el de $f(x)$, i a la Taula 10.4 s'observa que en disminuir el valor de x, augmenta el de $f(x)$. La funció és **decreixent** en el punt $x = 3$.

c) Límit de $f(x)$ en $x = 2 \in D_f$:

x	1,9	1,99	1,999	...	$\to 2$
$\frac{x^2-1}{x^3+x^2}$	0,249 307 5	0,249 993 7	0,249 999 9	...	$\to 0,24\widehat{9} = 0,25 = \frac{1}{4}$

Taula 10.5

x	2,1	2,01	2,001	...	$\to 2$
$\frac{x^2-1}{x^3+x^2}$	0,249 433 1	0,249 993 8	0,249 999 9	...	$\to 0,24\widehat{9} = 0,25 = \frac{1}{4}$

Taula 10.6

El límit és clar (taules 10.5 i 10.6), quan x tendeix a 2, la funció tendeix a $\frac{1}{4}$. Per tant:

$$\lim_{x \to 2} \frac{x^2-1}{x^3+x^2} = \frac{1}{4}$$

Si estudiem el creixement o el decreixement de la funció en $x = 2$, veurem que es comporta de manera curiosa. A la Taula 10.5 s'observa que la funció és creixent, ja que en augmentar x augmenta $f(x)$.

En canvi, a la Taula 10.6 veiem que la funció és decreixent, perquè en disminuir el valor de x augmenta el de $f(x)$.

Tenim, per tant, que per a valors de x propers a 2 i més petits que 2 la funció és creixent; en canvi, la funció és decreixent per a valors de x propers a 2 i més grans que 2. En aquest cas, diem que la funció no és creixent ni decreixent en $x = 2$.

Als tres exemples que hem analitzat fins ara, hem estudiat el límit i el comportament de la funció pel que fa referència a creixement o decreixement per a valors de x del seu domini.

Als dos exemples que veurem tot seguit, atès que els valors de x considerats no pertanyen al domini de la funció, només ens plantejarem la determinació del límit. Lògicament, no té sentit parlar del creixement o el decreixement d'una funció per a un valor de x en què no està definida.

Recorda

Quan els valors de les dues variables de la funció tenen el mateix comportament, pel que fa a l'augment o la disminució al voltant de $x = a \in D_f$, la funció és **creixent** en aquest punt. En cas contrari, si en augmentar el valor d'una variable disminueix el de l'altra, la funció és **decreixent** en el punt considerat.

d) Límit de $f(x)$ en $x = 0 \notin D_f$:

x	−0,1	−0,01	−0,001	...	$\to 0$
$\frac{x^2-1}{x^3+x^2}$	−110	−10 100	−1 001 000	...	$\to -\infty$

Taula 10.7

x	0,1	0,01	0,001	...	$\to 0$
$\frac{x^2-1}{x^3+x^2}$	−90	−9 900	−999 000	...	$\to -\infty$

Taula 10.8

Si observem les taules 10.7 i 10.8 podrem comprovar que, quan x tendeix a zero, tant si ho fa per la dreta com si ho fa per l'esquerra, els valors de $f(x)$ tendeixen a $-\infty$. Per tant:

$$\lim_{x \to 0} \frac{x^2-1}{x^3+x^2} = -\infty$$

e) Límit de $f(x)$ en $x = -1 \notin D_f$:

x	−1,01	−1,001	−1,000 1	...	$\to -1$
$\frac{x^2-1}{x^3+x^2}$	−1,970 395 1	−1,997 004	−1,999 7	...	$\to -1,\widehat{9} = -2$

Taula 10.9

x	−0,99	−0,999	−0,999 9	...	$\to -1$
$\frac{x^2-1}{x^3+x^2}$	−2,030 405 1	−2,003 004	−2,000 3	...	$\to -2$

Taula 10.10

A les taules 10.9 i 10.10 observem que:

$$\lim_{x \to -1} \frac{x^2-1}{x^3+x^2} = -2$$

En definitiva, a partir d'una taula de valors podem determinar el límit d'una funció en $x = a$, independentment que a pertanyi al domini de la funció o no. També podem obtenir informació quant al seu creixement o decreixement sempre que $x = a$ sigui del domini de la funció.

El que hem vist ens permet establir la definició de límit d'una funció en un punt:

> ***r*** és el límit de la funció $f(x)$ quan x tendeix a a si tota successió $\{x_1, x_2 \ldots x_n \ldots\}$ amb límit a té per a cada valor de x una successió d'imatges:
>
> $$\{f(x_1), f(x_2) \ldots f(x_n) \ldots\}$$
>
> amb límit r.
>
> Ho escriurem $\lim_{x \to a} f(x) = r$, on r és un nombre real, o bé $+\infty$ o $-\infty$.

Fixa-t'hi

Si $x = a$ pertany al domini d'una funció, aquesta funció pot ser creixent, decreixent o cap de les dues coses en el punt $(a, f(a))$. Si $x = a$ no pertany al domini de la funció, no té sentit plantejar aquest estudi.

Joseph-Louis Lagrange

Durant els segles XVII i XVIII, grans matemàtics com Fermat, Newton, D'Alembert, Carnot i Lagrange, entre d'altres, van aconseguir aproximacions al concepte de límit. Encara més, l'any 1797 es considera l'any del naixement del rigor en matemàtiques gràcies a dues publicacions, una de Carnot i una altra de Lagrange, per la rigorositat que utilitzen en les seves deduccions; és la primera vegada que es fa el desenvolupament del càlcul amb tant de rigor. No va ser fins l'any 1872 que H. E. Heine (1821-1881), deixeble del matemàtic alemany Karl Weierstrass (1815-1897), en un llibre titulat *Elements,* estableix el concepte de límit d'una funció en un punt tal com el coneixem actualment.

Activitats

1. Donada la funció $f(x) = \dfrac{x+2}{x-1}$:

a) Determina el límit de la funció per a $x=4$, $x = 1$ i $x=-2$.

b) Indica si és creixent o decreixent per a $x=4$ i $x=-2$.

2. Donada la funció $f(x) = \dfrac{x^2+2x}{3x}$:

a) Determina el límit de la funció en $x = 0$.

b) Què pots dir del creixement de la funció en el punt $x = 0$? Justifica'n la resposta.

2. Límit d'una funció a l'infinit

Ara ens plantejarem com es determina el valor a què tendeix la funció quan la variable independent tendeix a infinit, positiu o negatiu. No ho farem mitjançant una taula de valors, sinó que aprofitarem per fer-ho els mètodes de càlcul de límits de successions, perquè els processos són pràcticament els mateixos. Vegem-ho amb uns quants exemples.

Exemple 1

Calcula el límit a l'infinit de les funcions següents:

a) $f(x) = 5 - 3x - 2x^2$

b) $g(x) = \dfrac{3x^2+4}{x^2+2}$

c) $h(x) = \dfrac{x^2+1}{x-2}$

d) $i(x) = \dfrac{3+5x-4x^3}{7+2x^4}$

Resolució

a)
$$\left.\begin{array}{l}\lim\limits_{x\to-\infty}(5-3x-2x^2) = \lim\limits_{x\to-\infty}(-2x^2) = -\infty \\ \lim\limits_{x\to+\infty}(5-3x-2x^2) = \lim\limits_{x\to+\infty}(-2x^2) = -\infty\end{array}\right\}$$

Ho podem expressar així:

$$\lim_{x\to\infty}(5-3x-2x^2) = -\infty$$

b)
$$\left.\begin{array}{l}\lim\limits_{x\to-\infty}\dfrac{3x^2+4}{x^2+2} = \lim\limits_{x\to-\infty}\dfrac{3x^2}{x^2} = 3 \\ \lim\limits_{x\to+\infty}\dfrac{3x^2-4}{x^2+2} = \lim\limits_{x\to+\infty}\dfrac{3x^2}{x^2} = 3\end{array}\right\}$$

Com que és el mateix, escrivim: $\lim\limits_{x\to\infty}\dfrac{3x^2-4}{x^2+2} = 3$

c)
$$\left.\begin{array}{l}\lim\limits_{x\to-\infty}\dfrac{x^2+1}{x-2} = \lim\limits_{x\to-\infty}\dfrac{x^2}{x} = \lim\limits_{x\to-\infty} x = -\infty \\ \lim\limits_{x\to+\infty}\dfrac{x^2+1}{x-2} = \lim\limits_{x\to+\infty}\dfrac{x^2}{x} = \lim\limits_{x\to+\infty} x = +\infty\end{array}\right\}$$

Podem escriure: $\lim\limits_{x\to\infty}\dfrac{x^2+1}{x-2} = \infty$

d)
$$\left.\begin{array}{l}\lim\limits_{x\to-\infty}\dfrac{3+5x-4x^3}{7+2x^4} = \lim\limits_{x\to-\infty}\dfrac{-4x^3}{2x^4} = \lim\limits_{x\to-\infty}\dfrac{-2}{x} = 0 \\ \lim\limits_{x\to+\infty}\dfrac{3+5x-4x^3}{7+2x^4} = \lim\limits_{x\to+\infty}\dfrac{-4x^3}{2x^4} = \lim\limits_{x\to+\infty}\dfrac{-2}{x} = 0\end{array}\right\}$$

Tindrem: $\lim\limits_{x\to\infty}\dfrac{3+5x-4x^3}{7+2x^4} = 0$

En el càlcul de límits de funcions a l'infinit, a diferència del que succeeix en el càlcul de límits de successions numèriques, cal determinar si la tendència és $a +\infty$ o $a -\infty$. No hem d'oblidar els mètodes del conjugat i del nombre e en els casos en què siguin necessaris.

Activitats

3. Calcula els límits següents:

a) $\lim\limits_{x \to \infty} \dfrac{2 - x - 5x^2}{3x^2 + 1}$

b) $\lim\limits_{x \to \infty} \dfrac{7x - 3}{4x^2 + 2}$

c) $\lim\limits_{x \to +\infty} \left(\sqrt{3x^2 + 5x - 9} - \sqrt{3x^2 - x + 1}\right)$

d) $\lim\limits_{x \to +\infty} \left(\sqrt{x^2 + 1} - x - 2\right)$

e) $\lim\limits_{x \to -\infty} \left(3x^3 + 2 - \sqrt{5x^4 - 3x^2 + 7}\right)$

f) $\lim\limits_{x \to -\infty} \dfrac{1 - 3x^3}{5x^2 + 2}$

g) $\lim\limits_{x \to +\infty} \left(\dfrac{x + 5}{x + 2}\right)^{x + 3}$

h) $\lim\limits_{x \to +\infty} \left(\dfrac{x^2 + x + 2}{2x + 3} + \dfrac{1 - x^3}{x^2 + 5}\right)$

i) $\lim\limits_{x \to \infty} \dfrac{6x^4 - 5x^3 + 2x^2 - 3}{2x^3 - x^2 + 2x + 7}$

j) $\lim\limits_{x \to \infty} \left(3 + \dfrac{2 - 2x}{x - 4}\right)^{\frac{x+1}{2}}$

k) $\lim\limits_{x \to -\infty} \left(\dfrac{3x^3 + 2}{x^2 + 5} \cdot \dfrac{4x - 1}{6x^2 + 3}\right)$

l) $\lim\limits_{x \to +\infty} \left(\dfrac{3 + x - 3x^2}{1 - 2x^2}\right)^{3 - x}$

R: *a)* $-\dfrac{5}{3}$; *b)* 0; *c)* $\sqrt{3}$; *d)* −2; *e)* $-\infty$; *f)* $+\infty$;
g) e^3; *h)* $-\infty$; *i)* ∞; *j)* e^{-3}; *k)* 2; *l)* 0

3. Càlcul del límit d'una funció en un punt

En començar la unitat hem determinat de manera intuïtiva el límit d'una funció quan x tendeix a a, donant valors a la variable independent i observant quina era la tendència de les imatges.

No obstant això, hi ha procediments més ràpids per calcular aquest tipus de límits. Aquests mètodes només ens permeten conèixer el valor del límit de la funció, però no ens donen cap informació relacionada amb el seu creixement o decreixement. Per això, a partir d'ara, no farem esment del creixement o del decreixement de la funció en el punt en què en calculem el límit. Més endavant, treballarem amb més rigor i precisió aquests conceptes.

En general, el límit es calcula substituint a l'expressió algèbrica de la funció la variable x pel valor a què tendeix. Si el resultat d'aquesta substitució ens condueix a una indeterminació, cal aplicar altres estratègies per tal de resoldre-la i arribar al valor del límit.

Tot seguit estudiarem amb alguns exemples els diferents mètodes de càlcul de límits de funcions en un punt.

Fixa-t'hi

Quan en els límits funcionals obtinguem com a resultat una expressió del tipus $\frac{r}{0}$, la igualarem a ∞, sempre que $r \neq 0$.

Recorda

Per descompondre polinomis de segon grau podem utilitzar el mètode de Ruffini o la resolució de l'equació de segon grau que resulta d'igualar-los a zero.

Es tracta de calcular el límit de la funció $f(x) = \dfrac{x^2-4}{x^2-5x+6}$ per a diferents valors de x.

- En $x = 1$, $\lim\limits_{x \to 1} \dfrac{x^2-4}{x^2-5x+6} = -\dfrac{3}{2}$

  N'hi ha hagut prou a substituir per $x = 1$.

- En $x = 3$, $\lim\limits_{x \to 3} \dfrac{x^2-4}{x^2-5x+6} = \dfrac{5}{0} = \infty$

  En substituir per $x = 3$, obtenim que el límit és infinit. El que no podem precisar, de moment, és el signe de l'infinit, ja que depèn del «signe» del zero del denominador. Ho analitzarem detingudament en aquesta mateixa unitat, quan parlem dels límits laterals.

  Quan el resultat del límit sigui un nombre no nul dividit per zero, independentment del signe d'aquest nombre, l'igualarem a infinit, sense precisar-ne el signe. En aquest aspecte, el procés és diferent que en el cas de les successions.

- En $x = 2$, $\lim\limits_{x \to 2} \dfrac{x^2-4}{x^2-5x+6} = \lim\limits_{x \to 2} \dfrac{(x-2)\,(x+2)}{(x-2)\,(x-3)} = \lim\limits_{x \to 2} \dfrac{x+2}{x-3} = \dfrac{4}{-1} = -4$

  En substituir per $x = 2$, obtenim $\frac{0}{0}$. Aquesta indeterminació es pot resoldre descomponent en factors els polinomis numerador i denominador de la fracció algèbrica i efectuant la simplificació corresponent.

  Evidentment, el factor comú és $x - 2$ i és important destacar que, tot i que x tendeix a 2, no arriba a assolir mai aquest valor. Per aquest motiu, podem dividir numerador i denominador per $x - 2$, ja que $x - 2 \neq 0$.

  Un cop efectuada la simplificació, tornem a substituir per $x = 2$ a la fracció algèbrica equivalent que hem obtingut.

- En $x = -2$, $\lim\limits_{x \to -2} \dfrac{x^2-4}{x^2-5x+6} = \dfrac{0}{20} = 0$

  En aquest cas, n'hi ha prou a substituir per $x = -2$.

Exemple 2

Calcula el límit de les funcions següents en el punt que s'indica:

a) $\lim\limits_{x \to 0} \dfrac{2x^2-3x}{x^3-x^2+4x}$ *b)* $\lim\limits_{x \to 3} \dfrac{3x-9}{(x-3)^2}$

c) $\lim\limits_{x \to 1} \dfrac{x^3+2x^2-x+2}{x^3-x^2-2x}$ *d)* $\lim\limits_{x \to -1} \dfrac{2x^3+4x^2+2x}{x^3+4x^2+5x+2}$

e) $\lim\limits_{x \to 1} \dfrac{3x^2-12x+9}{\sqrt{x^2+3}-2x}$

Resolució

a) $\lim\limits_{x \to 0} \dfrac{2x^2-3x}{x^3-x^2+4x} = \lim\limits_{x \to 0} \dfrac{x(2x-3)}{x(x^2-x+4)} =$

$= \lim\limits_{x \to 0} \dfrac{2x-3}{x^2-x+4} = -\dfrac{3}{4}$

Quan substituïm per $x = 0$, obtenim $\frac{0}{0}$. Per poder resoldre aquesta indeterminació, extraiem factor comú x, simplifiquem i tornem a substituir una altra vegada per $x = 0$.

b) $\lim\limits_{x \to 3} \dfrac{3x-9}{(x-3)^2} = \lim\limits_{x \to 3} \dfrac{3\,(x-3)}{(x-3)^2} = \lim\limits_{x \to 3} \dfrac{3}{x-3} = \dfrac{3}{0} = \infty$

c) $\lim\limits_{x \to 1} \dfrac{x^3-2x^2-x+2}{x^3+x^2-2x} = \lim\limits_{x \to 1} \dfrac{(x-1)\,(x^2-x-2)}{(x-1)\,(x^2+2x)} =$

$= \lim\limits_{x \to 1} \dfrac{x^2-x-2}{x^2+2x} = -\dfrac{2}{3}$

En aquest exemple, pots observar que no cal fer la descomposició total dels dos polinomis. Al moment en què el resultat de la substitució ja no és $\frac{0}{0}$, no és necessari continuar descomponent el polinomi.

d) $\lim_{x \to -1} \frac{2x^3 + 4x^2 + 2x}{x^3 + 4x^2 + 5x + 2} = \lim_{x \to -1} \frac{2x(x+1)^2}{(x+1)^2(x+2)} =$

$= \lim_{x \to -1} \frac{2x}{x+2} = -2$

Ara ha calgut descompondre totalment els dos polinomis. Observa que el factor $(x + 1)^2$ figura al numerador i al denominador, ja que $x = -1$ és arrel doble d'ambdós polinomis.

e) $\lim_{x \to 1} \frac{3x^2 - 12x + 9}{\sqrt{x^2+3} - 2x} =$

$= \lim_{x \to 1} \frac{(3x^2 - 12x + 9)(\sqrt{x^2+3} + 2x)}{(\sqrt{x^2+3} - 2x)(\sqrt{x^2+3} + 2x)} =$

$= \lim_{x \to 1} \frac{(3x^2 - 12x + 9)(\sqrt{x^2+3} + 2x)}{(\sqrt{x^2+3})^2 - (2x)^2} =$

$= \lim_{x \to 1} \frac{(3x^2 - 12x + 9)(\sqrt{x^2+3} + 2x)}{x^2 + 3 - 4x^2} =$

$= \lim_{x \to 1} \frac{(3x^2 - 12x + 9)(\sqrt{x^2+3} + 2x)}{3 - 3x^2} =$

$= \lim_{x \to 1} \frac{3(x-1)(x-3)(\sqrt{x^2+3} + 2x)}{-3(x-1)(x+1)} =$

$= \lim_{x \to 1} \frac{(x-3)(\sqrt{x^2+3} + 2x)}{-(x+1)} = \frac{-2(\sqrt{4} + 2)}{-2} = 4$

Si substituïm per $x = 1$ obtenim $\frac{0}{0}$, però la presència de l'arrel quadrada del denominador n'impedeix la descomposició en factors. Aquesta arrel s'elimina multiplicant el numerador i el denominador per l'expressió conjugada del denominador. Després, a fi i efecte de resoldre la indeterminació que encara persisteix, fem la descomposició factorial dels polinomis de la nova expressió algèbrica, simplifiquem i, finalment, tornem a substituir per $x = 1$.

En aquest cas hem utilitzat $(\sqrt{a} - b)(\sqrt{a} + b) = a - b^2$; si l'arrel fos al numerador, el procediment seria el mateix.

Activitats

4. Determina el límit de la funció $f(x) = \frac{x^3 - 5x^2 + 6x}{x^3 - 3x^2 + 2x}$ en $x = 0$, $x = 1$, $x = 2$ i $x = 3$.

5. Calcula els límits de les funcions següents:

a) $\lim_{x \to 5} \frac{x - \sqrt{3x + 10}}{x^2 - 25}$

b) $\lim_{x \to 0} \left(\frac{x+1}{6x^2} - \frac{2x+3}{3x^3}\right)$

c) $\lim_{x \to 1} \left(\frac{2x+3}{x^2-1} : \frac{2x+2}{x-1}\right)$

d) $\lim_{x \to -1} \frac{x^2 + 2x + 1}{x^3 + 3x^2 + 3x + 1}$

e) $\lim_{x \to 0} \left(\frac{2x^3 - 5x^2 + 7x}{3x^2 - 4x}\right)^{\frac{8x^2 + x}{3x}}$

f) $\lim_{x \to 2} \left(\frac{x^3 + 4}{x^2 + 2x + 2}\right)^{\frac{1}{x}}$

g) $\lim_{x \to -2} \frac{3x^2 - 9x - 30}{16 + 2x^3}$

h) $\lim_{x \to 3} \frac{x^3 - 2x^2 - 3x}{27 - x^3}$

i) $\lim_{x \to -3} \frac{3x + 9}{x^3 + 27}$

R: *a)* $\frac{7}{100}$; *b)* ∞; *c)* $\frac{5}{8}$; *d)* ∞; *e)* $-\sqrt[3]{\frac{7}{4}}$; *f)* $\sqrt{\frac{6}{5}}$; *g)* $-\frac{7}{8}$; *h)* $-\frac{4}{9}$; *i)* $\frac{1}{9}$

4. Límits laterals en un punt

Quan la variable x tendeix a a per a valors més petits que a, es diu que **x tendeix a a per l'esquerra** i s'escriu $x \longrightarrow a^-$. Quan x tendeix a a per a valors més grans que a, es diu que **x tendeix a a per la dreta** i s'escriu $x \longrightarrow a^+$. Aquests dos límits es coneixen amb el nom de **límits laterals en $x = a$.** Per tant, a partir d'ara podem plantejar-nos el càlcul de tres límits corresponents a un mateix valor x:

$$\lim_{x \to a^-} f(x) \qquad \lim_{x \to a^+} f(x) \qquad \lim_{x \to a} f(x)$$

Fixa-t'hi

$\Rightarrow$ es llegeix 'implica'

$\exists$ vol dir *existeix*

$\nexists$ significa *no existeix*

A continuació detallem les relacions que hi ha entre aquests límits:

- Quan els dos límits laterals donen el mateix nombre real, aquest nombre coincideix amb el límit de la funció en $x = a$:

$$\lim_{x \to a^-} f(x) = \lim_{x \to a^+} f(x) = b \Rightarrow \lim_{x \to a} f(x) = b$$

- Si un dels dos límits laterals és infinit, no existeix el límit en $x = a$:

$$\lim_{x \to a^-} f(x) = \infty \text{ i } \lim_{x \to a^+} f(x) = c, \text{ o bé } \lim_{x \to a^-} f(x) = b \text{ i } \lim_{x \to a^+} f(x) = \infty \Rightarrow \nexists \lim_{x \to a} f(x)$$

- Quan els dos límits laterals donen infinit, el límit de la funció en $x = a$ també és infinit:

$$\lim_{x \to a^-} f(x) = \infty \text{ i } \lim_{x \to a^+} f(x) = \infty \Rightarrow \lim_{x \to a} f(x) = \infty$$

- Si els dos límits laterals donen dos nombres reals diferents, no existeix el límit de la funció en $x = a$:

$$\lim_{x \to a^-} f(x) = b \text{ i } \lim_{x \to a^+} f(x) = c,\ b \neq c \Rightarrow \nexists \lim_{x \to a} f(x)$$

Per calcular límits laterals s'utilitzen les mateixes tècniques que les que hem establert per calcular el límit en un punt. No obstant això, quan en la substitució obtinguem un nombre real no nul dividit per zero, haurem d'especificar el signe de l'infinit corresponent. A diferència del que succeeix en el cas $x \longrightarrow a$, aquesta especificació sempre és possible quan $x \longrightarrow a^-$ o $x \longrightarrow a^+$.

! Important

si $b > 0$ $\quad \dfrac{b}{0^+} = +\infty$

$\dfrac{b}{0^-} = -\infty$

si $b < 0$ $\quad \dfrac{b}{0^+} = -\infty$

$\dfrac{b}{0^-} = +\infty$

A continuació veurem com funciona tot això amb alguns exemples.

a) Hem vist que $\displaystyle\lim_{x \to 2} \frac{x+3}{x-2} = \frac{5}{0} = \infty$

En canvi, si fem els dos límits laterals podem precisar el signe de l'infinit.

$$\lim_{x \to 2^-} \frac{x+3}{x-2} = \frac{5}{0^-} = -\infty$$

$$\lim_{x \to 2^+} \frac{x+3}{x-2} = \frac{5}{0^+} = +\infty$$

El primer límit dóna infinit negatiu perquè, quan $x \longrightarrow 2^-$, el denominador va prenent, valors cada cop més propers a zero, però negatius, per la qual cosa $2^- - 2 < 0$. En el segon límit, quan $x \longrightarrow 2^+$, el denominador tendeix a zero amb valors positius, ja que $2^+ > 2$, i aleshores $2^+ - 2 > 0$. El límit dóna infinit positiu.

b) $\displaystyle\lim_{x \to 0^-} \frac{2x-5}{x^2} = \frac{-5}{0^+} = -\infty$ i $\displaystyle\lim_{x \to 0^+} \frac{2x-5}{x^2} = \frac{-5}{0^+} = -\infty$. Escriurem: $\displaystyle\lim_{x \to 0} \frac{2x-5}{x^2} = -\infty$

El numerador és negatiu i el denominador, com que està elevat al quadrat, sempre és positiu. Per això els dos límits laterals en $x = 0$ donen infinit negatiu. Per tant, el límit en $x = 0$ és infinit negatiu.

c) $\lim_{x\to -1^-} \frac{4x^2+4x}{x^2-1} = \lim_{x\to -1^-} \frac{4x(x+1)}{(x+1)(x-1)} = \lim_{x\to -1^-} \frac{4x}{x-1} = \frac{-4}{-2} = 2$

$\lim_{x\to -1^+} \frac{4x^2+4x}{x^2-1} = \lim_{x\to -1^+} \frac{4x(x+1)}{(x+1)(x-1)} = \lim_{x\to -1^+} \frac{4x}{x-1} = \frac{-4}{-2} = 2$

D'on tenim que:

$$\lim_{x\to -1} \frac{4x^2+4x}{x^2-1} = 2$$

En aquest exemple, com que ens donava $\frac{0}{0}$, hem descompost i simplificat tal com faríem per calcular el límit en $x = -1$.

Als exemples que hem vist fins ara, hem obtingut el mateix nombre real o infinit quan hem calculat els dos límits laterals. Tot seguit analitzarem exemples en què els dos límits laterals són diferents.

! Important

$a^2 - b^2 = (a + b)(a - b)$

$ab^2 + ab = ab(b + 1)$

Exemple 3

Calcula els límits laterals per a $x = 0$ i $x = 1$ de la funció definida a trossos següent:

$$f(x) = \begin{cases} \frac{x^2-2x}{3x^2-x} & \text{si } x < 0 \\ \frac{x-3}{x-1} & \text{si } 0 \le x < 1 \\ \frac{2x+1}{x+2} & \text{si } x \ge 1 \end{cases}$$

Resolució

- Calculem els límits laterals de $f(x)$ en el punt $x = 0$.

$$\lim_{x\to 0^-} f(x) = \lim_{x\to 0^-} \frac{x^2-2x}{3x^2-x} =$$

$$= \lim_{x\to 0^-} \frac{x(x-2)}{x(3x-1)} = \lim_{x\to 0^-} \frac{x-2}{3x-1} = 2$$

Quan $x \to 0^-$, com que $x < 0$, calculem el límit utilitzant la primera expressió algèbrica de la funció.

$$\lim_{x\to 0^+} f(x) = \lim_{x\to 0^+} \frac{x-3}{x-1} = 3$$

Quan $x \to 0^+$, els valors de x verifiquen $0 \le x < 1$; per tant, fem el càlcul del límit amb la segona expressió de la funció.

En aquest exemple els dos límits laterals són dos nombres reals diferents. Per tant, no existeix $\lim_{x\to 0} f(x)$.

- Límits laterals en $x = 1$:

$$\lim_{x\to 1^-} f(x) = \lim_{x\to 1^-} \frac{x-3}{x-1} = \frac{-2}{0^-} = +\infty$$

$$\lim_{x\to 1^+} f(x) = \lim_{x\to 1^+} \frac{2x+1}{x+2} = 1$$

En conseqüència, tampoc no existeix el límit de $f(x)$ en $x = 1$.

Activitats

6. Donada la funció $f(x) = \frac{x^2+x-2}{x^2+5x+6}$, calcula'n el límit quan x tendeix a: -3^-, -3^+, -3, -2^-, -2^+, -2, 1^-, 1^+ i 1.

7. Donada la funció $f(x) = \sqrt{x-4}$, indica'n el domini i dedueix-ne el límit quan x tendeix a: 4^-, 4^+, 4.

8. Calcula el límit de la funció definida a trossos:

$$f(x) = \begin{cases} \frac{x^2-x}{2x^2+2x} & x \le 1 \\ \frac{x^2-1}{2x-2} & x > 1 \end{cases}$$

quan x tendeix a 0^-, 0^+, 0, 1^-, 1^+, 1, 3^-, 3^+, 3.

5. Funció contínua en un punt

Una funció f és **contínua** en $x = a$ quan $\lim_{x \to a^-} f(x) = \lim_{x \to a^+} f(x) = f(a)$.

Quan una funció no és contínua en un punt, es diu que és **discontínua** en aquest punt.

Les discontinuïtats poden ser de tres tipus:

- Discontinuïtat **evitable:** $\lim_{x \to a^-} f(x) = \lim_{x \to a^+} f(x) \neq f(a)$.

  Es pot donar el cas que els límits laterals coincideixin, però que no existeixi $f(a)$ perquè $x = a$ no pertany al domini de la funció.

- Discontinuïtat **inevitable:** $\lim_{x \to a^-} f(x) \neq \lim_{x \to a^+} f(x)$, que pot ser:

  – **de salt:**

  $\lim_{x \to a^-} f(x) = b$ i $\lim_{x \to a^+} f(x) = c,\ b \neq c$

  – **asimptòtica:**

  $\lim_{x \to a^-} f(x) = b$ i $\lim_{x \to a^+} f(x) = \infty$

  o bé $\lim_{x \to a^-} f(x) = \infty$ i $\lim_{x \to a^+} f(x) = c$

  o bé $\lim_{x \to a^-} f(x) = \infty$ i $\lim_{x \to a^+} f(x) = \infty$

En resum:

Quan els límits laterals en $x = a$ són iguals a la imatge $f(a)$, la funció és contínua. En cas contrari és discontínua, i aleshores haurem d'analitzar les diferents possibilitats:

- Discontinuïtat **evitable.** Els límits laterals en $x = a$ són iguals, però diferents de $f(a)$. També és possible que $f(a)$ no existeixi.
- Discontinuïtat **de salt.** Els límits laterals són dos nombres reals diferents.
- Discontinuïtat **asimptòtica.** Un dels límits laterals, o bé tots dos, donen infinit.

La primera definició de continuïtat de funcions, de manera semblant a com s'estudia actualment, la va donar el matemàtic francès Augustin-Louis Cauchy (1789-1857), tot i que en aquella època encara no es coneixia el concepte de límit.

A partir del concepte de continuïtat es poden plantejar dues qüestions. La primera és saber si una funció és, o no, contínua per a un cert valor $x = a$, un exercici senzill de resoldre. L'altra és estudiar la continuïtat de la funció en tot el seu domini, tasca més complexa que la primera.

Vegem-ne alguns exemples.

a) Volem saber si la funció $f(x) = \dfrac{x-1}{x^2-1}$ és contínua en $x = 1$.

Només cal veure si verifica la definició; si no és contínua, cal precisar el tipus de discontinuïtat que presenta.

$$\lim_{x \to 1^-} \frac{x-1}{x^2-1} = \lim_{x \to 1^-} \frac{x-1}{(x-1)(x+1)} = \lim_{x \to 1^-} \frac{1}{x+1} = \frac{1}{2}$$

$$\lim_{x \to 1^+} \frac{x-1}{x^2-1} = \lim_{x \to 1^+} \frac{x-1}{(x-1)(x+1)} = \lim_{x \to 1^+} \frac{1}{x+1} = \frac{1}{2}$$

No existeix $f(1)$, ja que $x = 1 \notin D_f$.

Per tant, en $x = 1$ la funció presenta una *discontinuïtat evitable*. Amb això volem dir que n'hi hauria prou a definir $g(1) = \frac{1}{2}$ perquè la funció fos contínua en $x = 1$. Es tracta, doncs, de definir una nova funció que sigui contínua en $x = 1$.

Aquesta nova funció és:

$$g(x) = \begin{cases} \dfrac{x-1}{x^2-1} & \text{si } x \neq 1 \\ \dfrac{1}{2} & \text{si } x = 1 \end{cases}$$

És important observar que la funció original i la funció que resulta de simplificar-ne l'expressió algèbrica, $h(x) = \frac{1}{x+1}$, tenen el mateix valor per a qualsevol valor de x excepte per a $x = 1$. Això es deu al fet que aquesta simplificació només és possible quan $x - 1 \neq 0$, és a dir, quan $x \neq 1$.

b) Què succeeix amb la mateixa funció en $x = -1$?

$$\lim_{x \to -1^-} \frac{x-1}{x^2-1} = \frac{-2}{0^+} = -\infty$$

$$\lim_{x \to -1^+} \frac{x-1}{x^2-1} = \frac{-2}{0^-} = +\infty$$

$\nexists\ f(-1)$ perquè $x = -1 \notin D_f$.

Aleshores la funció presenta una *discontinuïtat asimptòtica* en $x = -1$.

Hem escollit aquests dos valors de x, $x = 1$ i $x = -1$, perquè són els únics que no són del domini de la funció.

D'acord amb la definició de continuïtat, podem afirmar que una funció serà discontínua per a tots els valors de x que no pertanyen al seu domini. No obstant això, pot haver-hi valors de x que pertanyen al domini de la funció, i per als quals la funció sigui discontínua.

Ho comprovarem amb un exemple.

Recorda

Quan la discontinuïtat és evitable, cal indicar com s'evita.

Exemple 4

Estudia la continuïtat de la funció definida a trossos:

$$f(x) = \begin{cases} \dfrac{x^2-4}{x^2+3x+2} & \text{si } x < -2 \\ \dfrac{2x^2}{x^2+x} & \text{si } -2 \leq x < 0 \\ \dfrac{3x+1}{x+2} & \text{si } x \geq 0 \end{cases}$$

Resolució

La primera cosa que cal determinar és el domini de la funció, observant amb atenció quina és la seva expressió algèbrica en cadascun dels diferents intervals. En el cas que hem proposat, $D_f = \mathbb{R} - \{-1\}$.

Els problemes de discontinuïtat d'aquesta funció es poden presentar en $x=-2$, $x=-1$ i $x=0$. Observa que, a més del valor de x que no pertany al domini de la funció, cal tenir en compte els valors de x en què canvia la seva expressió algèbrica. Lògicament, per a qualsevol valor de x diferent dels anteriors, la funció és *contínua*.

Aquesta observació es pot generalitzar a qualsevol altra funció que, com la de l'exemple, estigui definida a trossos.

- En $x=-2$

  $$\lim_{x\to -2^-} f(x) = \lim_{x\to 2^-} \frac{x^2-4}{x^2+3x+2} = \lim_{x\to -2^-} \frac{(x+2)\,(x-2)}{(x+2)\,(x+1)} = \lim_{x\to -2^-} \frac{x-2}{x+1} = 4$$

  $$\lim_{x\to -2^+} f(x) = \lim_{x\to 2^+} \frac{2x^2}{x^2+x} = 4$$

  $$f(-2) = 4$$

  En $x=-2$ la funció és *contínua*.

- En $x=-1$ la funció presenta una *discontinuïtat asimptòtica*, perquè:

  $$\lim_{x\to -1^-} f(x) = \lim_{x\to -1^-} \frac{2x^2}{x^2+x} = \frac{2}{0^+} = +\infty$$

  $$\lim_{x\to -1^+} f(x) = \lim_{x\to -1^+} \frac{2x^2}{x^2+x} = \frac{2}{0^-} = -\infty$$

  $\nexists\ f(-1)$, ja que $x=-1 \notin D_f$.

- En $x=0$

  $$\lim_{x\to 0^-} f(x) = \lim_{x\to 0^-} \frac{2x^2}{x^2+x} = \lim_{x\to 0^-} \frac{2x^2}{x(x+1)} = \lim_{x\to 0^-} \frac{2x}{x+1} = 0$$

  $$\lim_{x\to 0^+} f(x) = \lim_{x\to 0^+} \frac{3x+1}{x+2} = \frac{1}{2}$$

  $$f(0) = \frac{1}{2}$$

  En $x=0$ la funció presenta una *discontinuïtat de salt*. Acabem d'analitzar un exemple en què la funció presenta una discontinuïtat per a un valor de x que pertany al seu domini.

Activitats

9. Donades les funcions:

$$f(x) = \frac{2x^2+2x}{x-x^3}$$

$$g(x) = \begin{cases} \dfrac{-5x}{x+1} & \text{si } x<0 \\ \dfrac{x^2}{x-1} & \text{si } x\geq 0 \end{cases}$$

Estudia'n la continuïtat en $x=-1$, $x=0$ i $x=1$.

10. Estudia la continuïtat de la funció:

$$f(x) = \frac{-2x^2+6x-4}{1-x^4}$$

11. En la funció $f(x) = \begin{cases} \dfrac{px+1}{x-4} & \text{si } x\leq 1 \\ \dfrac{x-1}{x^2-x} & \text{si } x>1 \end{cases}$

a) Determina el valor de p perquè sigui contínua en $x=1$.

b) Hi ha algun altre punt en què la funció és discontínua? Justifica'n la resposta.

12. Estudia la continuïtat de la funció:

$$f(x) = \begin{cases} 2x+1 & \text{si } x\leq -1 \\ \dfrac{x+3}{2x} & \text{si } -1<x\leq 1 \\ \dfrac{x}{x-2} & \text{si } x>1 \end{cases}$$

6. Interpretació gràfica dels límits i de la continuïtat de funcions

A partir de la gràfica d'una funció, podem trobar tot allò que ens interessi pel que fa als límits i la continuïtat de la funció. Per exemple, a la gràfica de la Figura 10.3 podem observar:

$$\lim_{x \to -\infty} f(x) = \lim_{x \to +\infty} f(x) = 0 \to \lim_{x \to \infty} f(x) = 0$$

$$\lim_{x \to -3^-} f(x) = -\infty, \ \lim_{x \to -3^+} f(x) = +\infty \to \lim_{x \to -3} f(x) = \infty$$

$$\lim_{x \to 3^-} f(x) = 2, \ \lim_{x \to 3^+} f(x) = -2 \to \nexists \lim_{x \to 3} f(x)$$

$\nexists f(-3)$, ja que $D_f = \mathbb{R} - \{-3\}$

$f(3) = 0$

En $x = -3$ la funció presenta una *discontinuïtat asimptòtica*. En $x = 3$ la funció presenta una *discontinuïtat de salt*. En els altres punts la funció és *contínua*.

Observa ara la Figura 10.4:

$$\lim_{x \to -\infty} f(x) = \lim_{x \to +\infty} f(x) = 0$$

$$\lim_{x \to \infty} f(x) = 0$$

$$\lim_{x \to 2^-} f(x) = \lim_{x \to 2^+} f(x) = 4, \text{ és a dir: } \lim_{x \to 2} f(x) = 4$$

$\nexists f(2) \to D_f = \mathbb{R} - \{2\}$

La funció és contínua per a qualsevol valor real de x, excepte per a $x = 2$, on presenta una *discontinuïtat evitable*. Per evitar aquesta discontinuïtat n'hi ha prou a definir $g(2) = 4$ (Fig. 10.4).

En el cas de la Figura 10.5:

$$\lim_{x \to -\infty} f(x) = -\infty, \ \lim_{x \to +\infty} f(x) = 1 \to \nexists \lim_{x \to \infty} f(x)$$

$$\lim_{x \to -1^-} f(x) = 1, \ \lim_{x \to -1^+} f(x) = 2 \to \nexists \lim_{x \to -1} f(x)$$

$f(-1) = 1$

La funció té una *discontinuïtat de salt* en $x = -1$.

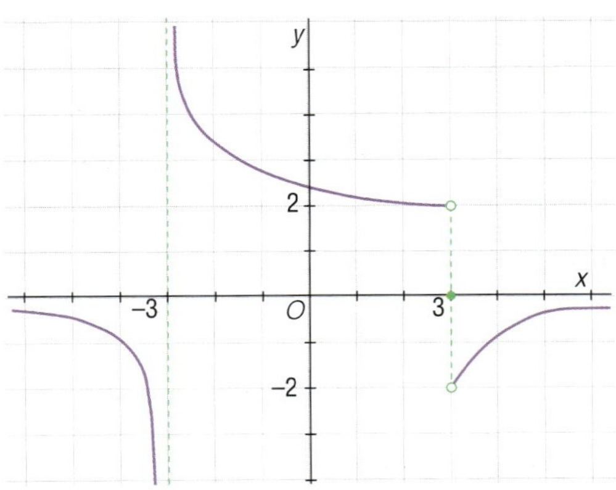

Fig. 10.3

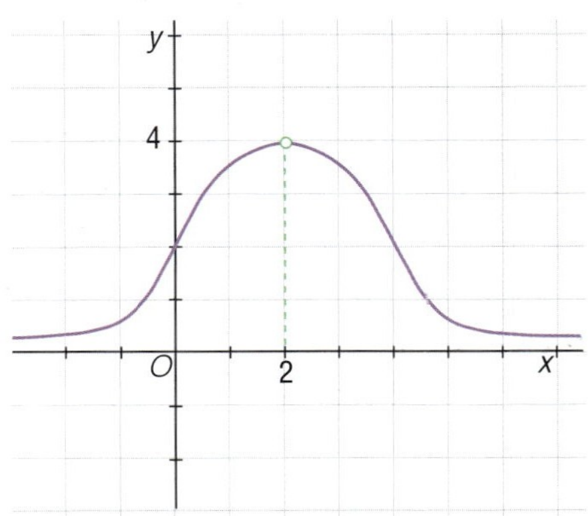

Fig. 10.4

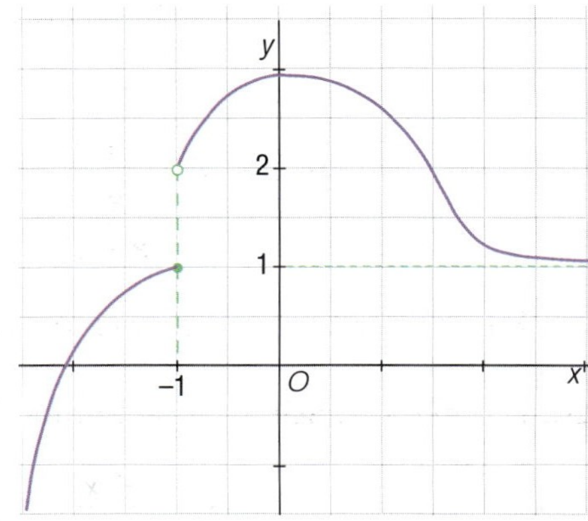

Fig. 10.5

Observa ara les figures 10.6, 10.7 i 10.8:

$$\lim_{x \to -\infty} f(x) = \lim_{x \to +\infty} f(x) = 0 \longrightarrow \lim_{x \to \infty} f(x) = 0$$

$$\lim_{x \to 1^-} f(x) = +\infty, \ \lim_{x \to 1^+} f(x) = +\infty \longrightarrow \lim_{x \to 1} f(x) = +\infty$$

$$f(1) = 2$$

Presenta una *discontinuïtat asimptòtica* en $x = 1$ (Fig. 10.6).

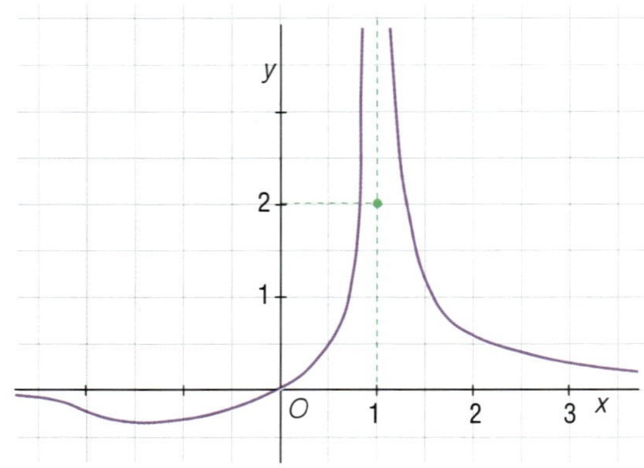

Fig. 10.6

$$\lim_{x \to -\infty} f(x) = -2, \ \lim_{x \to +\infty} f(x) = 2 \longrightarrow \nexists \lim_{x \to \infty} f(x)$$

$$\lim_{x \to 0^-} f(x) = -\infty, \ \lim_{x \to 0^+} f(x) = +\infty \longrightarrow \lim_{x \to 0} f(x) = \infty$$

No existeix $f(0)$, ja que $D_f = \mathbb{R} - \{0\}$.

En $x = 0$, la funció presenta una *discontinuïtat asimptòtica* (Fig. 10.7).

$$\lim_{x \to -\infty} f(x) = +\infty, \ \lim_{x \to +\infty} f(x) = +\infty \longrightarrow \lim_{x \to \infty} f(x) = +\infty$$

$$\lim_{x \to 0^-} f(x) = 1, \ \lim_{x \to 0^+} f(x) = -\infty \longrightarrow \nexists \lim_{x \to 0} f(x)$$

$$f(0) = 1$$

La funció té una *discontinuïtat asimptòtica* en $x = 0$ (Fig. 10.8).

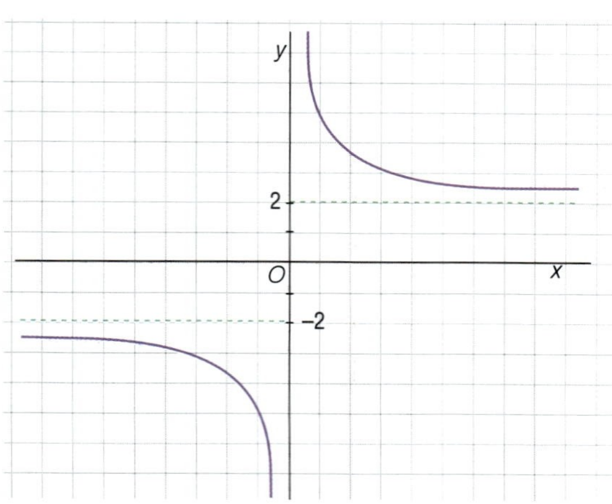

Fig. 10.7

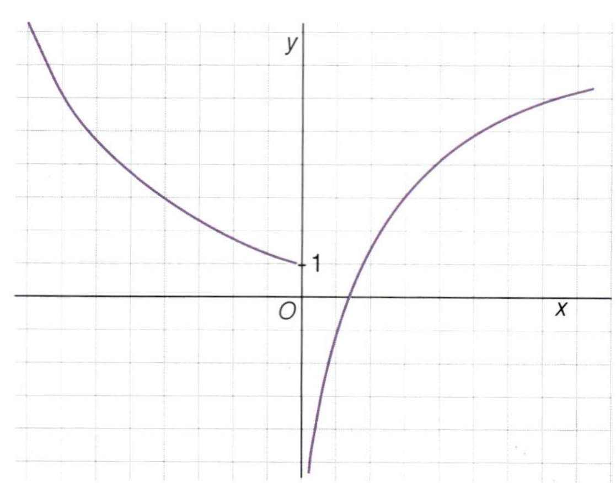

Fig. 10.8

Finalment, a les figures 10.9 i 10.10, observem:

$$\lim_{x \to -\infty} f(x) = -\infty, \ \lim_{x \to +\infty} f(x) = +\infty \ \rightarrow \ \lim_{x \to \infty} f(x) = \infty$$

$$\lim_{x \to 1^-} f(x) = \lim_{x \to 1^+} f(x) = 2 \ \rightarrow \ \lim_{x \to 1} f(x) = 2$$

$$f(1) = 1$$

La discontinuïtat és *evitable* en $x = 1$. Per evitar-la, cal definir $g(1) = 2$ (Fig. 10.9).

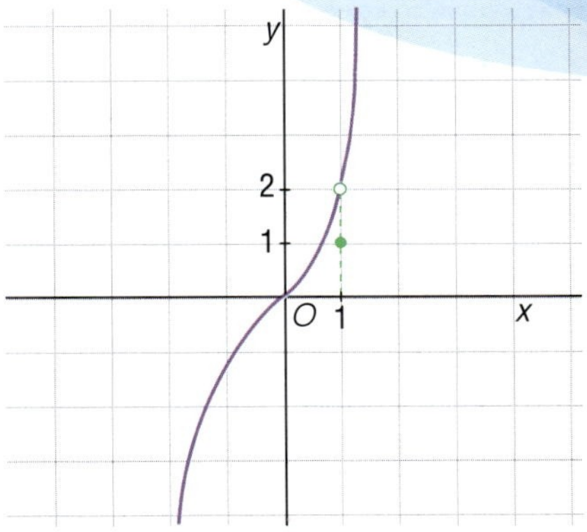

Fig. 10.9

$$\lim_{x \to -\infty} f(x) = 1, \ \lim_{x \to +\infty} f(x) = -\infty \ \rightarrow \ \nexists \lim_{x \to \infty} f(x)$$

$$\lim_{x \to 0^-} f(x) = \lim_{x \to 0^+} f(x) = 3 \ \rightarrow \ \lim_{x \to 0} f(x) = 3$$

$$f(0) = 3$$

La funció és *contínua* en el punt $x = 0$ (Fig. 10.10).

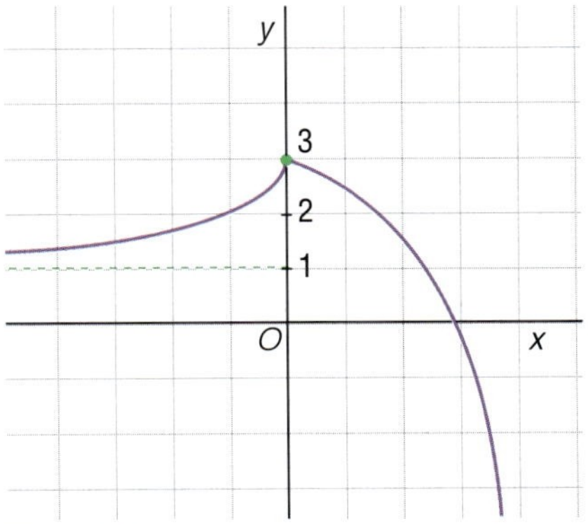

Fig. 10.10

Activitats

13. A partir de la gràfica:

a) Indica quin és el límit de la funció quan x tendeix a $-\infty$, $+\infty$, ∞, -4^-, -4^+, -4, -2^-, -2^+, -2, 0^-, 0^+, 0, 1^-, 1^+, 1, 2^-, 2^+, 2.

b) Justifica i classifica les discontinuïtats de la funció representada gràficament.

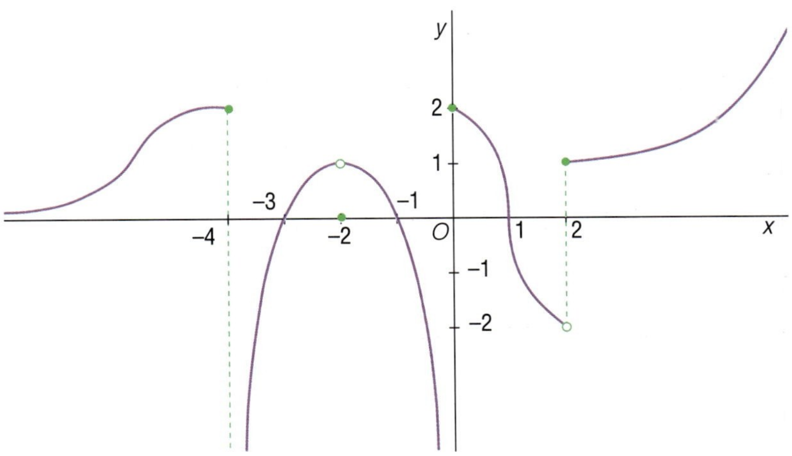

Fig. 10.11

14. Dibuixa una gràfica d'una funció que verifiqui les condicions següents:

a) $D_f = \mathbb{R} - \{0\}$

b) $\lim_{x \to \infty} f(x) = 0$

c) Presenti aquestes discontinuïtats:

– Asimptòtica en $x = 0$.
– Evitable en $x = 2$.
– De salt en $x = 4$.

Punt final

Paradoxes de l'infinit

Qualsevol nombre natural té un nombre limitat de divisors; per aquesta raó diem que *el conjunt dels divisors d'un nombre natural és finit*. En canvi, qualsevol nombre natural diferent d'1 té un nombre il·limitat de múltiples; es diu aleshores que *el conjunt dels múltiples d'un nombre natural diferent d'1 és infinit.*

Com saps, hi ha infinits nombres naturals, de la mateixa manera que hi ha infinits nombres parells o múltiples de 2. Aquestes dues afirmacions ens podrien fer pensar que hi ha tants nombres parells com nombres naturals. No obstant això, només un de cada dos nombres naturals consecutius és parell. Per això podem pensar que hi ha el doble de nombres naturals que de nombres parells. Si volguéssim expressar la relació que hi ha entre el nombre d'elements d'ambdós conjunts, podríem pensar en la «igualtat» $2 \cdot \infty = \infty$.

Una cosa semblant succeeix si considerem els múltiples d'un altre nombre natural qualsevol que no sigui 1, per exemple, 3. Hi ha infinits nombres naturals i també hi ha infinits múltiples de 3. De tota manera, de cada tres nombres naturals consecutius, només un és múltiple de 3. La primera cosa que se'ns pot acudir és que hi ha el triple de nombres naturals que de múltiples de 3, és a dir, que es compleix la «igualtat» $3 \cdot \infty = \infty$.

Si hi apliquem les propietats de les igualtats, podem escriure:

$$\left.\begin{array}{l} 2 \cdot \infty = \infty \\ 3 \cdot \infty = \infty \end{array}\right\} \rightarrow 2 \cdot \infty = 3 \cdot \infty \rightarrow 2 = 3$$

Evidentment, la conclusió no és certa. L'error es produeix quan considerem que $\infty = \infty$.

Establir igualtats o comparacions entre infinits no té cap sentit, senzillament perquè l'infinit no és un nombre real. Per tant, no podem aplicar-hi les mateixes relacions i propietats que les que verifiquen els nombres reals. Quan escrivim el símbol ∞ ens referim a l'infinit com a concepte, però mai com a nombre.

Fig. 10.12 El llaç de l'amor.

El primer cop que va aparèixer el llaç de l'amor (Fig. 10.12) com a símbol de l'infinit va ser quan el matemàtic anglès John Wallis (1616-1703) va escriure la igualtat:

$$\frac{1}{0} = \infty$$

Va utilitzar aquesta expressió per indicar que no hi ha cap nombre real, per gran que sigui, que multiplicat per zero doni com a resultat 1. Aquesta expressió no numèrica la va anomenar *infinit.*

Activitats finals

1. Calcula els límits a l'infinit de les funcions polinòmiques següents:

a) $p(x) = 4x^4 + x^3 - 12x^2 + x - 3$

b) $q(x) = -2x^3 - 6x^2 + 8$

2. Determina el límit quan $x \to -\infty$, $x \to +\infty$ i $x \to \infty$ de les funcions racionals:

a) $f(x) = \dfrac{7x+3}{2x^3 - x}$

b) $g(x) = \dfrac{12x^2 + 2x - 5}{6x^2 - 8x}$

c) $h(x) = \dfrac{x^4 - 2}{7x^3 + 20x - 1}$

3. Donada la funció $f(x) = \dfrac{x^3 - 4x^2 + 3x}{x^2 + x - 2}$:

a) Calcula el límit de $f(x)$ quan $x \to -2$ i $x \to 1$.

b) Determina el límit de la funció $\left(\dfrac{1}{f}\right)(x)$ quan $x \to 0$, $x \to 1$ i $x \to 3$.

4. Calcula:

a) $\lim\limits_{x \to -2} \left(\dfrac{x+6}{x^2 - 4} - \dfrac{x+4}{x^2 + 2x}\right)$

b) $\lim\limits_{x \to 3} \dfrac{x - \sqrt{4x-3}}{x^2 - 3x}$

c) $\lim\limits_{x \to 1} \left(\dfrac{3x+1}{2x-2} \cdot \dfrac{x^2 - x}{2x+3}\right)$

R: *a)* $\dfrac{1}{2}$; *b)* $\dfrac{1}{9}$; *c)* $\dfrac{2}{5}$

5. Per calcular alguns límits, cal utilitzar el mètode del doble conjugat, que consisteix a multiplicar el numerador i el denominador pel conjugat de cadascun d'aquests. Tot emprant el mètode del doble conjugat, calcula:

$$\lim_{x \to 2} \frac{3x - \sqrt{x^2 + 32}}{\sqrt{x+2} - x}$$

R: $-\dfrac{32}{9}$

6. *a)* Mitjançant una taula de valors comprova que:

$$\lim_{x \to 0} (1 + x)^{\frac{1}{x}} = e$$

b) Sabent que $\lim\limits_{x \to a} [1 + f(x)]^{\frac{1}{f(x)}} = e$ si $\lim\limits_{x \to a} f(x) = 0$, calcula:

$$\lim_{x \to 1} \left(1 + \frac{x-1}{x+1}\right)^{\frac{2}{3x-3}}$$

7. Raona per què la funció $f(x) = \dfrac{x + |x|}{x}$ no té límit quan $x \to 0$.

8. Calcula el límit de:

$$f(x) = \begin{cases} \dfrac{x}{x^2 + x} & \text{si } x < 0 \\ \dfrac{3x - 9}{x^2 - 9} & \text{si } 0 \le x < 3 \\ \dfrac{3x}{x+3} & \text{si } x \ge 3 \end{cases}$$

quan x tendeix a $-\infty$, $+\infty$, ∞, -1^-, -1^+, -1, 0^-, 0^+, 0, 3^-, 3^+, 3.

9. Les funcions $f(x) = |x|$, $g(x) = \dfrac{1}{x}$ i $h(x) = \sqrt{x}$ són contínues en $x = 0$? Justifica'n les respostes.

10. La funció:

$$f(x) = \begin{cases} 1 & \text{si } x \le 0 \\ x + 2 & \text{si } x > 0 \end{cases}$$

és contínua en $x = 0$? I en $x = 1$? Raona les respostes.

11. Justifica raonadament per què una funció polinòmica és contínua per a tot $x \in \mathbb{R}$.

12. Classifica les discontinuïtats de cada funció per al valor de x que s'indica:

a) $f(x) = \dfrac{1}{x-3}$ en $x = 3$

b) $g(x) = \begin{cases} x & \text{si } x < -1 \\ x^2 + 2 & \text{si } x \ge -1 \end{cases}$ en $x = -1$

13. Estudia la continuïtat de la funció $f(x) = \dfrac{2x^2 - 8}{x^2 + 2x^2}$ en $x = 0$ i $x = 2$.

14. Explica per què té una discontinuïtat evitable en $x = 1$ la funció:

$$f(x) = \begin{cases} 2 & \text{si } x < 1 \\ \dfrac{x+3}{2} & \text{si } x > 1 \end{cases}$$

Com es pot evitar la discontinuïtat?

Activitats finals

15. Esbrina el domini i estudia la continuïtat de les funcions irracionals:

a) $f(x) = -\sqrt{x-1}$

b) $g(x) = \sqrt{4-x^2}$

16. Estudia la continuïtat de la funció següent:

$$f(x) = \frac{3x-9}{2x^2-18}$$

17. A partir de la gràfica, descriu tots els punts de discontinuïtat de la funció *part entera,* definida per a tot nombre real x com la funció $f(x)$ igual al nombre enter més gran n tal que $n \leq x$.

18. Descriu el domini i les discontinuïtats de les funcions següents:

a) $f(x) = \dfrac{x+3}{-x}$

b) $g(x) = \dfrac{3x-15}{x^2-5x}$

c) $h(x) = \dfrac{x^3+x^2}{-x^2}$

d) $p(x) = |x^2-9|$

19. Esbrina el domini i estudia la continuïtat de la funció:

$$f(x) = \begin{cases} \dfrac{x^2+3x+1}{x+2} & \text{si } x < -1 \\ \dfrac{x^2-1}{x-1} & \text{si } -1 \leq x < 1 \\ \dfrac{x+1}{2-x} & \text{si } x \geq 1 \end{cases}$$

20. Estudia la continuïtat de la funció $f(x) = |x^2-1|$ en els punts $x = -1$ i $x = 1$.

21. El 2014 el preu del franqueig d'una carta en funció del pes era:

Fins a 20 g	0,38 €
Més de 20 g fins a 50 g	0,54 €
Més de 50 g fins a 100 g	0,92 €
Més de 100 g fins a 500 g	2,03 €
Més de 500 g fins a 1 kg	4,58 €
Més d'1 kg fins a 2 kg	5,19 €

a) Representa per x la variable pes i per $f(x)$ la variable preu i escriu l'expressió algèbrica de la funció.

b) Indica'n el domini.

c) Fes-ne la representació gràfica.

d) Estudia'n les discontinuïtats.

22. Determina el valor de k per tal que la funció:

$$f(x) = \begin{cases} x+k & \text{si } x \leq 0 \\ 2x^2-kx+6 & \text{si } x > 0 \end{cases}$$

sigui contínua en el punt $x = 0$.

R: $k = 6$

23. Sigui la funció:

$$f(x) = \begin{cases} \dfrac{kx}{x+3} & \text{si } x \leq -2 \\ \dfrac{3x-h}{x-2} & \text{si } -2 < x < 1 \\ \dfrac{x+1}{2x} & \text{si } x \geq 1 \end{cases}$$

a) Calcula els valors de k i h que fan que la funció $f(x)$ sigui contínua en els punts $x = -2$ i $x = 1$.

b) Hi ha algun valor de x per al qual la funció és discontínua? Justifica-ho.

24. Donada la gràfica d'una funció (Fig. 10.13):

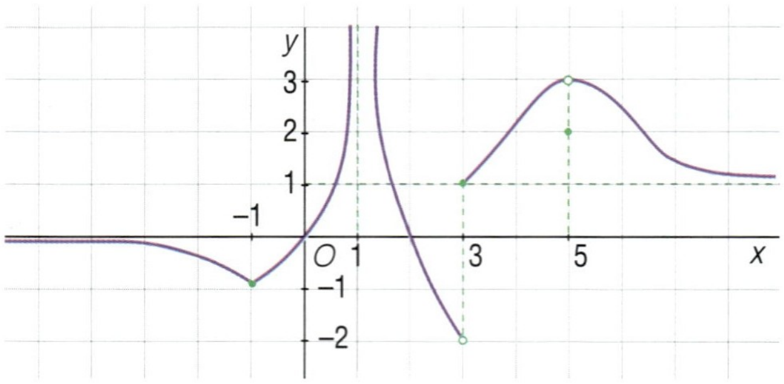

Fig. 10.13

a) Indica'n el domini.

b) Digues-ne el límit quan x tendeix a $-\infty$, $+\infty$, ∞, -1^-, -1^+, -1, 1^-, 1^+, 1, 3^-, 3^+, 3, 5^-, 5^+, 5.

c) Descriu-ne les discontinuïtats. Justifica-les.

Avaluació

1. Calcula els límits següents:

a) $\lim_{x \to -\infty} \dfrac{3x^3 - 4}{x^2 - 16}$ *b)* $\lim_{x \to 3} \dfrac{x^2 - 6}{x^2 - 3x}$

c) $\lim_{x \to +\infty} \left(\dfrac{x^2 - 5}{x} - \dfrac{2x^3 - 1}{x^2} \right)$ *d)* $\lim_{x \to +\infty} \left(\dfrac{x^2 + 7x}{2 + x^2} \right)^{3x - 2}$

2. Estudia la continuïtat de la funció següent en $x = -1$ i en $x = 2$.

$$f(x) = \begin{cases} 5x + 2 & \text{si } x \leq -1 \\ 4 & \text{si } -1 < x \leq 2 \\ x^2 & \text{si } x > 2 \end{cases}$$

3. A partir de la gràfica de la funció següent, fes l'estudi de la continuïtat en els punts que s'indiquen a la taula:

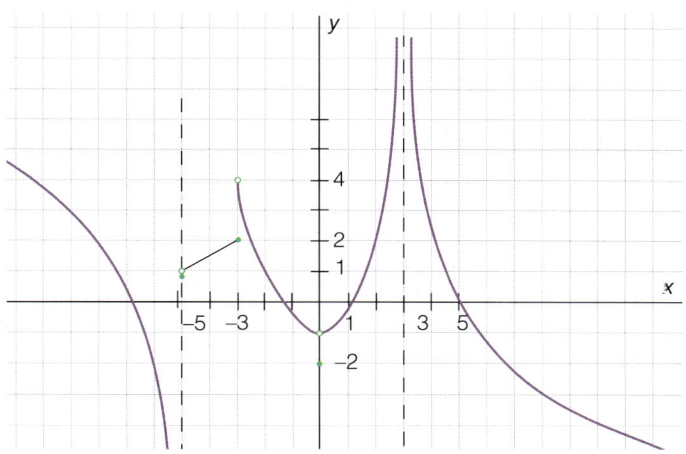

punts	$x = -5$	$x = -3$	$x = 0$	$x = 3$
imatges	$f(-5) =$	$f(-3) =$	$f(0) =$	$f(3) =$
càlcul de límits	$\lim_{x \to -5^-} f(x) =$	$\lim_{x \to -3^-} f(x) =$	$\lim_{x \to -0^-} f(x) =$	$\lim_{x \to 3^-} f(x) =$
	$\lim_{x \to -5^+} f(x) =$	$\lim_{x \to -3^+} f(x) =$	$\lim_{x \to -0^+} f(x) =$	$\lim_{x \to 3^+} f(x) =$
	$\lim_{x \to -5} f(x) =$	$\lim_{x \to -3} f(x) =$	$\lim_{x \to -0^-} f(x) =$	$\lim_{x \to 3^-} f(x) =$
tipus de discontinuïtat				

4. Esbrina el domini i estudia la continuïtat de la funció:

$$f(x) = \frac{2x - 6}{x^2 - 9}$$

11

Funcions exponencial i logarítmica

A quin nombre hem d'elevar 2 per obtenir 32?

La solució és molt senzilla. Tenint en compte que $2^5 = 32$, la resposta és 5.

Hi ha alguna potència de base 3 el resultat de la qual sigui $\frac{1}{9}$?

Doncs sí: $\frac{1}{9} = \frac{1}{3^2} = \left(\frac{1}{3}\right)^2 = 3^{-2}$. L'exponent de la potència que ens demanen és −2.

Ho posarem més difícil. Volem determinar l'exponent a què hem d'elevar 27 per obtenir 81, és a dir, el valor de x que verifica $27^x = 81$.

Observa que tant 27 com 81 es poden expressar com una potència de base 3:

$$27 = 3^3 \text{ i } 81 = 3^4, \text{ d'on } (3^3)^x = 3^4 \rightarrow 3^{3x} = 3^4 \rightarrow$$
$$\rightarrow 3x = 4 \rightarrow x = \frac{4}{3}$$

Fem-ne la comprovació:

$$27^{\frac{4}{3}} = \sqrt[3]{27^4} = (\sqrt[3]{27})^4 = \left(\sqrt[3]{3^3}\right)^4 = 3^4 = 81$$

Per obtenir aquests resultats no hem necessitat la calculadora. A continuació veurem altres exemples de potències en què sí que haurem d'utilitzar-la.

- $12^7 \rightarrow$ 12 [x^y] 7 [=] 35831808 $\rightarrow 12^7 = 35831808$
- $23{,}45^{2{,}7} \rightarrow$ 23,45 [x^y] 2,7 [=] 5004,788
  $23{,}45^{2{,}7} = 5004{,}788$

Com que $2{,}7 = \frac{27}{10}$, aquest resultat és una aproximació al valor de $\sqrt[10]{23{,}45^{27}}$.

- $78^{\frac{1}{4}}$ $\nearrow$ $\sqrt[4]{78} = \sqrt{\sqrt{78}} = \sqrt{8{,}8317609} = 2{,}9718279$
  $\searrow$ $78^{0{,}25} \rightarrow$ 78 [x^y] 0,25 [=] 2,9718279
- $4{,}5^x = 62{,}36$

  Amb la tecla [x^y] podem calcular aproximacions successives i cada cop millors al valor de l'exponent que ens demanen. Vegem-ho:

$$4{,}5^2 = 20{,}25 \text{ i } 4{,}5^3 = 91{,}125$$
$$4{,}5^2 < 4{,}5^x < 4{,}5^3 \rightarrow 2 < x < 3$$

$$4{,}5^{2{,}7} = 58{,}032835 \text{ i } 4{,}5^{2{,}8} = 67{,}452032$$
$$4{,}5^{2{,}7} < 4{,}5^x < 4{,}5^{2{,}8} \rightarrow 2{,}7 < x < 2{,}8$$

El resultat de $4{,}5^{2{,}7}$ és més proper a 62,36 que el resultat de $4{,}5^{2{,}8}$. Així doncs, considerem $x \simeq 2{,}7$, que és l'aproximació per defecte fins a les dècimes.

$$4{,}5^{2{,}74} = 61{,}631436 \text{ i } 4{,}5^{2{,}75} = 62{,}565427$$
$$4{,}5^{2{,}74} < 4{,}5^x < 4{,}5^{2{,}75} \rightarrow 2{,}74 < x < 2{,}75$$

Ara considerarem $x \simeq 2{,}75$, perquè $4{,}5^{2{,}75}$ és més proper a 62,36 que $4{,}5^{2{,}74}$. És una aproximació per excés fins a les centèsimes.

Podríem continuar així fins a obtenir una aproximació tan bona com volguéssim.

1. Potències d'exponent real

Donats un nombre real positiu a i un nombre natural n, definim $a^n = a \cdot a \overset{(n)}{\ldots} a$, amb les propietats següents:

a) $a^n \cdot a^m = a^{n+m}$

b) $(a^n)^m = a^{n\,m}$

c) Si $a > 1$ i $n < m$, aleshores $a^n < a^m$.

Si $0 < a < 1$ i $n < m$, aleshores $a^n > a^m$.

d) $(a \cdot b)^n = a^n \cdot b^n$, on b és un nombre real positiu.

Aquesta definició pot ampliar-se als nombres enters si afegim:

$$a^0 = 1,\ a^{-n} = \frac{1}{a^n} = \left(\frac{1}{a}\right)^n \text{ per a } n \text{ natural}$$

Si $a \in \mathbb{R}^+$ i $n \in \mathbb{N}$, sabem que hi ha un únic nombre real positiu b tal que $b^n = a$, d'on escrivim $b = \sqrt[n]{a}$.

Per la propietat $b)$ tenim $\left(a^{\frac{n}{m}}\right)^m = a^{\frac{n}{m}\cdot m} = a^n \rightarrow a^{\frac{n}{m}} = \sqrt[m]{a^n}$, que és una potència que té com a exponent un nombre racional.

Quan $\frac{n}{m}$ és un nombre natural o un nombre enter, ens trobem en un dels casos anteriors.

Farem un pas més en l'ampliació del concepte de potència, considerant la possibilitat que l'exponent sigui un nombre real no racional. Té algun sentit l'expressió 2^π? La resposta és afirmativa, ja que si $\pi = 3{,}1415\ldots$, les potències següents, que tenen com a exponents nombres racionals, constitueixen una aproximació al nombre 2^π:

$$2^3 = 8 \qquad 2^{3,1} = 2^{\frac{31}{10}} = 8{,}5741877$$

$$2^{3,14} = 2^{\frac{157}{50}} = 8{,}8152409 \qquad 2^{3,141} = 2^{\frac{3141}{1000}} = 8{,}213533$$

$$2^{3,1415} = 2^{\frac{6283}{2000}} = 8{,}8244111$$

A partir del concepte de successió i d'algunes propietats de les potències, podem definir les potències d'exponent irracional. Sigui a un nombre real positiu i p un nombre irracional, també positiu. Podem pensar en les successives aproximacions decimals per defecte o per excés del nombre irracional p.

Sigui $\{p_1, p_2, p_3, \ldots, p_n, \ldots\}$ una successió creixent de nombres racionals positius amb límit p. Considerem la successió $\{a^{p_1}, a^{p_2}, a^{p_3}, a^{p_4}, \ldots, a^{p_n}\ldots\}$ que és creixent per a $a > 1$ i decreixent per a $0 < a < 1$. A més, la successió de potències està fitada i, per tant, té límit, que és $\lim (a^{p_n}) = a^p$.

Per exemple, 2^π és el límit de la successió 2^3, $2^{3,1}$, $2^{3,14}$, $2^{3,141}$, $2^{3,1415}$, $2^{3,14159}$...

Si p és negatiu, es defineix $a^p = \left(\frac{1}{a}\right)^{-p}$, en què $-p$ és positiu.

Per exemple, $3^{-e} = \left(\frac{1}{3}\right)^e$.

Les potències d'exponent irracional definides d'aquesta manera verifiquen les mateixes propietats que les potències d'exponent racional.

El fet de poder calcular les potències d'exponent irracional mitjançant aproximacions de potències racionals justifica l'existència de potències d'exponent real.

Recorda

La tecla de la calculadora que ens permet calcular el resultat de qualsevol potència és x^y.

Activitats

1. Calcula les potències d'exponent racional següents:

a) $\left(\frac{2}{3}\right)^{-\frac{3}{4}}$ *b)* $3{,}2^{4,5}$ *c)* $7^{-0,3}$ *d)* $10^{\frac{2}{5}}$ *e)* $e^{-\frac{1}{8}}$.

2. Escriu i calcula els sis primers termes d'una successió que tingui per límit $4^{\sqrt{3}}$.

3. Repeteix l'activitat anterior per a $3^{-\pi}$.

4. Determina les cinc primeres aproximacions per defecte de les potències:

a) 2e *b)* $3^{\sqrt{2}}$ *c)* $\left(\frac{5}{4}\right)^{\pi}$

2. La funció exponencial

Important

El símbol $\forall$ es llegeix *per a qualsevol.*

Definim la funció $f(x) = a^x$ per a $a \in \mathbb{R}^+$, $a \neq 1$ i $x \in \mathbb{R}$, i l'anomenem **funció exponencial de base *a*.**

La funció exponencial s'expressa mitjançant una potència la base de la qual és una constant positiva i diferent d'1 i l'exponent és la variable independent.

Com que la variable x pot prendre qualsevol valor real, el domini de la funció exponencial de base a és el conjunt de tots els nombres reals. Es verifica que $\lim_{x \to r^+} a^x = \lim_{x \to r^-} a^x = a^r$, $\forall r \in \mathbb{R}$. Per tant, la funció $f(x) = a^x$ és sempre contínua.

Important

Per a $a = 1$, la funció $f(x) = 1^x$ és la funció constant 1:

$$f(x) = 1^x = 1$$

Dibuixem en uns mateixos eixos de coordenades diferents funcions exponencials. Per exemple, $f(x) = 2^x$, $g(x) = 3^x$ i $h(x) = \left(\frac{1}{2}\right)^x = 2^{-x}$ (Fig. 11.1).

Per esbrinar els diferents punts de cadascuna de les gràfiques elaborem una taula de valors (Taula 11.1).

x	2^x	3^x	$\left(\frac{1}{2}\right)^x$
−2	$\frac{1}{4}$	$\frac{1}{9}$	4
−1,5	0,353 553 3	0,192 45	2,828 427 1
−1	$\frac{1}{2}$	$\frac{1}{3}$	2
0	1	1	1
1	2	3	$\frac{1}{2}$
$\sqrt{2}$	2,665 144 1	4,728 804 4	0,375 214 2
2	4	9	$\frac{1}{4}$

Taula 11.1

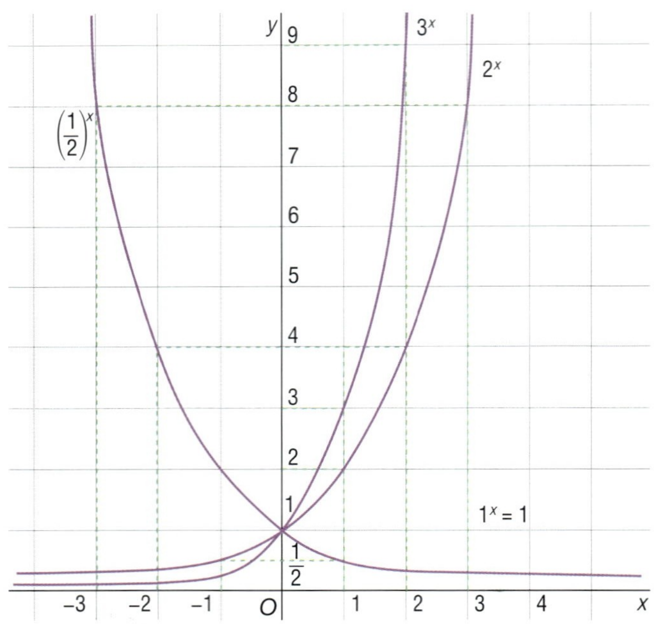

Fig. 11.1

2.1 Propietats

Algunes de les propietats de la funció exponencial són idèntiques a les de les potències d'exponent racional; d'altres es dedueixen a partir de la definició i les restants es poden obtenir fàcilment a partir de les gràfiques que hem dibuixat:

a) $D_f = \mathbb{R}$.

b) La funció exponencial de base a és contínua en tot el seu domini.

c) $a^x > 0, \forall x \in \mathbb{R}$. El recorregut de la funció exponencial de base a és el conjunt dels nombres reals positius.

- Si $a > 1$, aleshores $a^x > 1$ si x és positiu i $0 < a^x < 1$ si x és negatiu.
- Si $0 < a < 1$, aleshores $0 < a^x < 1$ si x és positiu i $a^x > 1$ si x és negatiu.

Com que $a^x \neq 0$, la gràfica de la funció $f(x) = a^x$ no talla l'eix de les abscisses.

d) $a^x \cdot a^z = a^{x+z}, \dfrac{a^x}{a^z} = a^{x-z}, \forall x, z \in \mathbb{R}$.

e) $(a^x)^z = a^{xz}, \forall x, z \in \mathbb{R}$.

f) $(a \cdot b)^x = a^x \cdot b^x, \left(\dfrac{a}{b}\right)^x = \dfrac{a^x}{b^x}, \forall x \in \mathbb{R}, \forall a, b \in \mathbb{R}^+$.

g) A partir de la propietat de l'apartat *d)* deduïm $a^{-x} \cdot a^x = a^{-x+x} = a^0 = 1$, és a dir,

$$a^{-x} = \frac{1}{a^x} = \left(\frac{1}{a}\right)^x, \forall x \in \mathbb{R}$$

h) Si $a^h = 1 \Leftrightarrow h = 0$. Les gràfiques de totes les funcions exponencials passen pel punt $(0, 1)$.

i) Si $a^x = a^z$, aleshores $x = z$. En efecte:

$$\left.\begin{array}{r} a^x = a^z \longrightarrow a^x \cdot a^{-x} = a^z \cdot a^{-x} = a^{z-x} \\ a^x \cdot a^{-x} = 1 \end{array}\right\} \rightarrow a^{z-x} = 1, \text{ per la propietat de l'apartat } h\text{):} \quad z - x = 0 \rightarrow z = x$$

j) Si $a > 1$, la funció exponencial de base a és creixent. Si $x < z \rightarrow a^x < a^z$ (Fig. 11.2 *a*).

Si $0 < a < 1$, la funció exponencial de base a és decreixent. Si $x < z \rightarrow a^x > a^z$ (Fig. 11.2 *b*).

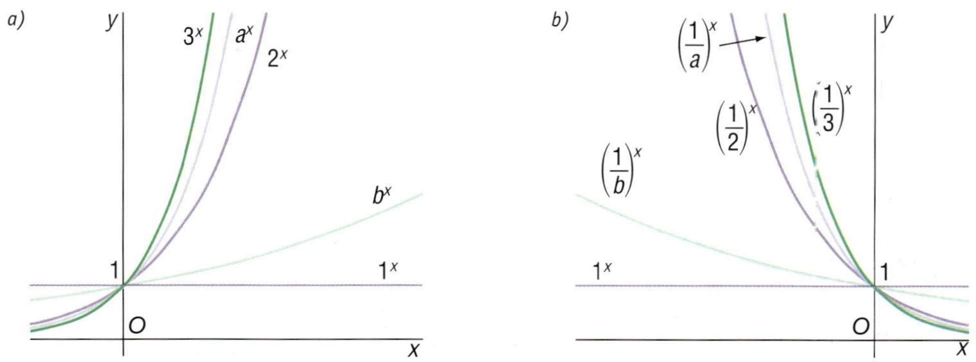

1 < b < 2 < a < 3

Fig. 11.2

k) Les gràfiques de les funcions exponencials $f(x) = a^x$ i $g(x) = \left(\frac{1}{a}\right)^x$ són simètriques respecte de l'eix d'ordenades (Fig. 11.3).

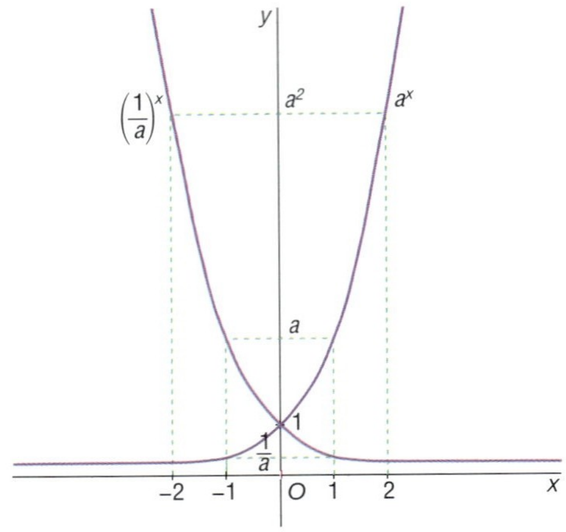

Fig. 11.3

> **! Important**
>
> El símbol ∃ es llegeix *existeix*.

l) Si $a > 1$, $\lim_{x \to -\infty} a^x = 0$ i $\lim_{x \to +\infty} a^x = +\infty$.

Si $0 < a < 1$, aleshores, $\lim_{x \to -\infty} a^x = +\infty$ i $\lim_{x \to +\infty} a^x = 0$.

m) Si $a > b > 0$, aleshores $a^x > b^x\ \forall x \in \mathbb{R}^+$ i $a^x < b^x\ \forall x \in \mathbb{R}^-$.

n) $\forall y \in \mathbb{R}^+$, $\exists\, x \in \mathbb{R}$ tal que $a^x = y$. És a dir, qualsevol imatge y té una única antiimatge x.

Una de les funcions exponencials més utilitzada en matemàtiques i en l'àmbit de la ciència i la tècnica és la funció exponencial la base de la qual és el nombre e, nombre que ja hem tractat anteriorment. Per aquest motiu, les calculadores incorporen al teclat la funció e^x.

Aquesta funció és tan important en el context de les matemàtiques que, quan es parla de la funció exponencial sense especificar-ne la base, se sobreentén que es tracta de la funció $f(x) = e^x$.

Una altra funció exponencial que tenen les calculadores és 10^x, perquè 10 és la base del nostre sistema de numeració.

Activitats

5. Representa gràficament les funcions exponencials $f(x) = e^x$ i $g(x) = e^{-x}$.

6. A partir de la gràfica de la funció $y = 2^x$, dibuixa, fent les translacions necessàries, la gràfica de les funcions:

a) $y = 2^{x-1}$ *b)* $y = 2^x + 1$ *c)* $y = 2^{x+1} - 1$

7. Determina les antiimatges de $\frac{1}{16}$; 0,125; 512 i $\sqrt[5]{8}$ en la funció $f(x) = 2^x$. Has d'expressar cadascun d'aquests nombres com una potència de base 2.

R: -4; -3; 9; $\frac{3}{5}$

8. Comprova que es verifiquen les propietats dels apartats *j), k), l)* i *m)* amb les funcions exponencials següents:

$f(x) = 2^x$, $g(x) = 3^x$, $h(x) = \left(\frac{1}{2}\right)^x$ i $p(x) = \left(\frac{1}{3}\right)^x$

9. La gràfica de la funció $f(x) = a^x$ passa pel punt $\left(-1, \frac{1}{5}\right)$. Determina el valor de a.

R: $a = 5$

10. Quan es defineix la funció exponencial de base a, per quin motiu s'imposa la condició que aquesta base sigui positiva?

3. Equacions exponencials

La propietat de l'apartat *n)* de la funció exponencial estableix que sempre podem determinar l'exponent de la funció exponencial si coneixem la base i el resultat de la potència. Es tracta, per tant, de resoldre equacions en què la incògnita figura a l'exponent. Aquests tipus d'equacions s'anomenen **equacions exponencials.**

Hi ha diferents mètodes per resoldre aquestes equacions. És difícil establir procediments generals perquè, en realitat, l'estratègia que cal seguir depèn de l'equació que s'hagi de resoldre. Evidentment, sigui quin sigui el mètode escollit, haurem de tenir sempre en compte les propietats de la funció exponencial.

Vegem-ne alguns exemples:

- $5^x = 625 \rightarrow 5^x = 5^4$. Per la propietat de l'apartat *i)*, $x = 4$.
- $8^{2x+3} = 4^{\frac{x}{3}}$. Les dues bases es poden expressar com a potències d'un mateix nombre, 2 en el nostre cas: $(2^3)^{2x+3} = (2^2)^{\frac{x}{3}}$. Si hi apliquem la propietat de l'apartat *e)*, tindrem:

$$2^{6x+9} = 2^{\frac{2x}{3}} \rightarrow 6x + 9 = \frac{2x}{3} \rightarrow x = -\frac{27}{16}$$

- $3^{x-1} + 3^x + 3^{x+1} = 39$. Per la propietat de l'apartat *d)* podem escriure l'equació:

$$\frac{3^x}{3} + 3^x + 3 \cdot 3^x = 39$$

  Multipliquem per 3 els dos membres: $3^x + 3 \cdot 3^x + 9 \cdot 3^x = 117$. Extraiem factor comú 3^x:

$$(1 + 3 + 9) \cdot 3^x = 117 \rightarrow 13 \cdot 3^x = 117 \rightarrow 3^x = \frac{117}{13} = 9 \rightarrow 3^x = 3^2 \rightarrow x = 2$$

  Comprova que el resultat és correcte en l'equació inicial.

- $4^x - 6 \cdot 2^{x+1} + 32 = 0$. Tenint en compte que $4^x = (2^2)^x = (2^x)^2$ i $2^{x+1} = 2 \cdot 2^x$:

$$(2^x)^2 - 6 \cdot 2 \cdot 2^x + 32 = 0 \rightarrow (2^x)^2 - 12 \cdot 2^x + 32 = 0$$

  Si fem el canvi $2^x = t$, tindrem: $t^2 - 12t + 32 = 0$

  Si resolem l'equació de segon grau, obtindrem $t_1 = 8$ i $t_2 = 4$ i, per tant:

$$2^x = 8 = 2^3 \rightarrow x_1 = 3 \text{ i } 2^x = 4 = 2^2 \rightarrow x_2 = 2$$

En les equacions exponencials que acabem de resoldre sempre hem obtingut una solució racional. En alguns casos, la solució de l'equació exponencial és una aproximació a la solució exacta, ja que es tracta d'un nombre irracional. Per determinar les successives aproximacions a la solució, utilitzarem la tecla x^y de la calculadora.

- $2^x = 23$. No hi ha cap nombre racional que verifiqui aquesta igualtat, ja que no podem expressar el nombre 23 com una potència de base 2. Per la propietat de l'apartat *n)* sabem que aquesta equació té una solució real. Ara esbrinarem una aproximació al valor d'aquesta solució:

$$2^4 = 16;\ 2^5 = 32. \text{ Com que } 16 < 23 < 32, \text{ aleshores, } 4 < x < 5.$$

$$2^{4,5} = 22,627\,417;\ 2^{4,6} = 24,251\,465. \text{ Per tant, } 4,5 < x < 4,6.$$

La solució $x = 4,5$ és una aproximació **per defecte**. La solució $x = 4,6$ és una aproximació **per excés**. La primera és més aproximada que la segona, perquè la potència que en resulta s'apropa més a 23. Tenim una primera aproximació que podem millorar:

$$2^{4,52} = 22,943\,284;\ 2^{4,53} = 23,102\,867, \text{ d'on } 4,52 < x < 4,53 \rightarrow x \simeq 4,52$$

Seguint el mateix procediment, aconseguirem aproximar-nos a la solució irracional de l'equació plantejada tant com vulguem.

Activitats

11. Resol aquestes equacions exponencials:

a) $2^x \cdot 2^{x-1} \cdot 2^{x+1} = 64$

b) $7^{3x-2} = \sqrt{7^{x-1}}$

c) $1 + 3 + 9 + 27 + ... + 3^x = 364$

d) $11^{x^2-3x+2} = 1$

e) $\left(\frac{1}{16}\right)^{-x+3} = 32^{3x-2}$

f) $9^x - 4 \cdot 3^x + 3 = 0$

g) $5^{x+1} + 5^{x-2} + 5^x = \frac{151}{25}$

h) $a^{x^2-2x+4} = \frac{a^{11}}{a^8}$

12. Calcula, aproximant-la fins a les centèsimes, la solució de cadascuna de les equacions:

a) $3^x = 17$

b) $5^x = 0{,}8$

c) $\left(\frac{1}{2}\right)^x = 7$

R: *a)* $x \simeq 2{,}58$; *b)* $x \simeq -0{,}14$; *c)* $x \simeq -2{,}81$

4. La funció logarítmica

Sigui a un nombre real positiu i diferent d'1. Si $x \in \mathbb{R}^+$, podem plantejar-nos si existeix $y \in \mathbb{R}^+$ tal que $a^y = x$. Per la propietat de l'apartat *n)* de la funció exponencial, sabem que sempre existeix un únic nombre real y que verifica aquesta condició.

Podem, doncs, definir la funció inversa de la funció exponencial de base a. Aquesta funció s'anomena **funció logarítmica de base a**, de manera que el nombre y tal que $a^y = x$ rep el nom de **logaritme**, de base a, del nombre x. S'expressa $\log_a x = y$, $\forall x \in \mathbb{R}^+$.

Important: tingues en compte que les expressions $a^y = x$ i $\log_a x = y$ són equivalents.

! Important

El domini de la funció exponencial de base a és el recorregut de la funció logarítmica de base a, i el recorregut de la funció exponencial de base a és el domini de la funció logarítmica de base a.

Com que les funcions exponencial i logarítmica són inverses, podem escriure:

$$f(x) = a^x, \quad f^{-1}(x) = \log_a x$$

D'on tindrem:

$$(f^{-1} \circ f)(x) = f^{-1}[f(x)] = f^{-1}(a^x) = \log_a a^x = x$$

$$(f \circ f^{-1})(x) = f[f^{-1}(x)] = f(\log_a x) = a^{\log_a x} = x$$

$$\log_a a^x = x, \ \forall x \in \mathbb{R}; \quad a^{\log_a x} = x, \ \forall x \in \mathbb{R}^+$$

Recorda

$(f^{-1} \circ f)(x) = (f \circ f^{-1})(x) = x$

Com hem assenyalat, la funció e^x és de gran interès en matemàtiques; el mateix succeeix amb la seva inversa, que s'expressa $\ln x$ en comptes de $\log_e x$, i es llegeix **logaritme natural** o **neperià** de x, en honor del matemàtic escocès John Napier (1550-1617), que va dedicar les seves investigacions als logaritmes.

La notació de la funció logarítmica de base 10 o funció logarítmica decimal també se simplifica, i s'escriu $\log x$ en comptes de $\log_{10} x$.

Les calculadores científiques porten incorporades ambdues funcions: ln i log; i com a funcions inverses de les anteriors, les funcions exponencials corresponents: e^x i 10^x.

La igualtat $\log_a a^x = x$, que hem deduït anteriorment, ens permet calcular alguns logaritmes de manera immediata. Per exemple:

$$\log_2 8 = \log_2 2^3 = 3 \qquad \log_3 \frac{1}{81} = \log_3 3^{-4} = -4$$

$$\log_7 \sqrt[9]{7^5} = \log_7 7^{\frac{5}{9}} = \frac{5}{9} \qquad \ln\left(\frac{1}{e}\right)^{-3} = \ln e^3 = 3$$

$$\log 1\,000\,000 = \log 10^6 = 6$$

És important tenir sempre present que calcular un logaritme és equivalent a determinar l'exponent d'una potència quan en coneixem la base i el resultat. Naturalment, és un procés senzill sempre que el nombre del qual hem de calcular el logaritme sigui una potència d'exponent racional de la base logarítmica amb què treballem. Observa que és el cas de tots els exemples anteriors.

Com pots suposar, aquesta condició no es compleix sempre. Per exemple, si hem d'esbrinar el valor de $\log_3 5$, no podem respondre de manera immediata, ja que, en realitat, ens demanen la solució de l'equació $3^x = 5$, que no és un nombre racional.

Sabem que les gràfiques de dues funcions que són inverses entre si són simètriques respecte de la bisectriu del primer i del tercer quadrants. A partir de les gràfiques de les funcions exponencials $f(x) = 2^x$, $g(x) = 3^x$ i $h(x) = \left(\frac{1}{2}\right)^x$ dibuixades anteriorment, podem representar les gràfiques de les funcions logarítmiques $f^{-1}(x) = \log_2 x$, $g^{-1}(x) = \log_3 x$ i $h^{-1}(x) = \log_{\frac{1}{2}} x$ (Fig. 11.4)

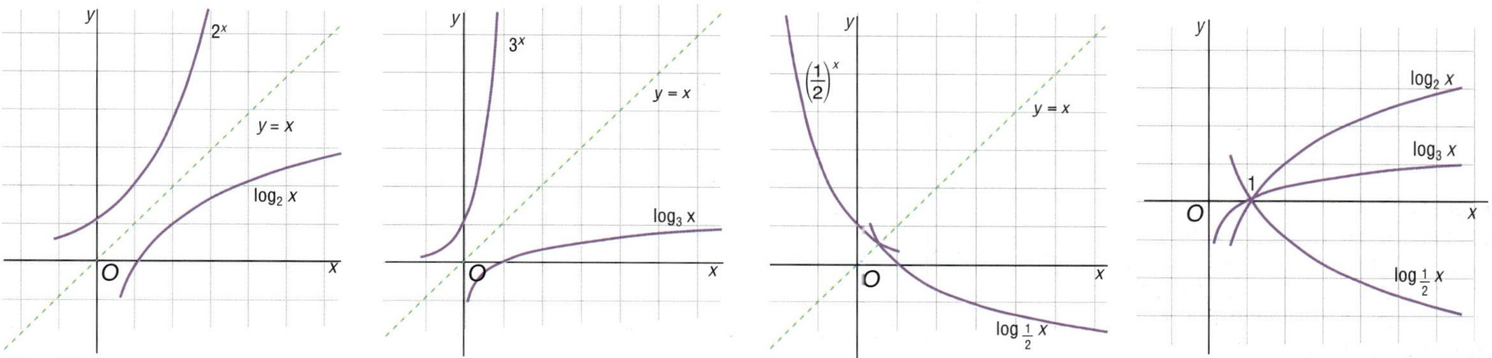

Fig. 11.4

En general, conegudes les gràfiques de les funcions:

$$f(x) = a^x \qquad g(x) = \left(\frac{1}{a}\right)^x$$

podem dibuixar les gràfiques corresponents de les funcions inverses respectives (Fig. 11.5):

$$f^{-1}(x) = \log_a x \qquad g^{-1}(x) = \log_{\frac{1}{a}} x$$

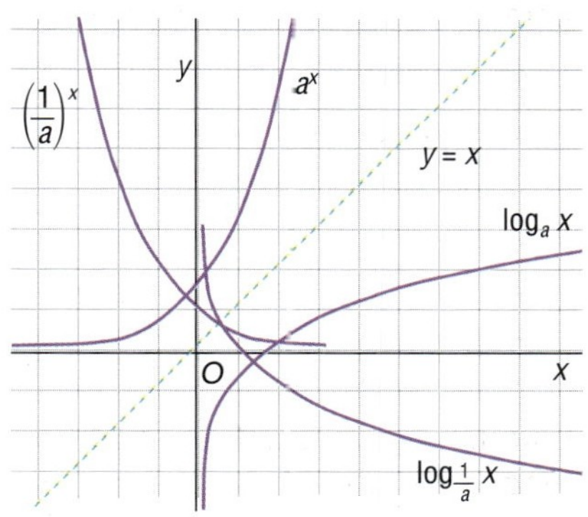

Fig. 11.5

> **! Important**
>
> Només existeixen logaritmes de nombres reals positius. Tanmateix, la funció logarítmica pot prendre qualsevol valor real.

4.1 Propietats

Algunes de les propietats que esmentarem a continuació es poden obtenir fàcilment a partir de les gràfiques dibuixades. Unes altres es dedueixen a partir de la definició de logaritme i les restants, a partir de les igualtats $\log_a a^x = x$ i $a^{\log_a x} = x$.

a) $D_f = \mathbb{R}^+$.

b) El recorregut de la funció logarítmica de base a és el conjunt dels nombres reals.

c) La funció logarítmica de base a és contínua en tot el seu domini.

d) Les gràfiques de les funcions $f(x) = \log_a x$ i $g(x) = \log_{\frac{1}{a}} x$ són simètriques respecte de l'eix de les abscisses (Fig. 11.6).

e) $\log_a a = 1$, $\log_a 1 = 0$, $\forall a \in \mathbb{R}^+$, $a \neq 1$. La segona igualtat indica que les gràfiques de totes les funcions logarítmiques passen pel punt (1, 0) (Fig. 11.6).

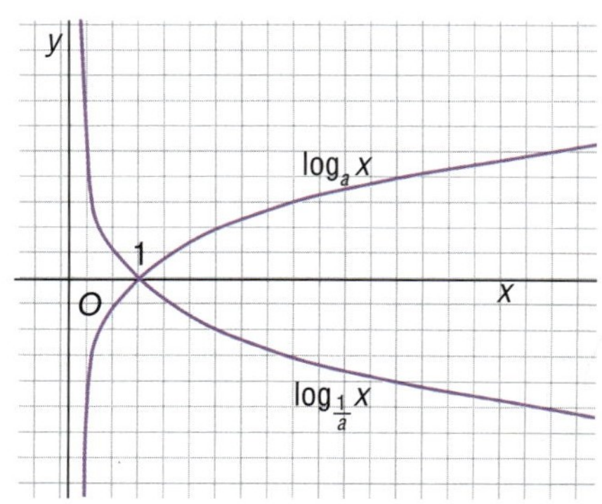

Fig. 11.6

f) A partir de $a^{\log_a (x\,z)} = x\,z = a^{\log_a x}\,a^{\log_a z} = a^{\log_a x + \log_a z}$ tenim que:

$$\log_a (x \cdot z) = \log_a x + \log_a z$$

El logaritme d'un producte és la suma dels logaritmes dels factors.

g) També tenim: $a^{\log_a x^p} = x^p = (a^{\log_a x})^p = a^{p \log_a x}$, d'on:

$$\log_a x^p = p \log_a x$$

El logaritme d'una potència és el producte de l'exponent pel logaritme de la base.

Anàlogament, tenim:

$$\log_a \sqrt[n]{x} = \log_a x^{\frac{1}{n}} = \frac{1}{n} \log_a x = \frac{\log_a x}{n}$$

El logaritme d'una arrel és el logaritme del radicand dividit per l'índex de l'arrel.

h) Aplicant-hi les propietats *f)* i *g)*:

$$\log_a \frac{x}{z} = \log_a (x \cdot z^{-1}) = \log_a x + \log_a z^{-1} = \log_a x + (-1) \log_a z = \log_a x - \log_a z$$

El logaritme d'un quocient és el logaritme del dividend menys el logaritme del divisor.

Les tres últimes propietats ens permeten observar que els logaritmes transformen els productes en sumes, els quocients en restes, les potències en productes i les arrels en divisions. Van ser precisament aquestes transformacions les que van despertar l'interès per l'estudi dels logaritmes, ja que en faciliten molt el càlcul.

Al principi, els càlculs complexos s'efectuaven utilitzant taules de logaritmes decimals. Des que l'ús de les calculadores es va generalitzar, aquestes taules van quedar obsoletes i avui dia ja no es fan servir.

En aquests exemples pots veure l'aplicació d'aquestes propietats.

Exemple 1

Desenvolupa, aplicant-hi logaritmes decimals, l'expressió $m = \dfrac{\sqrt[3]{a^2\,b\,c^{-1}}}{d^5}$.

Resolució

$$\log m = \log \frac{\sqrt[3]{a^2\,b\,c^{-1}}}{d^5} = \log \sqrt[3]{a^2\,b\,c^{-1}} - \log d^5 =$$

$$= \frac{\log (a^2\,b\,c^{-1})}{3} - \log d^5 = \frac{\log a^2 + \log b + \log c^{-1}}{3} - \log d^5 =$$

$$= \frac{2 \log a + \log b + (-1) \log c}{3} - 5 \log d = \frac{2 \log a + \log b - \log c}{3} - 5 \log d$$

Exemple 2

L'expressió $\ln p = 3 \ln a + \ln b + 2 \ln c - \dfrac{4 \ln d}{5}$ prové d'haver aplicat logaritmes neperians a una certa igualtat. De quina igualtat es tracta?

Resolució

$$\ln p = 3 \ln a + \ln b + 2 \ln c - \frac{4 \ln d}{5} = \ln a^3 + \ln b + \ln c^2 - \ln \sqrt[5]{d^4} =$$

$$= \ln (a^3\,b\,c^2) - \ln \sqrt[5]{d^4} = \ln \frac{a^3\,b\,c^2}{\sqrt[5]{d^4}} \;\rightarrow\; p = \frac{a^3\,b\,c^2}{\sqrt[5]{d^4}}$$

Seguim amb altres propietats de les funcions logarítmiques.

i) *Si* $a > 1$, la funció logarítmica de base a és creixent.

Si $x < z \longrightarrow \log_a x < \log_a z$ (Fig. 11.7 *a*).

En canvi, si $0 < a < 1$, la funció logarítmica de base a és decreixent.

Si $x < z \longrightarrow \log_a x > \log_a z$ (Fig. 11.7 *b*).

j) Si $a > 1$, $\lim\limits_{x \to 0^+} (\log_a x) = -\infty$ i $\lim\limits_{x \to +\infty} (\log_a x) = +\infty$

Si $0 < a < 1$, aleshores, $\lim\limits_{x \to 0^+} (\log_a x) = +\infty$ i $\lim\limits_{x \to +\infty} (\log_a x) = -\infty$.

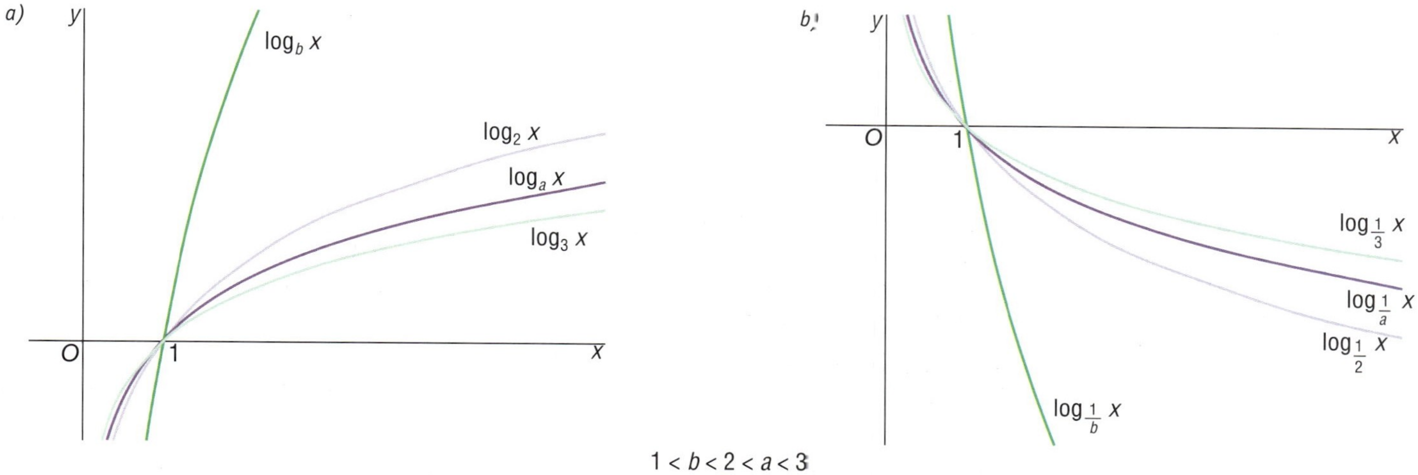

Fig. 11.7

k) Si $1 < a < b$ o $0 < a < b < 1$ →
- $\log_a x > \log_b x$ si $x > 1$
- $\log_a x < \log_b x$ si $0 < x < 1$

Si $0 < a < 1 < b$ →
- $\log_a x < \log_b x$ si $x > 1$
- $\log_a x > \log_b x$ si $0 < x < 1$

Les propietats dels apartats *i)*, *j)* i *k)* es poden interpretar fàcilment a partir de les gràfiques dibuixades.

l) Considerem la igualtat $b^x = m$, que és equivalent a $x = \log_b m$.

Si prenem logaritmes de base a a cada membre de la primera igualtat, tenim:

$$\log_a b^x = \log_a m \;\longrightarrow\; x \log_a b = \log_a m \;\longrightarrow\; x = \frac{\log_a m}{\log_a b}$$

D'on obtenim:

$$\log_b m = \frac{\log_a m}{\log_a b},$$ que és la **fórmula del canvi de base.**

Aquesta expressió ens permet calcular el logaritme d'un nombre real positiu en qualsevol base. Comprovem-ho en el cas de $\log_3 5$, que, com hem comentat anteriorment, no és immediat. Segons la propietat de l'apartat *l)* i amb l'ajut de la calculadora, podem obtenir una aproximació amb tantes xifres decimals com càpiguen a la pantalla:

$$\log_3 5 = \frac{\log 5}{\log 3} = \frac{0{,}698\,97}{0{,}477\,121\,2} = 1{,}464\,973\,5 \;\longrightarrow\; 3^{1{,}464\,973\,5} = 5$$

! Important

La calculadora científica també ens permet utilitzar els logaritmes neperians. Es verifica:

$$\log_b m = \frac{\log m}{\log b} = \frac{\ln m}{\ln b}$$

Una de les equacions exponencials que hem resolt abans era $2^x = 23$. Recorda que hem obtingut una aproximació al valor de la seva solució utilitzant la tecla x^y de la calculadora. El concepte de logaritme i la fórmula del canvi de base ens permeten resoldre aquesta mateixa equació més de pressa i amb millor aproximació:

$$2^x = 23 \;\rightarrow\; x = \log_2 23 = \frac{\log 23}{\log 2} = \frac{1{,}3617278}{0{,}30103} = 4{,}5235618$$

Activitats

13. Elabora una taula de valors i dibuixa les gràfiques de les funcions:

a) $f(x) = \ln x$ *b)* $g(x) = \log_{\frac{1}{4}} x$

14. Utilitzant les funcions logarítmiques de base 2, 3, $\frac{1}{2}$ i $\frac{1}{3}$, comprova les propietats dels apartats *i), j)* i *k)* de la funció logarítmica.

15. A partir de la gràfica $y = \log_2 x$, dibuixa, aplicant-hi les translacions corresponents, les gràfiques:

a) $y = \log_2 (x + 1)$ *b)* $y = \log_2 x - 1$

16. Demostra les igualtats:

$$\log_a b = -\log_a \frac{1}{b} = -\log_{\frac{1}{a}} b$$

17. Determina, sense utilitzar la calculadora, els logaritmes següents:

a) $\log_7 49$ *b)* $\log_3 729$ *c)* $\log_9 \frac{1}{9}$

d) $\log_{11} \sqrt[3]{121}$ *e)* $\log_{234} 1$ *f)* $\log_{\frac{1}{3}} 27$

g) $\log_{\frac{1}{5}} 125$ *h)* $\log_{\frac{1}{6}} \sqrt[7]{216}$ *i)* $\log_{225} 15$

R: *a)* 2; *b)* 6; *c)* −1; *d)* $\frac{2}{3}$; *e)* 0; *f)* −3; *g)* −3; *h)* $-\frac{3}{7}$; *i)* $\frac{1}{2}$

18. Calcula x en cadascuna d'aquestes igualtats:

a) $\log_3 x = -1$ *b)* $\log_x \frac{1}{25} = -2$

c) $\log_x 6^3 = -3$ *d)* $\log x = \frac{1}{2}$

e) $\ln x = \frac{2}{3}$ *f)* $\log_{\sqrt{7}} x = -2$

R: *a)* $x = \frac{1}{3}$; *b)* $x = 5$; *c)* $x = \frac{1}{6}$; *d)* $x = \sqrt{10}$; *e)* $x = e^{-\frac{2}{3}}$; *f)* $x = \frac{1}{7}$

19. Si $\log 3 = m$, escriu en funció de m:

a) $\log 8100$ *b)* $\log \sqrt{3000}$ *c)* $\log \sqrt[7]{0{,}27}$

d) $\log \frac{1}{729}$ *e)* $\log \left(\frac{1}{2{,}43}\right)^6$ *f)* $\log \frac{0{,}9}{7{,}29}$

g) $\log 0{,}3$ *h)* $\log 0{,}\widehat{3}$ *i)* $\log \frac{10}{81}$

20. *a)* Desenvolupa l'expressió següent aplicant logaritmes neperians als dos membres de la igualtat següent:

$$p = \frac{(a^2\, b^{-3}\, c)^{\frac{1}{3}}}{d^5\, m^{-2}}$$

b) Escriu sense logaritmes decimals:

$$\log p = \frac{5}{2}\,(3 \log a - 2 \log b + \log c - 7 \log d)$$

21. Expressa la relació que hi ha entre log 2 i ln 2.

22. Utilitza la calculadora per determinar $\log_{5,2} 12{,}45$, $\log_{13} 87$, $\log_{0,3} 0{,}675$, $\ln \pi$, $\log e$.

23. Quina relació hi ha entre $\log_a b$ i $\log_b a$?

24. Donats els nombres $\sqrt{21}$, $\frac{1}{3}$, 2, 0,2 i 12^3, ordena del més petit al més gran:

a) Els seus logaritmes de base 7.

b) Els seus logaritmes de base $\frac{1}{3}$.

25. Per què $\log_1 x$ no és una funció?

26. Dues de les quatre expressions següents són equivalents. Indica quines són i demostra-ho.

a) $\ln (a \cdot b) + \ln (a \cdot c)$ *b)* $\ln (a \cdot b) \ln (a \cdot c)$

c) $\ln (a \cdot b + a \cdot c)$ *d)* $\ln a + \ln (b + c)$

5. Equacions logarítmiques

Les equacions en què les incògnites van precedides d'un logaritme s'anomenen **equacions logarítmiques.**

En general, per resoldre-les cal arribar a una igualtat entre logaritmes de la mateixa base, escriure la igualtat equivalent sense logaritmes i resoldre l'equació que en resulta. Finalment, hem d'esbrinar si les solucions que hem esbrinat verifiquen les equacions inicials. Naturalment, rebutjarem les solucions que no les verifiquin.

Vegem-ne algun exemple:

- $2 \log x - \log (x - 16) = 2$. Si hi apliquem les propietats dels logaritmes, tindrem:

$$\log \frac{x^2}{x - 16} = \log 10^2$$

D'aquesta expressió podem deduir:

$$\frac{x^2}{x - 16} = 100 \;\rightarrow\; x^2 - 100x + 1\,600 = 0 \;\rightarrow\; x_1 = 20,\, x_2 = 80$$

Les dues solucions són vàlides perquè ambdues verifiquen l'equació inicial.

- $\log_2 x + \log_2 (x - 2) = 3$. A partir de les propietats dels logaritmes:

$$\log_2 [x(x - 2)] = \log_2 2^3$$

D'on:

$$x(x - 2) = 8 \;\rightarrow\; x^2 - 2x - 8 = 0 \;\rightarrow\; x_1 = 4,\, x_2 = -2$$

Quan substituïm $x = -2$ a l'equació inicial resulta $\log_2(-2)$, que no existeix. Per tant, l'única solució de l'equació plantejada és $x = 4$.

De manera semblant, es poden resoldre **sistemes d'equacions logarítmiques:**

- $$\left.\begin{aligned} \log x + 2 \log y &= 4 \\ \log x - \log y &= 1 \end{aligned}\right\}$$

Per resoldre aquest sistema podem seguir dos camins:

a) El considerem com un sistema de dues equacions amb dues incògnites, $\log x$ i $\log y$. Hi apliquem el mètode de reducció i n'obtenim:

$$3 \log x = 6 \;\rightarrow\; \log x = 2 \;\rightarrow\; x = 100$$

Substituïm el valor de x en una de les dues equacions: $\log y = 1 \;\rightarrow\; y = 10$

b) Si apliquem les propietats dels logaritmes a cada equació, resulta:

$$\left.\begin{aligned} \log (x \cdot y^2) = \log 10^4 \;&\rightarrow\; x \cdot y^2 = 10\,000 \\ \log \frac{x}{y} = \log 10 \;\rightarrow\; \frac{x}{y} = 10 \;&\rightarrow\; x = 10y \end{aligned}\right\}$$

Substituint a la primera equació:

$$10y^3 = 10\,000 \;\rightarrow\; y^3 = 1\,000 \;\rightarrow\; y = 10$$

d'on obtenim: $x = 10y = 10 \cdot 10 = 100 \;\rightarrow\; x = 100$

Si substituïm a les equacions inicials, comprovem que $x = 100$, $y = 10$ són, en efecte, la solució del sistema plantejat.

- $$\left.\begin{aligned} x + y &= 65 \\ \log x + \log y &= 3 \end{aligned}\right\}$$

  En aquest cas, forçosament hem de buscar una equació equivalent a la segona en què no apareguin logaritmes. Observa que aplicar logaritmes a la primera de les dues equacions no ens porta enlloc.

  $$\log x + \log y = 3 \;\longrightarrow\; \log (x \cdot y) = \log 10^3 \;\longrightarrow\; \left.\begin{aligned} x \cdot y &= 1\,000 \\ x + y &= 65 \end{aligned}\right\}$$

  Per substitució obtenim dues solucions: $x_1 = 40$ i $y_1 = 25$ o $x_2 = 25$ i $y_2 = 40$.

  Comprova que ambdues solucions són vàlides.

- Algunes equacions exponencials es poden resoldre amb l'ajuda dels logaritmes. De fet, ja n'hi hem resolt una anteriorment. Vegem-ne un altre exemple:

  $$3^{2x} = 12 \;\longrightarrow\; 2x = \log_3 12 = \frac{\log 12}{\log 3} = \frac{1{,}079\,181\,2}{0{,}477\,121\,2} = 2{,}2618594$$

  Per tant:

  $$x = \frac{2{,}261\,859\,4}{2} = 1{,}130\,929\,7$$

! Important

$\log_a (x + y) \neq \log_a x + \log_a y$

Activitats

27. Determina la solució de les equacions logarítmiques següents:

a) $\log_2 x^2 - \log_2 \left(x - \frac{3}{4}\right) = 2$

b) $2[1 - \log (2x + 3)] = 4 \log \sqrt{5x - 3}$

c) $\dfrac{\log 2 + \log (11 - x^2)}{\log (5 - x)} = 2$

R: *a)* $x_1 = 3$; $x_2 = 1$; *b)* $x = 1$; *c)* $x_1 = 3$; $x_2 = \frac{1}{3}$

28. Resol els sistemes:

a) $\left.\begin{aligned} \log x + \log y &= 2 \\ x - y &= 15 \end{aligned}\right\}$ *b)* $\left.\begin{aligned} 2 \log y - 3 \log x &= 1 \\ \log x + \log y &= 3 \end{aligned}\right\}$

Soluciona'ls de dues maneres diferents.

R: *a)* $x = 20$; $y = 5$; *b)* $x = 10$; $y = 100$

29. Aplicant-hi logaritmes, resol l'equació exponencial $5^{3x-1} = 17$.

R: $x = 0{,}9201248$

6. Aplicacions de les funcions exponencial i logarítmica

A partir de les funcions exponencial i logarítmica es poden resoldre molts problemes. Tot seguit en veurem alguns exemples.

- Considerem que un bacteri es divideix cada 30 segons en dos bacteris nous, cadascun dels quals es torna a dividir en dos més cada 30 segons i així successivament, és a dir, que la població de bacteris es dobla cada 30 segons, sempre que les condicions del cultiu bacteriològic no es modifiquin. Quants bacteris hi haurà al cultiu al cap de 5 minuts?

  La funció $b(t) = 2^{\frac{t}{30}}$, en què t és el temps en segons, ens dóna el nombre de bacteris que hi ha en cada moment. Tenint en compte que 5 minuts són 300 segons, al cap de 5 minuts hi haurà $b(300) = 2^{10} = 1\,024$ bacteris en el cultiu.

  Quant de temps ha de transcórrer perquè hi hagi 4 096 bacteris?

  La resposta s'obté resolent l'equació:

  $$2^{\frac{t}{30}} = 4\,096 \;\longrightarrow\; 2^{\frac{t}{30}} = 2^{12} \;\longrightarrow\; \frac{t}{30} = 12$$

  D'on $t = 30 \cdot 12 = 360$ segons $= 6$ minuts.

- L'acidesa o la basicitat d'una dissolució aquosa és determinada per la concentració d'ions hidroni H_3O^+ que hi ha presents. Aquests ions van sempre acompanyats pels ions hidroxil OH^- i es verifica: $[H_3O^+][OH^-] = 10^{-14}$, on $[H_3O^+]$ i $[OH^-]$ representen les concentracions en mols per litre dels ions hidroni i hidroxil, respectivament.

  Si $[H_3O^+] = [OH^-] = 10^{-7}$ mol/L, la dissolució és neutra.

  Si $[H_3O^+] > 10^{-7}$ mol/L $\rightarrow$ $[OH^-] < 10^{-7}$ mol/L, la dissolució és àcida.

  Si $[H_3O^+] < 10^{-7}$ mol/L $\rightarrow$ $[OH^-] > 10^{-7}$ mol/L, la dissolució és bàsica.

  Per tal de no haver de treballar amb aquests tipus de potències, es defineix el pH d'una dissolució com el logaritme decimal canviat de signe de la seva concentració d'ions hidroni:

$$\text{pH} = -\log\,[H_3O^+]$$

  Anàlogament, es pot definir $\text{pOH} = -\log\,[OH^-]$.

  Fixa't que si $[H_3O^+][OH^-] = 10^{-14}$, es verifica $\text{pH} + \text{pOH} = 14$. Intenta demostrar-ho, tot aplicant-hi les propietats dels logaritmes.

  D'aquesta manera:

$$\text{pH} = 7 \rightarrow \text{dissolució neutra}$$
$$\text{pH} < 7 \rightarrow \text{dissolució àcida}$$
$$\text{pH} > 7 \rightarrow \text{dissolució bàsica}$$

  Quin és el pH d'una dissolució en què $[H_3O^+] = 5{,}43 \cdot 10^{-4}$ mol/L?

$$\text{pH} = -\log\,[H_3O^+] = -\log\,(5{,}43 \cdot 10^{-4}) = -(\log 5{,}43 + \log 10^{-4}) =$$
$$= -(\log 5{,}43 - 4) = 4 - \log 5{,}43 = 3{,}27 < 7$$

  La dissolució és àcida.

  Naturalment, el pOH d'aquesta dissolució és: $\text{pOH} = 14 - \text{pH} = 14 - 3{,}27 = 10{,}73$

  A l'inrevés, si el pH d'una dissolució és 8,42:

  a) Quina és la concentració d'ions hidroni?

  b) I la d'ions hidroxil?

  a) $\text{pH} = 8{,}42 \rightarrow \log\,[H_3O^+] = -8{,}42 \rightarrow [H_3O^+] = 10^{-8{,}42} = 3{,}80 \cdot 10^{-9}$ mol/L

  b) La podem determinar de dues maneres:

$$\text{pH} = 8{,}42 \rightarrow \text{pOH} = 14 - 8{,}42 = 5{,}58 \rightarrow \log\,[OH^-] = -5{,}58$$
$$[OH^-] = 10^{-5{,}58} = 2{,}63 \cdot 10^{-6}\ \text{mol/L}$$
$$[H_3O^+][OH^-] = 10^{-14} \rightarrow [OH^-] = \frac{10^{-14}}{[H_3O^+]} = \frac{10^{-14}}{3{,}802 \cdot 10^{-9}} = 2{,}63 \cdot 10^{-6}\ \text{mol/L}$$

- Una dada de gran interès és la taxa de creixement de la població d'un país determinat. Com ja saps, s'expressa en tant per cent.

  Es calcula que, a la fi d'aquest any, Egipte tindrà 87 milions d'habitants. Al mateix temps, en els últims anys s'ha observat que la població d'aquest país ha crescut amb una taxa interanual de l'1,8 %. Suposant que aquesta taxa es mantingui en els propers anys, quants habitants tindrà Egipte d'aquí a deu anys?

> **! Important**
>
> Si la població disminueix, la taxa de variació serà negativa. En conseqüència, l'expressió serà:
>
> $$h(t) = h_0\,(1 - r)^t$$

D'aquí a un any:

$$87 + 87 \cdot \frac{1{,}8}{100} = 87 + 87 \cdot 0{,}018 = 87\,(1 + 0{,}018) = 87 \cdot 1{,}018 = 88{,}566$$

Egipte tindrà 88 566 000 habitants aproximadament.

D'aqui a dos anys:

$$88{,}566 + 88{,}566 \cdot \frac{1{,}8}{100} = 88{,}566 + 88{,}566 \cdot 0{,}018 =$$

$$= 88{,}566(1 + 0{,}018) = 88{,}566 \cdot 1{,}018 = 87 \cdot 1{,}018 \cdot 1{,}018 = 87 \cdot 1{,}018^2 =$$

$$87 \cdot 1{,}03\,6324 = 90{,}160\,188 \rightarrow 90\,160\,188 \text{ habitants}$$

Per saber els habitants que tindrà d'aquí a tres anys, n'hi ha prou a calcular:

$$87 \cdot 1{,}018^3 = 87 \cdot 1{,}054978 = 91{,}783071 \longrightarrow 91\,783\,071 \text{ habitants}$$

Per tant, d'aquí a 10 anys, Egipte tindrà: $87 \cdot 1{,}018^{10} \longrightarrow 103\,991\,306$ habitants.

I d'aquí a t anys? Generalitzant el procés que hem seguit, s'arriba a l'expressió: $87 \cdot 1{,}018^t$.

La funció que expressa la dependència entre el nombre d'habitants i el temps t transcorregut en anys és:

$$h(t) = h_0\,(1 + r)^t$$

en què h_0 és el nombre inicial d'habitants (nombre d'habitants per a $t = 0$) i r, el tant per u anual de variació de la població.

Si reprenem el problema, quants anys han de transcórrer perquè Egipte tingui 200 milions d'habitants?

$$200 = 87 \cdot 1{,}018^t \rightarrow 1{,}018^t = \frac{200}{87} = 2{,}298\,851$$

$$t = \log_{1{,}018} 2{,}298\,851 = \frac{\log 2{,}298\,851}{\log 1{,}018} =$$

$$= \frac{0{,}361\,511}{0{,}007\,748} = 46{,}65862 \rightarrow t \simeq 46{,}66 \text{ anys}$$

- Un problema semblant a l'anterior és el de l'**interès compost,** el tipus d'interès amb què treballen les entitats bancàries.

  Si dipositem 3 500 € en un banc a un interès compost del 4 % anual, quants anys hauran de transcórrer perquè es converteixin en 10 000 €?

  L'expressió que hem d'aplicar en aquest cas és:

  $$C(t) = C_0(1 + r)^t$$

  en què C_0 és el capital inicial, r, el tant per u d'interès anual, i t, el temps de l'operació en anys.

  A partir de l'enunciat del problema podem escriure la igualtat:

  $$10\,000 = 3\,500 \cdot 1{,}04^t, \text{ d'on } 1{,}04^t = \frac{10\,000}{3\,500} = 2{,}8571429$$

  I, per tant:

  $$t = \log_{1{,}04} 2{,}857\,142\,9 = \frac{\log 2{,}857\,142\,9}{\log 1{,}04} = \frac{0{,}455\,931\,9}{0{,}017\,033\,3} = 26{,}767\,03 \longrightarrow t \simeq 26{,}77 \text{ anys}$$

  I si dipositem els 3 500 € a un interès compost anual del 4,5 %, quin serà el nostre capital d'aquí a cinc anys?

  $$C_5 = C_0(1 + r)^5 = 3\,500(1 + 0{,}045)^5 = 3\,500 \cdot 1{,}045^5 = 4\,361{,}64\,€$$

- A més de l'interès compost, també existeix, almenys en teoria, l'anomenat *interès continu,* l'expressió del qual és:

$$C(t) = C_0 e^{rt}$$

Quants anys han de passar perquè es dobli un capital invertit al 8 % d'interès continu anual?

Es verifica:

$$C = 2\ C_0 \longrightarrow 2\ C_0 = C_0\ e^{0,08t} \longrightarrow e^{0,08t} = 2$$

d'on:

$$0{,}08t = \ln 2 = 0{,}693\,147\,1$$

$$t = \frac{0{,}693\,147\,1}{0{,}08} = 8{,}664\,339\,8 \longrightarrow t \simeq 8{,}66 \text{ anys}$$

- Hi ha una pràctica de física que consisteix a estudiar l'evolució que experimenta la temperatura d'una certa massa d'aigua que es deixa refredar de manera espontània des d'una temperatura inicial propera al punt d'ebullició. Es mesura la temperatura de l'aigua a intervals de temps iguals, per exemple, cada minut, i les dades que se n'obtenen es recullen en una taula.

Els valors que s'han obtingut en una experiència concreta es mostren a la Taula 11.2, i la representació gràfica temperatura-temps d'aquests valors, a la Figura 11.8. És clar que té l'aspecte d'una funció exponencial decreixent.

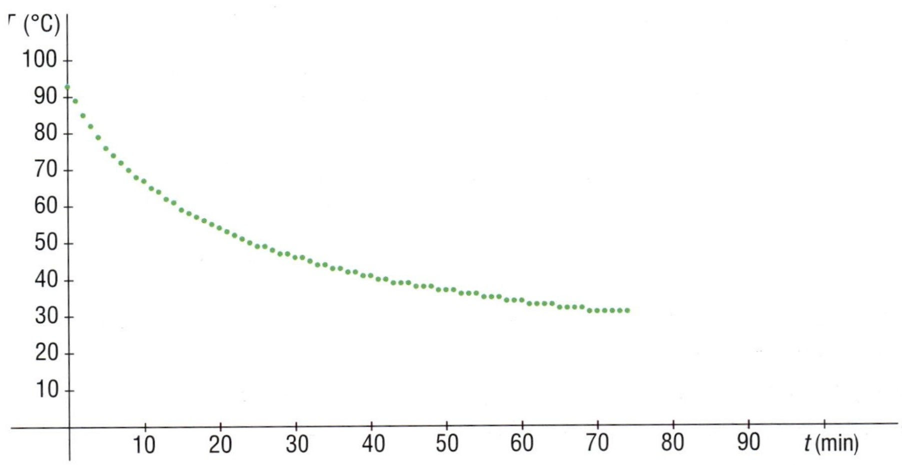

Fig. 11.8

T (°C)	*t* (min)	*T* (°C)	*t* (min)	*T* (°C)	*t* (min)
93	0	49	25	37	50
89	1	49	26	37	51
85	2	48	27	36	52
82	3	47	28	36	53
79	4	47	29	36	54
76	5	46	30	35	55
74	6	46	31	35	56
72	7	45	32	35	57
70	8	44	33	34	58
68	9	44	34	34	59
67	10	43	35	34	60
65	11	43	36	33	61
64	12	42	37	33	62
62	13	42	38	33	63
61	14	41	39	33	64
59	15	41	40	32	65
58	16	40	41	32	66
57	17	40	42	32	67
56	18	39	43	32	68
55	19	39	44	31	69
54	20	39	45	31	70
53	21	38	46	31	71
52	22	38	47	31	72
51	23	38	48	31	73
50	24	37	49	31	74

Taula 11.2

Activitats

30. En una entitat bancària es dipositen 15 025 € al 3 % d'interès compost anual. Quin és el benefici que s'obtindrà al cap de cinc anys? Repeteix el problema suposant que l'interès sigui continu. Compara'n els resultats obtinguts.

R: $b_{\text{compost}} = 2\,393{,}09$ €; $b_{\text{continu}} = 2\,431{,}56$ €

31. El pH d'una dissolució és 11,25. Quina és la concentració d'ions hidroni que hi ha a la dissolució? I la d'ions hidroxil?

R: $[H_3O^+] = 5{,}62 \cdot 10^{-12}$ mol/L
$[OH^-] = 1{,}78 \cdot 10^{-3}$ mol/L

Punt final

L'escala de Richter

El 28 de desembre de 1908, un terratrèmol de magnitud 7,5 provocava a la ciutat de Messina (Sicília) la mort de 120 000 persones. El 28 de juliol de 1976, a les 3 de la matinada, un terratrèmol de magnitud 7,9 va arrassar la ciutat xinesa de Tangxan, prop de Pequín, i es van comptabilitzar uns 600 000 morts. El 30 de setembre de 1993, un terratrèmol de magnitud 6,4 va causar milions de morts a l'Índia. Què significa, però, la *magnitud* d'un terratrèmol?

Sovint, la primera mesura de la intensitat d'un terratrèmol és donada pels danys que ocasiona. Sembla més lògic mesurar els sismes per la quantitat d'energia que alliberen, però aquestes quantitats d'energia són molt variables i moltes vegades s'expressen mitjançant nombres molt grans. Hi ha terratrèmols cent mil milions de vegades més intensos que d'altres i, d'altra banda, un terratrèmol no gaire intens, de magnitud 5,5, pot alliberar tanta energia com l'explosió nuclear de 10 quilotons feta l'any 1946 a Bikini (illes Marshall).

Per evitar l'ús d'aquests nombres tan grans, les escales emprades per mesurar la intensitat dels terratrèmols utilitzen logaritmes decimals. L'escala més usual la va introduir el sismòleg nord-americà C. Richter (1900-1985) l'any 1935. Aquesta escala defineix la magnitud M d'un terratrèmol en funció de l'amplitud A de les ones superficials que ocasiona, de la manera següent:

$$M = \log A + C$$

en què $C = 3{,}3 + 1{,}6 \log D - \log T$ és una constant que depèn del període T de les ones enregistrades al sismògraf (Fig. 11.10) i de la distància D que hi ha entre el sismògraf i l'epicentre del terratrèmol, expressada en graus angulars.

Fig. 11.10 Registre d'un terratrèmol.

Cal tenir present que la magnitud M és una mesura logarítmica decimal. Per aquest motiu, diferències no gaire significatives entre els valors de M de dos terratrèmols corresponen a diferències considerables entre les seves intensitats. Per exemple, les amplituds d'ones superficials corresponents a dos sismes de magnituds $M_1 = 6$ i $M_2 = 8$ verifiquen:

$$M_1 = 6 \rightarrow \log A_1 + C = 6;\ M_2 = 8 \rightarrow \log A_2 + C = 8$$

$$\log A_2 - \log A_1 = 2 \rightarrow \log \frac{A_2}{A_1} = \log 100 \rightarrow$$

$$\rightarrow \frac{A_2}{A_1} = 100 \rightarrow A_2 = 100\, A_1$$

Això significa que un terratrèmol és cent vegades més intens que l'altre. Com que la magnitud M és una expressió logarítmica decimal, una diferència d'una unitat a l'escala de Richter significa una amplitud sísmica enregistrada deu vegades més gran.

Els terratrèmols de magnitud 1 o 2 són molt febles, mentre que els de magnitud superior a 7 són devastadors. A Espanya, el més fort enregistrat fins ara va arribar a la magnitud 6,7 a l'escala de Richter, i es va produir a Granada el dia de Nadal de l'any 1884: va ocasionar 750 morts i va ser el responsable de la destrucció de 5 000 cases. L'any 2011 es va produir al Japó, a la costa de Honshu, un terratrèmol de magnitud 9,0.

Fig. 11.9 El gran terratrèmol de l'any 2011 va tenir efectes devastadors a l'est del Japó.

Activitats finals

1. Dibuixa en uns mateixos eixos de coordenades les funcions exponencials $\left(\frac{3}{2}\right)^x$ i $\left(\frac{2}{3}\right)^x$ i les funcions logarítmiques $\log_{\frac{3}{2}} x$ i $\log_{\frac{2}{3}} x$.

2. Es considera la funció exponencial $f(x) = a^x$. Demostra que si el punt (p, q) és un punt de la seva gràfica, també ho és el punt $\left(-p, \frac{1}{q}\right)$.

3. Determina el punt en què la gràfica de cadascuna de les funcions següents talla l'eix de les ordenades:

a) $f(x) = 5e^x$

b) $h(x) = -3 + 2a^{-x}$

c) $g(x) = -2\left(\frac{1}{3}\right)^{x+1}$

d) $p(x) = 1 - 3^{2x}$

R: *a)* (0,5); *b)* (0, −1); *c)* $\left(0, -\frac{2}{3}\right)$; *d)* (0, 0)

4. Resol aquestes equacions:

a) $x^{-4} = 256$

b) $\sqrt{3\sqrt{3\sqrt{3\sqrt{3}}}} = \left(\frac{1}{3}\right)^{1-x}$

c) $3^x \cdot 5^{x-1} = 10\,125$

d) $\sqrt{\sqrt{7} + 6\sqrt{7}} = 49^{\frac{x}{2}}$

e) $27x^3 = \frac{1}{125}$

f) $5^{4x} - 3 \cdot 5^{2x} - 10 = 0$

g) $5^{x-1} = 2 + \frac{3}{5^{x-2}}$

h) $(a^{x-3})^x = \left(\frac{1}{a}\right)^{-2x}$

i) $(2x)^{-\frac{2}{5}} = \sqrt[5]{e^4}$

j) $7^x + 7^{x+1} + 7^{x+2} = 2\,793$

R: *a)* $x = \frac{1}{4}$; *b)* $x = \frac{31}{16}$; *c)* $x = 4$; *d)* $x = \frac{3}{4}$;
e) $x = \frac{1}{15}$; *f)* $x = \frac{1}{2}$; *g)* $x = 2$;
h) $x_1 = 0$, $x_2 = 5$; *i)* $x = \pm\frac{1}{2e^2}$; *j)* $x = 2$

5. Demostra que si $f(x) = 3^{-x}$, aleshores $f(x+2) = \frac{f(x)}{9}$ i $f(x-3) = 27 \cdot f(x)$.

6. Hem rebut a casa una carta que ens augura bona sort si n'enviem una fotocòpia a cinc persones. En cas contrari, si trenquem la cadena, la sort se'ns girarà en contra. Quina funció expressa el nombre de persones que rebran la carta successivament, si no es trenca la cadena?

7. Determina el punt en què la gràfica de cadascuna d'aquestes funcions talla l'eix de les abscisses:

a) $f(x) = \log(x + 3)$ *b)* $g(x) = \ln(2x - 5)$

c) $h(x) = \log_3 \sqrt{3x}$ *d)* $p(x) = \log_5 \frac{5}{x}$

R: *a)* (−2, 0); *b)* (3, 0); *c)* $\left(\frac{1}{3}, 0\right)$; *d)* (5, 0)

8. Calcula els logaritmes següents sense utilitzar la calculadora:

a) $\log_4 \frac{1}{16}$ *b)* $\log_5 \sqrt[3]{25}$ *c)* $\log_{\frac{1}{a}} a^{\sqrt{3}}$ *d)* $\log \frac{1}{\sqrt{10}}$

e) $\log_{\frac{1}{2}} 2$ *f)* $\log_9 \frac{1}{3}$ *g)* $\log_{0,001} 0,1$

R: *a)* −2; *b)* $\frac{2}{3}$; *c)* $-\sqrt{3}$; *d)* $-\frac{1}{2}$; *e)* −1; *f)* $-\frac{1}{2}$; *g)* $\frac{1}{3}$

9. Calcula:

a) $\log_a b \cdot \log_b a$ *b)* $\log_{\frac{1}{a}} a + \log_b \frac{1}{b}$

R: *a)* 1; *b)* −2

10. Si $\log 2 = m$, expressa en funció de m:

a) $\log 1\,600$ *b)* $\log \sqrt[5]{0,000\,2}$

c) $\log \sqrt{0,006\,4}$ *d)* $\log\left(\frac{1}{1,28}\right)^{-3}$

e) $\log 12,5$ *f)* $\log 0,8^7$

11. Determina l'expressió de $\log x$ que correspon a cadascuna de les igualtats següents:

a) $x = \left(\frac{3a^2 b}{c^3 d}\right)^2$

b) $x = \sqrt[4]{\frac{a(b+c)}{d^5}}$

c) $x = \frac{a^3 b^4 c^{\frac{1}{6}}}{m^{\frac{2}{3}} n \sqrt{p}}$

d) $x = \frac{h}{m\,n\,p\,q\,r}$

Activitats finals

12. Estableix l'expressió de x corresponent a:

a) $\ln x = 3 \ln a + 2 \ln b - \frac{1}{2} \ln c$

b) $\log x = \frac{1}{5}(3 \log a - 2 \log b) - 7(\log c + 4 \log d)$

c) $\log_4 x = 3 \log_4 a + 2 \log_4 b - \frac{\log_4 c + \log_4 d}{3}$

d) $\ln x = \frac{1}{2}(3 \ln a + \ln b - \ln c - 5 \ln d)$

13. Calcula $\log_x (\log_x x^{\sqrt{x}})$.

R: $\frac{1}{2}$

14. Es consideren les quatre expressions següents:

$\log_a (p^2 - q^2)$ $\quad$ $2 \log_a p - 2 \log_a q$

$2 \log_a (p - q)$ $\quad$ $\log_a (p - q) + \log_a (p + q)$

A totes es verifica que $p > q > 0$.

a) Demostra que dues d'aquestes expressions són equivalents.

b) Calcula el valor de la primera expressió per a $a = 2$, $p = 3$ i $q = 1$.

R: *b)* 3

15. Resol aquestes equacions:

a) $2 \log x - 4 \log 2 = 3 \log x$

b) $3 \log_2 x - 2 \log_2 \frac{x}{3} = 2 \log_2 3 + 1$

c) $\ln 2 + \ln (11 - x^2) = 2 \ln (5 - x)$

d) $\frac{10^{\log x}}{1 + 10^{2 \log x}} = \frac{1}{2}$

e) $7^{3x+2} = 140$

R: *a)* $x = \frac{1}{16}$; *b)* $x = 2$; *c)* $x_1 = 3$, $x_2 = \frac{1}{3}$; *d)* $x = 1$; *e)* $x = 0{,}1798339$

16. Calcula x en cadascuna de les igualtats següents:

a) $\log_3 \sqrt{x} = \frac{1}{2}$ $\quad$ *b)* $\log_x 2x = 2$

c) $\log_{\frac{1}{3}} x = -\frac{1}{2}$ $\quad$ *d)* $\log_x \sqrt{2} = 3$

e) $\log_x \frac{1}{2\sqrt{2}} = -3$ $\quad$ *f)* $\log_4 x = \frac{3}{2}$

R: *a)* $x = 3$; *b)* $x = 2$; *c)* $x = \sqrt{3}$; *d)* $x = \sqrt[6]{2}$; *e)* $\sqrt{2}$; *f)* $x = 8$

17. Determina el valor de a per tal que, quan incrementem en tres unitats el logaritme de base a de 6, obtinguem el logaritme de base a de 48.

R: *a)* $a = 2$

18. Al país dels nombres es poden sentir converses molt estranyes. Fixa't en aquesta i intenta identificar-ne els dos personatges.

y: Sóc el teu logaritme decimal.

x: Ep! Sóc deu vegades més gran que tu.

19. Resol els sistemes d'equacions següents:

a) $\left.\begin{aligned} \log x + \log y &= 3 \\ 2 \log x - 2 \log y &= -1 \end{aligned}\right\}$

b) $\left.\begin{aligned} \log x - \log y &= 1 \\ 3x + 5y &= 35 \end{aligned}\right\}$

c) $\left.\begin{aligned} \log x + 3 \log y &= 5 \\ \log \frac{x^2}{y} &= 3 \end{aligned}\right\}$

d) $\left.\begin{aligned} \log_x (y - 18) &= 2 \\ \log_y (x + 3) &= \frac{1}{2} \end{aligned}\right\}$

R: *a)* $x = 10^{\frac{5}{4}}$, $y = 10^{\frac{7}{4}}$; *b)* $x = 10$, $y = 1$; *c)* $x = 100$, $y = 10$; *d)* $x = \frac{3}{2}$, $y = \frac{81}{4}$

20. El pare de l'Albert i el Jordi és matemàtic. Quan li pregunten les edats dels fills, respon: «La potència de base 2 i exponent l'edat del Jordi és igual a la potència de base 8 i exponent 5 menys l'edat de l'Albert. D'altra banda, el logaritme de base l'edat de l'Albert de 64 és igual a l'edat del Jordi». Quina és l'edat de cadascun dels dos nois?

R: $x = 4$ anys, $y = 3$ anys.

21. La taxa de despoblació d'una ciutat és de l'1,5 % anual. Suposant que aquesta taxa no es modifica, quants anys hauran de transcórrer perquè la població actual es redueixi a la meitat? Si actualment aquesta ciutat té 100 000 habitants, quants en tindrà d'aquí a set anys?

R: $h = 89\,961$ habitants

Avaluació

1. Fes una taula de valors i representa gràficament als mateixos eixos de coordenades cadascuna de les funcions següents:

$f(x) = 3^x$

$g(x) = \log_3 x$

Elabora també una llista de les característiques de cada corba i compara-les.

2. Resol les equacions o sistemes següents:

a) $\log_5 x = -3$

b) $3^{x+1} = 150$

c) $9^x - 3^{x+1} - 54 = 0$

d) $2^x + 2^{x+1} + 2^{x+2} + 2^{x+3} = 480$

e) $2 \log x = \log(3 - x) + \log 4$

f) $\left.\begin{array}{l} \log x + \log (y + 12) = 1 \\ 2x - y = 4 \end{array}\right\}$

3. Si $\log_3 p = 5$ i $\log_3 q = -2$, calcula els resultats de les operacions següents aplicant-hi les propietats dels logaritmes:

a) $\log_3 (p \cdot q)$

b) $\log_3 p^2$

c) $\log_3 (p \cdot q^3)$

d) $\log_3 \dfrac{p^5}{q}$

4. La datació de restes arqueològiques es pot fer a partir de la quantitat de carboni 14 (^{14}C) que contenen. La quantitat residual de ^{14}C que trobem al fòssil segueix la llei exponencial:

$$q(t) = q_0 \cdot 2^{-\frac{t}{5\,700}}$$

on q_0 és la quantitat inicial de ^{14}C que contenia el fòssil quan era viu, q és la quantitat de ^{14}C que trobem al fòssil i t el temps en anys.

a) Escriu la funció que es fa servir per datar restes arqueològiques, és a dir, la funció que s'utilitza per determinar l'edat d'un fòssil en funció de la quantitat de ^{14}C que conté en relació amb la d'un ésser viu.

b) Quina és l'edat d'una mòmia si la quantitat de ^{14}C que presenta és la meitat de la que tindria si la persona fos viva?

12

FUNCIONS TRIGONOMÈTRIQUES

A la Figura 12.1 hem dibuixat l'angle α, que abasta diferents arcs de circumferència. La longitud de cadascun d'aquests arcs depèn del radi de la circumferència que hem utilitzat per traçar-lo. L'angle α de la figura és el mateix per als diferents arcs, però té una particularitat: la longitud de cada arc és igual a la del seu radi corresponent. Pots comprovar-ho.

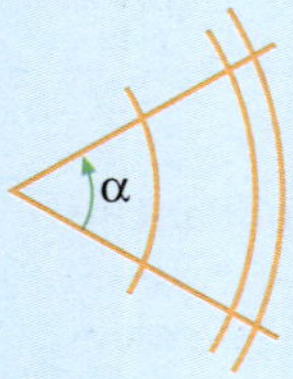

Fig. 12.1

Un angle α que abasta un arc de longitud igual a la del radi és un radiant, abreujadament, un rad. D'aquesta manera, la longitud L d'un arc de circumferència de radi r i d'amplitud α radiants s'expressa $L = \alpha\, r$.

El radiant és una unitat que serveix per mesurar l'amplitud dels angles. A diferència del grau sexagesimal, es tracta d'una unitat natural, ja que no es defineix a partir de cap altre angle.

Quant mesura en graus sexagesimals un angle d'amplitud un radiant? Cal prendre com a referència un angle i expressar-ne la mesura en radiants. Per exemple, quina és la mesura en radiants d'un angle complet, és a dir, d'un angle de 360°?

Un angle complet abasta un arc que és tota la circumferència, la longitud de la qual és $2\pi r$ (Fig. 12.2).

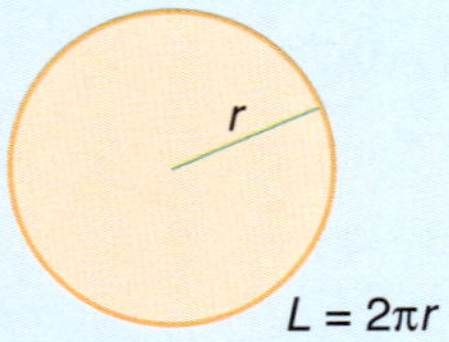

Fig. 12.2

Quantes vegades conté la longitud d'una circumferència la longitud del seu radi? Evidentment, $\frac{2\pi r}{r} = 2\pi$.

Per tant, l'angle d'amplitud 360° mesura 2π radiants.

Aquesta equivalència ens permet expressar en graus la mesura d'un angle d'amplitud un radiant:

$$1 \text{ radiant} = 360° : 2\pi \text{ radiants} = \\ = 57{,}295\,779\,51° = 57°\ 17'\ 44{,}81''$$

Observa que la relació $\frac{360°}{2\pi \text{ rad}}$ és equivalent a $\frac{180°}{\pi \text{ rad}}$.

- Quants radiants mesura un angle de 450°?

$$450° \cdot \frac{\pi \text{ rad}}{180°} = \frac{5\pi}{2} \text{rad}$$

- Quina és la mesura en graus d'un angle de 2,3 radiants?

$$2{,}3 \text{ rad} \cdot \frac{180°}{\pi \text{ rad}} = 131°\ 46'\ 49''$$

1. Funció sinus

Ja saps que sempre és possible conèixer el valor del sinus d'un angle qualsevol.

La funció de variable real que a cada angle, expressat en radiants, hi fa correspondre el valor del seu sinus és la **funció sinus: $f(x) = \sin x$.**

Elaborem una taula de valors (Taula 12.1) per a aquesta funció:

Angle en radiants x	0	$\frac{\pi}{6}$	$\frac{\pi}{4}$	$\frac{\pi}{2}$	π	$\frac{3\pi}{2}$	2	2π	7,5
sin x	0	$\frac{1}{2}$	$\frac{\sqrt{2}}{2}$	1	0	−1	0,91	0	0,94

Taula 12.1

Evidentment, aquesta taula de valors no ens permet dibuixar la gràfica de la funció, ja que en coneixem pocs punts. Les consideracions que farem tot seguit ens ajudaran a completar la gràfica de la funció sinus:

- El domini d'aquesta funció és $\mathbb{R}$. Això vol dir que hem de tenir en compte tots els angles possibles. Ja hem esmentat en una unitat anterior que un mateix punt de la circumferència pot correspondre a un cert angle x i també a tots els angles que s'expressen en la forma $x + 2\pi k$, en què k és un nombre enter.

  Es verifica $\sin x = \sin(x + 2\pi k)$. Això significa que la **funció $f(x) = \sin x$ és periòdica** i el període d'aquesta funció és 2π.

- N'hi ha prou a representar els valors de $\sin x$ corresponents als angles que compleixen $0 \leq x \leq 2\pi$, és a dir, els que corresponen als angles de la circumferència trigonomètrica.

  Tenint en compte la periodicitat de la funció sinus, podem completar-ne la gràfica repetint a intervals d'amplitud 2π la part de la gràfica obtinguda anteriorment.

- El recorregut de la funció sinus és l'interval tancat $[-1, 1]$, ja que $-1 \leq \sin x \leq 1$ per a tot angle x.

  Primerament, dibuixem la gràfica de la funció $f(x) = \sin x$ per als valors de x que pertanyen a l'interval tancat d'extrems 0 i 2π. Observa amb atenció la Figura 12.3: a cada punt de la circumferència trigonomètrica hi correspon un angle, i a aquest angle, el valor del seu sinus.

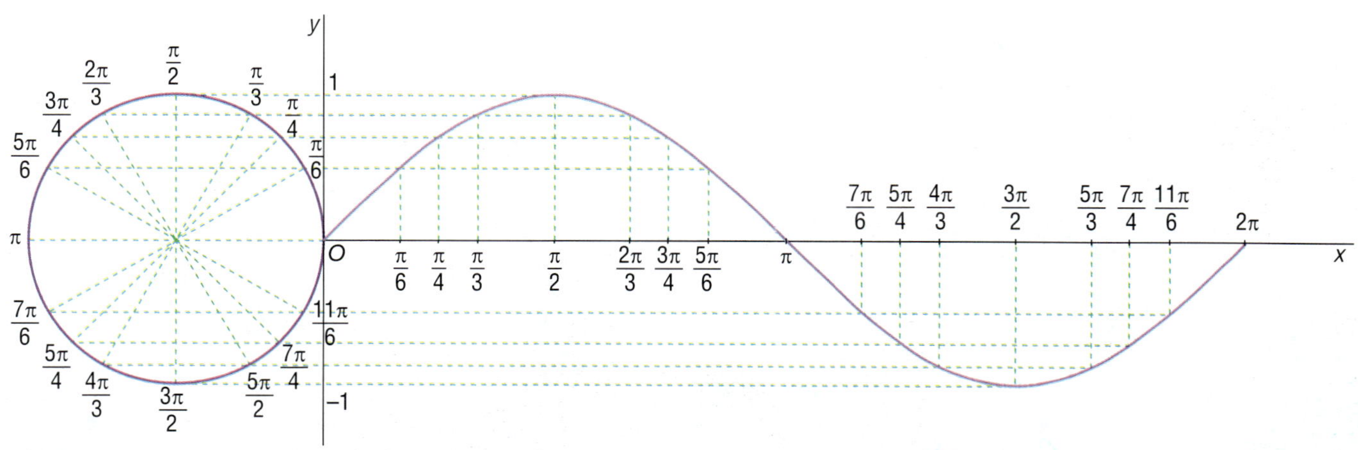

Fig. 12.3

> **Recorda**
>
> $\frac{180°}{\pi \text{ rad}}$ és el factor de conversió que ens permet transformar en graus la mesura d'un angle expressada en radiants. Naturalment, el factor invers, $\frac{\pi \text{ rad}}{180°}$, transforma en radiants la mesura d'un angle expressada en graus.
>
> radiants $\cdot \frac{180°}{\pi \text{ rad}}$ → graus
>
> graus $\cdot \frac{\pi \text{ rad}}{180°}$ → radiants
>
> $180° = \pi$ rad $90° = \frac{\pi}{2}$ rad
>
> $\frac{\pi}{6}$ rad $= 30°$ $\frac{3\pi}{2}$ rad $= 270°$

La periodicitat de la funció ens permet ampliar-ne la gràfica per a valors de x més petits que zero o més grans que 2π (Fig. 12.4).

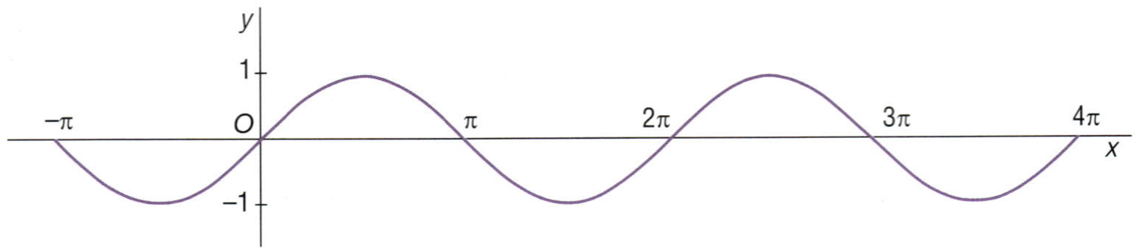

Fig. 12.4

! Important

La gràfica de la funció sinus rep el nom de *sinusoide*.

Aquestes són, en resum, les característiques fonamentals de la funció sinus:

$$f(x) = \sin x \begin{cases} \text{Domini: } \mathbb{R} \\ \text{Funció contínua} \\ \text{Recorregut: } [-1, 1] \\ \text{Període: } 2\pi \end{cases}$$

1.1 Transformacions de la funció sinus

A la funció sinus, com a qualsevol altra funció, hi podem aplicar translacions verticals i horitzontals. S'obtenen, respectivament, funcions del tipus $f(x) = \sin x + h$ i $f(x) = \sin (x + h)$. En ambdós casos es conserva la periodicitat de la funció i també el valor del període, que segueix sent 2π. A les gràfiques de la Figura 12.5, pots veure un exemple de cada tipus.

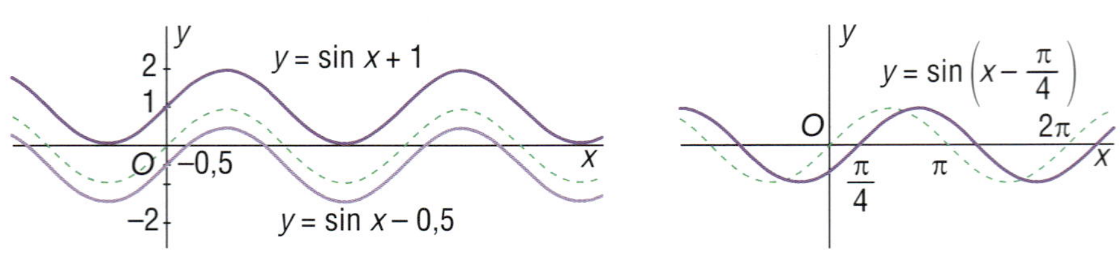

Fig. 12.5

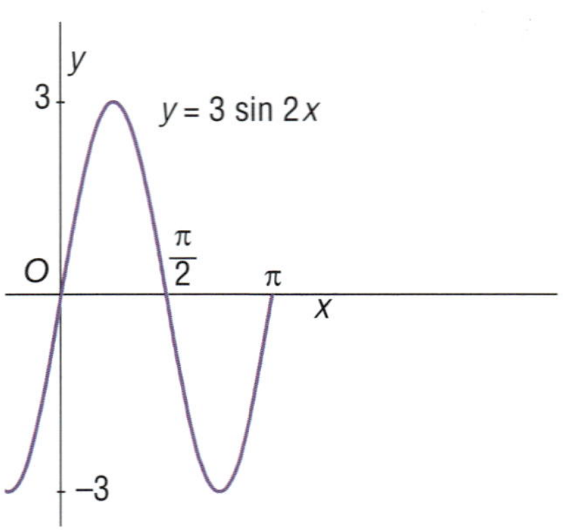

Fig. 12.6

Les funcions del tipus $f(x) = \sin nx$, amb n natural, també són sinusoides, però el seu període és $\frac{2\pi}{n}$ (Fig. 12.6).

Activitats

1. Representa gràficament la funció $y = \sin x$ en l'interval $[-\pi, \pi]$. Elabora'n una taula de valors i dibuixa-la amb detall.

2. Tenint en compte la gràfica de la funció sinus, dibuixa les gràfiques de les funcions següents:

a) $y = \sin x - 2$

b) $y = \sin \left(x + \frac{\pi}{4}\right)$

c) $y = \sin \left(x - \frac{\pi}{2}\right) + 1$

d) $y = 3 \sin x$

3. Representa gràficament les funcions:

a) $f(x) = \sin 3x$

b) $f(x) = -\sin x$

c) $f(x) = \sin 4x$

d) $f(x) = \sin (-2x)$

4. Representa gràficament la funció $y = 2 \sin x$. Indica'n el recorregut i el període.

2. Funció cosinus

La funció que a cada angle, expressat en radiants, hi fa correspondre el valor del seu cosinus és la **funció cosinus: $f(x) = \cos x$.** És, com la funció sinus, una funció real de variable real.

El recorregut d'aquesta funció és l'interval tancat [–1, 1], ja que es verifica $-1 \le \cos x \le 1$. Construïm una taula de valors de $f(x) = \cos x$ (Taula 12.2):

Angle en radiants x	0	$\frac{\pi}{6}$	$\frac{\pi}{4}$	$\frac{\pi}{2}$	π	$\frac{3\pi}{2}$	2	2π	7,5
cos x	1	$\frac{\sqrt{3}}{2}$	$\frac{\sqrt{2}}{2}$	0	–1	0	–0,42	1	0,35

Taula 12.2

Les observacions que hem fet a l'apartat anterior per a la funció sinus també són aplicables a la funció cosinus (Fig. 12.7):

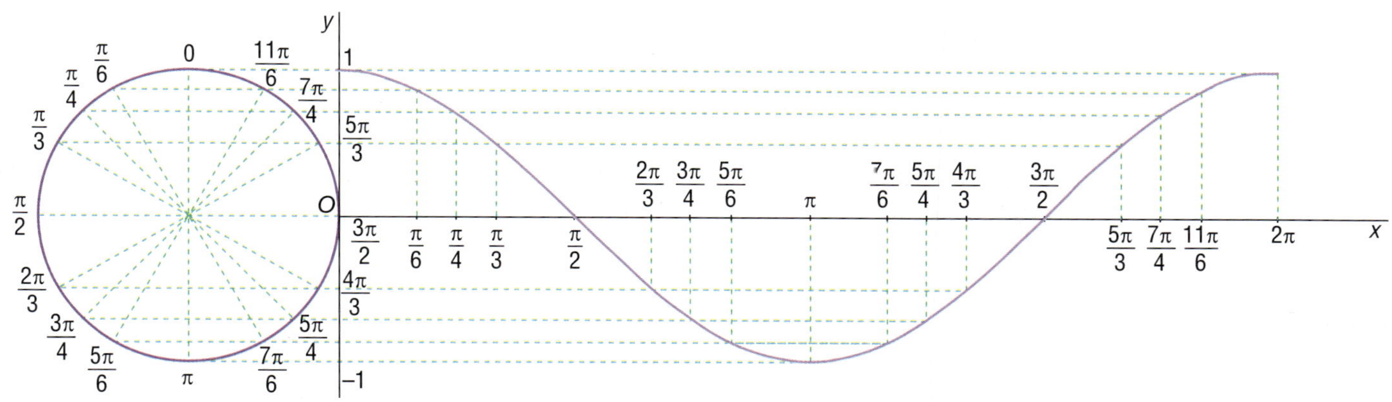

Fig. 12.7

A cada punt de la circumferència correspon un angle, i a aquest angle, el valor del seu cosinus. Si l'interval de representació de la funció cosinus és més ampli, podem observar-ne la periodicitat (Fig. 12.8).

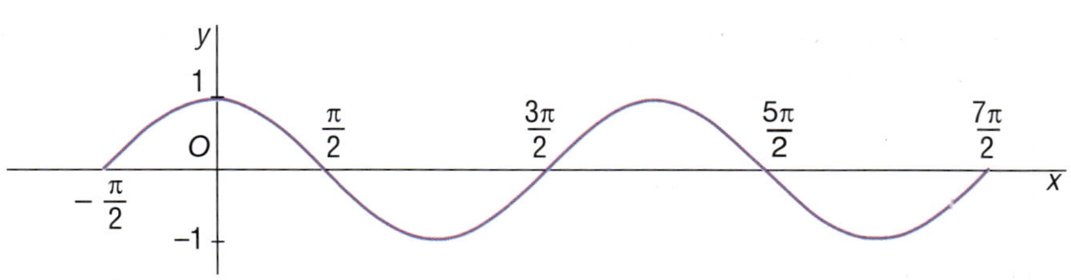

Fig. 12.8

La funció cosinus té aquestes característiques:

$$f(x) = \cos x \begin{cases} \text{Domini: } \mathbb{R} \\ \text{Funció contínua} \\ \text{Recorregut: } [-1, 1] \\ \text{Període: } 2\pi \end{cases}$$

La gràfica de la funció cosinus es pot obtenir traslladant horitzontalment la gràfica de la funció sinus $\frac{\pi}{2}$ unitats cap a la seva esquerra. Això és així perquè, com pots observar a la Figura 12.9, es compleix la igualtat $\cos x = \sin\left(x + \frac{\pi}{2}\right)$. En comparar les gràfiques de les dues funcions, podem comprovar que, per exemple, $\cos 0 = \sin \frac{\pi}{2} = 1$.

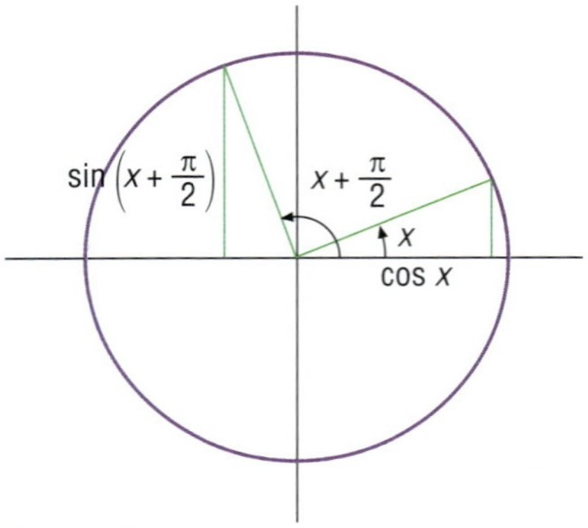

Fig. 12.9

Les transformacions que hem plantejat en el cas de la funció sinus afecten de la mateixa manera la funció cosinus. A títol d'exemple, fixa't en aquestes gràfiques (Fig. 12.10):

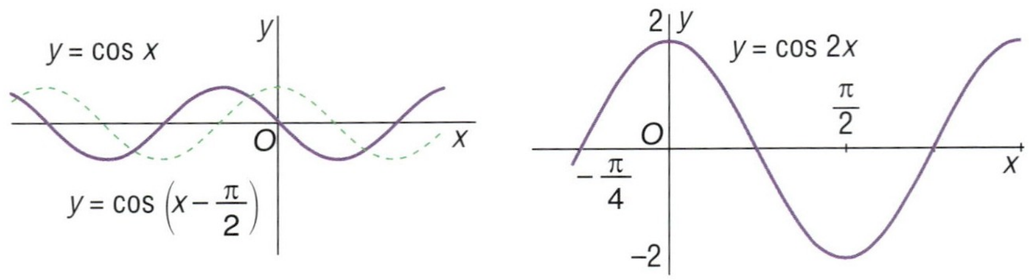

Fig. 12.10

Activitats

5. Dibuixa la gràfica de la funció $y = \cos x$ en l'interval $[-2\pi, 2\pi]$. Elabora'n una taula de valors i pren com a model la gràfica del text.

6. Representa gràficament aquestes funcions:

a) $y = \cos x + 1$ *b)* $y = \cos\left(x - \frac{\pi}{4}\right)$

c) $y = \cos x - 2$ *d)* $y = \cos\left(x + \frac{\pi}{4}\right)$

7. Construeix la gràfica i indica el període de cadascuna d'aquestes funcions:

a) $f(x) = \cos 4x$ *b)* $f(x) = -\cos x$

8. Determina el recorregut de les funcions:

a) $f(x) = 2 \cos x$ *b)* $f(x) = -2 \cos x$

c) $f(x) = 3 \cos x$ *d)* $f(x) = \cos 3x$

3. Funció tangent

La funció de variable real que a cada angle, expressat en radiants, hi fa correspondre el valor de la seva tangent és la **funció tangent: $f(x) = \text{tg}\, x$.**

A diferència de les dues funcions anteriors, la funció tangent no existeix per a qualsevol valor real de $x \in \mathbb{R}$. Si tenim en compte que $\text{tg}\, x = \frac{\sin x}{\cos x}$, la funció tangent no està definida per als valors de x que verifiquen $\cos x = 0$. Això succeeix quan x és un nombre senar de vegades $\frac{\pi}{2}$. Per tant:

$$D_f: \mathbb{R} - \left\{x = (2k+1)\frac{\pi}{2} / k \in \mathbb{Z}\right\}$$

Elaborem una taula de valors de la funció (Taula 12.3):

Angle en radiants x	0	$\frac{\pi}{6}$	$\frac{\pi}{4}$	$\frac{\pi}{2}$	π	$\frac{3\pi}{2}$	2	2π
tg x	0	$\frac{1}{\sqrt{3}}$	1	–	0	–	−2,19	0

Taula 12.3

Evidentment, aquests punts no són suficients per dibuixar la gràfica. Hem de tenir en compte que no és una funció contínua a tot $\mathbb{R}$, ja que presenta discontinuïtat asimptòtica en els valors de x que verifiquen $x = (2k+1)\,\frac{\pi}{2}$, $k \in \mathbb{Z}$. Caldrà que calculem els límits laterals de la funció per a cadascun d'aquests valors.

Vegem què succeeix, per exemple, en $x = \frac{\pi}{2}$:

Les tangents dels angles $x < \frac{\pi}{2}$ són positives i cada cop més grans a mesura que x s'apropa a $\frac{\pi}{2}$.

En canvi, les tangents dels angles que s'apropen a $\frac{\pi}{2}$, amb valors $x > \frac{\pi}{2}$, són negatives i cada cop més petites (Fig 12.11).

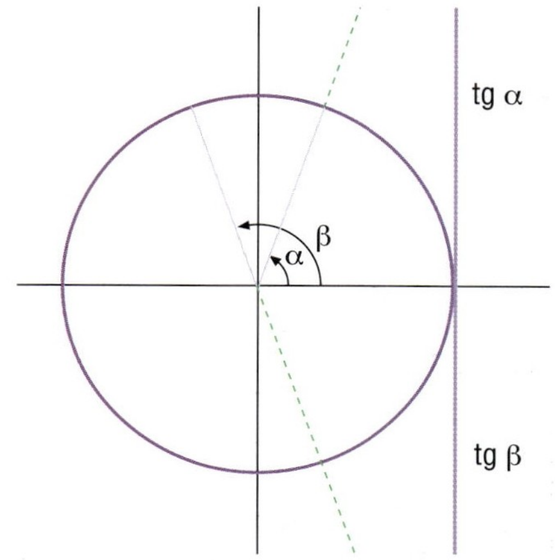

Fig. 12.11

En conseqüència:

$$\lim_{x \to \frac{\pi^-}{2}} \operatorname{tg} x = +\infty \qquad \lim_{x \to \frac{\pi^+}{2}} \operatorname{tg} x = -\infty$$

Passa el mateix en $x = \frac{3\pi}{2}$, $x = \frac{5\pi}{2}$..., i també, en $x = \frac{-\pi}{2}$, $x = \frac{-3\pi}{2}$...

El recorregut de la funció tangent és $\mathbb{R}$, ja que pot prendre qualsevol valor real.

Per tant, ja podem dibuixar la gràfica de $f(x) = \operatorname{tg} x$ (Fig. 12.12):

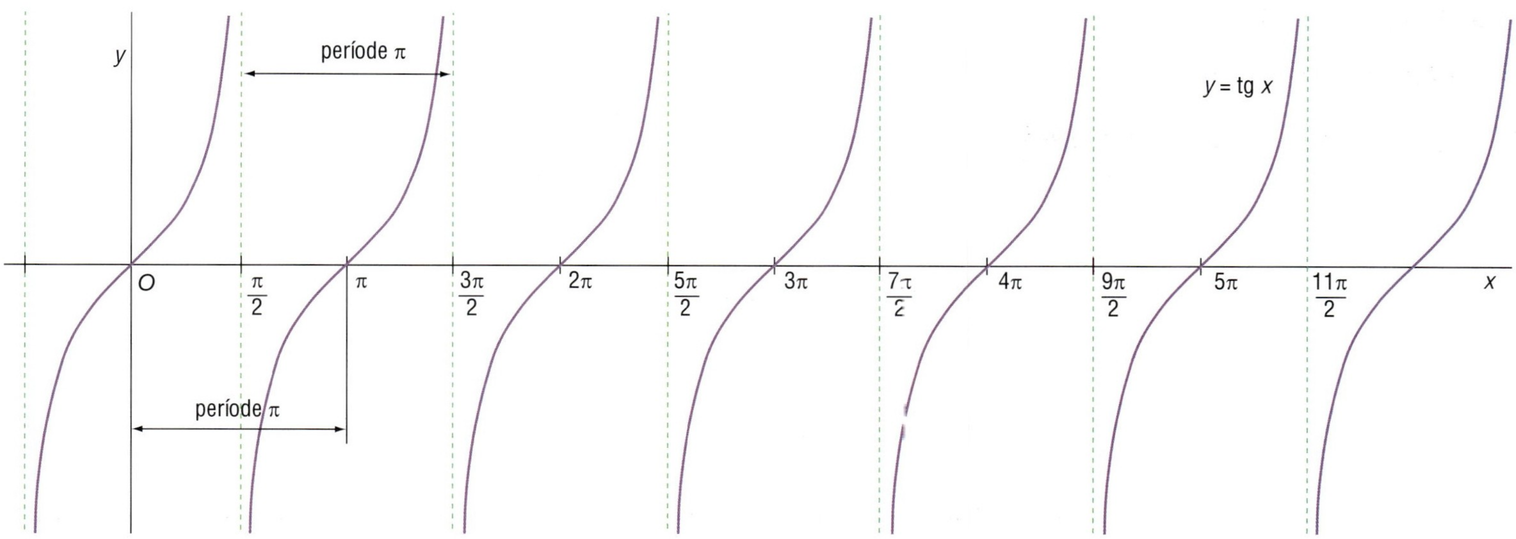

Fig. 12.12

Com pots observar, la funció tangent és periòdica (Fig. 12.12). El període és π, ja que $\operatorname{tg}(x + \pi) = \operatorname{tg} x$.

En definitiva, les característiques de la funció $f(x) = \operatorname{tg} x$ són:

$f(x) = \operatorname{tg} x$
- Domini: $\mathbb{R} - \left\{x = (2k+1)\,\frac{\pi}{2} / k \in \mathbb{Z}\right\}$
- Recorregut: $\mathbb{R}$
- Període: π
- Contínua en tot el seu domini
- Discontinuïtats asimptòtiques a $x = (2k+1)\,\frac{\pi}{2} / k \in \mathbb{Z}$

Activitats

9. Indica quins d'aquests angles no pertanyen al domini de la funció $f(x) = \text{tg } x$: $\frac{7\pi}{4}$, $\frac{32\pi}{5}$, 324°, 32π, $\frac{15\pi}{2}$, 900° i 990°.

10. Utilitza la calculadora per elaborar una taula de valors que et permeti representar amb precisió la gràfica de la funció $f(x) = \text{tg } x$ en l'interval $\left(-\frac{\pi}{2}, \frac{\pi}{2}\right)$.

11. Aplica a la gràfica de l'activitat anterior una translació de dues unitats en la direcció de l'eix d'ordenades i en el sentit positiu d'aquest eix. Quina és l'expressió algèbrica de la funció que correspon a aquesta gràfica?

12. Determina els límits laterals de la funció $y = \text{tg } x$ en $x = \frac{13\pi}{2}$.

4. Funcions circulars inverses

En estudiar les funcions reals de variable real, hem definit la funció inversa f^{-1} d'una funció f. Recorda que, quan fem la composició d'aquestes dues funcions, obtenim sempre la funció identitat: $(f \circ f^{-1})(x) = (f^{-1} \circ f)(x) = x$.

$$x \underset{f^{-1}}{\overset{f}{\rightleftarrows}} f(x)$$

Les gràfiques de dues funcions inverses són simètriques respecte de la bisectriu del primer i el tercer quadrants. Podem interpretar-ho en el sentit que, en dues funcions inverses, les variables x i y s'intercanvien els papers. D'aquesta manera, el recorregut d'una funció passa a ser el domini de l'altra i a l'inrevés.

Les funcions trigonomètriques que hem analitzat als apartats anteriors són funcions reals de variable real. Sembla lògic pensar que cadascuna d'aquestes funcions ha de tenir la funció inversa corresponent. Efectivament, és així, però caldrà anar amb molt de compte a l'hora de definir-les.

La funció inversa de la funció $f(x) = \sin x$ l'expressem en la forma $\boldsymbol{f^{-1}(x) = \arcsin x}$.

4.1 Funció arc sinus

Què significa aquesta expressió? Cal recórrer a la definició de funció inversa per respondre aquesta qüestió: mitjançant $\arcsin x$ representem l'angle el sinus del qual és x.

Per exemple, $\sin \frac{\pi}{6} = \frac{1}{2} \rightarrow \arcsin \frac{1}{2} = \frac{\pi}{6}$

$\arcsin 1 = \frac{\pi}{2}$ $\qquad$ $\arcsin\left(-\frac{1}{2}\right) = -0{,}52 \text{ rad} = -30°$

En principi, podem obtenir la taula de valors de $f(x) = \arcsin x$ a partir de la taula de valors de $f(x) = \sin x$, simplement intercanviant els valors de les dues variables (Taula 12.4).

sin x	0	$\frac{1}{2}$	$\frac{\sqrt{2}}{2}$	1	0	–1	0,91	0
arcsin x (rad)	0	$\frac{\pi}{6}$	$\frac{\pi}{4}$	$\frac{\pi}{2}$	π	$\frac{3\pi}{2}$	2	2π

Taula 12.4

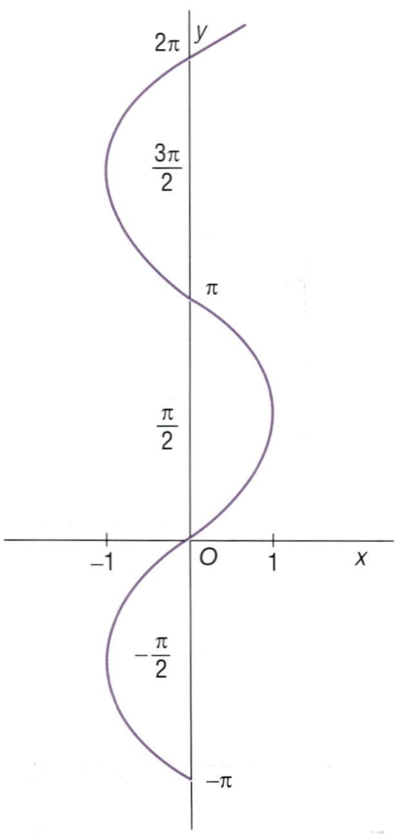

Fig. 12.13

A la Figura 12.13 hem representat la gràfica simètrica de la gràfica de la funció $f(x) = \sin x$ respecte de la bisectriu del primer i el tercer quadrants. No és res més que la gràfica que obtindríem a partir de la taula anterior.

Aquesta gràfica hauria de correspondre a la funció $f(x) = \arcsin x$. Tanmateix, això és impossible perquè cada valor de x que pertany a l'interval $[-1, 1]$ té més d'una imatge. Aquest fet es pot explicar a partir de la igualtat $\sin x = \sin (x + 2\pi k)$, $k \in \mathbb{Z}$.

Per tal de resoldre aquesta situació, ens cal restringir a l'interval $\left[-\frac{\pi}{2}, \frac{\pi}{2}\right]$ el domini de la funció $f(x) = \sin x$, amb la qual cosa també es restringeix al mateix interval el recorregut de la funció $f(x) = \arcsin x$. L'elecció d'aquest interval no es fa a l'atzar: fixa't que la funció $f(x) = \sin x$ hi assoleix un sol cop tots els valors possibles del seu recorregut, l'interval $[-1, 1]$. En aquestes condicions, $f(x) = \arcsin x$ és una funció.

El domini de la funció és $[-1, 1]$ i el recorregut, $\left[-\frac{\pi}{2}, \frac{\pi}{2}\right]$. Observa que aquest interval inclou una sola vegada els angles el sinus dels quals verifica $-1 \leq \sin x \leq 1$ (Fig. 12.14). La gràfica també posa de manifest que la funció $f(x) = \arcsin x$ és contínua en tot el seu domini.

! Important

Les tecles de la calculadora $\sin^{-1}$, $\cos^{-1}$ i $\tan^{-1}$ corresponen a les tres funcions que analitzem.

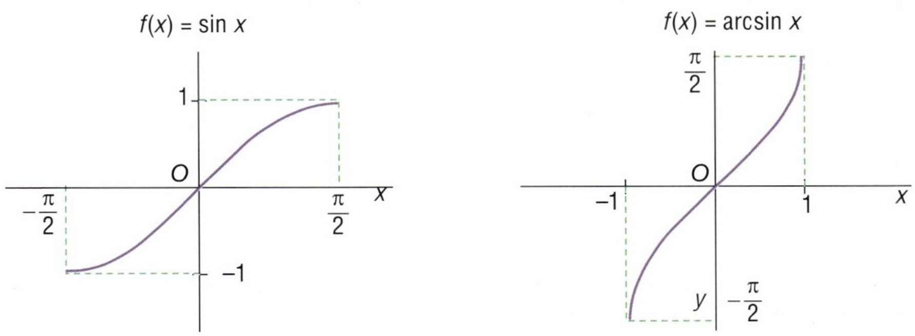

Fig. 12.14

4.2 Funció arc cosinus

Expressem per $f^{-1}(x) = \arccos x$ la funció inversa de $f(x) = \cos x$.

$$\cos \pi = -1 \rightarrow \arccos(-1) = \pi$$

La taula de valors que correspon a aquesta funció es podria obtenir a partir de la taula de valors de la funció $f(x) = \cos x$, intercanviant els valors de les variables x i y (Taula 12.5).

cos x	1	$\frac{\sqrt{3}}{2}$	$\frac{\sqrt{2}}{2}$	0	−1	0	−0,42	1
arccos x (rad)	0	$\frac{\pi}{6}$	$\frac{\pi}{4}$	$\frac{\pi}{2}$	π	$\frac{3\pi}{2}$	2	2π

Taula 12.5

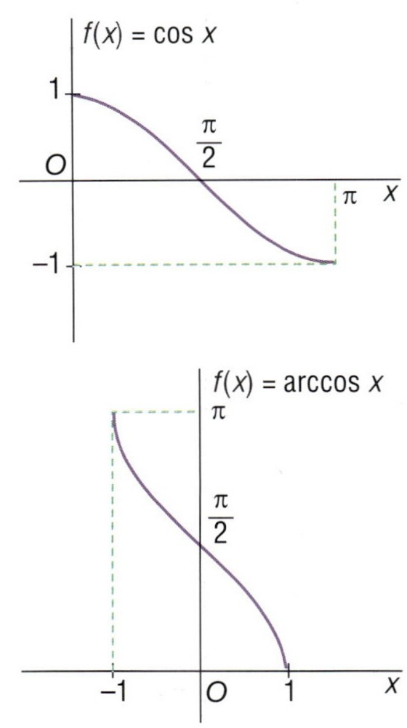

Fig. 12.15

Tenint en compte que $\cos x = \cos (x + 2\pi k)$, $k \in \mathbb{Z}$, som davant del mateix tipus de problema que en el cas de la funció anterior, és a dir, caldrà restringir el domini de la funció $f(x) = \cos x$ a fi i efecte que $f(x) = \arccos x$ sigui, en efecte, una funció.

Si observes la gràfica de la funció $f(x) = \cos x$, comprovaràs que assoleix tots els valors del seu recorregut, l'interval $[-1, 1]$, per a $x \in [0, \pi]$. Aleshores, hem de restringir el domini de la funció $f(x) = \cos x$ a l'interval $[0, \pi]$ per assolir el nostre objectiu.

En aquestes condicions, $f(x) = \arccos x$ és una funció. El domini és l'interval $[-1, 1]$, el recorregut, l'interval $[0, \pi]$ i, com pots comprovar a la seva gràfica, es tracta d'una funció contínua en tot el seu domini (Fig. 12.15).

4.3 Funció arc tangent

Representem per $\boldsymbol{f^{-1}(x)} = \mathbf{arctg\,x}$ la funció inversa de $f(x) = \text{tg}\ x$.

$$\text{tg}\ \frac{\pi}{4} = 1 \rightarrow \text{arctg}\ 1 = \frac{\pi}{4}$$

La taula de valors d'aquesta funció es podria obtenir a partir de l'intercanvi dels valors de les variables x i y a la taula de la funció $f(x) = \text{tg}\ x$. De tota manera, la informació que n'obtindríem seria poc rellevant. També en aquest cas se'ns planteja el mateix problema que en les dues funcions inverses anteriors, ja que $\text{tg}\ x = \text{tg}\ (x + \pi k)$, $k \in \mathbb{Z}$. A partir de la gràfica de la funció $f(x) = \text{tg}\ x$ observem que el problema se soluciona si restringim el domini d'aquesta funció a l'interval $\left(-\frac{\pi}{2}, \frac{\pi}{2}\right)$. En aquest interval, la funció tangent assoleix tots els valors possibles del seu recorregut, l'interval $(-\infty, +\infty)$.

Segons el que acabem d'exposar, el domini de la funció $f(x) = \text{arctg}\,x$ és $\mathbb{R}$, el recorregut, l'interval $\left(-\frac{\pi}{2}, \frac{\pi}{2}\right)$ i la gràfica ens mostra que es tracta d'una funció contínua en tot el seu domini (Fig. 12.16).

Recorda que en $x = (2k + 1)\ \frac{\pi}{2}$, $k \in \mathbb{Z}$, la funció $f(x) = \text{tg}\ x$ presenta discontinuïtats asimptòtiques.

$f(x) = \text{tg}\ x$

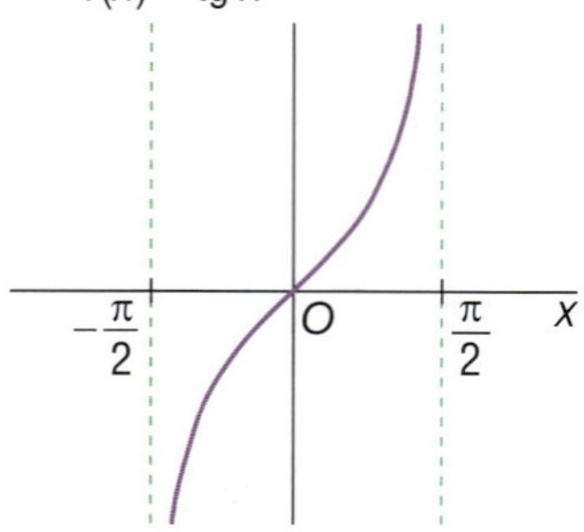

$f(x) = \text{arctg}\ x$

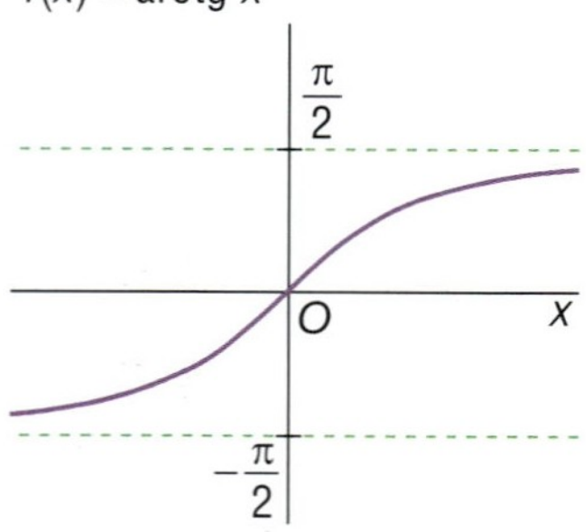

Fig. 12.16

Activitats

13. Raona per què les funcions $y = \text{arcsin}\,x$ i $y = \text{arccos}\,x$ tenen el domini restringit a l'interval $[-1, 1]$.

14. Considera la funció $y = \text{arctg}\,x$. Indica l'interval en què els valors que assoleix la funció són més grans que 1.

5. Altres funcions trigonomètriques

A partir de les tres raons trigonomètriques d'un angle α que ja coneixes, se'n poden definir tres més: *cosecant, secant* i *cotangent*. Tot seguit les estudiarem.

5.1 Cosecant

Donat un angle α qualsevol, sempre podem determinar-ne el valor del sinus.

El nombre que resulta de fer la divisió $\frac{1}{\sin\alpha}$, sempre que $\sin\alpha \neq 0$, s'anomena **cosecant de l'angle** α. Escrivim: $\text{cosec}\ \alpha = \frac{1}{\sin\alpha}$.

5.2 Secant

Podem conèixer el valor del cosinus de qualsevol angle α.

El resultat de la divisió $\frac{1}{\cos\alpha}$, amb $\cos\alpha \neq 0$, rep el nom de **secant de l'angle** α. Escrivim: $\sec\alpha = \frac{1}{\cos\alpha}$.

5.3 Cotangent

La tangent d'un angle α és un nombre real sempre que $\cos \alpha \neq 0$.

El quocient $\frac{1}{\text{tg } \alpha}$, sempre que $\text{tg } \alpha \neq 0$, s'anomena **cotangent de l'angle α.**

$$\text{cotg } \alpha = \frac{1}{\text{tg } \alpha} = \frac{\cos \alpha}{\sin \alpha},\ \sin \alpha \neq 0$$

! Important

$$\text{cosec } \alpha = \frac{1}{\sin \alpha}$$

$$\sec \alpha = \frac{1}{\cos \alpha}$$

$$\text{cotg } \alpha = \frac{1}{\text{tg } \alpha} = \frac{\cos \alpha}{\sin \alpha}$$

5.4 Representació gràfica

De la mateixa manera que les raons trigonomètriques sinus, cosinus i tangent, les altres tres raons trigonomètriques que acabem de definir també es poden representar a la circumferència unitat o circumferència trigonomètrica.

Per fer-ho, cal tenir en compte les relacions que hi ha entre les sis raons trigonomètriques. Comencem per recordar-ne dues, que ja coneixes:

$$\sin^2 \alpha + \cos^2 \alpha = 1 \qquad \text{tg } \alpha = \frac{\sin \alpha}{\cos \alpha}$$

Si dividim els dos membres de la primera igualtat, que coneixem amb el nom d'**igualtat fonamental de la trigonometria,** per $\sin^2 \alpha$, tenim:

$$\frac{\sin^2 \alpha}{\sin^2 \alpha} + \frac{\cos^2 \alpha}{\sin^2 \alpha} = \frac{1}{\sin^2 \alpha} \rightarrow \boxed{1 + \text{cotg}^2 \alpha = \text{cosec}^2 \alpha}$$

Aquesta relació permet representar gràficament la cosecant d'un angle, tal com pots observar a la Figura 12.17.

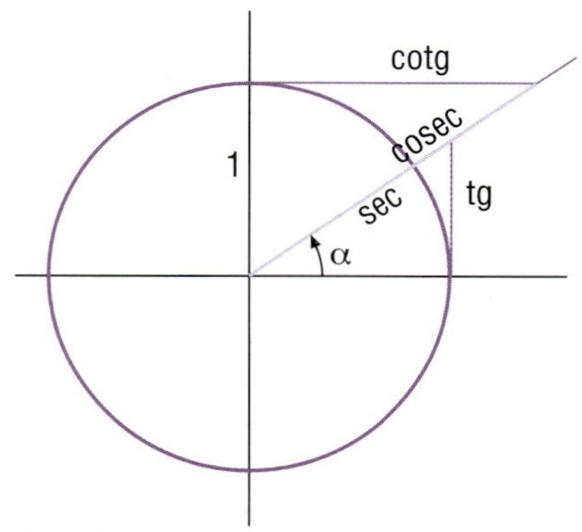

Fig. 12.17

Si ara dividim els dos membres de la igualtat fonamental per $\cos^2 \alpha$, resulta:

$$\frac{\sin^2 \alpha}{\cos^2 \alpha} + \frac{\cos^2 \alpha}{\cos^2 \alpha} = \frac{1}{\cos^2 \alpha} \rightarrow \boxed{1 + \text{tg}^2 \alpha = \sec^2 \alpha}$$

Amb aquesta relació podem representar gràficament la secant d'un angle, tal com pots veure a la Figura 12.17.

Observa les figures 12.18 *a), b)* i *c)* per identificar-hi les raons trigonomètriques que hem definit en aquest apartat i que corresponen a angles situats, respectivament, als quadrants segon, tercer i quart.

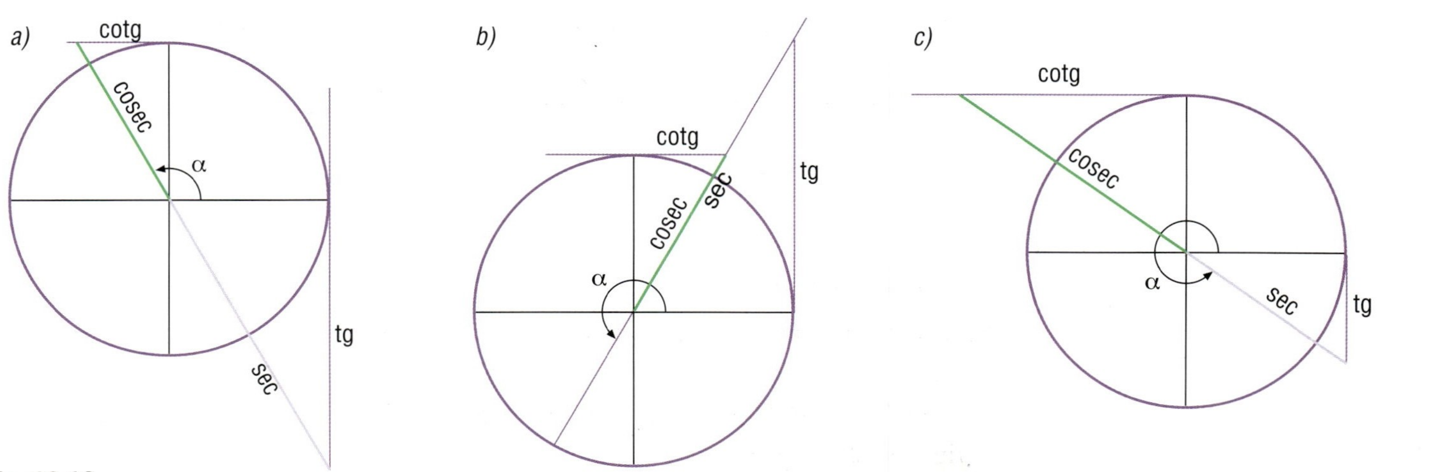

Fig. 12.18

La cotangent es representa a la recta que passa pel punt (0, 1) i és perpendicular a l'eix d'ordenades. A la dreta d'aquest punt té signe positiu i a l'esquerra, signe negatiu.

La secant es dibuixa sobre el diàmetre que determina l'angle α, fins que talla l'eix de les tangents. La cosecant es representa sobre el mateix diàmetre, fins que talla l'eix de les cotangents.

Tal com es defineixen, el signe de les raons trigonomètriques cosecant, secant i cotangent a cada quadrant coincideix, respectivament, amb el de les raons sinus, cosinus i tangent. Per exemple, si α és un angle del tercer quadrant, $\sec \alpha < 0$ perquè $\sin \alpha < 0$.

Quan es coneix una qualsevol de les sis raons trigonomètriques d'un angle, es poden determinar les altres cinc sempre que es conegui el quadrant al qual pertany l'angle.

5.5 Funcions cosecant, secant i cotangent

També es poden definir les funcions reals de variable real que corresponen a les raons trigonomètriques cosecant, secant i cotangent.

Funció cosecant

La funció que a cada angle *x*, expressat en radiants, hi fa correspondre el valor de la seva cosecant s'anomena **funció cosecant: $f(x) = \text{cosec}\ x$.**

Aquesta funció no està definida per als valors de x tals que $\sin x = 0$, és a dir, per a $x = k\pi$, amb $k \in \mathbb{Z}$.

A la gràfica de la Figura 12.19 pots observar les altres característiques d'aquesta funció. Fixa't en els valors que pot prendre $f(x)$: tots els nombres reals que són més petits o iguals que -1, o bé, més grans o iguals que 1.

Funció secant

La funció que a cada angle *x*, expressat en radiants, hi fa correspondre el valor de la seva secant s'anomena **funció secant: $f(x) = \sec x$.**

Aquesta funció no està definida per als valors de x tals que $\cos x = 0$, és a dir, per a $x = (2k + 1)\frac{\pi}{2}$, amb $k \in \mathbb{Z}$.

A la gràfica de la Figura 12.20 pots analitzar les característiques més importants d'aquesta funció. Observa que el seu recorregut és el mateix que el de la funció $f(x) = \text{cosec}\ x$.

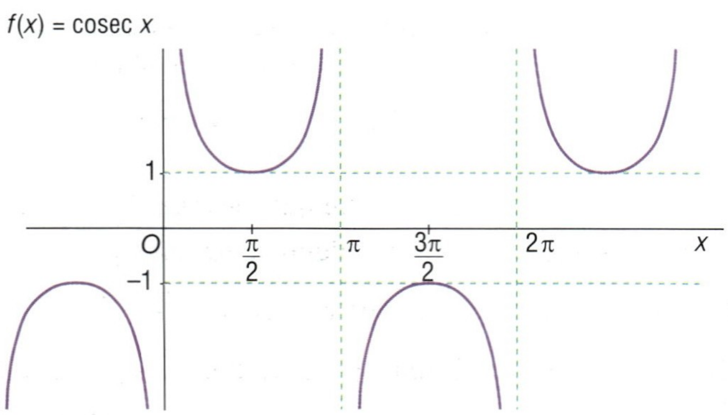

Fig. 12.19

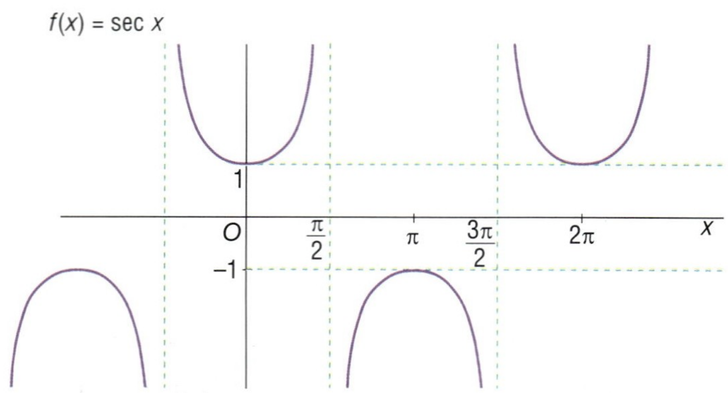

Fig. 12.20

Funció cotangent

La funció que a cada angle x, expressat en radiants, hi fa correspondre el valor de la seva cotangent s'anomena **funció cotangent:** $f(x) = \text{cotg } x$.

Aquesta funció no està definida per als valors de x tals que $\sin x = 0$, és a dir, per a $x = k\pi$, en què $k \in \mathbb{Z}$.

Pots observar les característiques més importants d'aquesta funció a la gràfica de la Figura 12.19.

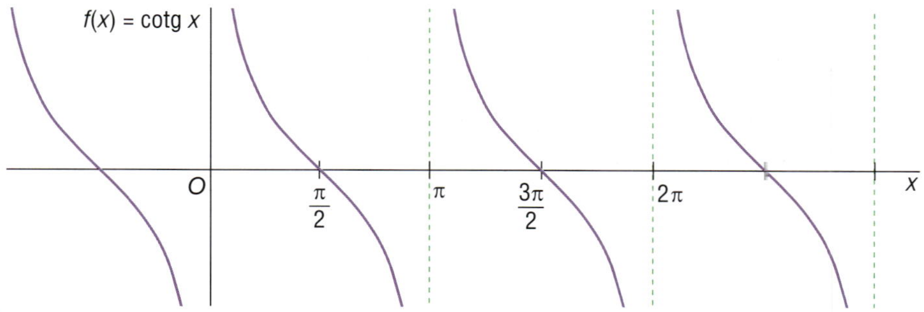

Fig. 12.21

Exemple 1

Un angle α del segon quadrant verifica que $\sec \alpha = -2$. Calcula'n les altres raons trigonomètriques.

Resolució

Tenint en compte que $\sec \alpha = \dfrac{1}{\cos \alpha}$, $\cos \alpha = \dfrac{1}{\sec \alpha} = -\dfrac{1}{2}$.

La igualtat $\text{tg}^2 \alpha + 1 = \sec^2 \alpha$ ens permet determinar $\text{tg } \alpha$:

$$\text{tg}^2 \alpha = \sec^2 \alpha - 1 = 4 - 1 = 3 \quad \rightarrow \quad \text{tg } \alpha = \pm\sqrt{3}$$

Sabem que α és un angle del segon quadrant. Per tant, $\text{tg } \alpha = -\sqrt{3}$.

El càlcul de $\text{cotg } \alpha$ és immediat:

$$\text{cotg } \alpha = \frac{1}{\text{tg } \alpha} = -\frac{1}{\sqrt{3}}$$

Per determinar $\sin \alpha$ podem considerar, per exemple, la igualtat $\text{tg } \alpha = \dfrac{\sin \alpha}{\cos \alpha}$.

Aleshores,

$$\sin \alpha = \text{tg } \alpha \cos \alpha = -\sqrt{3}\left(-\frac{1}{2}\right) = \frac{\sqrt{3}}{2}$$

Finalment, calculem la raó que ens falta:

$$\text{cosec } \alpha = \frac{1}{\sin \alpha} = \frac{2}{\sqrt{3}}$$

Les raons trigonomètriques de l'angle α del segon quadrant tal que $\sec \alpha = -2$ són:

$$\sin \alpha = \frac{\sqrt{3}}{2} \qquad \cos \alpha = -\frac{1}{2} \qquad \text{tg } \alpha = -\sqrt{3}$$

$$\text{cotg } \alpha = -\frac{1}{\sqrt{3}} \qquad \text{cosec } \alpha = \frac{2}{\sqrt{3}}$$

Activitats

15. Representa a la circumferència trigonomètrica l'angle que mesura $\dfrac{2\pi}{3}$ rad. Dibuixa les sis raons trigonomètriques d'aquest angle i mesura-les.

Compara els resultats experimentals amb els que obtens amb la calculadora. En cas que hi hagi diferències, justifica-les.

16. Considera un angle α tal que $\pi < \alpha < \dfrac{3\pi}{2}$ i $\sin \alpha = -0{,}6$. Determina'n les altres cinc raons trigonomètriques.

17. Explica les particularitats que observes en calcular la secant i la cosecant de cadascun d'aquests angles:

a) $\alpha = \dfrac{\pi}{2}$ *b)* $\beta = 3\pi$ *c)* $\delta = \dfrac{-3\pi}{2}$

18. Si $\text{cotg } \alpha = -\dfrac{3}{4}$ i α és un angle que verifica $\dfrac{\pi}{2} < \alpha < \pi$, calcula les altres cinc raons trigonomètriques.

19. Per què no és possible la igualtat $\sec \alpha = \dfrac{1}{3}$?

20. Explica el motiu pel qual hi ha angles que no tenen cosecant.

21. Considera un angle α tal que $\frac{3\pi}{2} < \alpha < 2\pi$ i $\text{tg}\ \alpha = -1$. Determina el valor de les altres raons trigonomètriques d'aquest angle.

22. Quins són els valors reals que no pot prendre la funció $f(x) = \text{cosec}\ x$? Per què?

23. Dibuixa un angle α tal que $\text{tg}\ \alpha = -2$. Hi ha més d'un angle més petit que 2π rad que verifica aquesta condició? Raona la resposta.

24. Indica tots els angles α compresos entre 0 i 2π que compleixen $\text{cosec}\ \alpha = -1$. Representa'ls gràficament a la circumferència unitat.

25. Identifica tots els angles compresos entre 0 i 2π que no tenen cotangent.

26. Expressa el domini de cadascuna de les funcions $f(x) = \text{cosec}\ x$, $f(x) = \sec x$ i $f(x) = \text{cotg}\ x$. Indica'n les discontinuïtats i classifica-les. Quin és el recorregut de cada funció?

6. Identitats i equacions trigonomètriques

! Important

Hi ha equacions trigonomètriques que no tenen solució. L'equació $\sin 3x = 2$, per exemple, no té solució, ja que el sinus de qualsevol angle ha de ser sempre un nombre que pertanyi a l'interval $[-1, 1]$.

La igualtat $\sin^2 x + \cos^2 x = 1$ es verifica sempre, independentment del valor de l'angle x. Es tracta d'una **identitat trigonomètrica.**

En canvi, la igualtat $\sin x = \frac{1}{2}$ només es compleix per a determinats valors de l'angle x.

Concretament, la verifiquen els angles x que s'expressen en la forma: $x = \frac{\pi}{6} + 2k\pi,\ k \in \mathbb{Z}$ o $x = \frac{5\pi}{6} + 2k\pi,\ k \in \mathbb{Z}$. En aquest cas la igualtat és una **equació trigonomètrica** i els valors de l'angle x que la verifiquen en són les **solucions.**

Les fórmules d'addició i les de transformació de sumes en productes que hem estudiat a la unitat de trigonometria són exemples d'identitats trigonomètriques.

Pots comprovar que les igualtats que estableixen es verifiquen per a qualsevol valor de l'angle o angles que hi intervenen.

En general, una **igualtat trigonomètrica** és una identitat si, a partir del desenvolupament d'un dels dos membres, s'obté l'altre membre, o bé, si desenvolupant per separadament cada membre, s'arriba a una mateixa expressió.

Moltes vegades cal utilitzar igualtats trigonomètriques ja conegudes per iniciar, seguir o completar el desenvolupament del membre o dels membres de la igualtat.

Exemple 2

Comprova que la igualtat $1 + \text{tg}^2\ x = \sec^2 x$ és una identitat.

Resolució

Desenvolupant el primer membre, tenim:

$$1 + \text{tg}^2\ x = 1 + \frac{\sin^2 x}{\cos^2 x} = \frac{\cos^2 x + \sin^2 x}{\cos^2 x} = \frac{1}{\cos^2 x} = \sec^2 x$$

Fixa't que hem utilitzat les igualtats trigonomètriques:

$$\text{tg}\ x = \frac{\sin x}{\cos x},\ \cos^2 x + \sin^2 x = 1 \text{ i } \frac{1}{\cos x} = \sec x$$

Resoldre una equació trigonomètrica consisteix a determinar el valor o els valors de la incògnita que verifiquen la igualtat.

Hi ha equacions trigonomètriques la resolució de les quals és immediata. Vegem-ne alguns exemples concrets.

Exemple 3

Resol les equacions trigonomètriques següents:

a) $\cos x = \frac{\sqrt{2}}{2}$ *b)* $\sin 3x = 1$ *c)* $\text{tg } 3x = 0$

Resolució

a) $\cos x = \frac{\sqrt{2}}{2} \rightarrow x = \frac{\pi}{4}$ rad i $x = \frac{7\pi}{4}$ rad o, el que és el mateix, $x = 45°$ i $x = 315°$

b) $\sin 3x = 1 \rightarrow 3x = \frac{\pi}{2} \rightarrow x = \frac{\pi}{6}$ rad

c) $\text{tg } 3x = 0$:
- $3x = 0 \rightarrow x = 0$ rad
- $3x = \pi \rightarrow x = \frac{\pi}{3}$ rad

Les solucions de les equacions anteriors es restringeixen a valors de x de l'interval $[0, 2\pi]$. El fet que les funcions trigonomètriques sinus, cosinus i tangent siguin periòdiques, permet expressar fàcilment totes les solucions de l'equació a partir de les que pertanyen a l'interval $[0, 2\pi]$.

En cas que l'equació trigonomètrica sigui més complexa, la resolució requereix, en general, la transformació en una altra equació equivalent més senzilla, semblant a una de les tres que acabem de resoldre.

Exemple 4

Resol les equacions trigonomètriques següents:

a) $\cos x = \text{cotg } x$ *b)* $\sin x + \cos x = 1$

Resolució

a) $\cos x = \text{cotg } x$

Tenint en compte que $\text{cotg } x = \frac{\cos x}{\sin x}$, podem escriure:

$\cos x = \frac{\cos x}{\sin x} \rightarrow \cos x \cdot \sin x = \cos x \rightarrow \cos x \cdot \sin x - \cos x = 0 \rightarrow$

$\cos x (\sin x - 1) = 0$:
- $\cos x = 0 \rightarrow x = \frac{\pi}{2}$ rad i $x = \frac{3\pi}{2}$ rad
- $\sin x - 1 = 0 \rightarrow \sin x = 1 \rightarrow x = \frac{\pi}{2}$ rad

Les solucions de l'equació són $x = \frac{\pi}{2}$ rad i $x = \frac{3\pi}{2}$ rad. Expressades en graus sexagesimals, $x = 90°$ i $x = 270°$.

Comprova que és cert a l'equació original.

b) $\sin x + \cos x = 1$

Ens interessa expressar una qualsevol de les raons en funció de l'altra. A partir de la igualtat fonamental de la trigonometria, deduïm:

$$\sin x = \pm\sqrt{1 - \cos^2 x}$$

Substituint-ho a l'equació proposada, queda:

$$\pm\sqrt{1 - \cos^2 x} + \cos x = 1 \;\rightarrow\; \pm\sqrt{1 - \cos^2 x} = 1 - \cos x$$

Si elevem al quadrat els dos membres de la segona igualtat, obtenim:

$$(\pm\sqrt{1 - \cos^2 x})^2 = (1 - \cos x)^2$$
$$1 - \cos^2 x = 1 - 2\cos x + \cos^2 x$$
$$2\cos^2 x - 2\cos x = 0$$
$$\cos^2 x - \cos x = 0$$

$$\cos x\,(\cos x - 1) = 0 \quad \begin{cases} \cos x = 0 \;\rightarrow\; x = \dfrac{\pi}{2} \text{ rad i } x = \dfrac{3\pi}{2} \text{ rad} \\ \cos x - 1 = 0 \;\rightarrow\; \cos x = 1 \;\rightarrow\; x = 0 \text{ rad} \end{cases}$$

Ja saps que, quan es resol qualsevol tipus d'equació, és recomanable verificar que les solucions obtingudes són correctes. Aquesta comprovació és imprescindible sempre que en el procés de resolució s'elevin al quadrat els dos membres d'una de les equacions que s'hi obtenen, ja que aquesta operació pot introduir solucions fictícies.

Per exemple, les solucions de la darrera equació que hem resolt a l'exemple són $x = \dfrac{\pi}{2}$ i $x = 0$. La solució $x = \dfrac{3\pi}{2}$ és fictícia i no verifica l'equació original. Comprova-ho.

Activitats

27. Verifica la identitat:

$$\frac{1 + \cos\alpha}{\sin\alpha} + \frac{\sin\alpha}{1 + \cos\alpha} = \frac{2}{\sin\alpha}$$

28. Comprova la identitat:

$\cos 2\alpha = 2\cos^2\alpha - 1$

29. Resol aquestes equacions trigonomètriques:

a) $\sin\left(x + \dfrac{\pi}{2}\right) = 1$

b) $2\cos x + 1 = 0$

c) $2\sin^2 x - \sin x = 1$

d) $2\sin x = \text{tg}\, x$

e) $2\cos^2 x = \cos 2x + 1$

f) $\cos x + \sin 2x = (\sin x + \cos x)^2$

30. Les equacions trigonomètriques següents tenen solució immediata. Expressa, en cada cas, totes les solucions.

a) $\text{tg}\, x = -\sqrt{3}$

b) $\text{cotg}\, x = -1$

c) $\sec x = -2$

d) $\text{cosec}\, x = 2$

31. Comprova que les igualtats següents són identitats:

a) $\text{tg}\,\alpha + \dfrac{1}{\text{tg}\,\alpha} = \dfrac{1}{\sin\alpha\cos\alpha}$

b) $\sin\alpha = 2\sin\dfrac{\alpha}{2}\cos\dfrac{\alpha}{2}$

32. Representa gràficament la funció $f(x) = \text{cotg}\, x + 2$.

a) Quin és el seu domini?

b) Presenta discontinuïtats? Quines?

c) Passa pel punt $\left(\dfrac{\pi}{2}, 0\right)$?

d) Quin és el seu període?

33. Resol l'equació següent:

$\text{tg}^2 x - 3\,\text{tg}\, x + 2 = 0$

Considera primer de tot que la incògnita és tg x.

Punt final

Un moviment que no és rectilini

Un mòbil M avança 3 radiants cada segon per la circumferència de la figura tot seguint el sentit que s'hi indica. La circumferència té un radi de 2 cm i el moviment comença al punt de coordenades (2, 0). Quina és l'expressió que ens dóna la posició del mòbil sobre la circumferència per a qualsevol valor del temps? (Fig. 12.22).

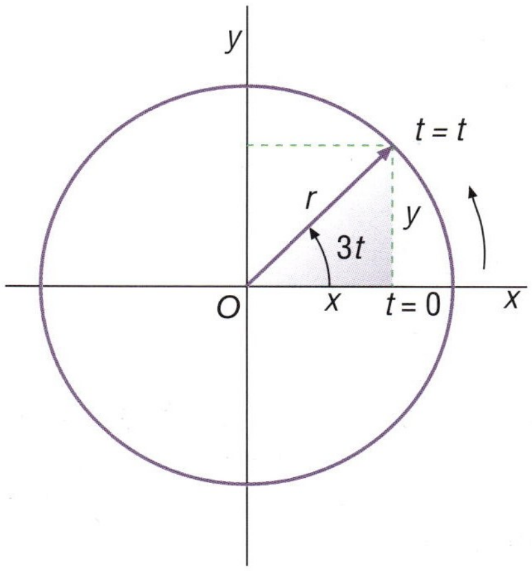

Fig. 12.22

El problema es limita a determinar com varien, en funció del temps, les coordenades (x, y) dels punts de la circumferència que descriu el mòbil en la seva trajectòria.

Fixa't que, quan han passat t segons des que el mòbil ha iniciat el moviment, s'haurà desplaçat un angle igual a $3t$ radiants. La trigonometria ens permet saber que, en aquest moment, les coordenades del punt en què es troba són:

$$x = 2 \cos 3t \quad \text{i} \quad y = 2 \sin 3t$$

amb x i y expressats en cm i t en s.

Si x i y representen les coordenades d'un punt qualsevol de la circumferència, han de verificar-ne l'equació. Vegem que, efectivament, és així:

$$x^2 + y^2 = 4 \cos^2 3t + 4 \sin^2 3t = 4 (\cos^2 3t + \sin^2 3t) = 4$$

$$x^2 + y^2 = 4$$

que és l'equació de la circumferència amb el centre en l'origen de coordenades i radi 2.

Quant triga el mòbil a fer una volta completa? Si fa 3 radiants per segon, triga $\frac{2\pi}{3}$ s a desplaçar-se els 2π radiants de la circumferència. Per tant, si no es produeixen canvis en el seu moviment, cada $\frac{2\pi}{3}$ s tornarà a passar pel punt de sortida. Observa-ho a les gràfiques de les funcions $x = 2 \cos 3t$ i $y = 2 \sin 3t$ que hem representat a la figura (Fig. 12.23).

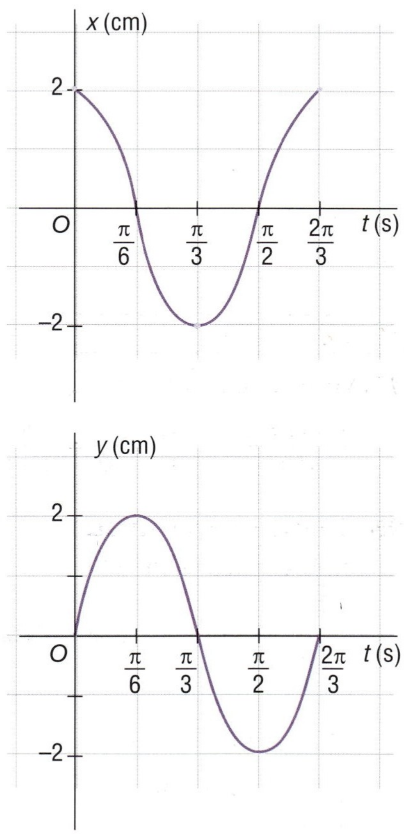

Fig. 12.23

Activitats finals

1. Defineix la funció $f(x) = \text{cotg } x$. Indica'n el domini, el recorregut i les característiques més importants. Dibuixa'n la gràfica.

2. Dibuixa la gràfica de les funcions següents:

a) $y = -3 \sin x$ *b)* $y = -3 \cos x$

c) $y = \text{tg } x + 2$ *d)* $y = \text{cotg } x + 1$

Per a cada funció, especifica'n el domini, el recorregut i el període.

3. Considera la funció $f(x) = -\text{tg } x$. Determina els límits laterals en els valors de x de l'interval $[-\pi, \pi]$ en què la funció és discontínua.

4. El període de la funció $f(x) = \cos kx$ és $\frac{\pi}{2}$. Calcula k.

R: $k = 4$

5. Se sap que $\text{cotg}\,\alpha = 2$. A quins quadrants pot situar-se l'angle α? Determina les raons trigonomètriques restants de l'angle α per a cadascun dels quadrants possibles.

6. Defineix la funció $f(x) = \text{arccotg } x$ com la funció inversa de la funció $f(x) = \text{cotg } x$ i indica'n el domini i el recorregut. Dibuixa la gràfica de la primera funció a partir de la gràfica de la segona tenint en compte que, pel fet de ser funcions inverses, aquestes gràfiques han de ser simètriques respecte de les bisectrius del primer i del tercer quadrants.

7. Resol aquestes equacions trigonomètriques:

$\cos x = -1$, $\text{tg } x = \sqrt{3}$, $\text{cotg } x = -1$ i $\sec x = 1$

8. Esbrina si la igualtat $1 + \sin 2x = (\sin x + \cos x)^2$ és una identitat o una equació.

9. Aquestes igualtats són identitats?

a) $\dfrac{1 + \sin \alpha}{\cos \alpha} = \dfrac{\cos \alpha}{1 - \sin \alpha}$

b) $\dfrac{1 - \sec \alpha}{1 + \sec \alpha} = \dfrac{1 - \cos \alpha}{1 + \cos \alpha}$

c) $\dfrac{\text{cotg}^2 \alpha - 1}{1 + \text{tg } \alpha} = \text{cotg } \alpha$

10. Comprova que aquestes igualtats són identitats:

a) $\text{tg } (\alpha + \beta) = \dfrac{\text{cotg } \alpha + \text{cotg } \beta}{\text{cotg } \alpha \text{ cotg } \beta - 1}$

b) $\dfrac{1}{1 + \sin \alpha} + \dfrac{1}{1 - \sin \alpha} = 2 \sec^2 \alpha$

11. Resol les equacions trigonomètriques següents:

a) $\sin x + \cos^2 x = \dfrac{5}{4}$

b) $\cos x = 1 - \sin x$

c) $2 \sin^2 x - \text{tg } x = 0$

d) $6 \cos^2 \dfrac{x}{2} + \cos x = 1$

e) $\sin x + \cos x = \dfrac{1}{\sqrt{2}}$

f) $\dfrac{\text{cotg } x + \text{tg } x}{\text{cotg } x - \text{tg } x} = 2$

g) $\left.\begin{array}{l} 3 \sin x + \cos y = 2 \\ \sin x - 3\cos y = -1 \end{array}\right\}$

12. Si $\alpha + \beta = \dfrac{\pi}{2}$, demostra que:

$$(\sin \alpha + \sin \beta)\,(\cos \alpha + \cos \beta) = 1 + \sin 2\alpha$$

13. Resol l'equació $\text{tg } x = 2$ a l'interval $[0, \pi]$.

R: $x = 1{,}107$ rad

14. En un examen de matemàtiques es demanaven totes les solucions de l'equació $\text{tg } x = \dfrac{\sqrt{3}}{3}$. Indica raonadament quina d'aquestes respostes és la correcta:

a) $x = \dfrac{\pi}{6} + k\pi,\ k \in \mathbb{Z}$

b) $x = \dfrac{\pi}{6} + k\pi,\ k \in \mathbb{Z}$ i $x = \dfrac{7\pi}{6} + k\pi,\ k \in \mathbb{Z}$

15. Resol les equacions:

a) $\sin x = \cos \left(x + \dfrac{\pi}{3}\right)$

b) $\cos^2 x = \sin^2 x$

c) $6 \cos^2 x + \cos 2x = 1$

Avaluació

1. El període de la funció $f(x) = \sin kx$ és $\frac{\pi}{2}$. Calcula k.

2. Donada la funció $f(x) = \text{tg } x + 1$:

a) Determina quin és el seu domini.

b) Presenta discontinuïtats? Quines?

c) Passa pel punt $\left(\frac{\pi}{4}, 0\right)$?

d) Quin és el seu període?

3. Resol l'equació següent a l'interval $[0, 2\pi]$:

$$\sin x = 1 + \cos x$$

4. Comprova que la igualtat següent és una identitat:

$$\frac{\cos(\alpha - \beta) - \cos(\alpha + \beta)}{\sin(\alpha + \beta) + \sin(\alpha - \beta)} = \text{tg } \beta$$

5. Dibuixa a la circumferència trigonomètrica tots els angles més petits de 2π que verifiquen $\cos \alpha = -\frac{1}{2}$. Calcula, en cada cas, les altres cinc raons trigonomètriques d'aquests angles.

13

Introducció a les derivades

Al gràfic (Fig. 13.1) hem representat la funció $f(x) = x^2$. És una funció decreint per a $x < 0$ i creixent per a $x > 0$. Ens fixarem, de moment, en l'interval de creixement i, més concretament, en dos valors de x inclosos en aquest interval, per exemple, $x = 1$ i $x = 3$.

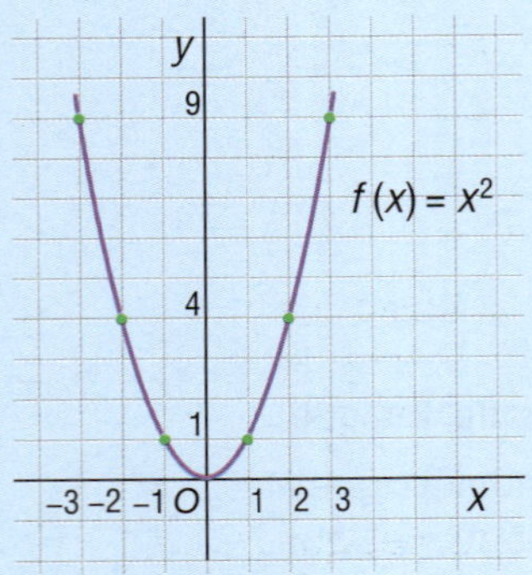

Fig. 13.1

On creix més de pressa aquesta funció, al voltant de $x = 1$ o de $x = 3$?

Si dónes un cop d'ull a la seva representació gràfica, sembla que creix més de pressa al voltant de $x = 3$. Per dir-ho d'alguna manera, sembla que la paràbola agafi una inclinació més gran.

És realment així? Vegem-ho.

- Prop de $x = 1$

  $x = 0{,}9 \rightarrow f(0{,}9) = 0{,}9^2 = 0{,}81$

  $x = 1{,}1 \rightarrow f(1{,}1) = 1{,}1^2 = 1{,}21$

  Augment de x:

  $1{,}1 - 0{,}9 = 0{,}2$

  Augment de $f(x)$:

  $1{,}21 - 0{,}81 = 0{,}4$

  $0{,}4 = 2 \cdot 0{,}2$

- Prop de $x = 3$

  $x = 2{,}9 \rightarrow f(2{,}9) = 2{,}9^2 = 8{,}41$

  $x = 3,\ 1 \rightarrow f(3{,}1) = 3{,}1^2 = 9{,}61$

  Augment de x:

  $3{,}1 - 2{,}9 = 0{,}2$

  Augment de $f(x)$:

  $9{,}61 - 8{,}41 = 1{,}2$

  $1{,}2 = 6 \cdot 0{,}2$

Efectivament, quan som a tocar de $x = 1$, la funció creix dues vegades el que creix x, mentre que quan som a tocar de $x = 3$, la funció creix sis vegades el que creix x.

1. Variacions d'una funció

La predicció del temps en meteorologia es pot fer amb l'ajuda d'un *barògraf*, aparell que enregistra la pressió atmosfèrica en cada moment (Fig. 13.2).

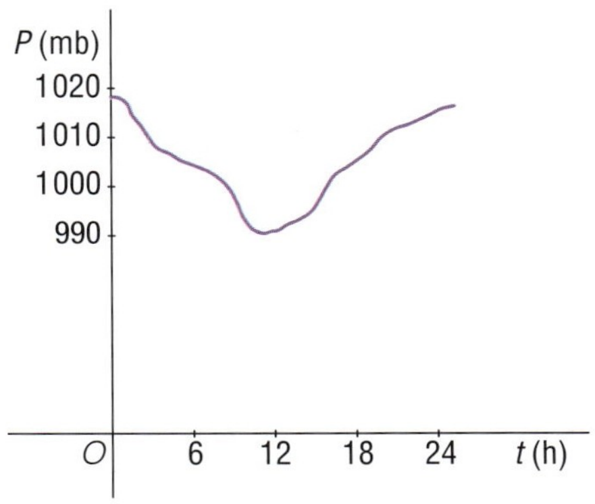

Fig. 13.2

Aquesta predicció no es basa en el valor que té la pressió atmosfèrica en un instant determinat, sinó en les variacions brusques que aquesta pressió experimenta. Es tracta, doncs, de conèixer la rapidesa amb què es produeix el canvi de pressió atmosfèrica.

Cal tenir clar que la paraula *canvi* pot voler dir dues coses, augment o disminució.

En termes generals, un augment brusc i més o menys prolongat de la pressió atmosfèrica és senyal de bon temps. A l'inrevés, una disminució més o menys prolongada de la pressió atmosfèrica anuncia mal temps. Una estabilitat en la pressió atmosfèrica no comporta canvi de temps.

En cursos anteriors ja hem analitzat com varien les funcions en termes generals pel que fa a creixement i decreixement. L'exemple anterior és una prova que, moltes vegades, es fa necessari quantificar i interpretar el sentit d'aquestes variacions. És per aquest motiu que ens interessarem no només pels canvis que es produeixen en unes magnituds respecte de les altres, sinó també per la rapidesa amb què es produeixen aquests canvis.

Activitats

1. El gràfic velocitat-temps corresponent a dos mòbils és el que pots veure a la figura següent:

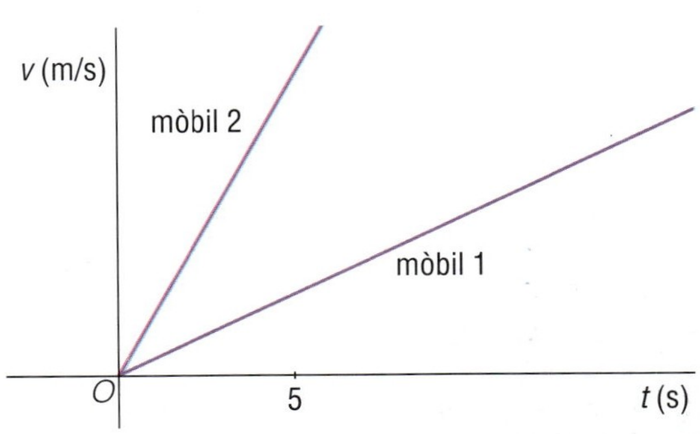

Fig. 13.3

a) Quina és la velocitat de cada mòbil a l'instant inicial, quan $t = 0$?

b) Com pots veure, la velocitat de cada mòbil augmenta a mesura que passa el temps. En quin cas augmenta més de pressa? Per què?

c) Quin dels dos mòbils ha recorregut una distància més gran al cap de 5 s d'haver començat el moviment?

2. La velocitat mitjana

Un ciclista recorre, sortint del repòs, 120 m en 10 s. A la Taula 13.1 adjunta pots veure la distància d en m al punt de sortida al cap de 5 s, 8 s i 10 s de començar el moviment.

t(s)	d(m)
0	0
5	40
8	82
10	120

Taula 13.1

És evident que la distància d és funció del temps t, és a dir, $d = f(t)$. De tota manera, amb les dades que tenim, no és possible conèixer-ne l'expressió algèbrica, ni tampoc fer-ne una representació gràfica completa. Sí que podem pressuposar que es tracta d'una funció creixent i col·locar en la gràfica distància-temps (Fig. 13.4) els punts que coneixem: (0, 0), (5, 40), (8, 82) i (10, 120).

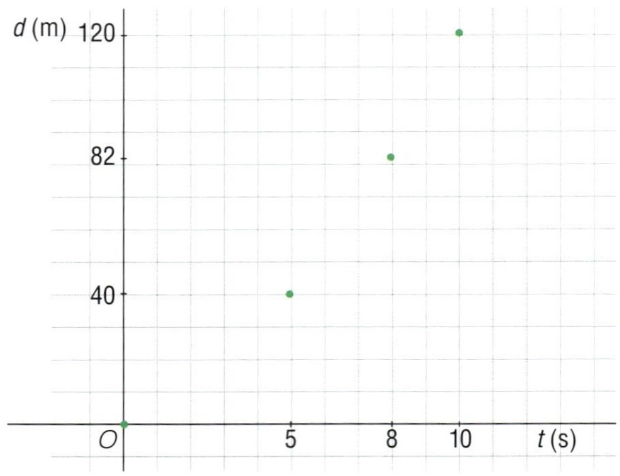

Fig. 13.4

En quin dels tres intervals de temps augmenta més la distància al punt de sortida (Taula 13.2)? Naturalment, a l'interval en què el ciclista hagi recorregut un espai més gran, és a dir, dels 5 s als 8 s.

Interval de temps	Espai recorregut
De 0 s a 5 s	40 − 0 = 40 m
De 5 s a 8 s	82 − 40 = 42 m
De 8 s a 10 s	120 − 82 = 38 m

Taula 13.2

En quin interval augmenta més de pressa aquesta distància?

Fixa't que, per respondre a aquesta qüestió, cal tenir en compte, a més de l'espai recorregut, el temps que ha trigat a recórrer-lo.

La magnitud física que relaciona l'espai amb el temps és la velocitat. Hem de calcular, doncs, la velocitat mitjana del ciclista en cadascun dels tres intervals de temps.

$$v_m[0,5] = \frac{f(5) - f(0)}{5 - 0} = \frac{40 - 0}{5} = \frac{40}{5} = 8 \text{ m/s}$$

$$v_m[5,8] = \frac{f(8) - f(5)}{8 - 5} = \frac{82 - 40}{3} = \frac{42}{3} = 14 \text{ m/s}$$

$$v_m[8,10] = \frac{f(10) - f(8)}{10 - 8} = \frac{120 - 82}{2} = \frac{38}{2} = 19 \text{ m/s}$$

Fixa-t'hi

Representem la velocitat mitjana en un interval de temps $[t_1, t_2]$ per v_m:

$$v_m[t_1, t_2] = \frac{\text{espai recorregut}}{\text{temps que triga a recórrer-lo}}$$

La distància d al punt de sortida augmenta més de pressa entre els 8 s i els 10 s perquè la velocitat mitjana és més gran.

Com el seu nom indica, la velocitat mitjana no és més que un valor mitjà. Així, el fet que la velocitat mitjana del ciclista dels 5 s als 8 s sigui de 14 m/s, ens indica que, si durant aquests 3 segons s'hagués mogut a la velocitat constant de 14 m/s, hauria recorregut un espai igual que el que ha recorregut abans, és a dir, 42 m.

En general, si per a un moviment determinat coneixem els valors $d = f(t)$ corresponents a l'interval de temps $[t_1, t_2]$, podem determinar la velocitat mitjana del mòbil en aquest interval fent el quocient:

$$v_m = \frac{f(t_2) - f(t_1)}{t_2 - t_1}$$

Activitats

2. Quina és la velocitat mitjana del ciclista de l'exemple anterior durant els 10 s?

R: $v_m = 12$ m/s

3. A partir de la gràfica distància-temps següent (Fig. 13.5), calcula en km/h:

a) La velocitat mitjana del mòbil en cadascun dels intervals de temps [0, 2], [2, 3,5] i [3,5, 4,5].

b) La velocitat mitjana del mòbil durant les 4,5 h que ha durat el trajecte.

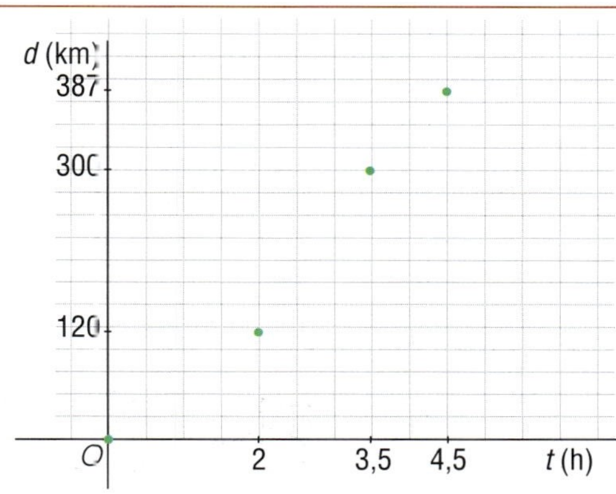

Fig. 13.5

3. Variació mitjana d'una funció en un interval

Considerem la funció $f(x) = -x^2 + 6x - 8$. Observa la seva representació gràfica a la Figura 13.6. És una funció creixent per a $x < 3$ i decreixent per a $x > 3$.

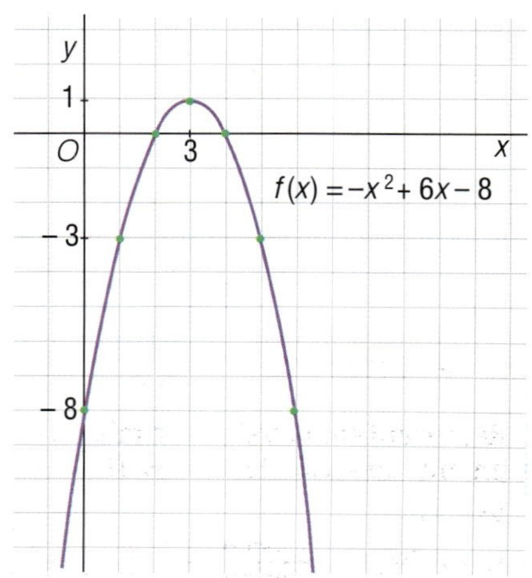

Fig. 13.6

Quina és la variació mitjana de la funció a l'interval [0, 2]?

La idea és molt similar a la que ja hem utilitzat per calcular la velocitat mitjana a l'apartat anterior. Es tracta d'esbrinar el quocient entre el que varia la funció i el que varia la variable independent en aquest interval:

$$v_m = \frac{f(2) - f(0)}{2 - 0} = \frac{0 - (-8)}{2} = \frac{8}{2} = 4$$

Quin és el significat del valor 4 que hem obtingut?

A l'interval [0, 2] la funció és creixent perquè en augmentar x també augmenta y. Concretament, el valor de y, és a dir, el valor de la funció, augmenta 4 vegades el que augmenta el valor de la variable x.

Calculem ara la variació mitjana de la funció a l'interval [4, 6]:

$$v_m = \frac{f(6) - f(4)}{6 - 4} = \frac{-8 - 0}{2} = \frac{-8}{2} = -4$$

En aquest interval la funció és decreixent, per la qual cosa les variables x i y varien en sentit contrari: en augmentar x, disminueix y. És per aquest motiu que la variació mitjana de la funció és un nombre negatiu. Concretament, la funció disminueix 4 vegades el que augmenta x.

Si fem els mateixos càlculs per a l'interval [2, 4] tindrem una petita sorpresa. Efectivament,

$$v_m = \frac{f(4) - f(2)}{4 - 2} = \frac{0 - 0}{2} = \frac{0}{2} = 0$$

Fixa't que el comportament de la funció en aquest interval no és sempre el mateix. Creix entre 2 i 3 i decreix entre 3 i 4. A més, $f(2) = f(4)$. És, doncs, lògic que la variació mitjana de la funció en aquest interval sigui 0. El valor mitjà de la funció no varia entre 2 i 4, malgrat que no és constant en aquest interval.

En general, donada una funció $y = f(x)$, s'anomena **variació mitjana de la funció a l'interval $[x_1, x_2]$**, el resultat del quocient:

$$\frac{f(x_2) - f(x_1)}{x_2 - x_1}$$

Fixa-t'hi

La lletra Δ, delta majúscula de l'alfabet grec, s'utilitza per simbolitzar la variació o increment d'una variable.

De vegades aquest quocient, conegut també amb el nom de *quocient incremental*, s'expressa amb la notació:

$$\frac{\Delta f(x)}{\Delta x} \text{ o, el que és el mateix, } \frac{\Delta y}{\Delta x}$$

Fixa't que el signe d'aquest quocient sempre coincideix amb el signe de $f(x_2) - f(x_1)$, perquè $x_2 - x_1 > 0$. Per tant,

- Si $y = f(x)$ és creixent a l'interval $[x_1, x_2]$, la seva variació mitjana és positiva.
- Si $y = f(x)$ és decreixent a l'inteval $[x_1, x_2]$, la seva variació mitjana és negativa.

Compte! Les afirmacions recíproques poden no ser certes. Observa la funció de la gràfica (Fig. 13.7). La seva variació mitjana entre −1 i 2 és positiva i, en canvi, no és sempre creixent en aquest interval.

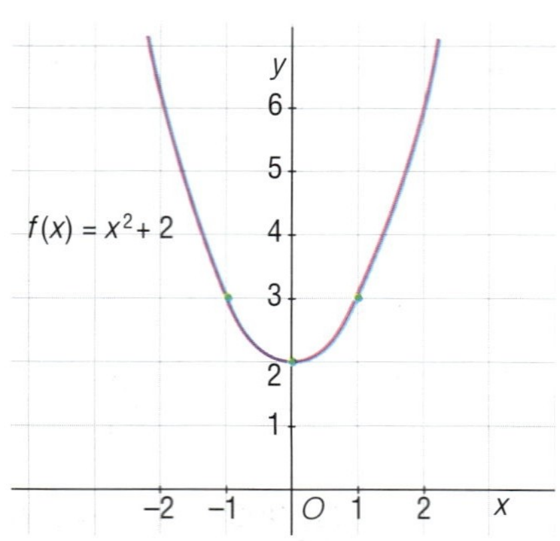

Fig. 13.7

Activitats

4. La funció $f(x) = x^3 + 2$ sempre és creixent. Calcula'n la variació mitjana a cadascun dels intervals següents: $[-3, -1]$, $[0, 2]$ i $[5, 7]$. En quin dels tres intervals té un creixement més ràpid?

5. Demostra que la variació mitjana de la funció $f(x) = 3x + 1$ sempre és la mateixa, independentment de l'interval $[x_1, x_2]$ considerat.

6. Quant val la variació mitjana de la funció $f(x) = 5$ en qualsevol interval $[x_1, x_2]$?

7. Calcula la variació mitjana de la funció $f(x) = -x^2 + 4x$ a l'interval [2,9, 3,1]. Creix o decreix aquesta funció al voltant de $x = 3$?

Fes-ne la representació gràfica i tot seguit comprova la resposta.

4. Velocitat instantània

La velocitat mitjana d'un cotxe en un interval de temps determinat no ens informa de la velocitat que duu en cada moment. De fet, per conèixer aquesta velocitat que anomenem *instantània,* caldria estar sempre pendents del velocímetre del cotxe.

Ara bé, si coneixem la funció $d = f(t)$ d'un mòbil determinat, cosa que només és possible en casos molt concrets, podem saber-ne en cada moment la velocitat sense necessitat d'incorporar-hi cap velocímetre. Vegem-ho amb un exemple.

Si llancem un cos verticalment cap amunt al buit, la distància d al punt de sortida en funció del temps t és donada per l'expressió:

$$d = f(t) = v_0\, t - \frac{1}{2} g t^2$$

on v_0 és la velocitat de llançament, i g, el valor de la gravetat.

En el cas particular que $v_0 = 40$ m/s, i prenent com una aproximació del valor de la gravetat $g = 10$ m/s^2, tenim:

$d = 40t - 5t^2$, on d s'expressa en metres i t, en segons.

Es tracta de calcular la velocitat del cos a l'instant $t = 2$ s.

La idea és calcular la v_m d'aquest cos en intervals de temps del tipus $[2, t_1]$, $[2, t_2]$, $[2, t_3]$, ..., $[2, t_n]$, de manera que cada vegada es vagi reduint l'amplitud d'aquests intervals, és a dir, que els valors $t_1, t_2, t_3, \ldots, t_n$ es vagin apropant a 2.

Sembla lògic pensar que, com més petita sigui l'amplitud de l'interval, més s'aproparà la velocitat mitjana corresponent a la velocitat a l'instant $t = 2$ s.

$$v_m[2, 3] = \frac{f(3) - f(2)}{3 - 2} = \frac{75 - 60}{1} = \frac{15}{1} = 15 \text{ m/s}$$

$$v_m[2, 2{,}1] = \frac{f(2{,}1) - f(2)}{2{,}1 - 2} = \frac{61{,}95 - 60}{0{,}1} = \frac{1{,}95}{0{,}1} = 19{,}5 \text{ m/s}$$

$$v_m[2, 2{,}01] = \frac{f(2{,}01) - f(2)}{2{,}01 - 2} = \frac{60{,}1995 - 60}{0{,}01} = \frac{0{,}1995}{0{,}01} = 19{,}95 \text{ m/s}$$

$$v_m[2, 2{,}001] = \frac{f(2{,}001) - f(2)}{2{,}001 - 2} = \frac{60{,}019995 - 60}{0{,}001} = \frac{0{,}019995}{0{,}001} = 19{,}995 \text{ m/s}$$

! Important

El valor de la gravetat en punts no gaire allunyats de la superfície terrestre es pot considerar constant i igual a 9,8 m/s^2.

Observa la tendència de les velocitats mitjanes calculades:

15; 19,5; 19,95; 19,995...

Fa la impressió que es van acostant cada cop més a 20. És realment 20 m/s la velocitat del cos a l'instant $t = 2$ s?

Ho sabrem si calculem el límit d'aquestes velocitats mitjanes en intervals del tipus [2, t] quan t es va apropant a 2, és a dir, quan t tendeix a 2.

$$\lim_{t \to 2} v_m[2, t] = \lim_{t \to 2} \frac{f(t) - f(2)}{t - 2} = \lim_{t \to 2} \frac{40t - 5t^2 - 60}{t - 2}$$

Aquest límit és indeterminat del tipus $\frac{0}{0}$.

Ja saps resoldre aquesta situació:

$$\lim_{t \to 2} \frac{40t - 5t^2 - 60}{t - 2} = \lim_{t \to 2} \frac{-5(t^2 - 8t + 12)}{t - 2} = \lim_{t \to 2} \frac{-5\,(t-2)\,(t-6)}{t - 2} = \lim_{t \to 2} \left[-5\,(t-6)\right] = 20$$

Efectivament, la velocitat del cos a l'instant $t = 2$ s és 20 m/s. Escrivim $v(2) = 20$ m/s.

S'obté el mateix resultat considerant valors de t cada vegada més pròxims a 2, però més petits que 2. Comprova-ho calculant el límit següent:

$$\lim_{t \to 2} v_m[t, 2] = \lim_{t \to 2} \frac{f(2) - f(t)}{2 - t}$$

Tenint en compte com hem obtingut la velocitat d'aquest cos a l'instant $t = 2$ s, fixa't que podem afirmar que, per a valors de t pròxims a 2 s, la distància d al punt de sortida augmenta aproximadament unes 20 vegades el que augmenta el temps.

En general, si coneixem l'equació de la funció $d = f(t)$ corresponent a un cert moviment, la velocitat del mòbil a l'instant $t = t_0$ es pot conèixer calculant el límit:

$$v(t_0) = \lim_{t \to t_0} \frac{f(t) - f(t_0)}{t - t_0}$$

Activitats

8. Representa gràficament la funció $d = 40t - 5t^2$ corresponent al moviment del cos de l'exemple anterior.

Quant triga a arribar a l'altura màxima? Quin és el valor d'aquesta altura? Quant triga a tornar al punt de llançament?

9. Calcula la velocitat d'aquest cos als instants $t = 4$ s i $t = 8$ s. Interpreta'n els resultats obtinguts.

R: $v(4) = 0$; $v(8) = -40$ m/s

10. On és el cos als instants $t = 3$ s i $t = 5$ s? Quina és la seva velocitat en cadascun d'aquests instants?

5. Variació d'una funció en un punt

Seguint un procés similar, podem calcular la variació d'una funció $y = f(x)$ en un punt d'abscissa $x = x_0$ del seu domini.

Només caldrà que calculem el límit de les variacions mitjanes de la funció en intervals del tipus $[x_0, x]$ per a valors de x molt pròxims a x_0, és a dir, quan x tendeix a x_0.

Considerem, per exemple, la funció següent: $f(x) = -x^2 + 6x$. Com varia aquesta funció al voltant de $x = 1$?

Si en fem la representació gràfica (Fig. 13.8), obtenim una paràbola.

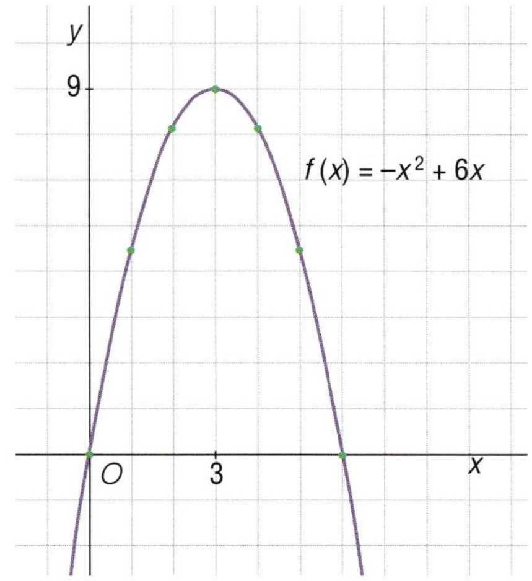

Fig. 13.8

La funció creix per a $x < 3$ i decreix per a $x > 3$. En conseqüència, al voltant de $x = 1$ la funció és creixent. Com podem quantificar aquest creixement?

Caldrà que calculem el límit de les variacions mitjanes de la funció $f(x) = -x^2 + 6x$ en intervals del tipus $[1, x]$ quan x tendeix a 1:

$$\lim_{x \to 1} \frac{f(x) - f(1)}{x - 1} = \lim_{x \to 1} \frac{-x^2 + 6x - 5}{x - 1} = \lim_{x \to 1} \frac{-(x-1)\,(x-5)}{x - 1} = \lim_{x \to 1} (-x + 5) = 4$$

Què significa el valor 4 del resultat de l'exemple anterior? El procés que hem seguit per obtenir-lo ens permet respondre a aquesta qüestió. Per a valors de x pròxims a 1, un petit augment de x provoca un augment de $f(x)$ a l'entorn de 4 vegades més gran.

En efecte,

$$x = 1 \longrightarrow f(1) = 5$$

$$x = 1{,}05 \longrightarrow f(1{,}05) = 5{,}1975$$

Quan x augmenta de 1 a 1,05, $f(x)$ augmenta de 5 a 5,1975.

Per tant:

$$\frac{\Delta f(x)}{\Delta x} = \frac{f(1{,}05) - f(1)}{1{,}05 - 1} = \frac{5{,}1975 - 5}{1{,}05 - 1} = 3{,}95 \approx 4$$

Comprova que quan x augmenta de 1 a 1,01, el quocient corresponent encara s'apropa més a 4.

Dit d'una altra manera, per a valors de x pròxims a 1, el valor de la funció $f(x)$ augmenta unes 4 vegades el que augmenta x.

Activitats

11. Sabem que la funció $f(x) = -x^2 + 6x$ és decreixent al voltant de $x = 4$.

Quantifica aquest decreixement a partir del càlcul de $\lim_{x \to 4} \dfrac{f(x) - f(4)}{x - 4}$.

Interpreta el resultat obtingut.

12. Fes el mateix estudi de l'activitat anterior per a $x = 3$.

Fixa't en la gràfica de la funció i interpreta el valor que has obtingut.

6. Derivada d'una funció en un punt

Acabem de veure que el comportament quant a variació d'una funció $y = f(x)$, per a valors de x pròxims a un punt d'abscissa x_0 del seu domini, es pot quantificar mitjançant un nombre que calculem a partir d'un límit.

No va ser fins al segle XVII que Newton i Leibniz van albirar el camí per calcular aquest nombre. Es pot afirmar sense exagerar que el fet de poder conèixer-lo ha estat de vital importància per al desenvolupament posterior de les matemàtiques i de les ciències en general.

Aquest nombre té nom i notació propis. S'anomena *derivada de la funció* $y = f(x)$ *en* $x = x_0$ i es representa per $f'(x_0)$.

Donada una funció $y = f(x)$, anomenem **derivada de la funció al punt d'abscissa** $x = x_0$, i la representem per $f'(x_0)$, el nombre que resulta de calcular aquest límit:

$$f'(x_0) = \lim_{x \to x_0} \frac{f(x) - f(x_0)}{x - x_0}$$

! Important

Definició de $f'(x_0)$

Malgrat que les dues definicions de $f'(x_0)$ són equivalents, a partir d'ara utilitzarem la segona. El motiu és que sol dur a càlculs més senzills.

Fent $x - x_0 = h$, resulta $x = x_0 + h$. Quan x tendeix a x_0, h tendeix a 0. Per tant, el valor $f'(x_0)$ també es pot expressar:

$$f'(x_0) = \lim_{h \to 0} \frac{f(x_0 + h) - f(x_0)}{h}$$

Fixa't que el que fem en realitat és calcular el límit del quocient incremental quan l'increment de la variable independent tendeix a 0.

$f'(x_0)$ és una mesura de la rapidesa amb què canvia la funció al voltant de $x = x_0$. Com més gran és en valor absolut $f'(x_0)$, més ràpid és el canvi.

A més, el signe de $f'(x_0)$ ens dóna informació relativa al fet si el canvi es refereix a creixement o decreixement. Donant un cop d'ull a la definició de derivada, podem adonar-nos que:

- Si $y = f(x)$ és creixent en $x = x_0$, $f'(x_0) \geq 0$.
- Si $y = f(x)$ és decreixent en $x = x_0$, $f'(x_0) \leq 0$.

En aquest cas, al contrari del que passa amb les variacions mitjanes d'una funció en un interval, les afirmacions següents també són certes. Això ho demostrarem més endavant.

- Si $f'(x_0) > 0$, la funció $y = f(x)$ és creixent en $x = x_0$.
- Si $f'(x_0) < 0$, la funció $y = f(x)$ és decreixent en $x = x_0$.

I si $f'(x_0) = 0$? De fet, la idea general segueix sent vàlida: la funció pràcticament no varia per a valors de x pròxims a x_0. Ara bé, aquestes variacions gairebé nul·les es poden deure a causes diferents. També tindrem ocasió de veure-ho amb detall el curs vinent.

Exemple 1

Calcula la derivada de la funció $f(x) = x^2 - 6x + 9$ en $x = 1$. Interpreta'n el resultat.

Resolució

Apliquem la definició de derivada:

$$f'(1) = \lim_{h \to 0} \frac{f(1+h) - f(1)}{h} = \lim_{h \to 0} \frac{(1+h)^2 - 6(1+h) + 9 - 4}{h} =$$

$$= \lim_{h \to 0} \frac{1 + 2h + h^2 - 6 - 6h + 9 - 4}{h} = \lim_{h \to 0} \frac{h^2 - 4h}{h} = \lim_{h \to 0} \frac{h(h-4)}{h} =$$

$$= \lim_{h \to 0} (h - 4) = -4 \to f'(1) = -4$$

Com que $f'(1) < 0$, la funció és decreixent en $x = 1$. Ho podem interpretar en el sentit que, per a valors de x pròxims a 1, el valor de la funció disminueix unes 4 vegades el que augmenta x.

Exemple 2

El domini de la funció $f(x) = \sqrt{x}$ és $D_f = [0, +\infty)$. Observa la gràfica (Fig. 13.9): és una funció creixent en tot el seu domini. On creix més ràpidament, en $x = 1$ o en $x = 4$?

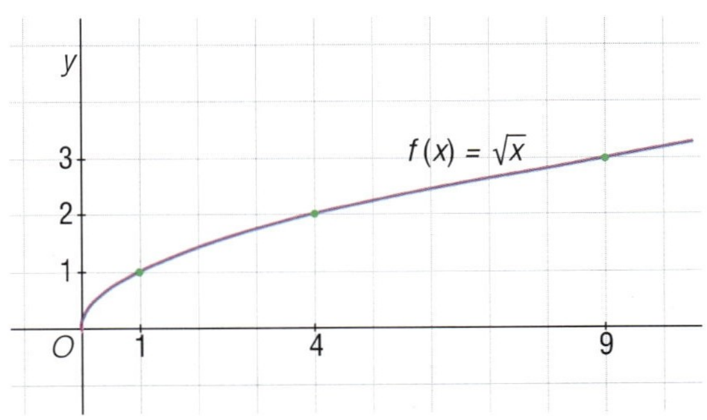

Fig. 13.9

Resolució

Hem de calcular $f'(1)$ i $f'(4)$.

$$f'(1) = \lim_{h \to 0} \frac{\sqrt{1+h} - 1}{h} = \lim_{h \to 0} \frac{(\sqrt{1+h} - 1)(\sqrt{1+h} + 1)}{h(\sqrt{1+h} + 1)} =$$

$$= \lim_{h \to 0} \frac{1 + h - 1}{h(\sqrt{1+h} + 1)} = \lim_{h \to 0} \frac{h}{h(\sqrt{1+h} + 1)} = \lim_{h \to 0} \frac{1}{\sqrt{1+h} + 1} =$$

$$= \frac{1}{2} \to f'(1) = \frac{1}{2}$$

De manera anàloga, s'obté $f'(4) = \dfrac{1}{4}$. Comprova-ho.

$f'(1) > f'(4)$. Per tant, la funció creix amb més rapidesa per a valors de x pròxims a 1 que per a valors de x pròxims a 4.

Activitats

13. Representa gràficament la funció $f(x) = -2x + 3$. Calcula $f'(-2)$, $f'(0)$ i $f'(3)$. Interpreta'n els resultats.

14. Donada la funció $f(x) = ax + b$, demostra que $f'(x_0) = a$, independentment del valor x_0 considerat.

15. Calcula, si és possible:

a) $f'(8)$, si $f(x) = \sqrt{x+1}$.

b) $f'\left(\frac{1}{2}\right)$, si $f(x) = 4 - x^2$.

c) $f'(0)$, si $f(x) = \frac{1}{x}$.

16. Representa gràficament la funció $f(x) = x^2 - 2x + 4$ i indica'n, a partir de la gràfica, els intervals de creixement i decreixement. Comprova que $f'(1) = 0$.

17. Sense fer-ne la representació gràfica, indica si la funció $f(x) = (2 - x)^2$ és creixent o decreixent en $x = 6$. Fes el mateix estudi en $x = -1$.

18. Com ha de ser una funció perquè la derivada sigui nul·la en tots i cadascun dels punts del seu domini? Per què?

19. Calcula, si és possible:

a) $f'(-4)$, si $f(x) = \sqrt{x}$.

b) $f'(1)$, si $f(x) = \frac{2}{x}$.

c) $f'(0)$, si $f(x) = 2x^2 + 1$.

d) $f'(-2)$, si $f(x) = 10x + 3$.

7. Funció derivada

Considerem la funció $f(x) = x^2 + 7$. Quant val $f'\left(\frac{1}{2}\right)$?

Com sempre, apliquem la definició:

$$f'\left(\frac{1}{2}\right) = \lim_{h \to 0} \frac{\left(\frac{1}{2} + h\right)^2 + 7 - \frac{29}{4}}{h} = \lim_{h \to 0} \frac{\frac{1}{4} + h + h^2 + 7 - \frac{29}{4}}{h} =$$

$$= \lim_{h \to 0} \frac{h^2 + h}{h} = \lim_{h \to 0} \frac{h(h+1)}{h} = \lim_{h \to 0} (h+1) = 1 \rightarrow f'\left(\frac{1}{2}\right) = 1$$

De la mateixa manera podríem calcular, per exemple, $f'(-2)$, $f'\left(-\frac{1}{2}\right)$, $f'(3)$, $f'(7)$...

Obtindríem els resultats següents:

$$f'(-2) = -4 \qquad f'\left(-\frac{1}{2}\right) = -1 \qquad f'(3) = 6 \qquad f'(7) = 14$$

Comprova-ho.

x_0	$f'(x_0)$
-2	-4
$-\frac{1}{2}$	-1
$\frac{1}{2}$	1
3	6
7	14
...	...

Taula 13.3

Fixa't en la Taula 13.3. El valor de $f'(x_0)$ sempre és el doble del valor de x_0. És a dir, es verifica $f'(x_0) = 2x_0$. És una casualitat?

Imaginem-nos una funció nova, que obtindrem a partir de la funció $f(x) = x^2 + 7$ donada, tal que a cada punt d'abscissa x hi faci correspondre el valor de la derivada $f'(x)$.

Demostrem que, en efecte, si $f(x) = x^2 + 7$, aleshores $f'(x) = 2x$.

$$x \xrightarrow{f(x)} x^2 + 7 \qquad\qquad x \xrightarrow{f'(x)} 2x$$

Només ens cal calcular la derivada de la funció $f(x)$ en un punt genèric d'abscissa x. Aplicant la definició, tenim:

$$f'(x) = \lim_{h\to 0} \frac{f(x+h)-f(x)}{h} = \lim_{h\to 0} \frac{(x+h)^2+7-(x^2+7)}{h} =$$

$$= \lim_{h\to 0} \frac{x^2+2xh+h^2+7-x^2-7}{h} = \lim_{h\to 0} \frac{2xh+h^2}{h} =$$

$$= \lim_{h\to 0} \frac{h\,(2x+h)}{h} = \lim_{h\to 0} (2x+h) = 2x$$

La funció $f'(x) = 2x$ és la *funció derivada* de $f(x) = x^2 + 7$.

Conèixer la funció derivada d'una funció $f(x)$ ens estalvia un munt de feina.

Per a la funció $f(x)$ de l'exemple,

$$f'(12) = 2 \cdot 12 = 24 \qquad f'\left(-\frac{1}{4}\right) = -\frac{1}{2}$$

$$f'\sqrt{2} = 2\sqrt{2} \qquad f'(57) = 114\ldots$$

Anomenem **funció derivada** de f una altra funció f' que fa correspondre a cada punt d'abscissa x el valor de la derivada de f en aquest punt. Es calcula:

$$f'(x) = \lim_{h\to 0} \frac{f(x+h)-f(x)}{h}$$

Exemple 3

Calcula la funció derivada de $f(x) = x^2 - 8x + 12$. Per a quins valors de x és creixent aquesta funció? I decreixent?

Resolució

$$f'(x) = \lim_{h\to 0} \frac{(x+h)^2 - 8(x+h) + 12 - (x^2 - 8x + 12)}{h} =$$

$$= \lim_{h\to 0} \frac{h^2+2xh-8h}{h} = \lim_{h\to 0} \frac{h(h+2x-8)}{h} =$$

$$= \lim_{h\to 0} (h + 2x - 8) = 2x - 8 \rightarrow f'(x) = 2x - 8$$

La funció $f(x)$ és creixent per als valors de x que fan $f'(x) > 0$. En conseqüència,

$$2x - 8 > 0 \rightarrow 2x > 8 \rightarrow x > 4$$

Naturalment, és decreixent sempre que $x < 4$. Comprova-ho tot representant-la gràficament.

Activitats

20. Calcula la funció derivada de cadascuna de les funcions següents:

a) $f(x) = -x + 7$ *b)* $f(x) = 1 - 2x^2$

c) $f(x) = \dfrac{1}{x}$, $x \neq 0$ *d)* $f(x) = \dfrac{1}{x^2}$, $x \neq 0$

e) $f(x) = \sqrt{x}$, $x > 0$ *f)* $f(x) = 3$

g) $f(x) = 3x^2 + 2x - 1$ *h)* $f(x) = \pi$

21. Sense fer-ne la representació gràfica, determina els intervals de creixement i decreixement de la funció $f(x) = -x^2 + 6x - 8$. Quant val $f'(3)$?

22. Donada la funció $f(x) = 6 - x^2$, calcula $f'(-2)$ i $f'(4)$. Indica si la funció és creixent o decreixent en $x = -2$ i en $x = 4$.

8. Càlcul de funcions derivades

Malgrat que aplicant la definició es pot calcular amb més o menys dificultat la funció derivada de qualsevol altra funció, el procés pot resultar llarg i pesat.

Les regles pràctiques que veurem tot seguit et permetran calcular de manera gairebé immediata algunes funcions derivades.

Ens limitarem, de moment, a dos dels tipus de funcions que et trobaràs amb més freqüència:

- La funció constant $f(x) = k$
- La funció potencial $f(x) = x^n$

8.1 Derivada de la funció constant

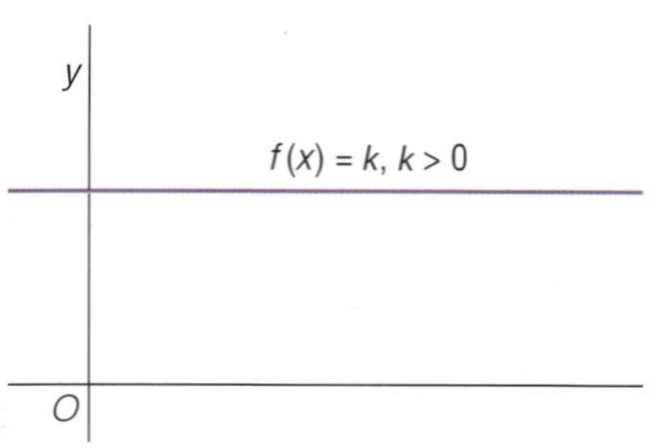

Fig. 13.10

Ja saps que la seva representació gràfica (Fig. 13.10) és una recta paral·lela a l'eix d'abscisses. Per tant, atès que la funció no varia mai, és lògic pensar que la seva derivada sigui nul·la en tots els punts.

$$f'(x) = \lim_{h \to 0} \frac{f(x+h) - f(x)}{h} = \lim_{h \to 0} \frac{k - k}{h} = \lim_{h \to 0} \frac{0}{h} = 0$$

$$f(x) = k \rightarrow f'(x) = 0$$

8.2 Derivada de la funció $f(x) = x^n$, $n \in \mathbb{N}$

Ho farem per a $n = 1$, $n = 2$ i $n = 3$ i mirarem de deduir-ne una regla general.

- $n = 1 \rightarrow f(x) = x \rightarrow f'(x) = \lim_{h \to 0} \dfrac{x + h - x}{h} = \lim_{h \to 0} \dfrac{h}{h} = 1$

- $n = 2 \rightarrow f(x) = x^2 \rightarrow f'(x) = \lim\limits_{h \to 0} \dfrac{(x+h)^2 - x^2}{h} = \lim\limits_{h \to 0} \dfrac{x^2 + 2xh + h^2 - x^2}{h} =$

$$= \lim_{h \to 0} \frac{h\,(2x+h)}{h} = \lim_{h \to 0} (2x + h) = 2x$$

- $n = 3 \rightarrow f(x) = x^3 \rightarrow f'(x) = \lim\limits_{h \to 0} \dfrac{(x+h)^3 - x^3}{h} = \lim\limits_{h \to 0} \dfrac{x^3 + 3x^2h + 3xh^2 + h^3 - x^3}{h} =$

$$= \lim_{h \to 0} \frac{h\,(3x^2 + 3xh + h^2)}{h} = \lim_{h \to 0} (3x^2 + 3xh + h^2) = 3x^2$$

Fixa-t'hi

$$(a+b)^3 = (a+b)^2\,(a+b) = (a^2 + 2ab + b^2)\,(a+b) = a^3 + 3a^2b + 3ab^2 + b^3$$

Els resultats obtinguts sembla que ens menin envers una regla ben senzilla i fàcil de recordar: $f(x) = x^4 \rightarrow f'(x) = 4x^3$, $f(x) = x^5 \rightarrow f'(x) = 5x^4$

I, en general,

$$f(x) = x^n \rightarrow f'(x) = nx^{n-1}, \quad n \in \mathbb{N}$$

En efecte:

$$f'(x) = \lim_{h \to 0} \frac{(x+h)^n - x^n}{h} = \lim_{h \to 0} \frac{\binom{n}{0}x^n + \binom{n}{1}x^{n-1}h + \binom{n}{2}x^{n-2}h^2 + \ldots + \binom{n}{n}h^n - x^n}{h} =$$

$$= \lim_{h \to 0} \frac{x^n + nx^{n-1}h + \binom{n}{2}x^{n-2}h^2 + \ldots + h^n - x^n}{h} =$$

$$= \lim_{h \to 0} \frac{h\left[nx^{n-1} + \binom{n}{2}x^{n-2}h + \ldots + h^{n-1}\right]}{h} =$$

$$= \lim_{h \to 0} \left[nx^{n-1} + \binom{n}{2}x^{n-2}h + \ldots + h^{n-1}\right] = nx^{n-1}$$

! Important

Recorda el desenvolupament del binomi de Newton.

Es pot demostrar que aquesta regla també és vàlida per a valors enters i, fins i tot, fraccionaris de l'exponent n.

$$f(x) = x^n \rightarrow f'(x) = nx^{n-1}, \quad n \in \mathbb{Q}$$

Exemple 4

Calcula la funció derivada de:

a) $f(x) = x^6$ *b)* $f(x) = \dfrac{1}{x}$ *c)* $f(x) = \sqrt{x}$

d) $f(x) = \sqrt{2}$ *e)* $f(x) = \dfrac{1}{x^3}$ *f)* $f(x) = \pi$

Resolució

Aplicant el que acabem de veure:

a) $f(x) = x^6 \rightarrow f'(x) = 6x^5$

b) $f(x) = \dfrac{1}{x} = x^{-1} \rightarrow f'(x) = -1x^{-2} = -\dfrac{1}{x^2}$

c) $f(x) = \sqrt{x} = x^{\frac{1}{2}} \rightarrow f'(x) = \dfrac{1}{2}x^{\frac{1}{2}-1} = \dfrac{1}{2}x^{-\frac{1}{2}} = \dfrac{1}{2\sqrt{x}}$

d) $f(x) = \sqrt{2} \rightarrow f'(x) = 0$

e) $f(x) = \dfrac{1}{x^3} = x^{-3} \rightarrow f'(x) = -3x^{-4} = -\dfrac{3}{x^4}$

f) $f(x) = \pi \rightarrow f'(x) = 0$

Activitats

23. Donada la funció $f(x) = x^4$, calcula $f'(x)$ de dues maneres diferents:

a) Aplicant la definició de funció derivada.

b) A partir de la segona regla que acabem de veure.

24. Calcula la funció derivada de cadascuna de les funcions següents:

a) $f(x) = \frac{1}{x^4}$

b) $f(x) = x^7$

c) $f(x) = \frac{1}{\sqrt{x}}$

d) $f(x) = \sqrt[3]{x^2}$

e) $f(x) = \sqrt[5]{2}$

f) $f(x) = \frac{1}{x^6}$

25. Donada la funció $f(x) = x^3$, calcula $f'(-1)$ i $f'(1)$. Indica si la funció és creixent o decreixent en aquests dos punts, i en cas que hi presenti el mateix tipus de variació, digues on és més ràpida aquesta variació.

26. Pot decréixer en algun punt la funció de l'activitat anterior? Per què?

27. Considera la funció:

$$f(x) = \sqrt[3]{x}$$

Calcula $f'(1)$ i $f'(8)$. Interpreta els resultats obtinguts.

9. Les derivades i les operacions amb funcions

En aquesta unitat només analitzarem dues operacions: la *derivada de la funció suma* i la *derivada del producte d'una constant per una funció.*

9.1 Derivada de la funció suma

Suposem una funció $f(x)$ que es pot escriure com la suma de dues funcions que anomenem $p(x)$ i $q(x)$:

$$f(x) = p(x) + q(x)$$

Apliquem la definició de derivada per calcular $f'(x)$:

$$f'(x) = \lim_{h \to 0} \frac{f(x+h) - f(x)}{h} = \lim_{h \to 0} \frac{p(x+h) + q(x+h) - [p(x) + q(x)]}{h} =$$

$$= \lim_{h \to 0} \frac{p(x+h) + q(x+h) - p(x) - q(x)}{h} =$$

$$= \lim_{h \to 0} \frac{p(x+h) - p(x) + q(x+h) - q(x)}{h} =$$

$$= \lim_{h \to 0} \left[\frac{p(x+h) - p(x)}{h} + \frac{q(x+h) - q(x)}{h}\right] =$$

$$= \lim_{h \to 0} \frac{p(x+h) - p(x)}{h} + \lim_{h \to 0} \frac{q(x+h) - q(x)}{h} = p'(x) + q'(x)$$

$$f(x) = p(x) + q(x) \rightarrow f'(x) = p'(x) + q'(x)$$

Fixa-t'hi

El límit de la suma és igual a la suma dels límits.

Aquesta regla també és vàlida en cas que siguin més de dues les funcions que se sumen.

Recorda

$f(x) - g(x) = f(x) + (-g(x))$

La **funció derivada de la suma de dues funcions o més** és igual a la suma de les funcions derivades d'aquestes funcions.

9.2 Derivada del producte d'una constant per una funció

Considerem una funció $f(x)$ que es pot escriure com el producte d'una funció constant k per una altra funció $g(x)$:

$$f(x) = k \cdot g(x)$$

Vegem com es calcula $f'(x)$:

$$f'(x) = \lim_{h \to 0} \frac{f(x+h) - f(x)}{h} = \lim_{h \to 0} \frac{k \cdot g(x+h) - k \cdot g(x)}{h} =$$

$$= \lim_{h \to 0} \left[k \frac{g(x+h) - g(x)}{h}\right] = k \cdot \lim_{h \to 0} \frac{g(x+h) - g(x)}{h} = k \cdot g'(x)$$

$$f(x) = k \cdot g(x) \rightarrow f'(x) = k \cdot g'(x)$$

Fixa-t'hi

El límit dels productes és igual al producte dels límits.

La **funció derivada del producte d'una constant per una funció** és igual a la constant per la derivada d'aquesta funció.

Exemple 5

Calcula la derivada de la funció $f(x) = x^3 + x^2 + x + 1$.

Resolució

Podem considerar que la funció $f(x)$ és la suma de quatre funcions:

$$p(x) = x^3 \quad q(x) = x^2 \quad r(x) = x \quad s(x) = 1$$

Aleshores, $p'(x) = 3x^2$; $q'(x) = 2x$; $r'(x) = 1$; $s'(x) = 0$.

Per tant, $f'(x) = 3x^2 + 2x + 1$.

Exemple 6

Calcula la derivada de cadascuna de les funcions següents:

a) $f(x) = 2x^3$ *b)* $f(x) = \dfrac{4}{x^2}$

c) $f(x) = -7\sqrt[3]{x}$ *d)* $f(x) = \dfrac{x^2}{3}$

Resolució

Fixa't que totes quatre es poden escriure com el producte d'una constant per una funció del tipus x^n.

a) $f(x) = 2x^3 \rightarrow f'(x) = 2 \cdot 3x^2 = 6x^2$

b) $f(x) = \dfrac{4}{x^2} = 4 \cdot \dfrac{1}{x^2} = 4\,x^{-2} \rightarrow f'(x) = 4\,(-2)x^{-3} = -\dfrac{8}{x^3}$

c) $f(x) = -7\sqrt[3]{x} = -7x^{1/3} \rightarrow f'(x) = -7 \cdot \dfrac{1}{3}\,x^{-2/3} = \dfrac{-7}{3\sqrt[3]{x^2}}$

d) $f(x) = \dfrac{x^2}{3} = \dfrac{1}{3}\,x^2 \rightarrow f'(x) = \dfrac{1}{3} \cdot 2x = \dfrac{2x}{3}$

Exemple 7

Si $f(x) = x^3 - 2x^2 + 3x + 5$, calcula $f'(0)$ i $f'(2)$ i interpreta'n els resultats.

Resolució

Calculem primer de tot la funció $f'(x) = 3x^2 - 4x + 3$.

Per tant,

$f'(0) = 3$

$f'(2) = 3 \cdot 2^2 - 4 \cdot 2 + 3 = 7$

Atès que $f'(x) > 0$ i $f'(2) > 0$, la funció és creixent en $x = 0$ i $x = 2$.

D'altra banda, $f'(2) > f'(0)$, la qual cosa ens indica que creix més de pressa en $x = 2$ que en $x = 0$.

Exemple 8

En llançar verticalment cap amunt un cos al buit, la distància d al punt de sortida en funció del temps t transcorregut és donada per l'expressió:

$$d = f(t) = 60t - 5t^2, \text{ on } d \text{ s'expressa en m i } t, \text{ en s.}$$

Representa gràficament aquesta funció i fes-ne una interpretació física. Indica'n el domini.

Resolució

Construïm la taula de valors (Taula 13.4) corresponent i la representem gràficament (Fig. 13.11).

t (s)	d(m)
0	0
1	55
2	100
3	135
4	160
5	175
6	180
7	175
8	160
9	135
10	100
11	55
12	0

Taula 13.4

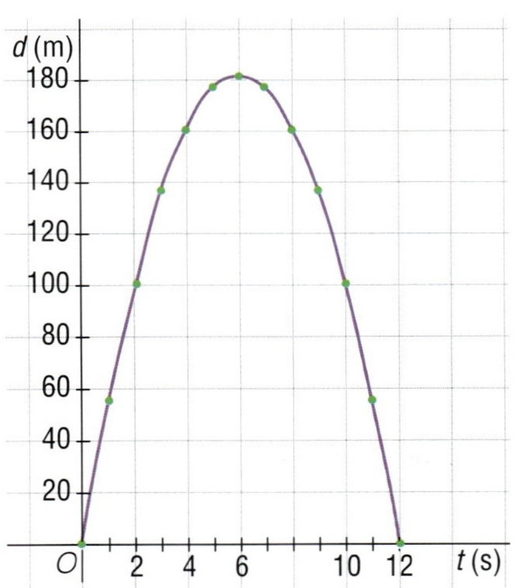

Fig. 13.11

La gràfica ens mostra que, a mesura que passa el temps, augmenta més lentament la distància al punt de sortida. Quan $t = 6$ s, el cos arriba a la màxima altura i, a partir d'aquest moment, inverteix el sentit del seu moviment i s'apropa cada vegada més de pressa al punt de llançament, on arriba al cap de 12 s d'haver-ne sortit.

Tot plegat ens permet afirmar que $D_f = [0, 12]$.

Exemple 9

Donada la funció de l'exemple anterior que relaciona la distància al punt de sortida d'un cos llançat verticalment cap amunt amb el temps transcorregut, determina l'expressió de la funció que permet calcular la velocitat del cos en cada moment, fes-ne la representació gràfica i la interpretació física.

Resolució

Per tal de conèixer la velocitat en cada moment, hem de calcular la funció derivada de $d = f(t) = 60t - 5t^2$.

$$v(t) = f'(t) = 60 - 10t$$

En construïm la taula de valors (Taula 13.5) i la representem gràficament (Fig. 13.12).

t (s)	v(m/s)
0	60
1	50
2	40
3	30
4	20
5	10
6	0
7	−10
8	−20
9	−30
10	−40
11	−50
12	−60

Taula 13.5

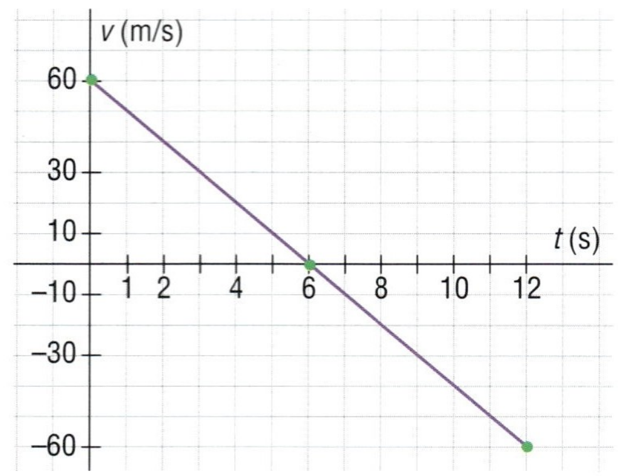

Fig. 13.12

El cos es llança a 60 m/s. En principi la seva velocitat va disminuint de manera uniforme, fins que a l'instant $t = 6$ s, quan inverteix el sentit del moviment, s'atura. Després, la velocitat del cos augmenta de manera uniforme i torna al punt de sortida a la mateixa velocitat amb què havia estat llançat.

És important que et fixis en dues coses:

- Just al moment en què el cos inverteix el sentit del moviment, la seva velocitat és zero.

$$v(t) = 0 \rightarrow 60 - 10t = 0 \rightarrow t = 6 \text{ s}$$

- Sembla que hi ha una contradicció entre allò que s'observa a la gràfica $v(t)$, funció sempre decreixent, i la interpretació física que n'hem fet. Cal observar, però, el signe de $v(t)$, i adonar-se que, numèricament, la velocitat del cos va disminuint en tot el recorregut.

Activitats

28. Calcula la funció derivada de cadascuna de les funcions següents:

a) $f(x) = 3x^3 - 5x^2 + 7$

b) $f(x) = x + \dfrac{1}{x} - 3$

c) $f(x) = \dfrac{x^4}{5} - \dfrac{3x^2}{7}$

d) $f(x) = \sqrt{10} + \sqrt{x}$

e) $f(x) = (2x + 3)^2$

f) $f(x) = \dfrac{-1}{x^3} + \dfrac{2}{x} + 7$

29. Indica per a quins valors de x s'anul·la la derivada de la funció $f(x) = x^3 - 5x^2 + 3x + 4$.

30. Determina els intervals de creixement i de decreixement de la funció $f(x) = x^2 + 4x - 7$.

31. Demostra que la derivada de la funció polinòmica de segon grau $f(x) = ax^2 + bx + c$ s'anul·la per al valor de x corresponent al vèrtex de la paràbola que en resulta de representar-la gràficament.

32. La distància d'un mòbil a un punt de referència ve donada per l'expressió:

$d = f(t) = 10 + 12t + t^2$, d en metres i t en segons.

a) Determina l'expressió de la funció que permet calcular la velocitat del mòbil en qualsevol instant.

b) Indica raonadament si en algun moment aquest mòbil canvia el sentit del seu moviment.

33. Esbrina l'equació d'una funció $f(x)$ que tingui per derivada la funció $f'(x)$ representada a la gràfica (Fig. 13.13). Pots esbrinar-ne més d'una? Per què?

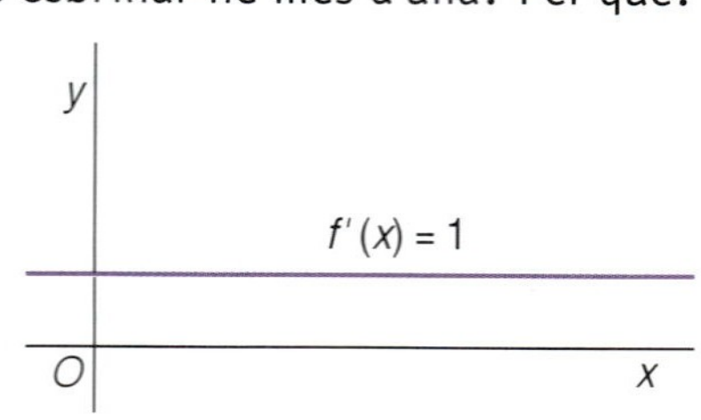

Fig. 13.13

Punt final

Funcions que presenten una variació uniforme

Les funcions $f(x) = 2x + 1$ i $g(x) = -3x + 2$ són dues funcions polinòmiques de primer grau, també anomenades *funcions afins*. Quan es representen gràficament, s'obtenen dues rectes (Fig. 13.14).

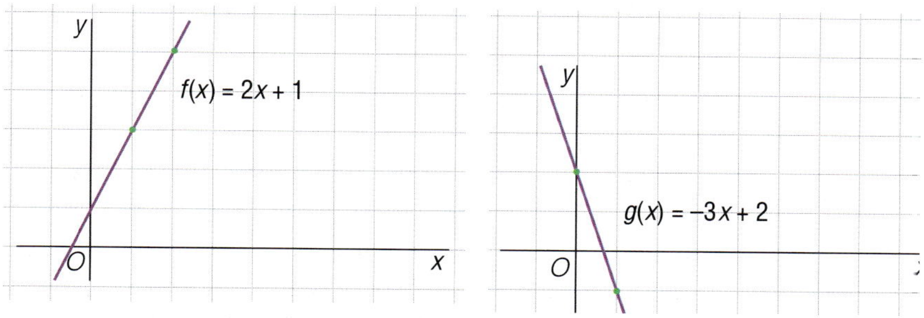

Fig. 13.14

Com pots veure, la funció $f(x)$ és sempre creixent, mentre que la funció $g(x)$ és sempre decreixent.

Si en calculem les funcions derivades, obtenim:

$$f'(x) = 2 \qquad \text{i} \qquad g'(x) = -3$$

Les funcions $f'(x)$ i $g'(x)$ són funcions constants, és a dir, el seu valor no depèn del valor que prengui la variable independent x. Des d'un punt de vista de variació, això significa que la funció $f(x) = 2x + 1$ té un creixement uniforme. Concretament, per a qualsevol valor de x, la variable dependent y augmenta dues vegades el que augmenta la variable independent x.

De la mateixa manera, la funció $g(x) = -3x + 2$ decreix de manera uniforme. La variable dependent y disminueix tres vegades el que augmenta la variable independent x. També en aquest cas, la disminució és independent del valor x considerat.

Quines funcions presenten aquesta particularitat? Naturalment, les funcions la representació gràfica de les quals és una recta, això és, les funcions polinòmiques de primer grau que, de manera general, podem expressar en la forma:

$$f(x) = ax + b, \text{ amb } a \text{ i } b \text{ nombres reals i } a \neq 0$$

Per a aquest tipus de funcions, la funció derivada és una funció constant $f'(x) = a$ i, per tant, el creixement o decreixement de la funció és uniforme.

Si $a = 0$ i $b \neq 0$, tenim la funció constant $f(x) = b$ la representació gràfica (Fig. 13.15) de la qual és una recta paral·lela a l'eix d'abscisses. En aquest cas, la variació de la funció és nul·la per a qualsevol valor de x i, com ja hem vist, es verifica $f'(x) = 0$.

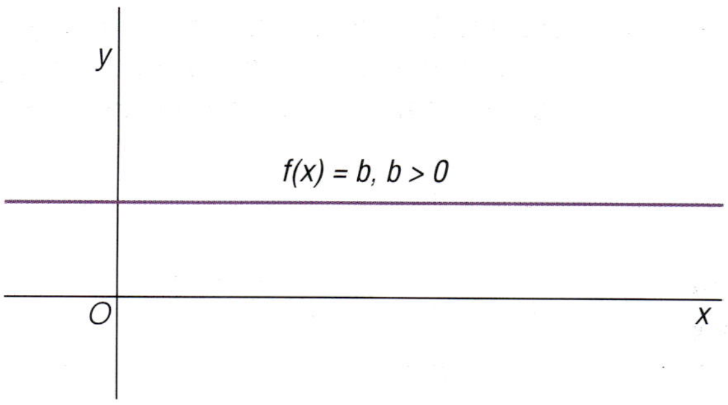

Fig. 13.15

Activitats finals

1. Aplica la definició per calcular la derivada de cadascuna de les funcions següents en $x = -3$:

a) $f(x) = -x^2 + 1$

b) $f(x) = \sqrt{1 - x}$

c) $f(x) = \dfrac{1}{x}$

R: *a)* $f'(-3) = 6$; *b)* $f'(-3) = \dfrac{-1}{4}$; *c)* $f'(-3) = -\dfrac{1}{9}$

2. Donada la funció $f(x) = \dfrac{1}{x-2}$, és possible calcular $f'(2)$? Per què?

3. Sense fer-ne la representació gràfica, indica si la funció $f(x) = (x - 4)^2$ és creixent o decreixent en $x = 3{,}5$.

4. A la gràfica (Fig. 13.16) hem representat la funció $f'(x)$, derivada d'una certa funció $f(x)$. Quina és l'expressió algèbrica de $f'(x)$? I la de $f(x)$? Pots trobar-ne més d'una?

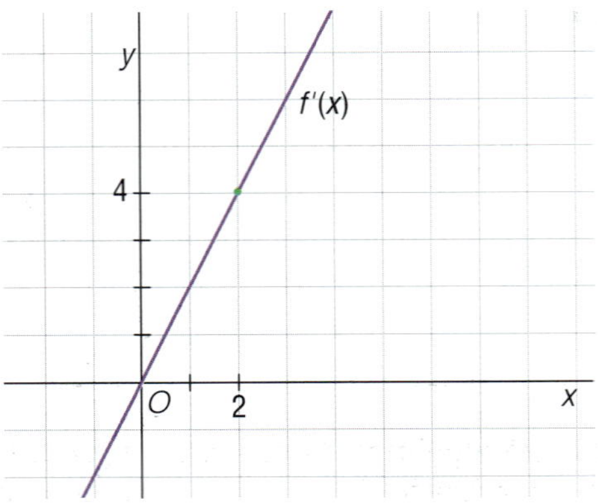

Fig. 13.16

5. Compara la rapidesa del creixement de la funció:

$$f(x) = x^3 + 2x$$

als punts d'abscisses $x = -2$ i $x = 2$.

6. Aplica la definició per calcular la funció derivada de:

a) $f(x) = x^3 + 3$

b) $f(x) = x + 3x^2$

c) $f(x) = 5\sqrt{x}$

7. Donada la funció $f(x) = mx + n$, on m i n són dos nombres reals:

a) Demostra que la variació mitjana d'aquesta funció en qualsevol interval $[x_1, x_2]$ és igual a m.

b) Aplica la definició de funció derivada per calcular $f'(x)$ i comprova que també és igual a m.

c) En quin tipus de funcions es produeix aquesta coincidència? Raona la resposta.

8. Un mòbil descriu una trajectòria rectilínia de manera que la distància d a un punt fix de la recta és donada per l'expressió $d = f(t) = 12 + 6t$, on d s'expressa en metres i t, en segons.

a) Calcula la velocitat mitjana del mòbil en un interval de temps $[t_1, t_2]$ qualsevol.

b) Quina és la velocitat del mòbil en qualsevol moment?

c) Quin tipus de moviment té aquest mòbil? Per què?

9. Indica raonadament el signe de la funció $f'(x)$ corresponent a la funció $f(x)$ representada a la gràfica de la Figura 13.17, en cadascun dels intervals següents:

$$(-\infty, -1)\ (-1, 1)\ (1, +\infty)$$

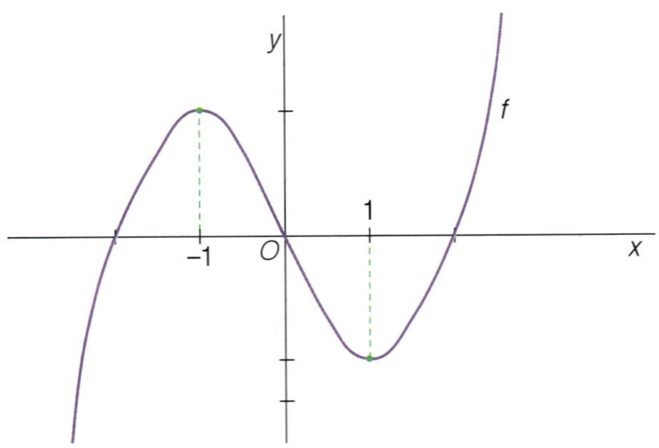

Fig. 13.17

10. Indica els intervals de creixement i decreixement de la funció $f(x) = -3x + 5$. Verifica la teva resposta fent-ne la representació gràfica.

11. La funció $f(x) = x^2 + 3$ és creixent per a $x > 0$. Indica, fent els càlculs corresponents, on creix amb més rapidesa aquesta funció, en $x = 1$ o en $x = 0$.

12. Representa gràficament la funció $f(x) = x^2 - 6x + 8$. Indica, a partir de la gràfica, els intervals de creixement i de decreixement. Comprova que $f'(3) = 0$.

13. Indica si són certes o falses les afirmacions següents. Justifica en cada cas la resposta.

a) Per a la funció $f(x) = \frac{1}{x}$, no existeix $f'(0)$.

b) La funció $f(x) = x^2 - 8x + 2$ és creixent en $x = 3$.

c) La funció derivada de $f(x) = -x^2 + 2x + 1$ és $f'(x) = 2(1 - x)$.

d) En representar gràficament la funció derivada de la funció $f(x) = x^2 - 3$ s'obté una recta de pendent 2 que passa per l'origen de coordenades.

e) La derivada de la funció $f(x) = \frac{1}{\sqrt{x+3}}$ en $x = 6$ és $f'(6) = \frac{1}{6}$.

14. Calcula la funció derivada de cadascuna de les funcions següents:

a) $f(x) = 2x^4 - 3x^2 + 1$

b) $f(x) = \sqrt{x^3} + \sqrt[3]{x^2}$

c) $f(x) = 1 - \frac{2}{x^2}$

d) $f(x) = 3(x^2 + 7x - 12)$

e) $f(x) = \sqrt{5x}$

f) $f(x) = (2 - 6x)^2$

15. Calcula, si és possible:

a) $f'(3)$, si $f(x) = 1 - x^2$.

b) $f'(-2)$, si $f(x) = \sqrt{x+1}$.

c) $f'(4)$, si $f(x) = x^2 - 8x$.

d) $f'(0)$, si $f(x) = \frac{5}{x}$.

e) $f'(1)$, si $f(x) = x^3 + 1$.

16. La funció $f(x) = x^7$ pot decréixer per a algun valor de x corresponent al seu domini? Justifica la resposta.

17. Per a un mòbil determinat, la distància d en metres a un punt de referència en funció del temps t en segons és donada per l'expressió:

$$d = f(t) = 10t - 2t^2$$

a) Determina l'expressió algèbrica que et permeti calcular la velocitat d'aquest mòbil en qualsevol instant.

b) Indica a quina distància del punt de referència es troba quan canvia el sentit del moviment.

c) Interpreta físicament el signe de la velocitat per a $t > 2{,}5$ s.

R: *b)* $d = 12{,}5$ m

18. A conseqüència de la dilatació, la longitud L d'una barra metàl·lica augmenta amb la temperatura T d'acord amb l'expressió:

$$L = 8(1 + 10^{-4}\,T)$$

on L s'expressa en centímetres i T, en graus centígrads.

a) Quina és la longitud de la barra a 0 °C? I a 100 °C?

b) Quan augmenta més bruscament la longitud d'aquesta barra, si $T = 50$ °C o si $T = 80$ °C? Per què?

19. Calcula, aplicant la definició, la funció derivada de cadascuna de les funcions següents:

a) $f(x) = -3x + 7$

b) $f(x) = \frac{3}{x}$, $x \neq 0$

c) $f(x) = \sqrt{x - 8}$, $x > 8$

d) $f(x) = 2x^2 - 3x + 2$

e) $f(x) = \frac{5}{x^2}$, $x \neq 0$

20. Determina l'expressió algèbrica d'una funció $f(x)$ la derivada de la qual sigui la funció $f'(x) = 3x^2$. Pots esbrinar-ne més d'una? Per què?

21. Calcula la funció derivada de cadascuna de les funcions següents:

a) $f(x) = \frac{1}{x^5}$

b) $f(x) = x^{10}$

c) $f(x) = \sqrt[4]{x^3}$

d) $f(x) = \frac{1}{\sqrt[3]{x^2}}$

e) $f(x) = \sqrt{\pi + 2}$

Activitats finals

22. Representa gràficament les funcions:

$$f(x) = 2x + 3 \text{ i } g(x) = 2x - 3$$

Què obtens?

Quina de les dues funcions creix més de pressa al voltant de $x = 0$? I al voltant de $x = 10$? Procura respondre a les dues últimes qüestions sense fer cap càlcul i argumenta'n la resposta.

23. Calcula la funció derivada de cadascuna de les funcions següents:

a) $f(x) = 3x^2 - 5x + 3 + \sqrt{7}$

b) $f(x) = x + \dfrac{1}{x^2}$

c) $f(x) = \dfrac{x^4}{5} - \dfrac{3x^2}{8}$

d) $f(x) = (2x + 3)^2$

e) $f(x) = \sqrt{10} + \sqrt{x} + \sqrt{\pi}$

f) $f(x) = -\dfrac{1}{x^2} + 7$

24. La distància d d'un mòbil que descriu una trajectòria rectilínia a un punt de referència és donada per l'expressió $d = f(t) = t^2 - 9t + 3$, on d s'expressa en metres i t, en segons.

a) Quina és l'expressió algèbrica de la funció que permet calcular la velocitat del mòbil en qualsevol moment?

b) En quin moment aquest mòbil canvia el sentit del seu moviment?

c) A quina distància del punt de referència se situa a l'instant que la seva velocitat és nul·la?

d) Quina és la seva velocitat quan $t = 5$ s? Interpreta'n físicament el signe.

25. Calcula la funció derivada de:

a) $f(x) = 5x^4 - 4x^3 + 7x^2 + 6x - 12$

b) $f(x) = \dfrac{2}{3}x^3 + \dfrac{1}{4}x^2 - \dfrac{7}{2}x + 1$

c) $f(x) = x^2 + \dfrac{3}{x} - 3$

d) $f(x) = 1 + \sqrt{x} + \sqrt[3]{x^2}$

e) $f(x) = (4x + 5)^2$

26. La derivada de la funció $f(x) = x^2 + bx + 2$ s'anul·la al punt d'abscissa $x = 4$. Determina el valor de b.

27. Per a quins valors de x s'anul·la la derivada de la funció $f(x) = \dfrac{1}{3}x^3 - x^2 + 5$? Indica els intervals de creixement i de decreixement d'aquesta funció.

28. Esbrina els valors de x que anul·len la derivada de la funció:

$$f(x) = 3x^5 - 5x^3 + 7$$

Quin és el valor de $f'(0)$?

29. Considera la funció:

$$f(x) = x^2 - 4x + 4$$

i, a partir de la seva derivada, determina l'interval en el qual la funció és creixent i l'interval en què és decreixent. Raona el comportament de la funció a l'entorn de $x = 2$.

30. Donada la funció $f(x) = x^5 + 1$, calcula $f'(1)$ i $f'(-2)$. Comprova que la funció és creixent en aquests punts i indica en quin dels dos el creixement és més ràpid. Pot decréixer en algun punt aquesta funció?

31. La representació gràfica de la derivada $f'(x)$ d'una funció $f(x)$ és una recta que passa pels punts $(-2, 0)$ i $(0, 4)$. Quina és l'expressió algèbrica de la funció $f'(x)$? Pots determinar l'expressió algèbrica de la funció $f(x)$? Justifica la resposta.

32. Esbrina quines de les derivades de les funcions següents no s'anul·len per a cap valor de la variable x:

a) $f(x) = x^2 - 3x + 1$

b) $f(x) = 12 - 4x$

c) $f(x) = 2\sqrt{x} + 7$

d) $f(x) = \dfrac{1}{3}x^3 - \dfrac{5}{2}x^2 + 6x - 1$

e) $f(x) = (x - 3)^2$

Avaluació

1. Donada la funció $f(x) = 3x^2 + 5$:

a) Calcula la variació mitjana de $f(x)$ a l'interval [2, 5].

b) Calcula, aplicant la definició, la derivada de $f(x)$ en $x = 1$.

2. Calcula, aplicant les regles de derivació, les derivades de les funcions següents:

a) $f(x) = x^4 - 2x^3 + 3x - 7$

b) $f(x) = \sqrt[5]{x^3}$

c) $f(x) = \dfrac{3}{x^2} - \dfrac{1}{x}$

d) $f(x) = \dfrac{\sqrt{x}}{x^4}$

3. Donada la funció $f(x) = 5x - 2x^3$, indica raonadament si és creixent o decreixent als punts d'abscisses $x = 0$ i $x = 3$.

4. La derivada de la funció $f(x) = x^2 - kx + 9$ s'anul·la per a $x = 3$.

a) Determina el valor de k.

b) Representa gràficament la funció $f'(x)$ i, a partir de la gràfica, indica els intervals de creixement i de decreixement de la funció $f(x)$.

5. Donada la funció $f(x) = x^2 + \dfrac{1}{x} + 3$:

a) Calcula $f'(x)$.

b) Indica raonadament si $f(x)$ creix o decreix en $x = 1$.

c) A l'entorn de $x = 1$, quina variable creix o decreix més de pressa, la dependent o la independent? Per què?

14

Distribucions bidimensionals

És possible que, quan duem a terme l'estudi estadístic relatiu a una mostra d'una població, ens interessi observar només un caràcter quantitatiu per a cada individu de la mostra. En conseqüència, només hauríem d'estudiar una única variable (pes, edat...), com ja hem fet en l'etapa anterior.

No obstant això, en la majoria dels casos, ens interessarà estudiar dues variables o més de cada individu i parlarem, aleshores, de variables estadístiques bidimensionals o multidimensionals.

En aquesta unitat tractarem la relació estadística entre dues variables. Quan observem dues variables estadístiques, cadascun dels individus tindrà associats un parell de valors (x, y). No es tracta de fer un estudi aïllat de cadascuna de les variables, sinó d'estudiar la relació o dependència que pugui haver-hi entre elles, si és que aquesta relació existeix.

Una distribució estadística bidimensional és el resultat d'una presa de dades en una població de manera que, per a cada individu de la població, s'ha observat i mesurat el valor de dues variables estadístiques.

L'objectiu fonamental d'aquesta unitat és representar, estudiar, quantificar i formalitzar, matemàticament, la relació entre les variables per poder descobrir o explicar el fenomen i, possiblement, poder fer-ne prediccions. Ens centrarem en l'anàlisi de les dades, independentment del mètode que s'hagi utilitzat per obtenir-les.

Per exemple, amb les respostes donades per 50 individus sobre el nombre d'hores diàries que dediquen a veure la televisió i a dormir s'ha elaborat la Taula 14.1.

Nombre d'hores veient la televisió	Nombre d'hores dormint	Nombre de persones
4	6	3
3	7	16
3	8	20
2	9	10
1	10	1

Taula 14.1

Quina informació pots extreure de la taula?

Creus que hi ha alguna relació entre el nombre d'hores que han dormit i el nombre d'hores que han dedicat a veure la televisió?

Aquesta relació, si existeix, és directa o inversa?

Quantes hores creus que deu dormir una persona que veu la televisió tres hores i mitja cada dia?

Quantes hores creus que deu veure la televisió una persona que dorm set hores i quart diàriament?

1. El llenguatge estadístic

Per fer qualsevol estudi estadístic, cal conèixer prèviament alguns conceptes bàsics d'estadística que són necessaris per analitzar la informació.

- **Població**. És el conjunt del qual es du a terme l'estudi. La població ha d'estar perfectament determinada a l'inici de l'estudi i pot estar formada per persones, coses, períodes temporals...
- **Individu**. És cadascuna de les unitats elementals de la població. Un individu pot tenir existència real o abstracta, per exemple, un treballador o una treballadora, una peça fabricada, un mes, la província de Tarragona...
- **Mostra**. És el subconjunt d'individus de la població dels quals es fa l'estudi per generalitzar les conclusions a tota la població. Evidentment, és impossible fer una enquesta a tota la població si la població és molt gran. Per tant, segons l'estudi que cal dur a terme, s'ha d'escollir la mostra corresponent.

  Per seleccionar la mostra es fan servir criteris diferents, coneguts amb el nom de *tècniques de mostreig,* l'estudi de les quals no correspon als continguts d'aquest curs.
- **Caràcter**. És l'aspecte, el fenomen o la qualitat que s'estudia en cadascun dels individus de la mostra.

  Les diferents possibilitats del caràcter reben el nom de **modalitat** si no s'expressen numèricament, i de **valor** en el cas contrari.

  Hi ha dos tipus de caràcters:

  - **Qualitatius:** si les diferents modalitats no es poden determinar numèricament. Per exemple: el sexe, l'estat civil, la professió, el color dels ulls...

    Al seu torn, els caràcters qualitatius es classifiquen en:

    a) **Nominals:** quan els caràcters qualitatius no són ordenables. És el cas del sexe, el color dels ulls...

    b) **Ordinals:** quan els caràcters qualitatius es poden ordenar, com les notes qualitatives: I, S, B, N, E.
  - **Quantitatius:** si els valors de les característiques dels individus es poden mesurar numèricament. Aquesta característica se sol representar per una lletra X, Y... i rep el nom de **variable estadística**.

    Cal diferenciar entre:

    a) **Variable estadística discreta:** quan els diferents valors que pot prendre la variable són aïllats. El cas més freqüent és aquell en què els valors de la variable són nombres enters, per exemple: el nombre de fills, el nombre de treballadors...

    b) **Variable estadística contínua:** quan la variable pot prendre qualsevol valor d'un interval determinat. En general, totes les magnituds relacionades amb l'espai, el temps o la massa són variables estadístiques contínues. També ho són el pes, l'edat, la talla...

Quan fem el recompte i organitzem les dades en taules sorgeixen els conceptes relacionats amb les freqüències.

- **Freqüència absoluta**. És el nombre d'individus que presenta cada valor de la variable. Es representa per n_i.
- **Freqüència relativa**. És el quocient entre la freqüència absoluta i el nombre total d'individus que hi ha a la mostra. Es representa per f_i:

$$f_i = \frac{n_i}{n}$$

on n és el nombre total d'individus.

- **Percentatge**. És el tant per cent d'individus que presenta cada valor de la variable. Es representa per p_i i es calcula multiplicant per 100 la freqüència relativa.

$$p_i = 100 \cdot f_i$$

! Important

$$\sum_{i=1}^{m} n_i = n_1 + n_2 + n_3 + \ldots + n_{m-1} + n_m$$

- **Freqüència absoluta acumulativa del valor x_i**. És la suma de les freqüències absolutes, un cop hem ordenat del més petit al més gran els valors de la variable, fins a la que ocupa la posició i. Es representa per N_i.

$$N_i = \sum_{j=1}^{i} n_j$$

- **Freqüència relativa acumulativa del valor x_i**. És la suma de les freqüències relatives, un cop hem ordenat els valors, fins a la que ocupa la posició i. Es representa per F_i.

$$F_i = \sum_{j=1}^{i} f_j$$

- **Percentatge acumulatiu del valor x_i**. És la suma dels percentatges, un cop hem ordenat els valors, fins al que ocupa la posició i. Es representa per P_i.

$$P_i = \sum_{j=1}^{i} p_j$$

x_i	n_i	f_i	p_i	N_i	F_i	P_i
0	10	0,2	20	10	0,2	20
1	15	0,3	30	25	0,5	50
2	13	0,26	26	38	0,76	76
3	8	0,16	16	46	0,92	92
4	4	0,08	8	50	1	100
	50	1	100			

Taula 14.2

Malgrat que només s'han definit les freqüències i els percentatges per a variables estadístiques, també tenen sentit per als caràcters qualitatius. Les freqüències acumulatives i els percentatges acumulatius, en canvi, només tenen sentit per a variables estadístiques o per a caràcters qualitatius ordinals, ja que prèviament ha de ser possible l'ordenació de les modalitats.

Presentem una taula de freqüències i de percentatges d'una variable estadística discreta (Taula 14.2), on partim dels valors de la variable i de les freqüències absolutes, a les dues primeres columnes, i completem les següents.

La variable és X: «nombre de germans» d'una mostra de 50 individus.

Activitats

1. En una població de 25 famílies s'ha estudiat la variable X: «nombre de cotxes que té la família», i s'han obtingut les dades següents:

0, 1, 2, 3, 1, 0, 1, 1, 1, 2, 3, 2, 2, 1, 1, 2, 2, 1, 1, 1, 2, 1, 3, 2, 1

Construeix la taula de freqüències i de percentatges corresponent.

2. La Taula 14.3, que està incompleta, representa les qualificacions obtingudes per 80 alumnes de primer de Batxillerat d'un institut.

Qualificació	Freqüència absoluta	Freqüència relativa
Suspens	—	0,375
Aprovat	20	—
Notable	16	—
Excel·lent	—	—

Taula 14.3

a) Completa la taula amb les freqüències absolutes i relatives que hi falten.

b) Elabora la taula de freqüències i de percentatges corresponent.

2. Distribucions unidimensionals

Ara dedicarem un apartat a repassar els mètodes de càlcul de la *mitjana*, la *variància* i la *desviació típica* d'una variable, sigui discreta sigui discreta o contínua.

La **mitjana** és la mitjana aritmètica de tots els valors de la variable. Es representa per $\bar{x}$, i es calcula mitjançant l'expressió:

$$\bar{x} = \frac{\sum_{i=1}^{m} n_i x_i}{n}, \text{ en què } n = \sum_{i=1}^{m} n_i$$

La **variància** és la mitjana aritmètica dels quadrats de les desviacions respecte de la mitjana. Es representa per σ_x^2. Les expressions que ens permeten calcular-la són:

$$\sigma_x^2 = \frac{\sum_{i=1}^{m} n_i (x_i - \bar{x})^2}{n} = \frac{\sum_{i=1}^{m} n_i x_i^2}{n} - \bar{x}^2$$

La **desviació típica** és l'arrel quadrada positiva de la variància:

$$\sigma_x = \sqrt{\frac{\sum_{i=1}^{m} n_i (x_i - \bar{x})^2}{n}} = \sqrt{\frac{\sum_{i=1}^{m} n_i x_i^2}{n} - \bar{x}^2}$$

La variància sempre és positiva, ja que és una suma de quadrats, i, per tant, sempre existeix la seva arrel quadrada.

! Important

En el cas que la freqüència absoluta de cada valor de la variable sigui 1, tindrem:

$$\bar{x} = \frac{\sum_{i=1}^{n} x_i}{n}$$

$$\sigma_x^2 = \frac{\sum_{i=1}^{n} x_i^2}{n} - \bar{x}^2$$

$$\sigma_x = \sqrt{\frac{\sum_{i=1}^{n} x_i^2}{n} - \bar{x}^2}$$

2.1 Propietats

1. Si se suma una constant a tots els valors de la variable, la seva mitjana augmenta en l'esmentada constant, mentre que la variància i la desviació típica no varien.
2. Si es multipliquen tots els valors de la variable per una constant positiva, la mitjana i la desviació típica queden multiplicades per l'esmentada constant, mentre que la variància queda multiplicada pel quadrat de la constant.

Aquestes dues propietats ens permeten treballar amb valors de la variable més senzills en cas que els valors siguin molt grans o molt petits.

Exemple 1

Calcula la mitjana, la variància i la desviació típica de les dades de la Taula 14.4.

Número de calçat	Nombre d'alumnes
35	4
36	15
37	17
38	20
40	10
42	4

Taula 14.4

Resolució

Per fer els càlculs, hem d'anar afegint-hi més columnes que ens permetran determinar la mitjana i la variància (Taula 14.5). El càlcul de la variància, tal com s'ha indicat, es pot fer de dues maneres diferents. Utilitzarem la segona expressió, que és la que permet efectuar els càlculs de manera més ràpida.

La mitjana és $\overline{x} = \dfrac{\sum_{i=1}^{6} n_i x_i}{n} = \dfrac{2\,637}{70} = 37{,}67$

El numerador és la suma dels valors de la tercera columna de la taula.

A partir de la suma dels valors de la cinquena columna, podem obtenir la variància:

$$\sigma_x^2 = \frac{\sum_{i=1}^{6} n_i x_i^2}{n} - \overline{x}^2 = \frac{99\,549}{70} - 37{,}67^2 = 1\,422{,}1286 - 1\,419{,}0289 = 3{,}0997$$

I extraient l'arrel quadrada obtenim la desviació tipus: $\sigma_x = \sqrt{3{,}0997} = 1{,}76$

x_i	n_i	$n_i x_i$	x_i^2	$n_i x_i^2$
35	4	140	1225	4900
36	15	540	1296	19440
37	17	629	1369	23273
38	20	760	1444	28880
40	10	400	1600	16000
42	4	168	1764	7056
	70	2637		99549

Taula 14.5

! Important

Les calculadores científiques determinen de manera ràpida la mitjana i la variància, només cal introduir-hi cadascun dels valors x_i de la variable amb la freqüència absoluta corresponent.

Recorda que, si la variable X és contínua, s'agafen com a valors x_i les **marques de classe,** que són el punt mitjà de cada interval en què s'agrupa la variable contínua.

Si el caràcter que s'ha d'estudiar és qualitatiu, no se'n pot calcular cap paràmetre estadístic, ja que per fer-ho necessitem valors numèrics. Hem d'entendre, doncs, que tots els caràcters que estudiarem seran quantitatius, és a dir, variables estadístiques.

Activitats

3. Determina la mitjana, la variància i la desviació típica de les variables X i Y de la Taula 14.1.

4. Calcula la variància de la variable de la Taula 14.4 utilitzant la primera expressió.

5. Amb les dades de la Taula 14.4, comprova les propietats de la mitjana, la variància i la desviació típica. Per fer-ho, suma 2 i multiplica per 3 cada valor de la variable.

6. Les dades del consum de carburant d'una flota de camions al llarg d'un dia es poden observar a la taula de freqüències següent (Taula 14.6).

Consum de carburant	Nombre de camions
(0,10]	8
(10,20]	12
(20,30]	10
(30,40]	14
(40,50]	21
(50,60]	16
(60,70]	9

Taula 14.6

Completa la taula amb les columnes necessàries per calcular $\overline{x}$ i σ_x.

3. Diagrames de dispersió

Fins ara hem considerat experiments en què observàvem un únic caràcter de cada individu. És molt freqüent en estadística que, quan es fa un experiment, s'observin dos caràcters dels individus de la mostra. Aquests experiments es coneixen amb el nom d'**experiments bidimensionals** o **bivariables** i donen lloc a les distribucions bidimensionals.

La manera més habitual d'expressar els valors obtinguts en una distribució estadística bidimensional consisteix a representar-los mitjançant una **taula de contingència** o **taula de doble entrada.** Al marge superior s'escriuen els resultats d'una de les variables i al marge esquerre, els valors de l'altra variable. A les caselles de la taula s'indiquen les freqüències absolutes, o les freqüències relatives o percentatges corresponents a les dues variables simultàniament.

El que és més normal és afegir al final de cada fila i de cada columna les anomenades **distribucions marginals,** que donen els totals de cada resultat.

Exemple 2

Amb les respostes donades per 50 individus sobre el nombre d'hores diàries que dediquen a veure la televisió i a dormir s'ha elaborat la Taula 14.7:

Nombre d'hores veient la televisió	Nombre d'hores dormint	Nombre de persones
4	6	3
3	7	16
3	8	20
2	9	10
1	10	1

Taula 14.7

Representa'n la taula de contingència i les distribucions marginals.

Resolució

La *taula de contingència* és la de la Taula 14.8.

		Y					
		6	7	8	9	10	
X	1	—	—	—	—	1	1
	2	—	—	—	10	—	10
	3	—	16	20	—	—	36
	4	3	—	—	—	—	3
		3	16	20	10	1	50

Taula 14.8

Les distribucions màrginals de les variables *X* i *Y* s'obtenen a partir de la taula de contingència, considerant cada variable separadament. Representen les freqüències dels valors d'una variable, independentment dels valors de l'altra.

Les *distribucions marginals* de la Taula 14.7 són:

X	1	2	3	4	
n_i	1	10	36	3	
Y	6	7	8	9	10
n_j	3	16	20	10	1

Taula 14.9

A partir de les distribucions marginals podem calcular la mitjana i la desviació tipus de cadascuna de les variables, estudiant-les com una variable unidimensional.

Per a caràcters qualitatius, la representació que s'utilitza també és una taula de doble entrada. Per exemple, la Taula 14.10 expressa les notes de matemàtiques i de llengua de 100 alumnes.

		Matemàtiques					
		I	S	B	N	E	
Llengua	I	12	5	4	2	0	23
	S	5	18	4	3	0	30
	B	2	5	12	3	0	22
	N	1	5	4	8	3	21
	E	0	0	0	1	3	4
		20	33	24	17	6	100

Taula 14.10

Quan els caràcters qualitatius són ordinals, com succeeix en aquest cas, es pot substituir la taula anterior per un *pictograma* (Fig. 14.1), que indica de manera més gràfica la distribució de les diferents modalitats de cada caràcter. Cada punt representa un dels individus de la mostra.

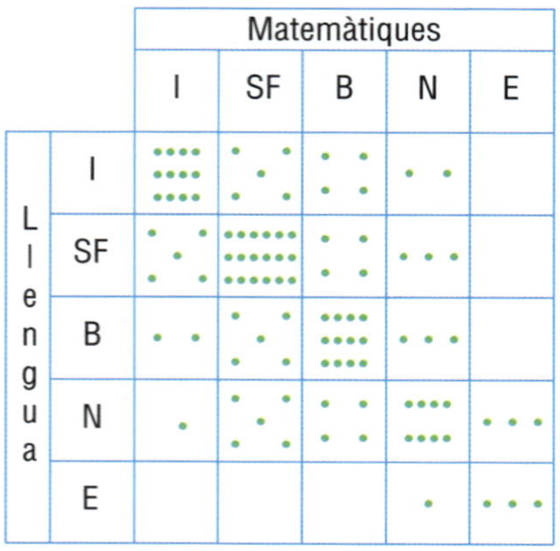

Fig. 14.1

Aquest exemple ens pot servir per conèixer la tècnica que s'utilitza per representar gràficament els valors d'una distribució bidimensional en el cas de dues variables estadístiques. Quan som davant una taula de contingència de dues variables estadístiques, dibuixar algun tipus de diagrama ens pot ajudar a descobrir un model.

Un gràfic que permet il·lustrar les dades de dues variables és el *diagrama de dispersió* o *núvol de punts* de la distribució. Per mostrar els valors obtinguts en la presa de dades d'una distribució bidimensional, s'utilitzen uns eixos de coordenades cartesianes: se situen a l'eix d'abscisses els valors d'una variable, i a l'eix d'ordenades, els valors de l'altra variable.

Les dues mesures de cada unitat experimental es consideren com un parell ordenat que queda representat com un únic punt del pla en un sistema de coordenades. El conjunt de tots els punts representats forma el **diagrama de dispersió** o **núvol de punts.**

La forma del diagrama de dispersió o núvol de punts ens permet intuir si hi ha, o no, relació entre les dues variables estudiades, si aquesta relació és directa o inversa, i la intensitat d'aquesta relació.

! Important

El **núvol de punts** de la distribució és el gràfic que resulta de representar un punt per a cada individu de la mostra estudiada. És a dir, si els valors que s'han mesurat d'un individu determinat de la mostra són a per a la primera variable i b per a la segona, es representa el punt de coordenades (a, b).

A la Figura 14.2 es mostra el diagrama de dispersió de la distribució bidimensional de la Taula 14.7.

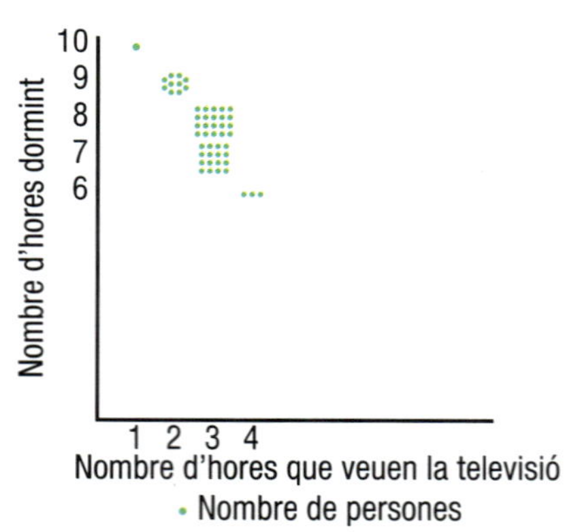

Fig. 14.2

Per la forma del diagrama podem afirmar que la relació entre el *nombre d'hores veient la televisió* i el *nombre d'hores dormint* és inversa, és a dir, si una variable creix, l'altra decreix.

El càlcul dels paràmetres estadístics, en especial la mitjana i la desviació típica de cadascuna de les variables, és imprescindible per estudiar la distribució bidimensional, tot i que aquest no n'és l'objectiu fonamental.

El punt que té per coordenades $(\overline{x}, \overline{y})$, en què $\overline{x}$ és el valor de la mitjana de la variable representada a l'eix d'abscisses i $\overline{y}$, el valor de la mitjana de la variable representada a l'eix d'ordenades, és el **punt mitjà de la distribució.**

És important recalcar que el punt mitjà de la distribució no ha de formar part necessàriament del núvol de punts o diagrama de dispersió.

Activitats

7. A partir de la taula següent, en què s'indica l'alçada i el pes de 24 alumnes de primer de Batxillerat:

Pes (kg)	Alçada (cm)	Pes (kg)	Alçada (cm)
68	177	58	158
59	170	64	161
62	173	70	177
63	164	66	174
71	176	58	170
59	174	58	167
55	165	72	174
51	165	57	173
58	172	55	162
83	174	59	179
80	188	55	163
49	153	52	156

Taula 14.11

a) Calcula la mitjana i la desviació típica de cadascuna de les dues variables.

b) Dibuixa'n el diagrama de dispersió.

c) La relació entre les dues variables és directa o inversa? Raona la resposta.

d) Indica les coordenades del punt mitjà de la distribució.

e) Comprova que el punt mitjà no forma part del diagrama de dispersió.

8. La classificació final de la lliga de futbol de primera divisió de la temporada 2010-2011, després de 38 jornades, va ser:

Equips	PG	PE	PP
1. Barcelona	30	6	2
2. R. Madrid	29	5	4
3. València	21	8	9
4. Vila-real	18	8	12
5. Sevilla	17	7	14
6. Athlètic	18	4	16
7. Atlético	17	7	14
8. Espanyol	15	4	19
9. Osasuna	13	8	17
10. Sporting	11	14	13
11. Màlaga	13	7	18
12. Racing	12	10	16
13. Saragossa	12	9	17
14. R. Societat	14	3	21
15. Llevant	12	9	17
16. Getafe	12	8	18
17. Mallorca	12	8	18
18. Deportivo	10	13	15
19. Hèrcules	9	8	21
20. Almeria	6	12	20

Taula 14.12

Representa el diagrama de dispersió de les distribucions bidimensionals següents:

a) Lloc a la classificació – partits guanyats.

b) Lloc a la classificació – partits empatats.

c) Lloc a la classificació – partits perduts.

Quin tipus de relació, directa o inversa, hi ha entre les dues variables en cadascun dels tres casos?

4. Mesures de correlació

El que interessa més en l'estudi de dues variables és la recerca de relacions entre aquestes, de manera que ens permetin fer prediccions posteriors. Aquestes relacions no s'han d'interpretar com si fossin dependències funcionals, sinó que les hem d'entendre com a tendències en l'associació de valors, que ens permetran predir el que pugui succeir quan s'estudiïn aquestes mateixes variables en una altra població diferent.

Es parla de **dependència** o **relació estadística** quan el diagrama de dispersió tendeix a aproximar-se a la representació d'una funció. Si els valors d'una variable no influeixen en els valors de l'altra, direm que les variables X i Y són independents.

Fixa-t'hi

Quan les variables són independents, no hi ha cap tipus de relació entre si. Es diu que la relació és nul·la.

També ens interessa conèixer si la relació, en cas que n'hi hagi, és **directa** o **positiva** (quan creix una variable també creix l'altra), o si és **inversa** o **negativa** (quan creix una variable, l'altra decreix).

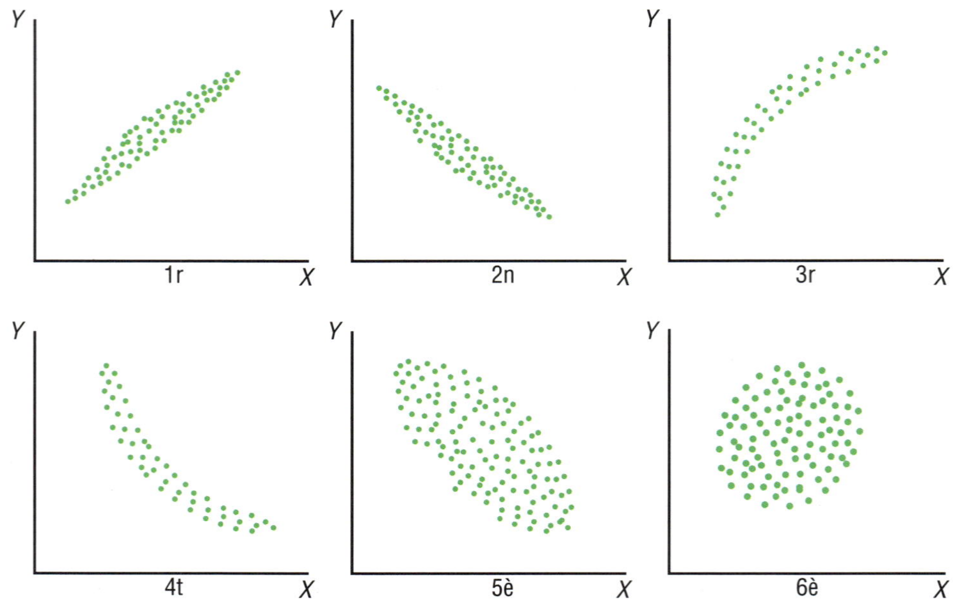

Fig. 14.3

Al primer diagrama (Fig. 14.3) s'observa una relació lineal directa i forta, ja que el núvol de punts tendeix a una línia recta creixent i, a més, els punts estan molt agrupats. Al segon, la relació és lineal inversa perquè la recta a la qual tendeix el núvol de punts és decreixent, i, com en el cas anterior, també és una relació forta. Al tercer i al quart, la relació és curvilínia forta, directa al tercer i inversa al quart. Al cinquè diagrama de dispersió, la relació entre les dues variables és feble, ja que els punts estan força dispersos. A l'últim diagrama les variables són independents, la relació és nul·la.

A partir d'ara només ens ocuparem de variables estadístiques que tinguin una relació lineal forta, sigui directa o inversa.

4.1 Covariància

La **covariància** és la mitjana dels productes de les desviacions de *X* i *Y* respecte de les seves mitjanes mostrals. L'expressió algèbrica que permet calcular-la és:

$$\sigma_{xy} = \frac{\sum_{i=1}^{m} n_i (x_i - \bar{x})(y_i - \bar{y})}{n}$$

La covariància és una mesura que permet saber si la relació entre les dues variables és directa o inversa, i si hi ha relació o no entre aquestes variables. Si la covariància és positiva, la relació entre les dues variables és directa; i si és negativa, la relació és inversa. Quan el resultat de la covariància és zero, indica que les dues variables són independents, és a dir, no hi ha cap tipus de relació. És el que es coneix amb el nom de **relació nul·la.**

Si desenvolupem l'expressió de la covariància, arribem a una expressió algèbrica molt més senzilla per fer-ne el càlcul:

$$\sigma_{xy} = \frac{\sum_{i=1}^{m} n_i (x_i - \overline{x})(y_i - \overline{y})}{n} = \frac{\sum_{i=1}^{m} n_i (x_i y_i - x_i \overline{y} - \overline{x} y_i + \overline{x}\,\overline{y})}{n} =$$

$$= \frac{\sum_{i=1}^{m} n_i x_i y_i}{n} - \frac{\sum_{i=1}^{m} n_i x_i}{n} \overline{y} - \overline{x} \frac{\sum_{i=1}^{m} n_i y_i}{n} + \frac{\sum_{i=1}^{m} n_i}{n} \overline{x}\,\overline{y} =$$

$$= \frac{\sum_{i=1}^{m} n_i x_i y_i}{n} - \overline{x}\,\overline{y} - \overline{x}\,\overline{y} + \frac{n}{n} \overline{x}\,\overline{y} = \frac{\sum_{i=1}^{m} n_i x_i y_i}{n} - \overline{x}\,\overline{y}$$

Aquesta última expressió és la que s'utilitza habitualment per calcular la covariància d'una distribució de dues variables estadístiques.

Fixa-t'hi

Si multipliquem tots els valors de la variable X o Y per una constant, la covariància queda multiplicada per aquesta constant. Si sumem una constant a tots els valors de la variable X o Y, la covariància no varia.

4.2 Coeficient de correlació lineal o de Pearson

El **coeficient de correlació lineal** ens indica el grau d'intensitat de la relació lineal, en cas que n'hi hagi. Es representa per r i es defineix com a: $r = \dfrac{\sigma_{xy}}{\sigma_x \sigma_y}$.

Es calcula dividint la covariància pel producte de les desviacions típiques de cadascuna de les variables. El signe del coeficient de correlació lineal coincideix amb el signe de la covariància.

Propietats del coeficient de correlació lineal

1. Els valors del coeficient r sempre se situen entre -1 i 1, inclosos els valors extrems: $-1 \leq r \leq 1$.
2. Si $r = -1$ els punts del diagrama de dispersió se situen sobre una línia recta decreixent. En cas que $r = 1$, la recta és creixent.
3. Si r és un valor proper a -1, hi ha una relació lineal forta i inversa entre les dues variables; el núvol de punts tendeix a una línia recta decreixent. Si r pren un valor proper a 1, la relació és lineal forta i directa; el diagrama de dispersió tendeix a una línia recta creixent.
4. Si el valor de r és proper a zero, tant en valor positiu com en negatiu, hi ha una relació lineal molt feble entre les dues variables, tret que el diagrama de dispersió ens indiqui l'existència d'alguna relació no lineal.

Exemple 3

Calcula la covariància i el coeficient de correlació lineal de la distribució bidimensional de la Taula 14.7.

Resolució

La covariància és:

$$\sigma_{xy} = \frac{\sum_{i=1}^{m} n_i x_i y_i}{n} - \overline{x}\overline{y} =$$

$$= \frac{3 \cdot 4 \cdot 6 + 16 \cdot 3 \cdot 7 + 20 \cdot 3 \cdot 8 + 10 \cdot 2 \cdot 9 + 1 \cdot 1 \cdot 10}{50} - 2{,}82 \cdot 7{,}8 =$$

$$= 21{,}56 - 21{,}996 = -0{,}436$$

El valor negatiu de la covariància ens indica que la relació entre les variables «nombre d'hores veient la televisió» i «nombre d'hores dormint» és, com ja hem dit anteriorment, inversa.

El coeficient de correlació lineal de les variables és:

$$r = \frac{\sigma_{xy}}{\sigma_x \sigma_y} = \frac{-0{,}436}{0{,}5546 \cdot 0{,}8944} = -0{,}8789$$

Podem considerar que la relació entre les dues variables és forta, ja que el valor de r és proper a -1, i, tal com hem indicat en el càlcul de la covariància, la relació és inversa.

Podem afirmar que:

- Si $\sigma_{xy} < 0 \rightarrow -1 < r < 0 \rightarrow$ la relació és inversa, és forta o feble segons que el valor de r sigui un valor proper a -1 o no.
- Si $\sigma_{xy} = 0 \rightarrow r = 0 \rightarrow$ no existeix relació entre les variables.
- Si $\sigma_{xy} > 0 \rightarrow 0 < r < 1 \rightarrow$ la relació és directa, i és més o menys forta segons que el valor de r sigui més o menys proper a 1.

Activitats

9. Calcula σ_{xy} de l'exemple de la Taula 14.6 utilitzant la primera de les expressions de la covariància.

10. Donada la taula:

x_i	4	6	8	12
y_i	2	3	4	6

Taula 14.13

Justifica mitjançant el càlcul de r, i sense dibuixar el núvol de punts, que els punts del diagrama de dispersió de la distribució se situen en una línia recta creixent.

11. A partir d'aquest experiment amb dues variables:

x_i	0	4	6	8	12	14	16	22	26
y_i	4	3	8	6	7	13	2	11	0

Taula 14.14

a) Calcula'n la covariància i el coeficient de correlació lineal.

b) Dibuixa'n el diagrama de dispersió.

c) Relaciona el valor del coeficient amb els punts del diagrama de dispersió.

R: *a)* $\sigma_{xy} = 0$; $r = 0$

12. Les alçades en polzades de 12 pares i els seus fills són les següents:

Pares	65	63	67	64	68	62	70	66	68	67	69	71
Fills	68	66	68	65	69	66	68	65	71	67	68	70

Taula 14.15

Calcula el coeficient de correlació lineal i extreu conclusions sobre la relació entre les dues variables estudiades.

R: $r = 0{,}7027$

13. A partir de la taula de valors següent:

x_i	2	4	5	6	8	11
y_i	18	12	10	8	7	5

Taula 14.16

a) Calcula'n el coeficient de correlació lineal.

b) Multiplica cada valor de x_i de la taula per 2 i suma-hi 6; multiplica cada valor de y_i per 3 i resta-hi 15. Esbrina el coeficient de correlació entre els dos nous sistemes de valors i explica per què s'obté, o no, el mateix resultat que abans.

R: *a)* $r = -0{,}9203$; *b)* $r = -0{,}9203$

14. Calcula la covariància i el coeficient de correlació lineal en els tres casos de l'activitat 8.

R: *a)* $\sigma_{tx} = -26{,}725$; $r_{tx} = -0{,}98527$; *b)* $\sigma_{ty} = 4{,}65$; $r_{ty} = 0{,}30458$;
c) $\sigma_{tz} = 22{,}075$; $r_{tz} = 0{,}87764$

5. Regressió lineal

De vegades, l'estudi de la relació entre dues variables estadístiques té com a objectiu fer prediccions sobre els valors de cadascuna de les variables. El coeficient de correlació lineal permet estudiar la relació entre les variables, però no resol el problema de la predicció.

L'objectiu de la **regressió lineal** és determinar una relació funcional entre les dues variables del tipus $y = ax + b$, que ens permeti fer prediccions sobre els valors d'una de les dues variables.

Important

La paraula *regressió* la va utilitzar per primer cop el biòleg i antropòleg britànic Francis Galton (1822-1911) en uns estudis sobre dades amb dues variables corresponents a les alçades de pares i fills.

L'expressió algèbrica correspon a una recta que s'aproxima el màxim possible al núvol de punts de la distribució bidimensional, sempre que entre les dues variables estudiades hi hagi una forta relació lineal. Es tracta, doncs, de determinar una recta que s'aproximi el màxim possible als punts del diagrama, és a dir, cal que substituïm el núvol de punts per una recta que ens permeti estimar el valor d'una de les variables a partir del valor conegut de l'altra.

Ja hem parlat del concepte de correlació lineal com una mesura numèrica del grau d'aproximació dels punts del diagrama de dispersió a una línia recta. Per tant, és imprescindible calcular en primer lloc el coeficient de correlació lineal i, si en valor absolut és petit, no caldrà fer prediccions mitjançant la regressió lineal, perquè serien poc fiables.

La recta que més s'aproxima al núvol de punts d'una distribució bidimensional amb forta relació lineal és la **recta de regressió.** La recta que té per equació:

$$y - \bar{y} = \frac{\sigma_{xy}}{\sigma_x^2}(x - \bar{x})$$

és la recta de regressió de Y sobre X, en què σ_x^2 és la variància de X, $\bar{x}$ i $\bar{y}$ són les mitjanes de X i Y, respectivament.

Important

L'equació de la recta de regressió de Y sobre X és del tipus:

$$y - y_0 = m(x - x_0)$$

on m és el pendent i (x_0, y_0) són les coordenades d'un punt de la recta.

Aïllant la variable y s'obté l'equació:

$$y = \frac{\sigma_{xy}}{\sigma_x^2}x + \bar{y} - \frac{\sigma_{xy}}{\sigma_x^2}\bar{x}$$

que és de la forma $y = ax + b$ (Fig. 14.4), en què $a = \frac{\sigma_{xy}}{\sigma_x^2}$ és el pendent de la recta i $b = \bar{y} - \frac{\sigma_{xy}}{\sigma_x^2}\bar{x}$ és l'ordenada a l'origen.

Important

Les calculadores científiques amb dues variables permeten trobar directament els coeficients a i b de la recta de regressió de Y sobre X. Només cal que hi introduïm els diferents parells de valors (x_i, y_i).

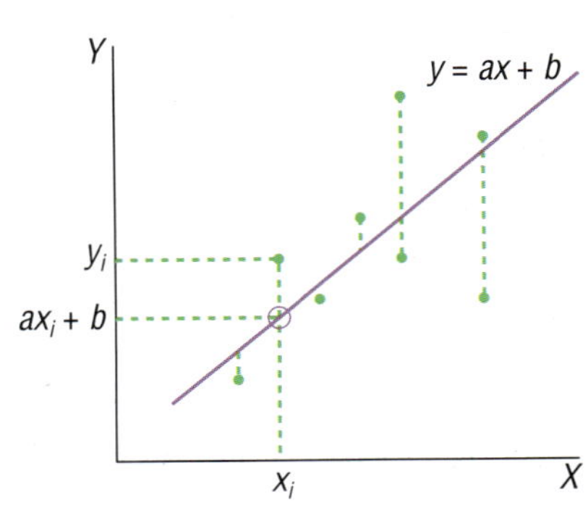

Fig. 14.4

La recta de regressió de Y sobre X s'utilitza per predir el valor de y_i si es coneix el valor corresponent de x_i.

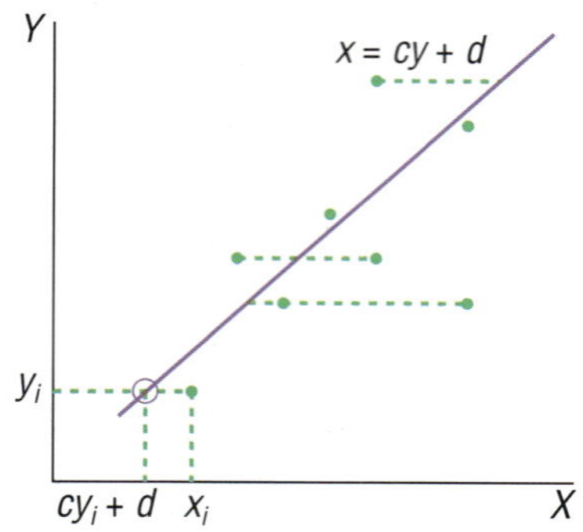

Fig. 14.5

Hi ha una altra recta de regressió, que és la de X sobre Y, i que es fa servir per predir el valor de x_i conegut el valor de y_i corresponent. La seva equació és:

$$x - \bar{x} = \frac{\sigma_{xy}}{\sigma_y^2}(y - \bar{y}) \rightarrow x = \frac{\sigma_{xy}}{\sigma_y^2}y + \bar{x} - \frac{\sigma_{xy}}{\sigma_y^2}\bar{y}$$

en què σ_y^2 és la variància de Y.

Aquesta última expressió és de la forma $x = cy + d$ (Fig. 14.5).

Els coeficients de la recta de regressió de X sobre Y són:

$$c = \frac{\sigma_{xy}}{\sigma_y^2} \quad \text{i} \quad d = \bar{x} - \frac{\sigma_{xy}}{\sigma_y^2}\bar{y}$$

➡ • *Fixa-t'hi*

El coeficient c no és el pendent de la recta de regressió de X sobre Y, ja que c és el coeficient de la variable y, i el pendent de la recta sempre és el coeficient de la variable x quan y està aïllada; per tant, el pendent d'aquesta recta de regressió és $\frac{1}{c}$.

El signe de r és el mateix que el de σ_{xy} i, per tant, també coincideixen amb el signe dels pendents de les dues rectes de regressió. És a dir, quan el pendent té un valor negatiu, que indica que la recta de regressió és decreixent, la relació lineal és inversa, i si el pendent té un valor positiu, la relació lineal és directa.

Si $r = 0 \;\rightarrow\; \sigma_{xy} = 0$ i les rectes de regressió són $y = \bar{y}$ i $x = \bar{x}$. La primera és una recta horitzontal i la segona, una recta vertical. En aquest cas, no hi ha relació lineal.

Observant l'equació de cadascuna de les dues rectes de regressió es pot deduir fàcilment que el punt mitjà de la distribució pertany a ambdues rectes. Per tant, les dues rectes de regressió es tallen en el punt de coordenades $(\bar{x}, \bar{y})$, llevat que $r = -1$ o $r = 1$ en què les dues rectes de regressió són coincidents.

Obtenir les rectes de regressió i les prediccions de les variables només té sentit quan la correlació lineal és forta i es facin estimacions de valors propers a les dades observades. No té sentit calcular les rectes de regressió quan el coeficient de correlació lineal sigui un valor proper a zero, ja que les estimacions possibles no serien gens fiables.

➡ • *Fixa-t'hi*

En general, no és necessari determinar l'equació de cadascuna de les dues rectes de regressió. N'hi ha prou a esbrinar la que necessitem per fer la predicció que se'ns demana.

Exemple 4

Determina les rectes de regressió amb les dades de la Taula 14.7.

Quantes hores és previsible que dormi una persona que veu la televisió tres hores i mitja?

Esbrina les hores que deu veure la televisió una persona que dorm set hores i quart.

Resolució

Recordem que les variables són X: «nombre d'hores veient la televisió» i Y: «nombre d'hores dormint». Les mitjanes, les variàncies i la covariància ja s'han calculat abans.

La recta de regressió de Y sobre X és:

$$y - 7{,}8 = \frac{-0{,}436}{0{,}3076}(x - 2{,}82) \rightarrow y - 7{,}8 = -1{,}42(x - 2{,}82)$$

$$y = -1{,}42x + 11{,}8$$

Aquesta és l'expressió que ens permet determinar el nombre d'hores que dorm una persona en funció del nombre d'hores que veu la televisió.

Per contestar la segona pregunta, n'hi ha prou a substituir la variable x per 3,5 a l'equació anterior:

$$y = -1{,}42 \cdot 3{,}5 + 11{,}8 = 6{,}83$$

Aquesta persona dorm, aproximadament, 6 hores i 50 minuts.

Per contestar la tercera pregunta hem de conèixer l'equació de la recta de regressió de X sobre Y, o, el que és el mateix, l'equació que ens proporciona el nombre d'hores que veu la televisió en funció del nombre d'hores que dorm.

$$x - 2{,}82 = \frac{-0{,}436}{0{,}8}(y - 7{,}8)$$

$$x - 2{,}82 = -0{,}545(y - 7{,}8) \rightarrow x = -0{,}545y + 7{,}07$$

Substituïm per $y = 7{,}25$ i obtenim:

$$x = -0{,}545 \cdot 7{,}25 + 7{,}07 = 3{,}12$$

Aquesta persona veu la televisió 3 hores i 7 minuts, aproximadament.

Activitats

15. S'ha observat l'alçada *X* en metres i el pes *Y* en quilograms de 9 nadons i s'han obtingut aquests resultats:

$\bar{x} = 0{,}5$; $\sigma_x = 0{,}026$; $\bar{y} = 3{,}4$; $\sigma_y = 0{,}392$ i $\sigma_{xy} = 0{,}01$.

Calcula'n el coeficient de correlació lineal i escriu l'equació de la recta de regressió de *Y* sobre *X*.

16. Cinc nens de 2, 3, 5, 7 i 8 anys pesen, respectivament, 14, 20, 30, 35 i 42 kg.

a) Calcula'n el coeficient de correlació lineal.

b) Escriu l'equació de la recta de regressió que expressa el pes en funció de l'edat.

c) Estima quant pesarà un nen de 6 anys.

R: *a)* $r = 0{,}991\,16$; *c)* 32,6 kg

17. Els pesos i les alçades de 12 alumnes són els que figuren a la taula següent:

Pes (kg)	Alçada (cm)
70	155
63	150
72	180
60	135
66	156
70	168
74	178
65	160
62	132
67	145
65	139
68	152

Taula 14.17

a) Calcula'n el coeficient de correlació lineal.

b) Escriu l'equació de cadascuna de les dues rectes de regressió.

c) Dedueix l'alçada d'un alumne o d'una alumna que pesa 64 kg.

d) Estima el pes d'un alumne o d'una alumna que mesura 162 cm.

R: *a)* $r = 0{,}8632$; *c)* 145,1 cm; *d)* 68,6 kg

18. Un centre comercial sap els clients que el poden visitar en funció de la distància, en quilòmetres, a què se situï d'un nucli de població, segons les dades que figuren a la taula següent:

Nre. de clients (centenars)	8	7	6	4	2	1
Distància (quilòmetres)	15	19	25	23	34	40

Taula 14.18

a) Calcula'n la covariància i el coeficient de correlació lineal.

b) Dibuixa'n el diagrama de dispersió.

c) Si el centre comercial se situa a 30 km, quants clients pot tenir?

R: *a)* $\sigma_{xy} = -20{,}833\,3$, $r_{xy} = -0{,}950\,17$; *c)* 353

19. La taula següent recull les qualificacions de 40 alumnes en les matèries de matemàtiques i física:

Matemàtiques *X*	3	4	5	6	6	7	7	8	10
Física *Y*	2	5	5	6	7	6	7	9	10
Nre. d'alumnes	4	6	12	4	5	4	2	1	2

Taula 14.19

a) Determina'n les mitjanes i les desviacions típiques, escrivint prèviament les distribucions marginals de *X* i *Y*.

b) Calcula'n *r*.

c) Quina nota de matemàtiques es pot esperar que tregui un alumne o una alumna que té un 7,5 de física? És fiable la predicció?

20. L'alçada mitjana d'una mostra de pares és d'1,68 m, amb una desviació tipus de 5 cm, i l'alçada mitjana d'una mostra dels fills és d'1,70 m, amb una desviació tipus de 7,5 cm. El coeficient de correlació entre les alçades de pares i fills és 0,7.

a) Calcula la covariància de la distribució.

b) Estima l'alçada d'un fill sabent que la del pare és d'1,66 m.

c) Quina podem esperar que sigui l'alçada d'un pare si la del fill és d'1,72 m?

R: *a)* 0,002 625; *b)* 1,68 m; *c)* 1,69 m

21. En una fàbrica de components electrònics s'han seleccionat 12 treballadors entre els que havien entrat a treballar durant els tres últims mesos. S'ha observat el nombre de peces defectuoses que havien produït i se n'ha obtingut la taula següent:

Nre. de setmanes treballades *X*	7	9	6	14	8	12	10	4	2	11	1	8
Nre. de peces defectuoses *Y*	26	20	28	16	23	18	24	26	38	22	32	25

Taula 14.20

a) Determina l'equació de la recta de regressió $y = ax + b$.

b) Estima el nombre de peces defectuoses que produiria un treballador amb cinc setmanes d'experiència.

R: *b)* 29

6. Les rectes de regressió i els paràmetres estadístics

Demostrarem que es pot calcular el coeficient de correlació lineal i la mitjana de cadascuna de les dues variables a partir de l'equació de cadascuna de les dues rectes de regressió d'una distribució bidimensional. També es pot saber quina de les dues distribucions té una variància més gran i, en conseqüència, quina té la desviació típica més gran.

Considerem: $y = ax + b$ la recta de regressió de Y sobre X

$x = cy + d$ la recta de regressió de X sobre Y

Cal tenir en compte que les equacions de dues rectes qualssevol no han de ser necessàriament les equacions de les dues rectes de regressió. Perquè ho siguin, cal que a i c tinguin el mateix signe i que el valor de r verifiqui la condició $-1 \leq r \leq 1$.

Començarem calculant el coeficient de la correlació lineal, que ens permetrà saber si són, o no, les equacions de les rectes de regressió.

a) Si multipliquem els coeficients de x i de y de cadascuna de les rectes, obtenim el quadrat del coeficient de correlació lineal. En efecte:

$$ac = \frac{\sigma_{xy}}{\sigma_x^2}\frac{\sigma_{xy}}{\sigma_y^2} = \frac{\sigma_{xy}^2}{\sigma_x^2\sigma_y^2} = \left(\frac{\sigma_{xy}}{\sigma_x\sigma_y}\right)^2 = r^2$$

d'on s'obté que $r = \pm\sqrt{ac}$.

- A les rectes de regressió el producte ac sempre és positiu; per tant, sempre existirà $r = \pm\sqrt{ac}$.
- El signe de a o de c determina si la relació és directa o inversa; per tant, el signe de a o de c determinarà el signe de r. En efecte:

  si $a > 0$ la relació és directa $\rightarrow$ $0 < r < 1$

  si $a < 0$ la relació és inversa $\rightarrow$ $-1 < r < 0$.

- Si $ac > 1 \rightarrow |r| > 1 \rightarrow$ les dues equacions donades no són les de dues rectes de regressió. En aquest cas, no té sentit continuar el problema.

b) Si, efectivament, són les equacions de les rectes de regressió d'una distribució bidimensional, per calcular les mitjanes de cadascuna de les variables, només cal resoldre el sistema determinat per les dues equacions, ja que les dues rectes es tallen en el punt mitjà de la distribució $(\overline{x}, \overline{y})$.

c) Si efectuem el quocient entre els coeficients a i c, obtenim:

$$\frac{a}{c} = \frac{\dfrac{\sigma_{xy}}{\sigma_x^2}}{\dfrac{\sigma_{xy}}{\sigma_y^2}} = \frac{\sigma_y^2}{\sigma_x^2} = \left(\frac{\sigma_y}{\sigma_x}\right)^2 \rightarrow \sqrt{\frac{a}{c}} = \frac{\sigma_y}{\sigma_x}$$

D'on es dedueix que:

- Si $\frac{a}{c} > 1 \rightarrow \frac{\sigma_y}{\sigma_x} > 1 \rightarrow \sigma_y > \sigma_x$, la variable Y és la que té una desviació típica més gran.
- Si $0 < \frac{a}{c} < 1 \rightarrow 0 < \frac{\sigma_y}{\sigma_x} < 1 \rightarrow \sigma_y < \sigma_x$, la variable X és la que té una desviació típica més gran.

! Important

Si m és el pendent de la recta de regressió de Y sobre X i m' el pendent de la recta de regressió de X sobre Y, aleshores: $r = \pm\sqrt{\frac{m}{m'}}$

Fixa-t'hi

Els quocients $\frac{a}{c}$ i $\frac{c}{a}$ són sempre positius.

Si efectuem el quocient entre c i a, arribem a la mateixa conclusió, ja que:

- Si $\frac{c}{a} > 1 \rightarrow 0 < \frac{a}{c} < 1 \rightarrow \sigma_x > \sigma_y$
- Si $0 < \frac{c}{a} < 1 \rightarrow \frac{a}{c} > 1 \rightarrow \sigma_y > \sigma_x$

Recorda

$$\frac{c}{a} = \frac{\frac{\sigma_{xy}}{\sigma_x^2}}{\frac{\sigma_{xy}}{\sigma_y^2}} = \frac{\sigma_y^2}{\sigma_x^2} = \left(\frac{\sigma_x}{\sigma_y}\right)^2 \rightarrow \sqrt{\frac{c}{a}} = \frac{\sigma_x}{\sigma_y}$$

Exemple 5

Les rectes de regressió de Y sobre X i de X sobre Y d'una distribució bidimensional són, respectivament:

$$y = \frac{15}{4}x + \frac{5}{2} \quad \text{i} \quad x = \frac{15}{64}y - \frac{55}{32}$$

a) Calcula'n el coeficient de correlació lineal.

b) Esbrina'n la mitjana de la variable X i la mitjana de la variable Y.

c) Quina de les dues variables té una desviació típica més gran?

Resolució

a) $r = \sqrt{ac} = \sqrt{\frac{15}{4} \cdot \frac{15}{64}} = \frac{15}{16} = 0{,}937\,5$

Agafem el valor positiu, atès que els dos coeficients a i c són positius.

Un cop calculat el valor de r i tenint en compte que a i c tenen el mateix signe, podem afirmar que les dues equacions donades són, efectivament, les equacions de les dues rectes de regressió d'una distribució bidimensional.

b) Per fer-ho resolem el sistema:

$$\left.\begin{array}{l} y = \frac{15}{4}x + \frac{5}{2} \rightarrow 4y = 15x + 10 \\ x = \frac{15}{64}y - \frac{55}{32} \rightarrow 64x = 15y - 110 \end{array}\right\} x = -9{,}35;\ y = -32{,}56$$

Aleshores, $\bar{x} = -9{,}35$; $\bar{y} = -32{,}56$.

c) Calculem:

$$\frac{a}{c} = \frac{\frac{15}{4}}{\frac{15}{64}} = \frac{64}{4} = 16$$

I si extraiem l'arrel quadrada d'aquest quocient:

$$\sqrt{\frac{a}{c}} = \sqrt{16} = 4 \rightarrow \frac{\sigma_y}{\sigma_x} = 4 \rightarrow \sigma_y = 4\,\sigma_x$$

D'on deduïm que la desviació típica de la variable Y és quatre vegades la desviació típica de la variable X. Per tant, la variable Y té la desviació típica més gran.

Activitats

22. Per què els quocients de les divisions entre els coeficients de x i de y de les rectes de regressió donen sempre com a resultat un nombre positiu?

Què passaria en el cas que tots dos quocients fossin iguals a 1?

Raona les respostes.

23. Les equacions de les rectes de regressió d'una distribució bidimensional són:

$11y = -7x + 6$, la de Y sobre X

$2x = -3y - 1$, la de X sobre Y

a) Determina r i indica el tipus de relació que hi ha entre les dues variables.

b) Calcula la mitjana de cadascuna de les variables.

c) Dedueix quina de les dues variables té una desviació típica més gran.

R: *a)* $r = 0{,}977$; *b)* $\bar{x} = -29$, $\bar{y} = 19$

24. De dues variables, X i Y, tenim la informació següent: la variància de X és 3, la mitjana i la desviació típica de Y són 1 i 2, respectivament, i l'equació de la recta de regressió de Y sobre X és $2x + 3y = 6$.

Es demana:

a) La mitjana de X.

b) La covariància de X i Y.

c) El coeficient de correlació lineal.

d) L'equació de la recta de regressió de X sobre Y.

R: *a)* $\bar{x} = \frac{3}{2}$; *b)* $\sigma_{xy} = -2$; *c)* $r = -0{,}577\,35$

Punt final

Una experiència de geometria com a exemple d'estadística bidimensional

Per acabar aquesta unitat, et presentem un experiment molt senzill que es va dur a terme entre un grup d'alumnes.

Cadascun dels alumnes va dibuixar una circumferència qualsevol i va mesurar-ne el diàmetre, *d*. A continuació, va mesurar la longitud *L* de la circumferència que ell mateix havia dibuixat. Ho va fer ajustant al màxim un fil a la circumferència i, després d'estirar-lo, va mesurar la longitud d'aquest fil. Finalment, va representar en uns eixos de coordenades cartesianes el punt (*d*, *L*), d'acord amb les mesures que havia obtingut.

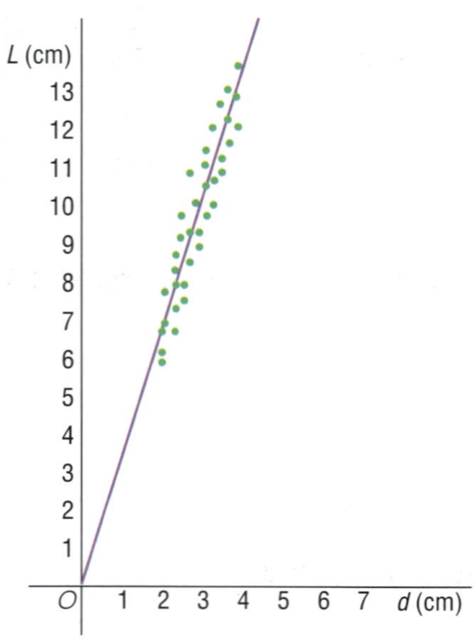

Fig. 14.6

A la Figura 14.6 pots observar el núvol de punts que es va obtenir després que cada alumne o alumna representés el punt corresponent (*d*, *L*), a partir de les dues mesures efectuades a la seva circumferència.

La relació lineal existent entre les dues variables, tal com es pot observar al diagrama de dispersió, és directa i forta. Se'n va calcular el coeficient de correlació lineal, que va ser aproximadament $r = 0{,}93$.

Aquest resultat es podia preveure, ja que sabem que hi ha una relació funcional lineal directa entre la longitud d'una circumferència i la del seu diàmetre, que són les dues variables estudiades en aquest experiment.

Després, es va preguntar a cada alumne com estudiaria, seguint un model matemàtic, el núvol de punts. Quasi tots van coincidir a substituir el diagrama de dispersió per una línia recta que s'aproximava al màxim possible al núvol de punts i, considerant totes les rectes dibuixades, es va obtenir la recta que es pot veure a la Figura 14.6.

El pendent de la recta obtinguda seguint aquest procediment va donar un valor molt aproximat al nombre π, que és el valor que ha de tenir el pendent d'aquesta recta, ja que l'equació que expressa la longitud d'una circumferència en funció de la del seu diàmetre és: $L = \pi\, d$.

Considerant els valors obtinguts: $r = 0{,}93$ i $m = \pi$, on m és el pendent de la recta de regressió de L sobre d, es va poder saber quina de les dues variables estudiades tenia la desviació típica més gran.

Sabent que:

$$\pi = \frac{\sigma_{Ld}}{\sigma_d^2} \quad \text{i} \quad 0{,}93 = \frac{\sigma_{Ld}}{\sigma_L\,\sigma_d}$$

es va obtenir:

$$\frac{\pi}{0{,}93} = \frac{\dfrac{\sigma_{Ld}}{\sigma_d^2}}{\dfrac{\sigma_{Ld}}{\sigma_L\,\sigma_d}} = \frac{\sigma_L}{\sigma_d} \;\rightarrow\; \frac{\sigma_L}{\sigma_d} = \frac{3{,}14}{0{,}93} = 3{,}376 \;\rightarrow\; \sigma_L > \sigma_d$$

Un experiment semblant consisteix a estudiar la relació que existeix entre la longitud c del costat d'un quadrat i la longitud d de la seva diagonal. En aquest cas s'ha d'arribar a l'equació $d = \sqrt{2}\,c$.

Activitats finals

1. Els 30 alumnes d'una classe de primer de Batxillerat han obtingut les notes següents en dues proves diferents de matemàtiques:

(73, 29), (41, 24), (83, 34), (71, 27), (39, 24),

(60, 26), (51, 35), (41, 18), (85, 33), (88, 39),

(44, 27), (71, 35), (52, 25), (74, 29), (50, 13),

(42, 13), (85, 40), (53, 23), (85, 42), (44, 22),

(66, 25), (60, 21), (33, 26), (43, 19), (76, 29),

(51, 25), (57, 19), (25, 17), (40, 17) i (76, 35).

La primera nota de cada parell correspon a la primera prova, que està puntuada sobre 100 punts, i la segona nota és de la segona prova, puntuada sobre 50 punts.

a) Dibuixa'n el diagrama de dispersió.

b) Calcula'n el coeficient de correlació lineal.

c) Compara els dos resultats per donar la màxima informació sobre la relació que hi ha entre les dues notes.

R: *b)* $r = 0{,}7737$

2. A partir de la taula de valors següent, calcula'n el coeficient de correlació lineal i analitza'n el significat. Escriu l'equació de cadascuna de les dues rectes de regressió.

y \ x	1	2	3	4	5
1					1
2		6	1	3	
3	2	1	4		
4	1	1			

Taula 14.21

3. En una distribució bidimensional s'han obtingut els paràmetres estadístics següents:

$\bar{x} = 5$, $\bar{y} = 6$, $\sigma_x^2 = 5$, $\sigma_y^2 = 8{,}5$ i $r = 0{,}997$

Calcula'n la covariància i escriu l'equació de la recta de regressió que expressa la variable X en funció de la variable Y.

R: $\sigma_{xy} = 6{,}5$

4. La taula següent expressa el preu mitjà dels preus en dòlars de les accions i obligacions a la borsa de Nova York entre els anys 1950 i 1959:

Anys	Accions ($)	Obligacions ($)
1950	32,22	102,43
1951	39,87	100,93
1952	41,85	97,43
1953	43,23	97,81
1954	40,06	98,32
1955	53,29	100,07
1956	54,14	97,08
1957	49,12	91,59
1958	40,71	94,85
1959	55,15	94,65

Taula 14.22

A partir d'aquestes dades calcula el coeficient de correlació lineal entre les variables:

a) Anys – Accions.

b) Anys – Obligacions.

c) Accions – Obligacions.

Interpreta cadascun dels resultats.

R: *a)* 0,7126; *b)* –0,8088; *c)* –0,4968

5. El consum d'energia *per capita* en milers de kWh i la renda *per capita* en milers d'euros a sis països de la UE són els següents:

	Consum (milers de kWh)	Renda (milers de €)
Alemanya	5,7	11,1
Bèlgica	5,0	8,5
Dinamarca	5,1	11,3
Espanya	2,7	4,5
França	4,6	9,9
Itàlia	3,1	6,5

Taula 14.23

a) Calcula r i interpreta'n el resultat.

b) Quina predicció podem fer sobre el consum d'energia *per capita* a Grècia si sabem que en aquest país la renda és de 4,4 milers d'euros? És fiable la predicció obtinguda?

R: *a)* 0,93179; *b)* $2{,}6 \cdot 10^3$ kWh

Activitats finals

6. A partir d'un estudi estadístic dut a terme a una mostra de 100 estudiants, s'ha observat una alçada mitjana de 155 cm, amb una desviació tipus de 15,5 cm. A més, es va obtenir la recta de regressió de X (pes en quilograms) sobre Y (alçada en centímetres):

$$x = \frac{2}{3}y - \frac{160}{3}$$

Determina:

a) El pes mitjà dels 100 estudiants.

b) La covariància de X i Y.

c) El signe del coeficient de correlació entre el pes i l'alçada.

R: *a)* $\bar{x} = 50$ kg; *b)* $\sigma_{xy} = 160{,}1\widehat{6}$

7. A les biblioteques de sis poblacions s'ha analitzat l'afluència de lectors (X en milers de persones) i el nombre de llibres prestats (Y). Les dades es recullen a la taula següent:

X	0,5	1	1,3	1,7	2	2,5
Y	180	240	250	300	340	400

Taula 14.24

a) Quina és la mitjana del nombre de llibres prestats en el conjunt de totes les biblioteques?

b) Escriu la recta de regressió que expressa el nombre de llibres que hi ha en préstec en funció de l'afluència de lectors.

c) Si acudissin 1 500 lectors a una biblioteca, quants llibres es deixarien en préstec?

R: *a)* 285 llibres; *c)* 285 llibres

8. La inclinació creixent de la torre de Pisa ha generat nombrosos estudis sobre la seva futura estabilitat. A la taula següent es presenten les mesures de la seva inclinació entre els anys 1978 i 1987. Les dades d'inclinació s'han codificat com a dècimes de mil·límetre que depassen els 2,9 m, de manera que la inclinació l'any 1978, que va ser de 2,9667 m, figura a la taula com a 667.

Any	Inclinació	Any	Inclinació
1978	667	1983	713
1979	673	1984	717
1980	688	1985	725
1981	696	1986	742
1982	698	1987	757

Taula 14.25

a) Creus que la inclinacio de la torre té una tendència lineal que augmenta amb el temps? Justifica la resposta.

b) Calcula la recta de regressió de la inclinació sobre el temps.

c) El 1918 la inclinació de la torre era de 2,907 1 m. Quin seria el valor ajustat segons la recta que has obtingut a l'apartat anterior? A què es deu la diferència entre els dos valors?

9. Durant un mes s'han observat les despeses de manutenció i l'ingrés total de 6 famílies, i els resultats obtinguts són:

Despeses (milers de €)	Ingressos (milers de €)
1,5	2,4
1,8	3,2
2,4	3,6
2,8	4,2
3,0	4,4
3,2	4,5

Taula 14.26

a) Calcula'n el coeficient de correlacció lineal.

b) Determina l'equació de la recta de regressió que expressa les despeses en funció dels ingressos.

c) Quines despeses tindria una família amb un ingrés mensual de 3 800 €?

R: *a)* 0,9817; *c)* 2,5 milers de €

10. Les equacions de les rectes de regressió d'una distribució bidimensional són:

$$y = -\frac{2}{3}x + \frac{26}{3}, \text{ la de } Y \text{ sobre } X$$

$$x = -0{,}5y + 7, \text{ la de } X \text{ sobre } Y$$

a) Calcula la mitjana de cada variable.

b) Esbrina'n el coeficient de correlació lineal.

c) Quina de les dues variables té una desviació típica més gran? Justifica la resposta.

d) Calcula el valor de $n \in \mathbb{R}$ tal que $\sigma_x = n\sigma_y$.

R: *a)* $\bar{y} = 6$, $\bar{x} = 4$; *b)* $-0{,}577\,35$; *d)* 0,866

11. En una mostra de dotze individus s'han estudiat dues variables, de les quals sabem que:

$$\bar{x} = 6; \quad \sigma_x = \sqrt{6}; \quad \sum_{i=1}^{12} y_i^2 = 380$$

Al mateix temps, se sap que l'equació de la recta de regressió que expressa X en funció de Y és:

$$x = 0{,}89y + 1{,}55$$

Calcula:

a) La mitjana i la variància de la variable Y.

b) La covariància i el coeficient de correlació lineal.

c) L'equació de la recta de regressió de Y sobre X.

R: *a)* $\bar{y} = 5$, $\sigma_y^2 = 6{,}\widehat{6}$; *b)* $\sigma_{xy} = 5{,}9\widehat{3}$, $r = 0{,}938\,14$

Avaluació

1. Si estudiem les qualificacions de matemàtiques i educació física dels alumnes d'un centre obtenim un coeficient de correlació entre les dues variables igual a −0,02. Com interpretaries aquest resultat?

2. Explica què significa distribució bidimensional. Posa'n un exemple.

3. La mitjana dels pesos d'una població és de 65 kg i la de les alçades és de 170 cm; les desviacions típiques són de 5 kg i 10 cm, respectivament, i la covariància d'ambdues variables és de 40. Calcula la recta de regressió dels pesos respecte de les alçades. Què pots preveure que deu pesar un individu de 180 cm d'alçada?

4. En quatre viatges del trajecte Barcelona-Girona un conductor ha observat les velocitats mitjanes i els consums de gasolina següents:

Velocitat *X* (km/h)	105	117	90	120
Consum *Y* (L/100 km)	6,5	7,5	6	8,2

a) Calcula les variàncies de les variables *X* i *Y*, la covariància i el coeficient de correlació. Escriu les expressions algèbriques corresponents.

b) Escriu la recta de regressió de *Y* respecte de *X*.

c) Quin consum es podria esperar d'un viatge fet a 130 km/h de mitjana?

5. En l'estudi de quatre distribucions entre dues variables, s'han obtingut els coeficients de correlació següents:

a) 0,2 *b)* −0,8 *c)* 0,001 *d)* 0,7

Raona, en cada cas, el tipus i la intensitat de la correlació entre les variables.

15

Probabilitat

Si sumem els punts obtinguts quan llancem tres daus, què és més probable, obtenir nou punts o deu?

Resoldrem aquest problema a partir de la definició de probabilitat que diu que: *la probabilitat d'un succés és el quocient entre el nombre de casos que són favorables al succés i el nombre de casos possibles*.

Per tant, per respondre a la pregunta plantejada, haurem de calcular el nombre de casos favorables a cada succés i el nombre de casos possibles. Per això, definim els successos A i B com els successos d'obtenir una puntuació de 9 i 10 punts, respectivament, quan llancem els tres daus.

a) Resultats en què la suma dels tres nombres és 9:

a_1) 1, 2, 6 a_2) 1, 3, 5 a_3) 1, 4, 4

a_4) 2, 2, 5 a_5) 2, 3, 4 a_6) 3, 3, 3

b) Resultats en què la suma dels tres nombres és 10:

b_1) 1, 3, 6 b_2) 1, 4, 5 b_3) 2, 2, 6

b_4) 2, 3, 5 b_5) 2, 4, 4 b_6) 3, 3, 4

El nombre de resultats possibles quan llancem tres daus és: $6^3 = 216$.

En principi, pot semblar que la probabilitat és la mateixa, $\frac{6}{216} = \frac{1}{36}$, ja que el nombre de resultats la suma dels quals és 9 o 10 és la mateixa.

No obstant això, si fem l'experiment de llançar tres daus moltes vegades, el succés A sol verificar-se menys vegades que el succés B. On és l'error?

La resposta és senzilla: n'hi ha prou a calcular quantes vegades es pot donar cadascun dels sis resultats del succés A, i quantes els sis resultats del succés B. Per això, hem de tenir en compte l'ordre en què es mostra cadascun dels tres valors en cada resultat. Així, obtindrem el total de casos favorables per als successos considerats.

a_1) 1, 2, 6 $\rightarrow$ 6 vegades	b_1) 1, 3, 6 $\rightarrow$ 6 vegades
a_2) 1, 3, 5 $\rightarrow$ 6 vegades	b_2) 1, 4, 5 $\rightarrow$ 6 vegades
a_3) 1, 4, 4 $\rightarrow$ 3 vegades	b_3) 2, 2, 6 $\rightarrow$ 3 vegades
a_4) 2, 2, 5 $\rightarrow$ 3 vegades	b_4) 2, 3, 5 $\rightarrow$ 6 vegades
a_5) 2, 3, 4 $\rightarrow$ 6 vegades	b_5) 2, 4, 4 $\rightarrow$ 3 vegades
a_6) 3, 3, 3 $\rightarrow$ 1 vegada	b_6) 3, 3, 4 $\rightarrow$ 3 vegades

Per tant, els casos favorables a A són:

$$6 + 6 + 3 + 3 + 6 + 1 = 25$$

Mentre que els favorables a B són:

$$6 + 6 + 3 + 6 + 3 + 3 = 27$$

D'on podem deduir fàcilment que:

$$p(A) = \frac{25}{216} \text{ i } p(B) = \frac{27}{216} = \frac{1}{8}$$

Efectivament, $p(A) < p(B)$.

1. El llenguatge dels successos

Els **experiments deterministes** són els experiments en què sabem què succeirà abans de fer-los. Per exemple: deixar sobre la superfície de l'aigua una bola de plom i observar si s'hi enfonsa.

En els **experiments aleatoris,** malgrat conèixer tots els resultats possibles, no es pot predir quin s'obtindrà. Són experiments en què no necessàriament s'ha d'obtenir el mateix resultat quan els repetim en les mateixes condicions. Per exemple: «treure una carta d'una baralla», «llançar un dau enlaire» o «extreure una bola d'una urna».

Qualsevol problema de probabilitat està associat a un experiment aleatori.

Un **succés elemental** és cadascun dels resultats possibles d'un experiment aleatori *E*. Els successos elementals són excloents entre si.

El conjunt de tots els successos elementals es coneix com l'**espai mostral** o **univers,** i es representa amb la lletra Ω.

Qualsevol subconjunt de l'espai mostral és un **succés** o, el que és el mateix, la unió de qualsevol nombre de successos elementals. Els successos es defineixen enumerant tots els seus elements o donant les condicions que els determinen. Per exemple, podem escriure $A = \{2, 4, 6\}$ o *A:* «obtenir un nombre parell» en dur a terme l'experiment aleatori *E:* «llançar un dau». En el primer cas, el succés *A* està definit *per extensió* i en el segon, *per comprensió*.

El succés que no es produeix mai s'anomena **succés impossible,** i es representa per $\varnothing$. En canvi, el succés que es produeix sempre és el **succés segur** i coincideix amb l'espai mostral Ω.

Es defineix l'**espai de successos** com el conjunt de tots els successos possibles d'un experiment aleatori.

Si Ω té un nombre finit *n* d'elements, aleshores l'espai de successos té 2^n elements. L'espai de successos d'un experiment aleatori *E* el representarem per *S*.

Exemple 1

En l'experiment aleatori *E:* «extreure una bola d'una urna que conté quatre boles numerades de l'1 al 4», determina l'espai mostral, els successos elementals, el succès segur i l'espai de successos.

Resolució

L'espai mostral és: $\Omega = \{1, 2, 3, 4\}$.

Els successos elementals són cadascun dels resultats possibles d'una extracció, és a dir:

$$A_1 = \{1\},\ A_2 = \{2\},\ A_3 = \{3\}\ \text{i}\ A_4 = \{4\}$$

El succés segur és el mateix espai mostral $\Omega = \{1, 2, 3, 4\}$.

Com que l'espai mostral té 4 elements, l'espai de successos *S* té $2^4 = 16$ elements:

$$S = \{\varnothing, A_1, A_2, A_3, A_4, \{1, 2\}, \{1, 3\}, \{1, 4\}, \{2, 3\}, \{2, 4\}, \{3, 4\}, \{1, 2, 3\}, \{1, 2, 4\}, \{1, 3, 4\}, \{2, 3, 4\}, \Omega\}$$

! Important

Els experiments aleatoris es caracteritzen per:

- Tots els resultats possibles són coneguts abans de fer l'experiment.
- No es pot predir quin serà el resultat de l'experiment.
- Podem repetir l'experiment en les mateixes condicions les vegades que vulguem.

Recorda

L'espai de successos *S* d'un experiment aleatori *E* és el conjunt de tots els subconjunts de l'espai mostral Ω.

Es diu que **un succés *A* s'ha verificat** si, quan fem una prova de l'experiment aleatori, el resultat coincideix amb algun element de A.

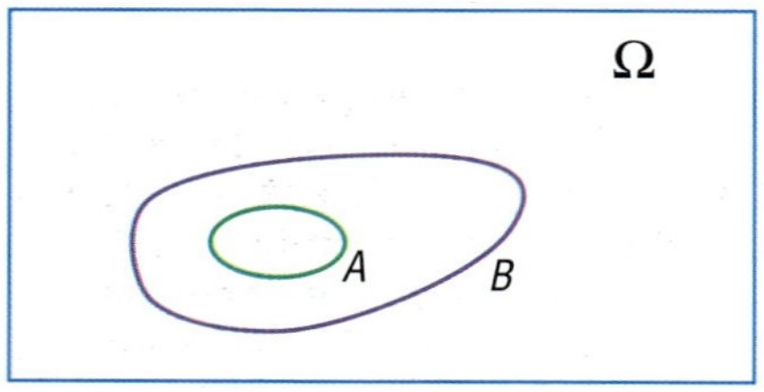

Fig. 15.1

Considerem dos successos A i B del mateix experiment aleatori. Es diu que A **està contingut** en B si sempre que es verifica A també es verifica B (Fig. 15.1). S'indica $A \subset B$.

Dos successos A i B són **iguals** si sempre que es verifica A també es verifica B, i a l'inrevés, és a dir:

$$A = B \Leftrightarrow A \subset B \text{ i } B \subset A$$

Donat el succés A, es defineix el **succés complementari** o **contrari** de A com el succés format per tots els elements de Ω que no pertanyen a A (Fig. 15.2). S'escriu $\bar{A}$.

Fixa-t'hi

El succés $\bar{A}$ es verifica quan no es verifica A.

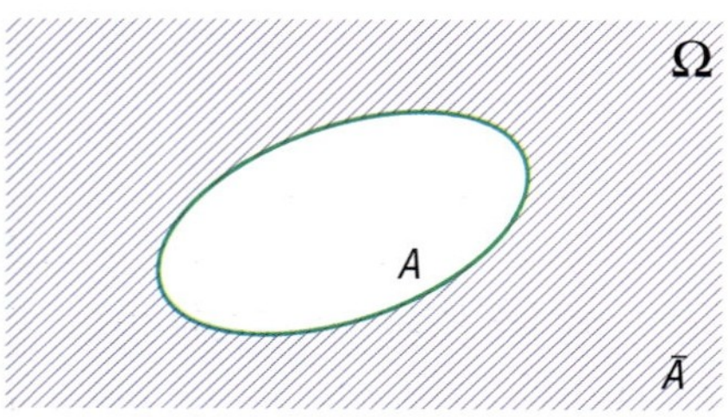

Fig. 15.2

1.1 Operacions amb successos

Donats dos successos A i B, s'anomena **succés unió** el succés que es verifica quan es verifica A o es verifica B (Fig. 15.3). El designem per $A \cup B$.

Donats dos successos A i B, s'anomena **succés intersecció** el succés que es verifica quan es verifica A i es verifica B (Fig. 15.4). S'expressa per $A \cap B$.

Si $A \cap B \neq \varnothing$, es diu que els successos A i B són **compatibles.**

En cas contrari, si $A \cap B = \varnothing$, els successos A i B són **incompatibles,** no es poden verificar els dos successos alhora (Fig. 15.5).

Donats dos successos A i B, es defineix el **succés diferència** com el succés que es verifica quan es verifica A i no es verifica B (Fig. 15.6). Es representa per $A - B$.

Si en l'experiment aleatori E: «llançar un dau» considerem els successos:

A: «obtenir nombre parell» i B: «obtenir un nombre més gran que 3»

tenim que $A = \{2, 4, 6\}$ i $B = \{4, 5, 6\}$.

Podem considerar aquests altres successos:

Complementaris: $\bar{A} = \{1, 3, 5\}$ i $\bar{B} = \{1, 2, 3\}$

Unió: $A \cup B = \{2, 4, 5, 6\}$

Intersecció: $A \cap B = \{4, 6\}$

Diferències: $A - B = \{2\}$ i $B - A = \{5\}$

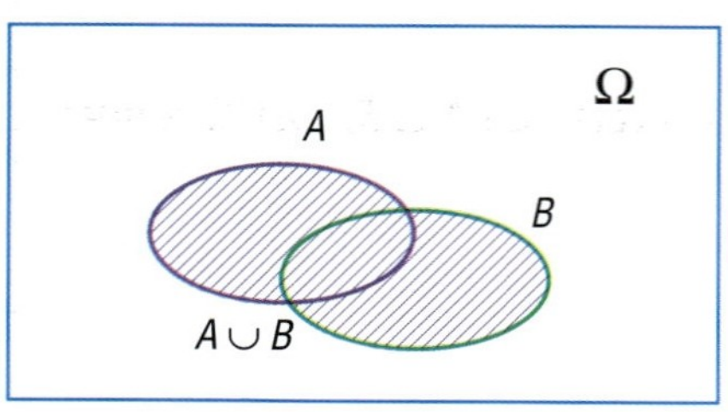

Fig. 15.3

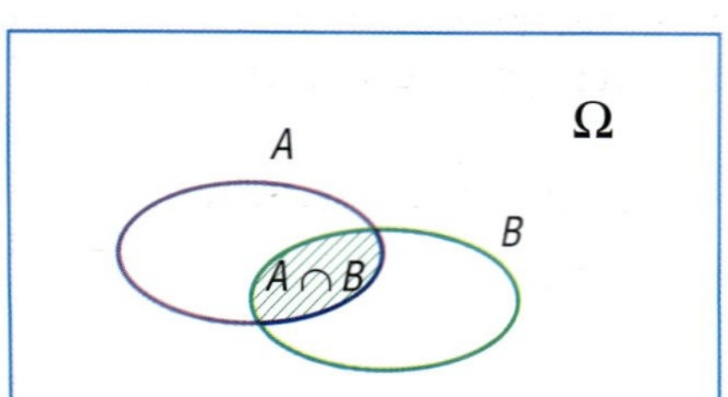

Fig. 15.4

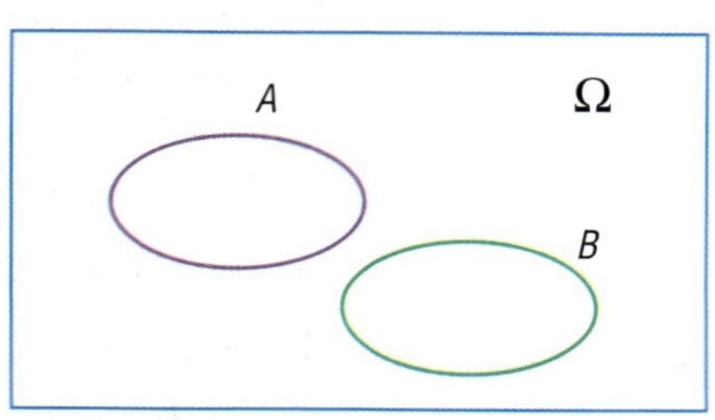

Fig. 15.5

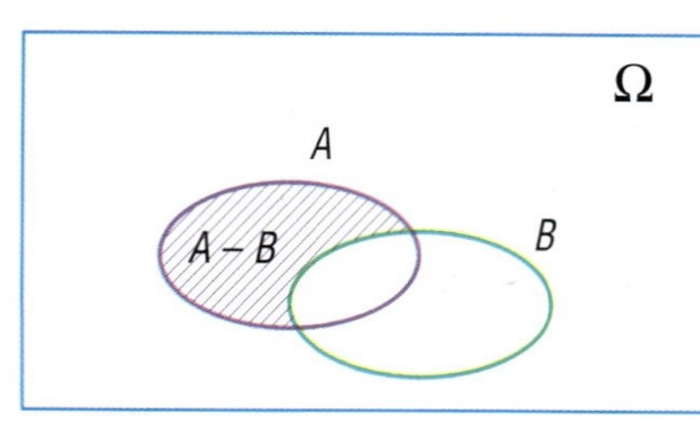

Fig. 15.6

1.2 Propietats de la unió i de la intersecció de successos

1. Idempotència:

$A \cup A = A$ i $A \cap A = A$

2. Commutativa:

$A \cup B = B \cup A$ i $A \cap B = B \cap A$

3. Associativa:

$(A \cup B) \cup C = A \cup (B \cup C)$ i $(A \cap B) \cap C = A \cap (B \cap C)$

4. Distributiva:

$A \cup (B \cap C) = (A \cup B) \cap (A \cup C)$ i $A \cap (B \cup C) = (A \cap B) \cup (A \cap C)$

5. Dels elements neutre i universal:

$A \cup \varnothing = A$; $A \cap \Omega = A$; $A \cup \Omega = \Omega$ i $A \cap \varnothing = \varnothing$

6. De la complementació:

$A \cup \overline{A} = \Omega$; $A \cap \overline{A} = \varnothing$ i $\overline{\overline{A}} = A$

7. Lleis de Morgan:

$\overline{A \cup B} = \overline{A} \cap \overline{B}$ i $\overline{A \cap B} = \overline{A} \cup \overline{B}$

! Important

Totes aquestes propietats fan que el conjunt dels successos associats a un experiment aleatori, juntament amb la unió, la intersecció i la complementació constitueixin una **àlgebra de Boole.**

Activitats

1. Escriu l'espai de successos S associat a l'experiment aleatori E: «llançar una moneda enlaire».

2. Utilitzant nombres combinatoris, demostra que el nombre de successos associats a un experiment aleatori de 3, 4 i n elements és, respectivament, 8, 16 i 2^n.

3. Es consideren els successos A: «obtenir un nombre primer» i B: «obtenir un nombre més petit que 10» de l'experiment aleatori E: «treure una bola d'una urna amb 20 boles numerades de l'1 al 20».

a) Defineix A i B per extensió.

b) Determina els successos $\overline{A}$, $\overline{B}$, $A \cup B$, $A \cap B$, $\overline{A} \cup B$, $A \cup \overline{B}$, $A - B$ i $B - A$.

c) Defineix els successos de l'apartat *b)* per comprensió.

4. Justifica raonadament:

a) $A \cap B \subset A$ i $A \cap B \subset B$

b) $A \subset A \cup B$ i $B \subset A \cup B$

c) $A \cap B \subset A \cup B$

d) $A \subset A$, $\varnothing \subset A$ i $\varnothing \subset B$

5. Demostra que $A - B$ i $B - A$ constitueixen successos incompatibles.

6. Justifica mitjançant diagrames les igualtats següents:

a) $A - B = A - (A \cap B) = A \cap \overline{B}$

b) $B - A = B - (A \cap B) = \overline{A} \cap B$

7. Demostra gràficament la propietat 7 de les operacions amb successos.

8. Si A i B són dos successos tals que $A \subset B$, justifica que:

a) $A \cap B = A$

b) $A \cup B = B$

c) $\overline{B} \subset \overline{A}$

d) $\overline{A} \cup B = \Omega$

e) $A \cap \overline{B} = \varnothing$

9. En l'experiment aleatori E: «llançar dos dardells a la diana», considerem els successos A: «fer diana amb el primer» i B «fer diana amb el segon». Expressa en funció de A i B els successos:

a) Fer diana amb el primer, però no amb el segon.

b) Fer diana amb algun dels dos.

c) Fallar tots dos.

d) Fer diana només amb un.

2. Probabilitat d'un succés

S'anomena **freqüència absoluta** d'un succés *A* el nombre de vegades n_A que es verifica *A*, quan es fan *n* repeticions de l'experiment aleatori.

La **freqüència relativa** d'un succés *A* és el quocient entre la freqüència absoluta de *A* i el nombre de vegades *n* que es repeteix l'experiment, és a dir:

$$f(A) = \frac{n_A}{n}$$

2.1 Propietats de la freqüència relativa

1. $0 \leq f(A) \leq 1$ per a qualsevol succés $A \in S$.

2. $f(\Omega) = 1$ i $f(\varnothing) = 0$.

3. Si *A* i *B* són dos successos incompatibles, es verifica que $f(A \cup B) = f(A) + f(B)$.

Una de les característiques d'un experiment aleatori és que, si es repeteix moltes vegades i en condicions idèntiques, la freqüència relativa $f(A)$ d'un succés *A* s'estabilitza per a valors creixents de *n*, és a dir, la freqüència relativa d'un succés tendeix a una constant a mesura que augmenta el nombre de repeticions de l'experiment. Aquesta constant l'anomenarem **probabilitat** del succés *A*, i la designarem per $p(A)$.

• *Fixa-t'hi*

El **cardinal d'un conjunt finit** *A* és el nombre d'elements que té. Es representa per card(*A*).

El matemàtic i físic francès Laplace (1749-1827) va definir la probabilitat d'un succés *A* com el quocient entre el nombre de casos favorables a *A* i el nombre de casos possibles. El nombre de casos favorables a *A* és el nombre d'elements del succés *A*, mentre que el nombre de casos possibles és el nombre d'elements de l'espai mostral Ω.

$$p(A) = \frac{\text{card}(A)}{\text{card}\ (\Omega)}$$

Aquesta definició clàssica de probabilitat té l'inconvenient que només és vàlida quan tots els successos elementals són **equiprobables**, és a dir, quan tenen la mateixa probabilitat. És en aquestes condicions que Laplace va establir la definició de probabilitat.

Vegem alguns exemples de càlcul de probabilitats aplicant-hi la regla de Laplace.

Exemple 2

Considerem l'experiment aleatori *E*: «llançar un dau de travesses».

L'espai mostral és $\Omega = \{1, X, 2\}$ i els successos elementals són $A = \{1\}$, $B = \{X\}$ i $C = \{2\}$.

Calcula la probabilitat de cada succés elemental i la probabilitat del succés $D = \{X, 2\}$.

Resolució

La probabilitat de cada succés elemental, suposant que el dau estigui perfectament equilibrat, és:

$$p(A) = p(B) = p(C) = \frac{1}{3}$$

La probabilitat del succés $D = \{X, 2\}$ (obtenir-ne una variant) és $p(D) = \frac{2}{3}$, ja que els casos favorables són 2 i els casos possibles, 3.

Exemple 3

D'una urna que conté cinc boles vermelles i quatre boles verdes extraiem dues boles alhora. Quina és la probabilitat que les dues boles siguin de color vermell? I que les dues boles siguin de color verd? I que siguin de color diferent?

Resolució

Definim els successos: *A:* «obtenir dues boles vermelles», *B:* «obtenir dues boles verdes» i *C:* «obtenir una bola de cada color».

Aplicant-hi la regla de Laplace tenim:

$$p(A) = \frac{C_{5,\,2}}{C_{9,\,2}} = \frac{10}{36} = \frac{5}{18}$$

$$p(B) = \frac{C_{4,\,2}}{C_{9,\,2}} = \frac{6}{36} = \frac{1}{6}$$

$$p(C) = \frac{C_{5,\,1}\,C_{4,\,1}}{C_{9,\,2}} = \frac{20}{36} = \frac{5}{9}$$

Fixa't que:

$$p(A) + p(B) + p(C) = \frac{5}{18} + \frac{1}{6} + \frac{5}{9} = \frac{5}{18} + \frac{3}{18} + \frac{10}{18} = \frac{18}{18} = 1$$

Això passa perquè els successos *A, B* i *C* són els únics successos elementals de l'experiment, *E:* «extreure'n dues boles».

Activitats

10. En l'experiment aleatori «extreure una carta d'una baralla de 48 cartes», calcula la probabilitat dels successos següents:

a) Treure una carta que sigui un nombre primer.

b) Que la carta que extraiem no sigui un as.

c) Que sigui una figura d'espases.

d) Treure una carta de copes.

R: *a)* $\frac{5}{12}$; *b)* $\frac{11}{12}$; *c)* $\frac{1}{16}$; *d)* $\frac{1}{4}$

11. D'una classe on hi ha 20 noies i 15 nois escollim dos alumnes a l'atzar. Calcula la probabilitat que:

a) Siguin dues noies.

b) Siguin un noi i una noia.

c) Entre els escollits hi hagi un alumne o una alumna determinats.

R: *a)* $\frac{38}{119}$; *b)* $\frac{60}{119}$; *c)* $\frac{2}{35}$

12. A la cua de la taquilla d'un cinema hi ha 14 persones. Quina és la probabilitat que dues persones determinades estiguin juntes?

13. Calcula la probabilitat que, quan girem una fitxa de dòmino, obtinguem:

a) Un nombre de punts més gran que 8.

b) Un nombre de punts que sigui múltiple de 3.

c) Un nombre de punts que sigui més gran que 8 i múltiple de 3.

d) Una fitxa doble.

R: *a)* $\frac{3}{14}$; *b)* $\frac{9}{28}$; *c)* $\frac{3}{28}$; *d)* $\frac{1}{4}$

14. Llancem dos daus enlaire. Calcula la probabilitat d'obtenir:

a) Suma de punts igual a 10.

b) Suma de punts senars.

c) Almenys un 6 en un dels daus.

d) Només un 6 en un dau.

R: *a)* $\frac{1}{12}$; *b)* $\frac{1}{2}$; *c)* $\frac{11}{36}$; *d)* $\frac{5}{18}$

15. Es llança una moneda enlaire quatre vegades. Quina és la probabilitat que surtin 4 cares? I que surtin 2 cares i 2 creus? I, almenys, 2 creus?

R: $\frac{1}{16}$; $\frac{3}{8}$; $\frac{11}{16}$

3. Definició axiomàtica de la probabilitat

El tractament actual de la probabilitat és purament axiomàtic, és a dir, que les probabilitats dels successos poden ser arbitràries, de manera que han de satisfer els tres axiomes de la probabilitat definits pel matemàtic rus Kolmogorov. La definició de la probabilitat és vàlida per a qualsevol experiment, siguin equiprobables els successos elementals o no.

Sigui Ω l'espai mostral associat a un experiment aleatori i S l'espai de successos. A cada succés de S hi fem correspondre un nombre real comprès entre 0 i 1, ambdós inclosos, de manera que:

Al succés $A \in S$ correspon el valor $p(A)$, que s'anomena **probabilitat** de A, i verifica:

a_1) $0 \leq p(A) \leq 1, \forall A \in S$.
a_2) $p(\Omega) = 1$.
a_3) Si A i B són dos successos incompatibles, $p(A \cup B) = p(A) + p(B)$.

3.1 Propietats de la probabilitat

1. Si A i B són dos successos tals que $A \subset B$, aleshores $p(A) \leq p(B)$.

Efectivament, si $A \subset B \rightarrow B = A \cup (B - A)$ i $A \cap (B - A) = \varnothing$. Pel tercer axioma de la probabilitat tenim que:

$p(B) = p[A \cup (B - A)] = p(A) + p(B - A)$ i, com que pel primer axioma de la probabilitat sabem que $p(B - A) \geq 0$, obtenim que $p(B) \geq p(A)$.

2. $p(\bar{A}) = 1 - p(A)$

Efectivament, $A \cup \bar{A} = \Omega$ i $A \cap \bar{A} = \varnothing$. Pel tercer axioma de la probabilitat tenim que $p(A \cup \bar{A}) = p(A) + p(\bar{A})$ i pel segon axioma, $p(A \cup \bar{A}) = p(\Omega) = 1$, per tant:

$$p(A) + p(\bar{A}) = 1 \rightarrow p(\bar{A}) = 1 - p(A)$$

En conseqüència, es dedueix que $p(\varnothing) = 0$.

Com que $\varnothing = \bar{\Omega}$, es dedueix que $p(\varnothing) = p(\bar{\Omega}) = 1 - p(\Omega) = 1 - 1 = 0$.

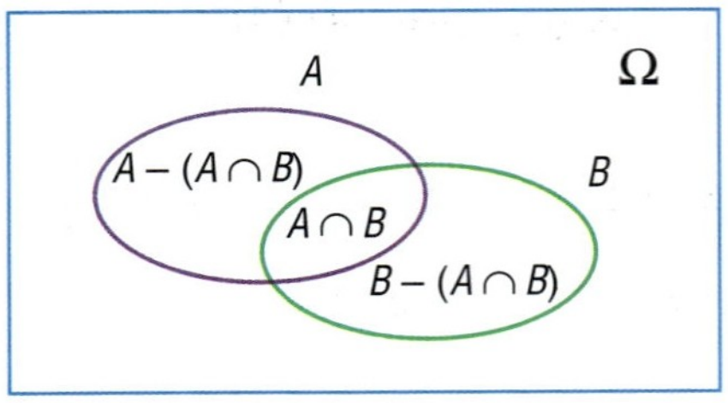

Fig. 15.7

3. Si A i B són dos successos compatibles, $A \cap B \neq \varnothing$, aleshores:

$$p(A \cup B) = p(A) + p(B) - p(A \cap B)$$

Efectivament, $A \cup B = [A - (A \cap B)] \cup (A \cap B) \cup [B - (A \cap B)]$, tal com es pot observar a la Figura 15.7. Per tant, $p(A \cup B) = p[A - (A \cap B)] + p(A \cap B) + p[B - (A \cap B)]$ perquè són incompatibles dos a dos els successos $A - (A \cap B)$, $A \cap B$ i $B - (A \cap B)$.

D'altra banda, $A = [A - (A \cap B)] \cup (A \cap B) \rightarrow p(A) = p[A - (A \cap B)] + p(A \cap B)$, ja que els successos $A - (A \cap B)$ i $A \cap B$ són incompatibles.

De l'última igualtat, se'n dedueix que $p[A - (A \cap B)] = p(A) - p(A \cap B)$.

Anàlogament, obtenim $p[B - (A \cap B)] = p(B) - p(A \cap B)$.

Substituint-hi:

$$\begin{aligned} p(A \cup B) &= p[A - (A \cap B)] + p(A \cap B) + p[B - (A \cap B)] = \\ &= p(A) - p(A \cap B) + p(A \cap B) + p(B) - p(A \cap B)] = \\ &= p(A) + p(B) - p(A \cap B) \end{aligned}$$

4. Suposant que l'espai mostral Ω és finit amb n elements i que els successos elementals A_i ($i = 1, 2, ..., n$) són equiprobables, és a dir, $p(A_1) = p(A_2) = ... = p(A_n)$, es verifica la regla de Laplace.

Efectivament, $1 = p(A_1 \cup A_2 \cup ... \cup A_n) = p(A_1) + p(A_2) + ... + p(A_n)$, ja que els successos elementals són incompatibles dos a dos, $A_i \cap A_j = \varnothing$ per a $i \neq j$; i com que són equiprobables, deduïm que:

$$1 = p(A_1) + p(A_1) + \overset{(n)}{\ldots} + p(A_1) = n\, p\,(A_1), \text{ és a dir, } 1 = n\, p\,(A_1)$$

d'on obtenim que $p(A_1) = p(A_2) = ... = p(A_n) = \dfrac{1}{n}$

Si considerem un succés B de k elements, serà la unió de k successos elementals, per a $k \leq n$, és a dir: $B = A_1 \cup A_2 \cup ... \cup A_k$.

En conseqüència:

$$p(B) = p(A_1 \cup A_2 \cup ... \cup A_k) = p(A_1) + p(A_2) + ... + p(A_k) =$$

$$= \frac{1}{n} + \frac{1}{n} + \overset{(k)}{\ldots} + \frac{1}{n} = k\,\frac{1}{n} = \frac{k}{n}$$

Arribem, així, a la definició clàssica de probabilitat de Laplace:

$$p(B) = \frac{k}{n} = \frac{\text{card }(B)}{\text{card }(\Omega)}$$

Ara calcularem la probabilitat de successos d'un experiment aleatori en què els successos elementals no són equiprobables.

Fixa-t'hi

La probabilitat de qualsevol succés d'un experiment aleatori queda determinada coneixent les probabilitats dels successos elementals.

Exemple 4

En una cursa competeixen quatre corredors *a*, *b*, *c* i *d*. La probabilitat que guanyi el corredor *a* és el doble que la probabilitat que guanyi el corredor *b*, la probabilitat que guanyi *c* és el triple que la probabilitat que guanyi *b* i la probabilitat que guanyi *d* és igual a la probabilitat que guanyi *a*. Quina és la probabilitat que té de guanyar cadascun d'ells? Quina és la probabilitat que guanyi *a* o *c*? I la que no guanyi *b*?

Resolució

Definim els successos elementals:

A: «que guanyi el corredor *a*».

B: «que guanyi el corredor *b*».

C: «que guanyi el corredor *c*».

D: «que guanyi el corredor *d*».

És important recalcar que els successos no són equiprobables i, per tant, no podem resoldre el problema aplicant-hi la regla de Laplace.

Sabem que

$$\Omega = A \cup B \cup C \cup D \rightarrow 1 = p(\Omega) = p(A \cup B \cup C \cup D) =$$
$$= p(A) + p(B) + p(C) + p(D)$$

és a dir,

$$p(A) + p(B) + p(C) + p(D) = 1$$

L'enunciat del problema ens diu que:

$$p(A) = 2p(B),\ p(C) = 3p(B) \text{ i } p(D) = p(A)$$

En conseqüència:

$$2p(B) + p(B) + 3p(B) + 2p(B) = 1 \rightarrow 8p(B) = 1 \rightarrow p(B) = \frac{1}{8},$$

d'on obtenim que $p(A) = p(D) = \dfrac{2}{8} = \dfrac{1}{4}$ i $p(C) = \dfrac{3}{8}$.

Un cop hem calculat les probabilitats dels successos elementals, ja podem resoldre el problema.

Ens demanen la probabilitat del succés $T = A \cup C$. Per tant, $p(T) = p(A) + p(C)$, ja que els successos A i C són incompatibles, perquè no poden guanyar els dos corredors alhora.

$$p(T) = p(A) + p(C) = \frac{1}{4} + \frac{3}{8} = \frac{5}{8}$$

I la probabilitat que no guanyi b és:

$$p(\overline{B}) = 1 - p(B) = 1 - \frac{1}{8} = \frac{7}{8}$$

Activitats

16. Donats dos successos A i B, tals que $p(A) = \frac{3}{8}$, $p(B) = \frac{1}{2}$ i $p(A \cup B) = \frac{5}{8}$, calcula:

$p(A \cap B)$, $p(\bar{A})$, $p(\bar{B})$, $p(\bar{A} \cap \bar{B})$, $p(\overline{A \cap B})$, $p(\bar{A} \cap B)$ i $p(A \cap \bar{B})$.

17. Sabem que la probabilitat que demà plogui és 0,4; que plogui demà passat és 0,3 i que plogui cadascun dels dos dies, 0,2. Calcula la probabilitat que:

a) Plogui, com a mínim, un dels dos dies.

b) No plogui cap dia.

c) Només plogui demà.

d) Plogui només un dels dos dies.

R: *a)* 0,5; *b)* 0,5; *c)* 0,2; *d)* 0,3

18. Un dau està trucat, de manera que les probabilitats d'obtenir les diferents cares són proporcionals als nombres que hi figuren. Si llancem el dau una vegada, calcula les probabilitats següents:

a) De cadascun dels successos elementals.

b) D'obtenir un nombre més gran que 4.

c) D'aconseguir un nombre senar.

R: *a)* $p(1) = \frac{1}{21}$, $p(2) = \frac{2}{21}$, $p(3) = \frac{3}{21}$, $p(4) = \frac{4}{21}$, $p(5) = \frac{5}{21}$, $p(6) = \frac{6}{21}$; *b)* $\frac{11}{21}$; *c)* $\frac{3}{7}$

19. Llancem dos daus i considerem el nombre de punts de les cares superiors. Calcula la probabilitat dels successos següents:

a) A: «el nombre de punts de les dues cares superiors suma 7».

b) B: «el producte dels nombres de les cares superiors és 12».

c) $A \cap B$; $A \cup B$; $\bar{A}$; $\bar{B}$.

R: *a)* $\frac{1}{6}$; *b)* $\frac{1}{9}$; *c)* $\frac{1}{18}$, $\frac{2}{9}$, $\frac{5}{6}$, $\frac{8}{9}$

4. Probabilitat condicionada

Considerem que A i B són dos successos de l'espai de successos S d'un experiment aleatori, tal que $p(A) \neq 0$. S'anomena **probabilitat de *B* condicionada a *A*,** i se simbolitza per $p(B/A)$ el quocient:

$$p(B/A) = \frac{p(A \cap B)}{p(A)}$$

Es llegeix "probabilitat del succés B sabent que s'ha verificat el succés A".

Fixa-t'hi

En el denominador de l'expressió de la probabilitat condicionada hi ha la probabilitat del succès que condiciona. És per aquest motiu que aquesta probabilitat no pot ser zero.

Es tracta d'incorporar la informació que tenim sobre el fet que hagi succeït el succés A per determinar la probabilitat del succés B.

Una conseqüència immediata de la igualtat de la probabilitat condicionada és:

$$p(A \cap B) = p(A) \cdot p(B/A) \quad (1)$$

Aquesta última igualtat ens permet calcular la probabilitat de la intersecció de dos successos. En aquest cas, les probabilitats $p(A)$ i $p(B/A)$ poden conèixer-se directament a partir de l'enunciat del problema.

De manera semblant es defineix la probabilitat de A condicionada a B, amb $p(B) \neq 0$:

$$p(A/B) = \frac{p(A \cap B)}{p(B)}$$

Es llegeix "probabilitat del succès A sabent que s'ha verificat el succés B".

D'on s'obté que

$$p(A \cap B) = p(B) \cdot p(A/B) \quad (2)$$

Algunes vegades la realització d'un succés no afecta la probabilitat d'un altre succés posterior. Si és així, es parla de successos independents.

Si A i B són dos successos, direm que el succés B és **independent** del succés A si es verifica $p(B/A) = p(B)$.

La relació d'independència entre successos és simètrica, és a dir, si B és independent de A, A també és independent de B.

Es dedueix fàcilment que si A i B són dos successos independents, es verifica:

$$p(A \cap B) = p(A) \cdot p(B)$$

Aquesta última igualtat és la que s'utilitza habitualment per esbrinar si dos successos són independents o no.

En el cas que $p(A \cap B) \neq p(A) \cdot p(B)$ els successos seran **dependents** i la probabilitat es calcula utilitzant les expressions (1) o bé (2).

Exemple 5

A l'experiment aleatori de llançar tres vegades una moneda enlaire, l'espai mostral és:

$$\Omega = \{(c, c, c); (c, c, x); (c, x, c); (x, c, c); (c, x, x); (x, c, x); (x, x, c); (x, x, x)\}$$

Considera els successos:

A: «obtenir cara en el primer llançament» $\rightarrow A = \{(c, c, c); (c, c, x); (c, x, c); (c, x, x)\}$

B: «obtenir cara en el segon llançament» $\rightarrow B = \{(c, c, c); (c, c, x); (x, c, c); (x, c, x)\}$

C: «obtenir dues cares seguides» $\rightarrow C = \{(c, c, x); (x, c, c)\}$

Estudia la dependència entre aquests tres successos.

Resolució

Per fer-ho, hem de calcular les probabilitats de A, B, C, $A \cap B$, $A \cap C$ i $B \cap C$.

$$p(A) = \frac{4}{8} = \frac{1}{2} \qquad p(B) = \frac{4}{8} = \frac{1}{2} \qquad p(C) = \frac{2}{8} = \frac{1}{4}$$

$$A \cap B = \{(c, c, c); (c, c, x)\} \rightarrow p(A \cap B) = \frac{2}{8} = \frac{1}{4}$$

$$A \cap C = \{(c, c, x)\} \rightarrow p(A \cap C) = \frac{1}{8}$$

$$B \cap C = \{(c, c, x); (x, c, c)\} \rightarrow p(B \cap C) = \frac{2}{8} = \frac{1}{4}$$

En conseqüència:

$p(A) \cdot p(B) = \frac{1}{2} \cdot \frac{1}{2} = \frac{1}{4} = p(A \cap B) \rightarrow A$ i B són independents.

$p(A) \cdot p(C) = \frac{1}{2} \cdot \frac{1}{4} = \frac{1}{8} = p(A \cap C) \rightarrow A$ i C són independents.

$p(B) \cdot p(C) = \frac{1}{2} \cdot \frac{1}{4} = \frac{1}{8} \neq p(B \cap C) \rightarrow B$ i C són dependents.

Exemple 6

Disposem de tres guardioles A, B, i C amb monedes d'un euro i de dos. La guardiola A conté 3 monedes d'un euro i 5 de dos euros; la guardiola B, 8 monedes d'un euro i 3 de dos euros, i la guardiola C conté 5 monedes d'un euro i 4 de dos euros. Escollim a l'atzar una de les guardioles i n'extraiem una moneda. Quina probabilitat hi ha que sigui una moneda de dos euros?

Resolució

Anomenem D: «extreure una moneda de dos euros», A: «extreure una moneda de la guardiola A», B: «extreure una moneda de la guardiola B» i C: «extreure una moneda de la guardiola C».

De les dades de l'enunciat del problema obtenim les probabilitats següents:

$$p(A) = p(B) = p(C) = \frac{1}{3}$$

$$p(D/A) = \frac{5}{8},\ p(D/B) = \frac{3}{11} \ \text{ i } \ p(D/C) = \frac{4}{9}$$

Per resoldre el problema utilitzarem el procediment del diagrama en arbre. Aquest representa les diferents possibilitats de l'experiment. Un cop confeccionat, podem respondre a la pregunta del problema:

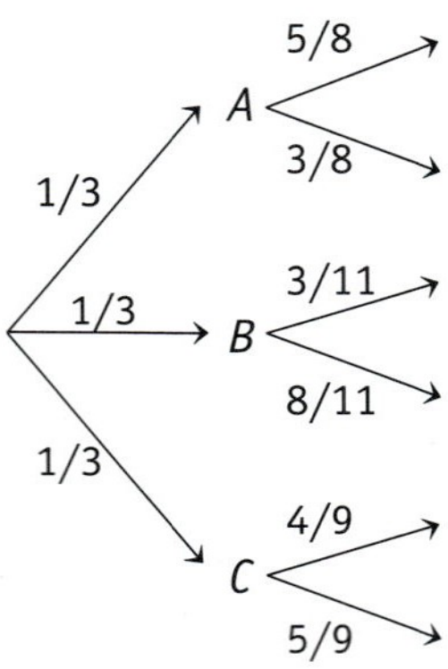

$$D/A \longrightarrow p(A \cap D) = p(A)\, p(D/A) = \frac{1}{3} \cdot \frac{5}{8} = \frac{5}{24}$$

$$\overline{D}/A \longrightarrow p(A \cap \overline{D}) = p(A)\, p(\overline{D}/A) = \frac{1}{3} \cdot \frac{3}{8} = \frac{1}{8}$$

$$D/B \longrightarrow p(B \cap D) = p(B)\, p(D/B) = \frac{1}{3} \cdot \frac{3}{11} = \frac{1}{11}$$

$$\overline{D}/B \longrightarrow p(B \cap \overline{D}) = p(B)\, p(\overline{D}/B) = \frac{1}{3} \cdot \frac{8}{11} = \frac{8}{33}$$

$$D/C \longrightarrow p(C \cap D) = p(C)\, p(D/C) = \frac{1}{3} \cdot \frac{4}{9} = \frac{4}{27}$$

$$\overline{D}/C \longrightarrow p(C \cap \overline{D}) = p(C)\, p(\overline{D}/C) = \frac{1}{3} \cdot \frac{5}{9} = \frac{5}{27}$$

$$p(D) = p[(A \cap D) \cup (B \cap D) \cup (C \cap D)] =$$

$$= p(A \cap D) + p(B \cap D) + p(C \cap D) =$$

$$= p(A)\, p(D/A) + p(B)\, p(D/B) + p(C)\, p(D/C) =$$

$$= \frac{1}{3} \cdot \frac{5}{8} + \frac{1}{3} \cdot \frac{3}{11} + \frac{1}{3} \cdot \frac{4}{9} = \frac{5}{24} + \frac{1}{11} + \frac{4}{27} = \frac{1\,063}{2\,376}$$

Activitats

20. Demostra que, efectivament, la independència de successos és simètrica.

21. Sabent que: $p(A) = 0{,}3$; $p(\overline{B}) = 0{,}6$ i $p(A/B) = 0{,}32$ calcula: $p(A \cap B)$, $p(A \cup B)$, $p(A/\overline{B})$, $p(B/A)$, $p(\overline{A \cup B})$, i $p(\overline{B}/\overline{A})$

R: 0,128; 0,572; 0,287; 0,427; 0,428; 0,611 43

22. Indica la probabilitat de la unió de dos successos independents.

23. Calcula la probabilitat $p(B/A)$ en aquests casos:

a) $A \subset B$ *b)* $A \cap B = \varnothing$

24. Tenim una capsa amb 5 cargols de cabota rodona, dos dels quals són defectuosos, i 8 cargols de cabota quadrada, dels quals només 3 són correctes. Escollim un cargol a l'atzar. Calcula la probabilitat:

a) Que sigui de cabota quadrada, si sabem que és correcte.

b) Que sigui defectuós, si sabem que és de cabota rodona.

25. Disposem de 2 bosses amb boles blanques, vermelles i negres. En una bossa hi ha 3 boles blanques, 4 de vermelles i 5 de negres. L'altra bossa conté 5 boles blanques, 7 de vermelles i 2 de negres. Si agafem una bola de cada bossa, quina probabilitat hi ha que siguin del mateix color?

5. Fórmula de Bayes

A l'espai de successos S, associat a un experiment aleatori, considerem els successos $A_1, A_2, A_3, \ldots, A_k$ incompatibles dos a dos, és a dir, $A_i \cap A_j = \varnothing$, per a $i \neq j$; de manera que $A_1 \cup A_2 \cup A_3 \cup \ldots \cup A_k = \Omega$. Per a qualsevol altre succés $B \in S$ es compleix:

$$\begin{aligned} p(B) &= p(B \cap \Omega) = p[B \cap (A_1 \cup A_2 \cup A_3 \cup \ldots A_k)] = \\ &= p[(B \cap A_1) \cup (B \cap A_2) \cup (B \cap A_3) \cup \ldots \cup (B \cap A_k)] = \\ &= p(A_1 \cap B) + p(A_2 \cap B) + (A_3 \cap B) + \ldots + p(A_k \cap B) = \\ &= p(A_1)\, p(B/A_1) + p(A_2)\, p(B/A_2) + \ldots + p(A_k)\, p(B/A_k) \end{aligned}$$

És a dir,

$$p(B) = p(A_1)\, p(B/A_1) + p(A_2)\, p(B/A_2) + \ldots + p(A_k)\, p(B/A_k)$$

Aquesta igualtat es coneix com la fórmula de la **probabilitat total.** Ens permet calcular la probabilitat d'un succés B com la suma de les probabilitats dels successos A_i, multiplicades per les probabilitats de B condicionades a A_i.

Si B és un succés tal que $p(B) \neq 0$, per la probabilitat condicionada tenim que:

$$\left.\begin{aligned} p(A_i \cap B) &= p(A_i)\, p(B/A_i) \\ p(A_i \cap B) &= p(B \cap A_i) = p(B)\, p(A_i/B) \end{aligned}\right\} \rightarrow p(A_i)\, p(B/A_i) = p(B)\, p(A_i/B)$$

D'on obtenim:

$$p(A_i/B) = \frac{p(A_i)\, p(B/A_i)}{p(B)}$$

Substituint-hi $p(B)$ per la fórmula de la probabilitat total:

$$p(A_i/B) = \frac{p(A_i)\, p(B/A_i)}{p(A_1)\, p(B/A_1) + p(A_2)\, p(B/A_2) + \ldots + p(A_k)\, p(B/A_k)}$$

Aquesta última expressió es coneix amb el nom de **fórmula de Bayes.**

És important destacar que el producte que hi ha al numerador de l'expressió és un dels sumands del denominador.

Aquesta fórmula ens permet calcular les probabilitats $p(A_i/B)$ un cop ha succeït el succés B, a partir de les probabilitats $p(A_i)$. Les probabilitats $p(A_i/B)$ reben el nom de *probabilitats a posteriori,* mentre que les probabilitats $p(A_i)$ són *probabilitats a priori.*

Recorda

Els successos $A_1, A_2, A_3, \ldots, A_k$ no han de ser necessàriament els successos elementals, ja que es considera $k \leq n$, en què n és el nombre de successos elementals.

Exemple 7

Es reuneixen tres amigues, l'Anna, la Beatriu i la Carme, per resoldre una sèrie de problemes. L'Anna, que és la més ràpida, resol el 50 % dels problemes, la Beatriu en resol el 30 % i la Carme, el 20 % restant. L'Anna s'equivoca en un 3 % dels problemes que resol, mentre que la Beatriu i la Carme s'equivoquen en un 4 % i un 5 %, respectivament. Escollim un problema a l'atzar i resulta que està mal resolt. Quina probabilitat hi ha que l'hagi resolt la Beatriu?

Resolució

Definim els successos: A: «que el problema l'hagi resolt l'Anna» $\rightarrow p(A) = 0{,}5$

B: «que el problema l'hagi resolt la Beatriu» $\rightarrow p(B) = 0{,}3$

C: «que el problema l'hagi resolt la Carme» $\rightarrow p(C) = 0{,}2$

M: «que el problema estigui mal resolt»

$\overline{M}$: «que el problema no estigui mal resolt»

Per les dades del problema sabem que: $p(M/A) = 0{,}03$, $p(M/B) = 0{,}04$ i $p(M/C) = 0{,}05$.

Construïm el diagrama d'arbre corresponent:

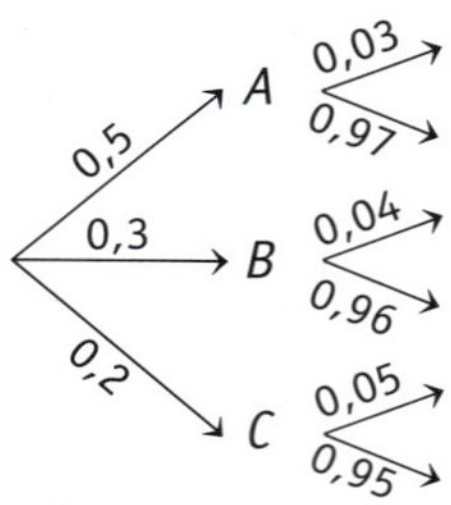

$M/A \rightarrow p(A \cap M) = p(A)\, p(M/A) = 0{,}5 \cdot 0{,}03 = 0{,}015$

$\overline{M}/A \rightarrow p(A \cap \overline{M}) = p(A)\, p(\overline{M}/A) = 0{,}5 \cdot 0{,}97 = 0{,}485$

$M/B \rightarrow p(B \cap M) = p(B)\, p(M/B) = 0{,}3 \cdot 0{,}04 = 0{,}012$

$\overline{M}/B \rightarrow p(B \cap \overline{M}) = p(B)\, p(\overline{M}/B) = 0{,}3 \cdot 0{,}96 = 0{,}288$

$M/C \rightarrow p(C \cap M) = p(C)\, p(M/C) = 0{,}2 \cdot 0{,}05 = 0{,}01$

$\overline{M}/C \rightarrow p(C \cap \overline{M}) = p(C)\, p(\overline{M}/C) = 0{,}2 \cdot 0{,}95 = 0{,}19$

Aplicant-hi la fórmula de Bayes, obtenim:

$$p(B/M) = \frac{p(B)\, p(M/B)}{p(A)\, p(M/A) + p(B)\, p(M/B) + p(C)\, p(M/C)} =$$

$$= \frac{0{,}012}{0{,}015 + 0{,}012 + 0{,}01} = \frac{0{,}012}{0{,}037} = 0{,}3243$$

Activitats

26. En les últimes eleccions municipals, a la ciutat A els grocs han obtingut el 20 % dels vots; els verds el 30 %, i els grisos el 50 %. A la ciutat B, els percentatges respectius han estat: 40 %, 45 % i 15 %. Escollim una de les dues ciutats a l'atzar i una persona que hi visqui. Quina probabilitat hi ha que aquesta persona hagi votat el partit groc? Suposant que la persona escollida hagi votat efectivament el partit groc, quina probabilitat hi ha que visqui a la ciutat A?

R: $0{,}3$; $0{,}\widehat{3}$

27. Un joier compra els rellotges a dues cases proveïdores. La primera li serveix el 60 % dels rellotges, dels quals el 0,4 % són defectuosos. La segona li proporciona la resta, i en són defectuosos l'1,5 %. Un dia, el joier, quan es disposa a vendre un rellotge, observa que no funciona. Calcula la probabilitat que el rellotge procedeixi de la segona casa proveïdora. Si el rellotge venut funcionés correctament, determina la probabilitat que provingui del primer proveïdor.

R: 0,7143; 0,6027

28. En un institut s'organitza una excursió a una estació d'esquí. El 65 % dels alumnes viatjarà en un autobús gran i la resta ho farà en un de petit. Es coneix que el 90 % dels alumnes que viatja a l'autobús petit sap esquiar, mentre que dels alumnes que viatgen a l'autobús gran saben esquiar el 60 %. S'escull un alumne a l'atzar i resulta que no sap esquiar. Quina probabilitat hi ha que viatgi a l'autobús petit? I si sap esquiar, quina probabilitat hi ha que viatgi al gran?

R: 0,1186; 0,553

Punt final

Una mica d'història sobre la probabilitat

La teoria de la probabilitat té l'origen en els jocs d'atzar. Pels volts del 1650, a França, on el joc era una de les distraccions més freqüents, i força tolerat per les lleis del país, s'introduïen nous jocs cada cop més complicats, amb daus i cartes, en els quals s'apostaven molts diners.

Blaise Pascual

Un dels jugadors, el noble cavaller De Méré, va tenir la idea de consultar a un amic seu, el matemàtic, filòsof, teòleg i físic francès Blaise Pascal (1623-1662), algunes qüestions relacionades amb l'atzar. A De Méré el sobtava el fet que si apostava per un 6, quan llançava quatre vegades un dau, tenia més sort que quan apostava per un doble 6 en llançar dos daus 24 vegades. El noble seguia el raonament següent: «com que la raó entre 4 i 6 és la mateixa que la raó entre 24 i 36, que és el nombre total de resultats possibles que es donen quan llancem dos daus, hauria de tenir la mateixa probabilitat de guanyar». Però després de dur a terme moltes experiències, va comprovar que no era així i va decidir consultar el matemàtic.

Blaise Pascal va iniciar una intensa correspondència amb el matemàtic Pierre de Fermat (1601-1665) per tal de respondre a qüestions com les que li va plantejar el noble De Méré. Aquesta correspondència va inspirar el científic holandès Christian Huygens (1629-1695), que va publicar un tractat breu titulat *De ratiociniis in ludo aleae (Sobre els raonaments relatius als jocs de daus)* l'any 1657.

Així va ser com va néixer la teoria de la probabilitat. Gràcies a tots ells, la probabilitat va passar de ser una col·lecció de problemes, referents a alguns jocs d'atzar, a convertir-se en una part molt important de la matemàtica.

Pascal va resultar ser un prodigi de les matemàtiques; el 1642 va inventar la primera màquina de calcular mecànica, el model definitiu de la qual va aparèixer l'any 1652. A més, va relacionar el càlcul de probabilitats amb el *triangle de Tartaglia* i per aquest motiu també se'l coneix amb el nom de *triangle de Pascal*.

Alguns matemàtics anteriors a Pascal, com l'italià Gerolamo Cardano (1501-1576), ja havien fet importants contribucions al desenvolupament del càlcul de probabilitats, malgrat que han estat ignorades. Posteriorment, el matemàtic suís Jacques Bernoulli (1654-1705), conegut pel seu nom traduït a l'alemany, Jakob, va establir el concepte de probabilitat com el límit de la freqüència relativa d'un succés a la seva *Llei dels grans nombres*. Però, sens dubte, la teoria de les probabilitats es deu més al francès P. S. Laplace que a cap altre matemàtic. Des del 1774 va escriure molts articles sobre el tema i els resultats que va obtenir els va incorporar i organitzar al seu llibre clàssic *Teoria analítica de les probabilitats* (1812). El 1814 va publicar el seu *Assaig filosòfic de les probabilitats*, que en realitat és una introducció al tema per al lector no especialitzat.

Quan realment es desenvolupa la teoria moderna de la probabilitat és al segle XX, amb el matemàtic francès Emile Borel, que el 1909 publicà *Elements de la teoria de les probabilitats*, i, sobretot, amb el rus Andrei Nicolàievitx Kolmogorov, autor de la definició axiomàtica de la probabilitat, tal com l'entenem actualment.

Aplicant els continguts de la probabilitat estudiats en aquesta unitat, calcula les probabilitats dels successos plantejades pel cavaller De Méré a Blaise Pascal, és a dir, la probabilitat d'obtenir, almenys, un sis quan llancem un dau quatre vegades, i la probabilitat d'obtenir, almenys, un doble sis quan llancem dos daus 24 vegades.

Activitats finals

1. Si A i B són dos successos tals que $p(A) = 0{,}4$; $p(\bar{A} \cup \bar{B}) = 0{,}9$ i $p(A \cup B) = 0{,}8$; A i B són incompatibles? Són independents? Justifica ambdues respostes.

2. Suposem que A i B són dos successos independents tals que la probabilitat que succeeixi algun dels dos és de 0,7 i la probabilitat que succeeixin tots dos alhora és de 0,2. Calcula $p(A)$ i $p(B)$.

R: $p(A) = 0{,}5$; $p(B) = 0{,}4$ o $p(A) = 0{,}4$; $p(B) = 0{,}5$.

3. Dels successos A i B sabem que $p(\bar{A} \cap \bar{B}) = \frac{1}{5}$; $p(A) = \frac{2}{3}$ i $p(\bar{B}) = \frac{3}{4}$. Calcula:

a) $p(A \cup B)$ *b)* $p(A \cap B)$ *c)* $p(B/A)$

d) $p(A/B)$ *e)* $p(\bar{A}/B)$ *f)* $p(A/\bar{B})$

4. Demostra que, si A i B són dos successos independents, també ho són els successos $\bar{A}$ i $\bar{B}$.

5. Calcula la probabilitat que en llançar quatre vegades un mateix dau la suma dels punts obtinguts sigui diferent de 4 i de 24.

R: $\frac{647}{648}$

6. En una sala en què hi ha 20 persones, 14 llegeixen el diari, 10 prenen cafè i 8 fan totes dues coses. Si seleccionem dues persones a l'atzar, calcula la probabilitat que:

a) Totes dues prenguin cafè i no llegeixin el diari.

b) Totes dues facin només una de les dues coses.

c) Cap de les dues no faci res.

d) Totes dues facin ambdues coses.

R: *a)* $\frac{1}{190}$; *b)* $\frac{14}{95}$; *c)* $\frac{3}{95}$; *d)* $\frac{14}{95}$

7. Determina la probabilitat d'obtenir a la Loteria primitiva 6 encerts, 5 encerts i el complementari, i 4 encerts jugant una sola combinació de 6 nombres.

R: $\frac{1}{13\,983\,816}$; $\frac{1}{2\,330\,636}$; $\frac{645}{665\,896}$

8. Calcula la probabilitat que en llançar un dau la suma dels punts de les cares visibles sigui més gran que 18.

R: $\frac{1}{3}$

9. D'una caixa que conté 5 boles numerades de l'1 al 5:

a) N'extraiem una bola rere l'altra fins a treure-les-en totes. Quina probabilitat hi ha que surtin en l'ordre natural?

b) Se n'extreu una bola i es retorna a la caixa, i es repeteix això cinc vegades. Quina és ara la probabilitat que surtin en l'ordre natural? Quina probabilitat hi ha que surti les cinc vegades la mateixa bola?

R: *a)* $\frac{1}{120}$; *b)* $\frac{1}{3\,125}$; $\frac{1}{625}$

10. Cinc persones es troben a l'interior d'un ascensor situat a la planta baixa d'un edifici que consta de planta baixa i sis pisos. Suposant que totes tenen la mateixa probabilitat de baixar en qualsevol dels sis pisos, calcula les probabilitats següents:

a) Que totes les persones baixin al mateix pis.

b) Que no baixi ningú als tres primers pisos.

c) Que als cinc primers pisos baixi una persona a cada pis.

R: *a)* 0,000 772; *b)* 0,0649; *c)* 0,000 020 7

11. Un estudiant s'ha preparat 22 temes d'un programa compost de 30 temes, dels quals surten 3 per sorteig. Calcula la probabilitat que:

a) Respongui correctament a dos temes.

b) No respongui correctament a cap dels tres temes.

R: *a)* $\frac{66}{145}$; *b)* $\frac{2}{145}$

12. *a)* Quan llancem dos daus, quina probabilitat hi ha d'obtenir un nombre de punts la suma dels quals sigui 9? I que la suma sigui múltiple de 3?

b) Si en llançar dos daus ha sortit un nombre de punts la suma dels quals és un múltiple de 3, calcula la probabilitat que la suma sigui 9.

R: *a)* $\frac{1}{9}$; $\frac{1}{3}$; *b)* $\frac{1}{3}$

13. En una facultat universitària, el 25 % dels estudiants ha suspès les matemàtiques, el 15 % ha suspès la química i el 10 % ha suspès totes dues assignatures. Si seleccionem un alumne o una alumna a l'atzar, determina la probabilitat que:

a) Suspengui les matemàtiques, si ha suspès la química.

b) Suspengui la química, si ha suspès les matemàtiques.

c) Suspengui les matemàtiques o la química.

R: *a)* $\frac{2}{3}$; *b)* $\frac{2}{5}$; *c)* $\frac{3}{10}$

14. Un automòbil, abans de sortir al mercat, se sotmet a tres controls de qualitat: mecànic, elèctric i de planxa. La probabilitat que fallin els controls és, respectivament, 0,02, 0,01 i 0,07. Si la fàbrica treu al mercat 500 cotxes cada any, quants automòbils sortiran amb algun defecte?

R: 49 automòbils

15. Disposem d'una moneda trucada, en la qual la probabilitat que surti cara és el doble de la probabilitat que surti creu; i d'una caixa *A* amb 5 boles vermelles, 3 de blanques i 4 de grogues i una altra caixa *B* amb 4 boles vermelles, 2 de blanques i 6 de grogues. Llancem la moneda enlaire, si surt cara traiem 2 boles consecutivament de la caixa *A*, i si surt creu les traiem de la caixa *B*. Calcula la probabilitat que:

a) Surti creu quan llancem la moneda.

b) Surtin dues boles del mateix color.

c) Surtin una bola blanca i l'altra groga.

d) Surtin una bola vermella i una altra de blanca, en aquest ordre.

R: *a)* $\frac{1}{3}$; *b)* $\frac{10}{33}$; *c)* $\frac{2}{11}$; *d)* $\frac{19}{198}$

16. Un ordinador personal està contaminat per un virus i està carregat amb dos programes antivirus P_1 i P_2, que actuen independentment, l'un després de l'altre. El programa P_1 detecta la presència del virus amb una probabilitat de 0,9 i el programa P_2 el detecta amb una probabilitat de 0,8. Quina probabilitat hi ha que no es detecti el virus?

R: 0,02

17. Disposem de dues caixes *A* i *B*. La caixa *A* conté 4 boles blanques i 2 boles negres i a la caixa *B* hi ha 3 boles blanques i 5 de negres. Escollim una caixa a l'atzar i en traiem una bola. A continuació, la introduïm a la caixa no escollida i traiem una altra bola d'aquesta caixa.

Calcula la probabilitat que:

a) La segona bola sigui negra.

b) La primera sigui negra i la segona blanca.

c) Totes dues boles siguin blanques.

R: *a)* $\frac{209}{432}$; *b)* $\frac{59}{252}$; *c)* $\frac{853}{3\,024}$

18. Es fa un sorteig entre tres alumnes. Per establir-ne el guanyador, s'escriu en un paper la paraula *premi* i es deixen dos paperets en blanc. Què és preferible, escollir primer, segon o tercer?

19. *a)* Calcula la probabilitat que la suma dels punts obtinguts sigui 4 quan llancem un dau, quan en llancem 2, quan en llancem 3 i, finalment, quan en llancem 4.

b) Un home ha llançat un nombre desconegut de daus, entre 1 i 4, i la suma dels punts obtinguts ha estat 4. Quina probabilitat hi ha que hagi llançat dos daus?

20. D'un cistell en què hi ha 20 pomes, 4 de les quals estan macades, en cau una en un altre cistell en què hi havia 6 pomes macades i 18 en bon estat. Escollim una poma del segon cistell i no està macada.

Quina probabilitat hi ha que la poma que ha caigut del primer cistell fos bona?

R: $\frac{38}{47}$

21. En un institut el 65 % dels alumnes són noies. El 10 % dels nois no practica cap esport, mentre que el 70 % de les noies fa esport. Escollim un alumne a l'atzar i resulta que fa esport.

Quina probabilitat hi ha que sigui noia? I que sigui noi si no fa esport?

R: $0,5\overset{\frown}{90}$; 0,152 174

22. Disposem de tres monedes. La primera té dues cares; a la segona la probabilitat de sortir cara i de sortir creu és la mateixa, i a la tercera la probabilitat que surti cara és del 30 %. S'escull una d'aquestes tres monedes a l'atzar i es llança enlaire. Sabent que ha sortit cara, calcula la probabilitat que la moneda escollida hagi estat la primera.

R: $\frac{5}{9}$

23. En una fàbrica d'electrodomèstics determinada s'ha detectat que un de cada 100 frigorífics té un defecte al sistema de congelació. Per solucionar el problema, es posa en marxa un dispositiu per poder detectar aquest defecte abans que el frigorífic surti al mercat. No obstant això, aquest dispositiu no és fiable del tot, concretament, si el frigorífic té el defecte, el dispositiu el detecta en el 95 % dels casos, mentre que si no el té, el dispositiu el dóna com a defectuós en un 2 % de les vegades. Si el dispositiu de control indica que un frigorífic és defectuós, quina probabilitat hi ha que el frigorífic no tingui cap defecte?

R: 0,675 768

Activitats finals

24. En una població, el 30 % dels habitants pateix una malaltia. Es du a terme una prova per diagnosticar-la i s'anomenen *A* i *B* els dos únics resultats possibles de la prova. Se sap que si la prova es fa a un individu que té la malaltia, la probabilitat que el resultat sigui *A* és del 90 %, però si es fa a un individu sa, la probabilitat que el resultat sigui *A* és del 5 %.

a) Es fa la prova a un individu seleccionat a l'atzar. Quina probabilitat hi ha que el resultat sigui *B*?

b) Es fa la prova a una persona i s'obté com a resultat *B*. Quina probabilitat hi ha que no tingui la malaltia?

R: *a)* 0,695; *b)* 0,956 83

25. En un institut, el 30 % de l'alumnat són noies. Se sap que el 40 % de les noies ha anat al cinema l'últim cap de setmana i que el 70 % dels nois també hi ha anat. Es tria un alumne a l'atzar. Quina és la probabilitat que hagi anat al cinema?

R: 0,61

26. En una competició esportiva de tir amb arc, un arquer té una probabilitat de 0,6 de fer diana cada cop que dispara una fletxa. Se sap que ha fet tres dianes en sis intents. Calcula la probabilitat que hagi fet diana en el primer dels sis intents.

R: $\frac{1}{2}$

27. En un examen tipus test, una pregunta consta de 5 respostes possibles i cal marcar la correcta. Se sap que la probabilitat que un alumne determinat sàpiga la resposta és 2/3 i que la probabilitat que encerti la resposta correcta és 1/3. Calcula la probabilitat que l'alumne sabés la resposta si se sap que ha triat la correcta.

R: $\frac{6}{7}$

28. Tres urnes contenen boles de diferents colors amb la composició següent:

Urna *A*: 3 boles blanques i 5 de vermelles.

Urna *B*: 6 de vermelles i 4 de negres.

Urna *C*: 6 de blanques, 2 de vermelles i 3 de negres.

Es llança un dau. Si surt 1 o 2, s'extreu una bola de l'urna *A*; si és un 3 o un 4, s'extreu de l'urna *B*, i si surt un 5 o un 6, s'agafa de l'urna *C*. Se sap que s'ha extret una bola vermella. Calcula la probabilitat que al dau hagi sortit un 5 o un 6.

R: $\frac{80}{169}$

29. El cap d'estudis d'un institut, abans de posar un càstig als seus alumnes, els concedeix una oportunitat. Els presenta dues urnes idèntiques, *A* i *B*. L'urna A conté 4 boles negres i 2 de blanques, i l'urna *B*, en conté 2 de negres i 3 de blanques. L'alumne tria una urna i n'extreu una bola, i si és blanca és perdonat. Un alumne s'ha salvat del càstig. Quina és la probabilitat que hagi triat l'urna *A*?

R: $\frac{5}{14}$

30. Es llancen dos daus *n* vegades.

a) Calcula la probabilitat que surti el 6 en els dos daus, almenys, una vegada.

b) Quantes vegades cal llançar els daus per poder apostar a guanyar que surti el 6 en els dos daus?

31. Un banc ha comprovat que la probabilitat que un client amb fons escrigui la data equivocada en un xec és 0,001. En canvi, la probabilitat que un client sense fons ho faci, és 1. El 90 % dels clients del banc té fons. A la caixa s'ha presentat un xec amb la data equivocada. Quina és la probabilitat que sigui sense fons?

R: 0,99

32. Determina el nombre mínim de vegades que cal llançar un dau per tal que la probabilitat d'obtenir, almenys una vegada, el nombre 3 sigui més gran que 0,5.

R: 4

33. En Manuel té tres clauers a la butxaca. Al primer porta dues claus; al segon, tres claus, una de les quals és la de casa, i al tercer, quatre claus, una de les quals també obre la porta de casa. Una nit arriba a casa i es troba que no funciona el subministrament elèctric. Agafa al atzar un clauer de la butxaca, n'agafa una de les claus i intenta obrir la porta. Si no ho aconsegueix, prova successivament amb la resta de les claus del clauer. En acabar, si no ha pogut entrar a casa, agafa un altre clauer de la butxaca i procedeix de la mateixa manera que amb el primer. Calcula la probabilitat que en Manuel pugui obrir la porta de casa provant quatre claus com a màxim.

R: 0,7315

34. En llançar tres daus enlaire, calcula la probabilitat d'obtenir:

a) Quatre punts en cada dau.

b) Una suma total de vuit punts.

R: *a)* $\frac{1}{216}$; *b)* $\frac{7}{72}$

Avaluació

1. S'agafen dues cartes d'una baralla de 48. Calcula les probabilitats dels successos o esdeveniments següents:

a) Que siguin dos asos.

b) Que siguin dues figures.

c) Que siguin dues cartes del mateix nombre.

d) Que siguin dos reis.

2. D'una baralla espanyola de 48 cartes en traiem una a l'atzar. Són independents els esdeveniments «treure un rei» i «treure una espasa»? Raona la resposta.

3. Tenim una urna amb 4 boles blanques, 4 de negres i 2 de vermelles. En traiem 3 consecutivament, i retornem cada vegada la bola a l'urna abans de treure la següent. Calcula la probabilitat que, almenys, dues siguin blanques.

4. Un producte està format per tres parts: *A*, *B* i *C*. En el procés de fabricació s'ha comprovat que la probabilitat que surti un defecte a *A* és 0,03; que en surti un a *B*, 0,02 i que el defecte surti a *C*, 0,01. Si sabem que els tres esdeveniments són independents, calcula la probabilitat que un producte escollit a l'atzar no tingui cap dels defectes.

5. En una cadena de muntatge hi ha una etapa on 3 robots, *A*, *B* i *C*, solden peces. La probabilitat que la soldadura sigui defectuosa i el percentatge de peces que solda cada robot es poden observar a la taula següent:

Robots	Probabilitat de soldadura defectuosa	Peces que solda el robot
A	0,002	18 %
B	0,005	42 %
C	0,001	40 %

Quin és el percentatge de soldadures defectuoses? Si escollim una peça i és defectuosa en la soldadura, quina és la probabilitat que l'hagi soldat el robot *C*?

16

Distribució de probabilitat

En un període determinat de l'any, la probabilitat que un nadó sigui nena és 0,52. En un hospital hi ha set dones que estan embarassades. Quina és la probabilitat que quatre dels nadons siguin nens? I que hi hagi, com a mínim, cinc nenes?

Com que els successos elementals no són equiprobables, no podem resoldre-ho mitjançant la regla de Laplace. Començarem, doncs, definint els successos elementals que ens permetran resoldre el problema.

A: «que un nadó sigui nena» $\rightarrow p(A) = 0{,}52$.

$\overline{A}$: «que un nadó sigui nen»
$p(\overline{A}) = 1 - p(A) = 1 - 0{,}52 = 0{,}48$

També definim els successos dels quals se'ns demana la probabilitat:

B: «que dels set nadons quatre siguin nens».

C: «que dels set nadons, almenys, cinc siguin nenes».

La probabilitat que neixin quatre nens i tres nenes en aquest ordre és:

$$p(\overline{A}_1) \cdot p(\overline{A}_2) \cdot p(\overline{A}_3) \cdot p(\overline{A}_4) \cdot p(A_5) \cdot p(A_6) \cdot p(A_7) =$$
$$= [p(\overline{A})]^4 \cdot [p(A)]^3 = 0{,}48^4 \cdot 0{,}52^3 = 0{,}007\,464$$

ja que la probabilitat és el producte de les diferents probabilitats (en què els subíndexs indiquen l'ordre del naixement).

Però hem de saber el nombre de possibilitats que hi pot haver perquè neixin quatre nens i tres nenes, tenint en compte l'ordre en què puguin néixer.

Escrivim alguns casos qualssevol, per exemple:

$$\overline{A}\,\overline{A}\,\overline{A}\,\overline{A}\,A\,A\,A,\ \overline{A}\,\overline{A}\,\overline{A}\,A\,\overline{A}\,A\,A,\ \overline{A}\,\overline{A}\,\overline{A}\,A\,A\,\overline{A}\,A, \dots$$

És fàcil deduir que el total de casos que poden donar-se per tal que neixin quatre nens i tres nenes, tenint en compte l'ordre, són permutacions amb repetició, de manera que:

$$P_7^{4,3} = \frac{7!}{4! \cdot 3!} = \frac{7 \cdot 6 \cdot 5 \cdot 4!}{4! \cdot 6} = 7 \cdot 5 = 35 \text{ casos}$$

Com que els diferents casos són incompatibles dos a dos, la probabilitat és la suma de les probabilitats de cadascun dels 35 casos, i cadascuna d'aquestes probabilitats és 0,007 464, tal com hem calculat anteriorment.

Per tant, $p(B) = 35 \cdot 0{,}007464 = 0{,}261242$.

Perquè neixin, com a mínim, cinc nenes, que és el succés C, es poden produir els casos següents:

$$5 \text{ nenes i } 2 \text{ nens} \rightarrow P_7^{5,2} \cdot 0{,}52^5 \cdot 0{,}48^2 =$$
$$= 21 \cdot 0{,}0380204 \cdot 0{,}2304 = 0{,}1839579$$

$$6 \text{ nenes i } 1 \text{ nen} \rightarrow P_7^{6,1} \cdot 0{,}52^6 \cdot 0{,}48 =$$
$$= 7 \cdot 0{,}0197706 \cdot 0{,}48 = 0{,}0664292$$

$$7 \text{ nenes} \rightarrow 0{,}52^7 = 0{,}010\,280\,7$$

En definitiva, obtenim que:

$$p(C) = 0{,}183\,957\,9 + 0{,}066\,429\,2 + 0{,}010\,280\,7 = 0{,}260\,667\,8$$

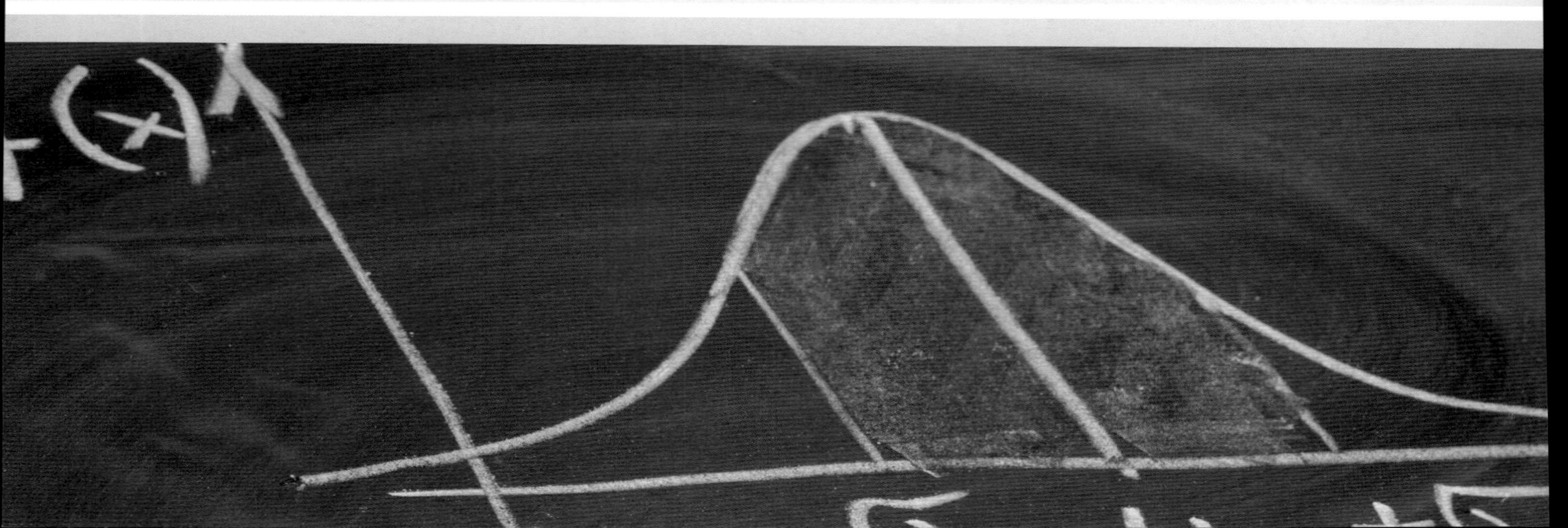

1. Funció de probabilitat d'una variable aleatòria

Un experiment aleatori es pot considerar de dues maneres:

- **Després de fer-lo.** En aquest cas els resultats obtinguts constitueixen els valors d'una variable estadística. El nombre de vegades que es repeteix cadascun dels valors és la *freqüència absoluta*.
- **Abans de fer-lo.** Els resultats possibles són els diferents successos que depenen de l'atzar i que originen una variable, els valors de la qual tindran una certa probabilitat de repetir-se. Aquestes variables noves són les que s'anomenen *variables aleatòries*.

Considerem l'espai mostral Ω, associat a un experiment aleatori E. Una **variable aleatòria** X associada a aquest experiment és una aplicació de l'espai mostral en el conjunt dels nombres reals.

$$X: \Omega \rightarrow \mathbb{R}$$

El conjunt imatge d'aquesta aplicació és el **recorregut** de la variable. Així, els elements del recorregut, que constitueixen un subconjunt dels nombres reals, són els valors que pren la variable.

El concepte de *variable aleatòria* sorgeix davant la necessitat de quantificar els resultats possibles dels experiments aleatoris per poder fer-hi operacions.

Els conceptes de *variable estadística* i de *freqüència* van lligats al de mostra, ja que l'experiment es considera després d'haver-lo fet. En canvi, els conceptes de *variable aleatòria* i de *probabilitat* són teòrics i resulten d'una abstracció dels anteriors.

Les variables aleatòries, com les estadístiques, poden ser **discretes** o **contínues,** i donen lloc a les respectives distribucions de probabilitat. Les representacions, en el cas de les variables aleatòries discretes, són semblants a les descrites per a les variables estadístiques discretes, i condueixen als **diagrames de barres.** Per aquest motiu, només cal que substituïm les freqüències per les probabilitats. En el cas de les variables aleatòries contínues, el tractament és més complex. Començarem per les variables aleatòries discretes.

Una variable aleatòria és **discreta** si el conjunt de valors que pren és finit. Aquest conjunt es representa per $\{x_1, x_2, x_3 ... x_n\}$, on els valors x_i habitualment són nombres enters.

Definim la **funció de probabilitat** o llei de probabilitat de la variable aleatòria discreta X com la funció que assigna a cadascun dels valors x_i que pren la variable la probabilitat p_i corresponent. En general, escrivim: $p[X = x_i] = p_i$, $\forall i = 1, 2, 3, ..., n$.

Aquesta funció verifica les propietats següents:

1. $p_i \geq 0, \quad \forall i = 1, 2, 3, ..., n$.
2. $\sum_{i=1}^{n} p_i = 1$.

Representat de manera esquemàtica:

$$\Omega \xrightarrow{X} \mathbb{R} \xrightarrow{\quad p \quad} [0, 1]$$
$$A_i \longrightarrow X(A_i) = x_i \longrightarrow p[X = x_i] = p_i$$

on X és la variable aleatòria discreta; p, la funció de probabilitat; A_i, un succés elemental de l'experiment aleatori; x_i, el valor que pren la variable X per al succés A_i, i p_i, la probabilitat associada al succés $X = x_i$.

De vegades no interessa tant conèixer la probabilitat que una variable discreta X prengui un valor x_i determinat, com la probabilitat que prengui un valor més petit o igual que x_i. És el concepte acumulatiu de la probabilitat.

Per aquest motiu, definim la **funció de distribució** d'aquesta manera:

$$F(x_i) = p[X \leq x_i] = \sum_{j=1}^{i} p[X = x_j], \quad \forall x_i \in \mathbb{R}$$

També se l'anomena *funció de distribució de probabilitats acumulades*.

No hem d'oblidar que, mentre la funció de probabilitat es defineix únicament per als valors possibles de la variable X, el domini de definició de la funció de distribució són tots els nombres reals.

Fixa-t'hi

Els paràmetres d'una distribució de probabilitat són semblants als d'una distribució estadística. Només cal que canviem les freqüències relatives per les probabilitats.

En una variable aleatòria discreta es poden calcular els paràmetres de la distribució de probabilitat:

- La mitjana de la variable o **esperança matemàtica** es calcula amb l'expressió:

$$\mu = \sum_{i=1}^{i} p_i\, x_i$$

en què x_i són els diferents valors de la variable X i p_i, les probabilitats respectives.

- La **variància** d'una variable aleatòria X és:

$$\sigma^2 = \sum_{i=1}^{n} p_i\,(x_i - \mu)^2 = \sum_{i=1}^{n} p_i\, x_i^2 - \mu^2$$

- S'anomena **desviació típica** de la variable l'arrel quadrada de la variància:

$$\sigma = \sqrt{\sum_{i=1}^{n} p_i (x_i - \mu)^2} = \sqrt{\sum_{i=1}^{n} p_i\, x_i^2 - \mu^2}$$

Exemple 1

En l'experiment aleatori de llançar una moneda tres vegades, determina'n la funció de probabilitat i la funció de distribució. Calcula l'esperança matemàtica i la desviació típica de l'experiment.

Resolució

En aquest experiment, l'espai mostral és:

$$\Omega = \{(c, c, c), (c, c, x), (c, x, c), (x, c, c), (c, x, x), (x, c, x), (x, x, c), (x, x, x)\}$$

Si definim la variable X: «nombre de creus», tindrem una funció que a cada element de l'espai mostral, és a dir, a cada resultat de l'experiment, hi assigna el nombre de creus. Per exemple,

$$X(x, x, x) = 3,\ X(x, x, c) = 2,\ X(x, c, c) = 1 \text{ i } X(c, c, c) = 0$$

Suposant que la moneda estigui perfectament equilibrada i, per tant, que els successos elementals siguin equiprobables, s'obté la Taula 16.1:

Resultats possibles	Valors de la variable	Funció de probabilitat
(c, c, c)	0	$p[X = 0] = \frac{1}{8}$
$(c, c, x), (c, x, c), (x, c, c)$	1	$p[X = 1] = \frac{3}{8}$
$(c, x, x), (x, c, x), (x, x, c)$	2	$p[X = 2] = \frac{3}{8}$
(x, x, x)	3	$p[X = 3] = \frac{1}{8}$

Taula 16.1

La representació gràfica de la funció de probabilitat la podem observar a la Figura 16.1.

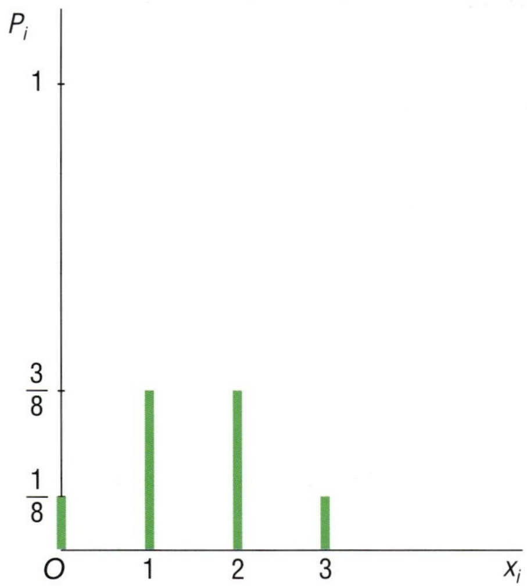

Fig. 16.1

Per determinar-ne la funció de distribució corresponent, hem de calcular la imatge $F(x)$ per a qualsevol valor $x \in \mathbb{R}$.

Per a $x < 0$ tindrem que: $F(x) = p[X < 0] = 0$

$$F(0) = p[X \leq 0] = p[X = 0] = \frac{1}{8}$$

$$F(1) = p[X \leq 1] = p[X = 0] + p[X = 1] = F(0) + p[X = 1] =$$
$$= \frac{1}{8} + \frac{3}{8} = \frac{4}{8} = \frac{1}{2}$$

$$F(2) = p[X \leq 2] = p[X = 0] + p[X = 1] + p[X = 2] =$$
$$= F(1) + p[X = 2] = \frac{1}{2} + \frac{3}{8} = \frac{7}{8}$$

I semblantment:

$$F(3) = p[X \leq 3] = F(2) + p[X = 3] = \frac{7}{8} + \frac{1}{8} = 1$$

D'on obtenim la funció de distribució de la variable X:

$$F(x) = \begin{cases} 0 & \text{si } x < 0 \\ \frac{1}{8} & \text{si } 0 \leq x < 1 \\ \frac{1}{2} & \text{si } 1 \leq x < 2 \\ \frac{7}{8} & \text{si } 2 \leq x < 3 \\ 1 & \text{si } x \geq 3 \end{cases}$$

La representació gràfica de la funció de distribució la podem observar a la Figura 16.2.

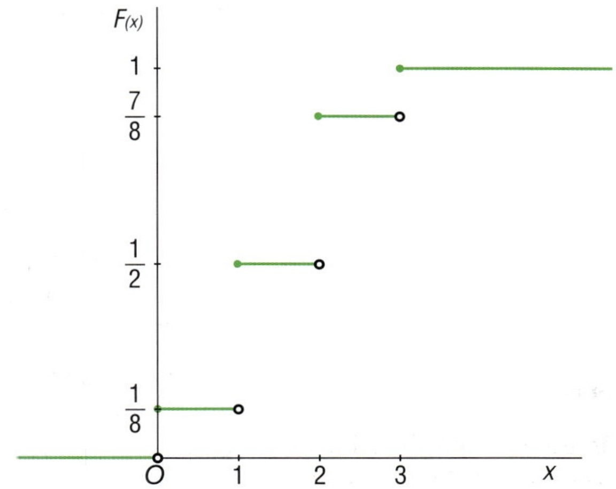

Fig. 16.2

A partir de la gràfica podem observar les propietats que verifica la funció de distribució d'una variable aleatòria discreta:

1. $0 \leq F(x) \leq 1$.
2. La gràfica de la funció $F(x)$ és esglaonada.
3. $F(x) = 0$ per a qualsevol valor anterior al valor més petit de la variable aleatòria.
4. $F(x) = 1$ per a qualsevol valor igual o posterior al valor més gran de la variable aleatòria.
5. $F(x)$ és una funció creixent.

Finalment, en calcularem l'esperança matemàtica i la desviació típica.

$$\mu = \sum_{i=1}^{4} p_i x_i = \frac{1}{8} \cdot 0 + \frac{3}{8} \cdot 1 + \frac{3}{8} \cdot 2 + \frac{1}{8} \cdot 3 =$$
$$= \frac{3}{8} + \frac{6}{8} + \frac{3}{8} = \frac{12}{8} = \frac{3}{2} = 1{,}5$$

A la Taula 16.1 s'observa que hi ha dos valors de la variable que tenen la probabilitat més gran. Aquests valors són 1 i 2. Per tant, efectivament, l'esperança ha de ser 1,5.

$$\sigma^2 = \sum_{i=1}^{4} p_i x_i^2 - \mu^2 =$$
$$= \frac{1}{8} \cdot 0^2 + \frac{3}{8} \cdot 1^2 + \frac{3}{8} \cdot 2^2 + \frac{1}{8} \cdot 3^2 - \left(\frac{3}{2}\right)^2 =$$
$$= \frac{3}{8} + \frac{12}{8} + \frac{9}{8} - \frac{9}{4} = 3 - \frac{9}{4} = \frac{3}{4}$$

d'on s'obté la desviació típica:

$$\sigma = \sqrt{\sum_{i=1}^{4} p_i x_2 - \mu^2} = \sqrt{\frac{3}{4}} = \frac{\sqrt{3}}{2} = 0{,}866$$

Activitats

1. Llancem una moneda enlaire quatre vegades. Definim la variable aleatòria X com el nombre de cares que surtin.

a) Determina la funció de probabilitat i la funció de distribució de la variable X.

b) Representa'n gràficament la funció de probabilitat i la funció de distribució.

c) Calcula'n l'esperança matemàtica i la desviació típica.

R: *c)* $\mu = 2$; $\sigma = 1$

2. En l'experiment aleatori de llançar dos daus enlaire definim la variable aleatòria X com a $X(a, b) = \max(a, b)$, on (a, b) són els resultats que mostren els dos daus. Determina'n la funció de probabilitat i calcula'n l'esperança matemàtica.

R: $\mu = 4{,}47\widehat{2}$

3. A la Taula 16.2 s'expressa la funció de probabilitat d'una variable aleatòria discreta:

x_i	-2	-1	0	2	4
p_i	$\frac{1}{8}$	$\frac{1}{6}$	$\frac{1}{8}$	$\frac{1}{4}$	$\frac{1}{3}$

Taula 16.2

a) Determina'n la funció de distribució i representa-la gràficament.

b) Calcula'n l'esperança, la variància i la desviació típica.

R: *b)* $\mu = 1{,}41\widehat{6}$; $\sigma^2 = 4{,}9930\widehat{5}$; $\sigma = 2{,}2345$

4. La variable aleatòria discreta uniforme és la que pren valors 1, 2, 3... n, amb probabilitats:

$$p_i = \frac{1}{n},\ \forall i = 1, 2, 3..., n$$

Calcula la funció de distribució, l'esperança i la desviació típica d'aquesta variable.

2. La distribució binomial

Considerem un experiment aleatori qualsevol, amb dos únics successos A i $\overline{A}$, que anomenarem *èxit* i *fracàs,* respectivament. La probabilitat de cadascun d'aquests successos és:

$$p(A) = p \quad \text{i} \quad p(\overline{A}) = 1 - p(A) = 1 - p = q$$

Es diu que un experiment amb aquestes característiques segueix una **distribució de Bernoulli.**

Si definim la variable aleatòria discreta X: «nombre d'èxits», en una distribució de Bernoulli la funció de probabilitat és:

$$P\,[X = 1] = p \quad \text{i} \quad p[X = 0] = q$$

Les característiques de qualsevol variable aleatòria discreta que segueixi una llei de Bernoulli són:

- L'esperança de la variable és $\mu = q \cdot 0 + p \cdot 1 = p$.
- La variància $\sigma^2 = q \cdot 0^2 + p \cdot 1^2 - p^2 = p - p^2 = p(1 - p) = p\,q$ i, per tant, la desviació típica és $\sigma = \sqrt{p\,q}$.

! Important

Una distribució de Bernoulli és una distribució binomial $B(1, p)$.

Quan un experiment de Bernoulli es fa un determinat nombre n de vegades, que constitueix un nombre n de proves independents, es diu que és un experiment que segueix el model de la **distribució binomial $B(n, p)$,** on n i p són els paràmetres de la distribució, en què n és el nombre de vegades que es du a terme l'experiment i p, la probabilitat d'èxit per a $n = 1$.

En una distribució binomial $B(n, p)$ es donen les característiques següents:

- El resultat de cada prova pertany a una d'aquestes dues categories: *èxit* o *fracàs.*
- La probabilitat p d'èxit és la mateixa en cada prova.
- L'experiment dóna lloc a un nombre n de proves, que són independents entre si.
- L'esperança és $\mu = n\,p$.
- La variància i la desviació típica són, respectivament, $\sigma^2 = n\,p\,q$ i $\sigma = \sqrt{n\,p\,q}$.

La funció de probabilitat d'una variable aleatòria discreta X: «nombre d'èxits» que segueix una distribució binomial $B(n, p)$ és:

$$p\,[X=k]=\binom{n}{k}p^k(1-p)^{n-k}=\binom{n}{k}p^k q^{n-k}$$

en què $k = 0, 1, 2, 3... n$ indica el nombre d'èxits.

Aquesta funció de probabilitat verifica que:

1. $p[X=k] \geq 0$, ja que $\binom{n}{k} > 0$, $p \geq 0$ i $q \geq 0$.

2. $\sum_{i=0}^{n} p[X=i] = p[X=0] + p[X=1] + p[X=2] + ... + p[X=n-1] + p[X=n] =$
$= \binom{n}{0}q^n + \binom{n}{1}p\,q^{n-1} + \binom{n}{2}p^2 q^{n-2} + ... + \binom{n}{n-1}p^{n-1}q + \binom{n}{n}p^n = (p+q)^n = 1^n = 1$

Observa que en aquesta última demostració s'ha utilitzat el desenvolupament del binomi de Newton.

La funció de distribució d'una variable aleatòria binomial X és:

$$F(x) = p[X \leq x] = p[X=0] + p[X=1] + p[X=2] + ... + p[X=k] =$$
$$= \binom{n}{0}q^n + \binom{n}{1}p \cdot q^{n-1} + \binom{n}{2}p^2 \cdot q^{n-2} + ... + \binom{n}{k}p^k \cdot q^{n-k} = \sum_{i=0}^{k}\binom{n}{i}p^i \cdot q^{n-i}$$

k és el nombre enter més gran que és més petit o igual que x. Aquesta funció assigna a cada valor real x la probabilitat que la variable X prengui valors més petits o iguals que x.

! Important

La Taula 16.4 del final de la unitat permet calcular algunes probabilitats d'una distribució binominal $B(n, p)$ sense necessitat de fer servir la calculadora.

Exemple 2

La probabilitat de guanyar en una competició és $p = \frac{1}{5}$. Si se celebren sis proves, quina és la probabilitat de guanyar, com a mínim, quatre vegades? I la de guanyar menys de cinc vegades? Determina la funció de probabilitat i calcula'n els paràmetres.

Resolució

Definim el succés A: «guanyar en una competició»:

$$p = p(A) = \frac{1}{5} \text{ i } q = p(\bar{A}) = \frac{4}{5}$$

La variable X: «nombre de competicions guanyades» segueix una distribució binomial $B\left(6, \frac{1}{5}\right)$. Per tant, la probabilitat de guanyar, com a mínim, quatre de les sis vegades és:

$$p[X \geq 4] = p[X=4] + p[X=5] + p[X=6] =$$
$$= \binom{6}{4}\left(\frac{1}{5}\right)^4\left(\frac{4}{5}\right)^2 + \binom{6}{5}\left(\frac{1}{5}\right)^5\frac{4}{5} + \binom{6}{6}\left(\frac{1}{5}\right)^6 =$$
$$= \frac{240}{5^6} + \frac{24}{5^6} + \frac{1}{5^6} = \frac{265}{5^6} = \frac{53}{5^5} = \frac{53}{3\,125}$$

I la probabilitat de guanyar menys de cinc vegades:

$$p[X < 5] = 1 - p[X \geq 5] = 1 - (p[X=5] + p[X=6]) =$$
$$= 1 - \left(\frac{24}{5^6} + \frac{1}{5^6}\right) = 1 - \frac{25}{5^6} = 1 - \frac{1}{5^4} = \frac{624}{5^4} = \frac{624}{625}$$

La funció de probabilitat d'aquest exemple és:

$$p[X=0] = \binom{6}{0}\left(\frac{4}{5}\right)^6 = \frac{4^6}{5^6} = \frac{4\,096}{15\,625}$$

$$p[X=1] = \binom{6}{1}\frac{1}{5}\left(\frac{4}{5}\right)^5 = 6 \cdot \frac{4^5}{5^6} = \frac{6\,144}{15\,625}$$

$$p[X=2] = \binom{6}{2}\left(\frac{1}{5}\right)^2\left(\frac{4}{5}\right)^4 = 15 \cdot \frac{4^4}{5^6} = 3 \cdot \frac{4^4}{5^5} = \frac{768}{3\,125}$$

$$p[X=3] = \binom{6}{3}\left(\frac{1}{5}\right)^3\left(\frac{4}{5}\right)^3 = 20 \cdot \frac{4^3}{5^6} = \frac{4^4}{5^5} = \frac{256}{3\,125}$$

$$p[X=4] = \binom{6}{4}\left(\frac{1}{5}\right)^4\left(\frac{4}{5}\right)^2 = 15 \cdot \frac{4^2}{5^6} = 3 \cdot \frac{4^2}{5^5} = \frac{48}{3\,125}$$

$$p[X=5] = \binom{6}{5}\left(\frac{1}{5}\right)^5\frac{4}{5} = 6 \cdot \frac{4}{5^6} = 3 \cdot \frac{2^3}{5^6} = \frac{24}{15\,625}$$

$$p[X=6] = \binom{6}{6}\left(\frac{1}{5}\right)^6 = \frac{1}{5^6} = \frac{1}{15\,625}$$

Els paràmetres de la distribució de probabilitat de la variable X definida a l'exemple són:

- L'esperança: $\mu = n\,p = 6 \cdot \frac{1}{5} = \frac{6}{5}$
- La variància: $\sigma^2 = n\,p\,q = 6 \cdot \frac{1}{5} \cdot \frac{4}{5} = \frac{24}{25}$
- La desviació típica: $\sigma = \sqrt{n\,p\,q} = \sqrt{\frac{24}{25}} = \frac{2\sqrt{6}}{5} \simeq 0{,}98$

Activitats

5. A partir de la variable aleatòria de l'exemple 2:

a) Comprova la segona propietat de la funció de probabilitat de la distribució binomial.

b) Defineix-ne la funció de distribució.

6. Calcula:

a) $p[X = 5]$, en $B\left(7, \frac{1}{3}\right)$ *b)* $p[X \leq 2]$, en $B\left(5, \frac{1}{2}\right)$

c) $p[X > 3]$, en $B\left(8, \frac{2}{3}\right)$ *d)* μ, σ^2 i σ, en $B\left(10, \frac{3}{5}\right)$

R: *a)* $\frac{28}{729}$; *b)* $\frac{1}{2}$; *c)* $\frac{5\,984}{6\,561}$; *d)* $\mu = 6$; $\sigma^2 = \frac{12}{5}$; $\sigma = 2\sqrt{\frac{3}{5}}$

7. Llancem una moneda enlaire 100 vegades. Estableix la probabilitat d'obtenir:

a) 47 cares. *b)* 35 creus.

c) Almenys 2 cares. *d)* Cap creu.

8. Una família de Tarragona té cinc fills. Suposant que la probabilitat que un dels fills sigui nen és 0,45, calcula la probabilitat que siguin:

a) Tres nens i dues nenes. *b)* Menys nens que nenes.

c) Una sola nena. *d)* Cap nen.

R: *a)* 0,275 65; *b)* 0,593 13; *c)* 0,112 77; *d)* 0,050 33

9. El 2 % dels articles produïts en una fàbrica és defectuós. Calcula el nombre esperat i també la desviació típica d'articles defectuosos en una comanda de 10 000 unitats.

R: $\mu = 200$ articles; $\sigma = 14$ articles

10. Determina el nombre esperat de nenes en una família de vuit fills, si suposem igualment probable la distribució de sexes. Quina és la probabilitat que la família tingui el nombre esperat de nenes?

R: $\mu = 4$ nenes; $p = \frac{35}{128}$

11. Tenim un dau en forma de tetràedre, és a dir, amb quatre cares que són triangles equilàters. Numerem les cares de l'1 al 4 i considerem la variable aleatòria X: «nombre d'1» per a $n = 5$.

a) Estudia la distribució binomial corresponent.

b) Defineix-ne les funcions de probabilitat i de distribució.

c) Calcula'n l'esperança i la desviació típica.

12. El 3 % de les peces elaborades per una màquina són defectuoses. Les peces es venen en caixes de 25 unitats cadascuna. Quina és la probabilitat que una caixa contingui, com a màxim, una peça defectuosa?

R: 0,828 04

13. Una malaltia determinada té un índex de mortalitat del 20 %. Si en un hospital hi ha sis persones afectades, calcula la probabilitat que, almenys, la meitat dels pacients sobrevisqui.

R: 0,983 04

14. El 55 % dels treballadors d'un organisme oficial són dones. Per llei, el 25 % dels alts càrrecs han de ser-ho. Si es trien cinc funcionaris a l'atzar, quina és la probabilitat que tres siguin dones? I si l'elecció només es fa entre els alts càrrecs?

R: 0,336 91; 0,087 89

3. Variable aleatòria contínua

Alguns experiments poden arribar a prendre tots els valors d'un interval real. En aquests casos, la variable aleatòria associada és una **variable aleatòria contínua**. Quan es fa abstracció d'aquesta situació, de la mateixa manera que en el cas de les variables discretes, s'arriba al concepte de distribucions de probabilitat contínua.

A la Taula 16.3 s'indiquen les notes de 100 alumnes distribuïdes en freqüències relatives:

X	(0, 1]	(1, 2]	(2, 3]	(3, 4]	(4, 5]	(5, 6]	(6, 7]	(7, 8]	(8, 9]	(9, 10]
f_i	0,04	0,05	0,12	0,14	0,25	0,15	0,08	0,08	0,05	0,04

Taula 16.3

L'histograma associat és (Fig. 16.3):

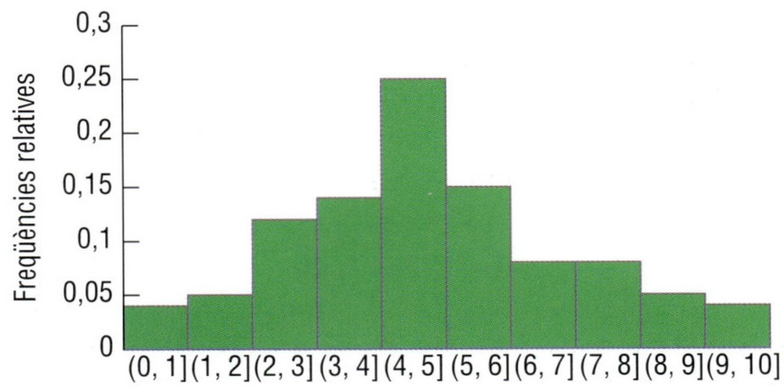

Fig. 16.3

Si féssim el mateix estudi per a totes les notes dels 100 alumnes i les aproximéssim fins a les dècimes, les centèsimes, les mil·lèsimes, etc., obtindríem un polígon de freqüències semblant al de la Figura 16.4.

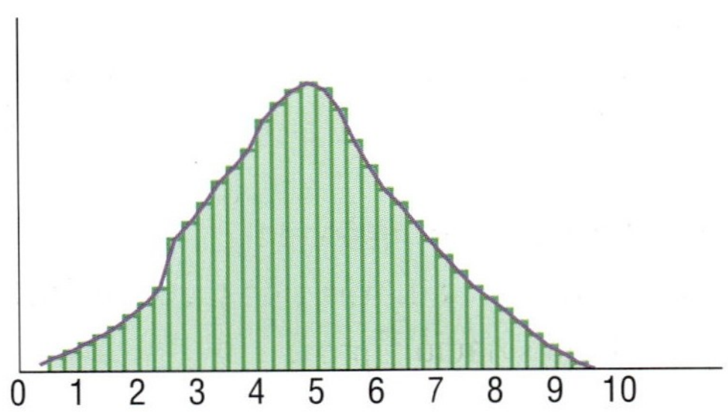

Fig. 16.4

Aquest diagrama ens pot proporcionar una idea intuïtiva d'una distribució de probabilitat contínua.

Per a una variable aleatòria contínua X es defineix la **funció de densitat** $f(x)$ de la variable de manera que:

1. $f(x) \geq 0, \forall x \in \mathbb{R}$.
2. L'àrea del recinte que determina la gràfica de $f(x)$ amb l'eix OX és 1.

La **funció de distribució**, igual que en el cas de les variables discretes, es defineix:

$$F(x) = p[X \leq x], \forall x \in \mathbb{R}$$

Per tant, aquesta funció acumula la funció de densitat corresponent a tots els valors reals més petits o iguals que x.

! Important

En les variables aleatòries discretes es defineix la funció de probabilitat, mentre que en les variables aleatòries contínues es defineix la funció de densitat.

La funció de distribució és la que s'utilitza per calcular probabilitats d'una variable aleatòria contínua, de manera que:

- $F(x_1) = p[X \leq x_1]$ és l'àrea del recinte que determina la gràfica de la funció de densitat amb l'eix OX a l'interval $(-\infty, x_1]$.
- $p[X \geq x_1]$ és l'àrea del recinte que determina la gràfica de la funció de densitat amb l'eix d'abscisses a l'interval $[x_1, +\infty)$. Com que l'àrea total és 1, tenim que:

$$p[X \geq x_1] = 1 - p[X \leq x_1] = 1 - F(x_1)$$

- $p[x_1 \leq X \leq x_2]$ és l'àrea del recinte que determina la gràfica de la funció de densitat amb l'eix OX a l'interval $[x_1, x_2]$. És a dir:

$$p[x_1 \leq X \leq x_2] = p[X \leq x_2] - p[X \leq x_1] = F(x_2) - F(x_1)$$

En una distribució contínua de probabilitat s'utilitza la nomenclatura $p[X \leq x_1]$, tot i que s'hagi de calcular $p[X < x_1]$, ja que:

$$p[X \leq x_1] = p[X < x_1] + p[X = x_1] \text{ i}$$

$$p[X = x_1] = p[x_1 \leq X \leq x_1] = F(x_1) - F(x_1) = 0$$

I, per tant, es verifica: $p[X < x_1] = p[X \leq x_1]$.

Exemple 3

Esbrina si $f(x) = \begin{cases} 1 \text{ si } -\frac{1}{2} \leq x \leq \frac{1}{2} \\ 0 \text{ per als altres valors de } x \in \mathbb{R} \end{cases}$

és una funció de densitat.

Resolució

N'hi ha prou a comprovar que verifica les dues condicions de la definició de funció de densitat.

1. A partir de la definició de la funció $f(x)$ tenim que $f(x) \geq 0$, $\forall x \in \mathbb{R}$.
2. L'àrea del recinte que determina la gràfica de la funció $f(x)$ amb l'eix OX és:

$$A = \left[\frac{1}{2} - \left(-\frac{1}{2}\right)\right] \cdot 1 = 1 \cdot 1 = 1$$

Per tant, $f(x)$ és una funció de densitat.

Calculem algunes probabilitats a partir de la funció de distribució corresponent.

a) $F\left(\frac{1}{5}\right) = p\left[X \leq \frac{1}{5}\right]$ és l'àrea del recinte determinat per la funció $f(x)$ a l'interval $\left(-\infty, \frac{1}{5}\right]$, per tant:

$$F\left(\frac{1}{5}\right) = p\left[X \leq \frac{1}{5}\right] = \left[\frac{1}{5} - \left(-\frac{1}{2}\right)\right] \cdot 1 = \frac{7}{10} \text{ (vegeu Fig. 16.5)}$$

b) $p[X \geq 0] = \frac{1}{2}$ ja que l'àrea del recinte determinat per $f(x)$ a l'interval $[0, +\infty)$ és $\frac{1}{2}$.

Al mateix temps, es verifica que:

$$p[X \geq 0] = 1 - p[X \leq 0] = 1 - F(0).$$

c) $p\left[-\frac{1}{4} \leq X \leq \frac{1}{6}\right] = \left[\frac{1}{6} - \left(-\frac{1}{4}\right)\right] \cdot 1 = \frac{5}{12}$

que coincideix amb:

$$p\left[X \leq \frac{1}{6}\right] - p\left[X \leq -\frac{1}{4}\right] = \frac{1}{6} - \left(-\frac{1}{2}\right) - \left[-\frac{1}{4} - \left(-\frac{1}{2}\right)\right] =$$

$$= \frac{2}{3} - \frac{1}{4} = \frac{5}{12}$$

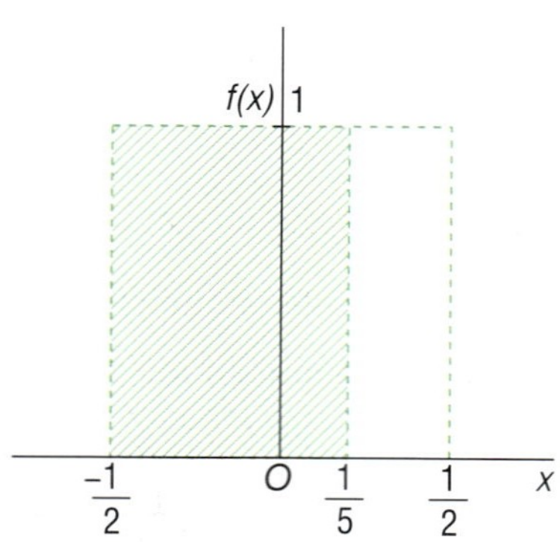

Fig. 16.5

Activitats

15. Si X representa una variable aleatòria contínua:

a) Demostra que $f(x)$ és una funció de densitat:

$$f(x) = \begin{cases} \frac{1}{2} & \text{si } 0 \leq x \leq 2 \\ 0 & \text{si } x \notin [0, 2] \end{cases}$$

b) Representa-la gràficament.

16. Per a la funció de densitat de l'activitat anterior, calcula:

a) $p[X \leq 1]$ *b)* $p\left[X \geq \frac{1}{2}\right]$ *c)* $p\left[\frac{1}{4} \leq X \leq \frac{3}{2}\right]$

R: *a)* $\frac{1}{2}$; *b)* $\frac{3}{4}$; *c)* $\frac{5}{8}$

17. En una variable aleatòria contínua X es defineix la funció següent:

$$f(x) = \begin{cases} kx & \text{si } x \in [0, 5] \\ 0 & \text{si } x \notin [0, 5] \end{cases}$$

a) Calcula el valor de k per tal que la funció $f(x)$ sigui una funció de densitat.

b) Determina $p[2 \leq X \leq 3{,}5]$ per al valor de k calculat a l'apartat anterior.

R: *a)* $\frac{2}{25}$; *b)* $\frac{33}{100}$

4. La distribució normal

Una de les distribucions de probabilitat contínua més important és la **distribució normal,** ja que molts fenòmens naturals i socials s'hi ajusten.

Es diu que una variable aleatòria contínua X segueix una distribució normal de mitjana μ i desviació típica σ, es designa per $N(\mu, \sigma)$, si es verifiquen les condicions següents:

- Els valors de la variable són tots nombres reals.
- La funció de densitat és:

$$f(x) = \frac{1}{\sigma\sqrt{2\pi}}\, e^{-\frac{1}{2}\left(\frac{x-\mu}{\sigma}\right)^2}$$

Aquesta és l'expressió algèbrica de la **corba normal** o **campana de Gauss** (Fig. 16.6).

Els valors de μ i σ s'anomenen *paràmetres de la distribució normal.*

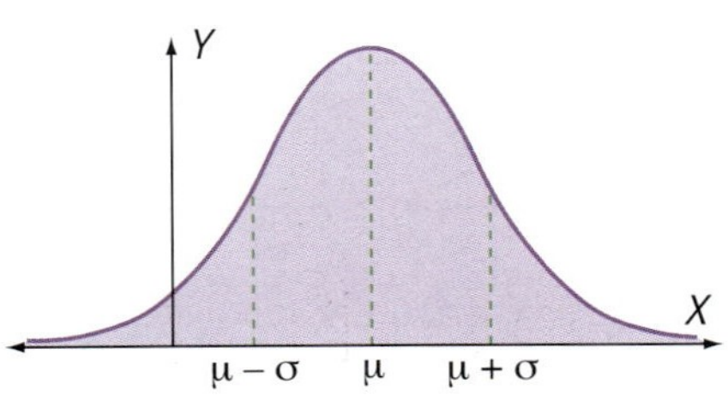

Fig. 16.6

4.1 Propietats de la funció de densitat de la distribució normal $N(\mu, \sigma)$

1. El seu domini de definició és tota la recta real $\mathbb{R}$.

2. La seva gràfica és simètrica respecte de la recta $x = \mu$.

3. No talla l'eix d'abscisses, ja que les funcions exponencials són estrictament positives. Talla l'eix d'ordenades al punt d'ordenada:

$$y = \frac{1}{\sigma\sqrt{2\pi}}\, e^{-\frac{1}{2}\left(\frac{-\mu}{\sigma}\right)^2}$$

> **! Important**
>
> Els valors de la variable tals que $x \leq \mu - 3\sigma$ o $x \geq \mu + 3\sigma$, se situen en una zona en què l'àrea és el 0,26 % del total, és a dir, pràcticament zero.

4. $\lim_{x \to +\infty} f(x) = 0$.
5. La corba pren un màxim al punt $x = \left(\mu, \dfrac{1}{\sigma\sqrt{2\pi}}\right)$.
6. Presenta dos punts d'inflexió en $x = \mu + \sigma$ i en $x = \mu - \sigma$.
7. L'àrea del recinte que determina la corba amb l'eix OX és 1, ja que es tracta d'una funció de densitat.
8. Als intervals $(\mu - \sigma, \mu + \sigma)$, $(\mu - 2\sigma, \mu + 2\sigma)$ i $(\mu - 3\sigma, \mu + 3\sigma)$, hi ha el 68,26 %, 95,44 % i 99,74 %, respectivament, del total de l'àrea (Fig. 16.7).

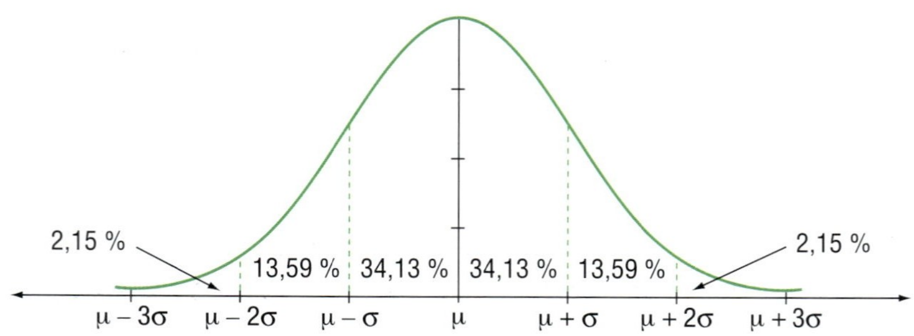

Fig. 16.7

La forma de la gràfica de la funció de densitat depèn dels valors de μ i σ. Tot seguit, mostrem les gràfiques per a diferents valors dels paràmetres μ i σ (Fig. 16.8).

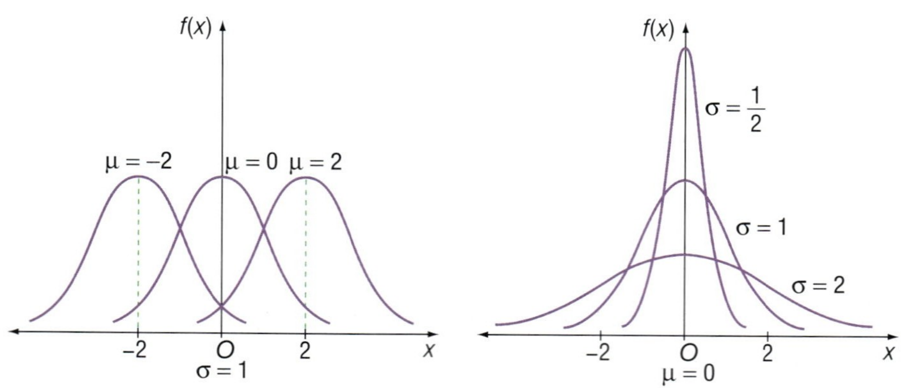

Fig. 16.8

La representació gràfica de la funció de distribució corresponent és (Fig. 16.9):

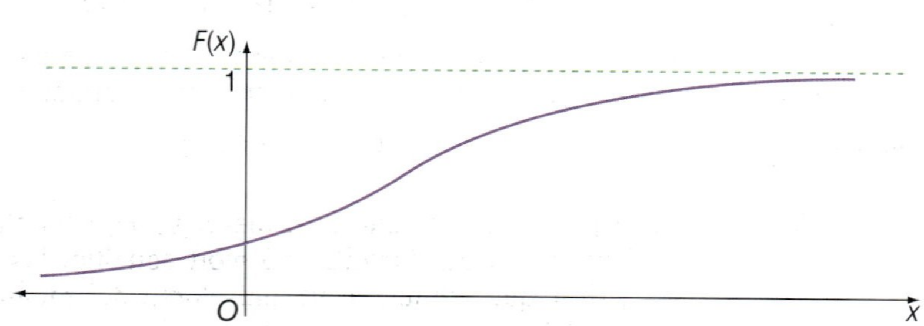

Fig. 16.9

La relació que hi ha entre la funció de densitat i la funció de distribució d'una variable contínua amb distribució normal $N(\mu, \sigma)$ es representa a la Figura 16.10.

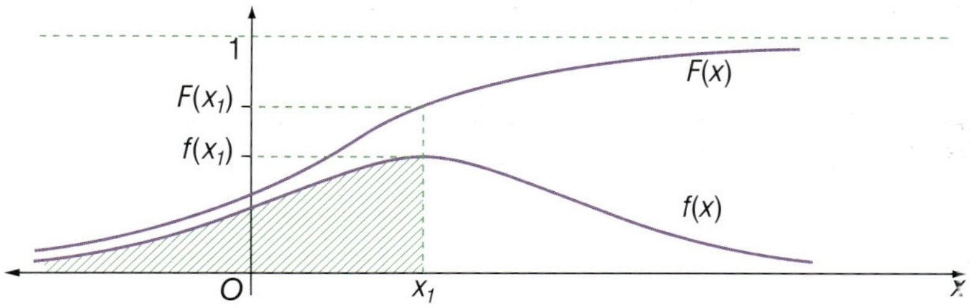

Fig. 16.10

El valor de l'àrea assenyalada coincideix amb el valor de $F(x_1)$.

La distribució $N(0, 1)$ es coneix amb el nom de **distribució normal reduïda,** la funció de densitat de la qual és:

$$f(x) = \frac{1}{\sqrt{2\pi}} e^{\frac{-x^2}{2}}$$

La seva gràfica és la que pots observar a la Figura 16.11:

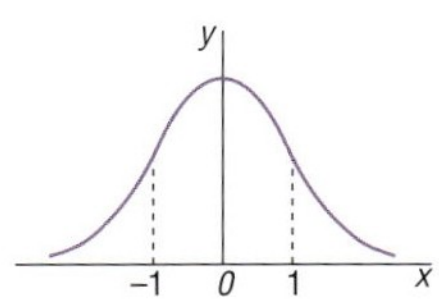

Fig. 16.11

4.2 Tipificació d'una variable X que segueix una distribució $N(\mu, \sigma)$

Per poder treballar amb la funció de distribució d'una variable contínua amb distribució normal, és a dir, per calcular $F(x_1) = p[X \leq x_1]$, on X és una variable contínua que segueix una distribució normal $N(\mu, \sigma)$, s'ha de tipificar prèviament la variable.

Representem amb X una variable que segueix una distribució normal $N(\mu, \sigma)$. Si considerem la variable $Z = \frac{X - \mu}{\sigma}$, n'obtenim una de nova que segueix una distribució normal $N(0, 1)$. La variable Z definida d'aquesta manera es coneix amb el nom de **variable tipificada.** És a dir, si la variable aleatòria contínua X segueix una distribució normal $N(\mu, \sigma)$, aleshores la variable $Z = \frac{X - \mu}{\sigma}$ segueix una distribució normal $N(0, 1)$.

Per facilitar el càlcul de $F(z_1) = p[Z \leq z_1]$ en una distribució normal $N(0, 1)$, s'ha elaborat la Taula 16.5, que pots trobar al final de la unitat, d'utilització molt senzilla. Els valors que s'hi mostren són els de la probabilitat que coincideixen amb l'àrea del recinte que determina la funció de densitat a l'interval $(-\infty, z_1]$ per a $z_1 \geq 0$. És a dir, ens dóna l'àrea que hi ha fins al valor $Z = z_1 \geq 0$.

! Important

Si la variable contínua X segueix una distribució normal $N(\mu, \sigma)$, la variable $Y = Z - \mu$ segueix una distribució normal $N(0, \sigma)$ i la variable $Z = \frac{X - \mu}{\sigma}$ segueix una distribució normal $N(0, 1)$.

A la taula només figuren probabilitats per a valors positius de la variable Z, atesa la simetria respecte de la recta $x = 0$ de la gràfica de la funció de densitat de la distribució normal $N(0,1)$.

La variable contínua no segueix sempre una distribució normal reduïda. En aquests casos, cal transformar la variable X en la variable tipificada Z.

Exemple 4

Vegem com s'utilitza la Taula 16.5 de la distribució normal reduïda per a diferents valors de la variable.

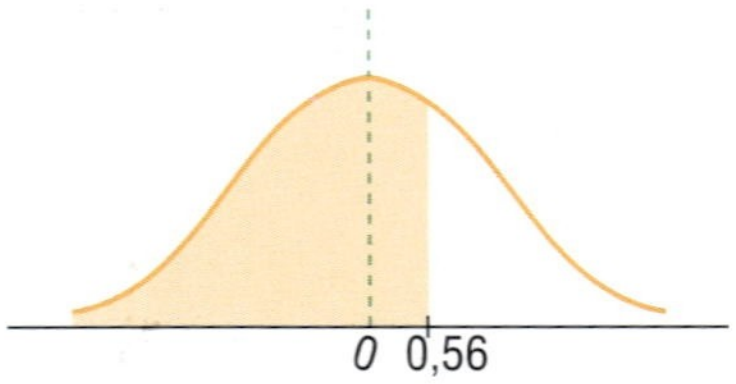

Fig. 16.12

a) $p[Z \leq 0{,}56]$ és l'àrea assenyalada a la Figura 16.12.

Aquesta probabilitat està directament a la taula. N'hi ha prou a buscar el valor que tenen en comú la fila 0,5 i la columna 0,06. Obtenim $p[Z \leq 0{,}56] = 0{,}7123$.

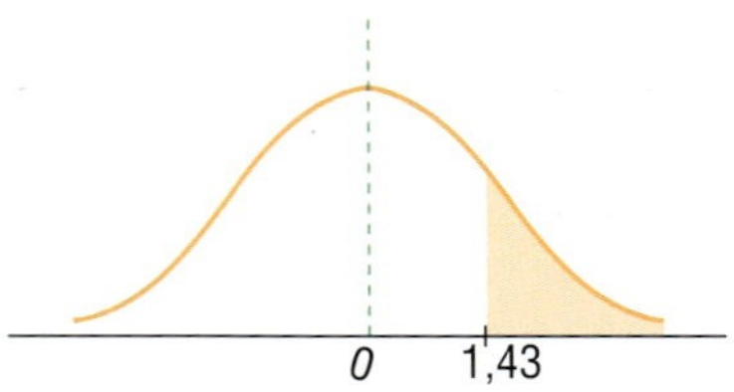

Fig. 16.13

b) $p[Z \geq 1{,}43]$ és l'àrea marcada a la Figura 16.13.

$$p[Z \geq 1{,}43] = 1 - p[Z \leq 1{,}43] =$$
$$= 1 - 0{,}9263 = 0{,}0737$$

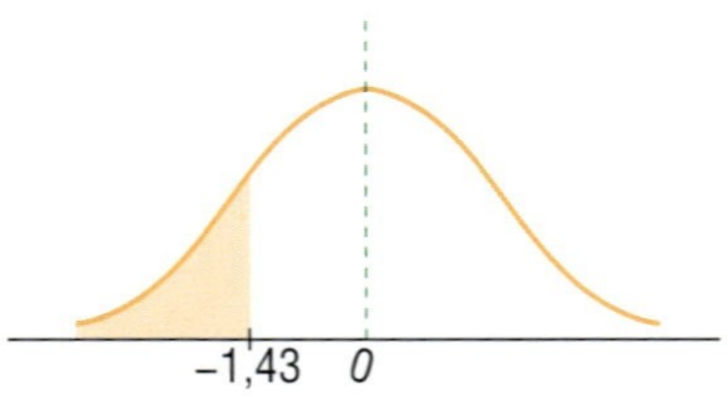

Fig. 16.14

c) $p[Z \leq -1{,}43]$ és l'àrea que assenyalem a la Figura 16.14.

Aquest valor no està a la taula, però tenint en compte que la corba és simètrica respecte de la recta $x = 0$, es dedueix que:

$$p[Z \leq -1{,}43] = p[Z \geq 1{,}43] = 0{,}0737$$

d) $p[Z \geq -2{,}42]$ és l'àrea que s'indica a la Figura 16.15.

$$p[Z \geq -2{,}42] = p[Z \leq 2{,}42] = 0{,}9922$$

e) $p[-0{,}94 \leq Z \leq 1{,}46]$ és l'àrea que es mostra a la Figura 16.16.

$$p[-0{,}94 \leq Z \leq 1{,}46] =$$
$$= p[Z \leq 1{,}46] - p[Z \leq -0{,}94] =$$
$$= p[Z \leq 1{,}46] - p[Z \geq 0{,}94] =$$
$$= p[Z \leq 1{,}46] - (1 - p[Z \leq 0{,}94] =$$
$$= 0{,}9279 - (1 - 0{,}8264) =$$
$$= 0{,}9279 - 0{,}1736 = 0{,}7543$$

f) $p[Z = 1{,}43] = 0$.

En les distribucions de probabilitat contínua la probabilitat que Z prengui un únic valor és sempre 0.

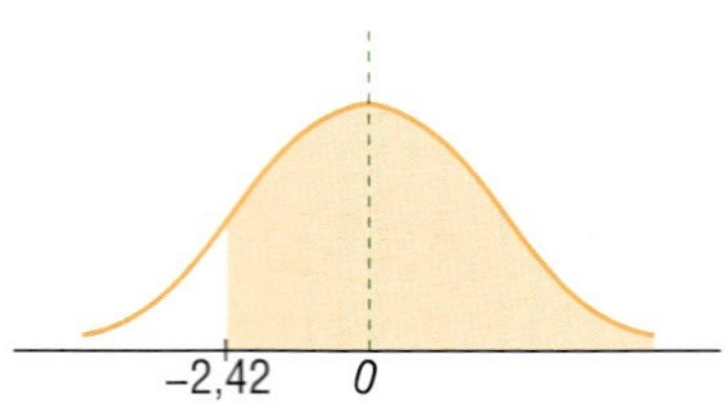

Fig. 16.15

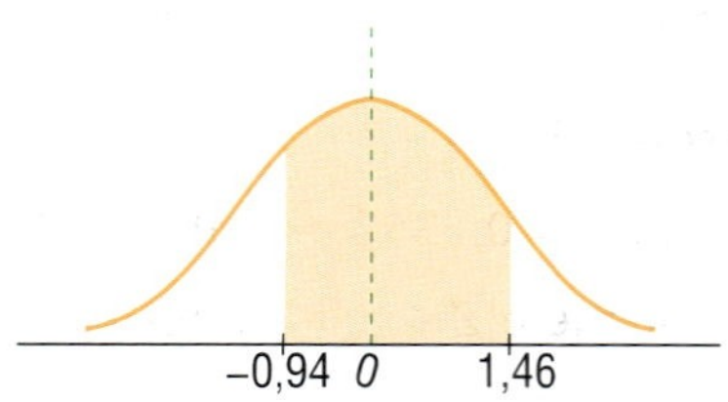

Fig. 16.16

Exemple 5

Es tracta ara de fer el procés invers, és a dir, determinar el valor de la variable Z si es coneix el valor de la probabilitat.

a) Si $p[Z \leq z_1] = 0{,}909\,9$, quin és el valor de z_1?

A partir de la gràfica (Fig. 16.17) podem deduir que és un valor positiu; per tant, el trobarem directament a la taula. Com que el valor 0,909 9 és comú a la fila 1,3 i a la columna 0,04, tenim que $z_1 = 1{,}34$.

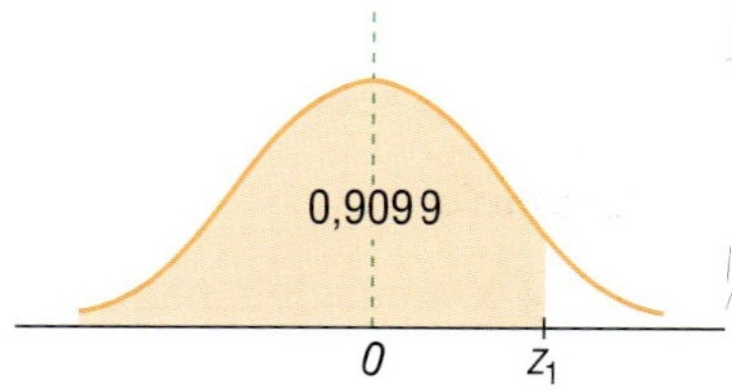

Fig. 16.17

b) $p[Z \leq z_2] = 0{,}456\,2$ (Fig. 16.18).

El valor de z_2 no figura a la taula, ja que és un valor negatiu. Aleshores:

$$p[Z \leq z_2] = p[Z \geq -z_2] = 1 - p[Z \leq -z_2]$$

$$p[Z \leq -z_2] = 1 - p[Z \leq z_2] = 1 - 0{,}456\,2 = 0{,}543\,8$$

Aquest últim valor de la probabilitat sí que apareix en la taula. En conseqüència, tenim que:

$$-z_2 = 0{,}11 \rightarrow z_2 = -0{,}11$$

c) $p[Z \geq z_3] = 0{,}846\,1$ (Fig. 16.19).

$$p[Z \geq z_3] = p[Z \leq -z_3] = 0{,}846\,1 \rightarrow$$

$$\rightarrow -z_3 = 1{,}02 \rightarrow z_3 = -1{,}02$$

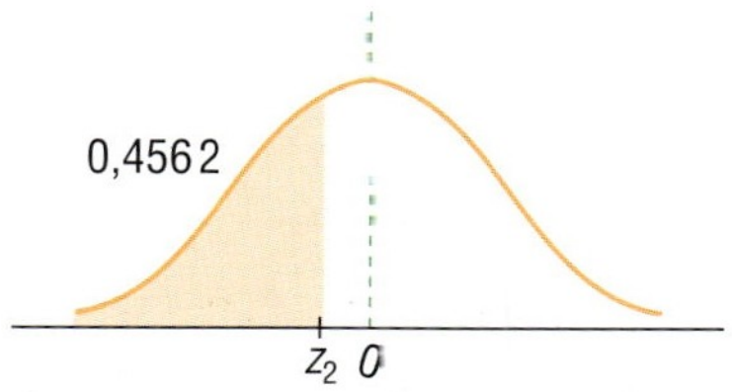

Fig. 16.18

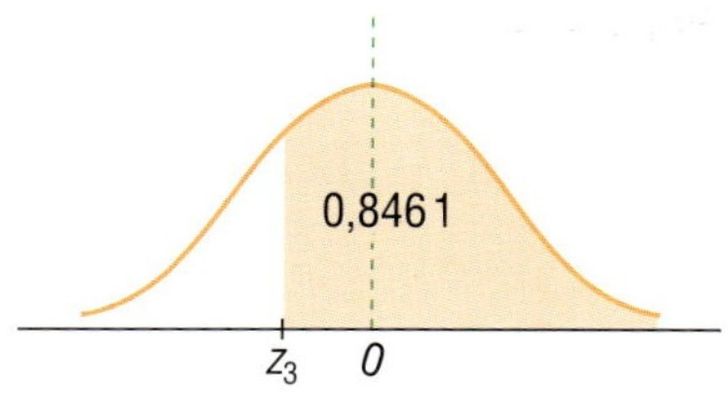

Fig. 16.19

Resoldrem exercicis semblants, però ara amb una variable contínua X que segueix una distribució normal no reduïda.

Exemple 6

Si X és una variable amb una distribució normal $N\left(64, \frac{5}{2}\right)$, quan la tipifiquem obtenim una variable $Z = \frac{X - 64}{2{,}5}$ amb distribució $N(0, 1)$, de manera que:

$$p[X \leq 70] = p[Z \leq 2{,}4] = 0{,}991\,8, \text{ ja que } z = \frac{70 - 64}{2{,}5} = \frac{6}{2{,}5} = 2{,}4.$$

$$p[X \geq 61{,}3] = p[Z \geq -1{,}08] = p[Z \leq 1{,}08] = 0{,}859\,9.$$

$$p[59 \leq X \leq 68] = p[-2 \leq Z \leq 1{,}6] = p[Z \leq 1{,}6] - p[Z \leq -2] =$$

$$= p[Z \leq 1{,}6] - p[Z \geq 2] = p[Z \leq 1{,}6] - (1 - p[Z \leq 2]) =$$

$$= 0{,}954\,2 - (1 - 0{,}977\,2) = 0{,}954\,2 - 0{,}022\,8 = 0{,}931\,4$$

Si $p[X \geq x_1] = 0{,}235\,8$, quin és el valor de x_1?

Resolució

$p[Z \geq z_1] = 0{,}235\,8 \rightarrow p[Z \leq z_1] = 1 - p[Z \geq z_1] = 1 - 0{,}235\,8 = 0{,}764\,2$

Tenim que $p[Z \leq z_1] = 0{,}764\,2 \rightarrow z_1 = 0{,}72$.

$$z_1 = \frac{x_1 - 64}{2{,}5} \rightarrow x_1 = 2{,}5\, z_1 + 64 = 2{,}5 \cdot 0{,}72 + 64 = 1{,}8 + 64 = 65{,}8$$

Exemple 7

El pes dels nadons en una població segueix una distribució normal amb mitjana $\mu = 3{,}5$ kg i desviació típica $\sigma = 0{,}2$ kg.

a) Quina és la probabilitat que un nadó pesi més de 4 kg? I menys de 3,8 kg?

b) Quin és el pes que superen el 45 % dels nadons?

Resolució

La variable *X:* «pes dels nadons» segueix una distribució normal $N(3{,}5,\ 0{,}2)$.

Cal tipificar la variable X amb l'expressió $Z = \dfrac{X - 3{,}5}{0{,}2}$.

a) $x_1 = 4 \rightarrow z_1 = \dfrac{4 - 3{,}5}{0{,}2} = \dfrac{0{,}5}{0{,}2} = 2{,}5$

$p[X \geq 4] = p[Z \geq 2{,}5] = 1 - p[Z \leq 2{,}5] = 1 - 0{,}9938 = = 0{,}0062$

$x_2 = 3{,}8 \rightarrow z_2 = \dfrac{3{,}8 - 3{,}5}{0{,}2} = \dfrac{0{,}3}{0{,}2} = 1{,}5$

$p[X \leq 3{,}8] = p[Z \leq 1{,}5] = 0{,}9332$

b) Si el 45 % dels nadons superen un pes determinat, significa que $p[X \geq x_3] = 0{,}45$, en què x_3 és el valor que hem de determinar.

Considerem la mateixa probabilitat per a la variable tipificada $p[Z \geq z_3] = 0{,}45$.

De $p[Z \geq z_3] = 0{,}45$, obtenim que:

$$p[Z \leq z_3] = 1 - 0{,}45 = 0{,}55$$

El valor de probabilitat 0,55 no surt a la taula. El que més s'hi aproxima és 0,5517, que correspon a $z_3 = 0{,}13$.

Si $z_3 = 0{,}13$, aleshores, $x_3 = \sigma\, z_3 + \mu$:

$$x_3 = 0{,}2 \cdot 0{,}13 + 3{,}5 = 0{,}026 + 3{,}5 = 3{,}526$$

Podem afirmar que un 45 % dels nadons pesa més de 3,526 kg.

Activitats

18. Contesta raonadament cadascuna d'aquestes qüestions a partir de la taula de la distribució normal reduïda:

a) Per què el primer valor de probabilitat que figura a la taula és 0,5?

b) Quin és el valor de $p[Z \leq 4{,}5]$? I el de $p[Z \leq -5]$?

19. Si Z és una variable $N(0,\ 1)$, calcula:

a) $p[Z \leq -2{,}38]$ *b)* $p[Z \leq 1{,}64]$ *c)* $p[Z \geq -1{,}03]$

d) $p[Z \geq 0{,}82]$ *e)* $p[1{,}5 \leq Z \leq 3]$ *f)* $p[-0{,}79 \leq Z \leq 0{,}79]$

R: *a)* 0,0087; *b)* 0,9495; *c)* 0,8485; *d)* 0,2061; *e)* 0,06545; *f)* 0,5704

20. A partir de la taula, comprova a la distribució $N(0,\ 1)$ que:

a) A l'interval (–1, 1) hi ha el 68,26 % del total de la probabilitat.

b) A l'interval (–2, 2) hi ha el 95,44 % del total de la probabilitat.

c) L'interval (–3, 3) inclou el 99,74 % del total de la probabilitat.

21. Considerem X una variable $N(8,\ 3)$. Calcula:

a) $p[X \leq 9]$ *b)* $p[X \geq 7]$

c) $p[6 \leq X \leq 7{,}5]$ *d)* $p[7{,}2 \leq X \leq 8{,}7]$

R: *a)* 0,6293; *b)* 0,6293; *c)* 0,1811; *d)* 0,1974

22. Tenint en compte que l'àrea que es dóna fa referència a una distribució normal $N(0,\ 1)$, determina el valor o els valors de la variable Z en aquests casos:

a) L'àrea entre 0 i Z és 0,3770.

b) L'àrea a l'esquerra de Z és 0,8621.

c) L'àrea entre –1,5 i Z és 0,0217.

23. En una població s'estableixen dos grups *A* i *B*. Els quocients intel·lectuals d'ambdós grups es distribueixen segons $N(100,\ 30)$ i $N(120,\ 35)$, respectivament. S'escull un individu de cada grup de manera aleatòria i independent. Calcula:

a) La probabilitat que l'individu del grup *A* tingui un quocient intel·lectual superior a 90.

b) La probabilitat que l'individu del grup *B* tingui un quocient intel·lectual superior a 90.

c) La probabilitat que ambdós tinguin un quocient intel·lectual superior a 90.

R: *a)* 0,6293; *b)* 0,8051; *c)* 0,50665

24. Suposem que el pes dels atletes de marató segueix una distribució normal $N(62,\ 3{,}4)$.

a) Calcula la probabilitat que un atleta pesi més de 65 kg.

b) El 70 % dels atletes no superen un pes determinat. Quin és aquest pes?

R: *a)* 0,1894; *b)* 63,768 kg

5. Aproximació d'una distribució binomial per una de normal

En aquesta mateixa unitat hem vist que una distribució binomial $B(n, p)$ té una funció de probabilitat:

$$p[X = k] = \binom{n}{k} p^k q^{n-k}, \text{ per a } p + q = 1$$

Però el càlcul d'aquesta expressió és complicat quan el valor de n és gran, per la qual cosa la distribució binomial $B(n, p)$ és pràcticament inaplicable per a valors grans de n.

De Moivre va demostrar que una distribució binomial $B(n, p)$ s'aproxima a una distribució normal de paràmetres $\mu = n\,p$ i $\sigma = \sqrt{n\,p\,q}$ quan el valor de n és molt gran.

Aquesta aproximació es considera correcta si es verifiquen les condicions següents:

1. $n \geq 30$.
2. Com més gran sigui n i més s'aproximi a 0,5 el valor de p, millor resulta l'aproximació.

En una distribució binomial té sentit parlar de $p[X = x_1]$, en què x_1 és un nombre enter més gran o igual que zero, mentre que en les distribucions contínues succeeix que $p[X = x_1] = 0$. Per tal que això no passi, quan aproximem una distribució binomial per una de normal establim el criteri següent: si volem esbrinar $p[X = x_1]$, quan fem l'aproximació hem de calcular $p[x_1 - 0{,}5 \leq X \leq x_1 + 0{,}5]$.

Per exemple, per determinar $p[X = 2]$ calcularem:

$$p[1{,}5 \leq X \leq 2{,}5] = p[X \leq 2{,}5] - p[X \leq 1{,}5]$$

! Important

Per aproximar una distribució $B(n, p)$ per una $N(\mu, \sigma)$, primer de tot cal comprovar que es verifiquen les condicions esmentades, i després calcular la mitjana i la desviació típica de la distribució binomial.

Exemple 8

En un estudi fet a 2000 persones s'ha comprovat que la probabilitat que un individu tingui un nivell alt de colesterol és $p = 0{,}6$. Considera la variable X: «nombre d'individus que tenen un nivell alt de colesterol» i calcula:

a) $p[1\,180 \leq X \leq 1\,220]$

b) $p[X \geq 1\,225]$

c) $p[X = 1\,195]$

Resolució

X és una variable aleatòria que segueix una distribució binomial $B(2\,000;\ 0{,}6)$, la mitjana de la qual és:

$$\mu = 2\,000 \cdot 0{,}6 = 1\,200$$

i la desviació típica: $\sigma = \sqrt{2\,000 \cdot 0{,}6 \cdot 0{,}4} = \sqrt{480} = 21{,}9$

Com que $n > 30$ i $p \simeq 0{,}5$, podem aproximar aquesta distribució binomial per una de normal $N(1\,200;\ 21{,}9)$.

a) Per calcular $p[1\,180 \leq X \leq 1\,220]$ hem de calcular $p[-0{,}91 \leq Z \leq 0{,}91]$, ja que:

$$z_1 = \frac{1\,180 - 1\,220}{21{,}9} = -0{,}91 \text{ i } z_2 = \frac{1\,220 - 1\,200}{21{,}9} = 0{,}91$$

D'on obtenim que:

$$p[1\,180 \leq X \leq 1\,220] = p[-0{,}91 \leq Z \leq 0{,}91] =$$
$$= p[Z \leq 0{,}91] - p[Z \leq -0{,}91] = 2(p[Z \leq 0{,}91] - 0{,}5) =$$
$$= 2(0{,}8186 - 0{,}5) = 2 \cdot 0{,}3186 = 0{,}6372$$

b) Com que $z = \dfrac{1\,225 - 1\,200}{21{,}9} = 1{,}14$, tenim:

$$p[X \geq 1\,225] = p[Z \geq 1{,}14] = 1 - p[Z \leq 1{,}14] =$$
$$= 1 - 0{,}8729 = 0{,}1271$$

c) Tenint en compte el criteri enunciat anteriorment, en aquest cas hem de determinar $p[1\,194{,}5 \leq X \leq 1\,195{,}5]$ en la distribució normal. Primer de tot calculem els valors de la variable tipificada:

$$z_1 = \frac{1\,194{,}5 - 1\,200}{21{,}9} = -0{,}25$$

$$z_2 = \frac{1\,195{,}5 - 1\,200}{21{,}9} = -0{,}21$$

$$p[1\,194{,}5 \leq X \leq 1\,195{,}5] = p[-0{,}25 \leq Z \leq -0{,}21] =$$
$$= p[Z \leq -0{,}21] - p[Z \leq -0{,}25] =$$
$$= p[Z \geq 0{,}21] - p[Z \geq 0{,}25] = p[Z \leq 0{,}25] - p[Z \leq 0{,}21] =$$
$$= 0{,}5987 - 0{,}5832 = 0{,}0155$$

Activitats

25. Calcula la probabilitat d'obtenir entre 4 i 7 creus, ambdues incloses, en fer 12 llançaments d'una moneda utilitzant:

a) La distribució binomial.

b) L'aproximació normal de la distribució binomial.

R: *a)* 0,733 15; *b)* 0,732 9

26. Es llança un dau 180 vegades. Calcula la probabilitat d'obtenir el nombre 6 entre 29 i 32 vegades (ambdues incloses).

R: 0,309 4

27. Tirem enlaire 500 vegades una moneda que ha estat trucada, de manera que la probabilitat d'obtenir creu és $\frac{2}{5}$. Calcula la probabilitat que el nombre de cares no difereixi de 300:

a) En més de 10 tirades.

b) En més de 20 tirades.

R: *a)* 0,663; *b)* 0,938 6

28. Quan llancem 120 vegades un dau normal:

a) Quina és la probabilitat que la cara 4 surti exactament 24 vegades?

b) I que surti 14 vegades com a màxim?

R: 0,059 2; 0,088 5

29. Esbrina la probabilitat d'obtenir més de 36 vegades el nombre 6 en 50 tirades d'un parell de daus no trucats.

R: 0

30. Es llança 2 500 vegades el dau de l'activitat 11. Calcula la probabilitat d'obtenir el nombre 3:

a) 400 vegades.

b) La meitat de les vegades que es llança.

c) Més de 1 000 vegades.

R: *a)* 0; *b)* 0; *c)* 0

31. Calcula $p[X = 8]$ per a una variable que segueix una distribució binomial $B\left(40, \frac{1}{5}\right)$. Compara-ho amb el resultat que s'obté fent ús de l'aproximació normal. És bona aquesta aproximació? Per què?

R: 0,155 98

32. La probabilitat que un vaporitzador d'insecticida mati un mosquit és 0,75. Si dirigim el vaporitzador contra 100 mosquits, quina és la probabilitat de matar-ne almenys 75? I de matar-ne menys de 50?

R: 0,547 8; 0

33. En l'experiment aleatori *E:* «llançar quatre monedes a la vegada», considera la variable *X:* «que surtin 3 cares».

Fent 1 000 vegades l'experiment i calculant prèviament la probabilitat per a $n = 1$, calcula aproximant per una distribució normal:

a) $p[X \geq 280]$

b) $p[X \leq 240]$

c) $p[245 \leq X \leq 265]$

d) $p[X = 260]$

R: *a)* 0,014 3; *b)* 0,232 7; *c)* 0,502 7; *d)* 0,024 5

34. Per a una distribució binomial $B(400, 0{,}4)$, calcula:

a) $p[X \leq 150]$

b) $p[140 \leq X \leq 175]$

c) $p[X = 165]$

d) $p[X \geq 180]$

R: *a)* 0,153 9; *b)* 0,916 3; *c)* 0,035 1; *d)* 0,020 7

35. Determina la probabilitat que una variable discreta prengui valors entre 380 i 420 en una distribució binomial $B(n, p)$, per a $n = 600$ i $p = \frac{2}{3}$.

R: 0,916 4

36. Es llança 300 vegades un dau. Calcula la probabilitat d'obtenir un nombre parell de punts:

a) Menys de 120 vegades.

b) Més de 150 vegades.

c) Exactament 140 vegades.

R: *a)* 0,000 27; *b)* 0,5; *c)* 0,024 8

Punt final

Risc i interval de confiança

Es tracta de determinar un interval (a, b), de manera que el paràmetre poblacional X desconegut se situï en aquest interval amb una determinada probabilitat o nivell de confiança. Per això, considerarem que som davant d'una població que segueix una distribució normal $N(\mu, \sigma)$.

Per esbrinar l'interval de confiança prendrem la mitjana μ com a valor central. A partir del valor μ es construirà l'interval d'amplitud 2λ, de manera que l'interval de confiança serà $(\mu - \lambda, \mu + \lambda)$, amb la condició que la probabilitat que el paràmetre poblacional X se situï en aquest interval sigui $1 - \alpha$, on α és el risc corresponent. És a dir:

$$p[\mu - \lambda \leq X \leq \mu + \lambda] = 1 - \alpha$$

D'aquesta igualtat, se'n dedueix que $p[X \geq \mu + \lambda] = \frac{\alpha}{2}$, d'on $p[X \leq \mu + \lambda] = 1 - \frac{\alpha}{2}$.

Aquesta última expressió ens permet esbrinar el valor de $\mu + \lambda$, i, per tant, el valor λ de l'interval de confiança a partir del valor del risc α.

Vegem-ne un exemple.

Llancem una moneda $\left(p = q = \frac{1}{2}\right)$ 100 vegades ($n = 100$) i definim la variable X: «nombre de cares».

a) Quin és el risc per a un interval de confiança d'amplitud $2\lambda = 20$?

b) Si fem una predicció amb un risc del 5 %, quin és l'interval de confiança?

c) Calcula el valor λ de l'interval de confiança per a $\alpha = 2{,}5\,\%$.

La variable X segueix una distribució binomial $B\left(100, \frac{1}{2}\right)$, que podem aproximar mitjançant una de normal $N(50, 5)$, ja que $\mu = n\,p = 100 \cdot \frac{1}{2} = 50$ i $\sigma = \sqrt{n\,p\,q} = \sqrt{100\left(\frac{1}{2}\right)^2} = \sqrt{25} = 5$.

a) Si $\lambda = 10$, l'interval de confiança és (40, 60), perquè $\mu - \lambda = 40$ i $\mu + \lambda = 60$.

Hem de calcular $p[40 \leq X \leq 60]$. Si tipifiquem prèviament la variable, obtenim:

$$p[40 \leq X \leq 60] = p[-2 \leq Z \leq 2] = 2\,(p[Z \leq 2] - 0{,}5) = 2\,(0{,}9772 - 0{,}5) = 0{,}9544$$

Si la probabilitat és 0,9544, el risc és $\alpha = 1 - 0{,}9544 = 0{,}0456 \longrightarrow \alpha = 4{,}56\,\%$.

b) Si $\alpha = 5\,\%$, significa que la probabilitat de l'interval de confiança és 0,95, és a dir, $p[50 - \lambda \leq X \leq 50 + \lambda] = 0{,}95$, amb $\lambda = \sigma \cdot z$.

Com que $p[X \geq 50 + \lambda] = \frac{0{,}05}{2} = 0{,}025$, tenim que:

$$p[X \leq 50 + \lambda] = 1 - p[X \geq 50 + \lambda] = 1 - 0{,}025 = 0{,}975.$$

Considerem $p[Z \leq z_1] = 0{,}975 \longrightarrow z_1 = 1{,}96 \longrightarrow \lambda = \sigma \cdot z_1 = 5 \cdot 1{,}96 = 9{,}8$; d'on obtenim l'interval de confiança (40,2, 59,8).

c) $\alpha = 2{,}5\,\% \longrightarrow p[X \geq 50 + \lambda] = \frac{0{,}025}{2} = 0{,}0125 \longrightarrow p[X \leq 50 + \lambda] = 1 - 0{,}0125 = 0{,}9875$

$$p[Z \leq z_2] = 0{,}9875 \longrightarrow z_2 = 2{,}24$$

$$\lambda = \sigma \cdot z_2 = 5 \cdot 2{,}24 = 11{,}2$$

En aquest exemple hem vist com es calcula el risc a partir de l'interval de confiança i, a l'inrevés, com es determina l'interval de confiança a partir del risc.

Ara intenta-ho tu. Repeteix el mateix problema de l'exemple, amb els mateixos apartats, però considerant $n = 200$ vegades.

Activitats finals

1. Esbrina la probabilitat d'obtenir:

a) Dos èxits mitjançant la distribució $B\left(4, \frac{1}{3}\right)$.

b) Més de tres èxits mitjançant la distribució $B\left(6, \frac{1}{2}\right)$.

c) Menys de dos fracassos mitjançant la distribució $B\left(4, \frac{1}{4}\right)$.

R: *a)* $\frac{8}{27}$; *b)* $\frac{11}{32}$; *c)* $\frac{13}{256}$

2. Una variable aleatòria discreta té una distribució binomial de paràmetres $n = 5$ i $p = \frac{1}{3}$.

a) Determina'n la funció de probabilitat i la funció de distribució.

b) Esbrina els valors de l'esperança i de la desviació típica.

c) Calcula: $p[1 \leq X \leq 3]$, $p[X \geq 4]$ i $p[X < 2]$.

3. Un equip *A* té una probabilitat $p = \frac{2}{3}$ de guanyar un partit. Si l'equip juga 6 partits, calcula la probabilitat que:

a) Guanyi dos partits.

b) Perdi més de la meitat dels partits.

R: *a)* $\frac{20}{243}$; *b)* $\frac{73}{729}$

4. Llancem 10 daus alhora. Definim la variable aleatòria *X*: «nombre de daus en què s'obté la cara 1». Calcula:

a) $p[X = 3]$ *b)* $p[X \geq 7]$ *c)* $p[X < 5]$

R: *a)* 0,155 05; *b)* 0,000 267 4; *c)* 0,984 54

5. Considerant igualment probable la distribució de sexes, calcula la probabilitat que una família amb sis fills tingui:

a) Dos nens.

b) Almenys una nena.

c) Almenys un nen i una nena.

d) Menys nens que nenes.

Quina és la mitjana de nens de la família?

6. Calcula la probabilitat que en llançar dos daus cinc vegades s'obtingui:

a) Igual puntuació tres vegades.

b) Igual puntuació, almenys, quatre vegades.

Determina l'esperança i la desviació típica de la variable emprada.

7. La probabilitat que un tirador faci diana en una sola tirada és $\frac{1}{3}$. Esbrina la probabilitat que en cinc tirades:

a) Encerti, almenys, dues vegades.

b) No encerti cap vegada.

Quantes tirades haurà de fer per tal que la probabilitat d'encertar almenys una vegada sigui més gran que $\frac{3}{5}$?

8. Calcula la probabilitat que 10 dels 100 habitants d'un poble hagin nascut el dia de Nadal.

9. En una població, 3 de cada 10 persones pateixen reuma. Si hi escollim 10 persones a l'atzar, calcula la probabilitat que:

a) Quatre d'elles tinguin reuma.

b) Almenys vuit estiguin sanes.

10. Una màquina produeix, de mitjana, una peça defectuosa de cada cent. Calcula la probabilitat que, en escollir un lot de 10 peces, hi trobem:

a) Tres peces defectuoses.

b) Com a màxim una peça defectuosa.

c) Totes les peces bones.

11. Determina el nombre esperat de respostes correctes en un examen del tipus test de 10 preguntes. Cada pregunta consta de 4 respostes possibles, de les quals només una és correcta, i se suposa que cada pregunta es contesta a l'atzar.

R: 2,5 respostes correctes

12. Se sap que un medicament determinat millora els símptomes d'una malaltia en dos de cada tres pacients. Si administrem aquest medicament a set malalts, calcula la probabilitat que:

a) Millorin quatre persones.

b) Millorin tres persones, com a mínim.

c) Millorin les set persones.

R: *a)* 0,256 06; *b)* 0,954 73; *c)* 0,058 53

13. Estudis recents han confirmat que el 70 % dels portadors del virus de la sida han consumit algun tipus de droga. A la sala d'espera d'una consulta especialitzada en aquesta malaltia hi ha, en un cert moment, sis persones portadores del virus. Determina la probabilitat que cap de les sis persones hagi consumit drogues.

R: 0,000 729

14. Se sap que només el 5 % de les persones que visiten un logopeda són de família nombrosa. Si a la consulta d'un logopeda hi ha cinc persones, esbrina la probabilitat que:

a) Cap sigui de família nombrosa.

b) Almenys dues no siguin de família nombrosa.

R: *a)* 0,773 781; *b)* 0,999 97

15. En una variable aleatòria contínua X es defineix la funció:

$$f(x) = \begin{cases} \frac{x}{2} & \text{si } x \in [0, 2] \\ 0 & \text{si } x \notin [0, 2] \end{cases}$$

a) Calcula $f(-1{,}2)$, $f(0)$, $f(0{,}25)$, $f(0{,}5)$, $f(0{,}8)$, $f(1)$, $f(1{,}6)$, $f(2)$ i $f(2{,}7)$.

b) Demostra que és una funció de densitat.

c) Representa-la gràficament.

d) Dedueix l'expressió de la funció de distribució i representa-la gràficament.

16. Per a la funció definida a l'activitat anterior, calcula $F(0{,}75)$, $F(1{,}2)$, $F(1{,}5)$, $F(2)$ i $F(3)$, a partir de:

a) La funció de densitat.

b) La funció de distribució.

Compara'n els resultats.

17. Sigui X una variable aleatòria contínua que segueix una distribució normal $N(\mu, \sigma)$. Determina:

$$p\left[\mu - \frac{3}{2}\sigma \leq X \leq \mu + 2\sigma\right]$$

R: 0,910 4

18. Demostra que el 99,74 % del total de l'àrea del recinte que determina la funció de densitat amb l'eix OX en una distribució normal $N(\mu, \sigma)$ se situa a l'interval $(\mu - 3\sigma, \mu + 3\sigma)$.

19. Esbrina la probabilitat que una variable contínua prengui valors compresos entre 32 i 40 en una distribució $N(50, 5)$.

R: 0,022 64

20. Les alçades dels individus d'un país segueixen una distribució normal, amb una mitjana d'1,7 m i una desviació típica de 10 cm. Calcula el percentatge dels individus que mesuren:

a) Entre 1,75 i 1,80 m.

b) Almenys 150 cm.

c) Menys de 1,55 m.

21. Calcula la mitjana obtinguda pels alumnes d'una classe, si sabem que el 60 % tenen una nota inferior a 5, i que la distribució de notes s'ajusta a una de normal amb desviació típica 2.

22. Els quocients d'intel·ligència de les persones segueixen una distribució normal $N(100, 16)$. Si suposem que el percentatge de les persones considerades «fenòmens» és del 0,000 1 %, calcula el quocient d'intel·ligència mínim d'aquests «fenòmens».

23. La durada de l'embaràs de les dones segueix una distribució normal, amb una mitjana de 266 dies i una desviació típica de 15 dies. Calcula el percentatge d'embarassos amb una durada màxima de 244 dies.

R: 8,38 %

24. La mitjana de pes de 500 persones és 70 kg i la desviació típica, 3 kg. Suposant que el pes es distribueix normalment, determina el nombre de persones que pesen:

a) Entre 60 i 75 kg.

b) Més de 90 kg.

c) Menys de 64 kg.

R: *a)* 476 persones; *b)* 0; *c)* 11 persones

25. La nota mitjana de les proves d'accés a una facultat va ser de 5,8 amb una desviació típica d'1,75. Si van ser admesos tots els estudiants amb una nota superior a 6 i considerant que la distribució és normal:

a) Quin va ser el percentatge d'estudiants admesos?

b) Quina és la probabilitat que exactament quatre de cada deu estudiants fossin admesos?

c) Si haguessin admès el 55 % dels estudiants, quina hauria estat la nota de tall en aquesta facultat?

R: *a)* 45,62 %; *b)* 0,235 22; *c)* 5,57

26. La data de caducitat d'un medicament és el 31 de desembre d'un any determinat. Sabem que, després d'aquesta data, l'efectivitat del medicament segueix una distribució normal la mitjana de la qual és de 300 dies i la desviació típica, de 100 dies.

a) Calcula la probabilitat que no sigui efectiu el 31 de desembre de l'any següent.

b) Quin dia s'ha de consumir si volem tenir un 80 % de probabilitat que sigui efectiu?

R: *a)* 0,742 2; *b)* 216 dies després de la caducitat

Activitats finals

27. Per aprovar unes oposicions hem d'obtenir en una prova 100 punts com a mínim. Sabem que la distribució dels punts obtinguts és normal, amb una mitjana de 110 punts i una desviació típica de 15 punts.

a) Quina és la probabilitat que aprovi un opositor?

b) Si s'hi presenten 1 000 opositors i només hi ha 300 places, quants punts s'han d'aconseguir per guanyar una d'aquestes places?

R: *a)* 0,7486; *b)* 117,8 punts

28. El percentatge d'espanyols amb estudis mitjans és del 35 %. Si triem vuit persones a l'atzar, calcula la probabilitat que entre 3 i 5 (ambdós inclosos) tinguin estudis mitjans, aplicant:

a) La distribució binomial.

b) L'aproximació normal a la binomial.

29. El nombre de fulls que empaqueta una màquina segueix una distribució normal, amb una mitjana de 1 000 fulls i una desviació típica de 10 fulls. Un paquet de fulls s'accepta si en té entre 995 i 1 005. Es demana:

a) La probabilitat que un paquet sigui acceptat.

b) La probabilitat que exactament dos paquets de cada deu siguin acceptats.

c) Si el 65 % dels paquets té més d'un nombre de fulls determinat, quants fulls té cadascun d'aquests paquets?

R: *a)* 0,383; *b)* 0,13864; *c)* 996 fulls

30. Es llança 100 vegades un dau. Calcula la probabilitat d'obtenir el nombre 5:

a) Menys de 18 vegades.

b) Més de 14 vegades.

c) Exactament 20 vegades.

R: *a)* 0,6879; *b)* 0,8023; *c)* 0,0721

31. El temps que es necessita perquè una ambulància arribi a l'hora a un hospital es distribueix normalment amb una mitjana de 12 minuts i una desviació típica de 3 minuts.

a) Determina la probabilitat que el temps que trigui a arribar-hi se situï entre 10 i 19 minuts.

b) Calcula el temps en minuts per al qual la probabilitat que l'ambulància es retardi sigui del 15 %.

R: *a)* 0,7387; *b)* 8,88 minuts

32. La mitjana del pes dels habitants d'una ciutat és de 65 kg, amb una desviació típica de 5 kg. Suposant una distribució normal dels pesos, és zero la probabilitat que en escollir una persona a l'atzar pesi més de 100 kg? Justifica la resposta.

33. Se sap que les notes d'un examen determinat segueixen una distribució normal. El 17,5 % dels alumnes que s'han examinat ha obtingut una nota que supera els 7 punts, mentre que la nota del 15,7 % no arriba als 5 punts. Calcula:

a) La nota mitjana de l'examen.

b) El percentatge d'alumnes que han obtingut una nota compresa entre 5 i 7 punts.

R: *a)* $\mu = 6{,}04$; *b)* 66,8 %

34. Llancem una moneda 50 vegades. Calcula la probabilitat que el nombre de cares que obtinguem se situï entre 12 i 16 (ambdues incloses). Utilitza:

a) La distribució binomial corresponent.

b) L'aproximació normal a la binomial.

35. Quina és la probabilitat que entre 10 000 xifres escollides a l'atzar hi hagi menys de 950 zeros? I més de 120?

36. Una de cada tres famílies d'una ciutat no té cotxe. Si escollim a l'atzar 90 famílies d'aquesta ciutat, calcula la probabilitat d'aconseguir 40 cotxes.

37. Suposem una distribució normal $N(50, \sigma)$ en què $p[X \geq 70] = 0{,}0228$. Determina el valor de σ i calcula $p[X \leq 45]$.

R: $\sigma = 10$; 0,3085

38. Dues variables aleatòries contínues X i Y segueixen una distribució normal la mitjana de la qual és zero. A més, $p[X \geq 2] = p[Y \geq 3] = 0{,}1587$. Calcula'n les variàncies corresponents.

R: $\sigma_x^2 = 4$; $\sigma_y^2 = 9$

Avaluació

1. Quina diferència hi ha entre variable estadística i variable aleatòria? Quines condicions ha de complir una distribució perquè segueixi el model binomial?

2. Tenim una moneda trucada de manera que la probabilitat de treure cara és quatre vegades la de treure creu. Tirem 6 vegades la moneda. Calcula la probabilitat de:

a) Treure dues vegades creu.

b) Treure, com a màxim, dues vegades creu.

3. De 1 000 mides de talles s'ha obtingut una mitjana de 165 cm i una desviació típica de 8 cm. Se suposa que la distribució és normal i es demana:

a) Quantes mides són més petites de 157 cm?

b) Quantes se situen entre 167 i 181 cm?

4. En un gran estadi esportiu es volen instal·lar focus per il·luminar el camp de joc. El subministrador assegura que el temps de vida dels focus segueix, aproximadament, una distribució normal amb mitjana de 40 h i desviació típica de 4 h.

a) Escollim un focus a l'atzar. Quina és la probabilitat que duri, com a mínim, 30 h?

b) Si es compren 1 500 focus, quants es pot esperar que durin, com a mínim, 30 h?

c) Si es comprova que només 1 400 focus dels 1 500 comprats duren més de 30 h, és cert el que assegura el subministrador?

$$p[X=k]=\binom{n}{k}p^k\,(1-p)^{n-k}$$

n	k \ p	0,01	0,05	0,10	0,15	0,20	0,25	0,30	1/3	0,35	0,40	0,45	0,49	0,50
2	0	0,9801	0,9025	0,8100	0,7225	0,6400	0,5625	0,4900	0,4444	0,4225	0,3600	0,3025	0,2601	0,2500
	1	0,0198	0,0950	0,1800	0,2550	0,3200	0,3750	0,4200	0,4444	0,4550	0,4800	0,4950	0,4998	0,5000
	2	0,0001	0,0025	0,0100	0,0225	0,0400	0,0625	0,0900	0,1111	0,1225	0,1600	0,2025	0,2401	0,2500
3	0	0,9703	0,8574	0,7290	0,6141	0,5120	0,4219	0,3430	0,2963	0,2746	0,2160	0,1664	0,1327	0,1250
	1	0,0294	0,1354	0,2430	0,3251	0,3840	0,4219	0,4410	0,4444	0,4436	0,4320	0,4084	0,3823	0,3750
	2	0,0003	0,0071	0,0270	0,0574	0,0960	0,1406	0,1890	0,2222	0,2389	0,2880	0,3341	0,3674	0,3750
	3	0,0000	0,0001	0,0010	0,0034	0,0080	0,0156	0,0270	0,0370	0,0429	0,0640	0,0911	0,1176	0,1250
4	0	0,9606	0,8145	0,6561	0,5220	0,4096	0,3164	0,2401	0,1975	0,1785	0,1296	0,0915	0,0677	0,0625
	1	0,0388	0,1715	0,2916	0,3685	0,4096	0,4219	0,4116	0,3951	0,3845	0,3456	0,2995	0,2600	0,2500
	2	0,0006	0,0135	0,0486	0,0975	0,1636	0,2109	0,2646	0,2963	0,3105	0,3456	0,3675	0,3747	0,3750
	3	0,0000	0,0005	0,0036	0,0115	0,0256	0,4609	0,0756	0,0988	0,1115	0,1536	0,2005	0,2400	0,2500
	4	0,0000	0,0000	0,0001	0,0005	0,0016	0,0039	0,0081	0,0123	0,0150	0,0256	0,0410	0,0576	0,0625
5	0	0,9510	0,7738	0,5905	0,4437	0,3277	0,2373	0,1681	0,1317	0,1160	0,0778	0,0503	0,0345	0,0312
	1	0,0480	0,2036	0,3280	0,3915	0,4096	0,3855	0,3602	0,3292	0,3124	0,2592	0,2059	0,1657	0,1562
	2	0,0010	0,0214	0,0729	0,1382	0,2048	0,2637	0,3087	0,3292	0,3364	0,3456	0,3369	0,3185	0,3125
	3	0,0000	0,0011	0,0081	0,0244	0,0512	0,0879	0,1323	0,1646	0,1811	0,2304	0,2757	0,3060	0,3125
	4	0,0000	0,0000	0,0004	0,0022	0,0064	0,0146	0,0284	0,0412	0,0488	0,0768	0,1128	0,1470	0,1562
	5	0,0000	0,0000	0,0000	0,0001	0,0003	0,0010	0,0024	0,0041	0,0053	0,0102	0,0185	0,0283	0,0312
6	0	0,9415	0,7351	0,5314	0,3771	0,2621	0,1780	0,1176	0,0878	0,0754	0,0467	0,0277	0,0176	0,0156
	1	0,0571	0,2321	0,3543	0,3993	0,3932	0,3560	0,3025	0,2634	0,2437	0,1866	0,1359	0,1014	0,0938
	2	0,0014	0,0305	0,0984	0,1762	0,2458	0,2966	0,3241	0,3292	0,3280	0,3110	0,2780	0,2437	0,2344
	3	0,0000	0,0021	0,0146	0,0415	0,0819	0,1318	0,1852	0,2195	0,2355	0,2765	0,3032	0,3121	0,3125
	4	0,0000	0,0001	0,0012	0,0055	0,0154	0,0330	0,0595	0,0823	0,0951	0,1382	0,1861	0,2249	0,2344
	5	0,0000	0,0000	0,0001	0,0004	0,0015	0,0044	0,0102	0,0165	0,0205	0,0369	0,0609	0,0864	0,0938
	6	0,0000	0,0000	0,0000	0,0000	0,0001	0,0002	0,0007	0,0014	0,0018	0,0041	0,0083	0,0139	0,0156
7	0	0,9321	0,6983	0,4783	0,3206	0,2097	0,1335	0,0824	0,0585	0,0490	0,0280	0,0152	0,0090	0,0078
	1	0,0659	0,2573	0,3720	0,3960	0,3670	0,3115	0,2471	0,2048	0,1848	0,1306	0,0872	0,0603	0,0574
	2	0,0020	0,0406	0,1240	0,2097	0,2753	0,3115	0,3177	0,3073	0,2985	0,2613	0,2140	0,1740	0,1641
	3	0,0000	0,0036	0,0230	0,0617	0,1147	0,1730	0,2269	0,2561	0,2679	0,2903	0,2918	0,2786	0,2734
	4	0,0000	0,0002	0,0026	0,0109	0,0287	0,0577	0,0972	0,1280	0,1442	0,1935	0,2388	0,2676	0,2734
	5	0,0000	0,0000	0,0002	0,0012	0,0043	0,0115	0,0250	0,0384	0,0466	0,0774	0,1172	0,1543	0,1641
	6	0,0000	0,0000	0,0000	0,0001	0,0004	0,0013	0,0036	0,0064	0,0084	0,0172	0,0320	0,0494	0,0547
	7	0,0000	0,0000	0,0000	0,0000	0,0000	0,0001	0,0002	0,0005	0,0006	0,0016	0,0037	0,0068	0,0078
8	0	0,9227	0,6634	0,4305	0,2725	0,1678	0,1001	0,0576	0,0390	0,0319	0,0168	0,0084	0,0046	0,0039
	1	0,0746	0,2793	0,3826	0,3847	0,3355	0,2670	0,1977	0,1561	0,1373	0,0896	0,0548	0,0352	0,0312
	2	0,0026	0,0515	0,1488	0,2376	0,2936	0,3115	0,2965	0,2731	0,2587	0,2090	0,1569	0,1183	0,1094
	3	0,0001	0,0054	0,0331	0,0839	0,1468	0,2076	0,2541	0,2731	0,2786	0,2787	0,2568	0,2273	0,2188
	4	0,0000	0,0004	0,0046	0,0185	0,0459	0,0865	0,1361	0,1707	0,1875	0,2322	0,2627	0,2730	0,2734
	5	0,0000	0,0000	0,0004	0,0026	0,0092	0,0231	0,0467	0,0683	0,0808	0,1239	0,1719	0,2098	0,2188
	6	0,0000	0,0000	0,0000	0,0002	0,0011	0,0038	0,0100	0,0171	0,0217	0,0413	0,0703	0,1008	0,1094
	7	0,0000	0,0000	0,0000	0,0000	0,0001	0,0004	0,0012	0,0024	0,0033	0,0079	0,0164	0,0277	0,0312
	8	0,0000	0,0000	0,0000	0,0000	0,0000	0,0000	0,0001	0,0002	0,0002	0,0007	0,0017	0,0033	0,0039
9	0	0,9135	0,6302	0,3874	0,2316	0,1342	0,0751	0,0404	0,0260	0,0207	0,0101	0,0046	0,0023	0,0020
	1	0,0830	0,2985	0,3874	0,3679	0,3020	0,2253	0,1556	0,1171	0,1004	0,0605	0,0339	0,0202	0,0176
	2	0,0034	0,0629	0,1722	0,2597	0,3020	0,3003	0,2688	0,2341	0,2162	0,1612	0,1110	0,0776	0,0703
	3	0,0001	0,0077	0,0446	0,1069	0,1762	0,2336	0,2668	0,2731	0,2716	0,2508	0,2119	0,1739	0,1641
	4	0,0000	0,0006	0,0074	0,0283	0,0661	0,1168	0,1715	0,2048	0,2194	0,2508	0,2600	0,2506	0,2461
	5	0,0000	0,0000	0,0008	0,0050	0,0165	0,0389	0,0735	0,1024	0,1181	0,1672	0,2128	0,2408	0,2461
	6	0,0000	0,0000	0,0001	0,0006	0,0028	0,0087	0,0210	0,0341	0,0424	0,0743	0,1160	0,1542	0,1641
	7	0,0000	0,0000	0,0000	0,0000	0,0003	0,0012	0,0039	0,0073	0,0098	0,0212	0,0407	0,0635	0,0703
	8	0,0000	0,0000	0,0000	0,0000	0,0000	0,0001	0,0004	0,0009	0,0013	0,0035	0,0083	0,0153	0,0176
	9	0,0000	0,0000	0,0000	0,0000	0,0000	0,0000	0,0000	0,0001	0,0001	0,0003	0,0008	0,0016	0,0020
10	0	0,9044	0,5987	0,3487	0,1969	0,1074	0,0563	0,0282	0,0173	0,0135	0,0060	0,0025	0,0012	0,0010
	1	0,0914	0,3151	0,3874	0,3474	0,2684	0,1877	0,1211	0,0867	0,0725	0,0403	0,0207	0,0114	0,0098
	2	0,0042	0,0746	0,1937	0,2759	0,3020	0,2816	0,2335	0,1951	0,1757	0,1209	0,0763	0,0495	0,0439
	3	0,0001	0,0105	0,0574	0,1298	0,2013	0,2503	0,2668	0,2601	0,2522	0,2150	0,1665	0,1267	0,1172
	4	0,0000	0,0010	0,0112	0,0401	0,0881	0,1460	0,2001	0,2276	0,2377	0,2508	0,2384	0,2130	0,2051
	5	0,0000	0,0001	0,0015	0,0085	0,0264	0,0584	0,1029	0,1366	0,1536	0,2007	0,2340	0,2456	0,2461
	6	0,0000	0,0000	0,0001	0,0012	0,0055	0,0162	0,0368	0,0596	0,0689	0,1115	0,1596	0,1966	0,2051
	7	0,0000	0,0000	0,0000	0,0001	0,0008	0,0031	0,0090	0,0163	0,0212	0,0425	0,0746	0,1080	0,1172
	8	0,0000	0,0000	0,0000	0,0000	0,0001	0,0004	0,0014	0,0030	0,0043	0,0106	0,0229	0,0389	0,0439
	9	0,0000	0,0000	0,0000	0,0000	0,0000	0,0000	0,0001	0,0003	0,0005	0,0016	0,0042	0,0083	0,0098
	10	0,0000	0,0000	0,0000	0,0000	0,0000	0,0000	0,0000	0,0000	0,0000	0,0001	0,0003	0,0008	0,0010

Taula 16.4 Funció de probabilitat de la distribució binominal $B(n, p)$.

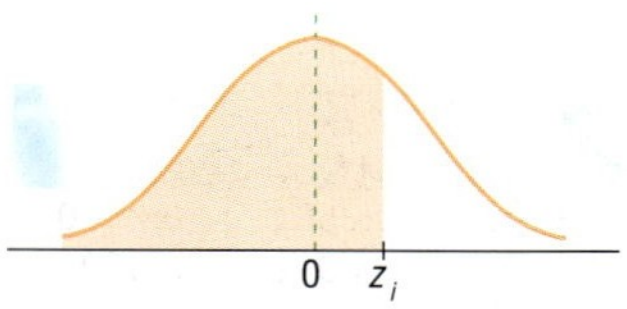

$P[Z \leq z_i]$

z	0,00	0,01	0,02	0,03	0,04	0,05	0,06	0,07	0,08	0,09
0,0	0,5000	0,5040	0,5080	0,5120	0,5160	0,5199	0,5239	0,5279	0,5319	0,5359
0,1	0,5398	0,5438	0,5478	0,5517	0,5557	0,5596	0,5636	0,5675	0,5714	0,5753
0,2	0,5793	0,5832	0,5871	0,5910	0,5948	0,5987	0,6026	0,6064	0,6103	0,6141
0,3	0,6179	0,6217	0,6255	0,6293	0,6331	0,6368	0,6406	0,6443	0,6480	0,6517
0,4	0,6554	0,6591	0,6628	0,6664	0,6700	0,6736	0,6772	0,6808	0,6844	0,6879
0,5	0,6915	0,6950	0,6985	0,7019	0,7054	0,7088	0,7123	0,7157	0,7190	0,7224
0,6	0,7257	0,7291	0,7324	0,7357	0,7389	0,7422	0,7454	0,7486	0,7517	0,7549
0,7	0,7580	0,7611	0,7642	0,7673	0,7704	0,7734	0,7764	0,7794	0,7823	0,7852
0,8	0,7881	0,7910	0,7939	0,7967	0,7995	0,8023	0,8051	0,8078	0,8106	0,8133
0,9	0,8159	0,8186	0,8212	0,8238	0,8264	0,8289	0,8315	0,8340	0,8365	0,8389
1,0	0,8413	0,8438	0,8461	0,8485	0,8508	0,8531	0,8554	0,8577	0,8599	0,8621
1,1	0,8643	0,8665	0,8686	0,8708	0,8729	0,8749	0,8770	0,8790	0,8810	0,8830
1,2	0,8849	0,8869	0,8888	0,8907	0,8925	0,8944	0,8962	0,8980	0,8997	0,9015
1,3	0,9032	0,9049	0,9066	0,9082	0,9099	0,9115	0,9131	0,9147	0,9162	0,9177
1,4	0,9192	0,9207	0,9222	0,9236	0,9251	0,9265	0,9279	0,9292	0,9306	0,9319
1,5	0,9332	0,9345	0,9357	0,9370	0,9382	0,9394	0,9406	0,9418	0,9429	0,9441
1,6	0,9452	0,9463	0,9474	0,9484	0,9495	0,9505	0,9515	0,9525	0,9535	0,9545
1,7	0,9554	0,9564	0,9573	0,9582	0,9591	0,9599	0,9608	0,9616	0,9625	0,9633
1,8	0,9641	0,9649	0,9656	0,9664	0,9671	0,9678	0,9686	0,9693	0,9699	0,9706
1,9	0,9713	0,9719	0,9726	0,9737	0,9738	0,9744	0,9750	0,9756	0,9761	0,9767
2,0	0,9772	0,9778	0,9783	0,9788	0,9793	0,9798	0,9803	0,9808	0,9812	0,9817
2,1	0,9821	0,9826	0,9830	0,9834	0,9838	0,9842	0,9846	0,9850	0,9854	0,9857
2,2	0,9861	0,9864	0,9868	0,9871	0,9875	0,9878	0,9881	0,9884	0,9887	0,9890
2,3	0,9893	0,9896	0,9898	0,9901	0,9904	0,9906	0,9909	0,9911	0,9913	0,9916
2,4	0,9918	0,9920	0,9922	0,9925	0,9927	0,9929	0,9931	0,9932	0,9934	0,9936
2,5	0,9938	0,9940	0,9941	0,9943	0,9945	0,9946	0,9948	0,9948	0,9951	0,9952
2,6	0,9953	0,9955	0,9956	0,9957	0,9959	0,9960	0,9961	0,9962	0,9963	0,9964
2,7	0,9965	0,9966	0,9967	0,9968	0,9969	0,9970	0,9971	0,9972	0,9973	0,9974
2,8	0,9974	0,9975	0,9976	0,9977	0,9977	0,9978	0,9979	0,9979	0,9980	0,9981
2,9	0,9981	0,9982	0,9982	0,9983	0,9984	0,9984	0,9985	0,9985	0,9986	0,9986
3,0	0,99865	0,99869	0,99874	0,99878	0,99882	0,99886	0,99889	0,99893	0,99897	0,99900
3,1	0,99903	0,99906	0,99909	0,99913	0,99916	0,99918	0,99921	0,99924	0,99926	0,99929
3,2	0,99931	0,99934	0,99936	0,99938	0,99940	0,99942	0,99944	0,99946	0,99948	0,99950
3,3	0,99952	0,99953	0,99955	0,99957	0,99958	0,99959	0,99961	0,99962	0,99964	0,99965
3,4	0,99966	0,99968	0,99969	0,99970	0,99971	0,99972	0,99973	0,99974	0,99975	0,99976
3,5	0,99977	0,99978	0,99978	0,99979	0,99980	0,99981	0,99981	0,99982	0,99983	0,99983
3,6	0,99984	0,99985	0,99985	0,99986	0,99986	0,99987	0,99987	0,99988	0,99988	0,99989
3,7	0,99989	0,99990	0,99990	0,99990	0,99991	0,99991	0,99991	0,99992	0,99992	0,99992
3,8	0,99993	0,99993	0,99993	0,99994	0,99994	0,99994	0,99994	0,99995	0,99995	0,99995
3,9	0,99995	0,99995	0,99996	0,99996	0,99996	0,99996	0,99996	0,99996	0,99997	0,99997
4,0	0,99997	0,99997	0,99997	0,99997	0,99997	0,99997	0,99998	0,99998	0,99998	0,99998

Taula 16.5 Funció de distribució *N*(0,1).

Annex. Desenvolupa les teves habilitats

Desenvolupa les teves habilitats

Torres d'alta tensió

Focsu SA és una empresa encarregada de la instal·lació de torres d'alta tensió. Una companyia elèctrica li ha encarregat la instal·lació de quatre torres en dues línies elèctriques noves. Per instal·lar aquestes torres, un dels tècnics de Focsu SA ha imprès un correu electrònic i el llegeix en el trajecte que, juntament amb la resta de l'equip, fa de camí a l'indret on s'han d'instal·lar. El correu electrònic diu això:

De: fedesa@fedesa.cat

A: departament_tècnic@focsu.cat

Equip tècnic de Focsu SA,

Tal com hem comentat per telèfon, tot seguit us donem les instruccions que heu de seguir per col·locar les quatre torres d'alta tensió.

Hem tingut en compte els consells del nostre departament de medi ambient i hem decidit que la ubicació de les quatre torres (que anomenarem *A*, *B*, *C* i *D*) s'ha de fer a la localització que vam concretar ahir, ja que és en aquest indret on la instal·lació elèctrica implica menys impacte a l'entorn. Entre altres consideracions, hem procurat que les torres estiguin tan allunyades com sigui possible de la masia deshabitada que hi ha a la zona.

Les torres *A* i *B* són per a la línia general i les torres *C* i *D* per a la línia secundària, i aquestes dues línies van paral·leles l'una al costat de l'altra. Heu de tenir en compte que:

- La distància entre la torre *A* i la *B* ha de ser la mateixa que entre la *C* i la *D*.
- La torre *A* s'ha de col·locar 10 m a l'oest i 30 m al nord de la masia.
- La torre *B* s'ha de col·locar 50 m a l'est i 60 m al nord de la masia.
- La torre *C* s'ha de col·locar 70 m a l'est i 10 m al nord de la masia.
- La torre *D*

Quan arriben al lloc on han de fer la instal·lació, el tècnic comunica a l'equip que manca la informació de la col·locació de la quarta torre. Sembla que la impressora s'ha quedat sense tinta i no s'ha imprès aquesta informació. A més a més, no tenen cobertura telefònica per trucar a la central i demanar-los la localització de la torre *D*.

Quan pugen als camions per cercar un lloc amb cobertura, un dels tècnics diu que sap com trobar la ubicació de la quarta torre amb la informació del correu electrònic.

a) Com poden saber on col·locar la torre *D* amb la informació que tenen?

b) Per motius de seguretat, mentre duren les obres han de col·locar una cinta que delimiti el recinte on estan col·locades les quatre torres, amb les torres com a suport. Han portat un rotlle de 300 m. En tindran prou?

c) Dins el perímetre delimitat hi col·locaran els camions i tot el material necessari per a l'obra. Per saber si els cabrà tot, necessiten calcular de quin espai disposen. Quina àrea queda delimitada per la cinta?

Desenvolupa les teves habilitats

Les mutacions d'un bacteri

En una comarca de la perifèria de la capital, s'ha detectat la mutació d'un bacteri que resulta molt nociva. Els infectats pateixen marejos, vòmits i diarrees de manera continuada. A més a més, el bacteri es propaga ràpidament entre la població: poques setmanes després dels primers casos detectats ja hi ha nombroses persones infectades. Els diaris es fan ressò de la notícia i generen certa alarma social entre la població, a vegades a causa d'informacions que no són del tot certes.

Se sap del cert, però, que s'ha tingut coneixement de l'existència del bacteri a conseqüència de la infecció gairebé simultània de tres persones. Amb el temps i el sorgiment de nous casos, s'ha pogut determinar que cada persona infectada contagia una altra persona sana cada setmana.

Aquesta informació és la que, de manera confidencial, la consellera de sanitat trasllada al gabinet de crisi que ha convocat per tractar el problema. El gabinet està format per metges experts en epidemiologia, catedràtics de comunicació i altres assessors del govern, entre els quals hi ha una matemàtica. La primera decisió que prenen és dotar econòmicament els equips d'investigació de tot el territori perquè, d'ara endavant, centrin les investigacions a trobar un antibacterià. També decideixen redactar un comunicat de premsa per calmar la població.

Un dels experts en epidemiologia demana a la consellera de fer una previsió de l'evolució del nombre de malalts perquè els equips d'investigació, un cop trobin l'antídot, sàpiguen la quantitat de medicament que han de produir. L'experta matemàtica, juntament amb un equip de matemàtics, s'encarrega d'aquesta tasca.

a) Si forméssiu part d'aquest equip de matemàtics, com calcularíeu la previsió del nombre de persones malaltes al cap d'1, 2, ..., x setmanes?

b) La primera setmana un equip d'investigació obté resultats força esperançadors amb uns compostos químics anomenats *lisozímics*. Les reserves de l'Estat d'aquesta substància curarien exactament un màxim de 6 144 persones. Per preveure quan haurien de demanar aquests compostos a altres països, pregunten també a la matemàtica quantes setmanes han de passar perquè hi hagi exactament 6 144 persones amb la malaltia. Com ho calcularíeu?

Passades unes quantes setmanes, l'equip mèdic sintetitza un medicament aparentment eficaç que té els compostos lisozímics com a base. De mica en mica els infectats es curen, amb l'única excepció de 7 casos que no milloren: estan infectats per una nova mutació del bacteri.

Els afectats per aquesta segona mutació, a més, segueixen una evolució diferent. Vuit setmanes després d'haver detectat aquesta nova mutació, la hipòtesi amb què treballa l'equip mèdic és que una persona afectada en contagia 3 de sanes cada 2 setmanes, però després no torna a contagiar ningú més.

c) Suposant que sigui certa la hipòtesi de l'equip mèdic, quants casos de nous afectats hi haurà la vuitena setmana.

d) La vuitena setmana hi ha un total de 854 afectats, tant de nous com d'antics. Amb aquesta dada, confirmeu o descarteu la hipòtesi?

e) Podeu trobar una fórmula amb la qual, en funció del número de setmana (s), es pugui conèixer el nombre de persones contagiades?

Fabriquem llaunes de refresc

La majoria de llaunes de refresc acostumen a contenir 33 cL i tenen una forma que podríem considerar cilíndrica. Les llaunes es fabriquen d'alumini perquè aquest material és lleuger i força resistent, es pot reciclar amb facilitat i es refreda ràpidament.

Per fabricar el vas de llauna, la indústria utilitza normalment planxes d'alumini de 0,508 mm de gruix. La planxa de la tapa, però, acostuma a ser tres vegades més gruixuda que la resta perquè ha de suportar la pressió del líquid. L'alçària de les llaunes que es comercialitzen és d'11,5 cm i el radi de la base és de 2,7 cm.

Imagineu-vos que sou l'empresari responsable d'una fàbrica de llaunes de refresc i voleu minimitzar les despeses ajustant les dimensions de la llauna de 33 cL.

a) Quina és la funció que determina la quantitat d'alumini per fabricar una llauna en funció del radi r de la base del cilindre?

b) Feu un esborrany de la gràfica de la funció. Si cal, ajudeu-vos d'una calculadora gràfica. Segons la gràfica, per a quin valor del radi s'obté la mínima quantitat d'alumini?

c) Si anomenem g el gruix, quina és l'expressió de la funció? Feu el mateix raonament que als apartats anteriors suposant que $g = 0,5$ mm i que el gruix de la tapa és quatre vegades el de les parets.

Nota: Per fer els càlculs podeu considerar negligible la quantitat d'alumini de l'anella i suposeu que la tapa i la base són planes.

Desenvolupa les teves habilitats

El rotlle de paper de cuina

Un grup d'estudiants va al supermercat a fer la compra de tot el mes. Quan passen per la prestatgeria on hi ha el paper de cuina troben una bona oferta. Es tracta d'un rotlle de paper reciclat. A l'etiqueta hi diu:

> *«La nostra empresa col·labora en la conservació del medi ambient: per a l'elaboració del paper de cuina utilitzem paper reciclat biodegradable. El gruix del paper (0,7 mm) fa que sigui molt resistent i absorbent. Un paper de cuina d'alta qualitat.»*

No l'han fet servir mai però, conscients que s'ha de tenir cura del medi ambient, decideixen què han de fer. Primer de tot, però, comparen el paper reciclat amb el paper de cuina que tenen costum d'agafar per saber si estalviaran diners amb el canvi.

El rotlle que compren habitualment conté 30 m de paper. Per saber si el paper reciclat els surt a compte, han de conèixer la llargària d'un dels rotlles, i a l'embalatge no ho indica. Només saben que el radi exterior total R mesura 10 cm i que el radi r del cilindre de cartó és de 4,7 cm. El dos rotlles de paper tenen el mateix preu.

Quina és la longitud total del paper de cuina reciclat? Els surt a compte comprar-lo?

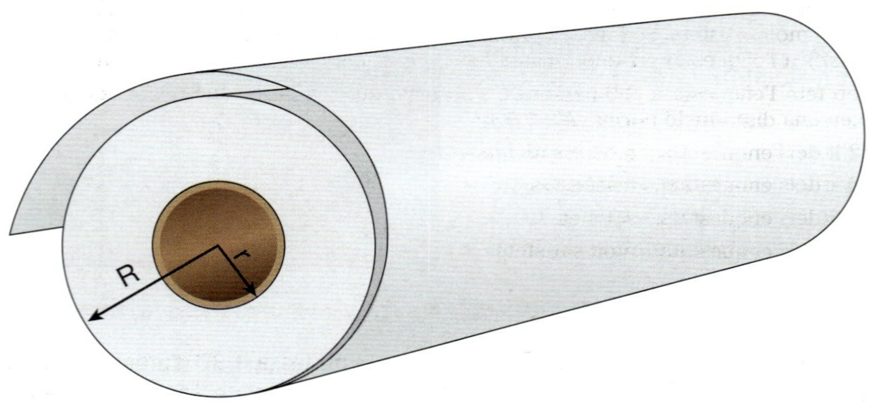

Dada: La suma dels n primers nombres naturals és: $S_n = \dfrac{(a_1 + a_n) \cdot n}{2}$.

Estàs satisfet amb la companyia de telefonia mòbil?

Enigma és una empresa que es dedica a preparar enquestes i tests per encàrrec per a diferents empreses: elabora un qüestionari a partir de les peticions dels clients i, un cop efectuada l'enquesta, fa un informe dels resultats obtinguts.

Fa un mes va rebre un encàrrec de Phone-Mobil, una empresa dedicada a oferir serveis de telefonia mòbil. Enigma havia de realitzar una enquesta a una mostra representativa de la població per tal d'esbrinar si els enquestats estaven satisfets amb la companyia de telefonia mòbil contractada. Phone-Mobil volia saber quin percentatge estava molt insatisfet, insatisfet, satisfet o molt satisfet.

En Manuel, que treballa per a Phone-Mobil, ha rebut l'informe següent d'Enigma:

Empresa encarregada de fer l'enquesta: Enigma

Empresa sol·licitant: Phone-Mobil

Objectiu: Comprovar el nivell de satisfacció dels usuaris amb la companyia de telefonia mòbil contractada. Classificar els resultats en «molt insatisfets», «insatisfets», «satisfets» i «molt satisfets».

Informe

L'enquesta consta d'un total de 12 preguntes puntuables de 0 a 10, on 0 és «molt insatisfet», i 10 «molt satisfet». Segons la puntuació total obtinguda en finalitzar les preguntes, es classifica l'enquestat en «molt insatisfet», «insatisfet», «satisfet» o «molt satisfet».

Un cop feta l'enquesta a 300 persones, s'observa que les puntuacions obtingudes segueixen una distribució normal $N(53, 13)$:

- 12 % dels enquestats: «molt insatisfets».
- 26 % dels enquestats: «insatisfets».
- 48 % dels enquestats: «satisfets».
- 14 % dels enquestats: «molt satisfets».

Un cop llegit l'informe, en Manuel vol fer la mateixa enquesta a 30 persones més, aquest cop a gent jove, per esbrinar si els resultats varien molt respecte dels presentats per l'empresa Enigma.

Per fer-ho ha demanat a la Joana, la seva filla, que passi la mateixa enquesta als companys de classe de Batxillerat. La Joana li comenta que no podrà analitzar-ne els resultats perquè no té les puntuacions que ha fet servir Enigma per classificar els enquestats en un grup o altre. El pare li respon que amb l'informe pot esbrinar aquesta informació.

a) És cert que pot obtenir les puntuacions amb la informació enviada per l'empresa Enigma? Quines puntuacions marquen el pas d'un grup a un altre?

b) En Manuel, amb els resultats de l'enquesta d'Enigma a la mà, comenta al seu cap que de les 300 persones enquestades no n'hi ha cap de totalment satisfeta, perquè no hi ha ningú que tingui 100 punts o més. És correcta aquesta afirmació?

c) La Joana fa l'enquesta als companys de classe i recull els resultats a la taula següent:

Puntuació	(0, 20]	(20, 40]	(40, 60]	(60, 80]	(80, 100]	(100, 120]
Nre. de persones	1	3	9	12	4	1

Quina és la puntuació mitjana dels companys de classe de la Joana? I la mediana i la desviació típica?